危険物
ハザード
データブック

田村昌三
［編集］

朝倉書店

田村昌三 横浜国立大学教授
東京大学名誉教授
【編集】

関根紀之 元住友化学株式会社
【編集協力】

序

　化学物質は，エネルギー，材料，合成洗剤，医薬品等をはじめとして，さまざまなかたちで一般家庭の隅々にまで浸透している．現代の豊かな生活は，化学物質なしには成り立たないといっても過言ではない．しかしその一方で，多くの化学物質は火災・爆発や健康被害，環境汚染などを生じさせる潜在的な危険性をもっており，取扱いを誤れば人の生命や環境に甚大な被害をもたらす可能性がある．

　とりわけ近年の化学工業はファインケミカル志向を強め，各メーカーでは多種類の化学物質を用いて複雑かつ多様な合成物を製造するようになっている．このような潮流に伴う製造プロセスの複雑化や未成熟な新技術の導入は，化学物質の安全管理上，重要なリスク要因となっている．現在，化学物質の安全管理の重要性はさらに高まっているといえよう．

　化学物質のなかでもとくに危険性の高い物質については，さまざまな法令がその目的により危険物とし，製造や取扱い等の規制を設けることで安全性の確保をはかっている．本書はそれら「危険物」に関する基礎的なデータを手早く一覧できるリファレンスとして編集されたものである．編集にあたっては，化学物質の安全管理に役立つことと，事故発生時の適切な対処に役立つことの2点に配慮した．

　化学物質を製造・利用・管理する当事者は，日頃から自分が取り扱う物質について十分な知識を得ておくことが求められる．現在，わが国だけでなく，世界各国が「化学物質管理の国際的調和」に向けて努力している．製造から廃棄に至る化学物質の全ライフサイクルを通じて総合的かつ適切な管理を実施することは，国際的な要請でもある．

　こうした管理の徹底によって事故を未然に防ぐ努力が最も重要であることはいうまでもないが，万一の事故発生時には適切な対処によって被害の拡大を防ぐことが必要である．とりわけ火災は，爆発による二次災害，有毒物質の発生などの複合的な危険を勘案し，適切な消火剤を用いてすみやかに対処する必要がある．

　しかし化学物質に関する膨大な情報は，さまざまな書籍やデータベース，WEBサイト等に散在しているため，取り扱っている物質について基本的な危険性や緊急時の対処法を把握することは容易ではない場合が多い．

　以上のような点を考慮し，本書では安全管理上の重要性の高い約2400の危険物について，公開されているさまざまなデータ源から基本的なハザードデータを抽出し，五十音順の一覧表形式に整理・編集した．取扱・管理時に重要となる物理的特性，燃焼危険性，有害危険性のほかに，事故時の被害を最小限に抑えるための初期消火の要点を盛り込むよう工夫した点は本書の大きな特色といえよう．また，取り扱う物質にどのような法規制が関係しているかは実務上重要な情報であるので，それも併せて記載した．

一方，複数のデータ源を参照したために，測定時の温度や気圧などの諸条件は必ずしも一定ではなく，数値の厳密性は多少犠牲にせざるをえなかった．本書は実用書であり，編集にあたっては安全管理に要求される精度で化学物質の性状を理解することに主眼を置いている点をご理解いただければ幸いである．

　本書の編集にあたり，いくつものデータ源にあたって信頼性の高いデータを集め，整理して原稿を作成するためには，専門家の助力が不可欠であった．幸いにして化学メーカーにおいて長年の経験を積まれた関根紀之氏の快諾を得，こうして上梓の運びとなった．数万に及ぶであろう個別データを細かくチェックされた関根氏の献身的な作業なくしては，本書は成立をみなかったであろう．記して感謝の意を表したい．

　本書が化学関連産業に従事する管理者・技術者・研究者や，化学安全の専門家らならびに消防・防災関係者をはじめ，危険物規制に携わる方々のお役に立ち，豊かで安全な社会を実現する一助となれば，編集者らにとって望外の喜びである．

　また，本書の企画・出版に当たり，朝倉書店編集部には大変お世話になった．心から感謝申し上げる．

　2007年3月

編集者　田村昌三

凡　例

a．見出し語
　　1．見出し語の配列は物質名の五十音順とした．ただし，濁音・半濁音と清音は区別なく配列し，音引き（ー）は無視して配列した．
　　2．化合物名において，異性体や結合位置などを表す *o-, m-, p-, cis-, trans-, α-, β-, γ-,* 1-, 2-等の接頭語は無視して配列した．
　　3．複数の呼称が通用している物質については，なるべく広く通用している呼称を見出し語として採用するよう心がけた．見出し語につづいて別称ならびに英語名を列記した．**これらの見出し語・別称・英語名はすべて索引に収録されている．**索引を有効に活用し，目的の物質を検索されたい．
　　4．物質名につづき，化学式（元素記号の場合もある）を併記した．さらに，[ ] 内に分子量（原子量の場合もある）を示した．

b．CAS No., 国連番号, 化審法No.
　　1．CAS No. は，米国化学会に属する CAS（Chemical Abstracts Service）により化学物質に与えられた識別番号である．
　　2．国連番号は，国際連合の「危険物輸送モデル規則」に基づく危険物リストにおいて危険物に与えられた識別番号である．
　　3．化審法No. は，日本の「化学物質の審査及び製造等の規制に関する法律」において「既存化学物質名簿」に記載された物質（後に追加された物質を含む）に与えられた識別番号である．

c．危険物分類
　　各○付き記号は，下記の法令等に対応する．当該法令等において規制されている物質であることを示すとともに，規制上の分類等を併記した．
　　�毒…「**毒物及び劇物取締法**」による規制物質であることを示す．この法律における以下の分類を併記した．
　　　　毒物／劇物／特定毒物
　　�消…「**消防法**」による規制物質であることを示す．具体的には「法別表」ならびに「危険物の規制に関する政令」で指定される．「法別表」における以下の危険物分類を併記した．
　　　　第1類（＝酸化性固体）／第2類（＝可燃性固体）／第3類（＝自然発火性物質および禁水性物質）／第4類（＝引火性液体）／第5類（＝自己反応性物質）／第6類（＝酸化性液体）
　　なお，「消防法」第九条による規制を受ける場合には，
　　　　第9条（＝指定可燃物として政令による規制を受ける）
　　と併記した．
　　㊜…「**特定化学物質の環境への排出量の把握等及び管理の改善の促進に関する法律（PRTR法）**」による規制物質であることを示す．この法律における以下の分類を略号で併記した．
　　　　1種：第一種指定化学物質

2種：第二種指定化学物質

㊷…**「労働安全衛生法」**による規制物質であることを示す．具体的には「労働安全衛生法施行令」令別表第一で指定される以下の危険物分類を併記した．

爆発性の物／発火性の物／酸化性の物／引火性の物／可燃性のガス

また，「労働安全衛生法施行令」第十八条に指定される通知対象物質には，

18条

と併記した．

㊧…**「化学物質の審査及び製造等の規制に関する法律」**による規制物質であることを示す．この法律における以下の分類を略号で併記した．

1種特定：第一種特定化学物質
2種特定：第二種特定化学物質
2種監視：第二種監視化学物質

㊥…**「高圧ガス保安法」**による規制物質であることを示す．この法律による以下の分類を併記した．

圧縮ガス／アセチレンガス／液化ガス／その他の液化ガス

また，この法律に基づく「一般高圧ガス保安規則」による以下の分類も併記した．

可燃性ガス／毒性ガス／特殊高圧ガス／不活性ガス／特定高圧ガス

㊤…**「大気汚染防止法」**による規制物質であることを示す．この法律における以下の分類を併記した．

有害物質／特定物質

㊸…**「水質汚濁防止法」**によって「有害物質」に指定される規制物質であることを示す．

㊋…**「火薬類取締法」**による規制物質であることを示す．この法律における「爆薬」に該当する場合，その旨を併記した．

㊕…国際連合による**「危険物輸送モデル規則」**による危険物であることを示す．このモデル規則における以下の分類を併記した．区分レベルでの分類の詳細については他書を参照されたい*．

1.x：クラス1区分x（爆発性物質）
2.x：クラス2区分x（ガス類）
3 ：クラス3（引火性液体）
4.x：クラス4区分x（可燃性固体）
5.x：クラス5区分x（酸化性物質／有機過酸化物）
6.x：クラス6区分x（毒性物質／感染性物質）
7 ：クラス7（放射性物質）
8 ：クラス8（腐食性物質）
9 ：クラス9（その他の危険物）

*例えば，田村昌三総編集，「危険物の事典」，朝倉書店（2004）など．

d．**外観・性質**

常温における色，状態，匂い，特性などを示した．

e．**比　　重**

1．4℃の水の質量と，それと同体積の物質の質量の比で示した．
2．比重 0.95〜0.99 の場合は「1.0−」，1.01〜1.04 の場合は「1.0＋」と表記した（NFPA（National Fire Protection Association）の表現に従った）．

f．**蒸気比重**

空気を基準とする，同温度同圧力における同一容積の物質の蒸気質量の比で示

した．

g．沸点・融点

常圧（760mmHg）における沸点および融点を摂氏で示した．常圧以外での測定値の場合，その圧力を併記した．

h．水溶性

水に対する溶解性について，原則として，下記の表現を用いた（日本化学会の防災指針に従った）．

不：水に対する溶解度　0.01 wt% 以下
難：水に対する溶解度　0.01～0.1 wt%
微：水に対する溶解度　0.1～1 wt%
可：水に対する溶解度　1～10 wt%
易：水に対する溶解度　10～90 wt% 以上

ただし，水と反応する場合は，

反応

と表記した．

i．引火点・発火点・爆発範囲

空気中，常圧での引火点，発火点を摂氏で，爆発範囲を vol% で示した．

J．許容濃度

1．原則として，ACGIH（American Conference of Governmental Industrial Hygienists, 2004年版）による TLV-TWA 値を示した．ただし，TLV-TWA（Threshold Limit Value-Time-Weighted Average；時間加重平均許容暴露濃度）とは，労働者が1日8時間，1週間40時間にわたって当該有害物質に暴露されても，ほとんどの労働者の健康に悪影響を及ぼさないとされる平均暴露限界濃度である．

2．（STEL）と併記した値は，TLV-STEL 値であることを示す．ただし，TLV-STEL（Threshold Limit Value-Short-Term Exposure Limit；短期暴露限界濃度）とは，労働者が短期間（15分間）当該有害物質に暴露されたとして，ほとんどの労働者の健康に悪影響を及ぼさないとされる平均暴露限界濃度である．

3．その他の（　）は，元素としての許容濃度を示す．

k．吸入LC_{50}

ラットの吸入摂取時の半数致死濃度として，RTECS（Registry of Toxic Effects of Chemical Substances）の値を原則として示した．

l．経口LD_{50}

1．ラットの経口摂取時の半数致死用量（体重1kgあたり）として，原則として RTECS（Registry of Toxic Effects of Chemical Substances）の値を示した．

2．ラット以外のデータの場合，その動物名を併記した．

3．経口データが得られない場合は，その他の試験方法によるデータを示し，その試験方法を併記した．

m．火災時の措置

当該物質の火災時における初期消火の指針を示した．

n．備考

その他，当該物質に関する特記事項を示した．

文　献

本書の編集にあたり，以下に掲げる出版物ならびにWEBサイト等を参照した．化学安全の発展に尽くした研究者の努力に敬意を表する．

【和書】［執筆者五十音順］

淡路剛久・田村昌三編集代表，「化学物質規制・関連法事典」，丸善（2003）．
大木道則ら編，「化学辞典」，東京化学同人（1994）．
化学工業日報社編，「14705の化学商品」，化学工業日報社（2005）．
化学大辞典編集委員会編，「化学大辞典」（1〜10巻，縮刷版），共立出版（1981）．
高本　進ら編，「化合物の辞典」，朝倉書店（1997）．
田村昌三監訳，「ブレスリック 危険物ハンドブック」，丸善（1998）．
田村昌三監訳・日本化学工学協会編，「緊急時応急措置指針」（改訂第2版），日本規格協会（2006）．
長倉三郎ら編，「岩波 理化学辞典」（第5版），岩波書店（1998）．
日本化学会編，「化学防災指針集成」，丸善（1996）．
日本化学会編，「化学便覧 基礎編」（改訂第5版，CD-ROM版），丸善（2004）．
G. C. ハウレイ編・越後谷悦郎総監訳，「実用化学辞典」，朝倉書店（1986）．

【洋書】［執筆者アルファベット順］

ACGIH ed, "Threshold Limit Values for Chemical Substances and Physical Agents and Biological Exposure Indices" (2004).
Spencer, A. B. and Colonna, G. R. eds, "Fire Protection Guide to Hazardous Materials (13th edition)", National Fire Protection Association (2002).
United Nations, "Recommendations on the Transport of Dangerous Goods Model Regulations (14th revised edition)" (2005).

【WEBサイト】［運営会社等のアルファベット順］

Alfa Aesar社のMSDS：
　　http://www.alfa.com/alf/laboratory_chemical_suppliers.htm
Fisher Scientific UK社のMSDS：　　http://www.fishcr.co.uk/
Fisher Scientific commercial US社のMSDS：
　　https://www1.fishersci.com/index.jsp
J. T. Baker社のMSDS：　　http://www.jtbaker.com/
国際化学物質安全カード（ICSC）：　　http://www.nihs.go.jp/ICSC/
Merck社のMSDS：
　　http://www.merck.co.jp/japan/chemical/index_analytics_msds.html
　　および　http://www.chemdat.info/mda/jp/index.html
東京化成工業株式会社のMSDS：
　　http://www.tokyokasei.co.jp/catalog/index.shtml
webelememnts.comのサイト：　　http://www.webelements.com/

危険物

ハザードデータブック

2 亜 鉛

	名称	CAS No. 国連番号 化審法No.	危険物分類	物理的特性					
				外観・性質	比重	蒸気比重 (空気=1)	沸点[℃]	融点[℃]	水溶性
01	亜鉛 Zinc Zn [65.39]	7440-66-6 1435, 1436 対象外	消第2類, 運 4.3	銀白色 金属	7.1		907	419.5	
02	亜塩素酸カリウム Potassium chlorite $KClO_2$ [106.56]	14314-27-3 — —	消第1類, 安 酸化性の物	無色 結晶 潮解性				160 (分解)	易
03	亜塩素酸水銀(Ⅰ) Mercury(Ⅰ) chlorite $HgClO_2$ [268.07]	101672-18-8 — —	消第1類, 水, 安酸化性の物, 管1種	黄色 結晶					難
04	亜塩素酸水銀(Ⅱ) Mercury(Ⅱ) chlorite $Hg(ClO_2)_2$ [335.52]	73513-17-4 — —	消第1類, 水, 安酸化性の物, 管1種	赤色 結晶					冷水に不, 温水と反 応
05	亜塩素酸ナトリウム Sodium chlorite $NaClO_2$ [90.44]	7758-19-2 1496 (1)-238	毒劇物, 消第 1類, 安酸化 性の物, 運5.1	無色 結晶性 粉末				180〜200	易
06	亜塩素酸鉛(Ⅱ) Lead(Ⅱ) chlorite $Pb(ClO_2)_2$ [342.12]	13453-57-1 — —	毒劇物, 管1 種, 消第1類, 安酸化性の物	黄色 結晶					難
07	亜塩素酸ニッケル Nickel chlorite $Ni(ClO_2)_2$ [193.62]	72248-72-7 — —	消第1類, 安 酸化性の物, 管特定1種						冷水に易, 温水と反 応
08	アクリルアミド プロペンアミド Acrylamide Propenamide C_3H_5NO [71.08]	79-06-1 2074, 3426 (2)-1014	毒劇物, 管1種, 消第9条, 安 特定化学物質 等, 運6.1	無色 結晶 無臭	1.1		103 (5mmHg)	84.5	可
09	アクリルアルデヒド プロペナール アクロレイン Acrylic aldehyde Propenal Acrolein C_3H_4O [56.06]	107-02-8 1092 (2)-521	毒劇物, 管1種, 消第4類, 悪2 種監視, 圧可 燃性・毒性ガ ス, 安特定物 質, 安引火性 の物, 運6.1	無色 液体 刺激臭	0.8	1.9	52	−88	易
10	アクリル酸 Acrylic acid $C_3H_4O_2$ [72.06]	79-10-7 2218 (2)-984	毒劇物, 管1種, 消第4類, 安 引火性の物, 運8	無色 液体 刺激臭	1.1	2.5	142	12.3	易
11	アクリル酸イソブチル Isobutyl acrylate $C_7H_{12}O_2$ [128.17]	106-63-8 2527 (2)-989	消第4類, 安 引火性の物, 運3	無色 液体	0.9	4.4	61〜63 (15mmHg)	−61 (凝固点)	微
12	アクリル酸エチル Ethyl acrylate $C_5H_8O_2$ [100.12]	140-88-5 1917 (2)-988	管1種, 消第4 類, 安引火性 の物, 運3	無色 液体 刺激臭	0.9	3.5	99		微
13	アクリル酸-2-エチルブチル 2-Ethylbutyl acrylate $C_9H_{16}O_2$ [156.2]	3953-10-4 — —	消第4類, 安 引火性の物	液体	0.9	5.4	82 (10mmHg)	−57	不
14	アクリル酸-2-エチルヘキシル 2-Ethylhexyl acrylate $C_{11}H_{20}O_2$ [184.27]	103-11-7 — (2)-990	消第4類	液体 芳香	0.9		130 (50mmHg)		不
15	アクリル酸グリシジル Glycidyl acrylate $C_6H_8O_3$ [128.13]	106-90-1 — —	消第4類, 安 引火性の物	液体	1.1	4.4	57 (2mmHg)		微

燃焼危険性			有害危険性			火災時の措置	備考	
引火点 [℃]	発火点 [℃]	爆発範囲 [vol%]	許容濃度 [ppm]	吸入LC$_{50}$ [ラットppm]	経口LD$_{50}$ [ラットmg/kg]			
						粉末消火剤, ソーダ灰, 石灰, 砂【水／泡消火剤使用不可】		01
						水のみ使用【粉末／泡消火剤使用不可】		02
			0.025mg/m³ (Hg)			水のみ使用【粉末／泡消火剤使用不可】	打撃等で爆発	03
			0.025mg/m³ (Hg)			水のみ使用【粉末／泡消火剤使用不可】	加熱・打撃等で爆発	04
					165	水のみ使用【粉末／泡消火剤使用不可】	粉塵は皮膚や粘膜を刺激. 3水和物もある	05
	126 [爆発]		0.05mg/m³ (Pb)			水のみ使用【粉末／泡消火剤使用不可】		06
	100 [爆発] (二水塩)		0.1mg/m³ (Ni)			水のみ使用【粉末／泡消火剤使用不可】	2水和物もある	07
138	424		0.03mg/m³			粉末消火剤, 二酸化炭素, 散水, 耐アルコール性泡消火剤	発がん物質の恐れ	08
−26	220	2.8〜31	0.1(STEL)		26	粉末消火剤, 二酸化炭素, 散水, 耐アルコール性泡消火剤(消火効果のない場合, 散水)	有毒で粘膜を侵す	09
50	438	2.4〜8.0	2		34	粉末消火剤, 二酸化炭素, 散水, 耐アルコール性泡消火剤(消火効果のない場合, 散水)		10
30	427				7.1ml/kg	粉末消火剤, 二酸化炭素, 散水, 一般泡消火剤(消火効果のない場合, 散水)		11
10	372	1.4〜14	5, 15(STEL)		800	粉末消火剤, 二酸化炭素, 散水, 一般泡消火剤(消火効果のない場合, 散水)		12
52						粉末消火剤, 二酸化炭素, 散水, 一般泡消火剤(消火効果のない場合, 散水)		13
82	252	0.7〜8.2			6.5ml/kg	粉末消火剤, 二酸化炭素, 散水, 一般泡消火剤(消火効果のない場合, 散水)		14
61	415					粉末消火剤, 二酸化炭素, 散水, 一般泡消火剤(消火効果のない場合, 散水)		15

4　アクリ

名称	CAS No. 国連番号 化審法No.	危険物分類	物理的特性					
			外観・性質	比重	蒸気比重 (空気=1)	沸点[℃]	融点[℃]	水溶性
01 アクリル酸-2-シアノエチル 2-Cyanoethyl acrylate $C_6H_7NO_2$ [125.13]	106-71-8 — —	消第4類	液体	1.1	4.3	重合		不
02 アクリル酸-2-(ジエチルアミノ)エチル 2-(Diethylamino)ethyl acrylate $C_9H_{18}NO_2$ [172.25]	2426-54-2 — —	消第4類		0.9	5.9	分解		分解
03 アクリル酸デシル Decyl acrylate $C_{13}H_{24}O_2$ [212.4]	2156-96-9 — —	消第4類	液体	0.9	15.8	158 (50mmHg)		難
04 アクリル酸トリデシル Tridecyl acrylate $C_{16}H_{30}O_2$ [254.41]	3076-04-8 — —	消第4類	液体	0.9	17.3	150 (10mmHg)		不
05 アクリル酸ブチル Butyl acrylate $C_7H_{12}O_2$ [128.17]	141-32-2 2348 (2)-989	消第4類, 安引火性の物, 運3	無色 液体	0.9	4.4	146～148		微
06 アクリル酸メチル Methyl acrylate $C_4H_6O_2$ [86.09]	96-33-3 1919 (2)-987	管1種, 消第4類, 安引火性の物, 運3	無色 液体 不快臭 揮発性	1.0−	3.0	80		可
07 アクリル酸-2-メトキシエチル 2-Methoxyethyl acrylate $C_6H_{10}O_3$ [130.14]	3121-61-7 — (2)-1004	消第4類	無色 液体	1.0＋	4.5	61 (17mmHg)		可
08 アクリロニトリル プロペンニトリル Acrylonitrile Propenenitrile Vinyl cyanide C_3H_3N [53.06]	107-13-1 1093 (2)-1513	毒劇物, 管1種, 消第4類, 圧可燃性・毒性ガス, 水, 安引火性の物, 運3	無色 液体 甘い臭気 揮発性 流動性	0.8	1.8	77	−83	可
09 アジ化アンモニウム Ammonium azide NH_4N_3 [60.06]	12164-94-2 — —	消第5類	無色 結晶	1.3			134 (昇華, 爆発)	可
10 アジ化塩素 Chlorine azide ClN_3 [77.48]	13973-88-1 — —		無色 気体			−15	−100	微
11 アジ化カドミウム 二アジ化カドミウム Cadmium azide Cadmium diazide $Cd(N_3)_2$ [196.5]	14215-29-3 — —	管特定1種, 消第5類, 水, 安爆発性の物	無色 結晶					
12 アジ化カルシウム Calcium azide $Ca(N_3)_2$ [124.13]	19465-88-8 — —	消第5類, 安爆発性の物	無色 結晶 潮解性				150 (分解)	
13 アジ化銀(I) Silver(I) azide AgN_3 [149.89]	13863-88-2 — —	消第5類, 安爆発性の物	白色 結晶	4.8		300 (爆発)	252	不
14 アジ化コバルト(II) Cobalt(II) azide $Co(N_3)_2$ [142.99]	14215-31-7 — —	管1種, 消第5類, 安爆発性の物	赤褐色 粉末 (含水塩)				148 (爆発)	
15 アジ化臭素 Bromine azide BrN_3 [121.94]	13973-87-0 — —		赤色 液体 刺激臭 流動性 揮発性				−45	反応

燃焼危険性			有害危険性			火災時の措置	備考	
引火点 [℃]	発火点 [℃]	爆発範囲 [vol%]	許容濃度 [ppm]	吸入LC$_{50}$ [ラットppm]	経口LD$_{50}$ [ラットmg/kg]			
124						粉末消火剤，二酸化炭素，散水，一般泡消火剤(消火効果のない場合，散水)		01
91						粉末消火剤，二酸化炭素，散水，一般泡消火剤(消火効果のない場合，散水)		02
227						粉末消火剤，二酸化炭素，散水，一般泡消火剤(消火効果のない場合，散水)		03
						粉末消火剤，二酸化炭素，散水，一般泡消火剤(消火効果のない場合，散水)		04
29	292	1.7〜9.9	2		900	粉末消火剤，二酸化炭素，散水，一般泡消火剤(消火効果のない場合，散水)		05
−3	468	2.8〜25	2		277	粉末消火剤，二酸化炭素，散水，一般泡消火剤(消火効果のない場合，散水)		06
82					400μl/kg	粉末消火剤，二酸化炭素，散水，一般泡消火剤(消火効果のない場合，散水)		07
0	481	3.0〜17	2		78	粉末消火剤，二酸化炭素，散水，耐アルコール性泡消火剤(消火効果のない場合，散水)	発がん物質の恐れ	08
						自己反応性物質：粉末消火剤，二酸化炭素，散水，一般泡消火剤	加熱により爆発	09
						自己反応性物質：粉末消火剤，二酸化炭素，散水，一般泡消火剤	液体は橙色．固体は爆発性	10
			0.002mg/m^3 (Cd)				発がん物質の恐れ	11
						自己反応性物質：粉末消火剤，二酸化炭素，散水，一般泡消火剤	急加熱で爆発	12
						積載火災：爆発のおそれ，消火不可	加熱，打撃，摩擦で爆発	13
			0.02mg/m^3 (Co)			積載火災：爆発のおそれ，消火不可	通常水和物．摩擦に敏感で爆発	14
						自己反応性物質：粉末消火剤，二酸化炭素，散水，一般泡消火剤	−200℃でも不安定．摩擦に敏感で爆発	15

6 アジ化

	名称	CAS No. 国連番号 化審法No.	危険物分類	物理的特性					
				外観・性質	比重	蒸気比重 (空気=1)	沸点[℃]	融点[℃]	水溶性
01	アジ化水銀(Ⅰ) 二アジ化二水銀(Ⅰ) Mercury(Ⅰ) azide Dimercury(Ⅰ) diazide Hg₂N₆ [485.2]	38232-63-2 — —	管1種, 消第5類, 水, 安爆発性の物	白色 結晶			215～220 (昇華)		難
02	アジ化水銀(Ⅱ) Mercury(Ⅱ) azide Hg(N₃)₂ [284.66]	14215-33-9 — —	管1種, 消第5類, 水, 安爆発性の物	白色 粉末			300 (爆発)	210 (分解)	冷水に難, 熱水に可
03	アジ化水素 ヒドラゾ酸 Hydrogen azide Hydrazoic acid HN₃ [43.03]	7782-79-8 — —		無色 液体 揮発性	1.1		37	−80	可
04	アジ化ストロンチウム Strontium azide Sr(N₃)₂ [171.68]	19465-89-5 — —	消第5類, 安爆発性の物	無色 粉末 吸湿性				140～150 (分解)	易
05	アジ化タリウム(Ⅰ) Thallium(Ⅰ) azide TlN₃ [246.41]	13847-66-0 — —	消第5類, 安爆発性の物	淡黄色 結晶			370 (分解)	330 (真空下)	
06	アジ化銅(Ⅱ) Copper(Ⅱ) azide Cu(N₃)₂ [147.59]	14215-30-6 — —	消第5類, 安爆発性の物	黒褐色 光沢の粉末					難
07	アジ化ナトリウム Sodium azide NaN₃ [65.01]	26628-22-8 1687 (1)-482	毒毒物, 消第5類, 安爆発性の物・18条, 運6.1	無色 結晶	1.8			300 (分解)	可
08	アジ化鉛(Ⅱ) Lead(Ⅱ) azide Pb(N₃)₂ [291.24]	13424-46-9 — (1)-1140	毒劇物, 管1種, 消第5類, 気有害物質, 水, 安爆発性の物, 火爆薬	無色 結晶	4.7～4.9				不
09	アジ化バリウム Barium azide Ba(N₃)₂ [221.41]	18810-58-7 0224, 1571 —	毒劇物, 管1種, 消第5類, 安爆発性の物, 運1.1D, 4.1	結晶性固体	2.9			219 (分解)	可
10	アジ化フッ素 Fluorine azide FN₃ [61.02]	14986-60-8 — —	水	緑黄色 気体				−154	
11	アジ化ベンゾイル ベンゾイルアジド Benzoyl azide C₆H₅CON₃ [147.13]	582-61-6 — —	消第5類					27	
12	アジ化ヨウ素 Iodine azide IN₃ [168.93]	14696-82-3 — —		無色 固体(純粋な状態), 赤色～黄白色 固体 刺激臭 (通常)					易
13	アジ化リチウム Lithium azide LiN₃ [48.96]	19597-69-4 — —	消第5類, 安爆発性の物	無色 結晶 吸湿性				115～298 (分解)	可

燃焼危険性			有害危険性			火災時の措置	備考	
引火点 [℃]	発火点 [℃]	爆発範囲 [vol%]	許容濃度 [ppm]	吸入LC$_{50}$ [ラットppm]	経口LD$_{50}$ [ラットmg/kg]			
			0.025mg/m^3 (Hg)			積載火災：爆発のおそれ，消火不可	打撃で爆発	01
			0.025mg/m^3 (Hg)			積載火災：爆発のおそれ，消火不可	爆発しやすい．打撃に敏感で爆発	02
						自己反応性物質：粉末消火剤，二酸化炭素，散水，一般泡消火剤	熱，打撃，摩擦で爆発．毒性が強い	03
	169 [爆発]					自己反応性物質：粉末消火剤，二酸化炭素，散水，一般泡消火剤		04
	430 [爆発]					自己反応性物質：粉末消火剤，二酸化炭素，散水，一般泡消火剤	打撃で爆発	05
	202 (爆発)					積載火災：爆発のおそれ，消火不可	わずかの摩擦で爆発	06
			0.29mg/m^3 (STEL)		27	自己反応性物質：粉末消火剤，二酸化炭素，散水，一般泡消火剤		07
	330		0.05mg/m^3 (Pb)			積載火災：爆発のおそれ，消火不可	起爆薬．火花，衝撃，摩擦で爆発	08
			0.5mg/m^3 (Ba)			自己反応性物質：粉末消火剤，二酸化炭素，散水，一般泡消火剤	急激な加熱で発火	09
						自己反応性物質：粉末消火剤，二酸化炭素，散水，一般泡消火剤		10
						自己反応性物質：粉末消火剤，二酸化炭素，散水，一般泡消火剤		11
						自己反応性物質：粉末消火剤，二酸化炭素，散水，一般泡消火剤	きわめて爆発しやすい	12
						自己反応性物質：粉末消火剤，二酸化炭素，散水，一般泡消火剤		13

8　アジド

	名称	CAS No. 国連番号 化審法No.	危険物分類	物理的特性					
				外観・性質	比重	蒸気比重 (空気=1)	沸点[℃]	融点[℃]	水溶性
01	アジドトリメチルシラン トリメチルシリルアジド **Azidotrimethylsilane** Trimethylsilyl azide $SiN_3(CH_3)_3$ [115.2]	4648-54-8 — —		無色				−95	
02	アジピン酸 ヘキサン二酸 **Adipic acid** Hexanedioic acid $C_6H_{10}O_4$ [146.14]	124-04-9 — (2)-858	安18条	白色 結晶	1.4	5.0	338	153	可
03	アジピン酸ジイソデシル DIDA **Diisodecyl adipate** $C_{26}H_{50}O_4$ [426.68]	27178-16-1 — (2)-861	消第4類	薄く着色 油状液体	0.9		349		
04	アジピン酸ジオクチル アジピン酸ジ-2-エチルヘキシル DOA **Dioctyl adipate** Di-2-ethylhexyl adipate DOA $C_{22}H_{42}O_4$ [370.22]	103-23-1 — (2)-861	管1種, 消第4類	薄く着色 油状液体	0.9		417	−70 (凝固点)	不
05	亜硝酸 **Nitrous Acid** HNO_2 [47.01]	7782-77-6 — —		淡青色 液体				分解	
06	亜硝酸アンモニウム **Ammonium nitrite** NH_4NO_2 [64.05]	13446-48-5 — —	毒劇物, 消第1類, 水	白色または 淡黄色 結晶性粉末	1.7				可, 熱水 と反応
07	亜硝酸イソプロピル **Isopropyl nitrite** $C_3H_7NO_2$ [89.09]	541-42-4 — —	消第4類, 引火性の物	液体	0.9		45		
08	亜硝酸イソペンチル 亜硝酸イソアミル **Isopentyl nitrite** Isoamyl nitrite Amyl nitrite $C_5H_{11}NO_2$ [117.15]	110-46-3 1113 —	消第4類, 引火性の物, 運3	淡黄色 液体 果実様の特 異臭 揮発性	0.9	4.0	104		微
09	亜硝酸エチル **Ethyl nitrite** Nitrous ether $C_2H_5NO_2$ [75.07]	109-95-5 1194 —	消第4類, 引火性の物, 運3	無色 液体 特異臭 揮発性	0.9	2.6	17		難
10	亜硝酸カリウム **Potassium nitrite** KNO_2 [85.10]	7758-09-0 1488 (1)-823	毒劇物, 消第1類, 水, 運5.1	無色ないし 淡黄色 固体 潮解性	1.9		537	441	可
11	亜硝酸ナトリウム **Sodium nitrite** $NaNO_2$ [69.00]	7632-00-0 1487, 1500 (1)-483	毒劇物, 消第1類, 水, 運5.1	白色ないし 淡黄色 固体	2.1		>320 (分解)	271	可
12	亜硝酸ブチル **Butyl nitrite** $C_4H_9NO_2$ [103.12]	544-16-1 2351 —	消第4類, 引火性の物, 運3	油状液体 特異臭	0.9		78.2		微
13	亜硝酸t-ブチル **tert-Butyl nitrite** $C_4H_9NO_2$ [103.12]	540-80-7 — —	消第4類, 引火性の物	液体	0.9		63		難

亜硝酸 9

燃焼危険性			有害危険性			火災時の措置	備考	
引火点 [℃]	発火点 [℃]	爆発範囲 [vol%]	許容濃度 [ppm]	吸入LC_{50} [ラットppm]	経口LD_{50} [ラットmg/kg]			
						自己反応性物質：粉末消火剤，二酸化炭素，散水，一般泡消火剤		01
196	420		5mg/m³		>11000	粉末消火剤，二酸化炭素，砂，土，散水，一般泡消火剤		02
107						粉末消火剤，二酸化炭素，散水，一般泡消火剤(消火効果のない場合，散水)		03
206	377	0.4 (242℃) ～			7392	粉末消火剤，二酸化炭素，散水，耐アルコール性泡消火剤(消火効果のない場合，散水)		04
						水のみ使用【粉末／泡消火剤使用不可】	水溶液としてだけ存在	05
						水のみ使用【粉末／泡消火剤使用不可】	加熱，打撃で爆発	06
						粉末消火剤，二酸化炭素，散水，一般泡消火剤(消火効果のない場合，散水)		07
10	210					粉末消火剤，二酸化炭素，散水，一般泡消火剤(消火効果のない場合，散水)		08
−35	90 (激しく分解)	4.0～50				粉末消火剤，二酸化炭素，散水，一般泡消火剤(消火効果のない場合，散水)		09
					220(マウス)	水のみ使用【粉末／泡消火剤使用不可】		10
					180	水のみ使用【粉末／泡消火剤使用不可】	致死量2gと言われている	11
						粉末消火剤，二酸化炭素，散水，一般泡消火剤(消火効果のない場合，散水)		12
−10						粉末消火剤，二酸化炭素，散水，一般泡消火剤(消火効果のない場合，散水)		13

10　亜硝酸

	名称	CAS No. 国連番号 化審法No.	危険物分類	物理的特性					
				外観・性質	比重	蒸気比重 (空気=1)	沸点[℃]	融点[℃]	水溶性
01	亜硝酸プロピル Propyl nitrite $C_3H_7NO_2$ [89.1]	543-67-9 — —	消第4類, 安 引火性の物		0.9		46～48		
02	亜硝酸ペンチル Pentyl nitrite $C_5H_{11}NO_2$ [117.15]	463-04-7 — —	消第4類, 安 引火性の物	無色 液体	0.9	4	104.4		微
03	亜硝酸マグネシウム Magnesium nitrite $Mg(NO_2)_2$ [116.34]	15070-34-5 — —	毒劇物, 消第 1類, 水	白色 結晶				100 (分解)	
04	亜硝酸メチル Methyl nitrite CH_3NO_2 [61.0]	624-91-9 2455 —	毒劇物, 圧液 化ガス, 運2.2	気体	1.0－ (加圧下)		－12		
05	アジリジン エチレンイミン Aziridine Ethylenimine C_2H_5N [43.07]	151-56-4 — (5)-2	管1種, 消第4 類, 安引火性 の物・特定化 学物質	無色 液体 アンモニア 臭	0.8	1.5	56	－78	可
06	アゼチジン トリメチレンイミン Azetidine Trimethyleneimine C_3H_7N [57.10]	503-29-7 — —	消第4類, 安 引火性の物	無色 液体 アンモニア 臭	0.8		63 (748mmHg)		易
07	アセチルアセトン 2,4-ペンタンジオン Acetyl acetone 2,4-Pentanedione $C_5H_8O_2$ [100.12]	123-54-6 — (2)-562	消第4類, 安 引火性の物	無色 液体 引火性	1.0－	3.5	140	－23	易
08	o-アセチルサリチル酸 アスピリン o-Acetylsalicylic Acid Aspirin $C_9H_8O_4$ [180.16]	50-78-2 — (3)-1652	安18条	白色 結晶	1.4		分解	135	微
09	2-アセチルチオフェン α-アセトチエノン 2-Acetylthiophene C_6H_6OS [126.17]	88-15-3 — —	消第4類	黄色 油状液体	1.2		214	10.5	
10	アセチルペルオキシド 過酸化ジアセチル Acetyl peroxide Diacetyl peroxide $C_4H_6O_4$ [118.1]	110-22-5 — —	消第5類, 安 引火性の物		1.2	4.1	加熱によ り爆発	26.5	微
11	N-アセチルモルホリン N-Acetyl morpholine $C_{16}H_{11}NO_2$ [129.16]	1696-20-4 — —	消第4類	無色 液体	1.1	4.5	245	9～10	易
12	アセチレン Acetylene Ethine Ethyne C_2H_2 [26.04]	74-86-2 1001, 3138, 3374 (2)-14	消第9条, 圧 圧縮アセチレ ンガス・可燃 性ガス, 安可 燃性のガス, 運2.1	無色 気体 無臭 有毒	0.6 (－82℃)	0.9	－83	－81.8 (890mmHg)	不

燃焼危険性			有害危険性			火災時の措置	備考	
引火点 [℃]	発火点 [℃]	爆発範囲 [vol%]	許容濃度 [ppm]	吸入LC$_{50}$ [ラットppm]	経口LD$_{50}$ [ラットmg/kg]			
						粉末消火剤，二酸化炭素，散水，一般泡消火剤(消火効果のない場合，散水)		01
10	210					粉末消火剤，二酸化炭素，散水，一般泡消火剤(消火効果のない場合，散水)		02
						水のみ使用【粉末／泡消火剤使用不可】	3水和物もある	03
						粉末消火剤，二酸化炭素，散水，一般泡消火剤(消火効果のない場合，散水)		04
−11	320	3.3〜54.8	0.5		15	粉末消火剤，二酸化炭素，散水，耐アルコール性泡消火剤(消火効果のない場合，散水)		05
		—				粉末消火剤，二酸化炭素，散水，耐アルコール性泡消火剤(消火効果のない場合，散水)		06
34	340				55	粉末消火剤，二酸化炭素，散水，耐アルコール性泡消火剤(消火効果のない場合，散水)		07
			5mg/m^3		200	粉末消火剤，二酸化炭素，砂，土，散水，一般泡消火剤		08
						粉末消火剤，二酸化炭素，散水，一般泡消火剤(消火効果のない場合，散水)		09
45						有機過酸化物：散水，水噴霧．水がない場合は粉末消火剤，二酸化炭素，一般泡消火剤		10
113	280					粉末消火剤，二酸化炭素，散水，耐アルコール性泡消火剤(消火効果のない場合，散水)		11
ガス	305	2.5〜100	窒息に至る			粉末消火剤，二酸化炭素【ガス漏れ停止困難のときは消火不可】	不安定なので，アセトンに溶解して使用．銅，銀，水銀と爆発性物質を作る	12

	名称	CAS No. 国連番号 化審法No.	危険物分類	物理的特性					
				外観・性質	比重	蒸気比重 (空気=1)	沸点[℃]	融点[℃]	水溶性
01	アセチレン化一銀(I) 炭化銀 銀(I)アセチリド **Silver(I) acetylide** Silver carbid AgHC$_2$ [132.90]	13092-75-6 — —	消第3類	無色 粉末				150	
02	アセチレン化一ナトリウム **Monosodium acetylide** Ethynyl sodium NaHC$_2$ [48.02]	1066-26-8 — —	消第3類	白色 固体	1.6 (15℃)			700	
03	アセチレン化カリウム アセチレン化二カリウム 炭化カリウム 二炭化二カリウム **Potassium acetylide** K$_2$C$_2$ [102.22]	22754-96-7 — —	消第3類	無色 結晶				分解	反応
04	アセチレン化カルシウム カルシウムカーバイト 炭化カルシウム **Calcium acetylide** Calcium carbide CaC$_2$ [64.10]	75-20-7 1401 (1)-119	消第3類, 安 発火性の物, 運4.3	無色 結晶(純粋 な状態, 常 温)	2.2			2300	反応
05	アセチレン化金(I) 炭化金 **Gold(I) acetylide** Gold carbide Au$_2$C$_2$ [418.0]	70950-00-4 — —	消第3類	黄色 粉末					冷水に不, 熱水と反 応
06	アセチレン化銀(I) 炭化銀 銀(I)アセチリド **Silver(I) acetylide** Silver carbide Ag$_2$C$_2$ [239.76]	7659-31-6 — —	消第3類	白色 粉末				150	微 (反応)
07	アセチレン化水銀(II) 炭化水銀(II) **Mercury(II) acetylide** Mercury(II) carbide HgC$_2$ [224.63]	37297-87-3 — —	消第3類, 管1 種, 水	白色 粉末					不
08	アセチレン化ストロンチウム 炭化ストロンチウム **Strontium acetylide** Strontium carbide SrC$_2$ [111.65]	12071-29-3 — —	消第3類	黒色 結晶	3.2			>1700	反応
09	アセチレン化セシウム 炭化セシウム **Caesium acetylide** Cesium carbide Cs$_2$C$_2$ [289.84]	22750-56-7 — —	消第3類	白色 結晶					反応

燃焼危険性			有害危険性			火災時の措置	備考	
引火点 [℃]	発火点 [℃]	爆発範囲 [vol%]	許容濃度 [ppm]	吸入LC$_{50}$ [ラットppm]	経口LD$_{50}$ [ラットmg/kg]			
						粉末消火剤，ソーダ灰，石灰，砂【水／泡消火剤使用不可】		01
						粉末消火剤，ソーダ灰，石灰，砂【水／泡消火剤使用不可】	希釈品が流通している	02
						粉末消火剤，ソーダ灰，石灰，砂【水／泡消火剤使用不可】		03
						粉末消火剤，ソーダ灰，石灰，砂【水／泡消火剤使用不可】	目，皮膚，気道に腐食性あり	04
						粉末消火剤，ソーダ灰，石灰，砂【水／泡消火剤使用不可】	爆発性	05
						粉末消火剤，ソーダ灰，石灰，砂【水／泡消火剤使用不可】	加熱・摩擦により爆発	06
			0.025mg/m³（Hg）			粉末消火剤，ソーダ灰，石灰，砂【水／泡消火剤使用不可】	摩擦などで激しく爆発	07
						粉末消火剤，ソーダ灰，石灰，砂【水／泡消火剤使用不可】		08
						粉末消火剤，ソーダ灰，石灰，砂【水／泡消火剤使用不可】		09

	名称	CAS No. 国連番号 化審法No.	危険物分類	物理的特性					
				外観・性質	比重	蒸気比重 (空気=1)	沸点[℃]	融点[℃]	水溶性
01	アセチレン化銅（Ⅰ） アセチレン化第一銅 炭化銅（Ⅰ） 銅（Ⅰ）アセチリド **Copper(Ⅰ) acetylide** Cuprous acetylide Dicopper(Ⅰ) acetylide Copper(Ⅰ) carbide Cu_2C_2 [151.11]	1117-94-8 — —	消第3類	赤色 粉末					冷水に不, 熱水と反 応
02	アセチレン化銅（Ⅱ） アセチレン化第二銅 炭化銅（Ⅱ） **Copper(Ⅱ) acetylide** Cupric acetylide Copper(Ⅱ) carbide CuC_2 [87.56]	12540-13-5 — —	消第3類	暗赤色ない し褐黒色 粉末					
03	アセチレン化ナトリウム アセチレン化二ナトリウム 炭化ナトリウム 二炭化二ナトリウム **Sodium acetylide** Sodium carbide Disodium dicarbide Na_2C_2 [70.00]	2881-62-1 — —	消第3類	無色 結晶	1.6			～700	反応
04	アセチレン化バリウム 炭化バリウム **Barium acetylide** Barium carbide BaC_2 [161.38]	12070-27-8 — —	毒劇物, 消第 3類	灰色 結晶	3.8				反応
05	アセチレン化リチウム アセチレン化二リチウム 炭化リチウム **Lithium acetylide** Lithium carbide Li_2C_2 [37.90]	1070-75-3 — —	消第3類	白色 結晶	1.7			分解	反応
06	アセチレン化ルビジウム 炭化ルビジウム **Rubidium acetylide** Rubidium carbide Rb_2C_2 [194.98]	22754-97-8 — —	消第3類	無色				分解	反応
07	アセチレンジカルボン酸 **Acetylenedicarboxylic acid** $C_4H_2O_4$ [114.06]	142-45-0 — (2)-3393		固体				175 (分解) (2水和物)	可
08	アセチレンジカルボン酸ジエチル **Diethyl acetylenedicarboxylate** $C_8H_{10}O_4$ [170.2]	762-21-0 — —	消第4類	淡黄色 液体	1.1		184 (200mmHg)	1～3	
09	アセチレンジカルボン酸ジメチル DMAD **Dimethyl acetylenedicarboxylate** Dimethyl 2-butynedioate $C_6H_6O_4$ [142.1]	762-42-5 — —	消第4類	無色 液体	1.2 (20℃)		195～198		不
10	アセチレンジカルボン酸水素カリウム **Potassium hydrogen acetylenedicarboxylate**	928-84-1 — —							

燃焼危険性			有害危険性			火災時の措置	備考	
引火点 [℃]	発火点 [℃]	爆発範囲 [vol%]	許容濃度 [ppm]	吸入LC_{50} [ラットppm]	経口LD_{50} [ラットmg/kg]			
	120 (爆発)					粉末消火剤, ソーダ灰, 石灰, 砂【水／泡消火剤使用不可】	加熱・摩擦により激しく爆発	01
	50〜70 (爆発)					粉末消火剤, ソーダ灰, 石灰, 砂【水／泡消火剤使用不可】	加熱・打撃により爆発	02
						粉末消火剤, ソーダ灰, 石灰, 砂【水／泡消火剤使用不可】		03
			0.5mg/m³ (Ba)			粉末消火剤, ソーダ灰, 石灰, 砂【水／泡消火剤使用不可】		04
						粉末消火剤, ソーダ灰, 石灰, 砂【水／泡消火剤使用不可】		05
						粉末消火剤, ソーダ灰, 石灰, 砂【水／泡消火剤使用不可】		06
						粉末消火剤, 二酸化炭素, 砂, 土, 散水, 一般泡消火剤		07
94						粉末消火剤, 二酸化炭素, 散水, 一般泡消火剤(消火効果のない場合, 散水)		08
86						粉末消火剤, 二酸化炭素, 散水, 一般泡消火剤(消火効果のない場合, 散水)		09
						粉末消火剤, 二酸化炭素, 散水, 一般泡消火剤(消火効果のない場合, 散水)		10

	名称	CAS No. 国連番号 化審法No.	危険物分類	物理的特性					
				外観・性質	比重	蒸気比重 (空気=1)	沸点[℃]	融点[℃]	水溶性
01	アセトアセトアニリド アセト酢酸アニリド **Acetoacetanilide** $C_{10}H_{11}NO_2$ [177.20]	*102-01-2* — (3)-110		白色 結晶	1.1 (85℃)			85	微
02	アセトアニリド アンチフェブリン **Acetanilide** Antifebrin C_8H_9NO [135.17]	*103-84-4* — (3)-108		無色 光沢の結晶 無臭	1.2	4.6	306	113〜114	冷水に難, 熱水に可
03	アセトアルデヒド エタナール **Acetaldehyde** Ethanal Acetic aldehyde C_2H_4O [44.05]	*75-07-0* 1089 (2)-485	管1種,消第4 類,圧可燃性 ガス,気有害 物質,安引火 性の物,運3	無色 液体 特有の刺激 臭	0.8	1.5	21	−123.5	易
04	アセトアルデヒド=オキシム ヒドロキシイミノエタン アセトアルドキシム **Acetaldehyde oxime** Hydroximinoethane Acetaldoxime C_2H_5NO [59.1]	*107-29-9* 2332 —	運3				47		
05	アセト酢酸エチル **Ethyl acetoacetate** Ethyl 3-oxobutanoate $C_6H_{10}O_3$ [130.14]	*141-97-9* — (2)-1475	消第4類,安 引火性の物	無色 液体 芳香	1.0+	4.5	180	−45	易
06	アセト酢酸t-ブチル **tert-Butyl acetoacetate** $C_8H_{14}O_3$ [158.19]	*591-60-6* — —	消第4類	無色 液体 芳香	1.0−	5.5	214		微
07	アセト酢酸メチル **Methyl acetoacetate** $C_5H_8O_3$ [116.12]	*105-45-3* — (2)-1475	消第4類	無色 液体	1.1	4.0	170	−80	易
08	アセトニトリル メチルシアニド エタンニトリル **Acetonitrile** Methyl cyanide C_2H_3N [41.05]	*75-05-8* 1648 (2)-1508	毒毒物,管1種, 消第4類,水, 安引火性の物, 運3	無色 液体 エーテル様 芳香	0.8	1.4	82	−45.7	易
09	アセトニルアセトン 2,5-ヘキサンジオン **Acetonyl acetone** 2,5-Hexanedione $C_6H_{10}O_2$ [114.14]	*110-13-4* — —	消第4類	無色 液体	1.0−	3.9	192	−9	易
10	アセトヒドラジド **Acetohydrazide** $C_2H_6N_2O$ [74.08]	*1068-57-1* — —		結晶			129 (18mmHg)	67	
11	アセトフェノン フェニルメチルケトン **Acetophenone** Phenyl methyl ketone C_8H_8O [120.15]	*98-86-2* — (3)-1231	消第4類,安 18条	無色 固体または 液体 オレンジ花 様の芳香	1.0+	4.1	202	20.5	微

燃焼危険性			有害危険性			火災時の措置	備考
引火点 [℃]	発火点 [℃]	爆発範囲 [vol%]	許容濃度 [ppm]	吸入LC$_{50}$ [ラットppm]	経口LD$_{50}$ [ラットmg/kg]		
185					2450	粉末消火剤，二酸化炭素，散水，耐アルコール性泡消火剤	01
169	530				800	粉末消火剤，二酸化炭素，散水，耐アルコール性泡消火剤	02
−39	175	4.0〜60	25ppm(STEL)		661	粉末消火剤，二酸化炭素，散水，耐アルコール性泡消火剤(消火効果のない場合，散水)	03
						粉末消火剤，二酸化炭素，散水，耐アルコール性泡消火剤(消火効果のない場合，散水)	04
57	295	1〜54			3980	粉末消火剤，二酸化炭素，散水，一般泡消火剤(消火効果のない場合，散水)	05
85						粉末消火剤，二酸化炭素，散水，一般泡消火剤(消火効果のない場合，散水)	06
77	280	3.1〜16			3228	粉末消火剤，二酸化炭素，散水，耐アルコール性泡消火剤(消火効果のない場合，散水)	07
5.6	524	3.0〜16.0	20		2460	粉末消火剤，二酸化炭素，散水，耐アルコール性泡消火剤(消火効果のない場合，散水)	08
79	499					粉末消火剤，二酸化炭素，散水，耐アルコール性泡消火剤(消火効果のない場合，散水)	09
						自己反応性物質：粉末消火剤，二酸化炭素，散水，一般泡消火剤	10
77	570	1.1〜6.7	10		815	粉末消火剤，二酸化炭素，散水，一般泡消火剤(消火効果のない場合，散水)	11

	名称	CAS No. 国連番号 化審法No.	危険物分類	物理的特性					
				外観・性質	比重	蒸気比重 (空気=1)	沸点[℃]	融点[℃]	水溶性
01	アセトン 2-プロパノン **Acetone** 2-Propanone Dimethyl ketone C_3H_6O [58.08]	67-64-1 1090 (2)-542	消第4類,安 引火性の物・ 18条, 運3	無色 液体 引火性 甘いにおい	0.8	2.0	56	−94	易
02	アセトン=オキシム アセトキシム **Acetone oxime** Acetoxime C_3H_7NO [73.09]	127-06-0 — —		無色 結晶	0.9		135	59	
03	アセトン=シアノヒドリン α-ヒドロキシイソブチロニ トリル 2-シアノ-2-プロパノール **Acetone cyanohydrin** α-Hydroxyisobutyronitrile 2-Cyano-2-propanol C_4H_7NO [85.11]	75-86-5 1541 (2)-1539	毒毒物,消第 4類,水,安 18条, 運6.1	無色 液体	0.9	2.9	120 (分解)	−19	易
04	アゾキシベンゼン **Azoxybenzene** $C_{12}H_{10}N_2O$ [198.22]	495-48-7 — —	消第5類	淡黄色 結晶	1.2			36	
05	α,α-アゾビスイソブチロニトリル AIBN **Azobisisobutyronitrile** $C_8H_{12}N_4$ [164.21]	78-67-1 — (2)-1531	毒毒物,管1種, 審2種監視, 消第5類	白色 固体			分解	105	不
06	アゾベンゼン ジフェニルジアゼン **Azobenzene** Diphenyldiazene $C_{12}H_{10}N_2$ [182.23]	103-33-3 — —	消第5類	橙赤色 結晶	1.2		293	68	不
07	アゾホルムアミド アゾジカルボキシアミド アゾジカルボンアミド **Azoformamide** Azodicarboxamide Azodicarbonamide $C_2H_4N_4O_2$ [116.09]	123-77-3 3242 (2)-1747	消第5類, 運 4.1	黄白色また は橙赤色 粉末	1.7			224〜230 (分解)	
08	アゾメタン ジメチルジアゼン **Azomethane** Dimethyldiazen $C_2H_6N_2$ [58.08]	503-28-6 — —	圧液化ガス	無色 気体	0.7	2.0	1.5 (751mmHg)		
09	o-アニシジン 2-メトキシアニリン **o-Anisidine** 2-Methoxyaniline C_7H_9NO [123.16]	90-04-0 2431 (3)-682	管1種,消第4 類,安18条, 運6.1	黄色 液体	1.1	4.3	224	6	可
10	m-アニシジン 3-メトキシアニリン **m-Anisidine** 3-Methoxyaniline C_7H_9NO [123.16]	536-90-3 2431 —	消第4類, 運 6.1	淡黄色 油状液体	1.1	4.3	251	1	微

燃焼危険性			有害危険性			火災時の措置	備考	
引火点 [℃]	発火点 [℃]	爆発範囲 [vol%]	許容濃度 [ppm]	吸入LC_{50} [ラットppm]	経口LD_{50} [ラットmg/kg]			
−20	465	2.5〜12.8	500, 750 (STEL)		5800	粉末消火剤，二酸化炭素，散水，耐アルコール性泡消火剤(消火効果のない場合，散水)		01
						粉末消火剤，二酸化炭素，散水，耐アルコール性泡消火剤		02
74	688	2.2〜12	4.7(STEL)		18.7	粉末消火剤，二酸化炭素，散水，耐アルコール性泡消火剤(消火効果のない場合，散水)	濃厚蒸気の吸入，皮膚との接触はきわめて有害	03
						粉末消火剤，二酸化炭素，散水，耐アルコール性泡消火剤		04
	64				100	自己反応性物質：粉末消火剤，二酸化炭素，散水，一般泡消火剤		05
						粉末消火剤，二酸化炭素，散水，耐アルコール性泡消火剤		06
					>6400	粉末消火剤，二酸化炭素，散水，耐アルコール性泡消火剤		07
						粉末消火剤，二酸化炭素，散水，耐アルコール性泡消火剤【ガス漏れ停止困難のときは消火不可】		08
118	415		0.5mg/m³		1150	粉末消火剤，二酸化炭素，散水，一般泡消火剤(消火効果のない場合，散水)		09
>112	515					粉末消火剤，二酸化炭素，散水，一般泡消火剤(消火効果のない場合，散水)		10

	名称	CAS No. 国連番号 化審法No.	危険物分類	物理的特性					
				外観・性質	比重	蒸気比重 (空気=1)	沸点[℃]	融点[℃]	水溶性
01	p-アニシジン 4-メトキシアニリン **p-Anisidine** 4-Methoxyaniline C_7H_9NO [123.16]	104-94-9 2431 (3)-682	圕2種, 安18条, 運6.1	無色 結晶	1.1	4.3	243	60	可
02	o-アニスアルデヒド 2-メトキシベンズアルデヒド **o-Anisaldehyde** 2-Methoxy-benzaldehyde $C_8H_8O_2$ [136.15]	135-02-4 — (3)-2661		無色 結晶	1.1	4.6	236〜244	37	難
03	p-アニスアルデヒド 4-メトキシベンズアルデヒド **p-Anisaldehyde** 4-Methoxybenzaldehyde $C_8H_8O_2$ [136.15]	123-11-5 — (3)-2661	消第4類	無色または 淡黄色 液体 特有の芳香	1.1		248	0	微
04	o-アニス酸 o-メチルサリチル酸 o-メトキシ安息香酸 **o-Anisic acid** o-Methoxybenzoic acid $C_8H_8O_3$ [152.15]	579-75-9 — —		無色 結晶				106	
05	アニソール メトキシベンゼン メチル=フェニル=エーテル **Anisole** Methoxybenzene Methyl phenyl ether C_7H_8O [108.14]	100-66-3 2222 (3)-556	消第4類, 引火性の物, 運3	無色 液体 強い芳香	1.0−	3.7	154	−37.5	微
06	2-アニリノエタノール N-フェニルエタノールアミン **2-Anilinoethanol** N-Phenylethanolamine β-Hydroxyethylaniline $C_8H_{11}NO$ [137.18]	122-98-5 — —	消第4類	液体	1.1	4.7	285	−30	難
07	アニリン ベンゼンアミン **Aniline** Aminobenzene Phenylamine C_6H_7N [93.13]	62-53-3 1547 (3)-105	毒劇物, 圕1種, 消第4類, 安 18条, 運6.1	無色 液体 特異臭	1.0+	3.2	184	−6	可
08	アニリン塩酸塩 塩化アニリニウム 塩酸アニリン **Aniline hydrochloride** Anilinium chloride C_6H_8ClN [129.59]	142-04-1 1548 —	毒劇物, 運6.1	白色 結晶	1.2	4.5	245	198	易
09	アミド硫酸 スルファミン酸 **Amidosulfuric acid** Sulfamic acid NH_2SO_3H [97.10]	5329-14-6 — (1)-402		無色 結晶	2.1		209 (分解)	200 (分解)	易

アミド 21

燃焼危険性			有害危険性			火災時の措置	備考	
引火点 [℃]	発火点 [℃]	爆発範囲 [vol%]	許容濃度 [ppm]	吸入LC$_{50}$ [ラットppm]	経口LD$_{50}$ [ラットmg/kg]			
122	515		0.5mg/m^3		1320	粉末消火剤, 二酸化炭素, 散水, 耐アルコール性泡消火剤		01
117						粉末消火剤, 二酸化炭素, 散水, 耐アルコール性泡消火剤		02
117.8					1510	粉末消火剤, 二酸化炭素, 散水, 一般泡消火剤(消火効果のない場合, 散水)		03
						粉末消火剤, 二酸化炭素, 散水, 耐アルコール性泡消火剤		04
52	475				3700	粉末消火剤, 二酸化炭素, 散水, 一般泡消火剤(消火効果のない場合, 散水)		05
152						粉末消火剤, 二酸化炭素, 散水, 耐アルコール性泡消火剤		06
70	615	1.3〜11	2		250	粉末消火剤, 二酸化炭素, 散水, 一般泡消火剤(消火効果のない場合, 散水)		07
193					840	粉末消火剤, 二酸化炭素, 散水, 耐アルコール性泡消火剤		08
					3160	粉末消火剤, 二酸化炭素, 散水		09

22 アミド

	名称	CAS No. 国連番号 化審法No.	危険物分類	外観・性質	比重	蒸気比重 (空気=1)	沸点[℃]	融点[℃]	水溶性
01	アミド硫酸アンモニウム スルファミン酸アンモニウム Ammonium amidosulfate Ammonium sulfamate $NH_4SO_3NH_2$ [114.13]	7773-06-0 (1)-404	水, 安18条	無色 結晶 潮解性				131	易
02	アミド硫酸カリウム Potassium amidosulfate KSO_3NH_2 [135.19]	13823-50-2 — —		無色 結晶				350 (分解)	冷水に可
03	アミド硫酸ナトリウム Sodium amidosulfate $NaSO_3NH_2$ [119.08]	13845-18-6 (1)-1132		無色 結晶					
04	アミド硫酸バリウム Barium amidosulfate $Ba(SO_3NH_2)_2$ [329.5]	13770-86-0 — —	毒劇物, 管1種	無色				>200 (分解)	可
05	4-アミノアゾベンゼン p-(フェニルアゾ)アニリン p-アミノアゾベンゼン 4-Aminoazobenzene p-(Phenylazo)aniline p-Aminoazobenzene $C_{12}H_{11}N_3$ [197.24]	60-09-3 — —	管2種, 消第5類	橙黄色 結晶				130	
06	4-(2-アミノエチル)モルホリン 4-(2-Aminoethyl)morpholine $C_6H_{14}N_2O$ [130.19]	2038-03-1 — —	消第4類	無色 固体または 液体	1.0	4.5	203	24	易
07	アミノグアニジン Aminoguanidine CH_6N_4 [74.1]	79-17-4 — —		結晶				HCl塩 163	
08	5-アミノテトラゾール 5-Aminotetrazole CH_3N_5 [85.07]	4418-61-5 — (5)-627	消第5類	結晶				200〜204 (分解)	熱水に可
09	2-アミノビフェニル 2-ビフェニルアミン 2-ビフェニリルアミン 2-Aminobiphenyl 2-Biphenylamine 2-Biphenylylamine $C_{12}H_{11}N$ [169.2]	90-41-5 — —		結晶		5.8	299	45.5	不
10	4-アミノビフェニル 4-ビフェニルアミン 4-ビフェニリルアミン 4-Aminobiphenyl 4-Biphenylamine 4-Biphenylylamine $C_{12}H_{11}N$ [169.2]	92-67-1 — —		無色 結晶	1.2		302	55	不
11	m-アミノフェノール m-Aminophenol C_6H_7NO [109.13]	591-27-5 2512 (3)-675	管1種, 消第9条, 運6.1	白色 結晶	1.3		271	122	可
12	p-アミノフェノール p-Aminophenol C_6H_7NO [109.13]	123-30-8 2512 (3)-675	管2種, 運6.1	無色ないし 淡紫色 結晶	1.3		284 (分解)	186	微
13	2-アミノ-1-ブタノール 2-Amino-1-butanol $C_4H_{11}NO$ [89.14]	96-20-8 — —	消第4類	無色 液体	0.9	3.1	178	−2	易

燃焼危険性			有害危険性			火災時の措置	備考	
引火点 [℃]	発火点 [℃]	爆発範囲 [vol%]	許容濃度 [ppm]	吸入LC$_{50}$ [ラットppm]	経口LD$_{50}$ [ラットmg/kg]			
			10mg/m^3		2000	粉末消火剤, 二酸化炭素, 散水		01
						粉末消火剤, 二酸化炭素, 散水		02
						粉末消火剤, 二酸化炭素, 散水		03
			0.5mg/m^3 (Ba)			粉末消火剤, 二酸化炭素, 散水		04
						粉末消火剤, 二酸化炭素, 散水, 耐アルコール性泡消火剤		05
						粉末消火剤, 二酸化炭素, 散水, 耐アルコール性泡消火剤(消火効果のない場合, 散水)		06
						粉末消火剤, 二酸化炭素, 散水, 耐アルコール性泡消火剤		07
					2500 (マウス腹腔内)	自己反応性物質:粉末消火剤, 二酸化炭素, 散水, 一般泡消火剤	衝撃, 摩擦, 熱で急激分解の可能性	08
>110	450					粉末消火剤, 二酸化炭素, 散水, 耐アルコール性泡消火剤		09
153	450					粉末消火剤, 二酸化炭素, 散水, 耐アルコール性泡消火剤	発がん物質	10
165					924	粉末消火剤, 二酸化炭素, 散水, 耐アルコール性泡消火剤		11
195	250				375	粉末消火剤, 二酸化炭素, 散水, 耐アルコール性泡消火剤		12
74						粉末消火剤, 二酸化炭素, 散水, 耐アルコール性泡消火剤(消火効果のない場合, 散水)		13

No	名称	CAS No. 国連番号 化審法No.	危険物分類	外観・性質	比重	蒸気比重 (空気=1)	沸点[℃]	融点[℃]	水溶性
01	N-(3-アミノプロピル)シクロヘキシルアミン N-(3-Aminopropyl) cyclohexylamine $C_9H_{20}N_2$ [156.3]	3312-60-5 — —	消第4類	無色液体	0.9	5.4	120～123 (20mmHg)	-17～-15	易
02	N-(3-アミノプロピル)モルホリン N-(3-Aminopropyl) morpholine $C_7H_{16}N_2O$ [144.21]	123-00-2 — (5)-862	消第4類	無色液体	1.0 -	4.9	226	-15	易
03	o-アミノベンゼンスルホン酸 o-アニリンスルホン酸 オルタニル酸 o-Aminobenzenesulfonic acid o-Anilinesulfonic acid Orthanilic acid $C_6H_7NO_3S$ [173.19]	88-21-1 — —		結晶				325 (分解)	冷水に難
04	m-アミノベンゼンスルホン酸 m-アニリンスルホン酸 メタニル酸 m-Aminobenzenesulfonic acid m-Anilinesulfonic acid Metanilic acid $C_6H_7NO_3S$ [173.19]	121-47-1 — (3)-1971		無色結晶				分解	冷水に微
05	p-アミノベンゼンスルホン酸 p-アニリンスルホン酸 スルファニル酸 p-Aminobenzenesulfonic acid p-Anilinesulfonic acid Sulfanilic acid $C_6H_7NO_3S$ [173.19]	121-57-3 — (3)-1971		結晶				280～300 (分解)	難
06	o-アミノベンゼンチオール o-アミノチオフェノール o-Aminobenzenethiol o-Aminothiophenol C_6H_7NS [125.19]	137-07-5 — (3)-2899	消第4類	結晶または液体	1.17 (25℃)		234	16～26	難
07	p-アミノベンゼンチオール p-アミノチオフェノール p-Aminobenzenethiol p-Aminothiophenol C_6H_7NS [125.19]	1193-02-8		白色結晶				46	
08	2-アミノ-2-メチル-1-プロパノール 2-Amino-2-methyl-1-propanol $C_4H_{11}NO$ [89.14]	124-68-5 — —	消第4類	固体, または液体 粘ちょう	0.9	3.0	165	30	易
09	亜硫酸ジエチル Diethyl sulfite $C_4H_{10}O_3S$ [138.19]	623-81-4 — —		無色液体 芳香	1.9		157		
10	亜硫酸ジメチル Dimethyl sulfite $C_2H_6O_3S$ [110.13]	616-42-2 — —		無色液体	1.3		126		
11	亜硫酸ナトリウム 亜硫酸ソーダ Sodium sulfite Na_2SO_3 [126.04]	7757-83-7 — (1)-502		無色結晶	2.6			600 (分解)	可

亜硫酸

燃焼危険性			有害危険性			火災時の措置	備考	
引火点 [℃]	発火点 [℃]	爆発範囲 [vol%]	許容濃度 [ppm]	吸入LC$_{50}$ [ラットppm]	経口LD$_{50}$ [ラットmg/kg]			
79						粉末消火剤，二酸化炭素，散水，耐アルコール性泡消火剤		01
104	250				3560	粉末消火剤，二酸化炭素，散水，耐アルコール性泡消火剤(消火効果のない場合，散水)		02
						粉末消火剤，二酸化炭素，散水，耐アルコール性泡消火剤		03
						粉末消火剤，二酸化炭素，散水，耐アルコール性泡消火剤		04
					12300	粉末消火剤，二酸化炭素，散水，耐アルコール性泡消火剤		05
109					LDLo=500	粉末消火剤，二酸化炭素，散水，耐アルコール性泡消火剤	皮膚障害性がきわめて強いので直接触れないこと	06
						粉末消火剤，二酸化炭素，散水，耐アルコール性泡消火剤		07
67						粉末消火剤，二酸化炭素，散水，耐アルコール性泡消火剤		08
						粉末消火剤，二酸化炭素，散水		09
						粉末消火剤，二酸化炭素，散水		10
					3560	粉末消火剤，二酸化炭素，散水	7水和物もある	11

名称	CAS No. 国連番号 化審法No.	危険物分類	物理的特性					
			外観・性質	比重	蒸気比重 (空気=1)	沸点[℃]	融点[℃]	水溶性
01 アリルアミン 3-アミノプロペン Allylamine 3-Aminopropene 2-Propenyamine C_3H_7N [57.10]	107-11-9 2334 (2)-2379	毒毒物, 消第 4類, 安引火 性の物, 連6.1	無色 液体 催涙性 アンモニア 臭	0.8	2.0	53	−88	易
02 アリルアルコール 2-プロペン-1-オール Allyl alcohol 2-Propene-1-ol C_3H_6O [58.08]	107-18-6 1098 (2)-260	毒毒物, 管1種, 消第4類, 安 引火性の物・ 18条, 連6.1	無色 液体 辛子に似た 独特の刺激 臭	0.9	2.0	97	−129	易
03 アリル=エチル=エーテル 3-エトキシプロペン Allyl ethyl ether 3-Ethoxypropene $C_5H_{10}O$ [86.13]	557-31-3 2335 —	消第4類, 安 引火性の物, 連3	無色 液体	0.8		70		
04 アリルグリシジルエーテル 1-アリルオキシ-2,3-エポキシ プロパン Allyl glycidl ether 1-Allyloxy-2,3-epoxypropane $C_6H_{10}O_2$ [114.14]	106-92-3 — (2)-393	管1種, 審2種 監視, 消第4類, 安引火性の 物・18条	無色 液体 特異臭	1.0−	3.9	154	−100	可
05 アリル=ビニル=エーテル Allyl vinyl ether Vinyl allyl ether C_5H_8O [84.12]	3917-15-5 — —	消第4類, 安 引火性の物	無色 液体	0.8	3	67		極微
06 アリルメタクリレート Allyl methacrylate $C_7H_{10}O_2$ [126.16]	96-05-9 — (2)-1037	消第4類, 安 引火性の物	無色透明 液体	0.9		150	−60	
07 亜リン酸ジエチル ジエチルホスファイト ホスホン酸ジエチル Diethyl phosphite $C_4H_{11}O_3P$ [138.10]	762-04-9 — (2)-2001	消第4類	無色 液体	1.1		66 (798Pa)	−70	可 (反応)
08 亜リン酸トリフェニル トリフェニルホスファイト ホスホン酸トリフェニル Triphenyl phosphite $C_{18}H_{15}O_3P$ [310.29]	101-02-0 — (3)-2501	消第4類	無色 固体または 液体	1.2	10.6	155〜160 (0.1mmHg)	25	不
09 亜リン酸トリブチル Tributyl phosphite $C_{12}H_{27}O_3P$ [250.32]	102-85-2 — —	消第4類	液体	0.9	8.6	118〜121 (7mmHg)		反応
10 亜リン酸トリヘキシル Trihexyl phosphite $C_{18}H_{39}O_3P$ [334.48]	6095-42-7 — —	消第4類	無色 液体	0.9	11.8	135〜141 (2mmHg)		反応
11 亜リン酸トリメチル トリメチルホスファイト ホスホン酸トリメチル Trimethyl phosphite $C_3H_9O_3P$ [124.08]	121-45-9 2329 (2)-1951	消第4類, 安 引火性の物・ 18条, 連3	無色 液体 刺激臭	1.0+	4.3	111〜112	<−75	不
12 亜リン酸鉛(Ⅱ) ホスホン酸鉛(Ⅱ) Lead(Ⅱ) phosphite Lead(Ⅱ) phosphonate $PbPHO_3$ [287.19]	15521-06-5 — —	毒劇物, 管1種, 水	白色 粉末			分解		

燃焼危険性			有害危険性			火災時の措置	備考	
引火点 [℃]	発火点 [℃]	爆発範囲 [vol%]	許容濃度 [ppm]	吸入LC$_{50}$ [ラットppm]	経口LD$_{50}$ [ラットmg/kg]			
−29	374	2.2〜22	20		102	粉末消火剤，二酸化炭素，散水，耐アルコール性泡消火剤(消火効果のない場合，散水)		01
21	378	2.5〜18.0	0.5		64	粉末消火剤，二酸化炭素，散水，耐アルコール性泡消火剤(消火効果のない場合，散水)		02
＞−7						粉末消火剤，二酸化炭素，散水，耐アルコール性泡消火剤(消火効果のない場合，散水)		03
51	375		1		1600	粉末消火剤，二酸化炭素，散水，耐アルコール性泡消火剤(消火効果のない場合，散水)		04
＜5						粉末消火剤，二酸化炭素，散水，一般泡消火剤(消火効果のない場合，散水)		05
33					70	粉末消火剤，二酸化炭素，散水，一般泡消火剤(消火効果のない場合，散水)		06
90.5		3.8〜12.8			3900	粉末消火剤，二酸化炭素，散水，耐アルコール性泡消火剤(消火効果のない場合，散水)		07
218					444	粉末消火剤，二酸化炭素，散水，耐アルコール性泡消火剤		08
120						粉末消火剤，二酸化炭素，散水，一般泡消火剤(消火効果のない場合，散水)		09
160						粉末消火剤，二酸化炭素，散水，一般泡消火剤(消火効果のない場合，散水)		10
54			2		1600	粉末消火剤，二酸化炭素，散水，耐アルコール性泡消火剤(消火効果のない場合，散水)		11
			0.05mg/m^3 (Pb)			粉末消火剤，二酸化炭素，散水		12

	名称	CAS No. 国連番号 化審法No.	危険物分類	物理的特性					
				外観・性質	比重	蒸気比重 (空気=1)	沸点[℃]	融点[℃]	水溶性
01	アルゴン Argon Ar [39.948]	7440-37-1 1006, 1951 対象外	㊧圧縮ガス・液化ガス・不活性ガス, ㊨2.2	無色 気体(常温) 無臭	1.4 (−186℃)	1.4	−186	−189.4	微
02	アルシン Arsine AsH₃ [77.95]	7784-42-1 2188 (1)-1207	㊤毒物, ㊥特定1種, ㊦第9条, ㊧可燃性ガス・毒性ガス・特殊高圧ガス・特定高圧ガス, ㊥, ㊥可燃性のガス, ㊨2.3	無色 気体 にんにく臭		2.7	−62.5	−116.9	微
03	アルドール 3-ヒドロキシブタナール アセトアルドール Aldol 3-Hydroxybutanal β-Hydroxybuteraldehyde C₄H₈O₂ [88.11]	107-89-1 — —	㊦第4類, ㊨6.1	無色 液体 粘ちょう	1.1	3.0	79〜80 (12mmHg)		易
04	アルミニウム Aluminium Al [26.98]	7429-90-5 1396 対象外	㊦第2類, ㊥別表(アルミニウム粉), ㊨4.3	銀白色 金属結晶	2.7		2450	660.4	
05	安息香酸 Benzoic acid C₇H₆O₂ [122.12]	65-85-0 — (3)-1397		無色 結晶	1.3	4.2	250	122.4	微
06	安息香酸イソプロピル Isopropyl benzoate C₁₀H₁₂O₂ [164.20]	939-48-0 — —	㊦第4類	液体 芳香	1.0+	5.7	219		不
07	安息香酸エチル Ethyl benzoate C₉H₁₀O₂ [150.17]	93-89-0 — —	㊦第4類	無色 液体 芳香	1.0+	5.2	212	−34.6	不
08	安息香酸ブチル Butyl benzoate C₁₁H₁₄O₂ [178.23]	136-60-7 — —	㊦第4類	無色 油状液体	1.0	6.2	250		不
09	安息香酸ベンジル Benzyl benzoate C₁₄H₁₂O₂ [212.25]	120-51-4 — (3)-1389	㊦第4類	無色 液体 弱い香気 粘ちょう	1.1	7.3	323	21	不
10	安息香酸メチル Methyl benzoate Niobe oil C₈H₈O₂ [136.15]	93-58-3 — (3)-1356	㊦第4類	無色 油状液体 快香	1.1	4.7	199	−12.5	微
11	アンチモン Antimony Sb [121.76]	7440-36-0 1549, 2871 —	㊦第2類, ㊥1種, ㊥18条, ㊨6.1	銀白色 金属光沢の結晶	6.7		1635	630.7	
12	アンチモン化三カリウム Potassium antimonide K₃Sb [239.06]	16823-94-2 — —	㊥1種, ㊥18条	黄緑色 固体				812	
13	アントラキノン Anthraquinone C₁₄H₈O₂ [208.22]	84-65-1 — (4)-686		鮮黄色 結晶	1.4	7.2	380	286	不

燃焼危険性			有害危険性			火災時の措置	備考	
引火点 [℃]	発火点 [℃]	爆発範囲 [vol%]	許容濃度 [ppm]	吸入LC$_{50}$ [ラットppm]	経口LD$_{50}$ [ラットmg/kg]			
						適当な消火剤使用，危険でなければ容器移動		01
	225	5.1～78	0.05	390mg/m³/10M		粉末消火剤，二酸化炭素，散水，耐アルコール性泡消火剤【ガス漏れ停止困難のときは消火不可】	きわめて強い毒性	02
66	250					粉末消火剤，二酸化炭素，散水，耐アルコール性泡消火剤	80℃付近で分解	03
			金属粉じん 10mg/m³			粉末消火剤，ソーダ灰，石灰，砂【水／泡消火剤使用不可】		04
121	570				1700	粉末消火剤，二酸化炭素，砂，土，散水，一般泡消火剤		05
99						粉末消火剤，二酸化炭素，散水，一般泡消火剤(消火効果のない場合，散水)		06
88	490					粉末消火剤，二酸化炭素，散水，一般泡消火剤(消火効果のない場合，散水)		07
107						粉末消火剤，二酸化炭素，散水，一般泡消火剤(消火効果のない場合，散水)		08
148	480				1700μl/kg	粉末消火剤，二酸化炭素，散水，一般泡消火剤(消火効果のない場合，散水)		09
83					1177	粉末消火剤，二酸化炭素，砂，土，散水，一般泡消火剤		10
			0.5mg/m³			粉末消火剤，二酸化炭素，散水		11
			0.5mg/m³ (Sb)			粉末消火剤，二酸化炭素，散水		12
185					>5000(マウス)	粉末消火剤，二酸化炭素，砂，土，散水，一般泡消火剤		13

	名称	CAS No. 国連番号 化審法No.	危険物分類	物理的特性					
				外観・性質	比重	蒸気比重 (空気=1)	沸点[℃]	融点[℃]	水溶性
01	アントラセン Anthracene $C_{14}H_{10}$ [178.3]	120-12-7 — (4)-683		黄色 結晶 青い蛍光	1.2	6.2	340	217〜218	不
02	アンモニア Ammonia NH_3 [17.03]	7664-41-7 1005, 2073, 2672, 3318 (1)-391	㊤毒物, ㊐第9条, ㊧液化ガス・可燃性ガス・毒性ガス, ㊧特定高圧ガス, ㊡特定物質, ㊄, ㊂可燃性のガス, ㊇2.2, 2.3, 8	無色 気体 特有の刺激臭	0.7 (-33℃)	0.6(0)	-33	-77.7	易
03	硫黄 Sulfur S [32.07]	7704-34-9 1350 対象外	㊐第2類, ㊇4.1	黄色 固体	1.8		445	115	不
04	イコサン エイコサン アイコサン Icosane Eicosane Eicosane $C_{20}H_{42}$ [282.55]	112-95-8 — —		白色 結晶	0.8		220 (30mmHg)	36〜37	
05	イコサン酸 エイコサン酸 アラキジン酸 Icosanoic acid Eicosanoic acid Arachidic acid $C_{20}H_{40}O_2$ [312.54]	506-30-9 — —		白色 光沢の結晶	0.8		328	75.5	不
06	イソオキサゾール Isoxazole C_3H_3NO [69.06]	288-14-2 — —	㊐第4類	液体 ピリジン類似			95		
07	イソオクタノール イソオクチルアルコール Isooctanol Isooctyl alcohol $C_8H_{18}O$ [130.3]	26952-21-6 — —	㊐第4類	液体	0.8	4.5	83〜91	-76	不
08	イソオクタン酸 Isooctanoic acid $C_8H_{16}O_2$ [144.21]	25103-52-0 — —	㊐第4類	無色 液体	0.9	5.0	220 (分解)		不
09	イソオクテン Isooctene C_8H_{16} [112.22]	11071-47-9 1216 (2)-24	㊐第4類, ㊂引火性の物, ㊇3	無色 液体	0.7	3.9	88〜93		
10	イソ吉草酸 イソバレリアン酸 Isopentanoic acid Isovaleric acid $C_5H_{10}O_2$ [102.13]	503-74-2 — —	㊐第4類	無色 液体 不快な臭気と味	0.9		183	-37.6	不
11	イソ吉草酸イソペンチル イソ吉草酸イソアミル Isopentyl isovalerate Isoamyl isovalerate $C_{10}H_{20}O_2$ [172.27]	659-70-1 — (2)-776	㊐第4類	無色 液体 リンゴ様の強い香気	0.9		190		微

燃焼危険性			有害危険性			火災時の措置	備考	
引火点 [℃]	発火点 [℃]	爆発範囲 [vol%]	許容濃度 [ppm]	吸入LC$_{50}$ [ラットppm]	経口LD$_{50}$ [ラットmg/kg]			
121	540	0.6〜			430 (マウス腹腔内)	粉末消火剤,二酸化炭素,砂,土,散水,一般泡消火剤		01
ガス	651	15〜28	25, 35(STEL)	2000		粉末消火剤,二酸化炭素(防毒マスク使用)	目に対してきわめて危険.皮膚,粘膜への刺激,腐食性が強い	02
207	232	3.3〜				粉末消火剤,二酸化炭素,砂,土,散水,一般泡消火剤	同素体の数多い	03
						粉末消火剤,二酸化炭素,砂,土,散水,一般泡消火剤		04
						粉末消火剤,二酸化炭素,砂,土,散水,一般泡消火剤		05
						粉末消火剤,二酸化炭素,散水,耐アルコール性泡消火剤(消火効果のない場合,散水)		06
82	277	0.9〜5.7	50			粉末消火剤,二酸化炭素,散水,一般泡消火剤(消火効果のない場合,散水)	異性体の混合物	07
132	392					粉末消火剤,二酸化炭素,砂,土,散水,一般泡消火剤		08
−7						粉末消火剤,二酸化炭素,散水,一般泡消火剤(消火効果のない場合,散水)		09
	416					粉末消火剤,二酸化炭素,散水,一般泡消火剤(消火効果のない場合,散水)		10
72					>5000	粉末消火剤,二酸化炭素,散水,一般泡消火剤(消火効果のない場合,散水)		11

	名称	CAS No. 国連番号 化審法No.	危険物分類	物理的特性					
				外観・性質	比重	蒸気比重 (空気=1)	沸点[℃]	融点[℃]	水溶性
01	イソ吉草酸エチル Ethyl isovalerate $C_7H_{14}O_2$ [130.19]	108-64-5 — (2)-776	消第4類, 安 引火性の物	無色 油状液体 果実臭	0.9		130～132	-99.3	微
02	イソ吉草酸ブチル Butyl isovalerate $C_9H_{18}O_2$ [158.24]	109-19-3 — —	消第4類, 安 引火性の物	無色 液体 果実臭	0.9	5.5	150		
03	イソ吉草酸メチル Methyl isovalerate $C_6H_{12}O_2$ [116.16]	556-24-1 2400 —	消第4類, 安 引火性の物, 運3	無色 液体	0.9		116～117		難
04	イソキノリン 2-ベンゾアジン 3,4-ベンゾピリジン Isoquinoline 2-Benzoazine 3,4-Benzopyridine C_9H_7N [129.16]	119-65-3 — (5)-3758	消第9条	黄褐色 結晶	1.1		242 (99.4kPa)	25～26	不
05	イソシアン化エチル イソシアノエタン Ethyl isocyanide Isocyanoethane C_3H_5N [55.1]	624-79-3 — —	消第4類	液体					
06	イソシアン化ビニル イソシアノエテン Vinyl isocyanide Isocyanoethene C_3H_3N [53.06]	14668-82-7 — —	消第4類	無色 液体 悪臭					
07	イソシアン化メチル Methyl isocyanide C_2H_3N [41.0]	593-75-9 — —	消第4類	液体 アセトニト リル様臭気				-45	
08	イソシアン酸エチル Ethyl isocyanate C_3H_5NO [71.08]	109-90-0 2481 —	消第4類, 運3	液体 刺激臭	0.9		60		
09	イソシアン酸銀(Ⅰ) シアン酸銀 Silver(Ⅰ) isocyanate Silver cyanate AgOCN [149.90]	3315-16-0 2484, 2485 —	毒劇物, 運6.1	白色 結晶				分解	
10	イソシアン酸1-ナフチル 1-Naphthyl isocyanate $C_{11}H_7NO$ [169.2]	1984-04-9 — —	消第4類	無色 液体					
11	イソシアン酸フェニル Phenyl isocyanate C_7H_5NO [119.12]	103-71-9 2487 —	消第4類, 安 引火性の物, 運6.1	無色 液体 刺激臭	1.1		166	-30	反応
12	イソシアン酸ブチル Butyl isocyanate C_5H_9NO [99.13]	111-36-4 — —	消第4類, 安 引火性の物	無色 液体	0.9	3.0	113		反応
13	イソシアン酸メチル Methyl isocyanate Methyl carbonimide C_2H_3NO [57.05]	624-83-9 2480 —	消第4類, 安 引火性の物・ 18条, 運3	無色 液体 刺激臭	1.0 -	2.0	39		激しく反 応
14	イソチオシアン酸アリル Allyl isothiocyanate 3-Isothiocyanatopropene C_4H_5NS [99.16]	57-06-7 1545 (2)-1689	消第4類, 安 引火性の物, 運6.1	無色 油状液体 鋭い刺激臭	1.0 +	3.4	151～153	-102	難

燃焼危険性			有害危険性			火災時の措置	備考	
引火点 [℃]	発火点 [℃]	爆発範囲 [vol%]	許容濃度 [ppm]	吸入LC$_{50}$ [ラットppm]	経口LD$_{50}$ [ラットmg/kg]			
26					>5000	粉末消火剤，二酸化炭素，散水，一般泡消火剤（消火効果のない場合，散水）		01
53						粉末消火剤，二酸化炭素，散水，一般泡消火剤（消火効果のない場合，散水）		02
						粉末消火剤，二酸化炭素，散水，一般泡消火剤（消火効果のない場合，散水）		03
120					360	粉末消火剤，二酸化炭素，散水，一般泡消火剤（消火効果のない場合，散水）		04
						粉末消火剤，ソーダ灰，石灰，砂【水／泡消火剤使用不可】		05
						粉末消火剤，ソーダ灰，石灰，砂【水／泡消火剤使用不可】		06
						粉末消火剤，ソーダ灰，石灰，砂【水／泡消火剤使用不可】		07
						粉末消火剤，ソーダ灰，石灰，砂【水／泡消火剤使用不可】		08
						粉末消火剤，ソーダ灰，石灰，砂【水／泡消火剤使用不可】		09
						粉末消火剤，ソーダ灰，石灰，砂【水／泡消火剤使用不可】		10
55	300					粉末消火剤，ソーダ灰，石灰，砂【水／泡消火剤使用不可】		11
19						粉末消火剤，ソーダ灰，石灰，砂【水／泡消火剤使用不可】		12
−7	534	5.3〜26	0.02			粉末消火剤，ソーダ灰，石灰，砂【水／泡消火剤使用不可】		13
46					112	粉末消火剤，ソーダ灰，石灰，砂【水／泡消火剤使用不可】		14

	名称	CAS No. 国連番号 化審法No.	危険物分類	物理的特性					
				外観・性質	比重	蒸気比重 (空気=1)	沸点[℃]	融点[℃]	水溶性
01	イソトリデカノール イソトリデシルアルコール Isotridecanol Isotridecyl alcohol $C_{13}H_{27}OH$ [200.37]	27458-92-0 — (2)-217	消第4類	無色透明 液体	0.8	6.9	253	<−30	不
02	イソデカノール イソデシルアルコール Isodecanol Isodecyl alcohol $C_{10}H_{22}O$ [158.28]	25339-17-7 — (2)-217	消第4類	無色 液体	0.8	5.5	220	−30	不
03	イソデカン酸 Isodecanoic acid $C_{10}H_{20}O_2$ [172.26]	26403-17-8 — —	消第4類	液体	0.9	5.9	254		不
04	イソバレルアルデヒド Isovaleraldehyde Isopentaldehyde $C_5H_{10}O$ [86.13]	590-86-3 — —	消第4類, 安引火性の物	無色 液体 リンゴ様の 刺激臭	0.8	3.0	90	−51	微
05	イソフタル酸 ベンゼン-m-ジカルボン酸 Isophthalic acid $C_8H_6O_4$ [166.13]	121-91-5 — (3)-1332		無色 結晶 昇華性	1.5		345〜348	325	不
06	イソフタル酸ジブチル Dibutyl isophthalate $C_{16}H_{22}O_4$ [278.34]	3126-90-7 — —	消第4類		1	9.6	127 (12mmHg)		不
07	イソフタル酸ジメチル Dimethyl isophthalate $C_{10}H_{10}O_4$ [194.20]	1459-93-4 — (3)-1318		無色 結晶	1.2 (80℃)		200 (67kPa)	68	不
08	イソフタロイル=クロリド Isophthaloyl chloride m-Phthalyl dichloride $C_8H_4O_2Cl_2$ [203.02]	99-63-8 — (3)-2974		固体	1.4	6.9	276	43	不
09	イソブタン 2-メチルプロパン Isobutane 2-Methylpropane C_4H_{10} [58.12]	75-28-5 1969 —	圧可燃性ガス, 安可燃性のガス, 運2.1	無色 気体 微香	0.6	2.0	−12	−159	不
10	イソブチルアミン 2-メチルプロピルアミン Isobutylamine $C_4H_{11}N$ [73.14]	78-81-9 — —	消第4類, 安引火性の物	無色 液体 魚臭	0.7	2.5	66	−85	易
11	イソブチルアルコール 2-メチル-1-プロパノール イソブタノール Isobutyl alcohol 2-Methyl-1-propanol Isopropyl carbinol $C_4H_{10}O$ [74.12]	78-83-1 — (2)-3049	消第4類, 安引火性の物・ 18条	無色 液体 アミルアル コール様臭 気	0.8	2.6	107	−108	易
12	イソブチルアルデヒド 2-メチルプロパナール Isobutyraldehyde 2-Methylpropanal C_4H_8O [72.11]	78-84-2 2045 —	消第4類,安引火性の物, 運3	無色 液体 刺激臭	0.8	2.5	61	−66	可

燃焼危険性			有害危険性			火災時の措置	備考	
引火点 [℃]	発火点 [℃]	爆発範囲 [vol%]	許容濃度 [ppm]	吸入LC_{50} [ラットppm]	経口LD_{50} [ラットmg/kg]			
130					17000	粉末消火剤，二酸化炭素，散水，一般泡消火剤(消火効果のない場合，散水)		01
104					6500 μl/kg	粉末消火剤，二酸化炭素，散水，一般泡消火剤(消火効果のない場合，散水)		02
149						粉末消火剤，二酸化炭素，砂，土，散水，一般泡消火剤		03
9	240	1.7〜6.8				粉末消火剤，二酸化炭素，散水，一般泡消火剤(消火効果のない場合，散水)		04
					10400	粉末消火剤，二酸化炭素，砂，土，散水，一般泡消火剤		05
161						粉末消火剤，二酸化炭素，散水，一般泡消火剤(消火効果のない場合，散水)		06
138					4390	粉末消火剤，二酸化炭素，散水，一般泡消火剤(消火効果のない場合，散水)		07
180						粉末消火剤，二酸化炭素，散水，耐アルコール性泡消火剤		08
ガス	460	1.8〜8.4	1000			粉末消火剤，二酸化炭素【ガス漏れ停止困難のときは消火不可】		09
−9	378	3.4〜9				粉末消火剤，二酸化炭素，散水，耐アルコール性泡消火剤(消火効果のない場合，散水)		10
28	415	1.7〜10.9	50		2460	粉末消火剤，二酸化炭素，散水，耐アルコール性泡消火剤(消火効果のない場合，散水)		11
−18	196	1.6〜10.6				粉末消火剤，二酸化炭素，散水，一般泡消火剤(消火効果のない場合，散水)		12

	名称	CAS No. 国連番号 化審法No.	危険物分類	物理的特性					
				外観・性質	比重	蒸気比重 (空気=1)	沸点[℃]	融点[℃]	水溶性
01	イソブチル=ビニル=エーテル Isobutyl vinyl ether Vinyl isobutyl ether $C_6H_{12}O$ [100.16]	109-53-5 — (2)-372	消第4類, 安引火性の物	無色液体	0.8	3.5	83	-112	微
02	イソブチルベンゼン Isobutylbenzene $C_{10}H_{14}$ [134.22]	538-93-2 — —	消第4類, 安引火性の物	無色液体	0.9	4.6	173	-51.4	不
03	イソブチル=メチル=ケトン 4-メチル-2-ペンタノン メチルイソブチルケトン Isobutyl methyl keton 4-Methyl-2-pentanone Methyl isobutyl ketone Hexone $C_6H_{12}O$ [100.16]	108-10-1 1245 (2)-542	消第4類, 安引火性の物・18条, 運3	無色液体 ショウノウ様臭気	0.8	3.5	118	-85	可
04	イソブチレン 2-メチルプロペン イソブテン Isobutylene 2-Methylpropene Isobutene C_4H_8 [56.11]	115-11-7 1055 (2)-16	圧液化ガス・可燃性ガス, 安可燃性のガス, 運2.1	無色気体 オレフィン臭	0.7 (-49℃)	1.9	-7	-140.4	難
05	イソブチロニトリル 2-メチルプロパンニトリル イソ酪酸ニトリル Isobutyronitrile 2-Methylpropanenitrile Isopropylcyanide C_4H_7N [69.11]	78-82-0 2284 —	毒劇物, 消第4類, 安引火性の物, 運3	無色液体	0.8	2.4	101～102	-71.5	微
06	イソプレン 2-メチル-1,3-ブタジエン Isoprene 2-Methyle-1,3-butadiene C_5H_8 [68.12]	78-79-5 1218 (2)-20	管1種, 審2種監視, 消第4類, 安引火性の物・18条, 運3	無色液体 揮発性 刺激臭	0.7	2.4	34	-146	不
07	イソプロパノールアミン 1-アミノ-2-プロパノール Isopropanolamine 1-Amino-2-propanol a-Aminoisopropyl alcohol C_3H_9NO [75.11]	78-96-6 — (2)-323	消第4類	液体 吸湿性	1.0-	2.6	160	1	易
08	p-イソプロピルアニリン クミジン p-Isopropylaniline Cumidine $C_9H_{13}N$ [135.21]	99-88-7 — —	消第4類	無色液体	1.0-		217～220	-63	不
09	イソプロピルアミン 2-プロパンアミン Isopropylamine 2-Propanonamine C_3H_9N [59.11]	75-31-0 1221 (2)-131	消第4類, 安引火性の物・18条, 運3	無色液体 アンモニア臭	0.7	2.0	32	-101	易
10	p-イソプロピル安息香酸 クミン酸 p-Isopropylbenzoic acid Cumic acid $C_{10}H_{12}O_2$ [164.20]	536-66-3 — —		結晶	1.2		昇華	116	

イソプ 37

燃焼危険性			有害危険性			火災時の措置	備考	
引火点 [℃]	発火点 [℃]	爆発範囲 [vol%]	許容濃度 [ppm]	吸入LC_{50} [ラットppm]	経口LD_{50} [ラットmg/kg]			
−9					17ml/kg	粉末消火剤, 二酸化炭素, 散水, 一般泡消火剤(消火効果のない場合, 散水)		01
55	427	0.8〜6.0				粉末消火剤, 二酸化炭素, 散水, 一般泡消火剤(消火効果のない場合, 散水)		02
18	448	1.2 (93℃) 〜8.0 (93℃)	50, 75(STEL)		2080	粉末消火剤, 二酸化炭素, 散水, 一般泡消火剤(消火効果のない場合, 散水)		03
ガス	465	1.8〜9.6		620g/m³/4H		粉末消火剤, 二酸化炭素【ガス漏れ停止困難のときは消火不可】		04
8	482					粉末消火剤, 二酸化炭素, 散水, 一般泡消火剤(消火効果のない場合, 散水)		05
−54	395	1.5〜8.9		180g/m³/4H		粉末消火剤, 二酸化炭素, 散水, 一般泡消火剤(消火効果のない場合, 散水)		06
77	374	2.2〜12 (calc.)			1715	粉末消火剤, 二酸化炭素, 散水, 耐アルコール性泡消火剤(消火効果のない場合, 散水)		07
						粉末消火剤, 二酸化炭素, 散水, 一般泡消火剤(消火効果のない場合, 散水)		08
−37	402	2.0〜10.4	5, 10(STEL)		111	粉末消火剤, 二酸化炭素, 散水, 耐アルコール性泡消火剤(消火効果のない場合, 散水)		09
128						粉末消火剤, 二酸化炭素, 砂, 土, 散水, 一般泡消火剤		10

	名称	CAS No. 国連番号 化審法No.	危険物分類	物理的特性					
				外観・性質	比重	蒸気比重 (空気=1)	沸点[℃]	融点[℃]	水溶性
01	イソプロピルシクロヘキサン ヘキサヒドロキュメン **Isopropylcyclohexane** Hexahydrocumene Normanthane C_9H_{18} [126.24]	696-29-7 — —	消第4類, 安 引火性の物	液体	0.8		155	-90.6	
02	N-イソプロピルシクロヘキシルアミン **N-Isopropylcyclohexylamine** $C_9H_{19}N$ [141.26]	1195-42-2 — —	消第4類, 安 引火性の物	無色 液体	0.8	4.9	60〜65 (12mmHg)		不
03	イソプロピル=ビニル=エーテル **Isopropyl viny ether** Vinyl isopropyl ether $C_5H_{10}O$ [86.13]	926-65-8 — (2)-372	消第4類, 安 引火性の物	液体	0.8	3.0	56	< -20	難
04	イソプロピルビフェニル **Isopropylbiphenyl** $C_{15}H_{16}$ [196.29]	25640-78-2 (混合物) —	消第4類	無色 液体	1.0-		270	-49	
05	p-イソプロピルベンジルアルコール クミニルアルコール **p-Isopropylbenzyl alcohol** Cuminyl alcohol $C_{10}H_{14}O$ [150.22]	536-60-7 — —	消第4類	無色 液体	1.0-		248.4		不
06	p-イソプロピルベンズアルデヒド クミンアルデヒド クミナール **p-Isopropylbenzaldehyde** Cuminaldehyde Cuminal $C_{10}H_{12}O$ [148.21]	122-03-2 — (3)-1144	消第4類	無色 液体 カレー香気	1.0-		235〜236		
07	3-イソプロポキシプロピオノニトリル **3-Isopropoxypropionitrile** $C_6H_{11}NO$ [113.15]	110-47-4 — —	毒劇物, 消第 4類	無色ないし 淡黄色 液体	0.9	3.9	65 (10mmHg)		微
08	イソヘキサン 2-メチルペンタン **Isohexane** 2-Methylpentane C_6H_{14} [86.18]	107-83-5 — (2)-6	消第4類, 安 引火性の物	無色 液体	0.7	3.0	60	-153.7	不
09	イソペンタン 2-メチルブタン **Isopentane** 2-Methylbutane Ethyl dimethyl methane C_5H_{12} [72.15]	78-78-4 — (2)-5	消第4類特殊 引火物, 安引 火性の物	無色 液体 引火性 不快臭	0.6	2.5	28	-160	不
10	イソペンチルアミン **Isopentylamine** $C_5H_{13}N$ [87.17]	107-85-7 — —	消第4類	無色 液体 アンモニア 臭	0.7		95		易
11	イソペンチルアルコール 3-メチル-1-ブタノール イソアミルアルコール **Isopenty l alcohol** 3-Methyl-1-butanol Isoamyl alcohol $C_5H_{12}O$ [88.15]	123-51-3 — (2)-217	消第4類, 安 引火性の物・ 18条	無色 液体 不快臭	0.8	3.0	132	-117.2	可

燃焼危険性			有害危険性			火災時の措置	備考	
引火点 [℃]	発火点 [℃]	爆発範囲 [vol%]	許容濃度 [ppm]	吸入LC$_{50}$ [ラットppm]	経口LD$_{50}$ [ラットmg/kg]			
35	283					粉末消火剤,二酸化炭素,散水,一般泡消火剤(消火効果のない場合,散水)		01
34						粉末消火剤,二酸化炭素,散水,一般泡消火剤(消火効果のない場合,散水)		02
－32	272					粉末消火剤,二酸化炭素,散水,一般泡消火剤(消火効果のない場合,散水)		03
141	435	0.5 (175℃) ～3.2 (200℃)				粉末消火剤,二酸化炭素,砂,土,散水,一般泡消火剤		04
						粉末消火剤,二酸化炭素,散水,一般泡消火剤(消火効果のない場合,散水)		05
93					1390	粉末消火剤,二酸化炭素,散水,一般泡消火剤(消火効果のない場合,散水)		06
68						粉末消火剤,二酸化炭素,散水,一般泡消火剤(消火効果のない場合,散水)		07
＜－7	306	1.2～7.0	500, 1000 (STEL)			粉末消火剤,二酸化炭素,散水,一般泡消火剤(消火効果のない場合,散水)		08
＜－51	420	1.4～7.6	600			粉末消火剤,二酸化炭素,散水,一般泡消火剤(消火効果のない場合,散水)		09
						粉末消火剤,二酸化炭素,散水,耐アルコール性泡消火剤(消火効果のない場合,散水)		10
43	350	1.2～9.0 (100℃)	100, 125 (STEL)		1300	粉末消火剤,二酸化炭素,散水,耐アルコール性泡消火剤(消火効果のない場合,散水)		11

名称	CAS No. 国連番号 化審法No.	危険物分類	物理的特性 外観・性質	比重	蒸気比重 (空気=1)	沸点[℃]	融点[℃]	水溶性
01 イソホロン 3,5,5-トリメチル-2-シクロヘキセン-1-オン Isophorone 3,5,5-Trimethyl-2-cyclohexen-1-one $C_9H_{14}O$ [138.21]	78-59-1 — (3)-2381	㊧第4類, ㊻ 18条	油状液体 ハッカ臭	0.9	4.8	215	-8.1	難
02 イソ酪酸 イソブタン酸 Isobutyric acid $C_4H_8O_2$ [88.11]	79-31-2 2529 (2)-608	㊧第4類, ㊻ 引火性の物, ㊴3	無色 液体	1.0-	3.0	152	-47	易
03 イソ酪酸イソブチル Isobutyl isobutyrate $C_8H_{16}O_2$ [144.21]	97-85-8 2528 —	㊧第4類, ㊻ 引火性の物, ㊴3	無色 液体	0.9	5.0	144～151	-81	不
04 イソ酪酸エチル Ethyl isobutyrate $C_6H_{12}O_2$ [116.16]	97-62-1 2385 —	㊧第4類, ㊻ 引火性の物, ㊴3	無色 液体 果実様芳香	0.9	4.0	110	-88	不
05 イソ酪酸無水物 無水イソ酪酸 Isobutyric anhydride $(C_4H_7O)_2O$ [158.20]	97-72-3 — (2)-627	㊧第4類, ㊻ 引火性の物	無色ないし 淡黄色 液体	1.0-	5.5	182	-53	反応
06 イソ酪酸メチル Methyl isobutyrate $C_5H_{10}O_2$ [102.13]	547-63-7 — —	㊧第4類, ㊻ 引火性の物	無色 液体 流動性	0.9		93	-84	難
07 イタコン酸 メチレンコハク酸 Itaconic acid Methylenesuccinic acid $C_5H_6O_4$ [130.10]	97-65-4 — (2)-1125		白色 結晶	1.6		166～169 (分解)		微
08 一硫化炭素 Carbon monosulfide CS [44.08]	2944-05-0 — —		無色 粉末 無臭(単量体)	1.7		>200 (分解)		不
09 一酸化ケイ素 Silicon monooxide SiO [44.085]	10097-28-6 — —		無色 粉末	2.2			1730	
10 一酸化炭素 Carbon monoxide CO [28.01]	630-08-0 1016 (1)-168	㊥圧縮ガス・ 可燃性ガス・ 毒性ガス, ㊧ 特定物質, ㊻ 可燃性のガス・18条, ㊴2.3	無色 有毒 気体	0.8 (-195℃)	1.0	-192	-205	微
11 一酸化窒素 酸化窒素 Nitrogen monooxide Nitric oxide NO [30.01]	10102-43-9 1975 (1)-486	㊥圧縮ガス・ 毒性ガス, ㊻ 18条, ㊴2.3	無色 気体	1.3	1.0+	-151.7	-163.6	
12 一酸化二塩素 Dichlorine oxide Chlorine monoxide Cl_2O [86.91]	7791-21-1 — —		黄褐色 気体 刺激臭		3	4℃ (爆発)	-116	反応

一酸化 41

燃焼危険性			有害危険性			火災時の措置	備考	
引火点 [℃]	発火点 [℃]	爆発範囲 [vol%]	許容濃度 [ppm]	吸入LC_{50} [ラットppm]	経口LD_{50} [ラットmg/kg]			
84	460	0.8〜3.8	5(STEL)		1870	粉末消火剤, 二酸化炭素, 散水, 一般泡消火剤(消火効果のない場合, 散水)		01
56	481	2.0〜9.2			280μl/kg	粉末消火剤, 二酸化炭素, 散水, 耐アルコール性泡消火剤(消火効果のない場合, 散水)		02
38	432	0.96〜7.59				粉末消火剤, 二酸化炭素, 散水, 一般泡消火剤(消火効果のない場合, 散水)		03
<21						粉末消火剤, 二酸化炭素, 散水, 一般泡消火剤(消火効果のない場合, 散水)		04
59	329	1.0〜6.2			1600	粉末消火剤, 二酸化炭素, 散水, 一般泡消火剤(消火効果のない場合, 散水)		05
						粉末消火剤, 二酸化炭素, 散水, 一般泡消火剤(消火効果のない場合, 散水)		06
					4000(ヒト)	粉末消火剤, 二酸化炭素, 散水, 耐アルコール性泡消火剤		07
						粉末消火剤, 二酸化炭素, 散水, 一般泡消火剤(消火効果のない場合, 散水)	重合物は赤色固体	08
						粉末消火剤, 二酸化炭素, 散水		09
ガス	609	12.5〜74	25	1807/4H		粉末消火剤, 二酸化炭素, 散水, 耐アルコール性泡消火剤【ガス漏れ停止困難のときは消火不可】		10
			25	1068mg/m³/4H		適当な消火剤使用, 危険でなければ容器移動		11
ガス		23.5〜100				水(注水, 水噴霧)		12

	名称	CAS No. 国連番号 化審法No.	危険物分類	物理的特性					
				外観・性質	比重	蒸気比重 (空気=1)	沸点[℃]	融点[℃]	水溶性
01	一酸化二窒素 亜酸化窒素 **Dinitrogen monooxide** Nitrous oxide N_2O [44.01]	10024-97-2 1070, 2201 (1)-486	圧液化ガス, 気有害物質, 安18条, 運2.2	無色 気体(室温)	1.2 (−89℃)	1.5	−88.48	−90.86	微
02	一水素二フッ化アンモニウム 重フッ化アンモニウム 酸性フッ化アンモン **Ammonium hydrogenfluoride** Ammonium bifluoride $NH_4F \cdot HF$ [57.04]	1341-49-7 — (1)-311, (1)-306	毒劇物, 管1種, 消第9条, 安18条, 水	無色 結晶	1.2			125	可
03	一炭化ウラン **Uranium carbide** UC [250.04]	12070-09-6 — —			11.3			2790	
04	イリジウム **Iridium** Ir [192.22]	7439-88-5 —	消第5類	銀白色 金属結晶	22.6		4550	2443	
05	インジウム **Indium** In [114.82]	7440-74-6 — 対象外	管2種, 消第2類, 安18条	銀白色 金属結晶	7.3 (20℃)		2080	156.6	
06	ウラン **Uranium** U [238.03]	7440-61-1 — 対象外		銀白色 結晶	19.0		3818	1132	
07	2-ウンデカノール **2-Undecanol** $C_{11}H_{24}O$ [172.31]	1653-30-1 — —	消第4類	無色 液体	0.8		225	12	不
08	2-ウンデカノン メチル=ノニル=ケトン **2-Undecanone** Methyl nonyl ketone $C_{11}H_{22}O$ [170.30]	112-12-9 — —	消第4類	無色 液体 果実臭	0.8 (30℃)	5.9	223	11〜13	不
09	ウンデカン **Undecane** Hendecane $C_{11}H_{24}$ [156.31]	1120-21-4 2330 (2)-10	消第4類, 安引火性の物, 運3	無色 液体	0.7	5.4	196	−25.6	不
10	エタノール エチルアルコール **Ethanol** Ethyl alcohol C_2H_6O [46.07]	64-17-5 1170 (2)-202	消第4類, 安引火性の物, 運3	無色 液体 揮発性 特有の芳香	0.8	1.6	78	−114.5	易
11	エタノールアミン 2-アミノエタノール **Ethanolamine** 2-Aminoethanol C_2H_7NO [61.08]	141-43-5 — (2)-301	毒劇物, 管1種, 消第4類, 安18条	無色 液体 吸湿性 粘ちょう	1.0+	2.1	172	10.5	易
12	エタン **Ethane** C_2H_6 [30.17]	74-84-0 1035, 1961 (2)-2	圧圧縮ガス・液化ガス・可燃性ガス, 安可燃性のガス, 運2.1	無色 気体 無臭	0.4	1.0	−89	−184	微
13	1,2-エタンジチオール ジチオエチレングリコール **1,2-Ethanedithiol** Dithioethylene glycohol $C_2H_6S_2$ [94.20]	540-63-6 — —	消第4類	無色 液体 特有の不快臭	1.1		144〜146	−41.2	不

エタン 43

燃焼危険性			有害危険性			火災時の措置	備考	
引火点 [℃]	発火点 [℃]	爆発範囲 [vol%]	許容濃度 [ppm]	吸入LC_{50} [ラットppm]	経口LD_{50} [ラットmg/kg]			
			50			水(注水,水噴霧)		01
			2.5mg/m³ (F)			粉末消火剤,二酸化炭素,散水		02
			0.2mg/m³, 0.6mg/m³ (STEL) (U)			粉末消火剤,ソーダ灰,石灰,砂【水/泡消火剤使用不可】	発がん物質	03
						粉末消火剤,二酸化炭素,散水		04
			0.1mg/m³		4200	粉末消火剤,二酸化炭素,散水		05
			0.2mg/m³, 0.6mg/m³ (STEL)			粉末消火剤,二酸化炭素,散水	発がん物質	06
113						粉末消火剤,二酸化炭素,散水,一般泡消火剤(消火効果のない場合,散水)		07
89						粉末消火剤,二酸化炭素,散水,一般泡消火剤(消火効果のない場合,散水)		08
65		0.7〜5.5			15000	粉末消火剤,二酸化炭素,散水,一般泡消火剤(消火効果のない場合,散水)		09
13	363	3.3〜19	1000		7060	粉末消火剤,二酸化炭素,散水,耐アルコール性泡消火剤(消火効果のない場合,散水)		10
86	410	3.0〜23.5 (140℃)	3, 6(STEL)		1720	粉末消火剤,二酸化炭素,散水,耐アルコール性泡消火剤(消火効果のない場合,散水)		11
ガス	472	3.0〜12.5	1000			粉末消火剤,二酸化炭素【ガス漏れ停止困難のときは消火不可】		12
						粉末消火剤,二酸化炭素,散水,一般泡消火剤(消火効果のない場合,散水)		13

	名称	CAS No. 国連番号 化審法No.	危険物分類	物理的特性					
				外観・性質	比重	蒸気比重 (空気=1)	沸点[℃]	融点[℃]	水溶性
01	エチニルベンゼン フェニルアセチレン Ethynylbenzene Phenylacetylene C_8H_6 [102.14]	536-74-3 — —	消第4類	無色 液体	0.9		142.4	-44.8	不
02	N-エチルアセトアニリド N-Ethyl acetanilide $C_{10}H_{13}NO$ [163.22]	529-65-7 — —		白色 結晶 微臭	0.9	5.6	258	54	不
03	N-エチルアセトアミド アセトエチルアミド N-Ethylacetamide Acetoethylamide C_4H_9NO [87.12]	625-50-3 — —	消第4類	油状液体	0.9	3	205		易
04	N-エチルアニリン N-Ethylaniline $C_8H_{11}N$ [121.18]	103-69-5 2272 (3)-118	毒劇物,管2種, 審2種監視, 消第4類,運 6.1	無色 液体 特異刺激臭	1.0-	4.2	205	-63	不
05	エチル亜ホスホン酸ジエチル Diethyl ethylphosphonite $C_6H_{15}O_2P$ [150.16]	2651-85-6 — —		無色 液体					
06	エチルアミン アミノエタン Ethylamine Aminoethane C_2H_7N [45.08]	75-04-7 1036, 2270 (2)-130	消第4類,圧 液化ガス・可 燃性ガス,安 引火性の物, 運2.1, 3	無色 液体 揮発性 アンモニア 臭	0.8	1.6	17	-80.6	易
07	エチルイソプロピルケトン 2-メチル-3-ペンタノン Ethyl isopropyl keton 2-Methyl-3-pentanone $C_6H_{12}O$ [100.16]	565-69-5 — —	消第4類,安 引火性の物	無色 液体	0.8		115	<25	微
08	エチル=イソプロピル=エーテル Ethyl isopropyl ether $C_5H_{12}O$ [88.15]	625-54-7 — —	消第4類	液体					
09	N-エチルエタノールアミン 2-(エチルアミノ)エタノール N-Ethylethanolamine 2-(Ethylamino) ethanol Ethylaminoethanol $C_4H_{11}NO$ [89.14]	110-73-6 — —	消第4類	無色 液体 アンモニア 臭	0.9	3.0	161		可
10	3-エチルオクタン 3-Ethyloctane $C_{10}H_{22}$ [142.28]	5881-17-4 — —	消第4類	液体	0.7	4.9	167	-88	
11	4-エチルオクタン 4-Ethyloctane $C_{10}H_{22}$ [142.28]	15869-86-0 — —	消第4類	液体	0.7	4.9	164	-88	
12	N-エチルジエタノールアミン N-エチル-2,2'-イミノジエタノール N-Ethyldiethanolamine N-Ethyl-2,2'-iminodiethanol $C_6H_{15}NO_2$ [132.2]	139-87-7 — —	消第4類		1.0+	4.6	253		可
13	エチルシクロブタン Ethylcyclobutane C_6H_{12} [84.16]	4806-61-5 — —	消第4類,安 引火性の物		0.7	2.9	71		不

燃焼危険性			有害危険性			火災時の措置	備考	
引火点 [℃]	発火点 [℃]	爆発範囲 [vol%]	許容濃度 [ppm]	吸入LC_{50} [ラットppm]	経口LD_{50} [ラットmg/kg]			
						粉末消火剤，二酸化炭素，散水，一般泡消火剤(消火効果のない場合，散水)		01
52						粉末消火剤，二酸化炭素，散水，耐アルコール性泡消火剤		02
110						粉末消火剤，二酸化炭素，散水，一般泡消火剤(消火効果のない場合，散水)		03
85				>1130mg/m³/4H	382(オス)	粉末消火剤,二酸化炭素(シアン化合物を除く),乾燥砂,耐アルコール性泡消火剤	神経，血液に作用	04
								05
<-18	385	3.5〜14.0	5，15(STEL)		400	粉末消火剤,二酸化炭素【ガス漏れ停止困難のときは消火不可】		06
13						粉末消火剤，二酸化炭素，散水，一般泡消火剤(消火効果のない場合，散水)		07
						粉末消火剤，二酸化炭素，散水，一般泡消火剤(消火効果のない場合，散水)		08
71						粉末消火剤，二酸化炭素，散水，耐アルコール性泡消火剤(消火効果のない場合，散水)		09
	230					粉末消火剤，二酸化炭素，散水，一般泡消火剤(消火効果のない場合，散水)		10
	229					粉末消火剤，二酸化炭素，散水，一般泡消火剤(消火効果のない場合，散水)		11
138						粉末消火剤，二酸化炭素，散水，耐アルコール性泡消火剤(消火効果のない場合，散水)		12
<-16	210	1.2〜7.7				粉末消火剤，二酸化炭素，散水，一般泡消火剤(消火効果のない場合，散水)		13

	名称	CAS No. 国連番号 化審法No.	危険物分類	物理的特性					
				外観・性質	比重	蒸気比重 (空気=1)	沸点[℃]	融点[℃]	水溶性
01	エチルシクロヘキサン Ethylcyclohexane C_8H_{16} [112.22]	1678-91-7 — (3)-2231	消第4類,安 引火性の物	無色 液体	0.8	3.9	132	−128.9	不
02	N-エチルシクロヘキシルアミン N-Ethylcyclohexylamine $C_8H_{17}N$ [127.23]	5459-93-8 — —	消第4類,安 引火性の物	無色 液体	0.8	4.4	165		微
03	エチルシクロペンタン Ethylcyclopentane C_7H_{14} [98.19]	1640-89-7 — —	消第4類,安 引火性の物	無色 液体	0.8	3.4	103		
04	エチルジメチルアミン N,N-ジメチルエチルアミン Ethyldimethylamine N,N-Dimethylethylamine $C_4H_{11}N$ [73.14]	598-56-1 — —	消第4類,安 引火性の物	液体	0.7		36	−140	
05	o-エチルトルエン 1-エチル-2-メチルベンゼン o-Ethyltoluene 1-Methyl-2-ethylbenzene 2-Ethyltoluene C_9H_{12} [120.19]	611-14-3 — —	消第4類,安 引火性の物	無色 液体	0.9	4.2	165	−86.5	不
06	m-エチルトルエン 1-エチル-3-メチルベンゼン m-Ethyltoluene 1-Methyl-3-ethylbenzene 3-Ethyltoluene C_9H_{12} [120.19]	620-14-4 — —	消第4類,安 引火性の物	無色 液体	0.9	4.2	161	−95.6	不
07	p-エチルトルエン 1-エチル-4-メチルベンゼン p-Ethyltoluene 1-Methyl-4-ethylbenzene 4-Ethyltoluene C_9H_{12} [120.19]	622-96-8 — —	消第4類,安 引火性の物	無色 液体	0.9	4.2	162	−62.4	不
08	N-エチル-p-トルエンスルホンアミド N-Ethyl p-toluene sulfonamide $C_9H_{13}NSO_2$ [199.27]	80-39-7 — (3)-1929	消第4類	無色 結晶	1.3	6.9	340	64	不
09	エチルナトリウム Ethylsodium C_2H_5Na [52.1]	676-54-0 — —	消第3類	無色 固体 不揮発性				分解	反応
10	1-エチルナフタレン 1-Ethylnaphthalene $C_{12}H_{12}$ [156.23]	1127-76-0 — —	消第4類	液体	1.0+	5.4	258	−13.9	不
11	2-エチル-2-ヒドロキシメチル-1,3-プロパンジオール トリメチロールプロパン 2-Ethyl-2-hydroxymethyl-1,3-propanediol Trimethylolpropane $C_6H_{14}O_3$ [134.17]	77-99-6 — (2)-245		白色 結晶	1.2		292	61	易
12	エチル=ビニル=エーテル Ethyl vinyl ether Vinyl ethyl ether C_4H_8O [72.11]	109-92-2 — (2)-372	消第4類,安 引火性の物	無色 液体	0.8	2.5	36	−115	微

燃焼危険性			有害危険性			火災時の措置	備考	
引火点 [℃]	発火点 [℃]	爆発範囲 [vol%]	許容濃度 [ppm]	吸入LC_{50} [ラットppm]	経口LD_{50} [ラットmg/kg]			
35	238	0.9〜6.6				粉末消火剤,二酸化炭素,散水,一般泡消火剤(消火効果のない場合,散水)		01
30						粉末消火剤,二酸化炭素,散水,耐アルコール性泡消火剤		02
<21	260	1.1〜6.7				粉末消火剤,二酸化炭素,散水,一般泡消火剤(消火効果のない場合,散水)		03
−36						粉末消火剤,二酸化炭素,散水,一般泡消火剤(消火効果のない場合,散水)		04
39	440					粉末消火剤,二酸化炭素,散水,一般泡消火剤(消火効果のない場合,散水)		05
30	480					粉末消火剤,二酸化炭素,散水,一般泡消火剤(消火効果のない場合,散水)		06
36	475					粉末消火剤,二酸化炭素,散水,一般泡消火剤(消火効果のない場合,散水)		07
127						粉末消火剤,二酸化炭素,散水,耐アルコール性泡消火剤		08
	空気中でただちに発火					粉末消火剤,ソーダ灰,石灰,砂【水/泡消火剤使用不可】		09
	480					粉末消火剤,二酸化炭素(シアン化合物を除く),乾燥砂,耐アルコール性泡消火剤		10
180	375	2〜11.8 (粉塵)			14100	粉末消火剤,二酸化炭素,散水,耐アルコール性泡消火剤		11
<−46	202	1.7〜28			8160 $\mu l/kg$	粉末消火剤,二酸化炭素,散水,一般泡消火剤(消火効果のない場合,散水)		12

	名称	CAS No. 国連番号 化審法No.	危険物分類	物理的特性					
				外観・性質	比重	蒸気比重 (空気=1)	沸点[℃]	融点[℃]	水溶性
01	1-エチルピペリジン N-エチルピペリジン **1-Ethylpiperidine** $C_7H_{15}N$ [113.20]	766-09-6 2386 —	消 第4類, 安 引火性の物, 運3	無色液体 特異臭	0.8		131		
02	2-エチルピペリジン **2-Ethylpiperidine** $C_7H_{15}N$ [113.20]	1484-80-6 — —	消 第4類, 安 引火性の物	無色液体	0.9	3.9	140〜143	-18	微
03	2-エチルピリジン 2-ルチジン **2-Ethylpyridine** 2-Lutidine C_7H_9N [107.16]	100-71-0 (9)-222	消 第4類, 安 引火性の物	暗い黄赤色液体	0.9	3.7	148.6		微
04	3-エチルピリジン 3-ルチジン **3-Ethylpyridine** 3-Lutidine C_7H_9N [107.16]	536-78-7 — —	消 第4類, 安 引火性の物	無色液体	0.9	3.7	162〜165		
05	4-エチルピリジン 4-ルチジン **4-Ethylpyridine** 4-Lutidine C_7H_9N [107.16]	536-75-4 — —	消 第4類, 安 引火性の物	無色液体	0.9	3.7	170		微
06	p-エチルフェノール **p-Ethylphenol** 4-Ethylphenol $C_8H_{10}O$ [122.17]	123-07-9 (3)-500	消第9条	無色結晶	1.0− (60℃)	4.2	219	47〜48	難
07	2-エチル-1-ブタノール 2-エチルブチルアルコール **2-Ethyl-1-butanol** 2-Ethylbutyl alcohol $C_6H_{14}O$ [102.18]	97-95-0 — —	消 第4類, 安 引火性の物	無色液体	0.8	3.5	149		微
08	N-エチルブチルアミン **N-Ethylbutylamine** Butylethylamine $C_6H_{15}N$ [101.19]	13360-63-9 — —	消 第4類, 安 引火性の物	無色液体	0.7	3.5	111		不
09	2-エチルブチルアルデヒド 2-エチルブタナール ジエチルアセトアルデヒド **2-Ethylbutyraldehyde** 2-Ethylbutanal Diethyl acetaldehyde $C_6H_{12}O$ [100.16]	97-96-1 — —	消 第4類, 安 引火性の物	無色液体	0.8	3.5	117		不
10	2-エチル-2-ブチル-1,3-プロパンジオール **2-Ethyl-2-butyl-1,3-propanediol** $C_9H_{20}O_2$ [160.26]	115-84-4 (2)-240	消第9条	白色結晶	0.9 (50℃)		178 (50mmHg)	42	可
11	2-エチル-1-ブテン **2-Ethyl-1-butene** C_6H_{12} [84.16]	760-21-4 — —	消 第4類, 安 引火性の物	無色液体 ニンニク臭	0.7	2.9	62	-131	不
12	エチル=プロピル=エーテル 1-エトキシプロパン **Ethyl propyl ether** 1-Ethoxypropane $C_5H_{12}O$ [88.15]	628-32-0 — —	消 第4類, 安 引火性の物	無色液体	0.8	3	64	-126.7	可

燃焼危険性			有害危険性			火災時の措置	備考	
引火点 [℃]	発火点 [℃]	爆発範囲 [vol%]	許容濃度 [ppm]	吸入LC$_{50}$ [ラットppm]	経口LD$_{50}$ [ラットmg/kg]			
						粉末消火剤,二酸化炭素,散水,耐アルコール性泡消火剤		01
31						粉末消火剤,二酸化炭素,散水,耐アルコール性泡消火剤		02
38					1682	粉末消火剤,二酸化炭素,散水,耐アルコール性泡消火剤		03
						粉末消火剤,二酸化炭素,散水,耐アルコール性泡消火剤		04
47						粉末消火剤,二酸化炭素,散水,耐アルコール性泡消火剤		05
104					>2000	粉末消火剤,二酸化炭素,散水,耐アルコール性泡消火剤		06
57	304 (est.)	1.9〜8.8				粉末消火剤,二酸化炭素,散水,一般泡消火剤(消火効果のない場合,散水)		07
18						粉末消火剤,二酸化炭素,散水,一般泡消火剤(消火効果のない場合,散水)		08
21		1.2〜7.7				粉末消火剤,二酸化炭素,散水,一般泡消火剤(消火効果のない場合,散水)		09
138					5040	粉末消火剤,二酸化炭素,散水,耐アルコール性泡消火剤(消火効果のない場合,散水)		10
<-20	315					粉末消火剤,二酸化炭素,散水,一般泡消火剤(消火効果のない場合,散水)		11
<-20		1.7〜9.0				粉末消火剤,二酸化炭素,散水,一般泡消火剤(消火効果のない場合,散水)		12

	名称	CAS No. 国連番号 化審法No.	危険物分類	物理的特性					
				外観・性質	比重	蒸気比重 (空気=1)	沸点[℃]	融点[℃]	水溶性
01	エチル=1-プロペニル=エーテル 1-エトキシ-1-プロペン **Ethtyl 1-propenyl ether** 1-Ethoxy-1-propene $C_5H_{10}O$ [86.13]	928-55-2 — —	消第4類, 安引火性の物	液体	0.8	1.3	70		
02	2-エチルヘキサナール 2-エチルヘキサアルデヒド 2-エチル-1-ヘキサナール **2-Ethylhexanal** 2-Ethylhexaldehyde Butylethylacetaldehyde $C_8H_{16}O$ [128.24]	123-05-7 — —	消第4類, 安引火性の物	無色 液体	0.8	4.4	163	−85	難
03	2-エチル-1,3-ヘキサンジオール オクチレングリコール オクタンジオール **2-Ethyl-1,3-hexanediol** Octylene glycol Octanediol $C_8H_{18}O_2$ [146.22]	94-96-2 — (2)-240	消第4類	無色 液体 吸湿性	0.9	5.0	244	<−40 (凝固点)	微
04	2-エチルヘキシルアミン オクチルアミン **2-Ethylhexylamine** Octyl amine $C_8H_{19}N$ [129.24]	104-75-6 2276 (2)-133	消第4類, 安引火性の物, 運3	無色 液体	0.8	4.5	169	<−70	微
05	2-エチルヘキシル=ビニル=エーテル **2-Ethylhexyl vinyl ether** Octyl vinyl ether $C_{10}H_{20}O$ [156.26]	103-44-6 — (2)-372	消第4類, 安引火性の物		0.8	5.4	178		微
06	N-エチル-N-ベンジルアニリン **N-Ethyl-N-benzylaniline** $C_{15}H_{17}N$ [211.3]	92-59-1 2274 —	毒劇物,消第 4類,運6.1	淡黄色 液体	1.0+			312	−30	不
07	エチルベンゼン エチルベンゾール **Ethylbenzene** Ethylbenzol Phenylethane C_8H_{10} [106.17]	100-41-4 1175 (3)-28	管1種,消第4 類,安引火性 の物・18条, 運3	無色 液体 芳香	0.9	3.7	136	−95	難
08	エチルホスフィン **Ethylphosphine** $C_2H_5PH_2$ [62.05]	593-68-0 — —		無色 液体 不快臭			25		
09	エチルマグネシウムブロマイド ブロモ(エチル)マグネシウム **Ethylmagnesium bromide** Bromo(ethyl)magnesium C_2H_5MgBr [133.3]	925-90-6 — —		無色 固体 不揮発性					反応
10	エチル=メチル=エーテル メトキシエタン メチル=エチル=エーテル **Ethyl methyl ether** Methoxyethane Methyl ethyl ether C_3H_8O [60.10]	540-67-0 1039 —	圧液化ガス・ 可燃性ガス, 安可燃性のガ ス,運2.1	無色 気体	0.7	2.1	11		易

燃焼危険性			有害危険性			火災時の措置	備考	
引火点 [℃]	発火点 [℃]	爆発範囲 [vol%]	許容濃度 [ppm]	吸入LC_{50} [ラットppm]	経口LD_{50} [ラットmg/kg]			
<-7						粉末消火剤,二酸化炭素,散水,一般泡消火剤(消火効果のない場合,散水)		01
44	190	0.85〜7.2				粉末消火剤,二酸化炭素,散水,耐アルコール性泡消火剤		02
127	360				1400	粉末消火剤,二酸化炭素,散水,一般泡消火剤(消火効果のない場合,散水)		03
60	295				450	粉末消火剤,二酸化炭素,散水,耐アルコール性泡消火剤(消火効果のない場合,散水)		04
57	202		128.21		1350	粉末消火剤,二酸化炭素,散水,一般泡消火剤(消火効果のない場合,散水)		05
140	500					粉末消火剤,二酸化炭素,散水,耐アルコール性泡消火剤		06
21	432	0.8〜6.7	100, 125 (STEL)		3500	粉末消火剤,二酸化炭素,散水,一般泡消火剤(消火効果のない場合,散水)		07
						散水,湿った砂,土		08
						粉末消火剤,ソーダ灰,石灰,砂【水/泡消火剤使用不可】	グリニャール試薬,多くはエーテル溶液として用いられる	09
-37	190	2.0〜10.1				粉末消火剤,二酸化炭素【ガス漏れ停止困難のときは消火不可】		10

	名称	CAS No. 国連番号 化審法No.	危険物分類	物理的特性					
				外観・性質	比重	蒸気比重 (空気=1)	沸点[℃]	融点[℃]	水溶性
01	エチル＝メチル＝ケトン 2-ブタノン メチル＝エチル＝ケトン **Ethyl methyl ketone** 2-Butanone Methyl ethyl ketone C_4H_8O [72.12]	78-93-3 1193 (2)-542	毒劇物, 消第4類, 安引火性の物・18条, 連3	液体 引火性 アセトン様 臭気	0.8	2.5	80	−86	易
02	2-エチル-2-メチル-1,3-ジオキソラン **2-Methyl-2-ethyl-1,3-dioxolane** $C_6H_{12}O_2$ [116.16]	126-39-6 — —	消第4類, 安引火性の物	無色 液体	0.9	4.0	118		不
03	5-エチル-2-メチルピリジン **2-Methyl-5-ethylpyridine** Aldehydine $C_8H_{11}N$ [121.18]	104-90-5 2300 —	消第4類, 連6.1	液体 芳香	0.9	4.2	178		難
04	3-エチル-4-メチルヘキサン 3-メチル-4-エチルヘキサン **3-Ethyl-4-methylhexane** 3-Methyl-4-ethylhexane C_9H_{20} [128.26]	3074-77-9 — —	消第4類, 引火性の物		0.7	4.4	140		
05	3-エチル-2-メチルペンタン 2-メチル-3-エチルペンタン **3-Ethyl-2-methylpentane** 2-Methyl-3-ethylpentane C_8H_{18} [114.23]	609-26-7 — —	消第4類, 引火性の物	液体	0.7	3.9	116		
06	エチルメルカプタン エタンチオール **Ethyl mercaptan** Ethanethiol Ethyl sulfhydrate C_2H_6S [62.14]	75-08-1 2363 (2)-460	消第4類, 特定物質, 安引火性の物・18条, 連3	無色 液体 メルカプタン臭	0.8	2.1	35	−144.4	微
07	N-エチルモルホリン 4-エチルモルホリン **N-Ethylmorpholine** 4-Ethylmorpholine $C_6H_{13}NO$ [115.18]	100-74-3 — (5)-859	消第4類, 安引火性の物・18条	無色 液体 アンモニア臭	0.9	4.0	138		易
08	2-エチル酪酸 **2-Ethylbutyric acid** Diethyl acetic acid $C_6H_{12}O_2$ [116.16]	88-09-5 — —	消第4類	無色 液体	0.9	4	193		微
09	エチルリチウム **Ethyllithium** C_2H_5Li [36.0]	811-49-4 — —	消第3類	無色 結晶				95	
10	エチレン エテン **Ethylene** Ethene C_2H_4 [28.05]	74-85-1 — (2)-12	高圧縮ガス・液化ガス・可燃性ガス, 安可燃性のガス	無色 気体 かすかに甘いにおい		1.0	−104	−169.2	微
11	エチレンオキシド オキシラン 酸化エチレン **Ethylene oxide** Oxirane Dimethylene oxide C_2H_4O [44.05]	75-21-8 1040, 1041, 1952, 2983, 3070, 3297〜3300 (2)-218	毒劇物, 管1種, 消第9条, 気有害, 高液化・可燃性・毒性ガス, 安可燃性ガス・18条, 連2.2, 2.3	無色 気体	0.9	1.5	11	−112.4	易

燃焼危険性			有害危険性			火災時の措置	備考	
引火点 [℃]	発火点 [℃]	爆発範囲 [vol%]	許容濃度 [ppm]	吸入LC_{50} [ラットppm]	経口LD_{50} [ラットmg/kg]			
−9	404	1.4〜11.4 (93℃)	200, 300 (STEL)		2737	粉末消火剤, 二酸化炭素, 散水, 耐アルコール性泡消火剤(消火効果のない場合, 散水)		01
23						粉末消火剤, 二酸化炭素, 散水, 一般泡消火剤(消火効果のない場合, 散水)		02
68	504	1.1〜6.6				粉末消火剤, 二酸化炭素, 散水, 耐アルコール性泡消火剤		03
24						粉末消火剤, 二酸化炭素, 散水, 一般泡消火剤(消火効果のない場合, 散水)		04
<21	460					粉末消火剤, 二酸化炭素, 散水, 一般泡消火剤(消火効果のない場合, 散水)		05
<−18	300	2.8〜18.0	0.5		682	粉末消火剤, 二酸化炭素, 散水, 一般泡消火剤(消火効果のない場合, 散水)	睡眠作用あり, 高濃度のものは中枢神経を麻痺させる	06
32			5		1780	粉末消火剤, 二酸化炭素, 散水, 一般泡消火剤(消火効果のない場合, 散水)		07
99	400					粉末消火剤, 二酸化炭素, 散水, 一般泡消火剤(消火効果のない場合, 散水)		08
	空気中で発火					粉末消火剤, ソーダ灰, 石灰, 砂【水/泡消火剤使用不可】		09
ガス	450	2.7〜36.0				粉末消火剤, 二酸化炭素【ガス漏れ停止困難のときは消火不可】		10
−29	429	3.0〜100	1		72	粉末消火剤, 二酸化炭素【ガス漏れ停止困難のときは消火不可】	発がん物質の恐れ, 蒸気は爆発しやすい	11

	名称	CAS No. 国連番号 化審法No.	危険物分類	物理的特性					
				外観・性質	比重	蒸気比重 (空気=1)	沸点[℃]	融点[℃]	水溶性
01	エチレングリコール 1,2-エタンジオール グリコール Ethylene glycol 1,2-Ethanediol Glycol $C_2H_6O_2$ [62.07]	107-21-1 1188 (2)-230	管1種, 消第4類, 安18条, 運3	無色液体 無臭 やや粘ちょう 吸湿性	1.1	2.1	197	−12.6	易
02	エチレングリコール＝イソプロピルエーテル Ethylene glycol isopropyl ether $C_5H_{12}O_2$ [104.15]	109-59-1 — —	消第4類, 安引火性の物	無色液体	0.9	3.6	143	−60	可
03	エチレングリコール＝ジブチルエーテル Ethylene glycol dibutyl ether $C_{10}H_{22}O_2$ [174.3]	112-48-1 — —	消第4類	無色液体 微臭	0.8		204	−69	不
04	エチレングリコール＝ジホルマート ニギ酸エチレン Ethylene glycol diformate Ethylene formate 1,2-Ethanediol diformate $C_4H_6O_4$ [118.09]	629-15-2 — —	消第4類	無色液体	1.2		174		反応
05	エチレングリコール＝ジメチルエーテル 1,2-ジメトキシエタン Ethylene glycol dimethyl ether 1,2-Dimethoxyethane $C_4H_{10}O_2$ [90.12]	110-71-4 2252, 2377 (2)-421	消第4類, 安引火性の物, 運3	無色液体 芳香	0.9	3.1	85	−58	易
06	エチレングリコール＝ビスチオグリコレート グリコール＝ジメルカプトアセタート Ethyleneglycol bis(thioglycolate) Glycol dimercaptoacetate GDMA $C_6H_{10}S_2O_4$ [210.26]	123-81-9 — —	消第4類	液体	1.3		138 (1.2mmHg)		不
07	エチレングリコール＝モノアクリレート アクリル酸-2-ヒドロキシエチル Ethylene glycol monoacrylate 2-Hydroxyethyl acrylate HEA $C_5H_8O_3$ [116.1]	818-61-1 — (2)-995	消第4類	透明液体	1.1		210	<−70 (凝固点)	可
08	エチレングリコール＝モノイソブチルエーテル イソブチルセロソルブ Ethylene glycol monoisobutyl ether Isobutyl cellosolve $C_6H_{14}O_2$ [118.17]	4439-24-1 — (7)-97	消第4類, 安引火性の物	無色液体	0.9	4.1	158〜162		可
09	エチレングリコール＝モノエチルエーテル セロソルブ 2-エトキシエタノール Ethylene glycol ethyl ether Cellosolve 2-Ethoxyethanol $C_4H_{10}O_2$ [90.12]	110-80-5 — (2)-411	管1種, 消第4類, 安引火性の物・18条	無色液体	0.9	3.0	135		易

燃焼危険性			有害危険性			火災時の措置	備考	
引火点 [℃]	発火点 [℃]	爆発範囲 [vol%]	許容濃度 [ppm]	吸入LC$_{50}$ [ラットppm]	経口LD$_{50}$ [ラットmg/kg]			
111	398	3.2〜	100mg/m^3 (STEL)		4700	粉末消火剤, 二酸化炭素, 散水, 耐アルコール性泡消火剤(消火効果のない場合, 散水)		01
33	240	1.6〜13	25			粉末消火剤, 二酸化炭素, 散水, 耐アルコール性泡消火剤(消火効果のない場合, 散水)		02
85						粉末消火剤, 二酸化炭素, 散水, 一般泡消火剤(消火効果のない場合, 散水)		03
93						粉末消火剤, ソーダ灰, 石灰, 砂【水／泡消火剤使用不可】		04
−2	202				3200	粉末消火剤, 二酸化炭素, 散水, 一般泡消火剤(消火効果のない場合, 散水)		05
202						粉末消火剤, 二酸化炭素, 散水, 一般泡消火剤(消火効果のない場合, 散水)		06
101		1.8 (100℃) 〜			548	粉末消火剤, 二酸化炭素, 散水, 耐アルコール性泡消火剤(消火効果のない場合, 散水)		07
58	282	1.2 (93℃) 〜9.4 (135℃)				粉末消火剤, 二酸化炭素, 散水, 耐アルコール性泡消火剤(消火効果のない場合, 散水)		08
43	235	1.7〜15.6 (93℃)	5		2125	粉末消火剤, 二酸化炭素, 散水, 耐アルコール性泡消火剤(消火効果のない場合, 散水)		09

	名称	CAS No. 国連番号 化審法No.	危険物分類	物理的特性					
				外観・性質	比重	蒸気比重 (空気=1)	沸点[℃]	融点[℃]	水溶性
01	エチレングリコール＝モノエチルエーテル＝アセタート セロソルブアセタート 2-エトキシエチル＝アセタート Ethylene glycol monoethyl ether acetate Cellosolve acetate 2-Ethoxyethyl acetate Ethyl glycol acetate $C_6H_{12}O_3$ [132.16]	111-15-9 1172 (2)-740	管1種, 消第4類, 安引火性の物・18条, 運3	無色液体	1.0−	4.6	156	−61	易
02	エチレングリコール＝モノ(2-エチルヘキシル)エーテル Ethylene glycol 2-ethylhexyl ether $C_{10}H_{22}O_2$ [174.28]	1559-35-9 — (2)-2424	消第4類	無色液体 ほぼ無臭	0.9		228	−77	不
03	エチレングリコール＝モノフェニルエーテル フェニルセロソルブ 2-フェノキシエタノール Ethylene glycol phenyl ether Phenyl cellosolve 2-Phenoxyethanol $C_8H_{10}O_2$ [138.17]	122-99-6 — (9)-1277	消第4類	油状液体	1.1	4.8	245		可
04	エチレングリコール＝モノブチルエーテル ブチルセロソルブ 2-ブトキシエタノール Ethylene glycol n-butyl ether Butyl cellosolve 2-Butoxyethanol $C_6H_{14}O_2$ [118.18]	111-76-2 — (2)-407	消第4類, 安引火性の物・18条	無色液体 エーテル臭	0.9	4.1	171	−75	易
05	エチレングリコール＝モノt-ブチルエーテル t-ブチルセロソルブ 2-t-ブトキシエタノール Ethylene glycol mono t-butyl ether t-Butylcellosolve 2-t-Butoxyethanol $C_6H_{14}O_2$ [118.18]	7580-85-0 — (2)-2424	消第4類, 安引火性の物	無色透明液体	0.9		153	<−120	可
06	エチレングリコール＝モノブチルエーテル＝アセタート ブチルグリコールアセテート Ethylene glycol monobutyl ether acetate $C_8H_{16}O_3$ [160.2]	112-07-2 — (2)-740	消第4類	無色液体 果実様臭気	0.9		192	−64.6	微
07	エチレングリコール＝モノヘキシルエーテル 2-ヘキソキシエタノール ヘキシルグリコール Ethylene glycol monohexyl ether 2-Hexoxy ethanol Hexyl glycol $C_8H_{18}O_2$ [146.23]	112-25-4 — (7)-97, (2)-2424	消第4類	無色透明液体	0.9		208	−50	微

燃焼危険性			有害危険性			火災時の措置	備考	
引火点 [℃]	発火点 [℃]	爆発範囲 [vol%]	許容濃度 [ppm]	吸入LC$_{50}$ [ラットppm]	経口LD$_{50}$ [ラットmg/kg]			
47	380	1.7〜10	5		2900	粉末消火剤, 二酸化炭素, 散水, 耐アルコール性泡消火剤(消火効果のない場合, 散水)		01
110					3080	粉末消火剤, 二酸化炭素, 散水, 一般泡消火剤(消火効果のない場合, 散水)		02
127					1260	粉末消火剤, 二酸化炭素, 散水, 一般泡消火剤(消火効果のない場合, 散水)		03
62	238	1.1 (93℃) 〜12.7 (135℃)	20		470	粉末消火剤, 二酸化炭素, 散水, 耐アルコール性泡消火剤(消火効果のない場合, 散水)		04
55		0.6〜10.5			800(メス)	粉末消火剤, 二酸化炭素, 散水, 耐アルコール性泡消火剤(消火効果のない場合, 散水)		05
71	340	0.88 (93℃) 〜8.54 (135℃)	20		2400	粉末消火剤, 二酸化炭素, 散水, 一般泡消火剤(消火効果のない場合, 散水)		06
102	220	1.1〜10.6			830	粉末消火剤, 二酸化炭素, 散水, 一般泡消火剤(消火効果のない場合, 散水)		07

名称	CAS No. 国連番号 化審法No.	危険物分類	物理的特性					
			外観・性質	比重	蒸気比重 (空気=1)	沸点[℃]	融点[℃]	水溶性
01 エチレングリコール＝モノベンジルエーテル ベンジルセロソルブ 2-ベンジルオキシエタノール Ethylene glycol monobenzyl ether Benzyl cellosolve 2-Benzyloxyethanol $C_9H_{12}O_2$ [152.19]	622-08-2 — (7)-272	消第4類	無色 液体	1.1	5.2	256	<-50	微
02 エチレングリコール＝モノメチルエーテル メチルセロソルブ 2-メトキシエタノール Ethylene glycol methyl ether Methyl cellosolve 2-Methoxyethanol $C_3H_8O_2$ [76.10]	109-86-4 — (2)-405	管1種, 消第4類, 安引火性の物・18条	無色 液体	1.0-	2.6	124	-85.1	易
03 エチレングリコール＝メチルエーテル＝アセタート 酢酸2-メトキシエチル Ethylene glycol methyl ether acetate 2-Methoxyethyl acetate $C_5H_{10}O_3$ [118.13]	110-49-6 — —	管1種, 消第4類, 安引火性の物・18条	無色 液体 芳香	1.0+	4.1	145		可
04 エチレングリコール＝メチルエーテル＝ホルマール Ethylene glycol methyl ether formal $C_7H_{16}O_4$ [164.20]	不明 — —	消第4類		1.0-	5.7	201		可
05 エチレンジアミン 1,2-エタンジアミン 1,2-ジアミノエタン Ethylenediamine 1,2-Ethanediamine $C_2H_8N_2$ [60.1]	107-15-3 1604 (2)-150	管1種, 消第4類, 安引火性の物・18条, 運8	無色 液体 アンモニア様刺激臭	0.9	2.1	116	8.5	易
06 エチレンジアミン四酢酸四ナトリウム二水和物 Sodium ethylenediaminetetraacetate dihydrate $C_{10}H_{12}N_2O_8Na_4・2H_2O$ [416.2]	67401-50-7 — —		白色 結晶性粉末					易
07 N,N'-エチレンビス(ステアロアミド) エチレンビスステアリン酸アミド N,N'-Ethylenebis(stearamide) $C_{38}H_{76}N_2O_2$ [539.02]	110-30-5 — (2)-831		白色 固体	1.0-		260 (分解)	135～146	不
08 エトキシアセチレン エチル＝エチニル＝エーテル Ethoxyacetylene Ethyl ethynyl ether C_4H_6O [70.09]	927-80-0 — —	消第4類, 安引火性の物	液体 催涙性	0.8	2.4	51		不
09 3-エトキシプロパナール 3-エトキシプロピオンアルデヒド 3-Ethoxypropanal 3-Ethoxypropionaldehyde $C_5H_{10}O_2$ [102.13]	2806-85-1 — —	消第4類, 安引火性の物		1.0-	3.5	135		易

燃焼危険性			有害危険性			火災時の措置	備考	
引火点 [℃]	発火点 [℃]	爆発範囲 [vol%]	許容濃度 [ppm]	吸入LC$_{50}$ [ラットppm]	経口LD$_{50}$ [ラットmg/kg]			
129	352				1190	粉末消火剤,二酸化炭素,散水,一般泡消火剤(消火効果のない場合,散水)		01
39	285	1.8〜14	5		2370	粉末消火剤,二酸化炭素,散水,耐アルコール性泡消火剤(消火効果のない場合,散水)		02
49	392	1.5〜12.3 (93℃)	5			粉末消火剤,二酸化炭素,散水,耐アルコール性泡消火剤(消火効果のない場合,散水)		03
68						粉末消火剤,二酸化炭素,散水,耐アルコール性泡消火剤(消火効果のない場合,散水)		04
40	385	2.5 (100℃) 〜12	10		1200	粉末消火剤,二酸化炭素,散水,耐アルコール性泡消火剤(消火効果のない場合,散水)		05
						粉末消火剤,二酸化炭素,散水,耐アルコール性泡消火剤		06
280						粉末消火剤,二酸化炭素,散水,耐アルコール性泡消火剤		07
<−7						粉末消火剤,二酸化炭素,散水,一般泡消火剤(消火効果のない場合,散水)		08
38						粉末消火剤,二酸化炭素,散水,耐アルコール性泡消火剤(消火効果のない場合,散水)		09

	名称	CAS No. 国連番号 化審法No.	危険物分類	物理的特性					
				外観・性質	比重	蒸気比重 (空気=1)	沸点[℃]	融点[℃]	水溶性
01	3-エトキシプロピオン酸 3-Ethoxypropionic acid $C_5H_{10}O_3$ [118.13]	4324-38-3 — —	消第4類		1.0+	4	219		易
02	3-エトキシプロピン エチル＝プロパギル＝エーテル 3-Ethoxy propyne Ethyl propargyl ether C_5H_8O [84.12]	628-33-1 — —	消第4類	液体 刺激臭					
03	エピクロロヒドリン 1,2-エポキシ-3-クロロプロパン クロロメチルオキシラン Epichlorohydrin 1,2-Epoxy-3-chloropropane Chloromethyloxirane C_3H_5ClO [92.53]	106-89-8 2023 (2)-275	毒劇物, 管1種, 消第4類, 安引火性の物・18条, 運6.1	無色 液体 流動性 特有の臭気	1.2	3.2	115	−57.2 (凝固点)	可
04	1,2-エポキシブタン エチルオキシラン 1-ブテンオキシド 1,2-Epoxybutane Ethyloxirane 1,2-Butylene oxide C_4H_8O [72.11]	106-88-7 3022 —	管2種, 消第4類, 安引火性の物, 運3	無色 液体	0.8	2.2	63		可
05	3,4-エポキシ-1-ブテン ビニルオキシラン 3,4-Epoxy-1-butene Vinyloxirane Butadiene monoxide C_4H_6O [70.09]	930-22-3 — —	消第4類, 安引火性の物	無色 液体	0.9	2.4	66		不
06	2,3-エポキシ-1-プロパノール グリシドール グリシド 2,3-Epoxy-1-propanol Glycidol $C_3H_6O_2$ [74.08]	556-52-5 — (2)-2389	管1種, 消第4類, 安18条	無色 液体	1.1		166〜167 (分解)		可
07	塩化亜鉛 Zinc chloride $ZnCl_2$ [136.30]	7646-85-7 1840, 2331 (1)-264	毒劇物, 管1種, 消第9条, 水, 安第18条, 運8	白色 粉末 潮解性	2.9		732	283	可
08	塩化アセチル 塩化エタノイル Acetyl chloride Ethanoyl chloride C_2H_3OCl [78.50]	75-36-5 1771 (2)-631	消第4類, 安引火性の物, 運3	無色 液体 発煙性	1.1	2.7	51	−112	激しく反応
09	塩化アリル 3-クロロプロペン Allyl chloride 3-Chloropropene C_3H_5Cl [76.53]	107-05-1 1100 (2)-123	管1種, 消第4類, 安引火性の物・18条, 運3	無色 液体 不快な刺激臭	0.9	2.6	45	−134.5	微

燃焼危険性			有害危険性			火災時の措置	備考	
引火点 [℃]	発火点 [℃]	爆発範囲 [vol%]	許容濃度 [ppm]	吸入LC_{50} [ラットppm]	経口LD_{50} [ラットmg/kg]			
107						粉末消火剤，二酸化炭素，散水，耐アルコール性泡消火剤(消火効果のない場合，散水)		01
						粉末消火剤，二酸化炭素，散水，一般泡消火剤(消火効果のない場合，散水)		02
31	411	3.8〜21.0	0.5		90	粉末消火剤，二酸化炭素，散水，一般泡消火剤(消火効果のない場合，散水)	発がん物質の恐れ	03
−22	439	1.7〜19			900	粉末消火剤，二酸化炭素，散水，耐アルコール性泡消火剤(消火効果のない場合，散水)		04
<−50	430					粉末消火剤，二酸化炭素，散水，耐アルコール性泡消火剤(消火効果のない場合，散水)		05
72			2		420	粉末消火剤，二酸化炭素，散水，耐アルコール性泡消火剤(消火効果のない場合，散水)		06
			1mg/m³, 2mg/m³ (STEL)		350	粉末消火剤，二酸化炭素，散水		07
4	390	5.0〜			910	粉末消火剤，ソーダ灰，石灰，砂【水／泡消火剤使用不可】		08
−32	485	2.9〜11.1	1, 2(STEL)		460	粉末消火剤，二酸化炭素，散水，耐アルコール性泡消火剤(消火効果のない場合，散水)		09

	名称	CAS No. 国連番号 化審法No.	危険物分類	物理的特性					
				外観・性質	比重	蒸気比重 (空気=1)	沸点[℃]	融点[℃]	水溶性
01	塩化アルミニウム 三塩化アルミニウム **Alminium chloride** Alminium trichloride AlCl₃ [133.34]	7446-70-0 — (1)-12	安18条	白色 固体	2.4			192.4	可
02	塩化アンチモン(Ⅲ) 三塩化アンチモン **Antimony trichloride** Antimoby(Ⅲ) chloride SbCl₃ [228.11]	10025-91-9 1733 (1)-256	管1種,毒劇物, 安18条,運8	無色 結晶	3.1 (20℃)		223.5	73.4	
03	塩化アンチモン(Ⅴ) 五塩化アンチモン **Antimony(Ⅴ) chloride** Antimony pentachloride SbCl₅ [299.01]	7647-18-9 1730, 1731 (1)-256	管1種,消第9 条,毒劇物, 安18条,運8	無色ないし 淡黄色 油状液体 (常温)	2.4		79 (22mmHg)	2.8	
04	塩化アンモニウム **Ammonium chloride** NH₄Cl [53.49]	12125-02-9 — (1)-218	水, 安18条	無色 結晶	1.53		520	335	易
05	塩化イソブチリル 2-メチルプロパノイル=クロリド **Isobutyryl chloride** 2-Methylpropanoyl chloride C₄H₇ClO [106.55]	79-30-1 2353, 2395 —	消第4類,安 引火性の物, 運3	液体	1.0＋		91～93	−90	
06	塩化イソブチル 1-クロロ-3-メチルプロパン 塩化ブチル **Isobutyl chloride** 1-Chloro-3-methylpropane C₄H₉Cl [92.57]	513-36-0 — —	消第4類,安 引火性の物	液体	0.9	3.2	69	−130.3	微または 難
07	塩化イソプロピル 2-クロロプロパン **Isopropyl chloride** 2-Chloropropane C₃H₇Cl [78.54]	75-29-6 2356 —	消第4類,安 引火性の物, 運3	無色 液体	0.9	2.7	35	−117.2	微
08	塩化イソペンチル 塩化アミル 1-クロロ-3-メチルブタン **Isopentyl chloride** Isoamyl chloride 1-Chloro-3-methylbutane C₅H₁₁Cl [106.60]	107-84-6 — —	消第4類,安 引火性の物	無色 液体	0.9	3.7	100	−104.4	微
09	塩化ウラン(Ⅵ) **Uranium(Ⅵ) chloride** UCl₆ [450.7]	13763-23-0 — —		緑黒色 結晶	3.6			179	
10	塩化エチル クロロエタン **Ethyl chloride** Chloroethane Hydrochloric ether C₂H₅Cl [64.52]	75-00-3 1037 (2)-53	毒劇物,管1種, 審2種監視, 圧液化ガス・ 可燃性ガス, 安可燃性のガ ス・18条,運 2.1	気体(常温, 常圧) 特有のエー テル臭	0.9	2.2	12	−138.3	微

燃焼危険性			有害危険性			火災時の措置	備考	
引火点 [℃]	発火点 [℃]	爆発範囲 [vol%]	許容濃度 [ppm]	吸入LC$_{50}$ [ラットppm]	経口LD$_{50}$ [ラットmg/kg]			
			2mg/m^3（Al）		3450	粉末消火剤，二酸化炭素，散水		01
			0.5mg/m^3（Sb）		525	粉末消火剤，二酸化炭素，散水		02
			0.5mg/m^3（Sb）		1115	粉末消火剤，二酸化炭素，散水		03
			ヒューム10mg/m^3, 20mg/m^3(STEL)		1650	粉末消火剤，二酸化炭素，散水		04
8						粉末消火剤，二酸化炭素，散水，一般泡消火剤(消火効果のない場合，散水)		05
<21		2.0～8.8				粉末消火剤，二酸化炭素，散水，一般泡消火剤(消火効果のない場合，散水)		06
-32	593	2.8～10.7				粉末消火剤，二酸化炭素，散水，一般泡消火剤(消火効果のない場合，散水)		07
<21		1.5～7.4				粉末消火剤，二酸化炭素，散水，一般泡消火剤(消火効果のない場合，散水)		08
			0.2mg/m^3, 0.6mg/m^3 (STEL)（U）			粉末消火剤，二酸化炭素，散水	発がん物質	09
-50	519	3.8～15.4	100	152g/m^3/2H		粉末消火剤,二酸化炭素【ガス漏れ停止困難のときは消火不可】		10

	名称	CAS No. 国連番号 化審法No.	危険物分類	物理的特性					
				外観・性質	比重	蒸気比重 (空気=1)	沸点[℃]	融点[℃]	水溶性
01	塩化-2-エチルヘキシル 3-(クロロメチル)ヘプタン 2-Ethylhexyl chloride 3-(Chloromethyl)heptane $C_8H_{17}Cl$ [148.68]	123-04-6 — —	消第4類,安 引火性の物		0.9	5.1	173		不
02	塩化カリウム Potassium chloride KCl [74.55]	7447-40-7 — (1)-228		無色 結晶	2		1500	776	可
03	塩化カルシウム Calcium chloride $CaCl_2$ [110.99]	10043-52-4 — (1)-176		無色 結晶 吸湿性 潮解性	2.1		1600〜	774	易
04	塩化金(Ⅲ) Gold(Ⅲ) chloride $AuCl_3$ [303.33]	13453-07-1 — —	毒劇物	暗赤色 結晶	3.9			254	可
05	塩化銀 Silver chloride AgCl [143.32]	7783-90-6 — (1)-4	管1種,安18 条	白色 微結晶	5.6		1550	455	難
06	塩化クロミル 二塩化二酸化クロム(Ⅵ) Chromyl chloride Chromium(Ⅵ) dichloride dioxide $CrCl_2O_2$ [154.90]	14977-61-8 — —	管特定1種, 水	臭素類似の 暗赤色 液体	1.9		117	−96.5	反応
07	塩化クロム(Ⅱ) 二塩化クロム Chromium(Ⅱ) chloride chromium dichloride $CrCl_2$ [122.90]	10049-05-5 — —	安18条	無色 結晶	2.9		1300	824	易
08	塩化クロム(Ⅲ) 塩化第二クロム Chromium(Ⅲ) chloride chromic chloride $CrCl_3$ [158.36]	10025-73-7 — (1)-208	管1種,水, 安18条	赤紫色 鱗片状結晶	2.8			1152	不
09	塩化ゲルマニウム(Ⅳ) 四塩化ゲルマニウム Germanium(Ⅳ) chloride Gerumanium tetrachloride $GeCl_4$ [214.40]	10038-98-9 — (1)-636		無色 液体	1.9		84	−51.8	
10	塩化コバルト(Ⅱ) Cobalt(Ⅱ) chloride $CoCl_2$ [129.84]	7646-79-9 — (1)-207	管1種,安18 条	青色 結晶 潮解性	3.4		1049	735	可
11	塩化コバルト(Ⅲ) Cobalt(Ⅲ) chloride $CoCl_3$ [165.29]	10241-04-4 — —	管1種,安18 条	暗緑色 結晶					
12	塩化コリン トリメチル(2-ヒドロキシエチル)アンモニウムクロリド Choline chloride Trimethyl(2-hydroxyethyl) ammonium chloride $(CH_3)_3NC_2H_4OH \cdot Cl$ [139.63]	67-48-1 — (2)-341, (9)-1994		白色 結晶				244〜247	易
13	塩化酸化アンチモン(Ⅲ) Antimony(Ⅲ) chloride oxide SbOCl [173.2]	7791-08-4 — —	管1種	無色 結晶				170 (分解)	不

燃焼危険性			有害危険性			火災時の措置	備考	
引火点 [℃]	発火点 [℃]	爆発範囲 [vol%]	許容濃度 [ppm]	吸入LC$_{50}$ [ラットppm]	経口LD$_{50}$ [ラットmg/kg]			
60						粉末消火剤, 二酸化炭素, 散水, 一般泡消火剤(消火効果のない場合, 散水)		01
					2600	粉末消火剤, 二酸化炭素, 散水		02
					1000	粉末消火剤, 二酸化炭素, 散水	1, 2, 4, 6水和物もある	03
						粉末消火剤, 二酸化炭素, 散水		04
						粉末消火剤, 二酸化炭素, 散水		05
			0.025			粉末消火剤, 二酸化炭素, 散水		06
						粉末消火剤, 二酸化炭素, 散水		07
			0.5mg/m³ (Cr)		1870	粉末消火剤, 二酸化炭素, 散水	6水和物もある	08
					358	粉末消火剤, 二酸化炭素, 散水		09
			0.02mg/m³ (Co)			粉末消火剤, 二酸化炭素, 散水	6水和物もある	10
			0.02mg/m³ (Co)			粉末消火剤, 二酸化炭素, 散水		11
					3400	粉末消火剤, 二酸化炭素, 散水, 耐アルコール性泡消火剤	水溶液として流通している	12
			0.5mg/m³ (Sb)			粉末消火剤, 二酸化炭素, 散水		13

	名称	CAS No. 国連番号 化審法No.	危険物分類	物理的特性					
				外観・性質	比重	蒸気比重 (空気=1)	沸点[℃]	融点[℃]	水溶性
01	塩化三酸化レニウム(Ⅶ) **Rhenium chloride trioxide** ClO₃Re [269.7]	42246-25-3 — —		無色液体				4.5	
02	塩化シアヌル 2,4,6-トリクロロ-1,3,5-トリアジン 三塩化シアヌル **Cyanuric chloride** 2,4,6-Trichloro-1,3,5-triazine Cyanuric trichloride C₃Cl₃N₃ [184.4]	108-77-0 2670 (5)-1045	管1種, 安2種 監視, 運8	白色 固体 刺激臭 催涙性	1.3		190	145.5〜148.5	激しく反応
03	塩化シアン クロロシアン **Chlorine cyanide** Cyanogen chloride CNCl [61.47]	506-77-4 1589 (1)-123	毒毒物, 管1種, 安18条, 運 2.3	無色 液体	1.2	2.2	13	−6	可
04	塩化ジルコニウム(Ⅱ) **Zirconium(Ⅱ) chloride** ZrCl₂ [162.13]	13762-26-0 — —		黒色 結晶				>600 (分解)	
05	塩化ジルコニウム(Ⅲ) **Zirconium(Ⅲ) chloride** ZrCl₃ [197.53]	10241-03-9 — —		褐色 結晶				773 (昇華)	
06	塩化ジルコニウム(Ⅳ) 四塩化ジルコニウム **Zirconium(Ⅳ) chloride** Zirconium tetrachloride ZrCl₄ [233.04]	10026-11-6 2503 (1)-659	安18条, 運8	無色 光沢の結晶 吸湿性	2.8		300 (昇華)	437 (25atm)	反応
07	塩化水銀(Ⅱ) 昇汞 塩化第二水銀 **Mercury(Ⅱ) chloride** Corrosive sublimate Mercuric chloride HgCl₂ [271.50]	7487-94-7 1624 (1)-226	毒毒物, 管1種, 消第9条, 水, 安特定・18条, 運6.1	無色 結晶	5.4		304	277	可
08	塩化水素 **Hydrogen chloride** HCl [36.46]	7647-01-0 1050, 1789, 2186 (1)-215	消第9条, 毒 劇物, 圧液化 ガス・毒性ガス, 気有害物 質・特定物質, 安特定化学物 質等, 運2.3, 8	無色 気体 刺激臭		1.3	−85	−114.2	易
09	塩化スズ(Ⅱ) 塩化第一スズ **Tin(Ⅱ) chloride** Stannaous chloride SnCl₂ [189.62]	7772-99-8 — (1)-260	毒劇物, 消第 9条, 安18条	無色 結晶	4		652	246.8	可
10	塩化スズ(Ⅳ) 塩化第二スズ **Tin(Ⅳ) chloride** Stannic chloride SnCl₄ [260.52]	7646-78-8 1827 (1)-260	毒劇物, 消第 9条, 安18条, 運8	無色 液体	2.3		114	−33	易

燃焼危険性			有害危険性			火災時の措置	備考	
引火点 [℃]	発火点 [℃]	爆発範囲 [vol%]	許容濃度 [ppm]	吸入LC_{50} [ラットppm]	経口LD_{50} [ラットmg/kg]			
						粉末消火剤, 二酸化炭素, 散水		01
					485	粉末消火剤, ソーダ灰, 石灰, 砂【水／泡消火剤使用不可】	有毒, 腐食性あり, 粉塵の吸入を避けること	02
			0.3(STEL)			水(注水, 水噴霧)	猛毒	03
			5mg/m³, 10mg/m³ (STEL) (Zr)			粉末消火剤, 二酸化炭素, 散水		04
			5mg/m³, 10mg/m³ (STEL) (Zr)			粉末消火剤, 二酸化炭素, 散水		05
			5mg/m³, 10mg/m³ (STEL) (Zr)		1688	粉末消火剤, 二酸化炭素, 散水		06
			0.025mg/m³ (Hg)		1	粉末消火剤, 二酸化炭素, 散水		07
			2(STEL)	3124		粉末消火剤, 二酸化炭素(防毒マスク使用)	目や皮膚に付くと炎症を起こす	08
			2mg/m³ (Sn)		700	粉末消火剤, 二酸化炭素, 散水	2水和物もある	09
			2mg/m³ (Sn)		120(腹腔内)	粉末消火剤, 二酸化炭素, 散水	5水和物もある	10

	名称	CAS No. 国連番号 化審法No.	危険物分類	物理的特性					
				外観・性質	比重	蒸気比重 (空気=1)	沸点[℃]	融点[℃]	水溶性
01	塩化スルフリル 塩化スルホニル **Sulfuryl chloride** Sulfonyl chloride SO_2Cl_2 [134.97]	7791-25-5 1834 (1)-246	運8	無色 液体 刺激臭	1.7		69.1	−54.1	
02	塩化タングステン(Ⅱ) 二塩化タングステン **Tungsten(Ⅱ) chloride** Tungsten dichloride WCl_2 [254.77]	13470-12-7 — —		灰色 粉末				589 (分解)	
03	塩化タングステン(Ⅵ) **Tungsten(Ⅵ) chloride** WCl_6 [396.57]	13283-01-7 — (1)-1217	安18条	暗紫色 結晶	3.5		347	275	不
04	塩化タンタル(Ⅴ) **Tantalum(Ⅴ) chloride** $TaCl_5$ [358.21]	7721-01-9 — (1)-654		淡黄色 結晶	3.7		242	221	
05	塩化チオニル 塩化スルフィニル **Thionyl chloride** Sulfinyl chloride $SOCl_2$ [118.97]	7719-09-7 1836 (1)-818	毒劇物, 安18 条, 運8	無色 液体 刺激臭	1.7		78.8	−105	
06	塩化チオホスホリル **Thiophosphoryl chloride** $PSCl_3$ [169.40]	3982-91-0 1837 —	運8	無色 液体 刺激臭 発煙性	1.6	5.8	125	−36.2	反応
07	塩化チタン(Ⅱ) 二塩化チタン **Titanium(Ⅱ) chloride** Titanium dichloride $TiCl_2$ [118.79]	10049-06-6 — —		黒褐色 結晶 潮解性	3.1			1035	
08	塩化チタン(Ⅲ) 三塩化チタン **Titanium(Ⅲ) chloride** Titanium trichloride $TiCl_3$ [154.24]	7705-07-9 2441, 2869 (1)-905	毒劇物, 運4.2, 8	暗紫色 結晶 潮解性	2.7			440 (分解)	冷水に可
09	塩化チタン(Ⅳ) 四塩化チタン **Titanium(Ⅳ) chloride** Titanium tetrachloride $TiCl_4$ [189.69]	7550-45-0 1838 (1)-262	運8	無色 液体	1.7		136.4	−25	冷水に可
10	塩化鉄(Ⅱ) 塩化第一鉄 **Iron(Ⅱ) chloride** Ferrous chloride $FeCl_2$ [126.75]	7758-94-3 — (1)-213	安18条	淡緑色 結晶	3.2			674	可
11	塩化鉄(Ⅲ) 塩化第二鉄 **Iron(Ⅲ) chloride** Ferric chloride $FeCl_3$ [162.21]	7705-08-0 1773, 2582 (1)-213	安18条, 運8	暗緑色 結晶	2.9		317	300	可
12	塩化銅(Ⅰ) 塩化第一銅 **Copper(Ⅰ) chloride** Cuprous chloride $CuCl$ [99.00]	7758-89-6 — (1)-210	毒劇物, 管1種, 消第9条, 安 第18条	白色 結晶	4.1			422	不

塩化銅 69

燃焼危険性			有害危険性			火災時の措置	備考	
引火点 [℃]	発火点 [℃]	爆発範囲 [vol%]	許容濃度 [ppm]	吸入LC$_{50}$ [ラットppm]	経口LD$_{50}$ [ラットmg/kg]			
				159/4H		粉末消火剤，ソーダ灰，石灰，砂【水／泡消火剤使用不可】		01
			1mg/m^3, 3mg/m^3 (STEL) (W)			粉末消火剤，二酸化炭素，散水		02
			5mg/m^3, 10mg/m^3 (STEL) (W)			粉末消火剤，二酸化炭素，散水		03
					1900	粉末消火剤，二酸化炭素，散水		04
			1(STEL)	500/1H		粉末消火剤，ソーダ灰，石灰，砂【水／泡消火剤使用不可】		05
						粉末消火剤，ソーダ灰，石灰，砂【水／泡消火剤使用不可】		06
						粉末消火剤，二酸化炭素，散水		07
						粉末消火剤，二酸化炭素，散水	大気中で激しく酸化し白煙を発生	08
				400mg/m^3		粉末消火剤，二酸化炭素，散水		09
			1mg/m^3 (Fe)		450	粉末消火剤，二酸化炭素，散水	4水和物もある	10
			1mg/m^3 (Fe)		316	粉末消火剤，二酸化炭素，散水	6水和物もある	11
					140	粉末消火剤，二酸化炭素，散水		12

	名称	CAS No. 国連番号 化審法No.	危険物分類	物理的特性					
				外観・性質	比重	蒸気比重 (空気=1)	沸点[℃]	融点[℃]	水溶性
01	塩化銅(Ⅱ) 塩化第二銅 **Copper(Ⅱ) chloride** Cupric chloride $CuCl_2$ [134.45]	7447-39-4 — (1)-210	毒劇物, 管1種	茶褐色粉末	2.4			498	可
02	塩化ナトリウム **Sodium chloride** $NaCl$ [58.44]	7647-14-5 — (1)-236		無色結晶	2.1 (20℃)		1413	800	可
03	塩化鉛(Ⅱ) 二塩化鉛 **Lead(Ⅱ) chloride** Lead dichloride $PbCl_2$ [278.11]	7758-95-4 — (1)-252	毒劇物, 管1種, 気有害物質, 水, 安18条	白色結晶	5.9		950	501	冷水に微, 熱水に可
04	塩化鉛(Ⅳ) 四塩化鉛 **Lead(Ⅳ) chloride** Lead tetrachloride $PbCl_4$ [349.04]	13463-30-4 — —	毒劇物, 管1種, 水	黄色油状液体	3.2		50	−15	
05	塩化ニトロイル **Nitryl chloride** NO_2Cl [81.46]	13444-90-1 — —	圧液化ガス	無色気体 塩素臭			−14.3	−145	可
06	塩化ニトロシル **Nitrosyl chloride** $NOCl$ [65.46]	2696-92-6 1069 —	圧液化ガス, 運2.3	橙黄色気体	1.3	2.3	−6.4	−64.5	反応
07	塩化ニフッ化リン **Phosphorus chloride difluoride** $PClF_2$ [104.42]	14335-40-1 — —	圧液化ガス, 水	無色気体		3.6	−47		
08	塩化バナジウム(Ⅱ) **Vanadium(Ⅱ) dichloride** VCl_2 [121.85]	10580-52-6 — (1)-1173		緑色結晶 潮解性	3.2				
09	塩化バナジウム(Ⅲ) 三塩化バナジウム **Vanadium(Ⅲ) chloride** Vanadium trichloride VCl_3 [157.32]	7718-98-1 — (1)-263		桃色結晶 潮解性	3.0			425 (分解)	反応
10	塩化ハフニウム(Ⅳ) **Hafnium(Ⅳ) chloride** $HfCl_4$ [320.43]	13499-05-3 — —		無色結晶				423	
11	塩化バリウム二水和物 **Barium chloride dihydrate** $BaCl_2 \cdot 2H_2O$ [244.28]	10326-27-9 — (1)-79	毒劇物, 管1種, 消第9条, 安18条	無色結晶	3.1			120 ($-2H_2O$), 962	可
12	塩化ビニル クロロエチレン **Vinyl chloride** Chloroethylene C_2H_3Cl [62.50]	75-01-4 1086 (2)-102	管特定1種, 審2種監視, 圧液化ガス・ 可燃性ガス, 気有害物質, 安可燃性のガス・18条, 運2.1	無色気体	0.9	2.2	−14	−159.7	微

燃焼危険性			有害危険性			火災時の措置	備考	
引火点 [℃]	発火点 [℃]	爆発範囲 [vol%]	許容濃度 [ppm]	吸入LC$_{50}$ [ラットppm]	経口LD$_{50}$ [ラットmg/kg]			
			0.05mg/m^3 (Cu(提案値))		584	粉末消火剤, 二酸化炭素, 散水	2水和物もある	01
						粉末消火剤, 二酸化炭素, 散水		02
			0.05mg/m^3 (Pb)			粉末消火剤, 二酸化炭素, 散水		03
			0.05mg/m^3 (Pb)			粉末消火剤, 二酸化炭素, 散水		04
						水(注水, 水噴霧)		05
						水(注水, 水噴霧)		06
			2.5mg/m^3 (F)					07
					540	粉末消火剤, 二酸化炭素, 散水		08
					350	粉末消火剤, 二酸化炭素, 散水	皮膚, 目および粘膜を刺激する	09
			0.5mg/m^3 (Hf)			粉末消火剤, 二酸化炭素, 散水		10
			0.5mg/m^3 (Ba)		118	粉末消火剤, 二酸化炭素, 散水		11
-78	472	3.6〜33	1		500	粉末消火剤, 二酸化炭素【ガス漏れ停止困難のときは消火不可】	発がん物質	12

72　塩化ピ

	名称	CAS No. 国連番号 化審法No.	危険物分類	物理的特性					
				外観・性質	比重	蒸気比重 (空気=1)	沸点[℃]	融点[℃]	水溶性
01	塩化ピバロイル トリメチルアセチル＝クロリド 2,2-ジメチルプロパノイル＝クロリド **Pivaloyl chloride** Trimethylacetyl chloride C_5H_9OCl [120.6]	3282-30-2 2438 (2)-632	消第4類,安引火性の物,運6.1	液体	1.0-		105	-56	反応
02	塩化ブチリル 塩化ブタノイル **Butyryl chloride** Butanoyl chloride C_4H_7OCl [106.55]	141-75-3 2353 —	消第4類,安引火性の物,運3	無色 液体 刺激臭	1.0+		102	-89	反応
03	塩化ブチル 1-クロロブタン **Butyl chloride** 1-Chlorobutane C_4H_9Cl [92.57]	109-69-3 1127 (2)-60	安2種監視,消第4類,安引火性の物,運3	無色 液体 甘いにおい	0.9	3.2	77	-123.1	微
04	塩化s-ブチル 2-クロロブタン **sec-Butyl chloride** 2-Chlorobutane C_4H_9Cl [92.57]	78-86-4 1127	消第4類,安引火性の物,運3	無色 液体 エーテル臭	0.9	3.2	68	-131.3	難
05	塩化t-ブチル 2-クロロ-2-メチルプロパン t-ブチルクロライド **tert-Butyl chloride** 2-Chloro-2-methyl propane C_4H_9Cl [92.57]	507-20-0 — (2)-60	消第4類,安引火性の物,気特定物質	無色 液体	0.9	3.2	51	-25.4	難
06	塩化プロピオニル 塩化プロパノイル プロピオン酸クロライド **Propionyl chloride** Propanoyl chloride C_3H_5ClO [92.53]	79-03-8 1815 (2)-632	消第4類,安引火性の物,運3	無色 液体 刺激臭	1.1	3.2	80	-94	反応
07	塩化プロピル 1-クロロプロパン **Propyl chloride** 1-Chloropropane C_3H_7Cl [78.54]	540-54-5 1278	消第4類,安引火性の物,運3	無色 液体 クロロホルム様臭気	0.9	2.7	46	-122.8	微
08	塩化ベリリウム **Beryllium chloride** $BeCl_2$ [79.93]	7787-47-5 — —	管特定1種	白色 結晶 吸湿性			520	440	易
09	塩化ベンジル クロロメチルベンゼン **Benzyl chloride** α-Chlorotoluene Chloromethylbenzene C_7H_7Cl [126.59]	100-44-7 1738 (3)-102	管1種,消第4類,安18条,運6.1	無色 液体 刺激性でかなり不快臭	1.1	4.4	179	-43	難
10	塩化ベンゾイル **Benzoyl chloride** Benzene carbonyl chloride C_7H_5ClO [140.57]	98-88-4 1736 (3)-1387	消第4類,安18条,運8	無色 液体 催涙性 刺激臭	1.2	4.9	197	-0.5	反応

燃焼危険性			有害危険性			火災時の措置	備考	
引火点 [℃]	発火点 [℃]	爆発範囲 [vol%]	許容濃度 [ppm]	吸入LC_{50} [ラットppm]	経口LD_{50} [ラットmg/kg]			
14	455					粉末消火剤, ソーダ灰, 砂 【水／泡消火剤使用不可】	毒性あり	01
18						粉末消火剤, 二酸化炭素, 散水, 一般泡消火剤(消火効果のない場合, 散水)		02
−9	240	1.8〜10.1			2670	粉末消火剤, 二酸化炭素, 散水, 一般泡消火剤(消火効果のない場合, 散水)		03
<0						粉末消火剤, 二酸化炭素, 散水, 一般泡消火剤(消火効果のない場合, 散水)		04
<0	540	2.0〜8.8			2951	粉末消火剤, 二酸化炭素, 散水, 一般泡消火剤(消火効果のない場合, 散水)		05
12						粉末消火剤, ソーダ灰, 石灰, 砂【水／泡消火剤使用不可】		06
<−18	520	2.6〜11.1				粉末消火剤, 二酸化炭素, 散水, 一般泡消火剤(消火効果のない場合, 散水)		07
			0.002mg/m³, 0.01mg/m³ (STEL)(Be)			粉末消火剤, 二酸化炭素, 散水	発がん物質	08
67	585	1.1〜7.1	1		1231	粉末消火剤, 二酸化炭素, 散水, 一般泡消火剤(消火効果のない場合, 散水)		09
72		1.2〜4.9	0.5(STEL)		1900	粉末消火剤, ソーダ灰, 石灰, 砂【水／泡消火剤使用不可】	目や呼吸器系に激しい刺激作用	10

	名称	CAS No. 国連番号 化審法No.	危険物分類	物理的特性					
				外観・性質	比重	蒸気比重 (空気=1)	沸点[℃]	融点[℃]	水溶性
01	塩化ペンチル 1-クロロペンタン 塩化アミル **Pentyl chloride** 1-Chloropentane Amyl chloride $C_5H_{11}Cl$ [106.60]	543-59-9 1107 —	消第4類,安 引火性の物, 運3	無色 液体 甘いにおい	0.9	3.7	106	−99	難
02	塩化t-ペンチル 2-クロロ-2-メチルブタン 塩化t-アミル **tert-Pentyl chloride** 2-Chloro-2-methylbutane tert-Amyl chloride $C_5H_{11}Cl$ [106.60]	594-36-5 — —	消第4類,安 引火性の物	液体	0.9	3.7	86	−73.7	微
03	塩化ホスホリル オキシ塩化リン **Phosphoryl chloride** Phosphorus oxychloride $POCl_3$ [153.33]	10025-87-3 1810 (1)-244	消第9条,毒 毒物,安18条, 運8	無色 液体 空気中で発 煙 特異臭	1.6		105.1	1.25	
04	塩化マグネシウム **Magnesium chloride** $MgCl_2$ [95.21]	7786-30-3 1459 (1)-233	運5.1	無色 結晶 潮解性 苦味	2.3		1412	712	易
05	塩化マンガン(Ⅱ) **Manganese(Ⅱ) chloride** $MnCl_2$ [125.84]	7773-01-5 — (1)-235	管1種,安特 定化学物質 等・18条	バラ赤色 結晶 潮解性	3		1190	652	易
06	塩化メチル クロルメチル クロロメタン **Methyl chloride** Chloromethane CH_3Cl [50.49]	74-87-3 1063, 1582, 1912 (2)-35	毒劇物,管1種, 審2種監視, 消第9条,圧 液化ガス・可 燃性ガス・毒 性ガス,安可 燃性のガス, 運2.1, 2.3	無色 気体	0.9	1.8	−24	−97.7	微
07	塩化モリブデン(Ⅴ) 五塩化モリブデン **Molybdenum(Ⅴ) chloride** Molybdenum pentachloride $MoCl_5$ [273.21]	10241-05-1 2508 —	管1種,安18条, 運8	暗緑色 結晶	2.9		268	194	
08	塩化ヨウ素(Ⅰ) 一塩化ヨウ素(α) **Iodine(Ⅰ) chloride** iodine monochloride ICl [162.36]	7790-99-0 1792 —	運8	赤色 結晶(α体)	3.1 (29℃)		97	27	反応
09	塩化ルテニウム(Ⅲ) **Ruthenium(Ⅲ) chloride** $RuCl_3$ [207.47]	10049-08-8 — —		褐色 結晶	3.1		>500 (分解)		
10	塩化ロジウム(Ⅲ) **Rhodium(Ⅲ) chloride** $RhCl_3$ [209.28]	10049-07-7 — —		レンガ赤色 粉末			800		不

	燃焼危険性			有害危険性			火災時の措置	備考	
	引火点 [℃]	発火点 [℃]	爆発範囲 [vol%]	許容濃度 [ppm]	吸入LC$_{50}$ [ラットppm]	経口LD$_{50}$ [ラットmg/kg]			
	13	260	1.6〜8.6				粉末消火剤,二酸化炭素,散水,一般泡消火剤(消火効果のない場合,散水)		01
	−9	345	1.5〜7.4				粉末消火剤,二酸化炭素,散水,一般泡消火剤(消火効果のない場合,散水)		02
				0.1		36	粉末消火剤,ソーダ灰,石灰,砂【水／泡消火剤使用不可】	有毒で腐食性強く,目,皮膚,粘膜に対して非常に危険	03
							粉末消火剤,二酸化炭素,散水	6水和物もある	04
				0.2mg/m³ (Mn)			粉末消火剤,二酸化炭素,散水	4水和物もある	05
	−46	632	8.1〜17.4	50, 100(STEL)		1800	粉末消火剤,二酸化炭素【ガス漏れ停止困難のときは消火不可】	慢性中毒として中枢神経障害を起こす	06
				3mg/m³ (Mo)			粉末消火剤,二酸化炭素,散水		07
							粉末消火剤,ソーダ灰,石灰,砂【水／泡消火剤使用不可】	β型は不安定(暗赤色結晶,mp＝14)	08
							粉末消火剤,二酸化炭素,散水	製法で冷水に可溶,不溶になる	09
				1mg/m³ (Rh)			粉末消火剤,二酸化炭素,散水		10

76 塩素

	名称	CAS No. 国連番号 化審法No.	危険物分類	物理的特性					
				外観・性質	比重	蒸気比重 (空気=1)	沸点[℃]	融点[℃]	水溶性
01	塩素 Chlorine Cl_2 [70.90]	7782-50-5 1017 対象外	消第9条, 毒劇物, 圧液化ガス・毒性ガス・特定高圧ガス, 気特定物質, 安特定化学物質等・18条, 運2.3	黄緑色気体(常温)刺すような刺激臭	1.4 (20℃, 6.86atm)	2.4	−34.5	−101	微
02	塩素酸 Chloric acid $HClO_3$ [84.46]	7790-93-4 2626 —	運6.1	無色 水溶液でのみ存在 刺激臭 強酸			−34.5		
03	塩素酸亜鉛 Zinc chlorate $Zn(ClO_3)_2$ [232.29]	10361-95-2 1513	毒劇物, 管1種, 消第1類, 安酸化性の物, 運5.1	無色 結晶	2.2			60 (分解)	可
04	塩素酸アルミニウム Aluminium chlorate $Al(ClO_3)_3$ [277.35]	15477-33-5 — —	毒劇物, 消第1類, 安酸化性の物・18条	無色 結晶 潮解性					可
05	塩素酸アンモニウム Ammonium chlorate NH_4ClO_3 [101.50]	10192-29-7 — —	毒劇物, 消第1類, 水, 安酸化性の物	無色 結晶					可
06	塩素酸カドミウム Cadmium chlorate $Cd(ClO_3)_2$ [279.32]	— — —	毒劇物, 消第1類, 水, 安酸化性の物	無色 結晶 (二水塩)	2.3			80	可
07	塩素酸カリウム Potassium chlorate $KClO_3$ [122.55]	3811-04-9 1485, 2427 (1)-229	毒劇物, 消第1類, 安酸化性の物, 運5.1	無色 光沢の結晶	2.3		400	368	可
08	塩素酸銀(Ⅰ) Silver(Ⅰ) chlorate $AgClO_3$ [191.34]	7783-92-8 — —	毒劇物, 消第1類, 安酸化性の物	白色 結晶				230	
09	塩素酸ナトリウム Sodium chlorate $NaClO_3$ [106.44]	7775-09-9 1495, 2428 (1)-239	毒劇物, 消第1類, 安酸化性の物, 運5.1	無色 結晶 無臭	2.5			255	易
10	塩素酸鉛(Ⅱ) Lead(Ⅱ) chlorate $Pb(ClO_3)_2$ [374.12]	10294-47-0 — —	毒劇物, 管1種, 消第1類, 水, 安酸化性の物	白色 固体 潮解性	3.9			230 (分解)	
11	塩素酸バリウム Barium chlorate $Ba(ClO_3)_2$ [304.27]	13477-00-4 1445, 3405 —	毒劇物, 管1種, 消第1類, 安酸化性の物, 運5.1	無色 粉末	3.2			414	可
12	塩素酸ヒドラジニウム Hydrazinium chlorate $N_2H_5ClO_3$ [116.51]	66326-46-3 — —	毒劇物, 消第1類, 安酸化性の物	無色 固体				80	
13	塩素酸マグネシウム Magnesium chlorate $Mg(ClO_3)_2$ [191.23]	10326-21-3 2723 —	毒劇物, 消第1類, 安酸化性の物, 運5.1	白色 結晶または粉末 吸湿性	1.8			35 ($6H_2O$)	可
14	1,4-オキサチアン 1,4-チオキサン **1,4-Oxathiane** 1,4-Thioxane C_4H_8OS [104.17]	15980-15-1 — —	消第4類, 安引火性の物	無色 液体	1.1	3.6	149	−17	

燃焼危険性			有害危険性			火災時の措置	備考	
引火点 [℃]	発火点 [℃]	爆発範囲 [vol%]	許容濃度 [ppm]	吸入LC_{50} [ラットppm]	経口LD_{50} [ラットmg/kg]			
			0.5, 1(STEL)	293/1H		適当な消火剤使用, 危険でなければ容器移動	皮膚接触により炎症を起こす	01
						水のみ使用【粉末／泡消火剤使用不可】		02
						水のみ使用【粉末／泡消火剤使用不可】	6水和物もある	03
			2mg/m³（Al）			水のみ使用【粉末／泡消火剤使用不可】		04
						水のみ使用【粉末／泡消火剤使用不可】	室温でも爆発の可能性	05
			0.002mg/m³（Cd）			水のみ使用【粉末／泡消火剤使用不可】	発がん物質の恐れ, 2水和物もある	06
					1870	水のみ使用【粉末／泡消火剤使用不可】		07
			0.01mg/m³（Ag）			水のみ使用【粉末／泡消火剤使用不可】		08
					1200	水のみ使用【粉末／泡消火剤使用不可】		09
			0.05mg/m³（Pb）			水のみ使用【粉末／泡消火剤使用不可】	1水和物もある	10
			0.5mg/m³（Ba）			水のみ使用【粉末／泡消火剤使用不可】		11
						水のみ使用【粉末／泡消火剤使用不可】		12
						水のみ使用【粉末／泡消火剤使用不可】	6水和物もある	13
42						粉末消火剤, 二酸化炭素, 散水, 一般泡消火剤(消火効果のない場合, 散水)		14

	名称	CAS No. 国連番号 化審法No.	危険物分類	物理的特性					
				外観・性質	比重	蒸気比重 (空気=1)	沸点[℃]	融点[℃]	水溶性
01	オキセタン トリメチレンオキシド **Oxetane** Trimethylene oxide C_3H_6O [58.08]	503-30-0 — —	消第4類, 安引火性の物	無色液体	0.9	2.0	50		
02	オクタカルボニルニコバルト(0) コバルトカルボニル **Octacarbonyldicobalt** Cobaltcarbonyl $Co_2C_8O_8$ [341.9]	10210-68-1 — —	管1種, 消第3類, 安18条	赤橙色結晶	1.7		51〜52 (分解)	51	不
03	オクタクロロトリシラン 八塩化三ケイ素 **Octachlorotrisilane** Trisilicon octachloride Si_3Cl_8 [367.9]	13596-23-1 — —	消第3類	無色液体				−67	
04	1-オクタデカノール ステアリルアルコール オクタデシルアルコール **1-Octadecanol** Stearyl alcohol Octadecyl alcohol $C_{18}H_{38}O$ [270.50]	112-92-5 — (2)-217	消第9条	白色結晶ロウ状	0.8	9.3	210 (15mmHg)	57	不
05	オクタデカン **Octadecane** $C_{18}H_{38}$ [254.50]	593-45-3 — —		結晶	0.8	8.7	317	28.2	不
06	オクタナール カプリルアルデヒド n-オクチルアルデヒド **Octanal** Caprylaldehyde n-Octylaldehyde $C_8H_{16}O$ [128.21]	124-13-0 1191 (2)-494	消第4類, 安引火性の物, 運3	無色液体 エナントアルデヒド様の香気	0.8	4.4	168		難
07	1-オクタノール オクチルアルコール **1-Octanol** Octyl alcohol $C_8H_{18}O$ [130.23]	111-87-5 — (2)-217	管1種, 消第4類, 安18条	液体 バラ様の香気	0.8	4.5	194	−15	難
08	2-オクタノール カプリルアルコール **2-Octanol** Capryl alcohol $C_8H_{18}O$ [130.23]	123-96-6 — (2)-217	消第4類, 安18条	無色液体	0.8	4.5	184	−31.6	微
09	2-オクタノン ヘキシル=メチル=ケトン **2-Octanone** Methyl hexyl ketone Octanone $C_8H_{16}O$ [128.21]	111-13-7 — —	消第4類, 安引火性の物	液体 リンゴ様臭気	0.8	4.4	173	−16	不
10	オクタン **n-Octane** C_8H_{18} [114.23]	111-65-9 1262 —	消第4類, 安引火性の物, 運3	無色液体	0.7	3.9	126	−56.8	不

燃焼危険性			有害危険性			火災時の措置	備考	
引火点 [℃]	発火点 [℃]	爆発範囲 [vol%]	許容濃度 [ppm]	吸入LC_{50} [ラットppm]	経口LD_{50} [ラットmg/kg]			
<1						粉末消火剤,二酸化炭素,散水,耐アルコール性泡消火剤(消火効果のない場合,散水)	毒性あり	01
			0.1mg/m³ (Co)			散水,湿った砂,土	空気中で不安定	02
						粉末消火剤,ソーダ灰,石灰,乾燥砂		03
200	450				20000	粉末消火剤,二酸化炭素,砂,土,散水,一般泡消火剤	7種類の異性体が存在	04
>100	227					粉末消火剤,二酸化炭素,散水,一般泡消火剤(消火効果のない場合,散水)		05
52					5630 (異性体混合物)	粉末消火剤,二酸化炭素,散水,一般泡消火剤(消火効果のない場合,散水)		06
81					1790	粉末消火剤,二酸化炭素,散水,一般泡消火剤(消火効果のない場合,散水)		07
88						粉末消火剤,二酸化炭素,散水,一般泡消火剤(消火効果のない場合,散水)	dl体がある	08
52						粉末消火剤,二酸化炭素,散水,一般泡消火剤(消火効果のない場合,散水)		09
13	206	1.0〜6.5	300			粉末消火剤,二酸化炭素,散水,一般泡消火剤(消火効果のない場合,散水)		10

	名称	CAS No. 国連番号 化審法No.	危険物分類	物理的特性					
				外観・性質	比重	蒸気比重 (空気=1)	沸点[℃]	融点[℃]	水溶性
01	オクタン酸エチル カプリル酸エチル **Ethyl octanoate** Ethyl caprylate Ethyl octoate $C_{10}H_{20}O_2$ [172.27]	*106-32-1* — (2)-782	消第4類	無色 液体 パイナップ ル香	0.9		207～209		不
02	1-オクチルアミン 1-オクタンアミン **1-Octylamine** 1-Octanamine 1-Aminooctane $C_8H_{19}N$ [129.25]	*111-86-4* — —	消第4類, 安 引火性の物	無色 液体 アミン臭	0.8	4.5	170		微
03	オクチルアルコール 2-エチルヘキシルアルコール 2-エチル-1-ヘキサノール **Octyl alcohol** 2-Ethylhexyl alcohol 2-Ethyl-1-hexanol $C_8H_{18}O$ [130.23]	*104-76-7* — (2)-217	消第4類	無色 液体	0.8	4.5	182	<-76	難
04	オクチルクロリド 1-クロロオクタン カプリルクロリド **Octyl chloride** 1-Chlorooctane Caprylyl chloride $C_8H_{17}Cl$ [148.7]	*111-85-3* — —	消第4類	無色 液体	0.9	5.2	182	-61	不
05	オクチル酸 2-エチルヘキサン酸 **Octyl acid** 2-Ethylhexanoic acid 2-Ethyl hexoic acid $C_8H_{16}O_2$ [144.22]	*149-57-5* — (2)-608	消第4類, 安 18条	液体 おだやかな 香り	0.9	5.0	227		不
06	オクチルメルカプタン 1-オクタンチオール **n-Octyl mercaptan** 1-Octanethiol $C_8H_{17}SH$ [146.30]	*111-88-6* — (2)-464	消第4類	無色 液体	0.9	5.0	199	-51 (凝固点)	不
07	t-オクチルメルカプタン **tert-Octyl mercaptane** $C_8H_{18}S$ [146.3]	*141-59-3* — —	消第4類, 安 引火性の物	無色 液体	0.8	5.0	159～165	-74	不
08	1-オクテン **1-Octene** C_8H_{16} [112.22]	*111-66-0* — —	消第4類, 安 引火性の物	無色 液体	0.7	3.9	121	-102.4	不
09	2-オクテン **2-Octene** C_8H_{16} [112.22]	*111-67-1* — —	消第4類, 安 引火性の物	無色 液体(cis)	0.7	3.9	125	-104 (cis)	不
10	オスミウム **Osmium** Os [190.23]	*7440-04-2* — —		青灰色 金属結晶 (単体)	22.6		5000	3045	
11	オゾン **Ozone** Trioxygen O_3 [48.00]	*10028-15-6* — —	圧毒性ガス, 安18条	微青色 気体		1.6	-112	-193	

オゾン 81

燃焼危険性			有害危険性			火災時の措置	備考	
引火点 [℃]	発火点 [℃]	爆発範囲 [vol%]	許容濃度 [ppm]	吸入LC$_{50}$ [ラットppm]	経口LD$_{50}$ [ラットmg/kg]			
79					25960	粉末消火剤，二酸化炭素，散水，一般泡消火剤（消火効果のない場合，散水）		01
60						粉末消火剤，二酸化炭素，散水，一般泡消火剤（消火効果のない場合，散水）		02
73	231	0.88〜9.7	50		3730	粉末消火剤，二酸化炭素，散水，一般泡消火剤（消火効果のない場合，散水）		03
68						粉末消火剤，二酸化炭素，散水，一般泡消火剤（消火効果のない場合，散水）		04
118	371	0.8〜6.0	5mg/m^3		3000	粉末消火剤，二酸化炭素，散水，一般泡消火剤（消火効果のない場合，散水）		05
69						粉末消火剤，二酸化炭素，散水，一般泡消火剤（消火効果のない場合，散水）		06
46						粉末消火剤，二酸化炭素，散水，一般泡消火剤（消火効果のない場合，散水）		07
21	230	0.7〜6.5				粉末消火剤，二酸化炭素，散水，一般泡消火剤（消火効果のない場合，散水）		08
21						粉末消火剤，二酸化炭素，散水，一般泡消火剤（消火効果のない場合，散水）	cis, transの混合物	09
						粉末消火剤，二酸化炭素，散水		10
			軽作業0.1，重作業0.05			水（注水，水噴霧）		11

	名称	CAS No. 国連番号 化審法No.	危険物分類	物理的特性					
				外観・性質	比重	蒸気比重 (空気=1)	沸点[℃]	融点[℃]	水溶性
01	オルト過ヨウ素酸 過ヨウ素酸 **Orthoperiodic acid** Periodic acid H_5IO_6 [227.94]	*10450-60-9* — (1)-368	㊧第1類	無色 結晶 吸湿性	7.9		130～140	122	易
02	オルトギ酸トリエチル オルソ蟻酸エチル **Triethyl orthoformate** o-Ethyl formate $C_7H_{16}O_3$ [148.20]	*122-51-0* — (2)-683	㊧第4類, ㊤ 引火性の物	無色 液体 甘い臭気	0.9	5.1	144	−76.1	反応
03	オレイン酸 油酸 **Oleic acid** $C_{18}H_{34}O_2$ [282.47]	*112-80-1* — (2)-975	㊧第4類	無色 液体 無臭	0.9	9.7	286	13.4	不
04	オレイン酸アミド オレアミド **Oleic amide** Oleamide $C_{18}H_{35}NO$ [281.48]	*301-02-0* — (2)-976		白色 固体			>200	74	不
05	オレイン酸ブチル **Butyl oleate** $C_{22}H_{42}O_2$ [338.57]	*142-77-8* — —	㊧第4類	淡色 油状液体	0.9	11.7	227～228 (15mmHg)		不
06	オレイン酸ブチルアミン **Butylamine oleate** $C_{22}H_{45}NO_2$ [355.61]	*26094-13-3* — —	㊧第4類		0.9				可

燃焼危険性			有害危険性			火災時の措置	備考
引火点 [℃]	発火点 [℃]	爆発範囲 [vol%]	許容濃度 [ppm]	吸入LC_{50} [ラットppm]	経口LD_{50} [ラットmg/kg]		
						水のみ使用【粉末／泡消火剤使用不可】	
30					7060	粉末消火剤, ソーダ灰, 石灰, 砂【水／泡消火剤使用不可】	
189	363				25000	粉末消火剤, 二酸化炭素, 散水, 一般泡消火剤(消火効果のない場合, 散水)	
>200						粉末消火剤, 二酸化炭素, 散水, 耐アルコール性泡消火剤	
180						粉末消火剤, 二酸化炭素, 散水, 一般泡消火剤(消火効果のない場合, 散水)	
66							

84 過安息

	名称	CAS No. 国連番号 化審法No.	危険物分類	物理的特性					
				外観・性質	比重	蒸気比重 (空気=1)	沸点[℃]	融点[℃]	水溶性
01	過安息香酸 ペルオキシ安息香酸 Peroxybenzoic acid $C_7H_6O_3$ [138.12]	93-59-4 — —	消第5類, 安爆発性の物	無色結晶				41	
02	過安息香酸t-ブチル t-ブチルパーオキシベンゾエート tert-Butyl peroxybenzoate tert-Butyl perbenzoate $C_{11}H_{14}O_3$ [194.23]	614-45-9 — (3)-1348	消第5類, 安爆発性の物	無色液体 弱い芳香	1.0+	6.7	加熱により爆発	8	不
03	過塩素酸 Perchloric acid $HClO_4$ [100.46]	7601-90-3 1802, 1873 (1)-221	消第6類, 連5.1, 8	無色液体	1.8		39 (56mmHg)	−112	可
04	過塩素酸アルミニウム Aluminium perchlorate $Al(ClO_4)_3$ [325.35]	14452-39-2 — —	消第1類, 安酸化性の物	無色結晶(6水和物)				262 (分解)	
05	過塩素酸アンモニウム Ammonium perchlorate NH_4ClO_4 [117.49]	7790-98-9 0402, 1442 (1)-220	消第1類, 水, 安酸化性の物, 連1.1D, 5.1	無色結晶	2		130	分解	可
06	過塩素酸インジウム(Ⅲ)八水和物 Indium(Ⅲ) perchlorate octahydrate $In(ClO_4)_3 \cdot 8H_2O$ [557.3]	13465-15-1 — —	管2種, 消第1類, 安酸化性の物	無色固体				80	
07	過塩素酸ウラニル四水和物 Uranyl(Ⅵ) perchlorate tetrahydrate $UO_2(ClO_4)_2 \cdot 4H_2O$ [541]	13093-00-0 — —	消第1類, 安酸化性の物	黄色結晶				1102 (分解)	
08	過塩素酸塩素 Chlorine perchlorate $ClClO_4$ [134.9]	27218-16-2 — —		淡黄色液体				−117	
09	過塩素酸カリウム Potassium perchlorate $KClO_4$ [138.55]	7778-74-7 1489 (1)-230	消第1類, 安酸化性の物, 連5.1	無色結晶	2.5			610 (分解)	冷水に微
10	過塩素酸銀(Ⅰ) Silver(Ⅰ) perchlorate $AgClO_4$ [207.34]	7783-93-9 — —	毒劇物, 管1種, 消第1類, 安酸化性の物	白色結晶 潮解性				486	可
11	過塩素酸クロミル Chromyl perchlorate $CrO_2(ClO_4)_2$ [282.9]	62597-99-3 — —	管特定1種, 消第1類, 水, 安酸化性の物	赤色					
12	過塩素酸クロリル 三酸化塩素 Chloryl perchlorate Chlorine trioxide ClO_3 [83.46]	12442-63-6 — —		黄色(−180℃), 橙赤色(−78℃)の固体, 橙赤色(室温)の液体				3.5	
13	過塩素酸臭素 Bromine perchlorate $BrClO_4$ [179.4]	32707-10-1 — —		赤色液体				<−78	
14	過塩素酸水銀(Ⅱ) 過塩素酸第二水銀 Mercury(Ⅱ) perchlorate Mercuric perchlorate $Hg(ClO_4)_2$ [399.49]	7616-83-3 — —	毒毒物, 管1種, 消第1類, 水, 安酸化性の物	結晶 潮解性					易

過塩素 85

燃焼危険性			有害危険性			火災時の措置	備考	
引火点 [℃]	発火点 [℃]	爆発範囲 [vol%]	許容濃度 [ppm]	吸入LC_{50} [ラットppm]	経口LD_{50} [ラットmg/kg]			
						有機過酸化物：散水，水噴霧．水がない場合は粉末消火剤，二酸化炭素，一般泡消火剤		01
>88	360				1012	有機過酸化物：散水，水噴霧．水がない場合は粉末消火剤，二酸化炭素，一般泡消火剤	直射日光を避け，室温冷暗所に貯蔵する	02
					1100	水のみ使用【粉末／泡消火剤使用不可】	高濃度は皮膚，粘膜に激しい火傷．高濃度品は衝撃で爆発することあり	03
			$2mg/m^3$（Al）			水のみ使用【粉末／泡消火剤使用不可】	6水和物もある	04
	400				1900	水のみ使用【粉末／泡消火剤使用不可】		05
			$0.1mg/m^3$（In）			水のみ使用【粉末／泡消火剤使用不可】		06
			$0.2mg/m^3$, $0.6mg/m^3$（STEL）（U）			水のみ使用【粉末／泡消火剤使用不可】	発がん物質，6, 12水和物もある	07
						水のみ使用【粉末／泡消火剤使用不可】		08
						水のみ使用【粉末／泡消火剤使用不可】		09
			$0.01mg/m^3$（Ag）			水のみ使用【粉末／泡消火剤使用不可】		10
			$0.01mg/m^3$（Cr）			水のみ使用【粉末／泡消火剤使用不可】	発がん物質	11
						水のみ使用【粉末／泡消火剤使用不可】		12
						水のみ使用【粉末／泡消火剤使用不可】	空気中で不安定	13
			$0.025mg/m^3$（Hg）			水のみ使用【粉末／泡消火剤使用不可】		14

	名称	CAS No. 国連番号 化審法No.	危険物分類	物理的特性						
				外観・性質	比重	蒸気比重 (空気=1)	沸点[℃]	融点[℃]	水溶性	
01	過塩素酸スズ(Ⅱ) Tin(Ⅱ) perchlorate Sn(ClO$_4$)$_2$ [317.6]	25253-54-7 — —	劇物, 消第1類, 安酸化性の物	無色				240		
02	過塩素酸鉄(Ⅱ)六水和物 Iron(Ⅱ) perchlorate hexahydrate Ferrous perchlorate Ferrous perchlorate hexahydrate Fe(ClO$_4$)$_2$・6H$_2$O [362.8]	13933-23-8 — —	消第1類, 安酸化性の物	無色ないし淡緑色結晶				>100 (分解)		
03	過塩素酸鉄(Ⅲ)六水和物 過塩素酸第二鉄六水和物 Iron(Ⅲ) perchlorate hexahydrate Ferric perchlorate Ferric perchlorate hexahydrate Fe(ClO$_4$)$_3$・6H$_2$O [462.3]	13537-24-1 — —	消第1類, 安酸化性の物	淡桃色結晶				210 (分解)		
04	過塩素酸銅(Ⅱ)六水和物 Copper(Ⅱ) perchlorate hexahydrate Cu(ClO$_4$)$_2$・6H$_2$O [370.5]	10294-46-9 — —	劇物, 管1種, 消第1類, 安酸化性の物	淡青色結晶	2.2			82		
05	過塩素酸ナトリウム Sodium perchlorate NaClO$_4$ [122.44]	7601-89-0 1502 (1)-240	消第1類, 安酸化性の物, 運5.1	無色または白色結晶	2.0			482	可	
06	過塩素酸鉛(Ⅱ) Lead(Ⅱ) perchlorate Pb(ClO$_4$)$_2$ [406.12]	13637-76-8 — —	管1種, 消第1類, 水, 安酸化性の物	白色結晶	2.6			100		
07	過塩素酸ニッケル(Ⅱ)六水和物 Nickel(Ⅱ) perchlorate hexahydrate Ni(ClO$_4$)$_2$・6H$_2$O [365.7]	13637-71-3 — —	管特定1種, 消第1類, 安酸化性の物	青緑色結晶				149	易	
08	過塩素酸ニトリル 過塩素酸ニトロイル Nitryl perchlorate Nitroyl perchlorate NO$_2$ClO$_4$ [145.47]	17495-81-7 — —		無色結晶				120 (分解)		
09	過塩素酸ニトロシル Nitrosyl perchlorate NOClO$_4$ [129.47]	15605-28-4 — —		無色結晶				100〜125 (分解)		
10	過塩素酸バリウム Barium perchlorate Ba(ClO$_4$)$_2$ [336.23]	13465-95-7 1447, 3406 (1)-80	劇物, 管1種, 消第1類, 安酸化性の物・18条, 運5.1	白色粒状または粉末(無水塩)	2.7			505	可	
11	過塩素酸ヒドラジニウム Hydrazinium perchlorate N$_2$H$_5$ClO$_4$ [132.51]	13762-80-6 — —	消第1類, 安酸化性の物	無色結晶				131〜132		
12	過塩素酸フッ素 次亜フッ素酸ペルクロリル Fluorine perchlorate Perchloryl hypofluorite FClO$_4$ [118.46]	10049-03-3 — —	水	無色				−167.3		
13	過塩素酸ベリリウム四水和物 Beryllium perchlorate tetrahydrate Be(ClO$_4$)$_2$・4H$_2$O [280.0]	13597-95-0 — —	管特定1種, 消第1類, 安酸化性の物	無色						
14	過塩素酸マグネシウム Magnesium perchlorate Mg(ClO$_4$)$_2$ [223.21]	10034-81-8 1475 (1)-234	消第1類, 安酸化性の物, 運5.1	無色固体潮解性吸湿性(無水塩)	2.2			6水和物: 147	易	

過塩素　87

燃焼危険性			有害危険性			火災時の措置	備考	
引火点[℃]	発火点[℃]	爆発範囲[vol%]	許容濃度[ppm]	吸入LC$_{50}$[ラットppm]	経口LD$_{50}$[ラットmg/kg]			
			2mg/m^3（Sn）			水のみ使用【粉末／泡消火剤使用不可】		01
			1mg/m^3（Fe）			水のみ使用【粉末／泡消火剤使用不可】		02
			1mg/m^3（Fe）			水のみ使用【粉末／泡消火剤使用不可】	9水和物もある	03
						水のみ使用【粉末／泡消火剤使用不可】	潮解性	04
					2100	水のみ使用【粉末／泡消火剤使用不可】	1水和物もある	05
			0.05mg/m^3（Pb）			水のみ使用【粉末／泡消火剤使用不可】	1，3水和物もある	06
			0.1mg/m^3（Ni）			水のみ使用【粉末／泡消火剤使用不可】		07
						水のみ使用【粉末／泡消火剤使用不可】		08
						水のみ使用【粉末／泡消火剤使用不可】		09
			0.5mg/m^3（Ba）			水のみ使用【粉末／泡消火剤使用不可】	3水和物もある	10
						水のみ使用【粉末／泡消火剤使用不可】		11
						水のみ使用【粉末／泡消火剤使用不可】		12
			0.002mg/m^3，0.01mg/m^3（STEL）（Be）				発がん物質	13
					1500（マウス腹腔内）	水のみ使用【粉末／泡消火剤使用不可】	2，4，6水和物もある	14

	名称	CAS No. 国連番号 化審法No.	危険物分類	物理的特性					
				外観・性質	比重	蒸気比重 (空気=1)	沸点[℃]	融点[℃]	水溶性
01	過塩素酸マンガン(Ⅱ)八水和物 Manganese(Ⅱ) perchlorate octahydrate Mn(ClO$_4$)$_2$・8H$_2$O [398.0]	13770-16-6 — —	毒1種, 消第1類, 安酸化性の物	赤色 結晶				150 (分解)	
02	過塩素酸ヨウ素(Ⅲ) Iodine(Ⅲ) perchlorate I(ClO$_4$)$_3$ [425.38]	38005-31-1 — —		無色				>−45では不安定	
03	過塩素酸リチウム Lithium perchlorate LiClO$_4$ [106.40]	7791-03-9 — —	消第1類, 安酸化性の物	無色 結晶 潮解性	2.4			236	
04	過ギ酸 Peroxyformic acid Methaneperoxoic acid CH$_2$O$_3$ [62.03]	107-32-4 — —	消第5類	無色 液体				−18.5	易
05	過酢酸 ペルオキシ酢酸 Peroxyacetic acid Ethaneperoxoic acid C$_2$H$_4$O$_3$ [76.05]	79-21-0 3149 (2)-689	消第5類, 安爆発性の物・18条, 運5.1	無色 液体 強臭	1.2	2.6	105	0.1	易
06	過酢酸t-ブチル t-ブチルパーオキシアセテート tert-Butyl peracetate tert-Butyl peroxyacetate C$_6$H$_{12}$O$_3$ [132.16]	107-71-1 — (2)-2528	消第5類, 爆発性の物		0.9			93 (急激に分解)	不
07	過酸化亜鉛 Zinc peroxide ZnO$_2$ [97.39]	1314-22-3 1516 (1)-562	消第1類, 酸化性の物, 運5.1	黄白色 粉末	1.6			>150 (分解)	不
08	過酸化カリウム Potassium peroxide K$_2$O$_2$ [110.20]	17014-71-0 1491 —	消第1類, 安酸化性の物, 運5.1	無色ないし橙色 粉末				490 (分解)	
09	過酸化カルシウム Calcium peroxide CaO$_2$ [72.08]	1305-79-9 1457 (1)-190	消第1類, 安酸化性の物, 運5.1	白色 粉末 無味 無臭				275 (分解)	難
10	過酸化銀 酸化銀 Silver peroxide Ag$_2$O$_2$ [247.74]	25455-73-6 — —	消第1類, 安酸化性の物	灰色 粉末	7.4				不
11	過酸化ジアセチル 過酸化アセチル Diacetyl peroxide C$_4$H$_6$O$_4$ [118.09]	110-22-5 — —	消第5類, 安爆発性の物	無色 結晶	1.2	4.1	63 (2mmHg)	30	易
12	過酸化ジイソブチリル イソブチリルパーオキサイド Diisobutyryl peroxide Isobutyryl peroxide C$_8$H$_{14}$O$_4$ [174.20]	3437-84-1 — (2)-629	消第5類, 安爆発性の物						
13	過酸化ジエチル Diethyl peroxide C$_4$H$_{10}$O$_2$ [90.12]	628-37-5 — —	消第5類, 安爆発性の物	液体	0.8	7.7	加熱により爆発	−68〜−69.5	微

燃焼危険性			有害危険性			火災時の措置	備考	
引火点 [℃]	発火点 [℃]	爆発範囲 [vol%]	許容濃度 [ppm]	吸入LC$_{50}$ [ラットppm]	経口LD$_{50}$ [ラットmg/kg]			
			0.2mg/m³ (Mn)			水のみ使用【粉末／泡消火剤使用不可】	4, 6水和物もある	01
						水のみ使用【粉末／泡消火剤使用不可】	2水和物は黄緑色結晶	02
						水のみ使用【粉末／泡消火剤使用不可】		03
						有機過酸化物：散水，水噴霧．水がない場合は粉末消火剤，二酸化炭素，一般泡消火剤		04
41					1540μl/kg	有機過酸化物：散水，水噴霧．水がない場合は粉末消火剤，二酸化炭素，一般泡消火剤	110℃程度の加熱で発火，爆発する．強い助燃作用があるので，可燃物と隔離して保管	05
<27					675	有機過酸化物：散水，水噴霧．水がない場合は粉末消火剤，二酸化炭素，一般泡消火剤	純品は爆発の危険性が大きく，50%以下の希釈品として市販されている	06
						粉末消火剤，ソーダ灰，石灰【水／泡消火剤使用不可】		07
						粉末消火剤，ソーダ灰，石灰【水／泡消火剤使用不可】	潮解性	08
						粉末消火剤，ソーダ灰，石灰【水／泡消火剤使用不可】		09
						粉末消火剤，ソーダ灰，石灰【水／泡消火剤使用不可】		10
	63					有機過酸化物：散水，水噴霧．水がない場合は粉末消火剤，二酸化炭素，一般泡消火剤		11
						有機過酸化物：散水，水噴霧．水がない場合は粉末消火剤，二酸化炭素，一般泡消火剤	純度20～30%の炭化水素溶液として市販されている．貯蔵は−20℃以下で	12
	加熱により爆発	2.3～				有機過酸化物：散水，水噴霧．水がない場合は粉末消火剤，二酸化炭素，一般泡消火剤		13

過酸化

	名称	CAS No. 国連番号 化審法No.	危険物分類	物理的特性					
				外観・性質	比重	蒸気比重 (空気=1)	沸点[℃]	融点[℃]	水溶性
01	過酸化ジ-t-ブチル ジ-t-ブチルペルオキシド t-ブチルペルオキシド **Di-tert-butyl peroxide** t-Butyl peroxide Di-t-butyl peroxide $C_8H_{18}O_2$ [146.23]	110-05-4 — (2)-367	消第5類,安 爆発性の物	無色 液体 臭気	0.8	5	111	-40	不
02	過酸化ジベンゾイル 過酸化ベンゾイル ベンゾイルペルオキシド **Dibenzoyl peroxide** Benzoyl peroxide $C_{14}H_{10}O_4$ [242.23]	94-36-0 — (3)-1349	消第5類,安 爆発性の物・ 18条	無色 結晶	1.3	8.35		106~108	不
03	過酸化ジラウロイル 過酸化ラウロイル ラウロイルペルオキシド 過酸化ジドデカノイル **Dilauroyl peroxide** Lauroyl peroxide Didodecanoyl peroxide $C_{24}H_{26}O_4$ [398.63]	105-74-8 — (2)-629	消第5類,安 爆発性の物	白色 固体	0.9			53~55	不
04	過酸化水素 **Hydrogen peroxide** H_2O_2 [34.01]	7722-84-1 2014, 2015, 2984, 3149 (1)-419	毒劇物,消第 6類,安酸化 性の物・18条, 運5.1	無色 油状液体 不安定	1.5			152	-0.4	易
05	過酸化ストロンチウム **Strontium peroxide** SrO_2 [119.63]	1314-18-7 1509 —	消第1類,安 酸化性の物, 運5.1	白色 粉末 無味 無臭	4.6					
06	過酸化ナトリウム **Sodium peroxide** Na_2O_2 [77.98]	1313-60-6 1504 (1)-496	毒劇物,消第 1類,安酸化 性の物,運5.1	淡黄色 粉末	2.9			657	460	反応
07	過酸化バリウム **Barium peroxide** BaO_2 [169.36]	1304-29-6 1449 (1)-88	毒劇物,管1種, 消第1類,安 酸化性の物・ 18条,運5.1	白色ないし 灰白色 粉末	5					微
08	カテコール 1,2-ベンゼンジオール ピロカテコール **Catechol** 1,2-Benzenediol Pyrocatechol $C_6H_6O_2$ [110.11]	120-80-9 — (3)-543	管1種,安18 条	無色 結晶	1.3	3.8	245	104~105	溶
09	カドミウム **Cadmium** Cd [112.411]	7440-43-9 2570 対象外	管1種,気有 害物質,水 安特定・18条, 運6.1	銀白色 金属結晶 (単体)	8.7			765	320.8	
10	過ピバル酸-t-ブチル t-ブチルパーオキシピバレート **tert-Butyl peroxypivalate** $C_9H_{18}O_3$ [174.24]	927-07-1 — (2)-2528	消第5類,安 爆発性の物	無色 透明 液体	0.9			32 (急激に 分解)	<-20	不

燃焼危険性			有害危険性			火災時の措置	備考	
引火点 [℃]	発火点 [℃]	爆発範囲 [vol%]	許容濃度 [ppm]	吸入LC$_{50}$ [ラットppm]	経口LD$_{50}$ [ラットmg/kg]			
18					>25g/kg	有機過酸化物：散水，水噴霧．水がない場合は粉末消火剤，二酸化炭素，一般泡消火剤	室温冷暗所に貯蔵する	01
	125		5mg/m³		7710	有機過酸化物：散水，水噴霧．水がない場合は粉末消火剤，二酸化炭素，一般泡消火剤	純度75%水ウェット品および50%充填剤希釈品として市販されている	02
	112				10000	有機過酸化物：散水，水噴霧．水がない場合は粉末消火剤，二酸化炭素，一般泡消火剤	冷暗所に貯蔵する	03
			1			水のみ使用【粉末／泡消火剤使用不可】	金属微粒子との接触で爆発的に分解することがある	04
						粉末消火剤，ソーダ灰，石灰【水／泡消火剤使用不可】		05
						粉末消火剤，ソーダ灰，石灰【水／泡消火剤使用不可】	皮膚や粘膜を強く侵す，目に入ると失明の恐れ	06
			0.5mg/m³ (Ba)			粉末消火剤，ソーダ灰，石灰【水／泡消火剤使用不可】		07
127			5		260	粉末消火剤，二酸化炭素，砂，土，散水，一般泡消火剤		08
			0.01mg/m³		2330	粉末消火剤，二酸化炭素，散水	発がん物質の恐れ	09
>68	124				4300	有機過酸化物：散水，水噴霧．水がない場合は粉末消火剤，二酸化炭素，一般泡消火剤	70%溶液（炭化水素希釈）として市販されている	10

	名称	CAS No. 国連番号 化審法No.	危険物分類	物理的特性					
				外観・性質	比重	蒸気比重 (空気=1)	沸点[℃]	融点[℃]	水溶性
01	ε-カプロラクタム 6-ヘキサンラクタム カプロラクタム ε-Caprolactam 6-Hexanelactam $C_6H_{11}NO$ [113.16]	105-60-2 — (5)-1097	㊮1種, ㊺18条	結晶 吸湿性	1		270	70	易
02	カプロン酸 ヘキサン酸 Caproic acid Hexanoic acid $C_6H_{12}O_2$ [116.16]	142-62-1 2829 (2)-608	㊴第4類, ㊋8	無色 油状液体 不快臭	0.9	4	204		微
03	カプロン酸アリル ヘキサン酸アリル Allyl caproate Allyl hexanoate 2-Propenyl hexanoate $C_9H_{16}O_2$ [156.23]	123-68-2 — (2)-759	㊴第4類	無色 液体 パイナップル様の香気	0.9		186～188		不
04	カプロン酸エチル ヘキサン酸エチル Ethyl caproate Ethyl hexanoate Ethyl hexoate $C_8H_{16}O_2$ [144.22]	123-66-0 — (2)-782	㊴第4類, ㊺引火性の物	無色 液体 快香	0.9	5.0	167		不
05	過マンガン酸亜鉛六水和物 Zinc permanganate hexahydrate $Zn(MnO_4)_2 \cdot 6H_2O$ [411.4]	23414-72-4 — —	㊮1種, ㊴第1類	暗紫色 結晶				100	
06	過マンガン酸アンモニウム Ammonium permanganate NH_4MnO_4 [136.98]	13446-10-1 — —	㊮1種, ㊴第1類, ㊌	赤紫色 結晶					
07	過マンガン酸カリウム Potassium permanganate $KMnO_4$ [158.03]	7722-64-7 1490 (1)-446	㊮1種, ㊴第1類, ㊺特定・18条, ㊋5.1	赤紫色 金属光沢の結晶 無臭	2.7			240	可
08	過マンガン酸カルシウム Calcium permanganate $Ca(MnO_4)_2$ [277.96]	10118-76-0 1456 —	㊮1種, ㊴第1類, ㊋5.1	赤紫色 結晶	2.4			140	可
09	過マンガン酸銀 Silver permanganate $AgMnO_4$ [226.82]	7783-98-4 — —	㊅劇物, ㊮1種, ㊴第1類	暗紫色 結晶	4.3				
10	過マンガン酸ナトリウム三水和物 Sodium permanganate trihydrate $NaMnO_4 \cdot 3H_2O$ [195.98]	10101-50-5 — —	㊮1種, ㊴第1類	赤紫色 結晶 潮解性	2.5			170 (分解)	可
11	過マンガン酸マグネシウム六水和物 Magnesium permanganate hexahydrate $Mg(MnO_4)_2 \cdot 6H_2O$ [370.3]	10377-62-5 — —	㊮1種, ㊴第1類	暗紫色 結晶 潮解性	2.2				可
12	過ヨウ素酸 Periodic acid HIO_4 [191.9]	13444-71-8 — (1)-368	㊴第1類	無色 結晶				138 (分解)	易
13	過ヨウ素酸カリウム Potassium periodate KIO_4 [230.00]	7790-21-8 — (1)-441	㊴第1類	無色 結晶	3.6		765.5	582	冷水に微, 熱水に可

燃焼危険性			有害危険性			火災時の措置	備考	
引火点 [℃]	発火点 [℃]	爆発範囲 [vol%]	許容濃度 [ppm]	吸入LC$_{50}$ [ラットppm]	経口LD$_{50}$ [ラットmg/kg]			
125		1.4〜8.0	5mg/m^3		1210	粉末消火剤，二酸化炭素，散水，耐アルコール性泡消火剤		01
102	380	1.3〜9.3			2050μl/kg	粉末消火剤，二酸化炭素，散水，耐アルコール性泡消火剤		02
66					218	粉末消火剤，二酸化炭素，散水，一般泡消火剤(消火効果のない場合，散水)		03
49					>5000	粉末消火剤，二酸化炭素，散水，一般泡消火剤(消火効果のない場合，散水)		04
			0.2mg/m^3 (Mn)			水のみ使用【粉末／泡消火剤使用不可】	潮解性	05
			0.2mg/m^3 (Mn)			水のみ使用【粉末／泡消火剤使用不可】	きわめて不安定で乾燥時，爆発しやすい	06
			0.2mg/m^3 (Mn)		1090	水のみ使用【粉末／泡消火剤使用不可】	有機物との接触で発火または爆発する	07
			0.2mg/m^3 (Mn)			水のみ使用【粉末／泡消火剤使用不可】	4水和物もある	08
			0.01mg/m^3 (Ag)			水のみ使用【粉末／泡消火剤使用不可】	光で分解	09
			0.2mg/m^3 (Mn)			水のみ使用【粉末／泡消火剤使用不可】		10
			0.2mg/m^3 (Mn)			水のみ使用【粉末／泡消火剤使用不可】		11
						水のみ使用【粉末／泡消火剤使用不可】		12
						水のみ使用【粉末／泡消火剤使用不可】		13

	名称	CAS No. 国連番号 化審法No.	危険物分類	物理的特性					
				外観・性質	比重	蒸気比重 (空気=1)	沸点[℃]	融点[℃]	水溶性
01	カリウム Potassium K [39.10]	7440-09-7 — 対象外	毒劇物, 消第3類, 安発火性の物	銀白色 金属結晶 (単体)	0.9		770	63.2	激しく反応
02	ガリウム Gallium Ga [69.72]	7440-55-3 — 対象外	安発火性の物	青みを帯びた白色 金属結晶	5.9		2403	29.8	
03	カリウムアミド Potassium amide KNH_2 [55.12]	17242-52-3 — —		黄緑色 結晶 潮解性				338	
04	カリウムt-ブトキシド カリウム-t-ブチラート Potassium tert-butoxide $(CH_3)_3COK$ [112.21]	865-47-4 — (2)-3100		無色 粉末状固体 吸湿性	0.8		275	257	反応
05	カリウムメトキシド Potassium methoxide $KOCH_3$ [70.1]	865-33-8 — —		無色 結晶 吸湿性大					反応
06	カルシウム Calcium Ca [40.08]	7440-70-2 1401, 1855 対象外	消第3類, 安発火性の物, 運4.2, 4.3	銀白色 金属結晶	1.6		1494	845	ゆっくり反応
07	カルシウムシアナミド 石灰窒素 Calcium cyanamide $CaCN_2$ [80.10]	156-62-7 1403 (1)-121	水, 安18条, 運4.3	無色 固体	2.3			1340	不
08	カルバミン酸エチル ウレタン カルバミド酸エチル Ethyl carbamate Urethane Ethyl carbamide $C_3H_7NO_2$ [89.09]	51-79-6 — (2)-1712	安18条	結晶	1.1		182〜184	49〜50	可
09	カルボヒドラジド カルボノヒドラジド カルバジド Carbohydrazide Carbonohydrazide Carbazide CH_6N_4O [90.09]	497-18-7 — (2)-3345	消第5類	白色 結晶				153〜154	可
10	ギ酸 Formic acid CH_2O_2 [46.03]	64-18-6 1779, 3412 (2)-670	毒劇物, 消第4類, 安18条, 運8	無色 液体 刺激性	1.2	1.6	101	8.4	易
11	ギ酸イソブチル Isobutyl formate $C_5H_{10}O_2$ [102.13]	542-55-2 — —	消第4類, 安引火性の物	無色 液体	0.9	3.5	98	−95	可
12	ギ酸イソプロピル Isopropyl formate Isopropyl methanoate $C_4H_8O_2$ [88.10]	625-55-8 2393 (2)-684	消第4類, 安引火性の物, 運3	無色 液体 芳香	0.9	3.0	67		微
13	ギ酸エチル Ethyl formate Ethyl methanoate $C_3H_6O_2$ [74.08]	109-94-4 1190 (2)-678	消第4類, 安引火性の物・18条, 運3	無色 液体 芳香	0.9	2.6	54	−80.5	易

燃焼危険性			有害危険性			火災時の措置	備考	
引火点 [℃]	発火点 [℃]	爆発範囲 [vol%]	許容濃度 [ppm]	吸入LC$_{50}$ [ラットppm]	経口LD$_{50}$ [ラットmg/kg]			
						粉末消火剤, ソーダ灰, 石灰, 砂【水／泡消火剤使用不可】		01
						周辺火災の種類に応じた消火剤【加熱された金属に直接水を用いない】		02
						粉末消火剤, ソーダ灰, 石灰, 砂【水／泡消火剤使用不可】		03
						粉末消火剤, 二酸化炭素, 散水, 耐アルコール性泡消火剤		04
						粉末消火剤, 二酸化炭素, 散水, 耐アルコール性泡消火剤		05
						粉末消火剤, ソーダ灰, 石灰, 砂【水／泡消火剤使用不可】		06
			0.5mg/m^3		158	粉末消火剤, ソーダ灰, 石灰, 砂【水／泡消火剤使用不可】		07
					1809	粉末消火剤, 二酸化炭素, 散水, 耐アルコール性泡消火剤(消火効果のない場合, 散水)		08
					311(メス), 381(オス)	自己反応性物質：粉末消火剤, 二酸化炭素, 散水, 一般泡消火剤		09
69	539	18〜57	5, 10(STEL)		1100	粉末消火剤, 二酸化炭素, 散水, 耐アルコール性泡消火剤(消火効果のない場合, 散水)		10
4	320	1.7〜8				粉末消火剤, 二酸化炭素, 散水, 一般泡消火剤(消火効果のない場合, 散水)		11
−6	485					粉末消火剤, 二酸化炭素, 散水, 一般泡消火剤(消火効果のない場合, 散水)		12
−20	455	2.8〜16.0	100		1850	粉末消火剤, 二酸化炭素, 散水, 一般泡消火剤(消火効果のない場合, 散水)		13

	名称	CAS No. 国連番号 化審法No.	危険物分類	物理的特性					
				外観・性質	比重	蒸気比重 (空気=1)	沸点[℃]	融点[℃]	水溶性
01	ギ酸シクロヘキシル **Cyclohexyl formate** $C_7H_{12}O_2$ [128.17]	*4351-54-6* — —	消第4類，安 引火性の物	無色 液体 芳香	1.0+	4.4	162		不
02	ギ酸ビニル **Vinyl formate** Ethenyl methanoate $C_3H_4O_2$ [72.06]	*692-45-5* — —	消第4類，安 引火性の物		1.0-		45		
03	ギ酸ブチル **Butyl formate** Butyl methanoate $C_5H_{10}O_2$ [102.13]	*592-84-7* 1128 (2)-684	消第4類，安 引火性の物， 運3	無色 液体	0.9	3.5	107		微
04	ギ酸プロピル **Propyl formate** $C_4H_8O_2$ [88.10]	*110-74-7* 1281 (2)-684	消第4類，安 引火性の物， 運3	液体	0.9	3.0	81	-93	可
05	ギ酸ペンチル ギ酸n-アミル **Pentyl formate** Amyl formate $C_6H_{12}O_2$ [116.16]	*638-49-3* 1109 —	消第4類，安 引火性の物， 運3	無色 液体 芳香	0.9	4.0	131	-73	微
06	ギ酸メチル **Methyl formate** Methyl metanoate $C_2H_4O_2$ [60.05]	*107-31-3* 1243 (2)-677	消第4類，安 引火性の物・ 18条，運3	無色 液体 芳香	1.0-	2.1	32	-99.8	易
07	2,3-キシリジン 2,3-ジメチルアニリン **2,3-Xylidine** 2,3-Dimethylaniline o-Xylidine $C_8H_{11}N$ [121.20]	*87-59-2* 1711，3452 (3)-129	管2種，消第4 類，安18条， 運6.1	液体	1.0-	4.2	224		難
08	o-キシレン 1,2-ジメチルベンゼン **o-Xylene** 1,2-Dimethylbenzene o-Xylol C_8H_{10} [106.17]	*95-47-6* — (3)-3	毒劇物，管1種， 消第4類，安 引火性の物・ 18条	無色 液体 特有の臭気	0.9	3.7	144	-25.2	難
09	m-キシレン 1,3-ジメチルベンゼン **m-Xylene** 1,3-Dimethylbenzene m-Xylol C_8H_{10} [106.17]	*108-38-3* — (3)-3	毒劇物，管1種， 消第4類，安 引火性の物・ 18条	無色 液体 特有の臭気	0.9	3.7	139	-47.9	難
10	p-キシレン 1,4-ジメチルベンゼン **p-Xylene** 1,4-Dimethylbenzene p-Xylol C_8H_{10} [106.17]	*106-42-3* — (3)-3	毒劇物，管1種， 消第4類，安 引火性の物・ 18条	無色 液体 特有の臭気	0.9	3.7	138	13.3	難
11	キセノン ゼノン **Xenon** Xe [131.29]	*7440-63-3* 2036，2591 対象外	圧圧縮ガス・ 液化ガス・不 活性ガス，運 2.2	無色 気体 無臭(室温)	3.1 (-109℃)	4.6	-108.1	-111.8	

燃焼危険性			有害危険性			火災時の措置	備考
引火点 [℃]	発火点 [℃]	爆発範囲 [vol%]	許容濃度 [ppm]	吸入LC_{50} [ラットppm]	経口LD_{50} [ラットmg/kg]		
51						粉末消火剤, 二酸化炭素, 散水, 一般泡消火剤(消火効果のない場合, 散水)	01
16						粉末消火剤, 二酸化炭素, 散水, 一般泡消火剤(消火効果のない場合, 散水)	02
18	322	1.7〜8.2				粉末消火剤, 二酸化炭素, 散水, 耐アルコール性泡消火剤(消火効果のない場合, 散水)	03
−3	455	2.3〜				粉末消火剤, 二酸化炭素, 散水, 一般泡消火剤(消火効果のない場合, 散水)	04
26						粉末消火剤, 二酸化炭素, 散水, 一般泡消火剤(消火効果のない場合, 散水)	05
−19	449	4.5〜23	100, 150 (STEL)		1622 (ラビット)	粉末消火剤, 二酸化炭素, 散水, 耐アルコール性泡消火剤(消火効果のない場合, 散水)	06
97		1.0〜	5S			粉末消火剤, 二酸化炭素, 散水, 一般泡消火剤(消火効果のない場合, 散水)	07
17	463	0.9〜6.7	100, 150 (STEL)		1550 μl/kg(マウス腹腔内)	粉末消火剤, 二酸化炭素, 散水, 一般泡消火剤(消火効果のない場合, 散水)	08
25	527	1.1〜7.0	100, 150 (STEL)		5000	粉末消火剤, 二酸化炭素, 散水, 一般泡消火剤(消火効果のない場合, 散水)	09
25	528	1.1〜7.0	100, 150 (STEL)		5000	粉末消火剤, 二酸化炭素, 散水, 一般泡消火剤(消火効果のない場合, 散水)	10
						適当な消火剤使用, 危険でなければ容器移動	11

	名称	CAS No. 国連番号 化審法No.	危険物分類	物理的特性					
				外観・性質	比重	蒸気比重 (空気=1)	沸点[℃]	融点[℃]	水溶性
01	吉草酸 バレリアン酸 Pentanoic acid Valeric acid $C_5H_{10}O_2$ [102.13]	109-52-4 — —	消第4類	無色 液体 不快臭	0.9	3.5	186	-34.5	可
02	吉草酸エチル Ethyl valerate $C_7H_{14}O_2$ [130.19]	539-82-2 — —	消第4類	液体 特有の果実 香気	0.9		145～146		不
03	キノリン Quinoline C_9H_7N [129.16]	91-22-5 2656 (5)-794	毒劇物, 消第 4類, 安引火 性の物, 連6.1	無色 液体 吸湿性	1.1	4.5	238	-15	難
04	キュバン クバン Cubane Cubane C_8H_8 [104.15]	277-10-1 — —		無色 結晶			200 (分解)	130～131	
05	金 Gold Au [196.97]	7440-57-5 — —		黄色 光沢の金属 (単体)	19.3		2808	1064	
06	銀 Silver Ag [107.87]	7440-22-4 — 対象外	管1種, 安18 条	銀白色 金属結晶 (単体)	10.5		2155	961	
07	グアニジン Guanidine CH_5N_3 [59.07]	113-00-8 — —		無色 結晶 潮解性				約50	易
08	クエン酸 Citric acid 2-Hydroxypropane-1,2,3- tricarboxylic acid $C_6H_8O_7$ [192.13]	77-92-9 — (2)-1318		無色 結晶 無臭 強い酸味	1.5			156～157	易
09	クエン酸トリブチル Tributyl citrate $C_{18}H_{32}O_7$ [360.45]	77-94-1 — —	消第4類	無色 液体 不揮発性 無臭	1.0+	12.4	232		不
10	クメン イソプロピルベンゼン キュメン Cumene Isopropyl benzene Cumol C_9H_{12} [120.19]	98-82-8 — (3)-22	消第4類, 安 引火性の物・ 18条	無色 液体	0.9	4.1	152	-96	不
11	グリオキサール エタンジアール Glyoxal Ethanedial $C_2H_2O_2$ [58.04]	107-22-2 — (2)-510	管1種	黄色 結晶, ある いは淡黄色 液体	1.1		50.4	15	可
12	グリコール酸ブチル Butyl glycolate $C_6H_{12}O_3$ [132.16]	7397-62-8 — —	消第4類, 安 引火性の物	無色 液体	1.0+	4.5	～180	-26	
13	グリセリン グリセロール Glycerine Glycerol $C_3H_8O_3$ [92.10]	56-81-5 — (2)-242	消第4類	無色 液体 無臭 吸湿性 甘み	1.3	3.1	291	18.1	易

燃焼危険性			有害危険性			火災時の措置	備考	
引火点 [℃]	発火点 [℃]	爆発範囲 [vol%]	許容濃度 [ppm]	吸入LC$_{50}$ [ラットppm]	経口LD$_{50}$ [ラットmg/kg]			
96	400	1.6〜7.6				粉末消火剤, 二酸化炭素, 散水, 一般泡消火剤(消火効果のない場合, 散水)		01
						粉末消火剤, 二酸化炭素, 散水, 一般泡消火剤(消火効果のない場合, 散水)		02
59	480	1.2〜7.0			331	粉末消火剤, 二酸化炭素, 散水, 一般泡消火剤(消火効果のない場合, 散水)		03
						粉末消火剤, 二酸化炭素, 砂, 土, 散水, 一般泡消火剤		04
						粉末消火剤, 二酸化炭素, 散水		05
			0.1mg/m³			粉末消火剤, 二酸化炭素, 散水		06
						粉末消火剤, 二酸化炭素, 散水, 耐アルコール性泡消火剤		07
100					3000	粉末消火剤, 二酸化炭素, 散水, 耐アルコール性泡消火剤	1水和物もある	08
157	368					粉末消火剤, 二酸化炭素, 散水, 一般泡消火剤(消火効果のない場合, 散水)		09
36	424	0.9〜6.5	50		1400	粉末消火剤, 二酸化炭素, 散水, 一般泡消火剤(消火効果のない場合, 散水)		10
			0.1mg/m³		200	粉末消火剤, 二酸化炭素, 散水, 耐アルコール性泡消火剤(消火効果のない場合, 散水)	40%水溶液として使われることが多い	11
61						粉末消火剤, 二酸化炭素, 散水, 一般泡消火剤(消火効果のない場合, 散水)		12
199	370		ミスト10mg/m³		12600	粉末消火剤, 二酸化炭素, 散水, 耐アルコール性泡消火剤(消火効果のない場合, 散水)		13

	名称	CAS No. 国連番号 化審法No.	危険物分類	物理的特性					
				外観・性質	比重	蒸気比重 (空気=1)	沸点[℃]	融点[℃]	水溶性
01	グリセリン=トリブチラート トリブチリン ブチリン **Glyceryl tributyrate** Tributyrin Butyrin $C_{15}H_{26}O_6$ [302.37]	*60-01-5* — —	消第4類	無色 液体	1.0+		314	−75	不
02	グリセリン=トリプロピオナート トリプロピオニン **Glyceryl tripropionate** Tripropionin $C_{12}H_{20}O_6$ [260.29]	*139-45-7* — —	消第4類	無色 液体	1.1		282		不
03	D-グルコース ブドウ糖 **D-Glucose** $C_6H_{12}O_6$ [180.16]	*50-99-7* — (8)-46		無色 結晶 無臭	1.5			α型 146.5	可
04	o-クレゾール o-メチルフェノール **o-Cresol** o-Methyl phenol o-Hydroxytoluene C_7H_8O [108.14]	*95-48-7* 3455 (3)-499	毒劇物,管1種, 消第9条,安 18条,運6.1	無色 結晶	1.1	3.7	191	30	可
05	m-クレゾール m-メチルフェノール **m-Cresol** m-Methyl phenol C_7H_8O [108.14]	*108-39-4* 3455 (3)-499	毒劇物,管1種, 消第4類,安 18条,運6.1	無色ないし 淡褐色 液体	1.0	3.7	201	11.9	可
06	p-クレゾール p-メチルフェノール **p-Cresol** p-Methyl phenol C_7H_8O [108.14]	*106-44-5* 3455, 2076 (3)-499	毒劇物,管1種, 消第9条,安 18条,運6.1	無色 結晶	1.0	3.7	201	35.5	可
07	p-クレゾール=メチルエーテル 4-メトキシトルエン **p-Cresol methyl ether** 4-Methoxytoluene p-Methylanisole $C_8H_{10}O$ [122.17]	*104-93-8* — —	消第4類,安 引火性の物	無色 液体	1.0−	4.2	163		
08	クロトノニトリル 2-ブテンニトリル クロトンニトリル **Crotononitrile** 2-Butenenitrile C_4H_5N [67.1]	*4786-20-3* — —	毒劇物,消第 4類,安引火 性の物	液体	0.8	2.3	110〜116		不
09	クロトンアルデヒド 2-ブテナール **Crotonaldehyde** 2-Butenal Crotonic aldehyde C_4H_6O [70.09]	*4170-30-3* 1143 (2)-524	消第4類,安 引火性の物・ 18条,運6.1	液体 刺激臭	0.9	2.4	102	trans： −76.5, cis：−69	易
10	クロトン酸 2-ブテン酸 **Crotonic acid** trans-2-Butenoic acid $C_4H_6O_2$ [86.09]	*3724-65-0* 2823, 3472 (2)-963	消第9条,運8	無色 結晶	1.0− (80℃)	3.0	189	71.6	可

燃焼危険性			有害危険性			火災時の措置	備考	
引火点 [℃]	発火点 [℃]	爆発範囲 [vol%]	許容濃度 [ppm]	吸入LC$_{50}$ [ラットppm]	経口LD$_{50}$ [ラットmg/kg]			
180	407	0.5 (208℃) ～			3200	粉末消火剤，二酸化炭素，散水，一般泡消火剤(消火効果のない場合，散水)		01
167	421	0.8 (186℃) ～				粉末消火剤，二酸化炭素，散水，一般泡消火剤(消火効果のない場合，散水)		02
					25800	粉末消火剤，二酸化炭素，砂，土，散水，一般泡消火剤		03
81	599	1.4 (149℃) ～	5		121	粉末消火剤，二酸化炭素，散水，耐アルコール性泡消火剤	有毒，腐食性があり，皮膚や目に触れるとひどい火傷を起こす	04
86	558	1.1 (150℃) ～	5		242	粉末消火剤，二酸化炭素，散水，一般泡消火剤(消火効果のない場合，散水)	有毒，腐食性があり，皮膚や目に触れるとひどい火傷を起こす	05
86	558	1.1 (150℃) ～	5		207	粉末消火剤，二酸化炭素，散水，耐アルコール性泡消火剤	有毒，腐食性があり，皮膚や目に触れるとひどい火傷を起こす	06
60						粉末消火剤，二酸化炭素，散水，一般泡消火剤(消火効果のない場合，散水)		07
20						粉末消火剤，二酸化炭素，散水，耐アルコール性泡消火剤		08
13	232	2.1～15.5	0.3(STEL)		240(マウス)	粉末消火剤，二酸化炭素，散水，一般泡消火剤(消火効果のない場合，散水)	cis, transの混合物	09
88	396				1000	粉末消火剤，二酸化炭素，散水，耐アルコール性泡消火剤		10

	名称	CAS No. 国連番号 化審法No.	危険物分類	物理的特性					
				外観・性質	比重	蒸気比重 (空気=1)	沸点[℃]	融点[℃]	水溶性
01	trans-クロトン酸エチル Ethyl trans-crotonate $C_6H_{10}O_2$ [114.14]	623-70-1 — —		無色 固体	0.9	3.9	139	45	不
02	クロトン酸ビニル Vinyl crotonate $C_6H_8O_2$ [112.13]	14861-06-4 — —	消第4類, 安 引火性の物	無色 液体	0.9	4.0	134		難
03	クロトン酸メチル Methyl crotonate Methyl 2-butenoate $C_5H_8O_2$ [100.12]	623-43-8 — (2)-966	消第4類, 安 引火性の物	無色 液体	0.9		118〜120	−42	不
04	クロム Chromium Cr [52.00]	7440-47-3 — 対象外	管1種, 水(6 価クロム), 安18条	銀白色 金属結晶 (単体)	7.1		2690	1900	不
05	クロム酸 Chromic acid H_2CrO_4 [118.0]	7738-94-5 1755 (1)-284	毒劇物, 管特 定1種, 水, 運8		2.7〜2.8				可
06	クロム酸カルシウム二水和 Calcium chromate dihydrate $CaCrO_4 \cdot 2H_2O$ [192.1]	13765-19-0 — —	毒劇物, 管特 定1種, 水	黄色 結晶	2.9			200 (−2H$_2$O)	可
07	クロム酸鉛(Ⅱ) 黄鉛 Lead chromate Chrome yellow $PbCrO_4$ [323.19]	7758-97-6 — —	毒劇物, 管1種, 消第9条, 水, 安特定・18条	黄色 結晶	6.1			844	不
08	クロム酸ビスマス 二クロム酸二酸化ビスマス (Ⅲ) Bismuth chromate Dibismuth(Ⅲ) dichromate dioxide $Bi_2O_3 \cdot 2CrO_3$ [665.95]	37235-82-8 — —	毒劇物, 管特 定1種, 水	橙赤色 粉末					不
09	クロム酸リチウム Lithium chromate Li_2CrO_4 [129.88]	14307-35-8 — (1)-279	毒劇物, 管特 定1種, 消第1 類, 水	黄色 結晶 (二水塩)					可
10	2-クロロアセトアミド クロロアセトアミド 2-Chloroacetamide Chloroacetamide C_2H_4ClNO [93.51]	79-07-2 — (2)-1148		無色ないし 淡黄色 結晶		3.2	225	117〜119	可
11	N-クロロアセトアミド N-Chloroacetamide $CH_3CONHCl$ [93.51]	598-49-2 — —		無色 結晶				111〜112	
12	クロロアセトアルデヒド Chloroacetaldehyde C_2H_3OCl [78.50]	107-20-0 — (2)-526	毒劇物, 消第 4類, 安引火 性の物・18条	液体 刺激臭	1.2		85〜86	−16.5	可
13	α-クロロアセトフェノン 塩化フェナシル α-Chloroacetophenone Phenacyl chloride C_8H_7ClO [154.60]	532-27-4 1697, 3416 —	運6.1	無色 結晶	1.3	5.3	247	54	不

燃焼危険性			有害危険性			火災時の措置	備考	
引火点 [℃]	発火点 [℃]	爆発範囲 [vol%]	許容濃度 [ppm]	吸入LC$_{50}$ [ラットppm]	経口LD$_{50}$ [ラットmg/kg]			
2		1.5〜				粉末消火剤，二酸化炭素，散水，耐アルコール性泡消火剤		01
26						粉末消火剤，二酸化炭素，散水，一般泡消火剤(消火効果のない場合，散水)		02
−1						粉末消火剤，二酸化炭素，散水，一般泡消火剤(消火効果のない場合，散水)	trans体	03
			0.5mg/m (Cr)			粉末消火剤，二酸化炭素，散水	6価クロムは毒性が強い	04
			0.05mg/m³ (Cr)			水のみ使用【粉末／泡消火剤使用不可】	発がん物質，遊離の物は得られない，無水クロム酸水溶液を指す事が多い	05
			0.001mg/m³ (Cr)			水のみ使用【粉末／泡消火剤使用不可】	発がん物質	06
			0.012mg/m³ (Cr)			水のみ使用【粉末／泡消火剤使用不可】	発がん物質	07
			0.5mg/m³ (Cr)			水のみ使用【粉末／泡消火剤使用不可】	発がん物質	08
			0.05mg/m³ (Cr)			水のみ使用【粉末／泡消火剤使用不可】	発がん物質	09
					138	粉末消火剤，二酸化炭素，散水，耐アルコール性泡消火剤		10
						粉末消火剤，二酸化炭素，散水，耐アルコール性泡消火剤		11
46			1(STEL)		89	粉末消火剤，二酸化炭素，散水，耐アルコール性泡消火剤(消火効果のない場合，散水)		12
118			0.05			粉末消火剤，二酸化炭素，散水，耐アルコール性泡消火剤		13

	名称	CAS No. 国連番号 化審法No.	危険物分類	物理的特性					
				外観・性質	比重	蒸気比重 (空気=1)	沸点[℃]	融点[℃]	水溶性
01	クロロアセトン クロロ-2-プロパノン **Chloroacetone** Chloro-2-propanone C_3H_5ClO [92.53]	78-95-5 1695 —	消第4類, 安18条, 運6.1	液体 催涙性	1.1		120	−44.5	可
02	p-クロロアニリン 4-クロロアニリン **p-Chloroaniline** 4-Chloroaniline C_6H_6ClN [127.57]	106-47-8 2018, 2019 —	管1種, 安18条, 運6.1	結晶	1.2		232	72.5	可
03	o-クロロ安息香酸 2-クロロ安息香酸 **o-Chlorobenzoic acid** 2-Chlorobenzoic acid $C_7H_5ClO_2$ [156.57]	118-91-2 (3)-1424		固体	1.5		285	142	難
04	2-クロロエタノール エチレンクロロヒドリン **2-Chloroethanol** Ethylene chlorohydrin 2-Chloroethyl alcohol C_2H_5ClO [80.51]	107-07-3 1135 (2)-2002	毒劇物, 消第 4類, 安引火 性の物・18条, 運6.1	液体 エーテル臭	1.2	2.8	129〜130	−67	易
05	2-クロロエチル=ビニル=エーテル β-クロロエトキシエチレン **2-Chloroethyl vinyl ether** β-Chloroethoxyethylene Vinyl 2-chloroethyl ether C_4H_7ClO [106.55]	110-75-8 — (2)-377	消第4類, 安 引火性の物	液体	1.0+	3.7	109		難
06	クロロ-4-エチルベンゼン **Chloro-4-ethylbenzene** C_8H_9Cl [140.61]	622-98-0 — —	消第4類, 安 引火性の物		1.0+	4.9	184		不
07	3-クロロ塩化プロピオニル 3-クロロ塩化プロパノイル 3-クロロプロピオン酸クロライド **3-Chloropropionyl chloride** β-Chloropropionyl chloride $C_3H_4Cl_2O$ [126.97]	625-36-5 — (2)-2646	消第4類, 安 引火性の物	褐色 液体	1.3		143〜145	−32	反応
08	1-クロロオクタン 塩化オクチル **1-Chlorooctane** Octyl chloride $C_8H_{17}Cl$ [148.68]	111-85-3 — (2)-66, (2)-88	消第4類, 気 特定物質	液体 特有な油臭	0.9	5.1	182		不
09	クロロギ酸アリル クロロ炭酸アリルエステル **Allyl chloroformate** Allyl chlorocarbonate $C_4H_5O_2Cl$ [120.53]	2937-50-0 1722 —	消第4類, 安 引火性の物, 運6.1	無色または 淡黄色 液体 刺激性 催涙性	1.1	4.2	106〜114		不
10	クロロギ酸エチル クロロ炭酸エチル **Ethyl chloroformate** Ethyl chlorocarbonate Ethyl chloromethanoate $C_3H_5ClO_2$ [108.53]	541-41-3 1182 (2)-1704	消第4類, 安 引火性の物, 運6.1	液体 腐食性	1.1	3.7	94	−81	反応

燃焼危険性			有害危険性			火災時の措置	備考	
引火点 [℃]	発火点 [℃]	爆発範囲 [vol%]	許容濃度 [ppm]	吸入LC$_{50}$ [ラットppm]	経口LD$_{50}$ [ラットmg/kg]			
			1(STEL)			粉末消火剤，二酸化炭素，散水，耐アルコール性泡消火剤(消火効果のない場合，散水)		01
						粉末消火剤，二酸化炭素，散水，耐アルコール性泡消火剤		02
					2350	粉末消火剤，二酸化炭素，散水，耐アルコール性泡消火剤		03
60	425	4.9～15.9	1(STEL)		71	粉末消火剤，二酸化炭素，散水，耐アルコール性泡消火剤(消火効果のない場合，散水)		04
27					210	粉末消火剤，二酸化炭素，散水，一般泡消火剤(消火効果のない場合，散水)		05
64						粉末消火剤，二酸化炭素，散水，一般泡消火剤(消火効果のない場合，散水)		06
63.5				200/H	1200	粉末消火剤，二酸化炭素，散水，一般泡消火剤(消火効果のない場合，散水)	目，皮膚，気道，呼吸器官を激しく刺激する	07
70						粉末消火剤，二酸化炭素，散水，一般泡消火剤(消火効果のない場合，散水)		08
31						粉末消火剤，二酸化炭素，散水，一般泡消火剤(消火効果のない場合，散水)		09
16	500				270	粉末消火剤，二酸化炭素，散水，一般泡消火剤(消火効果のない場合，散水)		10

	名称	CAS No. 国連番号 化審法No.	危険物分類	物理的特性					
				外観・性質	比重	蒸気比重 (空気=1)	沸点[℃]	融点[℃]	水溶性
01	クロロゲルマン 水素化塩化ゲルマニウム **Chlorogermane** Germanium hydride chloride GeH_3Cl [111.08]	13637-65-5 — —		無色 気体		3.9	28	−71	
02	クロロ酢酸ナトリウム **Sodium chloroacetate** Sodium monochloroacetate $C_2H_2ClO_2Na$ [116.48]	3926-62-3 2656 (2)-1146	毒劇物, 運6.1	白色 粒状				200 (分解)	可
03	クロロジエチルアルミニウム ジエチルアルミニウムクロリド **Chlorodiethylaluminum** Diethylaluminum chloride $C_4H_{10}AlCl$ [120.6]	96-10-6 — (2)-2213	消第3類, 安18条	無色液体	1.0−		214	−85	激しく反応
04	クロロジエチルボラン **Chlorodiethylborane** $C_4H_{10}BCl$ [104.39]	5314-83-0 — —	管1種, 水	無色液体 発煙性			81	−84.6	
05	クロロシクロヘキサン 塩化シクロヘキシル シクロヘキシル=クロリド **Chlorocyclohexane** Cyclohexyl chloride $C_6H_{11}Cl$ [118.61]	542-18-7 — —	消第4類, 安 引火性の物	無色 液体 窒息臭	1.0−	4.1	142		不
06	1-クロロ-2,4-ジニトロベンゼン **1-Chloro-2,4-dinitrobenzene** Dinitrochlorobenzene $C_6H_3ClN_2O_4$ [202.55]	97-00-7 3441 (3)-454	管1種, 審2種 監視, 消第5類, 運6.1	淡黄色 結晶	1.7	7	315	α型:51 β型:43	不
07	クロロジフルオロアミン 塩化二フッ化窒素 **Chlorodifluoroamine** Nitrogen chloride difluoride $NClF_2$ [87.5]	13637-87-1 — —	圧液化ガス, 水	無色 気体		3.0		−67	
08	1-クロロ-1,1-ジフルオロエタン **1-Chloro-1,1-difluoroethane** Difluoro-1-chloroethane R-142B $C_2H_3ClF_2$ [100.5]	75-68-3 2517 (2)-100	管1種, 圧液 化ガス・可燃 性ガス, 安可 燃性のガス, 運2.1	無色 気体 無臭(常温)		3.5	−16	−131	不
09	クロロジフルオロメタン フロン22 **Chlorodifluoromethane** Freon 22 $CHClF_2$ [86.47]	75-45-6 1018, 1973 (2)-93	管1種, 圧液 化ガス, 運2.2	無色 気体 無臭(常温)	1.2	3	−40.8	−160	微
10	2-クロロ-4,6-ジ-t-ペンチルフェノール **2-Chloro-4,6-di-t-pentylphenol** 2-Chloro-4,6-di-tert-amylphenol $C_{16}H_{25}OCl$ [268.83]	42359-99-2 — —	消第4類		1.0+	9.3	160〜 178.9 (22mmHg)		
11	クロロジボラン **Chlorodiborane**(6) H_5B_2Cl [62.1]	17927-57-0 — —	管1種, 水	無色気体				−143	
12	クロロジメチルアルシン 塩化カコジル **Chlorodimethylarsine** Cacodyl chloride C_2H_6AsCl [140.45]	557-89-1 — —	毒毒物, 水	無色 液体			106.5〜 107	<−45	不

燃焼危険性			有害危険性			火災時の措置	備考	
引火点 [℃]	発火点 [℃]	爆発範囲 [vol%]	許容濃度 [ppm]	吸入LC$_{50}$ [ラットppm]	経口LD$_{50}$ [ラットmg/kg]			
						粉末消火剤, 二酸化炭素, 散水, 一般泡消火剤(消火効果のない場合, 散水)		01
					95	粉末消火剤, 二酸化炭素, 散水, 耐アルコール性泡消火剤		02
	空気中で直ちに発火			11g/m^3		粉末消火剤, ソーダ灰, 石灰, 砂【水／泡消火剤使用不可】	空気中で直ちに酸化する	03
						粉末消火剤, ソーダ灰, 石灰, 乾燥砂		04
32						粉末消火剤, 二酸化炭素, 散水, 一般泡消火剤(消火効果のない場合, 散水)		05
194		2.0～22			640	積載火災：爆発のおそれ, 消火不可		06
			2.5mg/m^3 (F)			粉末消火剤, 二酸化炭素, 散水		07
ガス		6.2～17.9				粉末消火剤, 二酸化炭素【ガス漏れ停止困難のときは消火不可】		08
	632		1000			粉末消火剤, 二酸化炭素【ガス漏れ停止困難のときは消火不可】		09
121						粉末消火剤, 二酸化炭素, 散水, 一般泡消火剤(消火効果のない場合, 散水)		10
						粉末消火剤, ソーダ灰, 石灰, 乾燥砂	空気中できわめて不安定	11
			0.01mg/m^3 (As)			散水, 湿った砂, 土		12

名称	CAS No. 国連番号 化審法No.	危険物分類	物理的特性					
			外観・性質	比重	蒸気比重 (空気=1)	沸点[℃]	融点[℃]	水溶性
01 クロロジメチルアルミニウム ジメチルアルミニウムクロリド **Chlorodimethylaluminium** Dimethylaluminium chloride C₂H₆AlCl [92.5]	1184-58-3 — —	消第3類	無色				21	反応
02 クロロスルホン酸 クロロ硫酸 **Chlorosulfonic acid** Chlorosulfuric acid HSO₃Cl [116.53]	7790-94-5 1754 (1)-222	毒劇物,消第9条,気特定物質,運8	無色液体 湿った空気中で激しく発煙	1.8		152	-80	激しく反応
03 クロロチオギ酸-1-プロピル **1-Propyl chlorothiolformate** C₄H₇ClSO [138.62]	13889-92-4 — —	消第4類,安引火性の物		1.1	4.8	155		不
04 クロロトリフルオロエチレン **Chlorotrifluoroethylene** Trifluorochloroethylene R-1113 C₂ClF₃ [116.5]	79-38-9 1082 —	圧液化ガス・可燃性ガス,運2.3	無色気体 かすかなエーテル臭	1.3 (5.7atm)	4.0	-28	-158	不
05 クロロトリメチルシラン トリメチルクロロシラン **Chlorotrimethylsilane** Trimethylchlorosilane C₃H₉ClSi [108.64]	75-77-4 — —	消第4類,安引火性の物	無色液体	0.9	3.8	57		反応
06 o-クロロトルエン 2-クロロトルエン **o-Chlorotoluene** 2-Chlorotoluene 2-Tolyl chloride C₇H₇Cl [126.59]	95-49-8 2238 (3)-39	管1種,消第4類,安引火性の物・18条,運3	無色液体	1.1	4.4	159	-36 (凝固点)	不
07 m-クロロトルエン 3-クロロトルエン **m-Chlorotoluene** 3-Chlorotoluene 3-Tolyl chloride C₇H₇Cl [126.59]	108-41-8 2238 —	消第4類,安引火性の物,運3	無色液体	1.1	4.4	162		不
08 p-クロロトルエン 4-クロロトルエン **p-Chlorotoluene** 4-Chlorotoluene 4-Tolyl chloride C₇H₇Cl [126.59]	106-43-4 2238 (3)-39	消第4類,安引火性の物,運3	無色液体	1.1	4.4	162	7.2 (凝固点)	不
09 1-クロロナフタレン α-クロロナフタレン **1-Chloronaphthalene** α-Chloronaphthalene C₁₀H₇Cl [162.62]	90-13-1 — —	管2種,消第4類	油状液体	1.2	5.6	263	-2.5	不
10 1-クロロ-1-ニトロエタン **1-Chloro-1-nitroethane** C₁₂H₄ClNO₂ [109.51]	598-92-5 — —	消第4類,安引火性の物		1.3	3.8	173		難
11 1-クロロ-1-ニトロプロパン **1-Chloro-1-nitropropane** C₃H₆ClNO₂ [123.54]	600-25-9 — —	消第4類,安引火性の物・18条	無色液体	1.2	4.3	141		難

燃焼危険性			有害危険性			火災時の措置	備考	
引火点 [℃]	発火点 [℃]	爆発範囲 [vol%]	許容濃度 [ppm]	吸入LC_{50} [ラットppm]	経口LD_{50} [ラットmg/kg]			
						粉末消火剤, ソーダ灰, 石灰, 砂【水／泡消火剤使用不可】	湿気に不安定	01
						粉末消火剤, ソーダ灰, 石灰, 砂【水／泡消火剤使用不可】	皮膚, 目, 肺, 粘膜を激しく侵す	02
63						粉末消火剤, 二酸化炭素, 散水, 一般泡消火剤(消火効果のない場合, 散水)		03
ガス		8.4〜38.7				粉末消火剤, 二酸化炭素【ガス漏れ停止困難のときは消火不可】		04
−28	395	1.8〜6.0			5660μl/kg	粉末消火剤, ソーダ灰, 石灰, 乾燥砂	皮膚, 目, 粘膜に触れた場合, 強い刺激を感じ, また薬傷の可能性がある	05
47			50		3900	粉末消火剤, 二酸化炭素, 散水, 一般泡消火剤(消火効果のない場合, 散水)		06
50			50			粉末消火剤, 二酸化炭素, 散水, 一般泡消火剤(消火効果のない場合, 散水)		07
49			50		2100	粉末消火剤, 二酸化炭素, 散水, 一般泡消火剤(消火効果のない場合, 散水)		08
121	>558					粉末消火剤, 二酸化炭素, 散水, 一般泡消火剤(消火効果のない場合, 散水)		09
56						粉末消火剤, 二酸化炭素, 散水, 一般泡消火剤(消火効果のない場合, 散水)		10
62			2			粉末消火剤, 二酸化炭素, 散水, 一般泡消火剤(消火効果のない場合, 散水)		11

	名称	CAS No. 国連番号 化審法No.	危険物分類	物理的特性					
				外観・性質	比重	蒸気比重 (空気=1)	沸点[℃]	融点[℃]	水溶性
01	2-クロロ-2-ニトロプロパン 2-Chloro-2-nitropropane $C_3H_6ClNO_2$ [123.54]	594-71-8 — —	消第4類, 安引火性の物		1.2	4.3	134 加熱により爆発		難
02	o-クロロニトロベンゼン o-ニトロクロロベンゼン o-Chloronitrobenzene o-Nitrochlorobenzene $C_6H_4ClNO_2$ [157.56]	88-73-3 1578, 3409 (3)-442	毒劇物, 審2 種監視, 消第 9条, 運6.1	黄緑色 結晶 特異臭	1.4		246	33	不
03	p-クロロニトロベンゼン 4-クロロニトロベンゼン p-Chloronitrobenzene 4-Chloronitrobenzene p-Nitrochlorobenzene $C_6H_4ClNO_2$ [157.56]	100-00-5 1578, 3409 (3)-442	管1種, 審2種 監視, 安特定・ 18条, 運6.1	黄色 結晶	1.4	5.4	242	83	不
04	クロロピクリン トリクロロニトロメタン Chloropicrin Trichloronitromethane CCl_3NO_2 [164.4]	76-06-2 1580-1583 (2)-199	毒劇物, 管1種, 審2種監視, 消第9条・省 令2条, 安18条, 運2.3, 6.1	無色 液体 やや油性	1.7	5.7	112	−64	微
05	β-クロロフェネトール β-フェノキシエチルクロリド β-Chlorophenetole β-Phenoxyethyl chloride C_8H_9OCl [156.61]	622-86-6 — —	消第4類		1.1		152〜155		微
06	o-クロロフェノール o-Chlorophenol C_6H_5ClO [128.56]	95-57-8 2020, 2021 (3)-895	消第4類, 安 18条・引火性 の物, 運6.1	無色ないし 黄褐色 液体	1.3	4.4	175	9.3	可
07	m-クロロフェノール m-Chlorophenol C_6H_5ClO [128.56]	108-43-0 — —	安18条	白色 結晶	1.2		214	33.5	冷水に微
08	p-クロロフェノール p-Chlorophenol C_6H_5ClO [128.56]	106-48-9 — (3)-895	管1種, 安18 条	白色 結晶	1.3	4.4	220	43.2 〜43.7	難
09	2-クロロ-1,3-ブタジエン クロロプレン 2-Chloro-1,3-butadiene Chloroprene Chlorobutadiene C_4H_5Cl [88.54]	126-99-8 1991 —	毒劇物, 消第 4類, 安引火 性の物, 運3	無色 液体 揮発性	1.0	3.0	59		微
10	1-クロロ-2-ブテン 1-クロチルクロリド 1-Chloro-2-butene 1-Crotyl chloride C_4H_7Cl [90.55]	591-97-9 — —	消第4類, 安 引火性の物	淡黄色 液体	0.9	3.1	84〜85	−65	微
11	2-クロロ-2-ブテン 2-Chloro-2-butene C_4H_7Cl [90.55]	4461-41-0 — —	消第4類, 安 引火性の物		0.9	3.1	62〜71		難
12	1-クロロ-2-プロパノール α-プロピレン=クロロヒドリン 1-Chloro-2-propanol α-Propylene chlorohydrin Chloroisopropyl alcohol C_3H_7ClO [94.54]	127-00-4 2611 —	消第4類, 安 引火性の物, 運6.1	無色 液体 弱いエーテル臭	1.1	3.3	127		易

燃焼危険性			有害危険性			火災時の措置	備考	
引火点 [℃]	発火点 [℃]	爆発範囲 [vol%]	許容濃度 [ppm]	吸入LC$_{50}$ [ラットppm]	経口LD$_{50}$ [ラットmg/kg]			
57						粉末消火剤, 二酸化炭素, 散水, 一般泡消火剤(消火効果のない場合, 散水)		01
127	487	1.2〜13.1			268	粉末消火剤, 二酸化炭素, 散水, 耐アルコール性泡消火剤		02
127			0.1		420	粉末消火剤, 二酸化炭素, 散水, 耐アルコール性泡消火剤		03
			0.1		250	粉末消火剤, 二酸化炭素, 散水	吸入により中枢神経, 心臓, 眼結膜を侵し, 肺にも障害を与える	04
107						粉末消火剤, 二酸化炭素, 散水, 一般泡消火剤(消火効果のない場合, 散水)		05
64	>555				670	粉末消火剤, 二酸化炭素, 散水, 一般泡消火剤(消火効果のない場合, 散水)		06
						粉末消火剤, 二酸化炭素, 散水, 耐アルコール性泡消火剤		07
121					670	粉末消火剤, 二酸化炭素, 散水, 耐アルコール性泡消火剤		08
−20		1.9〜11.3	10			粉末消火剤, 二酸化炭素, 散水, 一般泡消火剤(消火効果のない場合, 散水)		09
−5	510	4.2〜19.0				粉末消火剤, 二酸化炭素, 散水, 一般泡消火剤(消火効果のない場合, 散水)		10
−19		2.3〜9.3				粉末消火剤, 二酸化炭素, 散水, 一般泡消火剤(消火効果のない場合, 散水)		11
52			1			粉末消火剤, 二酸化炭素, 散水, 耐アルコール性泡消火剤(消火効果のない場合, 散水)		12

	名称	CAS No. 国連番号 化審法No.	危険物分類	物理的特性					
				外観・性質	比重	蒸気比重 (空気=1)	沸点[℃]	融点[℃]	水溶性
01	2-クロロ-1-プロパノール β-プロピレン＝クロロヒドリン **2-Chloro-1-propanol** β-Propylene chlorohydrin β-Chloropropyl alcohol C_3H_7ClO [94.54]	78-89-7 2611 —	消第4類， 安引火性の物， 連6.1		1.1	3.3	133～134		可
02	3-クロロプロピオノニトリル 3-クロロプロパンニトリル **3-Chloropropionitrile** C_3H_4ClN [89.52]	542-76-7 — (2)-2773	毒劇物，消第4類	無色 液体 有毒 特異臭	1.1	3.0	176 (分解)	-51	易
03	2-クロロプロピオン酸 α-クロロプロピオン酸 **2-Chloropropionic acid** α-Chloropropionic acid $C_3H_5ClO_2$ [108.53]	598-78-7 2511 (2)-1157	管2種，消第4類，安18条，連8	液体	1.3		186	-20	易
04	1-クロロプロピレン 1-クロロプロペン **1-Chloropropylene** 1-Chloropropene C_3H_5Cl [76.53]	590-21-6 — —	消第4類， 引火性の物		0.9		35～36		不
05	2-クロロプロピレン 2-クロロプロペン **2-Chloropropylene** 2-Chloropropene β-Chloropropylene C_3H_5Cl [76.53]	557-98-2 2456 —	消第4類，安引火性の物，連3	無色 気体，あるいは液体	0.9	2.6	23		
06	3-クロロプロピン 塩化プロパギル 塩化2-プロピニル **3-Chloropropyne** Propargyl chloride 2-Propynyl chloride C_3H_3Cl [74.51]	624-65-7 — —	消第4類	液体 催涙性			57	-78	不
07	1-クロロヘキサン 塩化ヘキシル **1-Chlorohexane** Hexyl chloride $C_6H_{13}Cl$ [120.62]	544-10-5 — —	消第4類， 安引火性の物	液体	0.9	4.2	132	-94	不
08	p-クロロベンズアルデヒド **p-Chlorobenzaldehyde** C_7H_5ClO [140.57]	104-88-1 — (3)-1162		無色 結晶	1.2		214	48	微
09	クロロベンゼン フェニルクロリド **Chlorobenzene** Phenyl chloride Chlorobenzol C_6H_5Cl [112.56]	108-90-7 1134 (3)-31	管1種，消第4類，安引火性の物・18条，連3	無色 液体	1.1	3.9	132	-44.9	難
10	クロロホルム トリクロロメタン **Chloroform** Trichloromethane $CHCl_3$ [119.38]	67-66-3 1888 (2)-37	毒劇物，管1種，審2種監視，消第9条，安18条，有害物質，連6.1	無色 液体 揮発性 特有の臭気	1.5	4.1	61.2	-63.5	微

燃焼危険性			有害危険性			火災時の措置	備考	
引火点 [℃]	発火点 [℃]	爆発範囲 [vol%]	許容濃度 [ppm]	吸入LC_{50} [ラットppm]	経口LD_{50} [ラットmg/kg]			
52			1			粉末消火剤, 二酸化炭素, 散水, 耐アルコール性泡消火剤(消火効果のない場合, 散水)		01
76					10	粉末消火剤, 二酸化炭素, 散水, 耐アルコール性泡消火剤(消火効果のない場合, 散水)	急性毒性がある	02
107	500		0.1		400(マウス)	粉末消火剤, 二酸化炭素, 散水, 耐アルコール性泡消火剤(消火効果のない場合, 散水)		03
<-6		4.5～16				粉末消火剤, 二酸化炭素, 散水, 一般泡消火剤(消火効果のない場合, 散水)		04
<-20		4.5～16				粉末消火剤, 二酸化炭素, 散水, 一般泡消火剤(消火効果のない場合, 散水)		05
						粉末消火剤, 二酸化炭素, 散水, 一般泡消火剤(消火効果のない場合, 散水)	有毒	06
35						粉末消火剤, 二酸化炭素, 散水, 一般泡消火剤(消火効果のない場合, 散水)		07
88					1575	粉末消火剤, 二酸化炭素, 散水, 耐アルコール性泡消火剤		08
28	593	1.3～9.6	10		1110	粉末消火剤, 二酸化炭素, 散水, 一般泡消火剤(消火効果のない場合, 散水)		09
			10		695	粉末消火剤, 二酸化炭素, 散水		10

	名称	CAS No. 国連番号 化審法No.	危険物分類	物理的特性					
				外観・性質	比重	蒸気比重 (空気=1)	沸点[℃]	融点[℃]	水溶性
01	3-クロロ-2-メチル-1-プロペン 塩化メタリル メタリルクロライド 3-Chloro-2-methyl-1-propene Methallyl chloride C₄H₇Cl [90.55]	563-47-3 — (2)-117	消第4類,安引火性の物	無色液体	0.9	3.1	72	−80	不
02	ケイ化カリウム Potassium silicide KSi [67.2]	16789-24-5 — —		結晶				360 (分解)	
03	ケイ化カルシウム Calcium silicide CaSi [68.16]	12013-55-7 1405 —	運4.3	固体	2.3		3280		
04	ケイ化ナトリウム 一ケイ化ナトリウム Sodium silicide NaSi [51.1]	12164-12-4 — —		結晶				420 (分解)	
05	ケイ化マグネシウム 一ケイ化二マグネシウム Magnesium silicide Dimagnesium monosilicide Mg₂Si [76.73]	22831-39-6 2624 —	運4.3	青黒色結晶				1102	
06	ケイ素 Silicon Si [28.0855]	7440-21-3 — 対象外	消第2類	銀白色光沢の結晶性単体	2.3 (20℃)		3280	1420	不
07	ケイ皮酸 アロケイ皮酸 Cinnamic acid Allocinnamic acid C₉H₈O₂ [148.16]	621-82-9 — (3)-1719		無色結晶			300	133	冷水に難,熱水に微
08	ケイフッ化水素酸 フッ化ケイ素酸 Hydrosilicofluoric acid Fluorosilicic acid H₂SiF₆ [144.09]	16961-83-4 1778 (1)-316	毒劇物,消第9条,水,気有害物質,安18条,運3	無色液体	1.4		109		易
09	ケテン Ketene Ethenone C₂H₂O [42.04]	463-51-4 — —	圧毒性ガス,安可燃性のガス・18条	無色気体 強い刺激臭			−56	−151	
10	ゲルマニウム Germanium Ge [72.61]	7440-56-4 — 対象外	消第2類,安発火性の物	灰白色金属結晶(単体)	5.3		2850	945	
11	ゲルマニウム(II)イミド Germanium(II) imide GeNH [87.62]	26257-00-1 — —		黄色粉末					
12	ゲルマン(モノゲルマン) 水素化ゲルマニウム Germane GeH₄ [76.62]	7782-65-2 2192 (1)-1208	毒劇物,圧液化ガス・可燃性ガス・毒性ガス・特殊高圧ガス・特定高圧ガス,安可燃性のガス・18条,運2.3	無色気体		2.7	−88.1	−166	

燃焼危険性			有害危険性			火災時の措置	備考	
引火点 [℃]	発火点 [℃]	爆発範囲 [vol%]	許容濃度 [ppm]	吸入LC$_{50}$ [ラットppm]	経口LD$_{50}$ [ラットmg/kg]			
−12		3.2〜8.1		34g/m^3/30M	395(マウス)	粉末消火剤, 二酸化炭素, 散水, 一般泡消火剤(消火効果のない場合, 散水)		01
							ケイ素とカリウムの固溶体で一定の組成をもたない	02
						粉末消火剤, ソーダ灰, 石灰, 砂【水／泡消火剤使用不可】		03
						粉末消火剤, ソーダ灰, 石灰, 砂【水／泡消火剤使用不可】		04
						粉末消火剤, ソーダ灰, 石灰, 砂【水／泡消火剤使用不可】		05
			10mg/m^3		3160	粉末消火剤, 二酸化炭素, 散水		06
					2500	粉末消火剤, 二酸化炭素, 砂, 土, 散水, 一般泡消火剤		07
			2.5mg/m^3 (F)			粉末消火剤, 二酸化炭素, 散水	水溶液としてだけ安定	08
			0.5, 1.5(STEL)			粉末消火剤, 二酸化炭素, 散水, 耐アルコール性泡消火剤【ガス漏れ停止困難のときは消火不可】	有毒	09
						粉末消火剤, 二酸化炭素, 散水		10
								11
	120	2.3〜100	0.2		1250(マウス)	粉末消火剤, 二酸化炭素, 散水, 耐アルコール性泡消火剤【ガス漏れ停止困難のときは消火不可】		12

名称	CAS No. 国連番号 化審法No.	危険物分類	物理的特性					
			外観・性質	比重	蒸気比重 (空気=1)	沸点[℃]	融点[℃]	水溶性
01 五塩化リン 塩化リン(V) **Phosphorus pentachloride** Phosphorus(V) chloride PCl$_5$ [208.24]	10026-13-8 1806 (1)-250	毒毒物, 消 第9条, 気特定 物質, 安18条, 運8	帯黄白色 結晶	2.1			167 (919mmHg)	反応
02 五酸化二窒素 **Dinitrogen pentaoxide** N$_2$O$_5$ [108.01]	10102-03-1 — —		無色 結晶	1.6			30	
03 五酸化二ヒ素 酸化ヒ素(V) **Diarsenic pentaoxide** Arsenic(V) oxide As$_2$O$_5$ [229.84]	1303-28-2 — (9)-2400	毒毒物, 管特 定1種, 水 安18条	白色 粉末	4.1			315 (分解)	可
04 五酸化ニヨウ素 **Diiodine pentaoxide** I$_2$O$_5$ [333.81]	12029-98-0 — (1)-745	消第1類	白色 結晶 無臭	4.8			275 (分解)	可
05 五酸化二リン 無水リン酸 **Diphosphorus pentaoxide** Phosphoric anhydride P$_2$O$_5$ [141.95]	1314-56-3 — (1)-523	安18条	無色 結晶	2.3		昇華360	340	反応
06 コハク酸 エチレンジカルボン酸 **Succinic acid** C$_4$H$_6$O$_4$ [118.09]	110-15-6 — (2)-846		無色 結晶 無臭	1.6		235	185	可
07 コハク酸ジエチル **Diethyl succinate** C$_8$H$_{14}$O$_4$ [174.20]	123-25-1 — (2)-848	消第4類	無色 液体 ほのかな快 臭	1.0+	6	216	−21	可
08 コバルト **Cobalt** Co [58.93]	7440-48-4 — 対象外	管1種, 安18 条	灰白色 金属結晶 (単体)	8.9		3100	1495	
09 五フッ化塩素 **Chlorine pentafluoride** ClF$_5$ [130.4]	13637-63-3 2548 —	消第6類, 水, 運2.3	無色気体		4.5		−104±4	
10 五フッ化三ホウ素 **Triboron pentafluoride** B$_3$F$_5$ [127.4]	15538-67-7 — —	管1種, 水	無色				−55〜 −50	
11 五フッ化臭素 フッ化臭素(V) **Bromine pentafluoride** Bromine fluoride(V) BrF$_5$ [174.89]	7789-30-2 1745 —	消第6類, 水, 安18条, 運5.1	無色 液体 発煙性	2.5	6.1	41	−61	反応
12 五フッ化ビスマス フッ化ビスマス(V) **Bismuth pentafluoride** Bismuth(V) fluoride BiF$_5$ [303.97]	7787-62-4 — —	水	無色 結晶	5.4				
13 五フッ化ヒ素 フッ化ヒ素(V) **Arsenic pentafluoride** Arsenic(V) fluoride AsF$_5$ [169.91]	7784-36-3 — —	毒毒物, 管特 定1種, 圧毒 性ガス, 水	無色 気体		5.9	−52.8	−79.8	

燃焼危険性			有害危険性			火災時の措置	備考	
引火点 [℃]	発火点 [℃]	爆発範囲 [vol%]	許容濃度 [ppm]	吸入LC$_{50}$ [ラットppm]	経口LD$_{50}$ [ラットmg/kg]			
			0.1		660	粉末消火剤, ソーダ灰, 石灰, 砂【水／泡消火剤使用不可】		01
						水のみ使用【粉末／泡消火剤使用不可】		02
			0.01mg/m³ (As)		8	粉末消火剤, 二酸化炭素, 散水	発がん物質	03
						粉末消火剤, ソーダ灰, 石灰【水／泡消火剤使用不可】		04
			1mg/m³, 3mg/m³ (STEL)		1217	粉末消火剤, ソーダ灰, 石灰, 砂【水／泡消火剤使用不可】		05
					2260	粉末消火剤, 二酸化炭素, 砂, 土, 散水, 一般泡消火剤		06
90					8530	粉末消火剤, 二酸化炭素, 散水, 一般泡消火剤(消火効果のない場合, 散水)		07
			0.02mg/m³			粉末消火剤, 二酸化炭素, 散水		08
			2.5mg/m³ (F)			粉末消火剤, ソーダ灰, 石灰【水／泡消火剤使用不可】	反応性に富む	09
			2.5mg/m³ (F)			水のみ使用【粉末／泡消火剤使用不可】	空気中で不安定	10
			0.1			粉末消火剤, ソーダ灰, 石灰【水／泡消火剤使用不可】		11
			2.5mg/m³ (F)			粉末消火剤, 二酸化炭素, 散水		12
			0.01mg/m³ (As)			粉末消火剤, 二酸化炭素, 散水	発がん物質	13

	名称	CAS No. 国連番号 化審法No.	危険物分類	物理的特性					
				外観・性質	比重	蒸気比重 (空気=1)	沸点[℃]	融点[℃]	水溶性
01	**五フッ化ヨウ素** フッ化ヨウ素(V) **Iodine pentafluoride** Iodine(V) fluoride IF_5 [221.90]	*7783-66-6* 2495 —	消第6類, 水, 運5.1	無色 液体 常温で発煙 性	3.2		100.5	9.4	
02	**五硫化二リン** 硫化リン(V) **Diphosphorus pentasulfide** Phosphorus(V) sulfide P_2S_5 [222.28]	*1314-80-3* 1341 (1)-564	毒毒物, 消第 2類, 安発火 性の物・18条, 運4.1	淡黄色 結晶	2.1		514	288±2	分解

燃焼危険性			有害危険性			火災時の措置	備考
引火点 [℃]	発火点 [℃]	爆発範囲 [vol%]	許容濃度 [ppm]	吸入LC_{50} [ラットppm]	経口LD_{50} [ラットmg/kg]		
			2.5mg/m³ (F)			粉末消火剤,ソーダ灰,石灰【水／泡消火剤使用不可】	01
			1mg/m³, 3mg/m³ (STEL)		389	粉末消火剤,ソーダ灰,石灰,砂【水／泡消火剤使用不可】	02

酢酸

	名称	CAS No. 国連番号 化審法No.	危険物分類	物理的特性					
				外観・性質	比重	蒸気比重 (空気=1)	沸点[℃]	融点[℃]	水溶性
01	酢酸 エタン酸 氷酢酸 **Acetic acid** Ethanoic acid $C_2H_4O_2$ [60.05]	64-19-7 1742, 2789, 2790 (2)-688	消第4類, 引火性の物・ 18条, 運8	無色 液体 刺激性の強 い臭気 酸味	1.0+	2.1	118	16.7	易
02	酢酸アリル **Allyl acetate** $C_5H_8O_2$ [100.12]	591-87-7 2333 (2)-730	消第4類, 安 引火性の物, 運3	無色 液体 刺激臭	0.9	3.45	104	−96	不
03	酢酸イソブチル **Isobutyl acetate** β-Methyl propyl ethanoate $C_6H_{12}O_2$ [116.16]	110-19-0 1213 (2)-731	消第4類, 安 引火性の物・ 18条, 運3	無色 液体 果実香気	0.9	4.0	118		微
04	酢酸イソプロピル **Isopropyl acetate** $C_5H_{10}O_2$ [102.13]	108-21-4 1220 (2)-727	消第4類, 安 引火性の物・ 18条, 運3	無色 液体 果実香気	0.9	3.5	90		可
05	酢酸イソプロペニル 酢酸1-メチルビニル **Isopropenyl acetate** 1-Methylvinyl acetate $C_5H_8O_2$ [100.12]	108-22-5 2403 —	消第4類, 安 引火性の物, 運3	無色 液体 強い臭気	0.9	3.5	97		難
06	酢酸イソペンチル 酢酸イソアミル **Isopentyl acetate** Isoamyl acetate Banana oil $C_7H_{14}O_2$ [130.19]	123-92-2 — (2)-733	消第4類, 安 引火性の物・ 18条	無色 液体 果実香気	0.9	4.5	143		微
07	酢酸エチル **Ethyl acetate** Acetic ether Ethyl ethanoate $C_4H_8O_2$ [88.11]	141-78-6 1173 (2)-726	毒劇物, 消第 4類, 安引火 性の物・18条, 運3	無色 液体 果実香気	0.9	3.0	77	−83.6	可
08	酢酸-2-エチルブチル **2-Ethylbutyl acetate** $C_8H_{16}O_2$ [144.21]	10031-87-5 1177 —	消第4類, 安 引火性の物, 運3	無色 液体	0.9	5.0	162		不
09	酢酸オクチル 2-エチルヘキシル＝アセター ト **Octyl acetate** 2-Ethylhexyl acetate $C_{10}H_{20}O_2$ [172.27]	103-09-3 — —	消第4類	無色 液体 果実臭	0.9	5.9	199		微
10	酢酸クロム(Ⅱ)一水和物 **Chromium(Ⅱ) acetate monohydrate** $Cr(CH_3CO_2)_2 \cdot H_2O$ [188.1]	628-52-4 — —	安18条	赤色 結晶				100 (−2H$_2$O)	
11	酢酸-2-クロロエチル **2-Chloroethyl acetate** $C_4H_7ClO_2$ [122.55]	542-58-5 — —	消第4類		1.2	4.2	144		不
12	酢酸シクロヘキシル **Cyclohexyl acetate** Hexalin acetate $C_8H_{14}O_2$ [142.2]	622-45-7 2243 —	消第4類, 安 引火性の物, 運3	無色 液体	1.0−	4.9	177	−77	不

燃焼危険性			有害危険性			火災時の措置	備考	
引火点 [℃]	発火点 [℃]	爆発範囲 [vol%]	許容濃度 [ppm]	吸入LC_{50} [ラットppm]	経口LD_{50} [ラットmg/kg]			
39	463	4.0〜19.9 (93℃)	10, 15(STEL)		3310	粉末消火剤, 二酸化炭素, 散水, 耐アルコール性泡消火剤(消火効果のない場合, 散水)		01
22	374				130	粉末消火剤, 二酸化炭素, 散水, 一般泡消火剤(消火効果のない場合, 散水)		02
18	421	1.3〜10.5	150		13400	粉末消火剤, 二酸化炭素, 散水, 一般泡消火剤(消火効果のない場合, 散水)		03
2	460	1.8 (38℃) 〜8	100, 200 (STEL)		6750	粉末消火剤, 二酸化炭素, 散水, 一般泡消火剤(消火効果のない場合, 散水)		04
16	431					粉末消火剤, 二酸化炭素, 散水, 一般泡消火剤(消火効果のない場合, 散水)		05
25	360	1.0 (100℃) 〜7.5	50, 100(STEL)		16600	粉末消火剤, 二酸化炭素, 散水, 一般泡消火剤(消火効果のない場合, 散水)		06
−4	426	2.0〜11.5	400		5620	粉末消火剤, 二酸化炭素, 散水, 一般泡消火剤(消火効果のない場合, 散水)		07
54						粉末消火剤, 二酸化炭素, 散水, 一般泡消火剤(消火効果のない場合, 散水)		08
71	268	0.76〜 8.14				粉末消火剤, 二酸化炭素, 散水, 一般泡消火剤(消火効果のない場合, 散水)		09
						粉末消火剤, 二酸化炭素, 散水		10
66						粉末消火剤, 二酸化炭素, 散水, 一般泡消火剤(消火効果のない場合, 散水)		11
58	335					粉末消火剤, 二酸化炭素, 散水, 一般泡消火剤(消火効果のない場合, 散水)		12

	名称	CAS No. 国連番号 化審法No.	危険物分類	物理的特性					
				外観・性質	比重	蒸気比重 (空気=1)	沸点[℃]	融点[℃]	水溶性
01	酢酸p-トリル 酢酸p-クレシル p-Tolyl acetate p-Cresyl acetate $C_9H_{10}O_2$ [150.2]	140-39-6 — —	消第4類	無色 液体 花の香り	1.1		210〜211		不
02	酢酸ナトリウム Sodium acetate $NaCH_3CO_2$ [82.03]	127-09-3 (2)-692		無色 結晶 無臭	1.5 (20℃)			324	易
03	酢酸ノニル Nonyl acetate $C_{11}H_{22}O_2$ [186.29]	143-13-5 —	消第4類	無色 液体 強い刺激臭	0.9	6.4	192		微
04	酢酸パラジウム(Ⅱ) Palladium(Ⅱ) acetate $[Pd(CH_3CO_2)_2]_3$ [673.5]	3375-31-3 —		褐色 結晶				205 (分解)	
05	酢酸バリウム Barium acetate $Ba(CH_3CO_2)_2$ [255.43]	543-80-6 — (2)-693	毒劇物,管1種, 安18条	無色 粉末	2.5				可
06	酢酸(2-ヒドロキシエチル) エチレングリコール=一酢酸 エステル 2-ヒドロキシエチル=アセタート 2-Hydroxyethyl acetate Ethylene glycol acetate Glycol monoacetate $C_4H_8O_3$ [104.11]	542-59-6 —	消第4類	無色 液体	1.1		181		可
07	酢酸ビニル Vinyl acetate Ethenyl ethanoate $C_4H_6O_2$ [86.09]	108-05-4 — (2)-728	管1種,消第4 類,安引火性 の物・18条	無色 液体	0.9	3.0	72	−93.2	可
08	酢酸フェニル アセチルフェノール Phenyl acetate Acetylphenol $C_8H_8O_2$ [136.15]	122-79-2 —	消第4類	無色 液体 フェノール 様臭気	1.1	4.7	196		難
09	酢酸フェネチル 酢酸-2-フェニルエチル 酢酸-β-フェニルエチル Phenethyl acetate 2-Phenylethyl acetate β-Phenylethyl acetate $C_{10}H_{12}O_2$ [164.20]	103-45-7 —	消第4類	無色 液体 桃様香気	1.0+	5.7	224		
10	酢酸ブチル Butyl acetate Butylethanoate $C_6H_{12}O_2$ [116.16]	123-86-4 1123 (2)-731	消第4類,安 引火性の物・ 18条,運3	無色 液体 果実様芳香	0.9	4.0	127	−77	可
11	酢酸s-ブチル sec-Butyl acetate $C_6H_{12}O_2$ [116.16]	105-46-4 — (2)-731	消第4類,安 引火性の物・ 18条	無色 液体	0.9	4.0	112		微
12	酢酸フルフリル Furfuryl acetate $C_7H_8O_3$ [140.14]	623-17-6 —	消第4類	液体 芳香	1.1	4.8	180〜186		不

燃焼危険性			有害危険性			火災時の措置	備考	
引火点 [℃]	発火点 [℃]	爆発範囲 [vol%]	許容濃度 [ppm]	吸入LC$_{50}$ [ラットppm]	経口LD$_{50}$ [ラットmg/kg]			
91						粉末消火剤, 二酸化炭素, 散水, 一般泡消火剤(消火効果のない場合, 散水)		01
	607				3530	粉末消火剤, 二酸化炭素, 散水, 耐アルコール性泡消火剤	3水和物もある	02
68						粉末消火剤, 二酸化炭素, 散水, 一般泡消火剤(消火効果のない場合, 散水)		03
						粉末消火剤, 二酸化炭素, 散水, 耐アルコール性泡消火剤		04
			0.5mg/m³ (Ba)		921	粉末消火剤, 二酸化炭素, 散水, 耐アルコール性泡消火剤		05
102						粉末消火剤, 二酸化炭素, 散水, 耐アルコール性泡消火剤(消火効果のない場合, 散水)		06
-8	402	2.6〜13.4	10, 15(STEL)		2900	粉末消火剤, 二酸化炭素, 散水, 一般泡消火剤(消火効果のない場合, 散水)		07
80						粉末消火剤, 二酸化炭素, 散水, 一般泡消火剤(消火効果のない場合, 散水)		08
110						粉末消火剤, 二酸化炭素, 散水, 一般泡消火剤(消火効果のない場合, 散水)		09
22	425	1.3〜7.6	150, 200 (STEL)		10768	粉末消火剤, 二酸化炭素, 散水, 一般泡消火剤(消火効果のない場合, 散水)		10
31		1.7〜9.8	200			粉末消火剤, 二酸化炭素, 散水, 一般泡消火剤(消火効果のない場合, 散水)		11
85						粉末消火剤, 二酸化炭素, 散水, 一般泡消火剤(消火効果のない場合, 散水)		12

	名称	CAS No. 国連番号 化審法No.	危険物分類	物理的特性					
				外観・性質	比重	蒸気比重 (空気=1)	沸点[℃]	融点[℃]	水溶性
01	酢酸プロピル **Propyl acetate** Acetic acid, n-propyl ester $C_5H_{10}O_2$ [102.13]	109-60-4 1276 (2)-727	消第4類,安引火性の物・ 18条,運3	無色 液体 西洋ナシ様 の芳香	0.9	3.5	102	-92	可
02	酢酸ヘキシル 酢酸メチルアミル **Hexyl acetate** Methylamyl acetate $C_8H_{16}O_2$ [144.22]	142-92-7 1233 (2)-734	消第4類,安引火性の物, 運3	無色 液体 甘いエステ ル臭	0.9	5.0	172		難
03	酢酸ベンジル **Benzyl acetate** $C_9H_{10}O_2$ [150.18]	140-11-4 — (3)-1020	消第4類,安 18条	無色 液体 ジャスミン 様の強い芳 香	1.1	5.2	214		不
04	酢酸ペンチル 酢酸アミル **Pentyl acetate** Amyl acetate 1-Pentanol acetate $C_7H_{14}O_2$ [130.18]	628-63-7 1104 (2)-733	消第4類,安引火性の物・ 18条,運3	無色 液体	0.9	4.5	149	-70.8	微
05	酢酸-s-ペンチル 酢酸sec－アミル **sec-Pentyl acetate** sec-Amyl acetate 2-Pentanol acetate $C_7H_{14}O_2$ [130.18]	626-38-0 — —	消第4類,安引火性の物	無色 液体	0.9	4.5	121		微
06	酢酸マンガン(Ⅱ)四水和物 **manganese(Ⅱ) acetate tetrahydrate** $Mn(CH_3COO)_2 \cdot 4H_2O$ [245.09]	6156-78-1 — (2)-693	管1種,安特 定化学物質	淡赤色 結晶	1.6		分解	300	可
07	酢酸メチル **Methyl acetate** Acetic acid methyl ester $C_3H_6O_2$ [74.08]	79-20-9 1231 (2)-725	消第4類,安引火性の物・ 18条,運3	無色 液体 芳香	0.9	2.8	60	-98	易
08	サマリウム **Samarium** Sm [150.36]	7440-19-9 — —	消第2類	灰白色 金属結晶 (単体)	7.5		1800	1072	
09	サリチルアルデヒド o-ヒドロキシベンズアルデヒド **Salicylaldehyde** o-Hydroxybenzaldehyde $C_7H_6O_2$ [122.12]	90-02-8 — (3)-1183	管1種,消第4 類	無色 液体 クヘントウ 油様の芳香	1.2	4.2	196	-7	可
10	サリチル酸 o-ヒドロキシ安息香酸 **Salicylic acid** o-Hydroxybenzoic acid $C_7H_6O_3$ [138.12]	69-72-7 — (3)-1640		白色 粉末	1.5	4.8	211 (20mmHg)	157〜159	微
11	サリチル酸フェニル ザロール フェニルサリシレート **Phenyl salicylate** Salol $C_{13}H_{10}O_3$ [214.2]	118-55-8 — (3)-1533		白色 結晶	1.3		172〜173	41〜43	難

燃焼危険性			有害危険性			火災時の措置	備考	
引火点 [℃]	発火点 [℃]	爆発範囲 [vol%]	許容濃度 [ppm]	吸入LC$_{50}$ [ラットppm]	経口LD$_{50}$ [ラットmg/kg]			
13	450	1.7 (38℃) ~8	200, 250 (STEL)		9370	粉末消火剤，二酸化炭素，散水，一般泡消火剤(消火効果のない場合，散水)		01
45			50		41500μl/kg	粉末消火剤，二酸化炭素，散水，一般泡消火剤(消火効果のない場合，散水)		02
90	460		10		2490	粉末消火剤，二酸化炭素，散水，一般泡消火剤(消火効果のない場合，散水)		03
16	360	1.1~7.5	50, 100(STEL)			粉末消火剤，二酸化炭素，散水，一般泡消火剤(消火効果のない場合，散水)		04
32	360 ~379	1.0~7.5	50, 100(STEL)			粉末消火剤，二酸化炭素，散水，一般泡消火剤(消火効果のない場合，散水)		05
			0.2mg/m³ (Mn)		3730	粉末消火剤，二酸化炭素，散水，耐アルコール性泡消火剤		06
−10	454	3.1~16	200, 250 (STEL)		>5000	粉末消火剤，二酸化炭素，散水，耐アルコール性泡消火剤(消火効果のない場合，散水)		07
						粉末消火剤，二酸化炭素，散水		08
78					520	粉末消火剤，二酸化炭素，散水，一般泡消火剤(消火効果のない場合，散水)		09
157	540	1.1 (200℃) ~8.6			891	粉末消火剤，二酸化炭素，散水，耐アルコール性泡消火剤	76℃昇華	10
					3000	粉末消火剤，二酸化炭素，散水，耐アルコール性泡消火剤		11

	名称	CAS No. 国連番号 化審法No.	危険物分類	物理的特性					
				外観・性質	比重	蒸気比重 (空気=1)	沸点[℃]	融点[℃]	水溶性
01	サリチル酸ベンジル Benzyl salicylate Salycilic acid benzyl ester Benzyl salicilate $C_{14}H_{12}O_3$ [228.25]	118-58-1 — (3)-3044	消第4類	無色 液体 かすかな甘 い香気	1.2		208 (26mmHg)	24〜26	不
02	サリチル酸ペンチル サリチル酸アミル Pentyl salicylate Amyl salicylate $C_{12}H_{16}O_3$ [208.25]	2050-08-0 — —	消第4類	無色 液体 芳香	1.1	7.2	267		不
03	サリチル酸メチル 冬緑油 Methyl salicylate Oil of Wintergreen Gaultheria oil $C_8H_8O_3$ [152.15]	119-36-8 — (3)-1585	消第4類	無色 液体	1.2	5.3	222	−8.6	難
04	三塩化酸化バナジウム(V) 塩化バナジル(3+) オキシ三塩化バナジウム Vanadium(V) trichloride oxide Vanadyl(3+) chloride Vanadium oxytrichloride $VOCl_3$ [173.32]	7727-18-6 2443 (1)-248	連8	黄色液体	1.8		126〜127	−79	反応
05	三塩化窒素 Nitrogen trichloride NCl_3 [120.37]	10025-85-1 — —		黄色 油状液体 刺激性 揮発性	1.7		71		
06	三塩化ヒ素 塩化ヒ素(Ⅲ) Arsenic trichloride Arsenic(Ⅲ) chloride $AsCl_3$ [181.28]	7784-34-1 1560 (1)-582	管特定1種, 消第9条, 毒物,水, 安18条,連6.1	無色 油状液体	2.2		130.2	−16.2	反応
07	三塩化ホウ素 塩化ホウ素 Boron trichloride BCl_3 [117.17]	10294-34-5 1741 (1)-42	管1種, 消第9 条,毒物,水, 連2.3	無色 液体 発煙性	1.4	4.1	12.5	−107	激しく反応
08	三塩化ヨウ素 塩化ヨウ素(Ⅲ) Iodine trichloride Iodine(Ⅲ) chloride ICl_3 [233.26]	865-44-1 — (1)-643	消第6類	黄色 結晶 刺激性 吸湿性	3.1			77(分解)	反応
09	三塩化リン 塩化リン(Ⅲ) Phosphorus trichloride Phosphorus(Ⅲ) chloride PCl_3 [137.33]	7719-12-2 1809 (1)-249	毒毒物,消第 9条,気特定 物質,安18条, 連6.1	無色 液体	1.6		76.1	−93.6	反応
10	酸化亜鉛 亜鉛華 亜鉛白 Zinc oxide ZnO [81.38]	1314-13-2 — (1)-561	水, 安18条	白色 粉末(また は結晶)	5.5				不

燃焼危険性			有害危険性			火災時の措置	備考	
引火点 [℃]	発火点 [℃]	爆発範囲 [vol%]	許容濃度 [ppm]	吸入LC_{50} [ラットppm]	経口LD_{50} [ラットmg/kg]			
167					2227	粉末消火剤，二酸化炭素，散水，耐アルコール性泡消火剤		01
132						粉末消火剤，二酸化炭素，散水，耐アルコール性泡消火剤		02
96	454				887	粉末消火剤，二酸化炭素，散水，一般泡消火剤（消火効果のない場合，散水）		03
					140	粉末消火剤，ソーダ灰，石灰，砂【水／泡消火剤使用不可】	皮膚，目および粘膜を激しく腐食する．湿気で分解する	04
						粉末消火剤，ソーダ灰，石灰，砂【水／泡消火剤使用不可】		05
			0.01mg/m³ (As)			粉末消火剤，二酸化炭素，散水	発がん物質，体内への摂取，皮膚との接触，吸入はきわめて有害	06
				2541/1H		粉末消火剤，二酸化炭素（防毒マスク使用）	目，皮膚，気道に対し腐食性をしめす	07
						粉末消火剤，ソーダ灰，石灰【水／泡消火剤使用不可】		08
			0.2, 0.5(STEL)		18	粉末消火剤，ソーダ灰，石灰，砂【水／泡消火剤使用不可】		09
			2mg/m³, 10mg/m³ (STEL)		7950	粉末消火剤，二酸化炭素，散水		10

	名称	CAS No. 国連番号 化審法No.	危険物分類	物理的特性					
				外観・性質	比重	蒸気比重 (空気=1)	沸点[℃]	融点[℃]	水溶性
01	酸化アルミニウム アルミナ **Aluminium oxide** Alumina Al_2O_3 [101.96]	1344-28-1 — (1)-23	安18条	無色または 白色 結晶	3.4〜4.4			約2000	不
02	酸化アンチモン(Ⅲ) 三酸化二アンチモン **Antimony(Ⅲ) oxide** Sb_2O_3 [291.50]	1309-64-4 — (1)-543	管1種, 消第9 条, 安18条	白色 固体	5.2〜5.4		1425	656	難
03	酸化イリジウム(Ⅳ) 二酸化イリジウム **Iridium(Ⅳ) oxide** Iridium dioxide IrO_2 [224.2]	12030-49-8 — —		黒色 粉末				1100 (分解)	
04	酸化ウラン(Ⅳ) 二酸化ウラン **Uranium(Ⅳ) oxide** Uranium dioxide UO_2 [270.03]	1344-57-6 — —		褐色ないし 黒色 粉末	10.9			2865	不
05	酸化オスミウム(Ⅳ) 二酸化オスミウム **Osmium(Ⅳ) oxide** Osmium dioxide OsO_2 [222.20]	12036-02-1 — —		褐色と黒色 の2種				500 (分解)	
06	酸化オスミウム(Ⅷ) 四酸化オスミウム **Osmium(Ⅷ) oxide** Osmium tetraoxide OsO_4 [254.20]	20816-12-0 — —	安18条	淡黄色 結晶	4.9		131.2	42	可
07	酸化カドミウム **Cadmium oxide** CdO [128.40]	1306-19-0 — (1)-202	毒劇物, 管特 定1種, 消第9 条, 気有害物 質, 水, 安特 定・18条	褐色 粉末	8.15			>1500	不
08	酸化ガリウム(Ⅰ) **Gallium(Ⅰ) oxide** Ga_2O [155.44]	12024-20-3 — —		黒褐色 粉末				>660	
09	酸化カルシウム 生石灰 **Calcium oxide** Quick lime CaO [56.08]	1305-78-8 1910 (1)-189	消第9条, 安 18条, 運8	白色 粉末	3.4		2850	2572	反応
10	酸化金(Ⅲ) 酸化第二金 三酸化二金 **Gold(Ⅲ) oxide** Auric oxide Digold trioxide Au_2O_3 [442.0]	1303-58-8 — —		黒褐色 粉末				160 (−O), 250 (−3O)	不
11	酸化銀(Ⅰ) **Silver(Ⅰ) oxide** Ag_2O [231.74]	20667-12-3 — (1)-9		暗褐色 粉末	7.1			>200 (分解)	極微

酸化銀 129

燃焼危険性			有害危険性			火災時の措置	備考	
引火点 [℃]	発火点 [℃]	爆発範囲 [vol%]	許容濃度 [ppm]	吸入LC$_{50}$ [ラットppm]	経口LD$_{50}$ [ラットmg/kg]			
			10mg/m^3（Al）			粉末消火剤，二酸化炭素，散水		01
					＞34600	粉末消火剤，二酸化炭素，散水	発がん物質の恐れ，保護具着用	02
						粉末消火剤，二酸化炭素，散水		03
			0.2mg/m^3, 0.6mg/m^3 (STEL)（U）			粉末消火剤，二酸化炭素，散水	発がん物質	04
						粉末消火剤，二酸化炭素，散水		05
			0.0002, 0.0006 (STEL)		162（マウス）	粉末消火剤，二酸化炭素，散水		06
			0.002mg/m^3（Cd）		72	粉末消火剤，二酸化炭素，散水	発がん物質の恐れ	07
						粉末消火剤，二酸化炭素，散水		08
			2mg/m^3			粉末消火剤，ソーダ灰，石灰，砂【水／泡消火剤使用不可】		09
						粉末消火剤，二酸化炭素，散水		10
					2820	粉末消火剤，二酸化炭素，散水		11

	名称	CAS No. 国連番号 化審法No.	危険物分類	物理的特性					
				外観・性質	比重	蒸気比重 (空気=1)	沸点[℃]	融点[℃]	水溶性
01	酸化銀(Ⅱ) 一酸化銀 二酸化銀(Ⅲ)銀(Ⅰ) **Silver(Ⅱ) oxide** Silver monoxide AgO [123.87]	不明 — —		灰黒色 粉末				>100 (分解)	冷水に不
02	酸化クロム(Ⅱ) 一酸化クロム **Chromium(Ⅱ) oxide** Chromium monoxide CrO [68.00]	12018-00-7 — —	安18条	黒色 粉末					不
03	酸化クロム(Ⅲ) 三酸化二クロム **Chromium(Ⅲ) oxide** Dichromium trioxide Chromium oxide green Cr_2O_3 [151.99]	1308-38-9 — (1)-284	管1種, 水, 安18条	緑色 粉末と黒緑 色 結晶が存在	5		4000	2435	不
04	酸化クロム(Ⅵ) 三酸化クロム **Chromium(Ⅵ) oxide** Chromium trioxide CrO_3 [99.99]	1333-82-0 1463 (1)-284	毒劇物, 管特 定1種, 消第1 類, 水, 安特 定化学物質・ 18条, 運5.1	暗赤色 結晶 潮解性	2.7			196	易
05	酸化コバルト(Ⅱ) **Cobalt(Ⅱ) oxide** CoO [74.94]	1307-96-6 — (1)-267	管1種, 安18 条	結晶(色は 製法・純度 により黄, 灰, 褐, オ リーブ緑, 黒, 淡赤)	6.5			1935	不
06	酸化コバルト(Ⅲ) **Cobalt(Ⅲ) oxide** Co_2O_3 [165.88]	1308-04-9 — —	管1種	褐黒色 粉末				895 (分解)	
07	酸化ジュウテリウム 重水 **Deuterium oxide** D_2O [20.31]	7789-20-0 対象外		無色 液体 無臭	1.1		101.42	3.8	
08	酸化ジルコニウム(Ⅳ) ジルコニア **Zirconium(Ⅳ) oxide** Zirconia ZrO_2 [123.22]	1314-23-4 — (1)-563	安18条	白色ないし 黄色 結晶	5.7			2715	不
09	酸化水銀(Ⅰ) 酸化第一水銀 **Mercury(Ⅰ) oxide** Mercurous oxide Hg_2O [417.18]	15829-53-5 — —	毒毒物, 管1種, 水	黒色 粉末	9.8				不
10	酸化水銀(Ⅱ) 酸化第二水銀 **Mercury(Ⅱ) oxide** Mercuric oxide HgO [216.59]	21908-53-2 — (1)-436	毒毒物, 管1種, 消第9条, 水, 安特定化学物 質・18条	鮮赤色ない し橙赤色 粉末	11.1			500 (分解)	難
11	酸化スズ(Ⅱ) 一酸化スズ **Tin(Ⅱ) oxide** Tin monoxide SnO [134.71]	21651-19-4 — (1)-551	安18条	黒褐色 粉末	6.3			1080 (分解, 600mm Hg)	不

燃焼危険性			有害危険性			火災時の措置	備考	
引火点 [℃]	発火点 [℃]	爆発範囲 [vol%]	許容濃度 [ppm]	吸入LC$_{50}$ [ラットppm]	経口LD$_{50}$ [ラットmg/kg]			
			0.01mg/m^3 (Ag)			粉末消火剤, 二酸化炭素, 散水		01
						粉末消火剤, 二酸化炭素, 散水		02
			0.5mg/m^3 (Cr)			粉末消火剤, 二酸化炭素, 散水		03
			0.05mg/m^3 (Cr)			粉末消火剤, 二酸化炭素, 散水	発がん物質	04
			0.02mg/m^3 (Co)		202	粉末消火剤, 二酸化炭素, 散水		05
			0.02mg/m^3 (Co)			粉末消火剤, 二酸化炭素, 散水		06
						粉末消火剤, 二酸化炭素, 散水		07
			5mg/m^3, 10mg/m^3 (STEL) (Zr)					08
			0.025mg/m^3 (Hg)			粉末消火剤, 二酸化炭素, 散水		09
			0.025mg/m^3 (Hg)		18	粉末消火剤, 二酸化炭素, 散水		10
			2mg/m^3 (Sn)			粉末消火剤, 二酸化炭素, 散水		11

	名称	CAS No. 国連番号 化審法No.	危険物分類	物理的特性					
				外観・性質	比重	蒸気比重 (空気=1)	沸点[℃]	融点[℃]	水溶性
01	酸化スズ(Ⅳ) 二酸化スズ **Tin(Ⅳ) oxide** Tin dioxide SnO_2 [150.70]	18282-10-5 — (1)-551	安18条	白色または 淡灰色 粉末	6.6〜6.9			1127	不
02	酸化セシウム 一酸化セシウム **Caesium oxide** Caesium monoxide Cs_2O [281.81]	20281-00-9 — —		橙赤色 結晶	4.4			490	易
03	酸化セリウム(Ⅳ) **Cerium(Ⅳ) oxide** Ceric oxide CeO_2 [172.13]	1306-38-3 — (1)-627		淡黄白色 粉末	7.3			2500〜 2600	不
04	酸化タリウム(Ⅲ) 三酸化二タリウム **Thallium(Ⅲ) oxide** Dithallium trioxide Tl_2O_3 [456.76]	1314-32-5 — —		黒褐色 粉末	9.7			717	不
05	酸化タングステン(Ⅳ) **Tungsten(Ⅳ) oxide** WO_2 [215.86]	12036-22-5 — —		暗銅赤褐色 粉末				1500 〜1600	
06	酸化タングステン(Ⅵ) **Tungsten(Ⅵ) oxide** WO_3 [231.86]	1314-35-8 — —		レモン黄色 粉末	7.2			1473	不
07	酸化タンタル(Ⅴ) 五酸化二タンタル **Tantalum(Ⅴ) oxide** Ditantalum pentaoxide Ta_2O_5 [441.89]	1314-61-0 — —		無色 結晶	7.6			1872±10	不
08	酸化チタン(Ⅳ) 二酸化チタン **Titanium(Ⅳ) oxide** Titanium dioxide TiO_2 [79.88]	13463-67-7 — (1)-558	安18条	結晶	3.6〜4.3			1825	不
09	酸化鉄(Ⅱ) 酸化第一鉄 **Iron(Ⅱ) oxide** Ferrous oxide FeO [71.85]	1345-25-1 — —		黒色 結晶	5.7			1368	不
10	酸化鉄(Ⅲ) 酸化第二鉄 べんがら **Iron(Ⅲ) oxide** Ferric oxide Fe_2O_3 [159.69]	1309-37-1 — (1)-357	安18条	暗褐色 結晶	5.1〜5.2			1565	不
11	酸化銅(Ⅰ) 酸化第一銅 **Copper(Ⅰ) oxide** Cuprous oxide Cu_2O [143.09]	1317-39-1 — (1)-297	安18条	黄色ないし 赤色 粉末	6		1800	1232	不

酸化銅　133

燃焼危険性			有害危険性			火災時の措置	備考	
引火点 [℃]	発火点 [℃]	爆発範囲 [vol%]	許容濃度 [ppm]	吸入LC_{50} [ラットppm]	経口LD_{50} [ラットmg/kg]			
			2mg/m³ (Sn)		>20000	粉末消火剤，二酸化炭素，散水		01
						粉末消火剤，二酸化炭素，散水		02
					>5000			03
						粉末消火剤，二酸化炭素，散水		04
			5mg/m³, 10mg/m³ (STEL)(W)			粉末消火剤，二酸化炭素，散水		05
			5mg/m³, 10mg/m³ (STEL)(W)			粉末消火剤，二酸化炭素，散水		06
			5mg/m³			粉末消火剤，二酸化炭素，散水		07
			10mg/m³			粉末消火剤，二酸化炭素，散水		08
						粉末消火剤，二酸化炭素，散水		09
			5mg/m³ (Fe)			粉末消火剤，二酸化炭素，散水	α, γ の変態がある	10
					470	粉末消火剤，二酸化炭素，散水		11

酸化銅

	名称	CAS No. 国連番号 化審法No.	危険物分類	物理的特性					
				外観・性質	比重	蒸気比重 (空気=1)	沸点[℃]	融点[℃]	水溶性
01	酸化銅(Ⅱ) 酸化第二銅 **Copper(Ⅱ) oxide** Copper monoxide CuO [79.55]	1317-38-0 — (1)-297	安18条	黒色 粉末	6.3			1236	難
02	酸化ナトリウム **Sodium oxide** Na$_2$O [61.98]	1313-59-3 — —		無色 粉末 吸湿性	2.3			920	
03	酸化鉛(Ⅱ) 一酸化鉛 リサージ 密陀僧 **Lead(Ⅱ) oxide** Lead monoxide Litharge PbO [223.2]	1317-36-8 — (1)-527	毒劇物,管1種, 消第9条,気 有害物質,水, 安18条	赤色 結晶(α), 黄色 結晶(β)	8.1~9.5			886	不
04	酸化鉛(Ⅳ) 二酸化鉛 **Lead(Ⅳ) oxide** Lead dioxide PbO$_2$ [239.20]	1309-60-0 1872 (1)-527	毒劇物,管1種, 消第9条,気 有害物質,水, 安第18条,連 5.1	黒褐色 粉末	9.4			290 (分解)	不
05	酸化鉛(Ⅳ)二鉛(Ⅱ) 四酸化三鉛 鉛丹 **Dilead(Ⅱ) lead(Ⅳ) oxide** Trilead tetraoxide Red lead Pb$_3$O$_4$ [685.60]	1314-41-6 — (1)-527	管1種,気有 害物質,水, 安18条	鮮赤色 粉末	9.1			500 (分解)	不
06	酸化二鉄(Ⅲ)鉄(Ⅱ) 四酸化三鉄 鉄黒 **Iron(Ⅱ) diiron(Ⅲ) oxide** Triiron tetraoxide Fe$_3$O$_4$ [231.54]	1317-61-9 — (5)-5223		黒色 粉末	5.2			1538	不
07	酸化ニオブ(Ⅴ) 五酸化二ニオブ **Niobium(Ⅴ) oxide** Diniobium pentaoxide Nb$_2$O$_5$ [265.81]	1313-96-8 — —		白色 粉末	4.5			1520	不
08	酸化ニッケル(Ⅱ) **Nickel(Ⅱ) oxide** NiO [74.69]	1313-99-1 — —	管特定1種	緑色 粉状固体	6.9			1984	不
09	酸化ニッケル(Ⅲ) **Nickel(Ⅲ) oxide** Ni$_2$O$_3$ [165.42]	1314-06-3 — —	管特定1種	灰黒色 粉末	4.8				不
10	酸化ニッケル(Ⅳ) 過酸化ニッケル 二酸化ニッケル **Nickel(Ⅳ) oxide** Nickel peroxide Nickel dioxide NiO$_2$ [90.7]	12035-36-8 — —	管特定1種	緑灰色					反応

燃焼危険性			有害危険性			火災時の措置	備考	
引火点 [℃]	発火点 [℃]	爆発範囲 [vol%]	許容濃度 [ppm]	吸入LC_{50} [ラットppm]	経口LD_{50} [ラットmg/kg]			
						粉末消火剤,二酸化炭素,散水		01
						粉末消火剤,二酸化炭素,散水		02
			0.05mg/m³ (Pb)		LDLo=430 (腹腔内)	粉末消火剤,二酸化炭素,散水		03
			0.05mg/m³ (Pb)			粉末消火剤,二酸化炭素,散水		04
			0.05mg/m³ (Pb)		630(腹腔内)	粉末消火剤,二酸化炭素,散水		05
			1mg/m³ (吸入性粉じん), 4mg/m³ (総粉じん)			粉末消火剤,二酸化炭素,散水		06
						粉末消火剤,二酸化炭素,散水		07
			0.2mg/m³ (Ni)			粉末消火剤,二酸化炭素,散水	発がん物質	08
			0.2mg/m³ (Ni)			粉末消火剤,二酸化炭素,散水	発がん物質	09
			0.2mg/m³ (Ni)			粉末消火剤,二酸化炭素,散水	発がん物質,きわめて不安定	10

136 酸化白

	名称	CAS No. 国連番号 化審法No.	危険物分類	物理的特性				
				外観・性質	比重	蒸気比重 (空気=1)	沸点[℃]	融点[℃]	水溶性
01	酸化白金(Ⅳ) 二酸化白金 **Platinum(Ⅳ) oxide** Platinic oxide PtO_2 [227.08]	1314-15-4 — —		黒色 粉末				450	
02	酸化バナジウム(Ⅲ) 三酸化二バナジウム **Vanadium(Ⅲ) oxide** Divanadium trioxide V_2O_3 [149.88]	1314-34-7 — (1)-1203		黒色 粉末結晶	4.8			1970	難
03	酸化バナジウム(Ⅴ) 五酸化二バナジウム **Vanadium(Ⅴ) oxide** Divanadium pentaoxide V_2O_5 [181.88]	1314-62-1 — (1)-559	毒劇物,管1種, 消第9条,安 特定化学物 質・18条	赤橙色 粉末	3.4			690	微
04	酸化パラジウム(Ⅱ) **Palladium(Ⅱ) oxide** PdO [122.4]	1314-08-5 — —		黒色 粉末	8.7			870	
05	酸化バリウム **Barium oxide** BaO [153.33]	1304-28-5 1884 (1)-87	毒劇物,管1種, 安18条,運6.1	無色 結晶性粉末	5.7		2000	1918	可
06	酸化ビスマス(Ⅲ) 三酸化二ビスマス **Bismuth(Ⅲ) oxide** Bismuth trioxide Bi_2O_3 [465.96]	1304-76-3 — (1)-98		淡黄色 結晶(α), 黄色 結晶(β)	9.3(α), 9.0(β)			824	不
07	酸化ベリリウム **Beryllium oxide** BeO [25.01]	1304-56-9 — —	管特定1種	白色 粉末	3		3900	2570	難
08	酸化マグネシウム マグネシア **Magnesium oxide** Magnesia MgO [40.30]	1309-48-4 — (1)-465		白色 粉末	3.6		3600	2852	微
09	酸化マンガン(Ⅱ) 一酸化マンガン **Manganese(Ⅱ) oxide** Manganese monoxide MnO [70.94]	1344-43-0 — —	管1種	灰緑色ない し緑色 粉末	5.2			1785	不
10	酸化マンガン(Ⅳ) 二酸化マンガン **Manganese(Ⅳ) oxide** Manganese dioxide MnO_2 [86.94]	1313-13-9 — (1)-475	管1種,安特 定化学物質・ 18条	灰黒色 粉末	5			535 (−O)	不
11	酸化マンガン(Ⅶ) 七酸化二マンガン **Manganese(Ⅶ) oxide** Dimanganese heptaoxide Mn_2O_7 [221.87]	12057-92-0 — —	管1種	暗緑色 油状物質	2.4			5.9	
12	酸化モリブデン(Ⅳ) **Molybdenum(Ⅳ) oxide** MoO_2 [127.94]	18868-43-4 — —	管1種	黒色ないし 褐色 粉末	6.4			1100 (分解)	不

燃焼危険性			有害危険性			火災時の措置	備考	
引火点 [℃]	発火点 [℃]	爆発範囲 [vol%]	許容濃度 [ppm]	吸入LC$_{50}$ [ラットppm]	経口LD$_{50}$ [ラットmg/kg]			
						粉末消火剤，二酸化炭素，散水		01
					566	粉末消火剤，二酸化炭素，散水		02
			0.05mg/m^3		10	粉末消火剤，二酸化炭素，散水		03
						粉末消火剤，二酸化炭素，散水		04
			0.5mg/m^3（Ba）		50（マウス）	粉末消火剤，二酸化炭素，散水		05
					5000	粉末消火剤，二酸化炭素，散水		06
			0.002mg/m^3, 0.01mg/m^3 (STEL)（Be）			粉末消火剤，二酸化炭素，散水	発がん物質	07
			10mg/m^3			粉末消火剤，二酸化炭素，散水		08
			0.2mg/m^3（Mn）			粉末消火剤，二酸化炭素，散水		09
			0.2mg/m^3（Mn）			粉末消火剤，二酸化炭素，散水		10
			0.2mg/m^3（Mn）			粉末消火剤，二酸化炭素，散水		11
			3mg/m^3（Mo）			粉末消火剤，二酸化炭素，散水		12

	名称	CAS No. 国連番号 化審法No.	危険物分類	物理的特性					
				外観・性質	比重	蒸気比重 (空気=1)	沸点[℃]	融点[℃]	水溶性
01	酸化モリブデン(Ⅵ) 三酸化モリブデン Molybdenum(Ⅵ) oxide Molybdenum trioxide MoO_3 [143.93]	1313-27-5 — (1)-479	菅1種, 安18条	無色 固体(室温)	4.7		1155	795	微
02	酸化ランタン(Ⅲ) Lanthanum(Ⅲ) oxide La_2O_3 [325.84]	1312-81-8 — (1)-757		純白色 結晶				2000	
03	酸化リン(Ⅲ) 三酸化二リン Phosphorus(Ⅲ) oxide Diphosphorus trioxide P_2O_3 [109.95]	1314-24-5 — —		白色 ろう状固体 ないし結晶 悪臭で有毒	2.1		175.4	23.9	
04	酸化ルテニウム(Ⅷ) Ruthenium(Ⅷ) oxide RuO_4 [165.07]	20427-56-9 — —		黄金色 結晶 揮発性			40	25.4	微
05	三ギ酸アルミニウム Aluminium triformate $Al(HCO_2)_3$ [162.04]	7360-53-4 — —		白色 結晶性粉末					
06	三酸化硫黄 無水硫酸 Sulfur trioxide Sulfuric anhydride SO_3 [80.06]	7446-11-9 1829 (1)-537	消第9条, 安特定物質, 運8	無色 結晶				a型62.4	易 (激しく 発熱)
07	三酸化キセノン Xenon trioxide XeO_3 [179.3]	13776-58-4 — —		無色 結晶				40(分解)	
08	三酸化臭素 Bromine trioxide BrO_3 [127.9]	32062-14-4 — —		無色				$-35±3$ (転移)	
09	三酸化セレン Selenium trioxide SeO_3 [126.96]	13768-86-0 — —	毒毒物, 菅1種, 水	淡黄色 固体				118	
10	三酸化テルル Tellurium trioxide TeO_3 [175.60]	13451-18-8 — —	菅2種	黄色 粉末(a), 灰色 粉末($β$)				395 (分解)	
11	三酸化二塩素 Dichlorine trioxide Cl_2O_3 [118.9]	17496-59-2 — —		暗褐色					
12	三酸化二窒素 Dinitrogen trioxide N_2O_3 [76.01]	10544-73-7 — —		青色 気体	1.5		3.5 (1atm)	-102	
13	三酸化二ヒ素 亜ヒ酸 Diarsenic trioxide Arsenous acid As_2O_3 [197.84]	1327-53-3 — (1)-35	毒劇物, 菅特定1種, 消第9条, 水, 安特定化学物質・18条	無色 結晶 無臭	3.7		465	275	
14	三酸化二ホウ素 酸化ホウ素 Diboron trioxide B_2O_3 [69.62]	1303-86-2 — (9)-2403	菅1種, 水, 安18条	無色 ガラス状固体	1.8		1800	450	ゆっくり 反応

燃焼危険性			有害危険性			火災時の措置	備考	
引火点 [℃]	発火点 [℃]	爆発範囲 [vol%]	許容濃度 [ppm]	吸入LC$_{50}$ [ラットppm]	経口LD$_{50}$ [ラットmg/kg]			
			3mg/m³（Mo）		2689	粉末消火剤，二酸化炭素，散水		01
					>9968	粉末消火剤，二酸化炭素，散水		02
						粉末消火剤，二酸化炭素，散水		03
						粉末消火剤，二酸化炭素，散水		04
						粉末消火剤，ソーダ灰，石灰，砂【水／泡消火剤使用不可】		05
						粉末消火剤，ソーダ灰，石灰，砂【水／泡消火剤使用不可】	水と激しく作用し，人体に触れると重症の薬傷	06
						粉末消火剤，二酸化炭素，散水		07
						水のみ使用【粉末／泡消火剤使用不可】	−85℃以下で安定	08
			0.2mg/m³（Se）			粉末消火剤，二酸化炭素，散水		09
			0.1mg/m³（Te）			粉末消火剤，二酸化炭素，散水		10
								11
						水（注水，水噴霧）		12
			0.01mg/m³（As）		14.6	粉末消火剤，二酸化炭素，散水	猛毒．発がん物質	13
			10mg/m³		3163（マウス）	粉末消火剤，二酸化炭素，散水		14

	名称	CAS No. 国連番号 化審法No.	危険物分類	物理的特性					
				外観・性質	比重	蒸気比重 (空気=1)	沸点[℃]	融点[℃]	水溶性
01	三シアン化リン トリシアノホスフィン **Phosphorus tricyanide** Tricyanophosphine $P(CN)_3$ [109.0]	1116-01-4 — —	管1種, 水	無色 結晶					
02	三臭化アルミニウム 臭化アルミニウム **Aluminium tribromide** Aluminium bromide $AlBr_3$ [266.69]	7727-15-3 1725, 2580 —	運8	無色ないし 淡黄色 固体 潮解性			256	97.8	
03	三臭化酸化バナジウム(V) **Vanadium(V) tribromide oxide** VBr_3O [306.7]	13520-90-6 — —		赤色 液体				−59	
04	三臭化ホウ素 臭化ホウ素 **Boron tribromide** Boron bromide BBr_3 [250.57]	10294-33-4 2692 —	管1種, 水, 安18条, 運8	無色 液体	2.7		90	−46	
05	三臭化リン 臭化リン **Phosphorus tribromide** Phosphorus bromide PBr_3 [270.69]	7789-60-8 1808 (1)-117	運8	無色 液体 空気中で発 煙	2.9		175	−40	反応
06	三セレン化四リン **Tetraphosphorus triselenide** P_4Se_3 [360.8]	1314-86-9 — —	毒毒物, 管1 種, 水	橙黄色			245〜246		
07	酸素 **Oxygen** O_2 [32.0]	7782-44-7 1072, 1073 対象外	圧圧縮ガス・ 特定高圧ガス, 運2.2	無色 気体 無臭	1.1 (−183℃)	1.1	−183	−218.8	
08	三フッ化塩素 **Chlorine trifluoride** ClF_3 [92.45]	7790-91-2 1749 (1)-212	消第6類, 液化ガス・毒 性ガス, 水, 安18条, 運2.3	無色 気体, また は黄緑色 液体		3.2	12	−76	
09	三フッ化臭素 フッ化臭素 **Bromine trifluoride** Bromine fluoride BrF_3 [136.92]	7787-71-5 1746 —	消第6類, 水, 運5.1	無色 液体	2.8		125	8.8	
10	三フッ化窒素 フッ化窒素 **Nitrogen trifluoride** Nitrogen fluoride NF_3 [71.00]	7783-54-2 2451 (1)-1218	審第2種監視, 圧圧縮ガス・ 有毒ガス, 水, 運2.2	無色 気体	1.5	2.5	−129	−206.8	微
11	三フッ化ホウ素 フッ化ホウ素 **Boron trifluoride** Boron fluoride BF_3 [67.81]	7637-07-2 1008, 1742, 1743 (1)-44	毒劇物, 管1種, 圧 消第9条, 圧 圧縮ガス・毒 性ガス, 水, 安18条, 運2.3, 8	無色 気体 刺激性	3.1	2.4	−100.4	−127.1	可

燃焼危険性			有害危険性			火災時の措置	備考	
引火点 [℃]	発火点 [℃]	爆発範囲 [vol%]	許容濃度 [ppm]	吸入LC$_{50}$ [ラットppm]	経口LD$_{50}$ [ラットmg/kg]			
			5mg/m^3 (STEL)(CN)					01
			2mg/m^3 (Al)			粉末消火剤, 二酸化炭素, 散水		02
						粉末消火剤, 二酸化炭素, 散水		03
			1(STEL)			粉末消火剤, 二酸化炭素, 散水		04
						粉末消火剤, 二酸化炭素, 散水		05
			0.2mg/m^3 (Se)			粉末消火剤, 二酸化炭素(シアン化合物を除く), 乾燥砂, 耐アルコール性泡消火剤		06
						粉末消火剤または二酸化炭素. 適当な消火剤使用, 周辺火災の場合, 速やかに容器移動		07
			0.1(STEL)	299/1H		水(注水, 水噴霧)		08
			2.5mg/m^3 (F)			粉末消火剤, ソーダ灰, 石灰【水/泡消火剤使用不可】		09
			10	6700/1H		粉末消火剤, 二酸化炭素(防毒マスク使用)		10
			1(STEL)	1180mg/m^3/1H		粉末消火剤, 二酸化炭素(防毒マスク使用)		11

	名称	CAS No. 国連番号 化審法No.	危険物分類	物理的特性					
				外観・性質	比重	蒸気比重 (空気=1)	沸点[℃]	融点[℃]	水溶性
01	三フッ化リン フッ化リン **Phosphorus trifluoride** Phosphorus fluoride PF_3 [87.97]	7783-55-3 — —	毒毒物, 圧毒性ガス, 水	無色 気体 有毒			−100.1	−151.5	
02	三ヨウ化窒素 ヨウ化窒素 **Nitrogen triiodide** Nitrogen iodide NI_3 [394.74]	13444-85-4 — —		褐黒色 結晶					
03	三ヨウ化ホウ素 ヨウ化ホウ素 **Boron triiodide** Boron iodide BI_3 [391.55]	13517-10-7 — —	管1種, 水	無色 結晶	4.0		210	49.6	
04	三ヨウ化リン ヨウ化リン **Phosphorus triiodide** Phoshorus iodide PI_3 [411.71]	13455-01-1 — —		赤色 結晶	4.2		227	61	可
05	三硫化四リン セスキ硫化リン **Tetraphosphorus trisulfide** Phosphorus sesquisulfide P_4S_3 [220.09]	1314-85-8 1343 (1)-564	毒劇物, 消第2類, 安発火性の物・18条, 運4.1	黄色 結晶	2	7.6	408	174	不
06	三硫化ニセリウム **Dicerium trisulfide** Ce_2S_3 [376.4]	12014-93-6 — —		赤色 結晶	5.0			2100 (分解, 真空下)	
07	三硫化ニヒ素 硫化ヒ素 **Diarsenic trisulfide** As_2S_3 [246.04]	1303-33-9 — —	毒毒物, 管1種, 水	黄色 結晶	3.4		707	300〜325	不
08	三硫化ニホウ素 **Diboron trisulfide** B_2S_3 [117.8]	12007-33-9 — —	管1種, 水	無色 結晶	1.6			563	反応
09	三リン酸五ナトリウム トリポリリン酸ソーダ 三リン酸ナトリウム **Pentasodium triphosphate** Sodium tripolyphosphate Sodium triphosphate $Na_5P_3O_{10}$ [367.87]	7758-29-4 — (1)-497		白色 結晶	2.5			622	易
10	次亜塩素酸 **Hypochlorous acid** HClO [52.46]	7790-92-3 — —		淡黄色 水溶液 刺激臭					
11	次亜塩素酸エチル **Ethyl hypochlorite** C_2H_5ClO [80.5]	624-85-1 — —		黄色 液体					
12	次亜塩素酸カルシウム 高度サラシ粉 **Calcium hypochlorite** High test bleaching powder $Ca(ClO)_2$ [142.98]	7778-54-3 1748, 2208, 2880 (1)-176 (1)-177	消第1類, 安酸化性の物・18条, 運5.1	白色 粉末	2.4			100 (分解)	易

燃焼危険性			有害危険性			火災時の措置	備考	
引火点 [℃]	発火点 [℃]	爆発範囲 [vol%]	許容濃度 [ppm]	吸入LC$_{50}$ [ラットppm]	経口LD$_{50}$ [ラットmg/kg]			
			2.5mg/m³ (F)			粉末消火剤, 二酸化炭素(防毒マスク使用)		01
								02
						粉末消火剤, 二酸化炭素, 散水		03
						粉末消火剤, 二酸化炭素, 散水		04
	100					粉末消火剤, ソーダ灰, 石灰, 砂【水／泡消火剤使用不可】	火災, 爆発の危険性, わずかの加熱で発火	05
						粉末消火剤, ソーダ灰, 石灰, 砂【水／泡消火剤使用不可】		06
			0.01mg/m³ (As)			粉末消火剤, ソーダ灰, 石灰, 砂【水／泡消火剤使用不可】	発がん物質	07
						粉末消火剤, ソーダ灰, 石灰, 砂【水／泡消火剤使用不可】		08
					3120	粉末消火剤, 二酸化炭素, 散水		09
						水のみ使用【粉末／泡消火剤使用不可】	水溶液としてのみ存在, 分解しやすい	10
								11
					850	水のみ使用【粉末／泡消火剤使用不可】	高度サラシ粉は水和物	12

	名称	CAS No. 国連番号 化審法No.	危険物分類	物理的特性					
				外観・性質	比重	蒸気比重 (空気=1)	沸点[℃]	融点[℃]	水溶性
01	次亜塩素酸ナトリウム Sodium hypochlorite $NaClO$ [74.44]	7681-52-9 — (1)-237	消第1類,安 酸化性の物	緑黄色 結晶 潮解性				75～80	
02	次亜塩素酸t-ブチル $tert$-Butyl hypochlorite C_4H_9ClO [108.57]	507-40-4 3255	運4.2	淡黄色 液体	0.9		77～78		
03	次亜塩素酸メチル Methyl hypochlorite CH_3ClO [66.5]	593-78-2 —		液体					
04	次亜硝酸 Hyponitrous acid $H_2N_2O_2$ [62.03]	14448-38-5 —		白色 結晶					可
05	次亜硝酸銀 Silver hyponitrite $Ag_2N_2O_2$ [275.75]	7784-04-5 —	毒劇物,管1 種	鮮黄色 結晶				110	可
06	次亜硝酸ナトリウム Sodium hyponitrite $Na_2N_2O_2$ [105.99]	100435-20-9 —		淡黄色 固体	2.5			300 (分解)	可
07	ジアセチル ジメチルグリオキサール 2,3-ブタンジオン Diacetyl Dimethylglyoxal 2,3-Butanedione $C_4H_6O_2$ [86.09]	431-03-8 2346 —	消第4類,安 引火性の物, 運3	黄色 液体 強い臭気	1.0 –	3.0	88		易
08	ジアゾメタン Diazomethane CH_2N_2 [42.04]	334-88-3 —	圧毒性ガス, 安18条	黄色 気体 有毒	1.5		−23	−145	
09	シアナミド Cyanamide H_2NCN [42.04]	420-04-2 — (1)-139	安18条	無色 結晶 潮解性	1.1	1.5	260 (分解)	46	易
10	シアヌル酸 1,3,5-トリアジン-2,4,6-トリオール イソシアヌル酸 Cyanuric acid 2,4,6-Trihydroxy-1,3,5-triazine $C_3H_3N_3O_3$ [129.08]	108-80-5 — (5)-1037		結晶 風解性	2.5		330 (分解)	>360 (分解)	熱水に可
11	N-(2-シアノエチル)シクロヘキシルアミン N-(2-Cyanoethyl) cyclohexylamine $C_9H_{16}N_2$ [152.24]	702-03-4 — —	毒劇物,消第 4類		0.9	5.2			不
12	1-シアノグアニジン ジシアンジアミド 1-Cyanoguanidine Dicyandiamide $C_2H_4N_4$ [84.08]	461-58-5 — (2)-1694		無色 結晶	1.4			207～209	可
13	シアノ酢酸 シアン酢酸 Cyanoacetic acid $C_3H_3NO_2$ [85.06]	372-09-8 — (2)-1548	毒劇物,水	無色 結晶 吸湿性			108 (15mmHg)	66	可

燃焼危険性			有害危険性			火災時の措置	備考	
引火点 [℃]	発火点 [℃]	爆発範囲 [vol%]	許容濃度 [ppm]	吸入LC$_{50}$ [ラットppm]	経口LD$_{50}$ [ラットmg/kg]			
					5800	水のみ使用【粉末／泡消火剤使用不可】	1水和物～7水和物もある	01
						水のみ使用【粉末／泡消火剤使用不可】		02
						水のみ使用【粉末／泡消火剤使用不可】		03
						水のみ使用【粉末／泡消火剤使用不可】		04
			0.01mg/m³ (Ag)			水のみ使用【粉末／泡消火剤使用不可】		05
						水のみ使用【粉末／泡消火剤使用不可】		06
27						粉末消火剤，二酸化炭素，散水，耐アルコール性泡消火剤(消火効果のない場合，散水)		07
			0.2			粉末消火剤，二酸化炭素，散水，耐アルコール性泡消火剤【ガス漏れ停止困難のときは消火不可】	発がん物質の恐れ	08
141			2mg/m³		125	粉末消火剤，二酸化炭素，散水，耐アルコール性泡消火剤		09
					7700	粉末消火剤，二酸化炭素，散水，耐アルコール性泡消火剤		10
124						粉末消火剤，二酸化炭素，散水，一般泡消火剤(消火効果のない場合，散水)		11
					10.5～12g/kg (マウス)	粉末消火剤，二酸化炭素，散水，耐アルコール性泡消火剤		12
					1500	粉末消火剤，二酸化炭素，散水，耐アルコール性泡消火剤	皮膚，粘膜を侵す	13

	名称	CAS No. 国連番号 化審法No.	危険物分類	物理的特性					
				外観・性質	比重	蒸気比重 (空気=1)	沸点[℃]	融点[℃]	水溶性
01	シアノ酢酸エチル Ethyl cyanoacetate $C_5H_7NO_2$ [113.12]	105-56-6 — (2)-1549	毒劇物，消第4類，水有害物質	無色液体 わずかに芳香	1.1	3.6	205〜209	−22	不
02	シアノトリメチルシラン トリメチルシリルシアニド Cyanotrimethylsilane Trimethylsilyl cyanide C_4H_9NSi [99.21]	7677-24-9 — —	毒劇物，消第4類	無色液体	0.8		117	12	
03	2,4-ジアミノアゾベンゼン 2,4-アゾジアニリン クリソイジン 2,4-Diaminoazobenzene 2,4-Azodianiline Chrysoidine $C_{12}H_{12}N_4$ [212.25]	495-54-5 — (5)-1937	消第5類	淡黄色結晶				117.5	微
04	4,4'-ジアミノアゾベンゼン 4,4'-アゾジアニリン 4,4'-Diaminoazobenzene 4,4'-Azodianiline $C_{12}H_{12}N_4$ [212.25]	538-41-0 — —	消第5類	黄色結晶				238〜241	微
05	4,4'-ジアミノジフェニルエーテル ジ-4-アミノフェニルエーテル 4,4'-Diaminodiphenyl ether $C_{12}H_{12}N_2O$ [200.23]	101-80-4 — (3)-854	安18条	白色粉末				189〜193	
06	2,4-ジアミノ-6-フェニル-1,3,5-トリアジン ベンゾグアナミン 2,4-Diamino-6-phenyl-1,3,5-triazine Benzoguanamine $C_9H_9N_5$ [187.17]	91-76-9 — (5)-1028		白色結晶	1.4			224〜228	不
07	1,3-ジアミノ-2-プロパノール 1,3-Diamino-2-propanol $C_3H_{10}N_2O$ [90.13]	616-29-5 — (2)-3504		固体	1.1	3.1	235	39〜45	易
08	ジアリルエーテル アリルエーテル ビス(2-プロペニル)エーテル Diallyl ether Allyl ether Bis(2-propenyl)ether $C_6H_{10}O$ [98.15]	557-40-4 2360 —	消第4類，安引火性の物，運3	無色液体 ハッカダイコン様臭	0.8	3.4	95		不
09	シアン化亜鉛 青化亜鉛 Zinc cyanide $Zn(CN)_2$ [117.42]	557-21-1 1713 (1)-163	毒毒物，管1種，消第9条，水，運6.1	白色粉末	1.9			800 (分解)	不
10	シアン化カドミウム Cadmium cyanide $Cd(CN)_2$ [164.45]	542-83-6 — —	毒毒物，管特定1種，水	白色粉末				200 (分解)	
11	シアン化カリウム 青酸カリ Potassium cyanide Potassium prussite KCN [65.12]	151-50-8 1680，3413 (1)-1086	毒毒物，管1種，消第9条，水，安特定・18条，運6.1	無色結晶 潮解性	1.5				可

シアン 147

燃焼危険性			有害危険性			火災時の措置	備考	
引火点 [℃]	発火点 [℃]	爆発範囲 [vol%]	許容濃度 [ppm]	吸入LC_{50} [ラットppm]	経口LD_{50} [ラットmg/kg]			
110					500 (マウス腹腔内)	粉末消火剤, 二酸化炭素, 散水, 一般泡消火剤(消火効果のない場合, 散水)		01
						粉末消火剤, ソーダ灰, 石灰, 乾燥砂		02
						粉末消火剤, 二酸化炭素, 散水, 耐アルコール性泡消火剤		03
						粉末消火剤, 二酸化炭素, 散水, 耐アルコール性泡消火剤		04
					725	粉末消火剤, 二酸化炭素, 散水, 一般泡消火剤(消火効果のない場合, 散水)		05
					1500(マウス)	粉末消火剤, 二酸化炭素, 散水, 耐アルコール性泡消火剤		06
132						粉末消火剤, 二酸化炭素, 散水, 耐アルコール性泡消火剤(消火効果のない場合, 散水)		07
−7						粉末消火剤, 二酸化炭素, 散水, 一般泡消火剤(消火効果のない場合, 散水)		08
			5mg/m³ (STEL)(CN)		54	粉末消火剤, 二酸化炭素, 散水		09
			0.002mg/m³ (Cd)			粉末消火剤, 二酸化炭素, 散水	発がん物質の恐れ	10
			5mg/m³ (STEL)(CN)		5	粉末消火剤, 二酸化炭素, 散水	猛毒	11

	名称	CAS No. 国連番号 化審法No.	危険物分類	物理的特性					
				外観・性質	比重	蒸気比重 (空気=1)	沸点[℃]	融点[℃]	水溶性
01	シアン化金(Ⅰ) Gold(Ⅰ) cyanide AuCN [223.0]	506-65-0 — —	毒毒物, 管1 種, 水	淡黄色 結晶				分解	
02	シアン化銀(Ⅰ) Silver(Ⅰ) cyanide AgCN [133.90]	506-64-9 — (1)-3	毒毒物,管1種, 消第9条,水	無色 結晶	4			320 (分解)	不
03	シアン化酸化水銀(Ⅱ) オキシシアン化第二水銀 二(シアン)化酸化二水銀(Ⅱ) Mercury(Ⅱ) cyanide oxide Mercury oxycyanide Mercury(Ⅱ) oxycyanide Dimercury(Ⅱ) dicyanide oxide HgO・Hg(CN)$_2$ [469.22]	1335-31-5 — (1)-151	毒毒物,管1種, 水, 安特定・ 18条	白色 結晶性粉末					微
04	シアン化水銀(Ⅱ) シアン化第二水銀 Mercury(Ⅱ) cyanide Mercuric cyanide Hg(CN)$_2$ [252.63]	592-04-1 — —	毒毒物,管1種, 水	白色 結晶				320 (分解)	可
05	シアン化水素 青化水素 青酸(水溶液の俗称) Hydrogen cyanide Hydrocyanic acid Prussic acid HCN [27.03]	74-90-8 1051, 1613, 1614, 3294 (1)-138	毒毒物,管1種, 消第4類・第9 条,圧可燃性・ 毒性ガス,気 特定,水,安 可燃性の物, 運6.1	無色 気体または 液体 特異臭	0.7	0.9	26	-13.3	易
06	シアン化銅(Ⅰ) Copper(Ⅰ) cyanide CuCN [89.56]	544-92-3 — (1)-376	毒毒物,管1種, 消第9条,水, 安18条	白色 粉末	2.9			473 (窒素中)	不
07	シアン化銅(Ⅱ) Copper(Ⅱ) cyanide Cu(CN)$_2$ [115.58]	不明 — —	毒毒物,管1 種,水	帯褐黄色 粉末				分解	不
08	シアン化ナトリウム 青酸ソーダ Sodium cyanide Sodium prussiate NaCN [49.01]	143-33-9 1689, 3414 (1)-159	毒毒物,管1種, 消第9条,水, 安特定・18条, 運6.1	無色 結晶 潮解性			1496	564	可
09	シアン化鉛(Ⅱ) Lead(Ⅱ) cyanide Pb(CN)$_2$ [259.25]	592-05-2 — —	毒毒物,管1 種,水	白色 結晶				分解	微
10	シアン化ニッケル(Ⅱ) Nickel(Ⅱ) cyanide Ni(CN)$_2$ [110.73]	557-19-7 — —	毒毒物,管特 定1種,水	褐黄色 固体					不
11	シアン化ベンジル フェニルアセトニトリル ベンジルシアニド Benzyl cyanide Phenyl acetonitrile a-Tolunitrile C$_8$H$_7$N [117.15]	140-29-4 — (3)-1819	毒劇物,消第 4類,水	無色 油状液体 芳香	1.0+		234	-23.8	不
12	シアン酸カリウム Potassium cyanate KOCN [81.12]	590-28-3 — (1)-1087	水	無色 結晶	2.1		700〜800 (分解)	315	易

燃焼危険性			有害危険性			火災時の措置	備考	
引火点 [℃]	発火点 [℃]	爆発範囲 [vol%]	許容濃度 [ppm]	吸入LC$_{50}$ [ラットppm]	経口LD$_{50}$ [ラットmg/kg]			
			5mg/m^3 (STEL)(CN)			粉末消火剤, 二酸化炭素, 散水		01
			5mg/m^3 (STEL)(CN)		123	粉末消火剤, 二酸化炭素, 散水		02
			0.025mg/m^3 (Hg)					03
			0.025mg/m^3 (Hg)			粉末消火剤, 二酸化炭素, 散水		04
−18	538	5.6〜40	4.7(STEL)		3.7(マウス)	粉末消火剤, 二酸化炭素, 散水, 一般泡消火剤【ガス漏れ停止困難のときは消火不可】	有毒	05
			5mg/m^3 (STEL)(CN)		1265	粉末消火剤, 二酸化炭素, 散水		06
			5mg/m^3 (STEL)(CN)			粉末消火剤, 二酸化炭素, 散水	空気中で不安定	07
			5mg/m^3 (STEL)(CN)		0.6	粉末消火剤, 二酸化炭素, 散水	猛毒. 粉塵を吸入あるいは皮膚付着により中毒または死亡	08
			0.05mg/m^3 (Pb)			粉末消火剤, 二酸化炭素, 散水		09
			0.2mg/m^3 (Ni)			粉末消火剤, 二酸化炭素, 散水	発がん物質	10
113					270	粉末消火剤, 二酸化炭素, 散水, 一般泡消火剤(消火効果のない場合, 散水)		11
					841(マウス)	粉末消火剤, 二酸化炭素, 散水	経皮毒性がある	12

150 シアン

	名称	CAS No. 国連番号 化審法No.	危険物分類	物理的特性					
				外観・性質	比重	蒸気比重 (空気=1)	沸点[℃]	融点[℃]	水溶性
01	シアン酸水銀(Ⅱ) シアン酸第二水銀 Mercury(Ⅱ) cyanate Mercuric cyanate Hg(OCN)$_2$ [284.65]	3021-39-4 — —	電1種, 水	無色 結晶					
02	シアン酸ナトリウム シアン酸ソーダ Sudium cyanate NaOCN [65.01]	917-61-3 — (1)-159	毒劇物, 水	白色 結晶	1.9		分解	550	可
03	ジイソブチルアミン ビス(β-メチルプロピル)ア ミン ジブチルアミン Diisobutylamine Bis(β-methylpropyl) amine C$_8$H$_{19}$N [129.14]	110-96-3 2361 (2)-137	消第4類,安 引火性の物, 運3	無色 液体 アミン臭	0.7	4.5	134〜141		難
04	ジイソブチルアルミニウム塩化物 ジイソブチルアルミニウムク ロリド Diisobutylaluminium chloride Diisobutylaluminium chloride C$_8$H$_{18}$AlCl [176.67]	1779-25-5 — —	消第3類	無色 液体				−39.5	反応
05	ジイソブチルヒドリドアルミニウム ジイソブチルアルミニウム水 素化物 ジイソブチルアルミニウムハ イドライド Diisobutylaluminium hydride [C$_4$H$_9$]$_2$AlH [142.2]	1191-15-7 — (2)-2228	消第3類,安 18条	無色 液体	0.8		114 (0.13kPa)	−70	反応
06	ジイソブチレン 2,4,4-トリメチルペンテン Diisobutylene 2,4,4-Trimethylpentene C$_8$H$_{16}$ [112.22]	25167-70-8 2050 (2)-24	消第4類,安 引火性の物, 運3	無色 液体 特異臭	0.7	3.9	101		不
07	ジイソプロパノールアミン Diisopropanolamine C$_6$H$_{15}$NO$_2$ [133.19]	110-97-4 — (2)-309		白色 結晶	1.0−	4.5	249	42	易
08	ジイソプロピルアミン Diisopropylamine C$_6$H$_{15}$N [101.19]	108-18-9 1158 (2)-136	消第4類,安 引火性の物・ 18条, 運3	無色 液体 特異臭	0.7	3.5	84	−96	易
09	N,N-ジイソプロピルエタノールアミン N,N-Diisopropylethanolamine C$_8$H$_{19}$NO [145.24]	96-80-0 — —	消第4類	無色 液体	0.9	5.0	191		不
10	ジイソプロピルエーテル イソプロピルエーテル Diisopropyl ether Isopropyl ether 2-Isopropoxypropane C$_6$H$_{14}$O [102.18]	108-20-3 1159 (2)-362	消第4類,安 引火性の物・ 18条, 運3	無色 液体	0.7	3.5	69	−60	微

燃焼危険性			有害危険性			火災時の措置	備考	
引火点 [℃]	発火点 [℃]	爆発範囲 [vol%]	許容濃度 [ppm]	吸入LC$_{50}$ [ラットppm]	経口LD$_{50}$ [ラットmg/kg]			
			0.025mg/m³ (Hg)			粉末消火剤,二酸化炭素,散水		01
					1500	粉末消火剤,二酸化炭素,散水		02
29	290				258	粉末消火剤,二酸化炭素,散水,一般泡消火剤(消火効果のない場合,散水)		03
						粉末消火剤,ソーダ灰,石灰,砂【水／泡消火剤使用不可】		04
						粉末消火剤,ソーダ灰,石灰,砂【水／泡消火剤使用不可】	空気中で直ちに発火	05
−5	391	0.8〜4.8				粉末消火剤,二酸化炭素,散水,一般泡消火剤(消火効果のない場合,散水)		06
127	374	1.1〜5.4			4765	粉末消火剤,二酸化炭素,散水,耐アルコール性泡消火剤		07
−1	316	1.1〜7.1	5		770	粉末消火剤,二酸化炭素,散水,耐アルコール性泡消火剤(消火効果のない場合,散水)		08
79						粉末消火剤,二酸化炭素,散水,一般泡消火剤(消火効果のない場合,散水)		09
−28	443	1.4〜7.9	250, 310 (STEL)		8470	粉末消火剤,二酸化炭素,散水,一般泡消火剤(消火効果のない場合,散水)		10

	名称	CAS No. 国連番号 化審法No.	危険物分類	物理的特性					
				外観・性質	比重	蒸気比重 (空気=1)	沸点[℃]	融点[℃]	水溶性
01	ジイソペンチルエーテル ジイソアミルエーテル イソアミルエーテル **Diisopentyl ether** Diisoamyl ether Isoamyl ether $C_{10}H_{22}O$ [158.28]	544-01-4 — (2)-365	消第4類, 安引火性の物	無色 液体 芳香	0.8		173.4	<-75	
02	ジエタノールアミン 2,2-イミノジエタノール **Diethanolamine** 2,2-Iminodiethanol $C_4H_{11}NO_2$ [105.14]	111-42-2 — (2)-302	消第4類, 安 18条	無色 液体 粘ちょう	1.1	3.6	268	28	易
03	ジエチル亜鉛 **Diethylzinc** Zinc diethyl $Zn(C_2H_5)_2$ [123.51]	557-20-0 1366 (9)-1890	管1種, 消第3 類, 安引火性 の物, 運4.2	無色 液体	1.2	4.3	117	-28	反応
04	N,N-ジエチルアセトアセトアミド **N,N-Diethylacetoacetamide** $C_8H_{15}NO_2$ [157.21]	2235-46-3 — —	消第4類	液体	1.0-	5.4	分解		易
05	N,N-ジエチルアニリン フェニルジエチルアミン **N,N-Diethylaniline** Phenyldiethylamine $C_{10}H_{15}N$ [149.24]	91-66-7 2432 (3)-114	消第4類, 運 6.1	淡黄色 液体	1.0-	5.0	216	-38	不
06	3-(ジエチルアミノ)プロピルアミン N,N-ジエチル-1,3-プロパンジアミン **3-(Diethylamino)propylamine** N,N-Diethyl-1,3-propanediamine $C_7H_{18}N_2$ [130.23]	104-78-9 2684 (2)-158	消第4類, 安 引火性の物, 運3	無色 液体	0.8	4.5	169		易
07	ジエチルアミン **Diethylamine** $C_4H_{11}N$ [73.14]	109-89-7 1154 (2)-135	消第4類, 圧 毒性ガス, 安 引火性の物・ 18条, 運3	無色 液体 引火性	0.7	2.5	57	-50	易
08	ジエチルアルシン **Diethylarsine** $C_4H_{11}As$ [134.05]	692-42-2 — —	消第3類, 水	液体 ニンニク臭					
09	ジエチルアルミニウム水素化物 **Diethylaluminium hydride** $(C_2H_5)_2AlH$ [86.11]	871-27-2 — —	消第3類	無色 液体				-60	反応
10	N,N-ジエチルエチレンジアミン **N,N-Diethylethylenediamine** $C_6H_{16}N_2$ [116.21]	111-74-0 2685 —	消第4類, 安 引火性の物, 運8	無色 油状液体	0.8	4.0	145		易
11	ジエチルエーテル エチルエーテル エーテル **Diethyl ether** Ethyl ether $C_4H_{10}O$ [74.12]	60-29-7 1155 (2)-361	消第4類, 安 引火性の物, 運3	無色 液体 易揮発性 特有の芳香	0.7	2.6	34.6	-116.3	可
12	ジエチルエーテル-三フッ化ホウ素(1/1) **Boron trifluoride etherate** Boron trifluoride diethyl etherate(1/1) $C_4H_{10}OBF_3$ [141.93]	109-63-7 2604 —	消第4類, 安 引火性の物, 水, 運8	無色 液体	1.1	4.9	126	-60	反応

燃焼危険性			有害危険性			火災時の措置	備考	
引火点 [℃]	発火点 [℃]	爆発範囲 [vol%]	許容濃度 [ppm]	吸入LC$_{50}$ [ラットppm]	経口LD$_{50}$ [ラットmg/kg]			
49						粉末消火剤, 二酸化炭素, 散水, 一般泡消火剤(消火効果のない場合, 散水)		01
172	662	1.6〜9.8	2mg/m³		620μl/kg	粉末消火剤, 二酸化炭素, 散水, 耐アルコール性泡消火剤(消火効果のない場合, 散水)		02
						粉末消火剤, ソーダ灰, 石灰, 砂【水／泡消火剤使用不可】	空気中で直ちに発火. 120℃で爆発的に分解	03
121						粉末消火剤, 二酸化炭素, 散水, 耐アルコール性泡消火剤		04
85	630	0.8(calc)〜		1920mg/m³/4H	782	粉末消火剤, 二酸化炭素, 散水, 一般泡消火剤(消火効果のない場合, 散水)		05
59		1.0〜7.5			550	粉末消火剤, 二酸化炭素, 散水, 耐アルコール性泡消火剤(消火効果のない場合, 散水)		06
−23	312	1.8〜10.1	5, 15(STEL)		540	粉末消火剤, 二酸化炭素, 散水, 耐アルコール性泡消火剤(消火効果のない場合, 散水)		07
						散水, 湿った砂, 土		08
	空気中で直ちに発火					粉末消火剤, ソーダ灰, 石灰, 砂【水／泡消火剤使用不可】		09
46						粉末消火剤, 二酸化炭素, 散水, 耐アルコール性泡消火剤(消火効果のない場合, 散水)		10
−45	180	1.9〜36	400, 500 (STEL)			粉末消火剤, 二酸化炭素, 散水, 一般泡消火剤(消火効果のない場合, 散水)	揮発性大. 引火しやすい	11
64						粉末消火剤, ソーダ灰, 石灰, 砂【水／泡消火剤使用不可】		12

	名称	CAS No. 国連番号 化審法No.	危険物分類	物理的特性					
				外観・性質	比重	蒸気比重 (空気=1)	沸点[℃]	融点[℃]	水溶性
01	ジエチルカドミウム Diethylcadmium $Cd(C_2H_5)_2$ [170.53]	592-02-9 — —	毒劇物, 管特定1種, 消第3類, 水	無色 液体 不快臭	1.7		64 (19.5mmHg)	−21	
02	ジエチルカルバミルクロリド Diethyl carbamyl chloride $C_5H_{10}NOCl$ [135.59]	88-10-8 — —	消第4類	液体	1.1		187〜190	−32	可
03	1,3-ジエチル-1,3-ジフェニル尿素 N,N'-ジエチルカルバニリド 1,3-Diethyl-1,3-diphenyl urea N,N'-Diethyl carbanilide $C_{17}H_{20}N_2O$ [268.36]	85-98-3 — —	消第4類	白色 結晶	1.1	9.3	327	71	不
04	ジエチルスルホン エチルスルホン Diethyl sulfone Ethyl sulfone $C_4H_{10}O_2S$ [122.19]	597-35-3 — —		無色 結晶			248	73	可
05	ジエチルセレニド Diethyl selenide $(C_2H_5)_2Se$ [137.08]	627-53-2 — —	毒毒物, 管1種, 消第3類, 水	黄色 液体 強烈な悪臭	1.2	4.7	108		不
06	ジエチルテルリド テルル化ジエチル Diethyl telluride $(C_2H_5)_2Te$ [185.72]	627-54-3 — —	管2種, 消第3類	橙色 液体 強烈な悪臭	1.6		137〜138		
07	N,N-ジエチルドデカンアミド N,N-ジエチルラウルアミド N,N-Diethyldodecanamide N,N-Diethyllauramide $C_{16}H_{33}ON$ [255.44]	3352-87-2 — —	消第4類	無色 液体	0.9	8.8	166〜177 (2mmHg)		不
08	3,9-ジエチル-6-トリデカノール ヘプタデカノール 3,9-Diethyl-6-Tridecanol Heptadecanol $C_{17}H_{36}O$ [256.47]	2541-75-5 — —		無色 結晶	0.8		309	54	不
09	2,2-ジエチル-1,3-プロパンジオール 2,2-Diethyl-1,3-propanediol $C_7H_{16}O_2$ [132.20]	115-76-4 — —		無色 固体	0.9 (61℃)	4.5	160 (50mmHg)	61.3	易
10	ジエチルベリリウム Diethylberyllium $C_4H_{10}Be$ [67.1]	542-63-2 — —	管特定1種, 消第3類	無色 液体				−13〜 −11	
11	o-ジエチルベンゼン o-Diethylbenzene $C_{10}H_{14}$ [134.1]	135-01-3 2049 —	消第4類, 安引火性の物, 運3	無色 液体	0.9	4.6	183		不
12	m-ジエチルベンゼン m-Diethylbenzene $C_{10}H_{14}$ [134.1]	141-93-5 2049 (3)-13	消第4類, 安引火性の物, 運3	無色 液体	0.9	4.6	181	−83.9	不
13	p-ジエチルベンゼン p-Diethylbenzene $C_{10}H_{14}$ [134.1]	105-05-5 2049 —	消第4類, 安引火性の物, 運3	無色 液体	0.9	4.6	181		不
14	ジエチルホスフィン Diethylphosphine $(C_2H_5)_2PH$ [90.11]	627-49-6 — —		無色 液体 刺激性	0.8		85		不
15	ジエチルマグネシウム Diethylmagnesium $Mg(C_2H_5)_2$ [82.43]	557-18-6 — —	消第3類	無色 固体			175〜200 (分解)		反応

燃焼危険性			有害危険性			火災時の措置	備考	
引火点 [℃]	発火点 [℃]	爆発範囲 [vol%]	許容濃度 [ppm]	吸入LC_{50} [ラットppm]	経口LD_{50} [ラットmg/kg]			
						粉末消火剤,ソーダ灰,石灰,砂【水／泡消火剤使用不可】		01
75						粉末消火剤,二酸化炭素,散水,耐アルコール性泡消火剤		02
150						粉末消火剤,二酸化炭素,散水,耐アルコール性泡消火剤	衝撃に敏感	03
						粉末消火剤,二酸化炭素,散水,耐アルコール性泡消火剤		04
		2.5～	0.2mg/m³ (Se)			粉末消火剤,ソーダ灰,石灰,砂【水／泡消火剤使用不可】		05
			0.1mg/m³ (Te)			粉末消火剤,ソーダ灰,石灰,砂【水／泡消火剤使用不可】		06
>112						粉末消火剤,二酸化炭素,散水,一般泡消火剤(消火効果のない場合,散水)		07
154						粉末消火剤,二酸化炭素,砂,土,散水,一般泡消火剤	1-,2-,9-ヘプタデカノールの3種の異性体も存在	08
102						粉末消火剤,二酸化炭素,砂,土,散水,一般泡消火剤		09
			0.002mg/m³, 0.01mg/m³ (STEL) (Be)			粉末消火剤,ソーダ灰,石灰,砂【水／泡消火剤使用不可】	発がん物質.>65℃で分解.空気中で不安定	10
57	395					粉末消火剤,二酸化炭素,散水,一般泡消火剤(消火効果のない場合,散水)		11
56	450				LDLo=5g/kg	粉末消火剤,二酸化炭素,散水,一般泡消火剤(消火効果のない場合,散水)		12
55	430	0.7～6.0				粉末消火剤,二酸化炭素,散水,一般泡消火剤(消火効果のない場合,散水)		13
						散水,湿った砂,土		14
						粉末消火剤,ソーダ灰,石灰,砂【水／泡消火剤使用不可】		15

	名称	CAS No. 国連番号 化審法No.	危険物分類	物理的特性					
				外観・性質	比重	蒸気比重 (空気=1)	沸点[℃]	融点[℃]	水溶性
01	ジエチレングリコール ビス(2-ヒドロキシエチル)エーテル 2,2'-オキシジエタノール **Diethylene glycol** Bis(2-hydroxyethyl) ether 2,2-Dihydroxyethyl ether $C_4H_{10}O_3$ [106.12]	111-46-6 — (2)-415	消第4類	液体 吸湿性 甘味	1.1	3.7	244	−6.5	易
02	ジエチレングリコール＝クロロヒドリン 2-(2-クロロエトキシ)エタノール ジグリコールクロロヒドリン **Diethylene glycol chlorohydrin** 2-(2-Chloroethoxy)ethanol Diglycol chlorohydrin $C_4H_9O_2Cl$ [124.45]	628-89-7 — (2)-447	消第4類	無色 液体	1.2		197		易
03	ジエチレングリコール＝ジアセタート ジグリコールジアセタート **Diethylene glycol diacetate** Diglycol diacetate $C_8H_{14}O_5$ [190.19]	628-68-2 — —	消第4類	無色 液体	1.1		250		易
04	ジエチレングリコール＝ジエチルエーテル ジエチルカルビトール 2-エトキシエチル＝エーテル **Diethylene glycol diethyl ether** Diethyl carbitol 2-ethoxyethyl ether $C_8H_{18}O_3$ [162.23]	112-36-7 1153 (2)-433 (7)-1321	消第4類, 運3	無色 液体	0.9	5.6	189	−46〜−45	易
05	ジエチレングリコール＝ジブチルエーテル 2-ブトキシエチル＝エーテル **Diethylene glycol dibutyl ether** 2-butoxyethyl ether Dibutoxy diethylene glycol $C_{12}H_{26}O_3$ [218.33]	112-73-2 — (2)-3870	消第4類	無色 液体	0.9	7.5	256	−60	難
06	ジエチレングリコール＝ジベンゾアート **Diethylene glycol dibenzoate** $C_{18}H_{18}O_5$ [314.34]	120-55-8 — —	消第4類	液体 または 固体	1.2 (20℃)	10.8	236 (5mmHg)	28	易
07	ジエチレングリコール＝ジメチルエーテル ジグリム 2-メトキシエチル＝エーテル **Diethylene glycol dimethyl ether** Diglyme 2-methoxyethyl ether $C_6H_{14}O_3$ [134.18]	111-96-6 — (2)-434	消第4類	無色 液体	0.95		162	−68	可
08	ジエチレングリコール＝フタラート **Diethylene glycol phthalate** $C_{12}H_{14}O_6$ [254.24]	2202-98-4 — —	消第4類	淡黄色 液体	1.1				可

燃焼危険性			有害危険性			火災時の措置	備考	
引火点 [℃]	発火点 [℃]	爆発範囲 [vol%]	許容濃度 [ppm]	吸入LC_{50} [ラットppm]	経口LD_{50} [ラットmg/kg]			
124	224	1.6〜10.8			12565	粉末消火剤，二酸化炭素，散水，耐アルコール性泡消火剤(消火効果のない場合，散水)		01
107					6300	粉末消火剤，二酸化炭素，散水，耐アルコール性泡消火剤(消火効果のない場合，散水)		02
135						粉末消火剤，二酸化炭素，散水，耐アルコール性泡消火剤(消火効果のない場合，散水)		03
82					4970	粉末消火剤，二酸化炭素，散水，耐アルコール性泡消火剤(消火効果のない場合，散水)		04
118	310				3900	粉末消火剤，二酸化炭素，散水，一般泡消火剤(消火効果のない場合，散水)		05
232						粉末消火剤，二酸化炭素，散水，耐アルコール性泡消火剤(消火効果のない場合，散水)		06
67					5400	粉末消火剤，二酸化炭素，散水，耐アルコール性泡消火剤(消火効果のない場合，散水)		07
173						粉末消火剤，二酸化炭素，散水，耐アルコール性泡消火剤(消火効果のない場合，散水)		08

	名称	CAS No. 国連番号 化審法No.	危険物分類	物理的特性					
				外観・性質	比重	蒸気比重 (空気=1)	沸点[℃]	融点[℃]	水溶性
01	ジエチレングリコール=ブチルエーテル=アセタート Diethylene glycol butyl ether acetate Diethylene glycol monobutyl ether acetate $C_{10}H_{20}O_4$ [204.27]	124-17-4 — (2)-744	消第4類	無色 液体	1.0 −	7.1	246		微
02	ジエチレングリコール=モノエチルエーテル カルビトール 2-(2-エトキシエトキシ)エタノール Diethylene glycol monoethyl ether Carbitol 2-(2-Ethoxyethoxy) ethanol $C_6H_{14}O_3$ [134.18]	111-90-0 — (2)-422	消第4類	無色 液体 非常に吸湿性	1.0	4.7	202		易
03	ジエチレングリコール=モノエチルエーテル=アセタート 2-(2-エトキシエトキシ)エチル=アセタート Diethylene glycol monoethyl ether acetate 2-(2-Ethoxyethoxy)ethyl acetate $C_8H_{16}O_4$ [176.21]	112-15-2 — (2)-744	消第4類	無色 液体	1.0 +	6.1	218		易
04	ジエチレングリコール=モノブチルエーテル ブチルカルビトール 2-(2-ブトキシエトキシ)エタノール Diethylene glycol monobutyl ether Butyl carbitol 2-(2-Butoxyethoxy) ethanol $C_8H_{18}O_3$ [162.23]	112-34-5 — (2)-407	消第4類	無色 液体 無臭	1.0 −	5.6	231	−68.1	易
05	ジエチレングリコール=モノメチルエーテル メチルカルビトール 2-(2-メトキシエトキシ)エタノール Diethylene glycol monomethyl ether Methyl carbitol 2-(2-Methoxyethoxy) ethanol $C_5H_{12}O_3$ [120.15]	111-77-3 — (2)-422	消第4類	無色 液体	1.0 +	4.1	193	−84	易
06	ジエチレングリコール=ラウラート ジグリコールラウラート ジエチレングリコールモノラウラート Diethylene glycol laurate Diglycol laurate $C_{16}H_{32}O_4$ [288.42]	141-20-8 — —	消第4類	淡黄色 油状液体	1.0 −		293〜325		不
07	ジエチレントリアミン ビス(2-アミノエチル)アミン Diethylenetriamine Bis(2-aminoethyl)amine $C_4H_{13}N_3$ [103.17]	111-40-0 — (2)-159	管1種, 審2種 監視, 消第4類 安18条	黄色 液体 アンモニア臭	1.0 −	3.6	207	−39	易

燃焼危険性			有害危険性			火災時の措置	備考	
引火点 [℃]	発火点 [℃]	爆発範囲 [vol%]	許容濃度 [ppm]	吸入LC$_{50}$ [ラットppm]	経口LD$_{50}$ [ラットmg/kg]			
116	295	0.76〜5.0			6500	粉末消火剤, 二酸化炭素, 散水, 一般泡消火剤(消火効果のない場合, 散水)		01
91	204	1.2〜23.5 (182℃)			5500μl/kg	粉末消火剤, 二酸化炭素, 散水, 耐アルコール性泡消火剤(消火効果のない場合, 散水)		02
107	360	1.0 (135℃) 〜19.4 (185℃)			11g/kg	粉末消火剤, 二酸化炭素, 散水, 耐アルコール性泡消火剤(消火効果のない場合, 散水)		03
78	204	0.85〜24.6			5660	粉末消火剤, 二酸化炭素, 散水, 耐アルコール性泡消火剤(消火効果のない場合, 散水)		04
96	240	1.38〜22.7			4ml/kg	粉末消火剤, 二酸化炭素, 散水, 耐アルコール性泡消火剤(消火効果のない場合, 散水)		05
143						粉末消火剤, 二酸化炭素, 散水, 一般泡消火剤(消火効果のない場合, 散水)		06
98	358	2〜6.7	1		1080	粉末消火剤, 二酸化炭素, 散水, 耐アルコール性泡消火剤(消火効果のない場合, 散水)		07

	名称	CAS No. 国連番号 化審法No.	危険物分類	物理的特性					
				外観・性質	比重	蒸気比重 (空気=1)	沸点[℃]	融点[℃]	水溶性
01	1,1-ジエトキシエタン アセタール ジエチルアセタール **1,1-Diethoxyethane** Acetal Diethyl acetal $C_6H_{14}O_2$ [118.18]	105-57-7 1088 —	消第4類,安引火性の物,運3	無色 液体 揮発性 快香	0.8	4.1	102		可
02	1,2-ジエトキシエタン エチレングリコール＝ジエチルエーテル **1,2-Diethoxyethane** Ethylene glycol diethyl ether Diethyl glycol $C_6H_{14}O_2$ [118.18]	629-14-1 — —	消第4類,安引火性の物	無色 液体	0.8	4.1	122	−74	微
03	四塩化酸化レニウム(Ⅵ) **Rhenium(Ⅵ) tetrachloride oxide** $ReCl_4O$ [344.0]	13814-76-1 — —		褐色				29	
04	四塩化四ホウ素 **Tetraboron tetrachloride** B_4Cl_4 [185.1]	17156-85-3 — —	管1種,水	淡黄色 結晶				95	
05	四塩化炭素 テトラクロロメタン **Carbon tetrachloride** Tetrachloromethane CCl_4 [153.82]	56-23-5 1846 (2)-38	毒劇物,管1種,審2種監視,消9条,水,安18条,運6.1	無色 液体 特有の臭気	1.6	5.3	76.7	−23	難
06	四塩化テルル 塩化テルル(Ⅳ) **Tellurium tetrachloride** Tellurium(Ⅳ) chloride $TeCl_4$ [269.41]	10026-07-0 — —	管2種,安18条	無色 結晶	3.3		380	224	
07	四塩化二ホウ素 **Diboron tetrachloride** B_2Cl_4 [163.4]	13701-67-2 — —	管1種,水	無色 液体				−92.6	
08	1,3-ジオキサン **1,3-Dioxane** $C_4H_8O_2$ [88.10]	505-22-6 1165 (5)-839	消第4類,安引火性の物	無色 液体 アセタール臭	1.0+		105		易
09	1,4-ジオキサン ジエチレンジオキシド **1,4-Dioxane** Diethylene dioxide $C_4H_8O_2$ [88.10]	123-91-1 1165 (5)-839	管1種,審2種監視,消第4類,安引火性の物・18条,運3	液体	1.0+	3.0	101	11.8	易
10	1,3-ジオキソラン **1,3-Dioxolane** $C_3H_6O_2$ [74.08]	646-06-0 1166 (5)-500	消第4類,安引火性の物・18条,運3	無色 液体 刺激臭	1.1	2.6	74	−95	易
11	ジオクチルエーテル オクチルエーテル **Dioctyl ether** Octyl ether $C_{16}H_{34}O$ [242.44]	629-82-3 — —	消第4類	液体	0.8	8.4	292		
12	1,5-シクロオクタジエン **1,5-Cyclooctadiene** C_8H_{12} [108.18]	111-78-4 2520 —	消第4類,安引火性の物,運3	液体 流動性 特異臭	0.9	3.7	151	−70〜−69	不

	燃焼危険性			有害危険性			火災時の措置	備考	
引火点 [℃]	発火点 [℃]	爆発範囲 [vol%]	許容濃度 [ppm]	吸入LC$_{50}$ [ラットppm]	経口LD$_{50}$ [ラットmg/kg]		火災時の措置	備考	
−21	230	1.6〜10.4				粉末消火剤, 二酸化炭素, 散水, 一般泡消火剤(消火効果のない場合, 散水)		01
35	208					粉末消火剤, 二酸化炭素, 散水, 一般泡消火剤(消火効果のない場合, 散水)		02
						粉末消火剤, 二酸化炭素, 散水		03
						粉末消火剤, 二酸化炭素, 散水	空気中で不安定	04
			5, 10(STEL)		2350	粉末消火剤, 二酸化炭素, 散水	発がん物質の恐れ	05
			0.1mg/m^3 (Te)			粉末消火剤, 二酸化炭素, 散水		06
						粉末消火剤, 二酸化炭素, 散水		07
						粉末消火剤, 二酸化炭素, 散水, 耐アルコール性泡消火剤(消火効果のない場合, 散水)		08
12	180	2.0〜22	20		4200	粉末消火剤, 二酸化炭素, 散水, 耐アルコール性泡消火剤(消火効果のない場合, 散水)		09
2	274	1.9〜29.0	20		3000	粉末消火剤, 二酸化炭素, 散水, 耐アルコール性泡消火剤(消火効果のない場合, 散水)		10
>100	205					粉末消火剤, 二酸化炭素, 散水, 一般泡消火剤(消火効果のない場合, 散水)		11
35						粉末消火剤, 二酸化炭素, 散水, 一般泡消火剤(消火効果のない場合, 散水)		12

	名称	CAS No. 国連番号 化審法No.	危険物分類	物理的特性					
				外観・性質	比重	蒸気比重 (空気=1)	沸点[℃]	融点[℃]	水溶性
01	シクロブタン テトラメチレン **Cyclobutane** Tetramethylene C_4H_8 [56.11]	287-23-0 2601 —	圧液化ガス・可燃性ガス, 安可燃性のガス, 運2.1	無色 気体(室温)	0.7	1.9	13	−80	不
02	シクロプロパン トリメチレン **Cyclopropane** Trimethylene C_3H_6 [42.08]	75-19-4 1027 —	圧液化石油ガス・可燃性ガス, 安可燃性のガス, 運2.1	無色 気体	0.7	1.5	−34		不
03	シクロヘキサノール ヘキサリン **Cyclohexanol** Hexalin Anol $C_6H_{12}O$ [100.16]	108-93-0 — (3)-2318	消第4類, 安18条	無色 液体 吸湿性 ショウノウ臭	1.0−	3.5	161	23〜25	可
04	シクロヘキサノン ピメリクケトン **Cyclohexanone** Pimelic ketone $C_6H_{10}O$ [98.15]	108-94-1 1915 (3)-2376	消第4類, 安引火性の物・18条, 運3	液体 ハッカ様臭気	0.9	3.4	156	−45	可
05	シクロヘキサノン＝オキシム **Cyclohexanone oxime** $C_6H_{11}NO$ [113.16]	100-64-1 — (3)-2377		微黄色 結晶			206〜210	88	微
06	シクロヘキサン ヘキサヒドロベンゼン ヘキサメチレン **Cyclohexane** Hexahydrobenzene Hexamethylene C_6H_{12} [84.16]	110-82-7 1145 (3)-2233	消第4類, 安引火性の物・18条, 運3	無色 液体	0.8	2.9	82	6.5	不
07	1,4-シクロヘキサンジオール キニトール **1,4-Cyclohexanediol** Quinitol $C_6H_{12}O_2$ [116.16]	556-48-9 — (3)-2310		結晶			150 (2.66kPa)	cis： 113〜114 trans： 143	可
08	1,4-シクロヘキサンジカルボン酸 ヘキサヒドロテレフタル酸 **1,4-Cyclohexanedicarboxylic acid** Hexahydroterephthalic acid $C_8H_{12}O_4$ [172.2]	1076-97-7 — 混合物		結晶				cis： 170〜171 trans： 312〜313	
09	1,4-シクロヘキサンジメタノール **1,4-Cyclohexane dimethanol** CHDM $C_8H_{16}O_2$ [144.21]	105-08-8 — —		白色 固体	1.0−		274	41〜61	可
10	シクロヘキシルアミン ヘキサヒドロアニリン **Cyclohexylamine** Hexahydroaniline Amino cyclohexane $C_6H_{13}N$ [99.18]	108-91-8 2357 (3)-2258	毒劇物, 管1種, 消第4類, 安引火性の物・18条, 運8	無色 液体 アミン臭	0.9	3.4	134	−17.7	微
11	o-シクロヘキシルフェノール **o-Cyclohexylphenol** $C_{12}H_{16}O$ [176.26]	119-42-6 — —		淡褐色 結晶	1.0+	6	148 (10mmHg)	47	難

燃焼危険性			有害危険性			火災時の措置	備考	
引火点 [℃]	発火点 [℃]	爆発範囲 [vol%]	許容濃度 [ppm]	吸入LC$_{50}$ [ラットppm]	経口LD$_{50}$ [ラットmg/kg]			
ガス		1.8〜				粉末消火剤, 二酸化炭素【ガス漏れ停止困難のときは消火不可】		01
ガス	498	2.4〜10.4				粉末消火剤, 二酸化炭素【ガス漏れ停止困難のときは消火不可】		02
68	300	1.25〜12.25	50		1400	粉末消火剤, 二酸化炭素, 散水, 一般泡消火剤(消火効果のない場合, 散水)		03
44	420	1.1(100℃)〜9.4	20, 50(STEL)		1620μl/kg	粉末消火剤, 二酸化炭素, 散水, 一般泡消火剤(消火効果のない場合, 散水)		04
					250 (マウス腹腔内)	粉末消火剤, 二酸化炭素, 散水, 一般泡消火剤(消火効果のない場合, 散水)		05
−20	245	1.3〜8	100		12705	粉末消火剤, 二酸化炭素, 散水, 一般泡消火剤(消火効果のない場合, 散水)		06
65						粉末消火剤, 二酸化炭素, 散水, 耐アルコール性泡消火剤(消火効果のない場合, 散水)	cis, transの混合物	07
						粉末消火剤, 二酸化炭素, 砂, 土, 散水, 一般泡消火剤		08
167	316					粉末消火剤, 二酸化炭素, 砂, 土, 散水, 一般泡消火剤	cis, transの混合物	09
31	293	1.5〜9.4	10		11	粉末消火剤, 二酸化炭素, 散水, 耐アルコール性泡消火剤(消火効果のない場合, 散水)	有毒で, 中枢神経を侵し, けいれん性の中毒症状を起こす	10
134	280					粉末消火剤, 二酸化炭素, 散水, 耐アルコール性泡消火剤		11

	名称	CAS No. 国連番号 化審法No.	危険物分類	物理的特性					
				外観・性質	比重	蒸気比重 (空気=1)	沸点[℃]	融点[℃]	水溶性
01	シクロヘキシルベンゼン フェニルシクロヘキサン **Cyclohexylbenzene** Phenylcyclohexane $C_{12}H_{16}$ [160.26]	827-52-1 — (4)-1819	審2種監視, 消第4類	無色 液体	0.9	5.5	237		不
02	シクロヘキシルメルカプタン シクロヘキサンチオール **Cyclohexylmercaptan** Cyclohexanethiol $C_6H_{12}S$ [116.22]	1569-69-3 — —	消第4類, 引火性の物	無色 液体 強いメルカプタン様臭気	0.95	4.0	157〜159		不
03	シクロヘキセン **Cyclohexene** C_6H_{10} [82.15]	110-83-8 2256 (3)-2234	消第4類, 引火性の物・ 18条,運3	無色 液体 特異臭	0.8	2.8	83	−103.7	微
04	2-シクロヘキセン-1-オン **2-Cyclohexen-1-one** Cyclohexenone C_6H_8O [96.13]	930-68-7 — —	消第4類, 引火性の物	液体	1	3.3	156		可
05	シクロヘプタン **Cycloheptane** C_7H_{14} [98.19]	291-64-5 2241 —	消第4類, 引火性の物, 運3	無色 液体	0.8	3.4	119	−12	不
06	シクロペンタジエン **Cyclopentadiene** C_5H_6 [66.10]	542-92-7 — —	消第4類, 引火性の物・ 18条	無色 液体	0.8		41.5〜42	−85	
07	シクロペンタノール **Cyclopentanol** $C_5H_{10}O$ [86.13]	96-41-3 2244 (3)-2306	消第4類, 引火性の物, 運3	無色 液体 アミルアルコール様臭気	0.95	3.0	141	−19	難
08	シクロペンタノン スベロン **Cyclopentanone** Suberone C_5H_8O [84.12]	120-92-3 2245 (9)-2108	消第4類, 引火性の物, 運3	液体 いくらかハッカ臭	0.9	2.3	131	−58.2	微
09	シクロペンタノンオキシム **Cyclopentanone oxime** C_5H_9NO [99.13]	1192-28-5 — —		無色 結晶			196	56.5	可
10	シクロペンタン **Cyclopentane** C_5H_{10} [70.13]	287-92-3 1146 (3)-4166	消第4類, 引火性の物・ 18条,運3	無色 液体	0.7	2.4	49	−94.4	難
11	シクロペンチルアミン **Cyclopentylamine** $C_5H_{11}N$ [85.2]	1003-03-8 — —	消第4類	液体					
12	シクロペンテン **Cyclopentene** C_5H_8 [68.12]	142-29-0 2246 (3)-3439	消第4類, 引火性の物, 運3	無色 液体	0.8	2.4	44	−133.7	難
13	2,4-ジクロロアニリン **2,4-Dichloroaniline** $C_6H_5NCl_2$ [162.0]	554-00-7 1590, 3442 —	運6.1	結晶				63	
14	2,6-ジクロロアニリン **2,6-Dichloroaniline** $C_6H_5NCl_2$ [162.0]	608-31-1 1590, 3442 —	運6.1	結晶				39	
15	3,4-ジクロロアニリン **3,4-Dichloroaniline** $C_6H_5NCl_2$ [162.0]	95-76-1 1590, 3442 —	運6.1	結晶		5.6	272	71.5	不

燃焼危険性			有害危険性			火災時の措置	備考	
引火点 [℃]	発火点 [℃]	爆発範囲 [vol%]	許容濃度 [ppm]	吸入LC$_{50}$ [ラットppm]	経口LD$_{50}$ [ラットmg/kg]			
99					LDLo＝5g/kg	粉末消火剤，二酸化炭素，散水，一般泡消火剤(消火効果のない場合，散水)		01
43						粉末消火剤，二酸化炭素，散水，一般泡消火剤(消火効果のない場合，散水)		02
<-7	244	1.2 (100℃)～7	300			粉末消火剤，二酸化炭素，散水，一般泡消火剤(消火効果のない場合，散水)		03
34						粉末消火剤，二酸化炭素，散水，一般泡消火剤(消火効果のない場合，散水)		04
<21		1.1～6.7				粉末消火剤，二酸化炭素，散水，一般泡消火剤(消火効果のない場合，散水)		05
			75			粉末消火剤，二酸化炭素，散水，一般泡消火剤(消火効果のない場合，散水)		06
51						粉末消火剤，二酸化炭素，散水，一般泡消火剤(消火効果のない場合，散水)		07
26		1.6～13.8			1950 (マウス腹腔内)	粉末消火剤，二酸化炭素，散水，一般泡消火剤(消火効果のない場合，散水)		08
						粉末消火剤，二酸化炭素，散水，耐アルコール性泡消火剤		09
<-7	361	1.5～	600		5000(ウサギ)	粉末消火剤，二酸化炭素，散水，一般泡消火剤(消火効果のない場合，散水)		10
								11
-29	395	1.7～9.2			2140μl/kg	粉末消火剤，二酸化炭素，散水，一般泡消火剤(消火効果のない場合，散水)		12
						粉末消火剤，二酸化炭素，散水，耐アルコール性泡消火剤		13
						粉末消火剤，二酸化炭素，散水，耐アルコール性泡消火剤		14
166	265	2.8～7.2				粉末消火剤，二酸化炭素，散水，耐アルコール性泡消火剤		15

	名称	CAS No. 国連番号 化審法No.	危険物分類	物理的特性					
				外観・性質	比重	蒸気比重 (空気=1)	沸点[℃]	融点[℃]	水溶性
01	1,1-ジクロロエタン 二塩化エチリデン 塩化エチリデン **1,1-Dichloroethane** 1,1-Ethylidene dichloride Ethylidene chloride $C_2H_4Cl_2$ [98.96]	*75-34-3* 1184, 2362 —	消第4類, 安引火性の物・18条, 運3	無色 油状液体 揮発性 クロロホルム様臭気	1.2	3.4	57〜59	−97.6	微
02	1,2-ジクロロエタン 二塩化エチレン 塩化エチレン **1,2-Dichloroethane** Ethylene dichloride Glycol dichloride $C_2H_4Cl_2$ [98.96]	*107-06-2* — (2)-54	管1種, 審2種監視, 消第4類, 気有害物質, 水, 安引火性の物・18条	無色 液体 クロロホルム様臭気	1.3	3.4	84	−35.4	微
03	ジクロロエチルアルミニウム ジクロロエチルアラン エチルアルミニウムジクロリド **Dichloroethylaluminium** Dichloroethylalane Ethylaluminium dichloride $C_2H_5AlCl_2$ [127.0]	*563-43-9* — (2)-2213	消第3類, 安引火性の物・18条	黄色 固体	1.2		115 (50mmHg)	32	激しく反応
04	ジクロロエチルシラン エチルジクロロシラン **Dichloroethylsilane** Ethyl dichlorosilane $C_2H_6Cl_2Si$ [129.06]	*1789-58-8* 1183 (2)-2041	消第4類, 安引火性の物, 運4.3	無色 液体	1.1	4.5	76		可
05	ジクロロエチルボラン **Dichloroethylborane** $C_2H_5BCl_2$ [110.78]	*1739-53-3* — —	管1種, 水	無色			50.8		
06	1,1-ジクロロエチレン 二塩化ビニリデン 塩化ビニリデン **1,1-Dichloroethylene** Vinylidene dichloride $C_2H_2Cl_2$ [96.94]	*75-35-4* — —	管1種, 消第4類, 水, 安引火性の物	無色 液体	1.2	3.4	32	−122.1	難
07	1,2-ジクロロエチレン 1,2-ジクロロエテン **1,2-Dichloroethylene** 1,2-Dichloroethene $C_2H_2Cl_2$ [96.94]	*540-59-0* 1150 混合物	消第4類, 安引火性の物・18条, 運3	無色 液体 芳香	1.3	3.4	48	cis: −81 trans: −50	微
08	3,3'-ジクロロ-4,4'-ジアミノビフェニル 3,3'-ジクロロベンジジン **3,3'-Dichloro-4,4'-diaminobiphenyl** 3,3'-Dichlorobenzidine $C_{12}H_{10}N_2Cl_2$ [253.13]	*91-94-1* — (4)-800	管1種, 審2種監視, 安特定化学物質等・18条	褐色 結晶				133	難
09	ジクロロジエチルシラン **Dichlorodiethylsilane** $C_4H_{10}Cl_2Si$ [157.11]	*1719-53-5* — (2)-2041	消第4類, 安引火性の物	無色 液体			127	−96	
10	ジクロロジニトロメタン **Dichlorodinitromethane** $CCl_2N_2O_4$ [174.93]	*1587-41-3* — —	毒劇物, 消第5類	液体					
11	ジクロロ(ジフェニル)シラン **Diphenyldichlorosilane** $C_{12}H_{10}Cl_2Si$ [253.20]	*80-10-4* 1769 (3)-2634	消第4類, 運8	無色 液体	1.2		305	−22	反応

燃焼危険性			有害危険性			火災時の措置	備考	
引火点 [℃]	発火点 [℃]	爆発範囲 [vol%]	許容濃度 [ppm]	吸入LC$_{50}$ [ラットppm]	経口LD$_{50}$ [ラットmg/kg]			
−17	458	5.4〜11.4	100			粉末消火剤,二酸化炭素,散水,一般泡消火剤(消火効果のない場合,散水)		01
13	440	6.2〜16	10		670	粉末消火剤,二酸化炭素,散水,一般泡消火剤(消火効果のない場合,散水)		02
−18	空気中激しく発煙.着火する事多し					粉末消火剤,ソーダ灰,石灰,砂【水/泡消火剤使用不可】		03
−1		2.9〜				粉末消火剤,ソーダ灰,石灰,乾燥砂		04
						粉末消火剤,ソーダ灰,石灰,乾燥砂	空気中で不安定	05
−28	570	6.5〜15.5	5			粉末消火剤,二酸化炭素,散水		06
2	460	5.6〜12.8	200			粉末消火剤,二酸化炭素,散水,一般泡消火剤(消火効果のない場合,散水)		07
					(二塩酸塩) 3820	粉末消火剤,二酸化炭素,散水,耐アルコール性泡消火剤	市販品は二塩酸塩の形で湿潤状	08
24						粉末消火剤,ソーダ灰,石灰,乾燥砂		09
								10
142						粉末消火剤,ソーダ灰,石灰,乾燥砂		11

	名称	CAS No. 国連番号 化審法No.	危険物分類	外観・性質	比重	蒸気比重 (空気=1)	沸点[℃]	融点[℃]	水溶性
01	ジクロロジフルオロメタン フロン12 **Dichlorodifluoromethane** Freon 12 CCl$_2$F$_2$ [120.91]	75-71-8 1028, 2602, 3070 —	管1種, 圧液化ガス, 安18条, 運2.2	無色 気体 弱いエーテル臭			−29.8	−155	難
02	ジクロロジメチルシラン ジメチルジクロロシラン **Dichlorodimethylsilane** Dimethyldichlorosilane C$_2$H$_6$Cl$_2$Si [129.06]	75-78-5 1162, 1242 (2)-2041	消第4類, 引火性の物, 運3, 4.3	無色 液体 空気中で発煙	1.1	4.4	70	−76	反応
03	ジクロロシラン クロロシラン **Dichlorosilane** H$_2$Cl$_2$Si [101.01]	4109-96-0 2189 (1)-217	圧可燃性ガス, 安可燃性のガス, 運2.3,	無色 気体	1.2	3.5	8	−122	反応
04	2,6-ジクロロスチレン **2,6-Dichlorostyrene** C$_8$H$_6$Cl$_2$ [173.04]	28469-92-3 — —	消第4類	無色 液体	1.3		88〜90 (8mmHg)		不
05	1,2-ジクロロテトラメチルジシラン **1,2-Dichlorotetramethyldisilane** [(CH$_3$)$_2$ClSi]$_2$ [187.22]	4342-61-4	消第3類	無色 液体 刺激臭	1.0+		148〜149		
06	1,1-ジクロロ-1-ニトロエタン **1,1-Dichloro-1-nitroethane** C$_2$H$_3$Cl$_2$NO$_2$ [143.90]	594-72-9 2650 —	消第4類, 運6.1		1.4	5.0	124		不
07	1,1-ジクロロ-1-ニトロプロパン **1,1-Dichloro-1-nitropropane** C$_3$H$_5$Cl$_2$NO$_2$ [157.98]	595-44-8 — —	消第4類		1.3	5.5	142.8		難
08	ジクロロフェニルボラン **Dichlorophenylborane** C$_6$H$_5$BCl$_2$ [158.82]	873-51-8 — —	管1種, 水	液体	1.2		175		
09	2,4-ジクロロフェノール **2,4-Dichlorophenol** C$_6$H$_4$Cl$_2$O [163.00]	120-83-2 (3)-930		無色 結晶	1.4 (60℃)	5.6	210	45	微
10	2,3-ジクロロブタジエン-1,3 **2,3-Dichlorobutadiene-1,3** C$_4$H$_4$Cl$_2$ [122.98]	1653-19-6 — —	消第4類, 引火性の物		1.2	4.2	100		不
11	1,2-ジクロロブタン **1,2-Dichlorobutane** C$_4$H$_8$Cl$_2$ [127.01]	616-21-7 — —	消第4類, 引火性の物	液体		4.4	124		
12	1,4-ジクロロブタン **1,4-Dichlorobutane** C$_4$H$_8$Cl$_2$ [127.01]	110-56-5 — (2)-61	消第4類, 引火性の物	無色 液体 温和な快香	1.1	4.4	155	−38.7	不
13	2,3-ジクロロブタン **2,3-Dichlorobutane** C$_4$H$_8$Cl$_2$ [127.01]	7581-97-7 — —	消第4類	液体	1.1	4.4	116〜123		
14	1,3-ジクロロ-2-ブテン **1,3-Dichloro-2-butene** C$_4$H$_6$Cl$_2$ [125.00]	926-57-8 — —	消第4類, 引火性の物	透明ないし 黄色 液体	1.2	4.3	128		不
15	3,4-ジクロロ-1-ブテン **3,4-Dichloro-1-butene** C$_4$H$_6$Cl$_2$ [125.00]	64037-54-3 — —	消第4類, 引火性の物		1.1	4.3	158		

燃焼危険性			有害危険性			火災時の措置	備考	
引火点 [℃]	発火点 [℃]	爆発範囲 [vol%]	許容濃度 [ppm]	吸入LC$_{50}$ [ラットppm]	経口LD$_{50}$ [ラットmg/kg]			
			1000			粉末消火剤, 二酸化炭素【ガス漏れ停止困難のときは消火不可】		01
−3	>399	3.4〜9.5			5660 μl/kg	粉末消火剤, ソーダ灰, 石灰, 乾燥砂		02
−37	36	4.1〜99		215		粉末消火剤, 二酸化炭素, 散水, 耐アルコール性泡消火剤【ガス漏れ停止困難のときは消火不可】	催涙性, 目, 皮膚, 気道に対して腐食性がある	03
71						粉末消火剤, 二酸化炭素, 散水, 一般泡消火剤(消火効果のない場合, 散水)		04
						粉末消火剤, ソーダ灰, 石灰, 乾燥砂		05
76			2			粉末消火剤, 二酸化炭素, 散水, 一般泡消火剤(消火効果のない場合, 散水)		06
66						粉末消火剤, 二酸化炭素, 散水, 一般泡消火剤(消火効果のない場合, 散水)		07
						粉末消火剤, ソーダ灰, 石灰, 乾燥砂	発煙性	08
114					47	粉末消火剤, 二酸化炭素, 散水, 耐アルコール性泡消火剤		09
10	368	1.0〜12.0				粉末消火剤, 二酸化炭素, 散水, 一般泡消火剤(消火効果のない場合, 散水)		10
	275					粉末消火剤, 二酸化炭素, 散水, 一般泡消火剤(消火効果のない場合, 散水)		11
52		1.5〜4.0				粉末消火剤, 二酸化炭素, 散水, 一般泡消火剤(消火効果のない場合, 散水)		12
90						粉末消火剤, 二酸化炭素, 散水, 一般泡消火剤(消火効果のない場合, 散水)		13
27						粉末消火剤, 二酸化炭素, 散水, 一般泡消火剤(消火効果のない場合, 散水)		14
45						粉末消火剤, 二酸化炭素, 散水, 一般泡消火剤(消火効果のない場合, 散水)		15

	名称	CAS No. 国連番号 化審法No.	危険物分類	物理的特性					
				外観・性質	比重	蒸気比重 (空気=1)	沸点[℃]	融点[℃]	水溶性
01	1,3-ジクロロ-2-プロパノール グリセリン=α-ジクロロヒドリン **1,3-Dichloro-2-propanol** Glycerol α-dichlorohydrin $C_3H_6Cl_2O$ [128.99]	*96-23-1* — (2)-2002	㊧1種, ㊛第4類	無色液体 やや粘ちょう	1.4	4.4	174	−4	易
02	2,3-ジクロロ-1-プロパノール グリセリン=β-ジクロロヒドリン **2,3-Dichloro-1-propanol** Glycerin β-dichlorohydrin $C_3H_6Cl_2O$ [128.99]	*616-23-9* — (2)-2002	㊛第4類	液体	1.4	4.4	182		可
03	1,1-ジクロロプロパン 二塩化プロピリデン 塩化プロピリデン **1,1-Dichloropropane** Propylidene dichloride $C_3H_6Cl_2$ [112.99]	*78-99-9* — —	㊛第4類, ㊤引火性の物	液体	1.1		88.3		微
04	1,2-ジクロロプロパン 二塩化プロピレン 塩化プロピレン **1,2-Dichloropropane** Propylene dichloride $C_3H_6Cl_2$ [112.99]	*78-87-5* 1279	㊧1種, ㊛第4類, ㊤引火性の物・18条, ㊍3	無色液体 クロロホルム臭	1.2	3.9	96		微
05	2,2-ジクロロプロパン 二塩化イソプロピリデン 塩化イソプロピリデン **2,2-Dichloropropane** Isopropylidene dichloride $C_3H_6Cl_2$ [112.99]	*594-20-7* — —	㊛第4類, ㊤引火性の物	液体	1.1		70.5	−33.8	
06	1,3-ジクロロプロペン 二塩化プロペニレン 塩化プロペニレン **1,3-Dichloropropene** Propenylene dichloride $C_3H_4Cl_2$ [110.97]	*542-75-6* — —	㊧1種, ㊛第4類, ㊤引火性の物・18条	液体	1.2	3.8	104		不
07	2,3-ジクロロプロペン **2,3-Dichloropropene** $C_3H_4Cl_2$ [110.97]	*78-88-6* 2047 —	㊛第4類, ㊤引火性の物, ㊅, ㊍3	液体	1.2	3.8	94	−83	微
08	o-ジクロロベンゼン 1,2-ジクロロベンゼン **o-Dichlorobenzene** 1,2-Dichlorobenzene o-Dichlorobenzol $C_6H_4Cl_2$ [147.00]	*95-50-1* 1591 (3)-41	㊧1種, ㊙2種監視, ㊛第4類, ㊤18条, ㊍6.1	無色液体 芳香	1.3	5.1	180	−17	難
09	m-ジクロロベンゼン 1,3-ジクロロベンゼン **m-Dichlorobenzene** 1,3-Dichlorobenzene $C_6H_4Cl_2$ [147.00]	*541-73-1* — (3)-41	㊛第4類, ㊤引火性の物	無色液体	1.3		173	−24.7	不
10	p-ジクロロベンゼン 1,4-ジクロロベンゼン **p-Dichlorobenzene** 1,4-Dichlorobenzene $C_6H_4Cl_2$ [147.00]	*106-46-7* — (3)-41	㊧1種, ㊤18条	無色結晶 揮発性	1.2	5.1	174	53	不

燃焼危険性			有害危険性			火災時の措置	備考	
引火点 [℃]	発火点 [℃]	爆発範囲 [vol%]	許容濃度 [ppm]	吸入LC_{50} [ラットppm]	経口LD_{50} [ラットmg/kg]			
74						粉末消火剤，二酸化炭素，散水，一般泡消火剤(消火効果のない場合，散水)		01
93					90	粉末消火剤，二酸化炭素，散水，耐アルコール性泡消火剤(消火効果のない場合，散水)		02
16		3.4〜14.5				粉末消火剤，二酸化炭素，散水，一般泡消火剤(消火効果のない場合，散水)		03
16	557	3.4〜14.5	75, 110(STEL)			粉末消火剤，二酸化炭素，散水，一般泡消火剤(消火効果のない場合，散水)		04
−27						粉末消火剤，二酸化炭素，散水，一般泡消火剤(消火効果のない場合，散水)		05
35		5.3〜14.5	1			粉末消火剤，二酸化炭素，散水，一般泡消火剤(消火効果のない場合，散水)	cis, transの混合物	06
15		2.6〜7.8				粉末消火剤，二酸化炭素，散水，一般泡消火剤(消火効果のない場合，散水)		07
66	648	2.2〜9.2	25, 50(STEL)		500	粉末消火剤，二酸化炭素，散水，一般泡消火剤(消火効果のない場合，散水)		08
64					820	粉末消火剤，二酸化炭素，散水，一般泡消火剤(消火効果のない場合，散水)		09
66	648	6.2〜16	10		500	粉末消火剤，二酸化炭素，散水，耐アルコール性泡消火剤		10

名称	CAS No. 国連番号 化審法No.	危険物分類	物理的特性					
			外観・性質	比重	蒸気比重 (空気=1)	沸点[℃]	融点[℃]	水溶性
01 ジクロロペンタン Dichloropentane $C_5H_{10}Cl_2$ [141.04]	30586-10-8 — —	消第4類, 安引火性の物		1.0+	4.8	130		不
02 1,5-ジクロロペンタン **1,5-Dichloropentane** Amylene chloride Pentamethylene dichloride $C_5H_{10}Cl_2$ [141.04]	628-76-2 1152 —	消第4類, 安引火性の物, 運3	液体	1.1	4.9	179〜181	−72	不
03 ジクロロメタン 二塩化メチレン 塩化メチレン **Dichloromethane** Methylene chloride CH_2Cl_2 [84.93]	75-09-2 1593, 1912 (2)-36	管1種, 審2種監視, 気有害物質, 水, 安18条, 運2.1, 6.1	無色液体	1.3	2.9	40	−95	可
04 ジクロロ(メチル)アルシン **Dichloromethylarsine** CH_3AsCl_2 [160.86]	593-89-5 — —	毒毒物, 水	無色液体	1.8		132.5	−43	
05 ジクロロ(メチル)シラン メチルジクロロシラン **Dichloromethylsilane** Methyldichlorosilane CH_3SiHCl_2 [115.04]	75-54-7 — (2)-2041	消第4類, 安引火性の物	無色液体 揮発性 刺激臭	1.1	4.0	41	−93	反応
06 ジケテン ケテンダイマー **Diketene** Vinylaceto-β-lactone $C_4H_4O_2$ [84.08]	674-82-8 2521 (5)-13	消第4類, 安引火性の物, 運6.1	無色液体 催涙性 強い刺激臭	1.1	2.9	127	−6.5	反応
07 ジゲルマン 水素化ゲルマニウム **Digermane** Ge_2H_6 [151.23]	13818-89-8 — —	消第3類	無色			31	−109	
08 四酸化キセノン **Xenon tetraoxide** XeO_4 [195.3]	12340-14-6 — —		無色			分解 (室温)	−36	可
09 四酸化二窒素 二酸化窒素 **Dinitrogen tetraoxide** Nitrogen dioxide N_2O_4 [92.01]	10544-72-6 1067, 1975 —	気特定物質, 運2.3	無色気体			21	−11	反応
10 ジシアン エタンジニトリル シアノーゲン **Dicyan** Ethanedinitrile Cyanogen $(CN)_2$ [52.04]	460-19-5 1026 —	圧毒性ガス, 安18条, 運2.3	無色気体 特有の刺激臭	0.95	1.8	−21	−27	可
11 ジシクロヘキシルアミン **Dicyclohexylamine** $C_{12}H_{23}N$ [181.31]	101-83-7 2565 (3)-2259	消第4類, 運8	液体 淡い魚臭	0.9	6.3	258	−0.1 (凝固点)	難
12 ジシクロペンタジエン **Dicyclopentadiene** $C_{10}H_{12}$ [132.19]	77-73-6 2048 (4)-634	安18条, 運3	無色結晶 ショウノウ臭	1.0−	4.6	172	32	不

燃焼危険性			有害危険性			火災時の措置	備考	
引火点 [℃]	発火点 [℃]	爆発範囲 [vol%]	許容濃度 [ppm]	吸入LC_{50} [ラットppm]	経口LD_{50} [ラットmg/kg]			
41						粉末消火剤, 二酸化炭素, 散水, 一般泡消火剤(消火効果のない場合, 散水)		01
>27					LDLo=64 (マウス腹腔内)	粉末消火剤, 二酸化炭素, 散水, 一般泡消火剤(消火効果のない場合, 散水)		02
なし	556	13〜23	50		1600	粉末消火剤, 二酸化炭素, 散水		03
						散水, 湿った砂, 土		04
−9	316	6.0〜55			2830μl/kg	粉末消火剤, ソーダ灰, 石灰, 乾燥砂	皮膚, 目, 粘膜に触れた場合, 強い刺激を感じ, また薬傷の可能性がある	05
34	291	0.2〜11			560μl/kg	粉末消火剤, ソーダ灰, 石灰, 砂【水／泡消火剤使用不可】		06
						粉末消火剤, 二酸化炭素, 散水, 耐アルコール性泡消火剤【ガス漏れ停止困難のときは消火不可】		07
						粉末消火剤, 二酸化炭素, 散水		08
			3.5(STEL) (NO_2)			粉末消火剤または二酸化炭素, 適当な消火剤使用, 周辺火災の場合, 速やかに容器移動	$N_2O_4 \rightleftharpoons 2NO_2$	09
ガス	850	6.6〜32	10			粉末消火剤, 二酸化炭素, 散水, 耐アルコール性泡消火剤【ガス漏れ停止困難のときは消火不可】		10
>90	>160				373	粉末消火剤, 二酸化炭素, 散水, 一般泡消火剤(消火効果のない場合, 散水)	急性毒性物質. 皮膚や粘膜を腐食する	11
32	503	0.8〜6.3	5		353	粉末消火剤, 二酸化炭素, 散水, 一般泡消火剤(消火効果のない場合, 散水)		12

174　四臭化

	名称	CAS No. 国連番号 化審法No.	危険物分類	物理的特性					
				外観・性質	比重	蒸気比重 (空気=1)	沸点[℃]	融点[℃]	水溶性
01	四臭化酸化タングステン(Ⅵ) Tungsten(Ⅵ) tetrabromide oxide WBr$_4$O [519.5]	13520-77-9 — —		黒色 結晶				277	
02	四臭化セレン Selenium tetrabromide SeBr$_4$ [398.58]	7789-65-3 2516 —	毒毒物, 管1種, 水, 運6.1	橙色 結晶 吸湿性				123	
03	四臭化炭素 テトラブロモメタン Carbon tetrabromide Tetrabromomethane CBr$_4$ [331.63]	558-13-4 — —		無色 結晶	3		α型： 189〜190	90.1	α型：不
04	四臭化テルル 臭化テルル(Ⅳ) Tellurium tetrabromide TeBr$_4$ [447.27]	10031-27-3 — —	管2種	黄橙色 結晶 吸湿性				380±6	
05	ジシラン Disilane Si$_2$H$_6$ [62.22]	1590-87-0 — (1)-1205	圧圧縮ガス・ 液化ガス・可 燃性ガス・毒 性ガス・特殊 高圧ガス・特 定高圧ガス, 安可燃性のガス	無色 気体	0.7 (−25℃)	2.2	−14.5	−133	不
06	ジチオ二酢酸 ジチオジグリコール酸 Dithiodiacetic acid Dithiodiglycolic acid C$_4$H$_6$O$_4$S$_2$ [182.21]	505-73-7 — —		結晶				108〜109	
07	七酸化二硫黄 Disulfur heptoxide S$_2$O$_7$ [176.13]	12065-85-9 — —		無色 油状液体					
08	七酸化二塩素 過塩素酸ペルクロリル Dichlorine heptoxide Perchloryl perchlorate Cl$_2$O$_7$ [182.90]	10294-48-1 — —		無色 油状液体	1.9		80	−91.5	可
09	七フッ化ヨウ素 フッ化ヨウ素 Iodine heptafluoride Iodine fluoride IF$_7$ [259.91]	16921-96-3 — —	消第6類, 水	無色 液体					
10	ジデシルエーテル デシルエーテル Didecyl ether Decyl ether (C$_{10}$H$_{21}$)$_2$O [298.55]	2456-28-2 — —	消第4類	液体		10.3		16	
11	2,4-ジニトロアニリン 2,4-Dinitroaniline C$_6$H$_5$N$_3$O$_4$ [183.12]	97-02-9 1596 —	消第5類, 運 6.1	橙色 結晶	1.6	6.3		188	不
12	2,4-ジニトロトルエン 2,4-Dinitrotoluene C$_7$H$_6$N$_2$O$_4$ [182.14]	121-14-2 2038, 3454 (3)-446	毒劇物, 管1種, 審2種監視, 消第5類, 安 18条, 運6.1	黄色 結晶	1.5	6.3	300	71	難

燃焼危険性			有害危険性			火災時の措置	備考	
引火点 [℃]	発火点 [℃]	爆発範囲 [vol%]	許容濃度 [ppm]	吸入LC$_{50}$ [ラットppm]	経口LD$_{50}$ [ラットmg/kg]			
			1mg/m³, 3mg/m³ (STEL) (W)			粉末消火剤, 二酸化炭素, 散水		01
			0.2mg/m³ (Se)			粉末消火剤, 二酸化炭素, 散水	空気中で不安定	02
			0.1, 0.3(STEL)			粉末消火剤, 二酸化炭素, 散水		03
			0.1mg/m³ (Te)			粉末消火剤, 二酸化炭素, 散水		04
	空気中で室温発火する	0.5〜100				粉末消火剤, 二酸化炭素【ガス漏れ停止困難のときは消火不可】		05
						粉末消火剤, 二酸化炭素, 散水, 耐アルコール性泡消火剤		06
						粉末消火剤, ソーダ灰, 石灰【水／泡消火剤使用不可】		07
						粉末消火剤, ソーダ灰, 石灰【水／泡消火剤使用不可】		08
			2.5mg/m³ (F)			粉末消火剤, 二酸化炭素(防毒マスク使用)		09
	215					粉末消火剤, 二酸化炭素, 散水, 一般泡消火剤(消火効果のない場合, 散水)		10
224						積載火災：爆発のおそれ, 消火不可		11
207			0.2mg/m³		268	積載火災：爆発のおそれ, 消火不可		12

	名称	CAS No. 国連番号 化審法No.	危険物分類	物理的特性					
				外観・性質	比重	蒸気比重 (空気=1)	沸点[℃]	融点[℃]	水溶性
01	**o-ジニトロベンゼン** 1,2-ジニトロベンゼン **o-Dinitrobenzene** 1,2-Dinitrobenzene 1,2-Dinitrobenzol $C_6H_4N_2O_4$ [168.11]	*528-29-0* 1597, 3443 (3)-445	(消)第5類, (安)18条, (運)6.1	白色 結晶	1.6	5.8	318	118	難
02	**m-ジニトロベンゼン** 1,3-ジニトロベンゼン **m-Dinitrobenzene** 1,3-Dinitrobenzene $C_6H_4N_2O_4$ [168.11]	*99-65-0* 1597, 3443 (3)-445	(管)2種, (審)2種監視, (消)第5類, (安)18条, (運)6.1	淡黄色 結晶	1.5		303	89～90	難
03	**p-ジニトロベンゼン** 1,4-ジニトロベンゼン **p-Dinitrobenzene** 1,4-Dinitrobenzene $C_6H_4N_2O_4$ [168.11]	*100-25-4* 1597, 3443 (3)-445	(消)第5類, (安)18条, (運)6.1	無色 結晶	1.6		299	173～174	熱水に微
04	**ジニトロメタン** **Dinitromethane** $CH_2N_2O_4$ [106.04]	*625-76-3* — —	(消)第5類, (安)爆発性の物	不安定な液体				＜−15	
05	**2,3-ジヒドロピラン** 2,3-ジヒドロ-4H-ピラン **3,4-Dihydro-2H-pyran** 2,3-Dihydro-4H-pyran C_5H_8O [84.12]	*110-87-2* — (5)-670	(消)第4類, (安)引火性の物	無色 液体 エーテル臭	0.9	2.9	86	−78 (凝固点)	難
06	**ジビニルアセチレン** 1,5-ヘキサジエン-3-イン **Divinyl acetylene** 1,5-Hexadien-3-yne C_6H_6 [78.11]	*821-08-9* — —	(消)第4類, (安)引火性の物	無色 液体	0.8	2.7	84	−87.8	
07	**ジビニルエーテル** ビニルエーテル **Divinyl ether** Vinyl ether Ethenyloxyethene C_4H_6O [70.09]	*109-93-3* 1167 (2)-372	(消)第4類, (安)引火性の物, (運)3	無色 液体 揮発性	0.8	2.4	28		不
08	**m-ジビニルベンゼン** **m-Divinylbenzene** $C_{10}H_{10}$ [130.19]	*108-57-6* — (3)-14	(管)2種, (消)第4類, (安)18条	特有の臭気	0.9 (混合物)	4.5 (混合物)	200 (混合物)	−67	不
09	**p-ジビニルベンゼン** **p-Divinylbenzene** $C_{10}H_{10}$ [130.19]	*105-06-6* *56481-85-7* — —	(管)2種, (消)第4類, (安)18条	特有の臭気	0.9 (混合物)	4.5 (混合物)	200 (混合物)	30	不
10	**ジフェニルアミン** フェニルアニリン **Diphenylamine** Phenylaniline $C_{12}H_{11}N$ [169.23]	*122-39-4* — (3)-133	(管)1種, (安)18条	灰白色 結晶	1.2	5.8	302	55	不
11	**1,1-ジフェニルエタン** **1,1-Diphenylethane(uns)** $C_{14}H_{14}$ [182.27]	*612-00-0* — —	(消)第4類	無色 液体	1.0	6.3	286	−18	
12	**1,2-ジフェニルエタン** ビベンジル **1,2-Diphenylethane(sym)** Bibenzyl $C_{14}H_{14}$ [182.27]	*103-29-7* — —		無色 結晶	1.0	6.3	284	53	

燃焼危険性			有害危険性			火災時の措置	備考	
引火点 [℃]	発火点 [℃]	爆発範囲 [vol%]	許容濃度 [ppm]	吸入LC$_{50}$ [ラットppm]	経口LD$_{50}$ [ラットmg/kg]			
150		2.0〜2.2	0.15			積載火災：爆発のおそれ, 消火不可		01
		2.0〜2.2	0.15		59.5	積載火災：爆発のおそれ, 消火不可		02
		2.0〜2.2	0.15		56(腹腔内)	積載火災：爆発のおそれ, 消火不可		03
						積載火災：爆発のおそれ, 消火不可		04
−18						粉末消火剤, 二酸化炭素, 散水, 一般泡消火剤(消火効果のない場合, 散水)		05
<−20						粉末消火剤, 二酸化炭素, 散水, 一般泡消火剤(消火効果のない場合, 散水)		06
<−30	360	1.7〜27				粉末消火剤, 二酸化炭素, 散水, 一般泡消火剤(消火効果のない場合, 散水)		07
76 (混合物)	470 (混合物)	0.7〜6.2 (混合物)	10 (混合物)		混合物 LDLo=10ml/kg	粉末消火剤, 二酸化炭素, 散水, 一般泡消火剤(消火効果のない場合, 散水)	m/p混合物CAS No：1321-74-0	08
76 (混合物)	470 (混合物)	0.7〜6.2 (混合物)	10 (混合物)		混合物 LDLo=10ml/kg	粉末消火剤, 二酸化炭素, 砂, 土, 散水, 一般泡消火剤	m/p混合物CAS No：1321-74-0	09
153	634	0.7〜	10mg/m^3		1120	粉末消火剤, 二酸化炭素, 散水, 耐アルコール性泡消火剤		10
>100	440					粉末消火剤, 二酸化炭素, 散水, 一般泡消火剤(消火効果のない場合, 散水)		11
129	480					粉末消火剤, 二酸化炭素, 砂, 土, 散水, 一般泡消火剤		12

	名称	CAS No. 国連番号 化審法No.	危険物分類	物理的特性					
				外観・性質	比重	蒸気比重 (空気=1)	沸点[℃]	融点[℃]	水溶性
01	ジフェニルエーテル フェニルエーテル **Diphenyl ether** Phenyl ether $C_{12}H_{10}O$ [170.21]	101-84-8 — (3)-650	消第9条, 安18条	無色結晶	1.1	5.9	252	28	不
02	ジフェニルケトン ベンゾフェノン **Diphenyl ketone** Benzophenone $C_{13}H_{10}O$ [182.22]	119-61-9 — (3)-1258		無色結晶 ゼラニウム様香気	1.1	6.3	305.4	48.5	不
03	ジフェニル水銀 **Diphenylmercury** $C_{12}H_{10}Hg$ [354.80]	587-85-9 — —	毒毒物, 管1種, 消第3類, 水	無色結晶				125	
04	ジフェニルスルホキシド フェニルスルホキシド **Diphenyl sulfoxide** Phenyl sulfoxide $C_{12}H_{10}OS$ [202.28]	945-51-7 — —		無色結晶			210 (15mmHg)	70.5	
05	ジフェニルスルホン フェニルスルホン **Diphenyl sulfone** Phenyl sulfone $C_{12}H_{10}O_2S$ [218.28]	127-63-9 — (3)-2158		無色結晶			379	128	難
06	N,N'-ジフェニルチオ尿素 チオカルバニリド **N,N'-Diphenylthiourea** Thiocarbanilide $C_{13}H_{12}N_2S$ [228.32]	102-08-9 — (3)-2205		灰色粉末	1.3			154	不
07	N,N'-ジフェニル尿素 カルバニリド sym-ジフェニル尿素 **N,N'-Diphenylurea** Carbanilide sym-Diphenylurea $C_{13}H_{12}N_2O$ [212.2]	102-07-8 — —		無色結晶			260	239～240	難
08	1,1-ジフェニルブタン **1,1-Diphenylbutane** $C_{16}H_{18}$ [210.31]	719-79-9 — —	消第4類		1.0 -	7.3	294		
09	1,1-ジフェニルプロパン **1,1-Diphenylpropane** $C_{15}H_{16}$ [196.29]	1530-03-6 — —	消第4類	液体	1.0 -	6.8	283		
10	o-ジフェニルベンゼン o-テルフェニル **o-Diphenylbenzene** o-Terphenyl $C_{18}H_{14}$ [230.31]	84-15-1 — —		結晶	1.1	8	332	58～59	不
11	m-ジフェニルベンゼン m-テルフェニル **m-Diphenylbenzene** m-Terphenyl $C_{18}H_{14}$ [230.31]	92-06-8 — —	安18条	結晶	1.2	8	363	89	不

燃焼危険性			有害危険性			火災時の措置	備考	
引火点 [℃]	発火点 [℃]	爆発範囲 [vol%]	許容濃度 [ppm]	吸入LC$_{50}$ [ラットppm]	経口LD$_{50}$ [ラットmg/kg]			
116	618	0.7〜6.0	1, 2(STEL)		2450	粉末消火剤,二酸化炭素,散水,耐アルコール性泡消火剤		01
138					>10g/kg	粉末消火剤,二酸化炭素,散水,耐アルコール性泡消火剤		02
			0.1mg/m^3			粉末消火剤,ソーダ灰,石灰,砂【水／泡消火剤使用不可】		03
						粉末消火剤,二酸化炭素,散水,耐アルコール性泡消火剤		04
					320 (マウス静脈内)	粉末消火剤,二酸化炭素,散水,耐アルコール性泡消火剤		05
					50	粉末消火剤,二酸化炭素,散水,耐アルコール性泡消火剤		06
						粉末消火剤,二酸化炭素,散水,耐アルコール性泡消火剤		07
>100	455					粉末消火剤,二酸化炭素,散水,一般泡消火剤(消火効果のない場合,散水)		08
>100	460					粉末消火剤,二酸化炭素,散水,一般泡消火剤(消火効果のない場合,散水)		09
163			5mg/m^3 (STEL)		2400	粉末消火剤,二酸化炭素,砂,土,散水,一般泡消火剤		10
191			5mg/m^3 (STEL)		1900	粉末消火剤,二酸化炭素,砂,土,散水,一般泡消火剤		11

	名称	CAS No. 国連番号 化審法No.	危険物分類	物理的特性 外観・性質	比重	蒸気比重(空気=1)	沸点[℃]	融点[℃]	水溶性
01	p-ジフェニルベンゼン p-テルフェニル **p-Diphenylbenzene** p-Terphenyl $C_{18}H_{14}$ [230.31]	92-94-4 — —	安18条	結晶	1.2	8	376	213~214	不
02	1,1-ジフェニルペンタン **1,1-Diphenylpentane** $C_{17}H_{20}$ [224.34]	1726-12-1 — —	消第4類	液体	1	7.7	308		
03	ジフェニルホスフィン **Diphenylphosphine** $(C_6H_5)_2PH$ [186.19]	829-85-6 — —		油状物 不快臭	1		280		不
04	ジフェニルマグネシウム **Diphenylmagnesium** $C_{12}H_{10}Mg$ [178.5]	555-55-4 — —	消第3類	無色 固体				280 (分解)	
05	ジフェニルメタン **Diphenylmethane** Ditane $C_{13}H_{12}$ [168.24]	101-81-5 — —		無色 結晶 オレンジ臭	1.0	5.8	264	27	不
06	N,N-ジブチルアセトアミド **N,N-Dibutylacetamide** $C_{10}H_{21}NO$ [171.28]	1563-90-2 — —	消第4類	無色 液体 微香	0.9	5.9	243~250		
07	N,N-ジブチルアニリン **N,N-Dibutylaniline** $C_{14}H_{23}N$ [205.34]	613-29-6 — —	消第4類	琥珀色 液体 かすかなアニリン臭	0.9	7.1	263~275		不
08	2-(ジブチルアミノ)エタノール N,N-ジブチルエタノールアミン **2-(Dibutylamino)ethanol** N,N-Dibutylethanolamine $C_{10}H_{23}NO$ [173.30]	102-81-8 2873 (2)-353	管1種,審2種監視,消第4類,安18条,連6.1	無色 液体 アミン様微臭	0.9	6	222		不
09	ジブチルアミン **Dibutylamine** $C_8H_{19}N$ [129.25]	111-92-2 — —	消第4類,安引火性の物・18条	無色 液体 アミン臭	0.8	4.5	161	−61.9	微
10	ジ-s-ブチルアミン **Di-sec-butylamine** $C_8H_{19}N$ [129.25]	626-23-3 — —	消第4類,安引火性の物	無色 液体 アミン臭	0.8	4.5	132~135		易
11	ジブチルイソプロパノールアミン 1-(ジブチルアミノ)-2-プロパノール **Dibutylisopropanolamine** 1-(Dibutylamino)-2-propanol $C_{11}H_{25}NO$ [187.33]	2109-64-0 — —	消第4類		0.8		229		不
12	ジブチルエーテル ブチルエーテル **Dibutyl ether** Butyl ether 1-Butoxybutane $C_8H_{18}O$ [130.23]	142-96-1 1149 (2)-363	消第4類,安引火性の物,連3	無色 液体	0.8	4.5	141	−95.3	微
13	2,5-ジ-t-ブチルヒドロキノン **2,5-Di-tert-butylhydroquinone** DTBHQ $C_{14}H_{22}O_2$ [222.33]	88-58-4 — (3)-553		白色 粉末	1.1			210~212	不

燃焼危険性			有害危険性			火災時の措置	備考	
引火点 [℃]	発火点 [℃]	爆発範囲 [vol%]	許容濃度 [ppm]	吸入LC_{50} [ラットppm]	経口LD_{50} [ラットmg/kg]			
207	534	1.0～ (calc.)	5mg/m³ (STEL)			粉末消火剤, 二酸化炭素, 砂, 土, 散水, 一般泡消火剤		01
>100	440					粉末消火剤, 二酸化炭素, 散水, 一般泡消火剤(消火効果のない場合, 散水)		02
						散水, 湿った砂, 土		03
						粉末消火剤, ソーダ灰, 石灰, 砂【水／泡消火剤使用不可】		04
130	485	0.7～				粉末消火剤, 二酸化炭素, 砂, 土, 散水, 一般泡消火剤		05
107						粉末消火剤, 二酸化炭素, 散水, 一般泡消火剤(消火効果のない場合, 散水)		06
110						粉末消火剤, 二酸化炭素, 散水, 一般泡消火剤(消火効果のない場合, 散水)		07
93			0.5		1070	粉末消火剤, 二酸化炭素, 散水, 一般泡消火剤(消火効果のない場合, 散水)		08
47		1.1～			189	粉末消火剤, 二酸化炭素, 散水, 一般泡消火剤(消火効果のない場合, 散水)		09
24						粉末消火剤, 二酸化炭素, 散水, 耐アルコール性泡消火剤(消火効果のない場合, 散水)		10
96						粉末消火剤, 二酸化炭素, 散水, 一般泡消火剤(消火効果のない場合, 散水)		11
25	194	1.5～7.6			7400	粉末消火剤, 二酸化炭素, 散水, 一般泡消火剤(消火効果のない場合, 散水)		12
216	421				LDLo=800	粉末消火剤, 二酸化炭素, 散水, 耐アルコール性泡消火剤		13

	名称	CAS No. 国連番号 化審法No.	危険物分類	物理的特性					
				外観・性質	比重	蒸気比重 (空気=1)	沸点[℃]	融点[℃]	水溶性
01	2,6-ｼﾞ-t-ﾌﾞﾁﾙ-4-ﾒﾁﾙﾌｪﾉｰﾙ 2,6-ジ-t-ブチル-p-クレゾール ジブチルヒドロキシトルエン **2,6-Di-t-butyl-4-methylphenol** 2,6-Di-tert-butyl-p-cresol $C_{15}H_{24}O$ [220.36]	128-37-0 — (9)-1805, (3)-540	消第9条, 安18条	白色 結晶	1.0+		257～266	71	不
02	四フッ化硫黄 **Sulfur tetrafluoride** SF_4 [108.06]	7783-60-0 —	毒毒物, 圧毒性ガス, 水	無色 気体	3.8		−40	−125	反応
03	四フッ化キセノン フッ化キセノン **Xenon tetrafluoride** XeF_4 [207.3]	13709-61-0 —	水	無色 結晶				114 (昇華)	反応
04	四フッ化ケイ素 フッ化ケイ素 **Silicon tetrafluoride** Silicon fluoride SiF_4 [104.08]	7783-61-1 1859 (1)-343	圧液化ガス・毒性ガス, 気有害物質・特定物質, 水, 運2.3	無色 気体 空気中で発煙 刺激臭		3.6	−94.8 昇華	−90.2	反応
05	四フッ化酸化キセノン **Xenon tetrafluoride oxide** XeF_4O [223.3]	13774-85-1 —	水	無色 液体				−46.2	
06	四フッ化セレン フッ化セレン **Selenium tetrafluoride** SeF_4 [154.95]	13465-66-2 — —	毒毒物, 管1種, 水	無色 液体 発煙性	2.8		106	−9.5	
07	四フッ化炭素 テトラフルオロメタン **Carbon tetrafluoride** Tetrafluoromethane CF_4 [88.01]	75-73-0 1982 (2)-52	圧毒性ガス, 運2.2	無色 気体 無臭	2.0 (−195℃) 1.8 (−183℃)		−127.8	−183.6	
08	四フッ化ニホウ素 **Diboron tetrafluoride** B_2F_4 [97.62]	13965-73-6 —	管1種, 水	無色 気体		3.4	−34	−56	
09	ジブトキシメタン **Dibutoxymethane** $C_9H_{20}O_2$ [160.25]	2568-90-3 —	消第4類, 安引火性の物	無色 液体	0.8	5.5	166～188		不
10	ジフルオロアミン **Difluoroamine** Fluorimide NHF_2 [53.01]	10405-27-3 —	水	無色				−125	
11	1,1-ジフルオロエタン 二フッ化エチリデン **1,1-Difluoroethane** Ethylidene difluoride $C_2H_4F_2$ [66.05]	75-37-6 1030 (2)-86	圧液化ガス・可燃性ガス, 安可燃性のガス, 運2.1	無色 気体 無臭	1.0 (20℃)	2.3	−24.7	−117	
12	1,1-ジフルオロエテン フッ化ビニリデン **1,1-Difluoroethene** Vinylidene fluoride 1,1-Difluoroethylene $C_2H_2F_2$ [64.04]	75-38-7 1959 (2)-111	圧液化ガス・可燃性ガス, 安可燃性のガス・18条, 運2.1	無色 気体 無臭	1.0 (−45℃)	2.2	−86	−144	極微

燃焼危険性			有害危険性			火災時の措置	備考	
引火点 [℃]	発火点 [℃]	爆発範囲 [vol%]	許容濃度 [ppm]	吸入LC$_{50}$ [ラットppm]	経口LD$_{50}$ [ラットmg/kg]			
127			2mg/m³		890	粉末消火剤, 二酸化炭素, 散水, 耐アルコール性泡消火剤		01
			0.1(STEL)			粉末消火剤, 二酸化炭素, 散水		02
			2.5mg/m³ (F)			粉末消火剤, 二酸化炭素, 散水		03
			2.5mg/m³ (F)	2272		粉末消火剤, 二酸化炭素, 散水	毒性が強いので, 大気中の漏洩に注意	04
			2.5mg/m³ (F)			粉末消火剤, 二酸化炭素, 散水		05
			0.2mg/m³ (Se)			粉末消火剤, 二酸化炭素, 散水		06
			2.5mg/m³ (F)			粉末消火剤, 二酸化炭素, 散水		07
			2.5mg/m³ (F)			粉末消火剤, 二酸化炭素, 散水		08
60						粉末消火剤, 二酸化炭素, 散水, 一般泡消火剤(消火効果のない場合, 散水)		09
						粉末消火剤, 二酸化炭素, 散水		10
<−50		3.7〜18				粉末消火剤, 二酸化炭素【ガス漏れ停止困難のときは消火不可】		11
ガス		5.5〜21.3	500	0.0128		粉末消火剤, 二酸化炭素【ガス漏れ停止困難のときは消火不可】		12

	名称	CAS No. 国連番号 化審法No.	危険物分類	物理的特性					
				外観・性質	比重	蒸気比重 (空気=1)	沸点[℃]	融点[℃]	水溶性
01	ジフルオロメタン フッ化メチレン **Difluoromethene** R32 CH_2F_2 [52.02]	75-10-5 — (2)-3705	圧液化ガス	気体	0.9	1.8	−51.6	−136	不
02	ジプロピルアミン **Dipropylamine** $C_6H_{15}N$ [101.19]	142-84-7 2383 —	消第4類, 安 引火性の物, 運3	無色 液体 アンモニア 臭	0.7	3.5	109	−39.6	可
03	ジプロピルエーテル プロピルエーテル **Dipropyl ether** Propyl ether $C_6H_{14}O$ [102.20]	111-43-3 — —	消第4類, 安 引火性の物	無色 液体	0.8	3.5	90	−123.2	極微
04	ジプロピレングリコール **Dipropylene glycol** $C_6H_{14}O_3$ [134.2]	110-98-5 — (2)-413	消第4類	無色 液体 やや粘性	1.0+	4.6	232	−40	易
05	ジプロピレングリコール＝メチルエーテル ジプロピレングリコールモノメチルエーテル **Dipropylene glycol methyl ether** $C_7H_{16}O_3$ [148.20]	34590-94-8 — —	消第4類	無色 液体	1.0	5.1	209		微
06	1,2-ジブロモエタン 二臭化エチレン **1,2-Dibromoethane** Ethylene dibromide $C_2H_4Br_2$ [187.86]	106-93-4 1605 —	毒劇物, 消第 4類, 安18条, 運6.1	液体 クロロホルム臭	2.2		131.7	10	
07	ジブロモメタン 二臭化メチレン メチレンジブロマイド 臭化メチレン **Dibromomethane** Methylene dibromide Methylene bromide CH_2Br_2 [173.84]	74-95-3 2664 (9)-1417	運6.1	無色 液体	2.5		97	−52.7	微
08	ジヘキシルアミン ヘキシルアミン **Dihexylamine** Hexylamine $C_{12}H_{27}N$ [185.35]	143-16-8 — —	消第4類	無色 液体	0.8	6.4	233〜243	3	不
09	ジヘキシルエーテル ヘキシルエーテル **Dihexyl ether** Hexyl ether $C_{12}H_{26}O$ [186.33]	112-58-3 — —	消第4類	無色 液体 独特な臭気	0.8	6.4	227		不
10	ジベンジルエーテル ベンジルエーテル **Dibenzyl ether** Benzyl ether $C_{14}H_{14}O$ [198.25]	103-50-4 — (3)-1082	管2種, 消第4 類	油状液体	1.0	6.8	298		不

燃焼危険性			有害危険性			火災時の措置	備考	
引火点 [℃]	発火点 [℃]	爆発範囲 [vol%]	許容濃度 [ppm]	吸入LC$_{50}$ [ラットppm]	経口LD$_{50}$ [ラットmg/kg]			
		13.6〜28.4				粉末消火剤，二酸化炭素，散水，一般泡消火剤(消火効果のない場合，散水)		01
17	299					粉末消火剤，二酸化炭素，散水，一般泡消火剤(消火効果のない場合，散水)		02
21	188	1.3〜7.0				粉末消火剤，二酸化炭素，散水，一般泡消火剤(消火効果のない場合，散水)		03
121	310	2.2〜12.6				粉末消火剤，二酸化炭素，散水，耐アルコール性泡消火剤(消火効果のない場合，散水)		04
86		1.1 (200℃) 〜3.0	100, 150 (STEL)			粉末消火剤，二酸化炭素，散水，一般泡消火剤(消火効果のない場合，散水)		05
						粉末消火剤，二酸化炭素，散水，一般泡消火剤(消火効果のない場合，散水)		06
					108	粉末消火剤，二酸化炭素，散水		07
104						粉末消火剤，二酸化炭素，散水，一般泡消火剤(消火効果のない場合，散水)		08
77	185					粉末消火剤，二酸化炭素，散水，一般泡消火剤(消火効果のない場合，散水)		09
135					2500	粉末消火剤，二酸化炭素，散水，一般泡消火剤(消火効果のない場合，散水)		10

	名称	CAS No. 国連番号 化審法No.	危険物分類	物理的特性					
				外観・性質	比重	蒸気比重 (空気=1)	沸点[℃]	融点[℃]	水溶性
01	ジベンゾフラン ジフェニレンオキシド 酸化ジフェニレン **Dibenzofuran** Diphenylene oxide $C_{12}H_8O$ [168.19]	*132-64-9* — —		結晶			287	87	
02	ジペンチルアミン ジアミルアミン **Dipentylamine** Diamylamine $C_{10}H_{23}N$ [157.3]	*2050-92-2* — —	消第4類, 安引火性の物	無色液体	0.8	5.4	180	−44	難
03	ジペンチルエーテル ペンチルエーテル n-アミルエーテル **Dipentyl ether** Pentyl ether Amyl ether $C_{10}H_{22}O$ [158.28]	*693-65-2* — —	消第4類, 安引火性の物	無色液体	0.8〜0.9	5.5	190	−69.4	難
04	2,4-ジ-t-ペンチルフェノール 2,4-ジ-t-アミルフェノール **2,4-Di-t-pentylphenol** 2,4-Di-t-amylphenol $C_{16}H_{26}O$ [234.38]	*120-95-6* — —	消第4類	淡黄色液体	0.9			25	
05	四ホウ化炭素 炭化ホウ素 **Carbon tetraboride** Boron carbide B_4C [55.24]	*12069-32-8* — (1)-585	管1種, 水有害物質	黒色結晶	2.5			2350	
06	ジホスファン **Diphosphane** P_2H_4 [65.98]	*13445-50-6* — —		無色液体			51.7	−99	
07	ジボラン(6) **Diborane(6)** B_2H_6 [27.67]	*19287-45-7* 1911 (1)-1209	毒毒物, 圧液化ガス・可燃性ガス・毒性ガス・特殊高圧ガス・特定高圧ガス, 水, 安可燃性のガス, 運2.3	無色気体 特異臭	0.4 (−112℃)	1.0−	−93	−165.5	反応
08	ジメチル亜鉛 **Dimethylzinc** $Zn(CH_3)_2$ [95.46]	*544-97-8* 1370 新規	管1種, 消第3類, 安引火性の物, 運4.2	無色液体 ニンニク臭	1.4	3.3	46	−40	反応
09	N,N-ジメチルアセトアミド DMA **N,N-Dimethylacetamide** DMAC C_4H_9NO [87.12]	*127-19-5* — (2)-723	消第4類, 安18条	無色液体	1.0		165		可
10	N,N-ジメチルアニリン **N,N-Dimethylaniline** $C_8H_{11}N$ [121.18]	*121-69-7* 2253 (3)-114	消第4類, 安引火性の物・18条, 運6.1	黄色ないし茶色油状液体	1.0−	4.2	193	2.5	微

燃焼危険性			有害危険性			火災時の措置	備考	
引火点 [℃]	発火点 [℃]	爆発範囲 [vol%]	許容濃度 [ppm]	吸入LC$_{50}$ [ラットppm]	経口LD$_{50}$ [ラットmg/kg]			
						粉末消火剤，二酸化炭素，散水，耐アルコール性泡消火剤		01
51						粉末消火剤，二酸化炭素，散水，一般泡消火剤(消火効果のない場合，散水)		02
57	170					粉末消火剤，二酸化炭素，散水，一般泡消火剤(消火効果のない場合，散水)		03
						粉末消火剤，二酸化炭素，散水，一般泡消火剤(消火効果のない場合，散水)		04
						粉末消火剤，二酸化炭素，散水，耐アルコール性泡消火剤		05
	空気中発火					散水，湿った砂，土		06
ガス	38～52	0.8～88	0.1	40/4H		粉末消火剤，二酸化炭素，散水，耐アルコール性泡消火剤【ガス漏れ停止困難のときは消火不可】	目，皮膚，気道に対して腐食性あり	07
	空気中発火					粉末消火剤，ソーダ灰，石灰，砂【水／泡消火剤使用不可】		08
70	490	1.8 (100℃)～11.5 (160℃)	10		4300	粉末消火剤，二酸化炭素，散水，耐アルコール性泡消火剤		09
63	371	1.2～7	5，10(STEL)		951	粉末消火剤，二酸化炭素，散水，一般泡消火剤(消火効果のない場合，散水)		10

	名称	CAS No. 国連番号 化審法No.	危険物分類	物理的特性					
				外観・性質	比重	蒸気比重 (空気=1)	沸点[℃]	融点[℃]	水溶性
01	2-(ジメチルアミノ)エタノール N-(2-ヒドロキシエチル)ジメチルアミン **2-(Dimethylamino)ethanol** N-(2-Hydroxyethyl)dimethylamine Dimethylethanolamine C₄H₁₁NO [89.14]	*108-01-0* — (2)-297	消第4類，安引火性の物	無色液体	0.9	3.1	133		可
02	(ジメチルアミノ)トリメチルシラン **(Dimethylamino)trimethylsilane** N,N-Dimethyltrimethylsilylamine C₅H₁₅NSi [117.27]	*2083-91-2* — —			0.7		84		
03	3-(ジメチルアミノ)プロピオノニトリル **3-(Dimethylamino)propionitrile** N,N-Dimethylamino-3-propionitrile C₅H₁₀N₂ [98.15]	*1738-25-6* — (2)-1528	毒劇物，消第4類，安引火性の物	無色液体	0.9	3.4	170	−45	微
04	3-(ジメチルアミノ)プロピルアミン **3-(Dimethylamino)propylamine** C₅H₁₄N₂ [102.18]	*109-55-7* — (2)-158	消第4類，安引火性の物	無色液体	0.8	3.5	137	<−50	易
05	ジメチルアミン **Dimethylamine** C₂H₇N [45.08]	*124-40-3* 1032, 1160 (2)-134	毒劇物，圧液化ガス・可燃性ガス，安可燃性のガス・18条，運2.1, 3	気体 アンモニア臭	0.7	1.6	7	−92.2	易
06	ジメチルアルシン **Dimethylarsine** C₂H₇As [106.00]	*593-57-7* — —	毒毒物，消第3類，水	無色液体	1.2 (29℃)		35.6 (746mmHg)		
07	ジメチルアルミニウムクロリド クロロ(ジメチル)アルミニウム **Dimethylaluminium chloride** Chloro(dimethyl)aluminium Al(CH₃)₂Cl [92.5]	*1184-58-3* — —	消第3類	無色				21	反応
08	N,N-ジメチルイソプロパノールアミン **N,N-Dimethylisopropanolamine** C₅H₁₃NO [103.16]	*108-16-7* — —	消第4類，安引火性の物	無色液体	0.9	3.6	125		易
09	1,3-ジメチル-2-イミダゾリジノン **1,3-Dimethyl-2-imidazolidinone** C₅H₁₀N₂O [114.14]	*80-73-9* — (5)-5427	消第4類	無色透明液体	1.1		226	8	易
10	ジメチルエーテル メチルエーテル DME **Dimethyl ether** Methyl ether Methyl oxide C₂H₆O [46.07]	*115-10-6* 1033 (2)-360	圧液化ガス・可燃性ガス，安可燃性のガス，運2.1	無色気体		1.6	−24	−141.5	易
11	4,4-ジメチルオクタン **4,4-Dimethyloctane** C₁₀H₂₂ [142.28]	*15869-95-1* — —	消第4類	液体	0.7		158	−55	

燃焼危険性			有害危険性			火災時の措置	備考	
引火点 [℃]	発火点 [℃]	爆発範囲 [vol%]	許容濃度 [ppm]	吸入LC$_{50}$ [ラットppm]	経口LD$_{50}$ [ラットmg/kg]			
41	295	1.6〜11.9			2000	粉末消火剤,二酸化炭素,散水,耐アルコール性泡消火剤(消火効果のない場合,散水)		01
								02
65						粉末消火剤,二酸化炭素,散水,耐アルコール性泡消火剤(消火効果のない場合,散水)		03
38					1870	粉末消火剤,二酸化炭素,散水,耐アルコール性泡消火剤(消火効果のない場合,散水)		04
ガス	400	2.8〜14.4	5, 15(STEL)		698	粉末消火剤,二酸化炭素【ガス漏れ停止困難のときは消火不可】	水溶液の場合,物性や適応法規は異なる(消防法など)	05
						散水,湿った砂,土		06
						粉末消火剤,ソーダ灰,石灰,砂【水／泡消火剤使用不可】	湿気に不安定	07
35						粉末消火剤,二酸化炭素,散水,耐アルコール性泡消火剤(消火効果のない場合,散水)		08
120		1.3〜8.4			1190μl/kg	粉末消火剤,二酸化炭素,散水,耐アルコール性泡消火剤(消火効果のない場合,散水)		09
ガス	350	3.4〜27		308g/m^3		粉末消火剤,二酸化炭素【ガス漏れ停止困難のときは消火不可】		10
						粉末消火剤,二酸化炭素,散水,一般泡消火剤(消火効果のない場合,散水)		11

	名称	CAS No. 国連番号 化審法No.	危険物分類	物理的特性					
				外観・性質	比重	蒸気比重 (空気=1)	沸点[℃]	融点[℃]	水溶性
01	ジメチルカドミウム Dimethylcadmium $Cd(CH_3)_2$ [142.48]	506-82-1 — 新規	毒劇物, 管1種, 消第3類, 気 有害物質, 水 安引火性の 物・18条	無色 液体 揮発性	2.0 (17.9℃)	4.9	105.5	-4.5	反応
02	ジメチルクロロアセタール 2-クロロ-1,1-ジメトキエタン Dimethyl chloracetal 2-Chloro-1,1-dimethoxyethane $C_4H_9ClO_2$ [124.57]	97-97-2 — —	消第4類, 安 引火性の物	無色 液体 芳香	1.0+		126～132		
03	ジメチルケテン 2-メチル-1-プロペン-1-オン Dimethylketene 2-Methyl-1-propene-1-one C_4H_6O [70.09]	598-26-5 — —	消第4類, 安 引火性の物	淡黄色 液体			34	-97.5	
04	ジメチルシアナミド Dimethylcyanamide $C_3H_6N_2$ [70.1]	1467-79-4 — —	消第4類	無色 液体	0.9	2.4	160		
05	2,6-ジメチル-1,4-ジオキサン 2,6-Dimethyl-1,4-dioxane $C_6H_{12}O_2$ [116.16]	25136-55-4 — —	消第4類, 安 引火性の物	無色 液体	0.9	4.0	117		難
06	1,2-ジメチルシクロヘキサン 1,2-Dimethylcyclohexane C_8H_{16} [112.22]	583-57-3 2263 01-4 trans 6876-23-9 — (3)-2227	消第4類, 安 引火性の物, 運3	無色 液体	0.8	3.9	127	cis: -50 trans: -90	不
07	1,4-ジメチルシクロヘキサン 1,4-Dimethylcyclohexane C_8H_{16} [112.22]	589-90-2 2263 (3)-2227	消第4類, 安 引火性の物, 運3	無色 液体	0.8	3.9	120	cis: -87 trans: -37	不
08	ジメチル水銀 Dimethylmercury $Hg(CH_3)_2$ [230.66]	593-74-8 — —	毒毒物, 管1種, 消第3類, 水	無色 液体 揮発性	3.1		92		不
09	ジメチルスルホキシド メチルスルホキシド Dimethyl sulfoxide Methyl sulfoxide DMSO C_2H_6OS [78.14]	67-68-5 — (2)-1553	消第4類	無色 液体 無臭 吸湿性	1.1	2.7	189	18.4	易
10	N,N-ジメチルヒドラジン 1,1-ジメチルヒドラジン N,N-Dimethylhydrazine 1,1-Dimethylhydrazine $C_2H_8N_2$ [60.10]	57-14-7 2382 (2)-200	毒劇物, 管2種, 審2種監視, 消第5類, 安 引火性の物・ 18条, 運6.1	液体 強い毒性 吸湿性 アンモニア 臭	0.8	2.0	63	-57.2	易
11	2,5-ジメチルピラジン ケチン 2,5-Dimethylpyrazine Ketine $C_6H_8N_2$ [108.14]	123-32-0 — (5)-950	消第4類, 安 引火性の物	無色 液体	1.0-	3.7	155	15	易

燃焼危険性			有害危険性			火災時の措置	備考	
引火点 [℃]	発火点 [℃]	爆発範囲 [vol%]	許容濃度 [ppm]	吸入LC$_{50}$ [ラットppm]	経口LD$_{50}$ [ラットmg/kg]			
	空気中発火		0.002mg/m³ (Cd)			粉末消火剤, ソーダ灰, 石灰, 砂【水／泡消火剤使用不可】	毒性が強く, 経口10mgの摂取で中毒症状を起こす	01
44	232					粉末消火剤, 二酸化炭素, 散水, 一般泡消火剤(消火効果のない場合, 散水)		02
						粉末消火剤, 二酸化炭素, 散水, 一般泡消火剤(消火効果のない場合, 散水)		03
71						粉末消火剤, 二酸化炭素, 散水, 一般泡消火剤(消火効果のない場合, 散水)		04
24						粉末消火剤, 二酸化炭素, 散水, 一般泡消火剤(消火効果のない場合, 散水)		05
11	304					粉末消火剤, 二酸化炭素, 散水, 一般泡消火剤(消火効果のない場合, 散水)	cis, transの混合物	06
11	304					粉末消火剤, 二酸化炭素, 散水, 一般泡消火剤(消火効果のない場合, 散水)	cis, transの混合物	07
			0.01mg/m³, 0.03mg/m³ (STEL)(Hg)			粉末消火剤, ソーダ灰, 石灰, 砂【水／泡消火剤使用不可】		08
95	215	2.6〜42			14500	粉末消火剤, 二酸化炭素, 散水, 耐アルコール性泡消火剤(消火効果のない場合, 散水)		09
−15	249	2〜95	0.01	252/4H		粉末消火剤, 二酸化炭素, 散水, 耐アルコール性泡消火剤(消火効果のない場合, 散水)	変異原性が認められた化学物質	10
64					1020	粉末消火剤, 二酸化炭素, 散水, 耐アルコール性泡消火剤(消火効果のない場合, 散水)		11

	名称	CAS No. 国連番号 化審法No.	危険物分類	物理的特性					
				外観・性質	比重	蒸気比重 (空気=1)	沸点[℃]	融点[℃]	水溶性
01	ジメチルフェニルホスフィン **Dimethylphenylphosphine** $C_8H_{11}P$ [135.15]	672-66-2 ― ―			1.0-		74〜75 (12mmHg)		
02	2,2-ジメチルブタン ネオヘキサン **2,2-Dimethylbutane** Neohexane C_6H_{14} [86.18]	75-83-2 ― (2)-6	消第4類, 安 引火性の物	無色 液体	0.6	3.0	50	-99.9	不
03	2,3-ジメチルブタン ジイソプロピル **2,3-Dimethylbutane** Diisopropyl C_6H_{14} [86.18]	79-29-8 2457 (2)-6	消第4類, 安 引火性の物, 連3	無色 液体	0.7	3.0	58	-128.4	不
04	1,3-ジメチルブチルアミン 2-アミノ-4-メチルペンタン **1,3-Dimethylbutylamine** 2-Amino-4-methylpentane $C_6H_{15}N$ [101.19]	108-09-8 2379 (2)-133	消第4類, 安 引火性の物, 連3	無色 液体	0.7	3.5	106〜109		不
05	2,3-ジメチル-1-ブテン **2,3-Dimethyl-1-butene** C_6H_{12} [84.16]	563-78-0 ― ―	消第4類, 安 引火性の物	液体	0.7	2.9	56		
06	2,3-ジメチル-2-ブテン テトラメチルエチレン **2,3-Dimethyl-2-butene** Tetramethylethylene C_6H_{12} [84.16]	563-79-1 ― ―	消第4類, 安 引火性の物	無色 液体	0.7	2.9	73	-74.2	不
07	2,5-ジメチルフラン **2,5-Dimethylfuran** C_6H_8O [96.13]	625-86-5 ― ―	消第4類, 安 引火性の物	無色 液体	0.9	3.3	93	-62	不
08	2,2-ジメチル-1-プロパノール ネオペンチルアルコール t-ブチルカルビノール **2,2-Dimethyl-1-propanol** Neopentyl alcohol tert-Butyl carbinol $C_5H_{12}O$ [88.15]	75-84-3 ― ―		無色 結晶	0.8	3.0	114	55〜56	可
09	2,2-ジメチル-1,3-プロパンジオール ネオペンチルグリコール **2,2-Dimethyl-1,3-propanediol** Neopentyl glycol $C_5H_{12}O_2$ [104.15]	126-30-7 ― (2)-240		白色 結晶	1.1		210	120〜130	易
10	1,1-ジメチルプロピルアミン t-アミルアミン **1,1-Dimethylpropylamine** tert-Amylamine $C_5H_{13}N$ [87.16]	594-39-8 ― ―	消第4類, 安 引火性の物	液体	0.7		77		
11	1,2-ジメチルプロピルアミン **1,2-Dimethylpropylamine** $C_5H_{13}N$ [87.16]	598-74-3 ― ―	消第4類, 安 引火性の物	液体	0.8		84〜87	-50	
12	2,2-ジメチルプロピルアミン ネオペンチルアミン **2,2-Dimethylpropylamine** Neopentylamine $C_5H_{13}N$ [87.16]	5813-64-9 ― ―	消第4類, 安 引火性の物	無色 液体	0.7		81〜82 (741mmHg)		

ジメチ 193

燃焼危険性			有害危険性			火災時の措置	備考	
引火点 [℃]	発火点 [℃]	爆発範囲 [vol%]	許容濃度 [ppm]	吸入LC_{50} [ラットppm]	経口LD_{50} [ラットmg/kg]			
						散水,湿った砂,土		01
-48	405	1.2~7.0	500, 1000 (STEL)			粉末消火剤,二酸化炭素,散水,一般泡消火剤(消火効果のない場合,散水)		02
-29	405	1.2~7.0	500, 1000 (STEL)			粉末消火剤,二酸化炭素,散水,一般泡消火剤(消火効果のない場合,散水)		03
13					470	粉末消火剤,二酸化炭素,散水,一般泡消火剤(消火効果のない場合,散水)		04
<-20	360					粉末消火剤,二酸化炭素,散水,一般泡消火剤(消火効果のない場合,散水)		05
<-20	401					粉末消火剤,二酸化炭素,散水,一般泡消火剤(消火効果のない場合,散水)		06
7						粉末消火剤,二酸化炭素,散水,一般泡消火剤(消火効果のない場合,散水)		07
37						粉末消火剤,二酸化炭素,砂,土,散水,一般泡消火剤		08
129	399	1.4~18.8			LDLo:3200	粉末消火剤,二酸化炭素,砂,土,散水,一般泡消火剤		09
-1						粉末消火剤,二酸化炭素,散水,一般泡消火剤(消火効果のない場合,散水)		10
-1						粉末消火剤,二酸化炭素,散水,一般泡消火剤(消火効果のない場合,散水)		11
-13						粉末消火剤,二酸化炭素,散水,一般泡消火剤(消火効果のない場合,散水)		12

	名称	CAS No. 国連番号 化審法No.	危険物分類	物理的特性 外観・性質	比重	蒸気比重 (空気=1)	沸点[℃]	融点[℃]	水溶性
01	N,N-ジメチルプロピルアミン **N,N-Dimethylpropylamine** C₅H₁₃N [87.16]	926-63-6 — —	消第4類, 安引火性の物	液体			66	<−20	
02	2,5-ジメチルヘキサン ジイソブチル **2,5-Dimethylhexane** Diisobutyl C₈H₁₈ [114.23]	592-13-2 — —	消第4類	液体 甘い芳香	0.7		108.5	−91	
03	2,6-ジメチル-4-ヘプタノン ジイソブチルケトン **2,6-Dimethyl-4-heptanone** Diisobutyl ketone Isovalerone C₉H₁₈O [142.24]	108-83-8 1157 (2)-2475	消第4類, 安引火性の物・18条, 運3	液体 ハッカ臭	0.8	4.9	168	−46	難
04	3,3-ジメチルヘプタン **3,3-Dimethylheptane** C₉H₂₀ [128.26]	4032-86-4 — —	消第4類, 安引火性の物	液体	0.7	4.4	137		
05	ジメチルベリリウム **Dimethylberyllium** C₂H₆Be [39.1]	506-63-8 — —	管特定1種, 消第3類	無色 結晶				217	
06	α,α-ジメチルベンジル＝ヒドロペルオキシド クメンヒドロペルオキシド クミルヒドロペルオキシド *α,α-Dimethylbenzyl hydroperoxide* Cumene hydroperoxide C₉H₁₂O₂ [152.19]	80-15-9 — (3)-1014	消第5類, 安爆発性の物	無色ないし淡黄色 液体	1.0+ (25℃)		149℃ 以上激しく分解		微
07	2,3-ジメチルペンタナール 2,3-ジメチルペントアルデヒド **2,3-Dimethylpentanal** 2,3-Dimethylpentaldehyde C₇H₁₄O [114.2]	32749-94-3 — —	消第4類, 安引火性の物	液体	0.8	3.9	145		
08	2,4-ジメチル-3-ペンタノール ジイソプロピルメタノール **2,4-Dimethyl-3-pentanol** Diisopropylmethanol C₇H₁₆O [116.20]	600-36-2 — —	消第4類, 安引火性の物	無色 液体	0.8	4.0	140		微
09	2,3-ジメチルペンタン **2,3-Dimethylpentane** C₇H₁₆ [100.20]	565-59-3 — —	消第4類, 安引火性の物	無色 液体	0.7	3.5	90	−135	不
10	2,4-ジメチルペンタン **2,4-Dimethylpentane** C₇H₁₆ [100.20]	108-08-7 — —	消第4類, 安引火性の物	無色 液体	0.7	3.5	81		不
11	ジメチルホスフィン **Dimethylphosphine** (CH₃)₂PH [62.05]	676-59-5 — —		無色 液体 揮発性 不快臭			20 (720mmHg)		不
12	N,N-ジメチルホルムアミド DMF **N,N-Dimethylformamide** C₃H₇NO [73.10]	68-12-2 2265 (2)-680	管1種, 管2種監視, 消第4類, 安引火性の物・18条, 運3	無色 液体 わずかに粘性	0.9	2.5	153	−61	易

燃焼危険性			有害危険性			火災時の措置	備考	
引火点 [℃]	発火点 [℃]	爆発範囲 [vol%]	許容濃度 [ppm]	吸入LC$_{50}$ [ラットppm]	経口LD$_{50}$ [ラットmg/kg]			
						粉末消火剤, 二酸化炭素, 散水, 一般泡消火剤(消火効果のない場合, 散水)		01
						粉末消火剤, 二酸化炭素, 散水, 一般泡消火剤(消火効果のない場合, 散水)		02
49	396	0.8 (93℃) ～7.1 (93℃)	25		5750	粉末消火剤, 二酸化炭素, 散水, 一般泡消火剤(消火効果のない場合, 散水)		03
23	325					粉末消火剤, 二酸化炭素, 散水, 一般泡消火剤(消火効果のない場合, 散水)		04
			0.002mg/m^3, 0.01mg/m^3 (STEL)(Be)			粉末消火剤, ソーダ灰, 石灰, 砂【水／泡消火剤使用不可】		05
79		0.9～6.5			382	有機過酸化物：散水, 水噴霧, 水がない場合は粉末消火剤, 二酸化炭素, 一般泡消火剤	室温, 冷暗所に貯蔵する	06
34						粉末消火剤, 二酸化炭素, 散水, 一般泡消火剤(消火効果のない場合, 散水)		07
49						粉末消火剤, 二酸化炭素, 散水, 一般泡消火剤(消火効果のない場合, 散水)		08
<-7	335	1.1～6.7				粉末消火剤, 二酸化炭素, 散水, 一般泡消火剤(消火効果のない場合, 散水)		09
-12						粉末消火剤, 二酸化炭素, 散水, 一般泡消火剤(消火効果のない場合, 散水)		10
						散水, 湿った砂, 土		11
58	445	2.2 (100℃) ～15.2	10		2800	粉末消火剤, 二酸化炭素, 散水, 耐アルコール性泡消火剤(消火効果のない場合, 散水)		12

	名称	CAS No. 国連番号 化審法No.	危険物分類	物理的特性					
				外観・性質	比重	蒸気比重 (空気=1)	沸点[℃]	融点[℃]	水溶性
01	2,6-ジメチルモルホリン 2,6-Dimethylmorpholine $C_6H_{13}NO$ [115.18]	141-91-3 — —	㊛第4類, ㊺引火性の物	液体	0.9	4.0	147		易
02	2,5-ジメトキシアニリン 2,5-Dimethoxyaniline $C_8H_{11}NO_2$ [153.18]	102-56-7 — —		固体			270	69〜73	可
03	2,5-ジメトキシクロロベンゼン 2-クロロ-1,4-ジメトキシベンゼン 2,5-Dimethoxychlorobenzene 2-Chloro-1,4-dimethoxybenzene $C_8H_9ClO_2$ [172.61]	2100-42-7 — —	㊛第4類	液体	1.2	5.9	238〜242		難
04	o-シメン o-Cymene $C_{10}H_{14}$ [134.22]	527-84-4 2046 (3)-12, (3)-15	㊛第4類, ㊺引火性の物, ㊐3	無色 液体 強い芳香	0.9	4.6	175	−72	不
05	m-シメン m-Cymene $C_{10}H_{14}$ [134.22]	535-77-3 2046 (3)-12, (3)-15	㊛第4類, ㊺引火性の物, ㊐3	強い芳香のある無色の液体	0.9	4.6	176	−64	不
06	p-シメン 4-イソプロピル-1-メチルベンゼン p-Cymene 4-Isopropyl-1-methyl benzene $C_{10}H_{14}$ [134.22]	99-87-6 2046 (3)-12, (3)-15	㊛第4類, ㊺引火性の物, ㊐3	無色 液体 強い芳香	0.9	4.6	176	−68	不
07	臭化アセチル Acetyl bromide C_2H_3BrO [122.95]	506-96-7 1716 —	㊛第4類, ㊺引火性の物, ㊐8	無色 液体	1.7		76	−96	
08	臭化アリル 3-ブロモプロペン Allyl bromide 3-Bromopropene C_3H_5Br [120.98]	106-95-6 1099 (2)-107	㊜2種, ㊛第4類, ㊺引火性の物, ㊐3	無色 液体 刺激臭	1.4	4.2	71	−119	不
09	臭化アンモニウム Ammonium bromide NH_4Br [97.94]	12124-97-9 — (1)-106	㊥	無色 結晶	2.4		452 (分解)		易
10	臭化イソブチル 1-ブロモ-2-メチルプロパン Isobutyl bromide 1-Bromo-2-methylpropane C_4H_9Br [137.02]	78-77-3 — (2)-74	㊛第4類, ㊺引火性の物	無色 液体	1.3		91	−119〜−117	微
11	臭化イソプロピル 2-ブロモプロパン イソプロピルブロマイド Isopropyl bromide 2-Bromopropane C_3H_7Br [123.00]	75-26-3 2344 (2)-76	㊜1種, ㊛第4類, ㊺引火性の物・18条, ㊐3	無色 液体	1.3		59.4	−90	難
12	臭化インジウム Indium(Ⅲ) bromide $InBr_3$ [354.57]	13469-09-3 — —	㊜2種	淡黄色 結晶 潮解性			436 (昇華)		

燃焼危険性			有害危険性			火災時の措置	備考	
引火点 [℃]	発火点 [℃]	爆発範囲 [vol%]	許容濃度 [ppm]	吸入LC_{50} [ラットppm]	経口LD_{50} [ラットmg/kg]			
44						粉末消火剤，二酸化炭素，散水，耐アルコール性泡消火剤(消火効果のない場合，散水)		01
150	391					粉末消火剤，二酸化炭素，散水，耐アルコール性泡消火剤(消火効果のない場合，散水)		02
117						粉末消火剤，二酸化炭素，散水，一般泡消火剤(消火効果のない場合，散水)		03
50		0.8〜				粉末消火剤，二酸化炭素，散水，一般泡消火剤(消火効果のない場合，散水)		04
47		0.8〜				粉末消火剤，二酸化炭素，散水，一般泡消火剤(消火効果のない場合，散水)		05
47	436	0.7 (100℃) 〜5.6				粉末消火剤，二酸化炭素，散水，一般泡消火剤(消火効果のない場合，散水)		06
						粉末消火剤，二酸化炭素，散水，一般泡消火剤(消火効果のない場合，散水)	発煙性．眼を強く刺激	07
−1	295	4.4〜7.3			120	粉末消火剤，二酸化炭素，散水，一般泡消火剤(消火効果のない場合，散水)		08
					2700	粉末消火剤，二酸化炭素，散水，耐アルコール性泡消火剤		09
18					1660 (マウス腹腔内)	粉末消火剤，二酸化炭素，散水，一般泡消火剤(消火効果のない場合，散水)		10
19			1		4837 (マウス腹腔内)	粉末消火剤，二酸化炭素，散水，一般泡消火剤(消火効果のない場合，散水)		11
						粉末消火剤，二酸化炭素，散水		12

臭化エ

	名称	CAS No. 国連番号 化審法No.	危険物分類	物理的特性					
				外観・性質	比重	蒸気比重 (空気=1)	沸点[℃]	融点[℃]	水溶性
01	臭化エチル ブロモエタン エチルブロマイド **Ethyl bromide** Bromoethane C_2H_5Br [108.97]	74-96-4 1891 (9)-518	毒劇物, 消第4類, 安引火性の物・18条, 運6.1	無色 液体 揮発性	1.4	3.8	38	-119	微
02	臭化カルシウム **Calcium bromide** $CaBr_2$ [199.89]	7789-41-5 — (1)-1038		白色 固体	3.4		810 (分解)	760	易
03	臭化コバルト(Ⅱ) **Cobalt(Ⅱ) bromide** $CoBr_2$ [218.74]	7789-43-7 — —	管1種, 安18条	緑色 結晶 潮解性	4.9			678 (窒素中)	易
04	臭化水銀(Ⅱ) **Mercury(Ⅱ) bromide** $HgBr_2$ [360.40]	7789-47-1 — —	毒毒物, 管1種, 水, 安特定・18条	白色 結晶	6.1		320	238	冷水に微, 熱水に可
05	臭化水素 臭化水素酸 **Hydrogen bromide** Hydrobromic acid HBr [80.91]	10035-10-6 1048, 1788 (1)-105	毒劇物, 消9条, 圧毒性ガス, 安18条, 運2.3, 8	無色 気体 刺激臭		2.8	-66.8	-86.9	
06	臭化スルフィニル 臭化チオニル **Sulfinyl bromide** Thionyl bromide $SOBr_2$ [207.87]	507-16-4 — —		橙黄色 液体 発煙性	2.7		138	-52	反応
07	臭化セレニニル オキシ臭化セレン **Seleninyl bromide** Selenium oxybromide $SeOBr_2$ [254.77]	7789-51-7 — —	毒毒物, 管1種, 水	黄色 固体 (無水塩)	3.4		217	41.6	
08	臭化鉄(Ⅱ) **Iron(Ⅱ) bromide** $FeBr_2$ [215.66]	7789-46-0 — —	安18条	黄色ないし 暗褐色 結晶 (無水塩)	4.6			684	易
09	臭化鉄(Ⅲ) **Iron(Ⅲ) bromide** $FeBr_3$ [295.56]	10031-26-2 — —	安18条	暗赤色 結晶 (無水塩)				27	易
10	臭化銅(Ⅱ) **Copper(Ⅱ) bromide** $CuBr_2$ [223.36]	7789-45-9 — —	毒劇物, 管1種	黒色 結晶 潮解性	4.7		900	498	可
11	臭化ビニル ブロモエテン ブロモエチレン **Vinyl bromide** Bromoethene Bromoethylene C_2H_3Br [106.95]	593-60-2 1085 —	圧液化ガス・可燃性ガス, 安可燃性のガス, 運2.1	無色 気体 液化しやすい	1.5	3.7	16	-139.5	不
12	臭化ブチル 1-ブロモブタン **Butyl bromide** 1-Bromo butane C_4H_9Br [137.02]	109-65-9 1126 (2)-74	消第4類, 安引火性の物, 運3	無色 液体	1.3	4.7	102	-112	難

燃焼危険性			有害危険性			火災時の措置	備考	
引火点 [℃]	発火点 [℃]	爆発範囲 [vol%]	許容濃度 [ppm]	吸入LC_{50} [ラットppm]	経口LD_{50} [ラットmg/kg]			
−20	511	6.8〜8.0	5		1350	粉末消火剤, 二酸化炭素, 散水, 一般泡消火剤(消火効果のない場合, 散水)		01
						粉末消火剤, 二酸化炭素, 散水	2水和物もある	02
			0.02mg/m³ (Co)			粉末消火剤, 二酸化炭素, 散水		03
			0.025mg/m³ (Hg)		40	粉末消火剤, 二酸化炭素, 散水		04
			2(STEL)			粉末消火剤, 二酸化炭素(防毒マスク使用)	強酸性できわめて反応性に富む	05
						粉末消火剤, ソーダ灰, 石灰, 砂【水／泡消火剤使用不可】		06
			0.2mg/m³ (Se)			粉末消火剤, 二酸化炭素, 散水		07
			1mg/m³ (Fe)			粉末消火剤, 二酸化炭素, 散水		08
			1mg/m³ (Fe)			粉末消火剤, 二酸化炭素, 散水		09
						粉末消火剤, 二酸化炭素, 散水		10
<−8	530	9〜15	0.5			粉末消火剤, 二酸化炭素, 散水, 一般泡消火剤(消火効果のない場合, 散水)	発がん物質の恐れ	11
18	265	2.6 (100℃) 〜6.6 (100℃)			4450 (ラット腹腔内)	粉末消火剤, 二酸化炭素, 散水, 一般泡消火剤(消火効果のない場合, 散水)		12

	名称	CAS No. 国連番号 化審法No.	危険物分類	物理的特性					
				外観・性質	比重	蒸気比重 (空気=1)	沸点[℃]	融点[℃]	水溶性
01	臭化s-ブチル 2-ブロモブタン **sec-Butyl bromide** 2-Bromobutane C_4H_9Br [137.02]	78-76-2 2339 (2)-74	消第4類,安 引火性の物, 運3	無色 液体 良い香気	1.3		91.2	−112	不
02	臭化t-ブチル 2-ブロモ-2-メチルプロパン **tert-Butyl bromide** 2-Bromo-2-methylpropane C_4H_9Br [137.02]	507-19-7 — —	消第4類,安 引火性の物	無色 液体	1.2		73	−16.3	不
03	臭化プロピル 1-ブロモプロパン **n-Propyl bromide** 1-Bromopropane C_3H_7Br [123.00]	106-94-5 2344 (2)-73	消第4類,安 引火性の物, 運3	液体	1.4	4.3	71	−109.9	微
04	臭化ベンジル **Benzyl bromide** C_7H_7Br [171.04]	100-39-0 1737 —	消第4類,運 6.1	透明 液体 催涙性 花香	1.4		198	−3～−1	不
05	臭化ペンチル 1-ブロモペンタン n-アミルブロマイド 臭化アミル **Pentyl bromide** 1-Bromopentane Amyl bromide $C_5H_{11}Br$ [151.05]	110-53-2 — (2)-67	消第4類,安 引火性の物	無色 液体	1.2		129.7	−95	難
06	臭化メチル ブロモメタン メチルブロマイド **Methyl bromide** Bromomethane CH_3Br [94.94]	74-83-9 1062, 1581, 1647 (2)-39	毒劇物,管1種, 船2種監視, 消第9条,圧 液化ガス・毒 性・可燃性ガ ス,安可燃性 のガス,運2.3, 6.1	無色 液体または 気体 液化しやす い 揮発性	1.7	3.3	4	−94	難
07	臭化ヨウ素 一臭化ヨウ素 **Iodine bromide** Iodine monobromide IBr [206.81]	7789-33-5 — —	消第6類	ヨウ素類似 の色 固体(室温)	4.4		116	42	可
08	臭化ラウリル 1-ブロモドデカン 臭化ドデシル **Lauryl bromide** 1-Bromododecane Dodecyl bromide $C_{12}H_{25}Br$ [249.24]	143-15-7 — (2)-67	消第4類	無色 液体	1.0+		180 (45mmHg)		不
09	重クロム酸アンモニウム 二クロム酸アンモニウム **Ammonium dichromate** Ammonium bichromate $(NH_4)_2Cr_2O_7$ [252.07]	7789-09-5 1439 (1)-273	毒劇物,管1種, 消第1類,水, 安特定・18条, 運5.1	橙黄色 結晶	2.2 (15℃)			185 (分解)	可

燃焼危険性			有害危険性			火災時の措置	備考	
引火点 [℃]	発火点 [℃]	爆発範囲 [vol%]	許容濃度 [ppm]	吸入LC$_{50}$ [ラットppm]	経口LD$_{50}$ [ラットmg/kg]			
4.9						粉末消火剤, 二酸化炭素, 散水, 一般泡消火剤(消火効果のない場合, 散水)		01
						粉末消火剤, 二酸化炭素, 散水, 一般泡消火剤(消火効果のない場合, 散水)		02
25	490	4.6〜	10(提案値)	253g/m³/30M (ラット)		粉末消火剤, 二酸化炭素, 散水, 一般泡消火剤(消火効果のない場合, 散水)		03
						粉末消火剤, 二酸化炭素, 散水, 一般泡消火剤(消火効果のない場合, 散水)		04
32					1250 (マウス腹腔内)	粉末消火剤, 二酸化炭素, 散水, 一般泡消火剤(消火効果のない場合, 散水)		05
	537	10〜16.0	1		214	粉末消火剤, 二酸化炭素(防毒マスク使用)		06
						粉末消火剤, ソーダ灰, 石灰【水／泡消火剤使用不可】	目や皮膚を薬傷する	07
144						粉末消火剤, 二酸化炭素, 散水, 一般泡消火剤(消火効果のない場合, 散水)		08
			0.05mg/m³ (Cr)			水のみ使用【粉末／泡消火剤使用不可】	発がん物質	09

	名称	CAS No. 国連番号 化審法No.	危険物分類	物理的特性					
				外観・性質	比重	蒸気比重 (空気=1)	沸点[℃]	融点[℃]	水溶性
01	重クロム酸カリウム 二クロム酸カリウム クロム酸カリウム(Ⅱ) **Potassium dichromate** Potassium bichromate $K_2Cr_2O_7$ [294.18]	7778-50-9 — (1)-278	毒劇物,管1種, 消第1類,水, 安特定・18条	橙赤色 結晶	2.7 (25℃)			398	可
02	重クロム酸ナトリウム 二クロム酸ナトリウム **Sodium dichromate** Sodium bichromate $Na_2Cr_2O_7$ [261.97]	10588-01-9 — (1)-283	毒劇物,管1種, 管2種監視, 消第1類,水, 安特定・18条	橙赤色 結晶 潮解性	2.4 (25℃)			356	易
03	シュウ酸 エタン二酸 **Oxalic acid** Ethanedioic acid $C_2H_2O_4$ [90.04]	144-62-7 — (2)-844	毒劇物,安18 条	無色 結晶 無臭 (無水塩)				189.5	可
04	十酸化四リン 酸化リン(Ⅴ) 五酸化二リン **Tetraphosphorus decaoxide** Phosphorus(Ⅴ) oxide Diphosphorus pentaoxide $P_4O_{10}(P_2O_5)$ [283.9]	16752-60-6 — —		無色 結晶	2.3		605	580	可
05	シュウ酸銀 **Silver(Ⅰ) oxalate** $Ag_2C_2O_4$ [303.78]	533-51-7 — —	毒劇物	白色 結晶				140 (爆発的 分解)	
06	シュウ酸ジエチル **Diethyl oxalate** Oxalic ether Ethyl oxalate $C_6H_{10}O_4$ [146.14]	95-92-1 2525 (2)-924	消第4類,運 6.1	無色 油状液体 弱い芳香	1.1	5.0	186	−38.5	微
07	シュウ酸ジブチル **Dibutyl oxalate** Butyl oxalate Butyl ethanedioate $C_{10}H_{18}O_4$ [202.25]	2050-60-4 — —	消第4類	無色 液体	1.0+	7	244		不
08	シュウ酸ジペンチル シュウ酸ジアミル **Dipentyl oxalate** Diamyl oxalate $(C_6H_{11}O_2)_2$ [230.30]	20602-86-2 — —	消第4類		1.0−	7.9	240〜273		不
09	シュウ酸ジメチル **Dimethyl oxalate** $C_4H_6O_4$ [118.09]	553-90-2 — —		結晶 昇華性	1.1		164.45	53.3	
10	シュウ酸水銀(Ⅱ) シュウ酸第二水銀 **Mercury(Ⅱ) oxalate** Mercuric oxalate HgC_2O_4 [288.63]	3444-13-1 — —	毒毒物,水	白色 結晶性粉末				162〜165 (分解)	
11	シュウ酸鉄(Ⅲ) **Iron(Ⅲ) oxalate** $Fe_2(C_2O_4)_3$ [375.75]	2944-66-3 — —	毒劇物	黄色 結晶性粉末					可
12	シュウ酸銅(Ⅰ) **Copper(Ⅰ) oxalate** $Cu_2C_2O_4$ [215.1]	53421-36-6 — —	毒劇物,管1 種	褐色					

燃焼危険性			有害危険性			火災時の措置	備考	
引火点 [℃]	発火点 [℃]	爆発範囲 [vol%]	許容濃度 [ppm]	吸入LC$_{50}$ [ラットppm]	経口LD$_{50}$ [ラットmg/kg]			
			0.05mg/m^3 (Cr)		25	水のみ使用【粉末／泡消火剤使用不可】	発がん物質	01
			0.05mg/m^3 (Cr)		50	水のみ使用【粉末／泡消火剤使用不可】	発がん物質．2水和物もある	02
			1mg/m^3, 2mg/m^3 (STEL)		7500	粉末消火剤，二酸化炭素，砂，土，散水，一般泡消火剤	2水和物もある	03
						粉末消火剤，ソーダ灰，石灰，砂【水／泡消火剤使用不可】		04
						粉末消火剤，二酸化炭素，散水，耐アルコール性泡消火剤		05
76					400	粉末消火剤，二酸化炭素，散水，一般泡消火剤(消火効果のない場合，散水)		06
104						粉末消火剤，二酸化炭素，散水，一般泡消火剤(消火効果のない場合，散水)		07
118						粉末消火剤，二酸化炭素，散水，一般泡消火剤(消火効果のない場合，散水)		08
						粉末消火剤，二酸化炭素，砂，土，散水，一般泡消火剤		09
			0.025mg/m^3 (Hg)			粉末消火剤，二酸化炭素，散水，耐アルコール性泡消火剤		10
						粉末消火剤，二酸化炭素，散水，耐アルコール性泡消火剤		11
						粉末消火剤，二酸化炭素，散水，耐アルコール性泡消火剤		12

名称	CAS No. 国連番号 化審法No.	危険物分類	物理的特性					
			外観・性質	比重	蒸気比重 (空気=1)	沸点[℃]	融点[℃]	水溶性
01 重水素 デュウテリウム Heavy hydrogen Deuterium D_2 [4.028]	7782-39-0 1957 対象外	圧圧縮ガス・可燃性ガス,安可燃性のガス,運2.1	気体			-250		
02 臭素 Bromine Br_2 [159.81]	7726-95-6 1744 対象外	毒劇物,消第9条,化特定物質,安18条,運8	暗赤色 液体(室温)	3.1		59.5	-7.25	微
03 臭素酸 Bromic acid $HBrO_3$ [128.91]	7789-31-3 — —		無色 液体 粘性				100 (分解)	
04 臭素酸亜鉛 Zinc bromate $Zn(BrO_3)_2$ [321.21]	14519-07-4 2469	消第1類,運5.1	白色 結晶					
05 臭素酸アンモニウム Ammonium bromate NH_4BrO_3 [145.94]	13483-59-5 — —	消第1類,水	無色 結晶					易
06 臭素酸カリウム Potassium bromate $KBrO_3$ [167.00]	7758-01-2 1484 (1)-109	消第1類,運5.1	無色 結晶	3.3			350	可
07 臭素酸銀(Ⅰ) Silver(Ⅰ) bromate $AgBrO_3$ [235.77]	7783-89-3 — —	毒劇物,消第1類	白色 粉末,または無色 結晶				分解	
08 臭素酸水銀(Ⅰ) 臭素酸第一水銀 Mercury(Ⅰ) bromate Mercurous bromate $Hg_2(BrO_3)_2$ [657.05]	13465-33-3 — —	毒毒物,管1種,消第1類,水	黄白色 結晶					
09 臭素酸水銀(Ⅱ) 臭素酸第二水銀 Mercury(Ⅱ) bromate Mercuric bromate $Hg(BrO_3)_2$ [456.44]	26522-91-8 (2水和物)	毒毒物,管1種,消第1類,水	白色 結晶 (2水和物)					
10 臭素酸ナトリウム Sodium bromate $NaBrO_3$ [150.89]	7789-38-0 1494 (1)-115	消第1類,運5.1	無色 結晶	3.3			381 (分解)	可
11 臭素酸鉛(Ⅱ) Lead(Ⅱ) bromate $Pb(BrO_3)_2$ [463.04]	34018-28-5 — —	毒劇物,管1種,消第1類,水	無色 結晶	5.5			180 (分解)	
12 臭素酸バリウム一水和物 Barium bromate monohydrate $Ba(BrO_3)_2 \cdot H_2O$ [411.1]	13967-90-3 — —	毒劇物,管1種,消第1類	無色 結晶				170 ($-H_2O$), 260 (分解)	
13 十硫化四リン Tetraphosphorus decasulfide P_4S_{10} [444.5]	15857-57-5 — —	消第2類	淡黄色 結晶				290	
14 酒石酸 Tartaric acid 2,3-Dihydroxybutanedioic acid $C_4H_6O_6$ [150.09]	133-37-9 (2)-1456		無色 結晶	1.8	5.2		170	易

燃焼危険性			有害危険性			火災時の措置	備考	
引火点 [℃]	発火点 [℃]	爆発範囲 [vol%]	許容濃度 [ppm]	吸入LC$_{50}$ [ラットppm]	経口LD$_{50}$ [ラットmg/kg]			
ガス		5〜75				粉末消火剤, 二酸化炭素【ガス漏れ停止困難のときは消火不可】		01
			0.1, 0.2(STEL)		2600	粉末消火剤, 二酸化炭素, 散水		02
						水のみ使用【粉末／泡消火剤使用不可】	水溶液のみ安定	03
						水のみ使用【粉末／泡消火剤使用不可】		04
						水のみ使用【粉末／泡消火剤使用不可】		05
					157	水のみ使用【粉末／泡消火剤使用不可】		06
						水のみ使用【粉末／泡消火剤使用不可】		07
			0.025mg/m³ (Hg)			水のみ使用【粉末／泡消火剤使用不可】		08
			0.025mg/m³ (Hg)			水のみ使用【粉末／泡消火剤使用不可】		09
						水のみ使用【粉末／泡消火剤使用不可】	可燃物と激しく反応し, 火災や爆発の危険をもたらす	10
			0.05mg/m³ (Pb)			水のみ使用【粉末／泡消火剤使用不可】		11
			0.5mg/m³ (Ba)			水のみ使用【粉末／泡消火剤使用不可】		12
						粉末消火剤, ソーダ灰, 石灰, 砂【水／泡消火剤使用不可】		13
210	425				4360(マウス)	粉末消火剤, 二酸化炭素, 砂土, 散水, 一般泡消火剤	物性はd, l混合物	14

	名称	CAS No. 国連番号 化審法No.	危険物分類	物理的特性					
				外観・性質	比重	蒸気比重 (空気=1)	沸点[℃]	融点[℃]	水溶性
01	酒石酸ジエチル Diethyl tartrate $C_8H_{14}O_6$ [206.2]	87-91-2 — —	消第4類	無色 油状液体	1.2		280	17	微
02	酒石酸ジメチル Dimethyl tartrate $C_6H_{10}O_6$ [178.14]	13171-64-7 — —		結晶	1.3		280	48, 50, 61	難
03	酒石酸水素カリウム Potassium hydrogentartrate $KHC_4H_4O_6$ [188.18]	868-14-4 — (2)-1457		白色 結晶	2.0				微
04	四ヨウ化炭素 テトラヨードメタン Carbon tetraiodide Tetraiodomethane CI_4 [519.63]	507-25-5 — —		暗赤色 結晶	4.3			171	不
05	硝酸 Nitric acid HNO_3 [63.01]	7697-37-2 2031, 2032 (1)-394	毒劇物, 消第 6類, 安特定・ 18条, 水, 運 8	無色 液体 吸湿性	1.5		122	−42	易
06	硝酸亜鉛六水和物 Zinc nitrate hexahydrate $Zn(NO_3)_2 \cdot 6H_2O$ [297.48]	10196-18-6 — (1)-491	毒劇物, 管1種, 消第1類, 水, 安酸化性の物	無色 結晶			131	36	可
07	硝酸アセチル Acetyl nitrate $C_2H_3NO_4$ [105.05]	591-09-3 — —	消第5類	無色 液体 吸湿性 不安定	1.2		22 (70mmHg)		
08	硝酸アミド ニトロアミン ニトロアミド Nitric amide Nitroamine Nitramine NO_2NH_2 [62.03]	7782-94-7 — —		無色				72〜75 (分解)	
09	硝酸アンモニウム Ammonium nitrate NH_4NO_3 [80.04]	6484-52-2 0222, 1942, 2067, 2071, 2426, 3375 (1)-395	消第1類, 水, 安酸化性の 物・18条, 運 1.1D, 5.1, 9	無色 結晶または 結晶性粉末	1.8			169.6	易
10	硝酸イソオクチル Isooctyl nitrate $C_8H_{17}NO_3$ [175.23]	73513-43-6 — —	消第5類		1.0−		41〜43 (1mmHg)		不
11	硝酸イソプロピル Isopropyl nitrate $C_3H_7NO_3$ [105.09]	1712-64-7 1222 —	消第5類, 運3	無色 液体	1.0+		98〜102		
12	硝酸ウラニル六水和物 Uranyl nitrate hexahydrate $UO_2(NO_3)_2 \cdot 6H_2O$ [502.1]	13520-83-7 — —	消第1類, 水, 安酸化性の物	黄色 結晶	2.8			60	
13	硝酸エチル Ethyl nitrate Nitric ether $C_2H_5NO_3$ [91.07]	625-58-1 — —	消第5類, 安 引火性の物	無色 液体	1.1	3.1	88	−112	易

燃焼危険性			有害危険性			火災時の措置	備考	
引火点 [℃]	発火点 [℃]	爆発範囲 [vol%]	許容濃度 [ppm]	吸入LC$_{50}$ [ラットppm]	経口LD$_{50}$ [ラットmg/kg]			
93						粉末消火剤, 二酸化炭素, 砂, 土, 散水, 一般泡消火剤	L型のデータ	01
						粉末消火剤, 二酸化炭素, 砂, 土, 散水, 一般泡消火剤	融点48, 50, 61℃の3種の異性体が存在	02
						粉末消火剤, 二酸化炭素, 砂, 土, 散水, 一般泡消火剤		03
						粉末消火剤, 二酸化炭素, 散水		04
			2.4(STEL)			水のみ使用【粉末／泡消火剤使用不可】	皮膚, 目, 粘膜に激しい薬火傷を起こす	05
					1190	水のみ使用【粉末／泡消火剤使用不可】	2, 4, 9水和物もある	06
						自己反応性物質：粉末消火剤, 二酸化炭素, 散水, 一般泡消火剤		07
						自己反応性物質：粉末消火剤, 二酸化炭素, 散水, 一般泡消火剤	空気中で不安定	08
					2217	水のみ使用【粉末／泡消火剤使用不可】		09
96						自己反応性物質：粉末消火剤, 二酸化炭素, 散水, 一般泡消火剤		10
						自己反応性物質：粉末消火剤, 二酸化炭素, 散水, 一般泡消火剤		11
			0.2mg/m³, 0.6mg/m³ (STEL)(U)			水のみ使用【粉末／泡消火剤使用不可】	発がん物質. 1, 2, 3水和物もある	12
10		4.0〜100				自己反応性物質：粉末消火剤, 二酸化炭素, 散水, 一般泡消火剤		13

名称	CAS No. 国連番号 化審法No.	危険物分類	物理的特性					
			外観・性質	比重	蒸気比重 (空気=1)	沸点[℃]	融点[℃]	水溶性
01 硝酸カリウム Potassium nitrate KNO_3 [101.10]	7757-79-1 1486, 1487, 1499 (1)-449	消第1類, 水, 安酸化性の物, 運5.1	無色 結晶または 結晶性粉末	2.1			339	可
02 硝酸カルシウム Caicium nitrate $Ca(NO_3)_2$ [164.09]	10124-37-5 — (1)-188	消第1類, 水, 安酸化性の物	無色 結晶	2.4			42.7	易
03 硝酸銀(Ⅰ) Silver(Ⅰ) nitrate $AgNO_3$ [169.87]	7761-88-8 — (1)-8	毒劇物, 管1種, 消第1類, 水, 安酸化性の 物・18条	無色 結晶	4.4			212	易
04 硝酸クロミル Chromyl nitrate $CrO_2(NO_3)_2$ [208.0]	16017-38-2 — —	管特定1種, 消第1類, 水, 安酸化性の物	褐色					
05 硝酸コバルト(Ⅱ)六水和物 Cobalt(Ⅱ) nitrate hexahydrate $Co(NO_3)_2 \cdot 6H_2O$ [291.04]	10026-22-9 — (1)-266	管1種, 消第1 類, 安酸化性 の物・18条	赤色 粉末 潮解性	1.9			55 ($-3H_2O$)	
06 硝酸水銀(Ⅰ)二水和物 硝酸第一水銀二水和物 Mercury(Ⅰ) nitrate dihydrate Hydrated mercurous nitrate dihydrate $Hg_2(NO_3)_2 \cdot 2H_2O$ [561.22]	14836-60-3 — (1)-435	毒劇物, 管1種, 消第1類, 水, 安酸化性の 物・18条	白色 結晶	4.8			70	可
07 硝酸水銀(Ⅱ) 硝酸第二水銀 Mercury(Ⅱ) nitrate Mercuric nitrate $Hg(NO_3)_2$ [324.60]	10045-94-0 1625 —	毒劇物, 管1種, 消第1類, 水, 安酸化性の 物・18条, 運 6.1	白色 結晶	4.3			79	易
08 硝酸スズ(Ⅱ) Tin(Ⅱ) nitrate-water (1/20) $Sn(NO_3)_2 \cdot 20H_2O$ [603.0]	22755-27-7 — —	毒劇物, 消第 1類, 水, 安 酸化性の物	無色					
09 硝酸セシウム Caesium nitrate $CsNO_3$ [194.92]	7789-18-6 — —	消第1類, 水, 安酸化性の物	無色 結晶	3.7			414	
10 硝酸セリウム(Ⅳ)アンモニウム 硝酸二アンモニウムセリウム ヘキサニトラトセリウム(Ⅳ) 酸二アンモニウム Ammonium hexanitrocerate(Ⅳ) Diammonium cerium nitrate $(NH_4)_2Ce(NO_3)_6$ [548.26]	16774-21-3 — —	消第1類, 水, 安酸化性の物	橙色 結晶 潮解性				分解	
11 硝酸タリウム(Ⅲ) Thallium(Ⅲ) nitrate $Tl(NO_3)_3$ [390.40]	13746-98-0 — —	毒劇物, 消第 1類, 水, 安 酸化性の物	無色				分解	反応
12 硝酸鉄(Ⅲ)九水和物 Iron(Ⅲ) nitrate nonahydrate $Fe(NO_3)_3 \cdot 9H_2O$ [404.00]	7782-61-8 — (1)-355	消第1類, 水, 安酸化性の物	淡紫色 結晶 潮解性				47	易
13 硝酸銅(Ⅱ)三水和物 硝酸第二銅三水和物 硝酸第二銅 Copper(Ⅱ) nitrate trihydrate Cupric nitrate Cupric nitrate trihydrate $Cu(NO_3)_2 \cdot 3H_2O$ [241.6]	3251-23-8 — (1)-296	毒劇物, 管1種, 消第1類, 水, 安酸化性の 物・18条	青色 結晶 潮解性	2			115	可

燃焼危険性			有害危険性			火災時の措置	備考	
引火点 [℃]	発火点 [℃]	爆発範囲 [vol%]	許容濃度 [ppm]	吸入LC$_{50}$ [ラットppm]	経口LD$_{50}$ [ラットmg/kg]			
					3750	水のみ使用【粉末／泡消火剤使用不可】		01
					302	水のみ使用【粉末／泡消火剤使用不可】		02
			0.01mg/m³ (Ag)		1173	水のみ使用【粉末／泡消火剤使用不可】		03
			0.01mg/m³ (Cr)			水のみ使用【粉末／泡消火剤使用不可】	発がん物質	04
			0.02mg/m³ (Co)		691	水のみ使用【粉末／泡消火剤使用不可】		05
			0.025mg/m³ (Hg)		無水物：170	水のみ使用【粉末／泡消火剤使用不可】	1水和物もある	06
			0.025mg/m³ (Hg)		26	水のみ使用【粉末／泡消火剤使用不可】	1，2水和物もある	07
			2mg/m³ (Sn)			水のみ使用【粉末／泡消火剤使用不可】	母液から取り出すと直ちに結晶水に溶ける	08
						水のみ使用【粉末／泡消火剤使用不可】		09
						水のみ使用【粉末／泡消火剤使用不可】		10
			0.1mg/m³ (Tl)			水のみ使用【粉末／泡消火剤使用不可】	3水和物もある	11
			1mg/m³ (Fe)			水のみ使用【粉末／泡消火剤使用不可】	6水和物もある	12
			0.05mg/m³ (Cu) (提案値)		940	水のみ使用【粉末／泡消火剤使用不可】	6水和物もある	13

210 硝酸ナ

	名称	CAS No. 国連番号 化審法No.	危険物分類	物理的特性					
				外観・性質	比重	蒸気比重 (空気=1)	沸点[℃]	融点[℃]	水溶性
01	硝酸ナトリウム 硝曹 Sodium nitrate NaNO$_3$ [85.00]	7631-99-4 1498, 1499 (1)-484	消第1類，水， 安酸化性の物， 運5.1	無色 結晶または 結晶性粉末 潮解性	2.3			306.2	易
02	硝酸鉛(Ⅱ) Lead(Ⅱ) nitrate Pb(NO$_3$)$_2$ [331.21]	10099-74-8 — (1)-488	毒劇物，管1種， 消第1類，気 有害物質，水， 安酸化性の 物・18条	無色 結晶	4.5			470 (分解)	可
03	硝酸ニッケル(Ⅱ)六水和物 Nickel(Ⅱ) nitrate hexahydrate Ni(NO$_3$)$_2$・6H$_2$O [290.81]	13478-00-7 — (1)-485	管1種，消第1 類，水，安酸 化性の物・18 条	緑色 結晶 潮解性	2.1			57	易
04	硝酸尿素 硝酸ウロニウム Urea nitrate Uronium nitrate HNO$_3$・CO(NH$_2$)$_2$ [123.07]	124-47-0 0220, 1357 3370 —	運1.1D，4.1	白色 結晶				152	
05	硝酸バリウム Barium nitrate Ba(NO$_3$)$_2$ [261.34]	10022-31-8 1446 (1)-86	毒劇物，管1種， 消第1類，水， 安酸化性の 物・18条，運 5.1	無色 結晶	3.2		分解	592	可
06	硝酸ヒドロキシルアミン 硝酸ヒドロキシルアンモニウム Hydroxylamine nitrate Hydroxylammonium nitrate [NH$_3$OH]NO$_3$ [96.05]	13465-08-2 — —	毒劇物，消第 5類，水	白色 結晶(低温)				48	可
07	硝酸ブチル Butyl nitrate C$_4$H$_9$NO$_3$ [119.12]	928-45-0 — —	消第5類，安 引火性の物	無色 液体(エー テル臭)	1.0+	4.1	136		不
08	硝酸プルトニウム(Ⅳ) Plutonium(Ⅳ) nitrate Pu(NO$_3$)$_4$ [487]	13823-27-2 — —	消第1類，水， 安酸化性の物	黄 半結晶質の 固体				180 (分解) (−5H$_2$O)	
09	硝酸プロピル Propyl nitrate C$_3$H$_7$NO$_3$ [105.1]	627-13-4 1865 —	消第5類，安 引火性の物・ 18条，運3	白色ないし 褐色 液体	1.1	3.6	111		難
10	硝酸ペンチル 硝酸アミル Pentyl nitrate Amyl nitrate C$_5$H$_{11}$NO$_3$ [133.15]	1002-16-0 1112 —	消第5類，安 引火性の物， 運3	無色 液体 エーテル臭	1.0−	4.6	153〜157		不
11	硝酸マグネシウム六水和物 Magnesium nitrate hexahydrate Mg(NO$_3$)$_2$・6H$_2$O [256.41]	13446-18-9 — (1)-464	消第1類，水， 安酸化性の物	無色 結晶 潮解性	1.6			89, 330 (分解)	易
12	硝酸マンガン(Ⅱ)六水和物 Manganese(Ⅱ) nitrate hexahydrate Mn(NO$_3$)$_2$・6H$_2$O [287.0]	17141-63-8 — (1)-470	管1種，消第1 類，水，安酸 化性の物・特 定・18条	淡紅色 結晶				26	易
13	硝酸メチル Methyl nitrate CH$_3$NO$_3$ [77.04]	598-58-3 — —	消第5類，安 爆発性の物	無色 液体	1.2		64.6	−82.3	微

燃焼危険性			有害危険性			火災時の措置	備考	
引火点 [℃]	発火点 [℃]	爆発範囲 [vol%]	許容濃度 [ppm]	吸入LC$_{50}$ [ラットppm]	経口LD$_{50}$ [ラットmg/kg]			
					1267	水のみ使用【粉末／泡消火剤使用不可】		01
			0.05mg/m^3 (Pb)			水のみ使用【粉末／泡消火剤使用不可】		02
			0.1mg/m^3 (Ni)		1620	水のみ使用【粉末／泡消火剤使用不可】		03
						自己反応性物質：粉末消火剤，二酸化炭素，散水，一般泡消火剤		04
			0.5mg/m^3 (Ba)		355	水のみ使用【粉末／泡消火剤使用不可】		05
						積載火災：爆発のおそれ，消火不可	水溶液として使用される	06
36						自己反応性物質：粉末消火剤，二酸化炭素，散水，一般泡消火剤		07
						水のみ使用【粉末／泡消火剤使用不可】	5水和物もある	08
20	175	2～100	25, 40(STEL)			自己反応性物質：粉末消火剤，二酸化炭素，散水，一般泡消火剤	加熱で爆発の恐れ	09
48						自己反応性物質：粉末消火剤，二酸化炭素，散水，一般泡消火剤		10
						水のみ使用【粉末／泡消火剤使用不可】		11
			0.2mg/m^3 (Mn)			水のみ使用【粉末／泡消火剤使用不可】	1, 3水和物もある	12
						積載火災：爆発のおそれ，消火不可		13

名称	CAS No. 国連番号 化審法No.	危険物分類	物理的特性					
			外観・性質	比重	蒸気比重 (空気=1)	沸点[℃]	融点[℃]	水溶性
01 硝酸リチウム Lithium nitrate LiNO₃ [68.95]	7790-69-4 2722 (1)-745, (1)-765	㊐第1類, ㊌, ㊙酸化性の物, ㊆5.1	無色 結晶 潮解性	2.4			261	可
02 1,1-ジヨードエタン 二ヨウ化エチリデン ヨウ化エチリデン 1,1-Diiodoethane Ethylidene diiodide C₂H₄I₂ [281.86]	594-02-5 — —		液体	2.8		177〜179		不
03 1,2-ジヨードエタン 二ヨウ化エチレン ヨウ化エチレン 1,2-Diiodoethane Ethylene diiodide C₂H₄I₂ [281.86]	624-73-7 — —		黄色 結晶	2.1			81〜84	微
04 ジヨードメタン 二ヨウ化メチレン ヨウ化メチレン Diiodomethane Methylene diiodide CH₂I₂ [267.84]	75-11-6 — —		無色 液体	3.3		181	6	微
05 シラン ケイ化水素 Silane Silicon hydride SiH₄ [32.12]	7803-62-5 2203 (1)-735	㊉圧縮ガス・ 可燃性ガス・ 毒性ガス・特 殊高圧ガス・ 特定高圧ガス, ㊙可燃性のガ ス, ㊆2.1	無色 気体 悪臭	0.7	1.1	−112	−185	不
06 四硫化四窒素 Tetranitrogen tetrasulfide N₄S₄ [184.29]	28950-34-7 —		黄金色 結晶	2.2			178	不
07 四硫化四ヒ素 Tetraarsenic tetrasulfide As₄S₄ [427.95]	12279-90-2 — —	㊅毒物, ㊤特 定1種, ㊌	深紅色 光沢の結晶	3.5		565	320	不
08 四硫化二窒素 Tetrasulfur dinitride N₂S₄ [156.25]	32607-15-1 —		暗赤色 液体, また は灰色 固体				23	
09 四リン酸 ポリリン酸 Tetraphosphoric acid Polyphosphoric acid H₆P₄O₁₃ [337.94]	8017-16-1 — —			2.1		550		
10 ジルコニウム Zirconium Zr [91.224]	7440-67-7 1358, 2008, 2009, 2858 対象外	㊐第2類, ㊙ 発火性の物, ㊆4.1, 4.2	銀白色 金属結晶	6.5		4200	1857	
11 水銀 Mercury Hg [200.59]	7439-97-6 2024, 2025, 2809 対象外	㊅劇物,㊤1種, ㊐第2類, ㊌, ㊙特定化学物 質・18条, ㊆ 6.1, 8	銀白色 液体金属 (25℃)	α 14.2, β 13.5		357	−38.9	

燃焼危険性			有害危険性			火災時の措置	備考	
引火点 [℃]	発火点 [℃]	爆発範囲 [vol%]	許容濃度 [ppm]	吸入LC$_{50}$ [ラットppm]	経口LD$_{50}$ [ラットmg/kg]			
						水のみ使用【粉末／泡消火剤使用不可】		01
						粉末消火剤，二酸化炭素，散水，一般泡消火剤（消火効果のない場合，散水）		02
						粉末消火剤，二酸化炭素，散水，耐アルコール性泡消火剤		03
						粉末消火剤，二酸化炭素，散水，一般泡消火剤（消火効果のない場合，散水）		04
ガス	空気中で発火	1.4〜96	5	9600/4H		粉末消火剤，二酸化炭素【ガス漏れ停止困難のときは消火不可】		05
						粉末消火剤，二酸化炭素，散水		06
						粉末消火剤，ソーダ灰，石灰，砂【水／泡消火剤使用不可】	発がん物質	07
						粉末消火剤，二酸化炭素，散水		08
								09
			5mg/m^3, 10mg/m^3 (STEL)			粉末消火剤，二酸化炭素，散水	火気厳禁．粉末状の金属ジルコニウムは火災，爆発の危険性あり	10
			0.025mg/m^3			周辺火災の種類に応じた消火剤【加熱された金属に直接水を用いない】		11

水酸化

	名称	CAS No. 国連番号 化審法No.	危険物分類	物理的特性					
				外観・性質	比重	蒸気比重 (空気=1)	沸点[℃]	融点[℃]	水溶性
01	水酸化亜鉛 Zinc hydroxide Zn(OH)$_2$ [99.40]	20427-58-1 — —		無色 結晶				125 (分解)	
02	水酸化アルミニウム Aluminium hydroxide Al(OH)$_3$ [78.00]	21645-51-2 — (1)-17		白色 粉末	2.4			300 (−H$_2$O)	不
03	水酸化アンモニウム アンモニア水 安水 Ammonium hydroxide Aqueous ammonia NH$_4$OH [35.05]	1336-21-6 — (1)-314	毒劇物, 消第9条, 圧有毒・可燃性ガス, 気特定, 水特定化学物質・18条	無色 液体 強い刺激臭	0.90 (25%)				
04	水酸化カリウム 苛性カリ Potassium hydroxide KOH [56.11]	1310-58-3 1813, 1814 (1)-369	毒劇物, 安18条, 運8	無色 結晶 潮解性	2		1320	360.4	易
05	水酸化カルシウム 消石灰 Calcium hydroxide Ca(OH)$_2$ [74.09]	1305-62-0 — (1)-181	安18条	無色 結晶	2.2				微
06	水酸化ジルコニウム(IV) Zirconium(IV) hydroxide Zr(OH)$_4$ [159.25]	14475-63-9 — (1)-734		無色 ゾル状物質	3.3				不
07	水酸化鉄(II) 水酸化第一鉄 Iron(II) hydroxide Ferrous hydroxide Fe(OH)$_2$ [89.86]	18624-44-7 — —		無色ないし 淡緑色 結晶	3.4			分解	不
08	水酸化ナトリウム 苛性ソーダ Sodium hydroxide NaOH [40.00]	1310-73-2 1823, 1824, 3320 (1)-410	毒劇物, 安18条, 運8	無色 結晶 潮解性	2.1		1390	328	易(多量の熱発生)
09	水酸化バリウム Barium hydroxide Ba(OH)$_2$ [171.38]	17194-00-2 — (1)-83	毒劇物, 管1種, 消第9条, 安18条	白色 粉末	4.5			408	微
10	水酸化マグネシウム Magnesium hydroxide Mg(OH)$_2$ [58.34]	1309-42-8 — (1)-386		白色 結晶粉末				330〜430 (−H$_2$O)	難
11	水酸化ルテニウム(III) Ruthenium(III) hydroxide Ru(OH)$_3$ [152.1]	12181-34-9 — —		黒褐色				60〜65 (分解発火)	
12	水素 Hydrogen H$_2$ [2.016]	1333-74-0 1049, 1966, 2034 対象外	圧縮ガス・液化ガス・可燃性ガス・特定高圧ガス, 安可燃性のガス, 運2.1	無色 最も軽い気体 無臭 無味		0.1	−252	−259.2	難
13	水素化アルミニウム Aluminium hydride AlH$_3$ [30.01]	7784-21-6 2463 —	消第3類, 運4.3	白色 固体 非揮発性				150〜200 (分解)	反応

燃焼危険性			有害危険性			火災時の措置	備考	
引火点 [℃]	発火点 [℃]	爆発範囲 [vol%]	許容濃度 [ppm]	吸入LC$_{50}$ [ラットppm]	経口LD$_{50}$ [ラットmg/kg]			
						粉末消火剤，二酸化炭素，散水	5種類の変態が存在	01
			10mg/m^3（Al）			粉末消火剤，二酸化炭素，散水		02
					350	粉末消火剤，二酸化炭素，散水	皮膚，目，粘膜を腐食する	03
			2mg/m^3 (STEL)		273	粉末消火剤，二酸化炭素，散水	腐食性強く，皮膚や目に付着しないようにする	04
			5mg/m^3		7340	粉末消火剤，二酸化炭素，散水		05
			5mg/m^3, 10mg/m^3 (STEL)(Zr)			粉末消火剤，二酸化炭素，散水		06
						粉末消火剤，二酸化炭素，散水	空気中で不安定，酸化される	07
			2mg/m^3 (STEL)		40(マウス)	粉末消火剤，二酸化炭素，散水	皮膚を激しく侵し，目に入ると失明	08
			0.5mg/m^3（Ba）		225 (マウス腹腔内)	粉末消火剤，二酸化炭素，散水	8水和物もある	09
					8500			10
						粉末消火剤，二酸化炭素，散水	空気中で不安定	11
ガス	500	4.0〜75	窒息に至る			粉末消火剤，二酸化炭素【ガス漏れ停止困難のときは消火不可】		12
						粉末消火剤，ソーダ灰，石灰，砂【水／泡消火剤使用不可】		13

水素化

	名称	CAS No. 国連番号 化審法No.	危険物分類	物理的特性					
				外観・性質	比重	蒸気比重 (空気=1)	沸点[℃]	融点[℃]	水溶性
01	水素化アルミニウムナトリウム テトラヒドリドアルミン酸ナトリウム **Sodium aluminium hydride** Sodium tetrahydridoaluminate NaAlH₄ [54.00]	13770-96-2 2835 —	消第3類, 連4.3	無色結晶				178	激しく反応
02	水素化アルミニウムリチウム テトラヒドリドアルミン酸リチウム **Lthium aluminium hydride** Lithium tetrahydridoaluminate LiAlH₄ [37.96]	16853-85-3 — —	消第3類	白色粉末	0.9			125〜150 (分解)	反応
03	水素化ウラン(Ⅲ) 三水素化ウラン **Uranium(Ⅲ) hydride** Uranium trihydride UH₃ [241.09]	13598-56-6 — —	消第3類	褐黒色結晶	11.1				
04	水素化カドミウム **Cadmium hydride** CdH₂ [114.43]	72172-64-6 — —	毒劇物, 管特定1種, 消第3類, 水	無色固体				−20 (分解)	
05	水素化カリウム **Potassium hydride** KH [40.11]	7693-26-7 — —	消第3類	無色結晶	1.4			417 (分解)	反応
06	水素化カルシウム **Calcium hydride** CaH₂ [42.09]	7789-78-8 1404 —	消第3類, 連4.3	無色結晶	1.7			675	反応
07	水素化ジルコニウム 二水素化ジルコニウム **Zirconium hydride** Zirconium dihydride ZrH₂ [93.24]	7704-99-6 1437 (1)-736	消第3類, 連4.1	灰黒色金属性粉末	5.6				
08	水素化セシウム **Caesium hydride** CsH [133.92]	13772-47-9 — —	消第3類	無色結晶	3.4			170 (分解)	
09	水素化チタン(Ⅱ) 二水素化チタン **Titanium(Ⅱ) hydride** Titanium dihydride TiH₂ [49.92]	7704-98-5 — (1)-1167	消第3類	灰色結晶	3.9			400 (分解)	反応
10	水素化銅(Ⅰ) **Copper(Ⅰ) hydride** CuH [64.55]	13517-00-5 — —	消第3類	赤褐色粉末				室温で徐々に分解	
11	水素化ナトリウム **Sodium hydride** NaH [24.00]	7646-69-7 1427 (1)-409	消第3類, 連4.3	灰色結晶	1.4			800	激しく反応
12	水素化バリウム **Barium hydride** BaH₂ [139.35]	13477-09-3 — —	毒劇物, 消第3類	白色結晶	4.2			675 (分解)	
13	水素化プルトニウム(Ⅲ) 三水素化プルトニウム **Plutonium(Ⅲ) hydride** Plutonium trihydride PuH₃ [247.09]	15457-77-9 — —	消第3類	黒色結晶	9.2			327	

水素化　217

燃焼危険性			有害危険性			火災時の措置	備考	
引火点 [℃]	発火点 [℃]	爆発範囲 [vol%]	許容濃度 [ppm]	吸入LC$_{50}$ [ラットppm]	経口LD$_{50}$ [ラットmg/kg]			
						粉末消火剤, ソーダ灰, 石灰, 砂【水／泡消火剤使用不可】	湿気で分解する	01
						粉末消火剤, ソーダ灰, 石灰, 砂【水／泡消火剤使用不可】	空気中の水蒸気と反応し, 発火することがある	02
			0.2mg/m^3, 0.6mg/m^3 (STEL)(U)			粉末消火剤, ソーダ灰, 石灰, 砂【水／泡消火剤使用不可】	発がん物質	03
			0.002mg/m^3 (Cd)			粉末消火剤, ソーダ灰, 石灰, 砂【水／泡消火剤使用不可】	発がん物質の恐れ	04
						粉末消火剤, ソーダ灰, 石灰, 砂【水／泡消火剤使用不可】	保護媒体として流動パラフィンを使用する	05
						粉末消火剤, ソーダ灰, 石灰, 砂【水／泡消火剤使用不可】		06
			5mg/m^3, 10mg/m^3 (STEL)(Zr)			粉末消火剤, ソーダ灰, 石灰, 砂【水／泡消火剤使用不可】		07
						粉末消火剤, ソーダ灰, 石灰, 砂【水／泡消火剤使用不可】		08
>400						粉末消火剤, ソーダ灰, 石灰, 砂【水／泡消火剤使用不可】		09
						粉末消火剤, ソーダ灰, 石灰, 砂【水／泡消火剤使用不可】		10
						粉末消火剤, ソーダ灰, 石灰, 砂【水／泡消火剤使用不可】	通常保護媒体として流動パラフィンを使用する	11
			0.5mg/m^3 (Ba)			粉末消火剤, ソーダ灰, 石灰, 砂【水／泡消火剤使用不可】		12
						粉末消火剤, ソーダ灰, 石灰, 砂【水／泡消火剤使用不可】		13

218 水素化

	名称	CAS No. 国連番号 化審法No.	危険物分類	物理的特性					
				外観・性質	比重	蒸気比重 (空気=1)	沸点[℃]	融点[℃]	水溶性
01	水素化ベリリウム Beryllium hydride BeH$_2$ [11.03]	7787-52-2 — —	㏇特定1種, ㊝第3類	白色 固体	0.7			200 (分解)	反応
02	水素化マグネシウム 二水素化マグネシウム Magnesium(Ⅱ) hydride Magnesium dihydride MgH$_2$ [26.32]	7693-27-8 — (1)-386	㊝第3類	無色 結晶	1.5				反応
03	水素化リチウム Lithium hydride LiH [7.95]	7580-67-8 1414, 2805 (1)-710	㊝第3類, ㊌ 18条, ㊍4.3	無色 結晶	0.8			680	反応
04	水素化ルビジウム Rubidium hydride RbH [86.49]	13446-75-8 — —	㊝第3類	無色 結晶	2.6			300 (分解)	
05	スクロース ショ糖 Sucrose Cane sugar C$_{12}$H$_{22}$O$_{11}$ [342.30]	57-50-1 — —		硬い白色 乾いた結晶	1.6			186 (分解)	易
06	スズ Tin Sn [118.710]	7440-31-5 — 対象外	㊝第2類, ㊌ 18条	白色 金属光沢の 固体(βス ズ)	7.3		2623	232	
07	スチビン 水素化アンチモン Stibine Antimony hydride SbH$_3$ [124.77]	7803-52-3 2676 新規	㏇1種, ㊪劇物, ㊝第3類, ㊁ 圧縮ガス・可 燃性ガス・毒 性ガス, ㊌可 燃性のガス, ㊍2.3	無色 気体		4.3	-18.4	-88	微
08	スチルベン-cis 1,2-ジフェニルエテン-cis イソスチルベン Stilbene-cis 1,2-Diphenylethene-cis Isostilbene C$_{14}$H$_{12}$ [180.25]	645-49-8 — —	㊝第4類	黄色 油状液体	1.0+		135 (10mmHg)	-5	
09	スチルベン-trans 1,2-ジフェニルエテン-trans Stilbene-trans 1,2-Diphenylethene-trans C$_{14}$H$_{12}$ [180.25]	103-30-0 — —		無色 結晶			306	125	
10	スチレン ビニルベンゼン Styrene Vinyl benzene Cinnamene C$_8$H$_8$ [104.15]	100-42-5 — (3)-4	㏇1種, ㊝第4 類, ㊌引火性 の物・18条	無色 液体 特異臭	0.9	3.6	146	-30.63	難
11	スチレンオキシド Styrene oxide Epoxyethyl benzene C$_8$H$_8$O [120.15]	96-09-3 — (3)-1033	㏇1種, ㊝第4 類, ㊌18条	芳香 液体	1.1	4.2	194		
12	ステアリン酸 Stearic acid C$_{18}$H$_{36}$O$_2$ [284.48]	57-11-4 — (2)-608	㊝第9条	白色 結晶	0.8	9.8	386	69~70	難

燃焼危険性			有害危険性			火災時の措置	備考	
引火点 [℃]	発火点 [℃]	爆発範囲 [vol%]	許容濃度 [ppm]	吸入LC$_{50}$ [ラットppm]	経口LD$_{50}$ [ラットmg/kg]			
			0.002mg/m^3, 0.01mg/m^3 (STEL) (Be)			粉末消火剤，ソーダ灰，石灰，砂【水／泡消火剤使用不可】	発がん物質	01
						粉末消火剤，ソーダ灰，石灰，砂【水／泡消火剤使用不可】		02
			0.025mg/m^3			粉末消火剤，ソーダ灰，石灰，砂【水／泡消火剤使用不可】		03
						粉末消火剤，ソーダ灰，石灰，砂【水／泡消火剤使用不可】		04
			10mg/m^3		29700	粉末消火剤，二酸化炭素，砂，土，散水，一般泡消火剤		05
			2mg/m^3			粉末消火剤，二酸化炭素，散水		06
		～100	0.1			粉末消火剤，二酸化炭素，散水，耐アルコール性泡消火剤【ガス漏れ停止困難のときは消火不可】		07
>112						粉末消火剤，二酸化炭素，散水，耐アルコール性泡消火剤		08
						粉末消火剤，二酸化炭素，散水，耐アルコール性泡消火剤		09
31	490	0.9～6.8	20, 40(STEL)		2650	粉末消火剤，二酸化炭素，散水，一般泡消火剤(消火効果のない場合，散水)		10
74	498				2000	粉末消火剤，二酸化炭素，散水，一般泡消火剤(消火効果のない場合，散水)	発がん物質の恐れ	11
196	395		10mg/m^3			粉末消火剤，二酸化炭素，砂，土，散水，一般泡消火剤		12

	名称	CAS No. 国連番号 化審法No.	危険物分類	物理的特性					
				外観・性質	比重	蒸気比重 (空気=1)	沸点[℃]	融点[℃]	水溶性
01	ステアリン酸亜鉛 Zinc stearate $Zn(C_{18}H_{35}O_2)_2$ [632.34]	557-05-1 — (2)-615	安18条	白色 粉末	1.1		分解	140	不
02	ステアリン酸アミド ステアリルアミド Stearamide Octadecanamide $C_{17}H_{35}CONH_2$ [283.50]	124-26-5 — (2)-824		白色 固体			250〜251 (12mmHg)	100	不
03	ステアリン酸アルミニウム Aluminum stearate $Al(C_{18}H_{35}COO)_3$ [877.41]	637-12-7 — —		無色 粉末				103	
04	ステアリン酸カルシウム Calcium stearate $C_{36}H_{70}CaO_4$ [607.0]	1592-23-0 — (2)-611		白色 光沢の粉末	1.1			179〜180	不
05	ステアリン酸ブチル Butyl stearate $C_{22}H_{44}O_2$ [340.59]	123-95-5 — —	消第4類	無色 油状液体	0.9	11.4	343	19.5〜20	不
06	ステアリン酸ペンチル ステアリン酸アミル Pentyl stearate Amyl stearate $C_{23}H_{46}O_2$ [354.61]	6382-13-4 — —	消第4類		0.9	12.2	360		不
07	ステアリン酸メチル Methyl stearate $C_{19}H_{38}O_2$ [298.51]	112-61-8 — —		白色 結晶	0.9	10.3	215 (15mmHg)	38〜39	不
08	ストロンチウム Strontium Sr [87.62]	7440-24-6 — 対象外	消第3類,安 発火性の物	銀白色 軟らかい金属	2.6		1384	768	反応
09	スルホラン テトラヒドロチオフェン=1,1-ジオキシド チオラン=1,1-ジオキシド Sulfolane Tetrahydrothiophene-1,1-dioxide Tetramethylene sulfone $C_4H_8O_2S$ [120.17]	126-33-0 — (5)-77	消第4類	固体または液体	1.3		285	27.4〜27.8	易
10	セシウム Caesium Cs [132.91]	7440-46-2 1407 —	消第3類,安 発火性の物, 運4.3	銀白色 軟らかい金属	1.9		705	28.5	
11	セシウムアミド Caesium amide $CsNH_2$ [148.93]	22205-57-8 — —		白色 結晶				262	
12	セバシン酸 デカン二酸 Sebacic acid Decanedioic acid $C_{10}H_{18}O_4$ [202.25]	111-20-6 — (2)-878		無色 結晶			294.5 (100mmHg)	134.5	難
13	セバシン酸ジブチル デカン二酸ジブチル DBS Dibutyl sebacate Decanedioic dibutyl ester Butyl sebacate $C_{18}H_{34}O_4$ [314.47]	109-43-3 — (2)-879	消第4類	無色 油状液体 無臭 無毒	1.0−	10.8	343	1	不

燃焼危険性			有害危険性			火災時の措置	備考	
引火点 [℃]	発火点 [℃]	爆発範囲 [vol%]	許容濃度 [ppm]	吸入LC$_{50}$ [ラットppm]	経口LD$_{50}$ [ラットmg/kg]			
277	420		10mg/m^3 (ステアリン酸)		>10000	粉末消火剤,二酸化炭素,散水,耐アルコール性泡消火剤		01
						粉末消火剤,二酸化炭素,散水,耐アルコール性泡消火剤		02
			10mg/m^3 (ステアリン酸)			粉末消火剤,二酸化炭素,散水,耐アルコール性泡消火剤		03
			10mg/m^3 (ステアリン酸)			粉末消火剤,二酸化炭素,散水,耐アルコール性泡消火剤		04
160	355					粉末消火剤,二酸化炭素,散水,一般泡消火剤(消火効果のない場合,散水)		05
185						粉末消火剤,二酸化炭素,散水,一般泡消火剤(消火効果のない場合,散水)		06
153						粉末消火剤,二酸化炭素,砂,土,散水,一般泡消火剤		07
						粉末消火剤,二酸化炭素,散水	3種の同素体がある	08
177					1540μl/kg	粉末消火剤,二酸化炭素,散水,耐アルコール性泡消火剤		09
						粉末消火剤,二酸化炭素,散水		10
						粉末消火剤,ソーダ灰,石灰,砂【水／泡消火剤使用不可】		11
					14375	粉末消火剤,二酸化炭素,散水,耐アルコール性泡消火剤		12
178	365	0.44 (243℃) ～				粉末消火剤,二酸化炭素,散水,一般泡消火剤(消火効果のない場合,散水)		13

	名称	CAS No. 国連番号 化審法No.	危険物分類	物理的特性					
				外観・性質	比重	蒸気比重 (空気=1)	沸点[℃]	融点[℃]	水溶性
01	セバシン酸ジメチル Dimethyl sebacate Methyl sebacate $C_{12}H_{22}O_4$ [230.30]	106-79-6 — 	消第4類	無色 液体	1.0−		296	28	
02	セリウム Cerium Ce [140.12]	7440-45-1 3078 	消第2類,発火性の物,安4.3	灰色 金属結晶	6.8		3470	804	
03	セレン セレニウム Selenium Se [78.96]	7782-49-2 3283, 3440 対象外	毒劇物,管1種,消第9条,水,安18条,運6.1	赤色 粉末	4.8 (結晶状)		684.6	220.2	
04	セレン化カドミウム Cadmium slenide CdSe [191.37]	1306-24-7 — —	毒毒物,管特定1種,消第2類,水,安発火性の物	暗赤色 粉末				>1350	
05	セレン化ジメチル ジメチルセレニド Dimethyl selenide $Se(CH_3)_2$ [109.0]	— — —	毒毒物,管1種,消第3類,水	液体 悪臭					
06	セレン化水素 Hydrogen selenide H_2Se [80.98]	7783-07-5 2202 新規	毒劇物,管1種,消第3類,圧圧縮ガス・可燃性ガス・毒性ガス・特殊高圧ガス・特定高圧ガス,水,安可燃性のガス,運2.3	無色 気体 悪臭	2.1 (−42℃)	2.8	−41.3	−65.7	微
07	セレン化セシウム Cesium selenide Cs_2Se [344.78]	31052-46-7 — —	毒毒物,管1種,水	白色 結晶性粉末					

燃焼危険性			有害危険性			火災時の措置	備考	
引火点 [℃]	発火点 [℃]	爆発範囲 [vol%]	許容濃度 [ppm]	吸入LC_{50} [ラットppm]	経口LD_{50} [ラットmg/kg]			
145						粉末消火剤, 二酸化炭素, 散水, 一般泡消火剤(消火効果のない場合, 散水)		01
						粉末消火剤, 二酸化炭素, 散水		02
			0.2mg/m³		6700	粉末消火剤, 二酸化炭素, 散水	6種の同素体が存在	03
			0.002mg/m³ (Cd)			粉末消火剤, 二酸化炭素, 散水	発がん物質の恐れ	04
			0.2mg/m³ (Se)			粉末消火剤, ソーダ灰, 石灰, 乾燥砂		05
		12.5〜63	0.05	6(モルモット, 30分)		粉末消火剤, 二酸化炭素, 散水, 一般泡消火剤【ガス漏れ停止困難のときは消火不可】	猛毒	06
			0.2mg/m³ (Se)			粉末消火剤, 二酸化炭素, 散水		07

	名称	CAS No. 国連番号 化審法No.	危険物分類	物理的特性					
				外観・性質	比重	蒸気比重 (空気=1)	沸点[℃]	融点[℃]	水溶性
01	タリウム Thallium Tl [204.38]	7440-28-0 1707 —	管2種,消第2類,安発火性の物,運6.1	白色 軟らかい金属結晶	11.8 (20℃)		1457	303.5	
02	炭化アルミニウム Aluminium carbide Al$_4$C$_3$ [143.95]	1299-86-1 1394 —	消第3類,運4.3	淡黄色 結晶	2.4			2100	反応
03	炭化ウラン Uranium carbide UC$_2$ [262.05]	12071-33-9 — —		黒色 粉末	11.7			約2480	
04	炭化ジルコニウム Zirconium carbide ZrC [103.24]	12070-14-3 — (1)-621		灰白色 結晶	6.7		5100	3540	不
05	炭化タングステン Tungsten carbide WC [195.86]	12070-12-1 — (1)-1175		灰色 金属様粉末	15.5〜15.7		6000	2870	不
06	炭化チタン Titanium carbide TiC [59.90]	12070-08-5 — (1)-1166		灰色 極めて硬い 金属状固体	4.9		4300	3140±90	不
07	炭化トリウム Thorium carbide ThC$_2$ [256.06]	12674-40-7 — —		黄色 固体				2630〜2680	反応
08	炭化二タングステン Ditungsten carbide W$_2$C [379.71]	12070-13-2 — —		灰色 結晶	17.2			2860	
09	炭化ハフニウム Hafnium carbide HfC [190.51]	12069-85-1 — —		灰色 結晶	5.5			3887	
10	炭化ランタン 二炭化ランタン アセチレン化ランタン Lanthanum carbide Lanthanum dicarbide LaC$_2$ [162.94]	12071-15-7 — —		黄色 結晶	5.0				反応
11	タングステン Tungsten W [183.84]	7440-33-7 — 対象外	消第2類,安発火性の物・18条	灰白色 金属結晶	19.3 (20℃)		約5500	約3380	
12	タングステン酸ナトリウム二水和物 Sodium tungstate dihydrate Na$_2$WO$_4$・2H$_2$O [329.87]	10213-10-2 — (1)-794	安18条	無色 結晶	3.3			100 (−2H$_2$O), 698	可
13	炭酸エチレン 1,3-ジオキソラン-2-オン エチレンカーボネート Ethylene carbonate 1,3-Dioxolane-2-one C$_3$H$_4$O$_3$ [88.06]	96-49-1 — (5)-523		無色 結晶 無臭	1.3		177 (100mmHg)	36.4	可
14	炭酸カリウム Potassium carbonate K$_2$CO$_3$ [138.21]	584-08-7 — (1)-153		白色 粉末 潮解性	2.3			891	易
15	炭酸カルシウム Calcium carbonate CaCO$_3$ [100.09]	471-34-1 — (1)-122		白色 粉末	2.8			1339	難

燃焼危険性			有害危険性			火災時の措置	備考	
引火点 [℃]	発火点 [℃]	爆発範囲 [vol%]	許容濃度 [ppm]	吸入LC$_{50}$ [ラットppm]	経口LD$_{50}$ [ラットmg/kg]			
			0.1mg/m^3			粉末消火剤，二酸化炭素，散水	有毒	01
						粉末消火剤，ソーダ灰，石灰，砂【水／泡消火剤使用不可】		02
			0.2mg/m^3, 0.6mg/m^3 (STEL)(U)			粉末消火剤，ソーダ灰，石灰，砂【水／泡消火剤使用不可】	発がん物質	03
			5mg/m^3, 10mg/m^3 (STEL)(Zr)			粉末消火剤，ソーダ灰，石灰，砂【水／泡消火剤使用不可】		04
			5mg/m^3, 10mg/m^3 (STEL)(W)			粉末消火剤，ソーダ灰，石灰，砂【水／泡消火剤使用不可】		05
						粉末消火剤，ソーダ灰，石灰，砂【水／泡消火剤使用不可】		06
						粉末消火剤，ソーダ灰，石灰，砂【水／泡消火剤使用不可】		07
			5mg/m^3, 10mg/m^3 (STEL)(W)			粉末消火剤，ソーダ灰，石灰，砂【水／泡消火剤使用不可】		08
			0.5mg/m^3 (Hf)			粉末消火剤，ソーダ灰，石灰，砂【水／泡消火剤使用不可】		09
						粉末消火剤，ソーダ灰，石灰，砂【水／泡消火剤使用不可】		10
			5mg/m^3, 10mg/m^3 (STEL)			粉末消火剤，二酸化炭素，散水		11
			1mg/m^3, 3mg/m^3 (STEL)(W)		1190	粉末消火剤，二酸化炭素，散水		12
143					10000	粉末消火剤，二酸化炭素，砂，土，散水，一般泡消火剤		13
					1870			14
			10mg/m^3		6450			15

	名称	CAS No. 国連番号 化審法No.	危険物分類	物理的特性					
				外観・性質	比重	蒸気比重 (空気=1)	沸点[℃]	融点[℃]	水溶性
01	炭酸ジエチル **Diethyl carbonate** Ethyl carbonate $C_5H_{10}O_3$ [118.13]	105-58-8 — —	消第4類, 安引火性の物	液体 エーテル臭	1.0 –	4.1	126	−43	不
02	炭酸ジメチル ジメチルカーボネート **Dimethyl carbonate** Methyl carbonate $C_3H_6O_3$ [90.08]	616-38-6 1161, 2366 (2)-2853	消第4類, 安引火性の物, 運3	無色 液体 エーテル臭	1.1	3.1	89	0.5	不
03	炭酸水素ナトリウム 重炭酸ナトリウム 重曹 **Sodium hydrogencarbonate** Sodium bicarbonate $NaHCO_3$ [84.01]	144-55-8 — (1)-164		白色 結晶	2.2			270 (分解)	可
04	炭酸ストロンチウム **Strontium carbonate** $SrCO_3$ [147.64]	1633-05-2 — (1)-171		白色 粉末	3.5			1100 (分解)	不
05	炭酸トリクロロメチル トリホスゲン **Trichloromethyl carbonate** Triphosgene $C_3Cl_6O_3$ [296.75]	32315-10-9 — —		白色 結晶			203〜206	78〜80	
06	炭酸ナトリウム ソーダ灰 **Sodium carbonate** Soda ash Na_2CO_3 [105.99]	497-19-8 — (1)-164		白色 粉末 吸湿性 (無水塩)	2.5			851	易
07	炭酸鉛(Ⅱ) **Lead(Ⅱ) carbonate** $PbCO_3$ [267.22]	598-63-0 — —	毒劇物, 管1種, 水	白色 結晶				315 (分解)	
08	炭酸ニッケル **Nickel carbonate** $NiCO_3$ [118.72]	3333-67-3 — (1)-167	管1種, 安18条	淡緑色 結晶	2.6			分解	不
09	炭酸バリウム **Barium carbonate** $BaCO_3$ [197.34]	513-77-9 — (1)-78	毒劇物, 消第9条	白色 粉末	4.4			1300 (分解)	不
10	炭酸マグネシウム **Magnesium carbonate** $MgCO_3$ [84.32]	546-93-0 — (1)-155		無色 固体	3.0			350 (分解)	不
11	炭酸リチウム **Lithium carbonate** Li_2CO_3 [73.89]	554-13-2 — (1)-154		無色 結晶性粉末	2.1			618	難
12	炭素 **Carbon** C [12.01]	7440-44-0 1362 対象外	運4.2	黒色 固体	1.8〜3.5		4000	3500	不
13	チアゾール **Thiazole** C_3H_3NS [85.13]	288-47-1 — —	消第4類	無色 液体 揮発性 ピリジン臭	1.2		117〜118		可

燃焼危険性			有害危険性			火災時の措置	備考	
引火点 [℃]	発火点 [℃]	爆発範囲 [vol%]	許容濃度 [ppm]	吸入LC$_{50}$ [ラットppm]	経口LD$_{50}$ [ラットmg/kg]			
25						粉末消火剤，二酸化炭素，散水，一般泡消火剤(消火効果のない場合，散水)		01
19					13g/kg	粉末消火剤，二酸化炭素，散水，一般泡消火剤(消火効果のない場合，散水)		02
					4220			03
								04
								05
					4090			06
			0.05mg/m^3 (Pb)					07
			0.2mg/m^3 (Ni)					08
					418			09
			10mg/m^3				工業的には塩基性炭酸マグネシウム 3MgCO$_3$·Mg(OH)$_2$·3H$_2$O(MW=365.34)を指す	10
								11
			Graphite 2mg/m^3			粉末消火剤，二酸化炭素，砂，土，散水，一般泡消火剤	グラファイト，ダイアモンドもある	12
22						粉末消火剤，二酸化炭素，散水，耐アルコール性泡消火剤		13

	名称	CAS No. 国連番号 化審法No.	危険物分類	物理的特性					
				外観・性質	比重	蒸気比重 (空気=1)	沸点[℃]	融点[℃]	水溶性
01	2-チアゾールアミン 2-アミノチアゾール **2-Thiazolamine** 2-Aminothiazole $C_3H_4N_2S$ [100.14]	96-50-4 — (9)-79		帯黄色 結晶			117	92	冷水に微,熱水に可
02	チイラン エチレンスルフィド **Thiirane** Ethylene sulfide C_2H_4S [60.12]	420-12-2 — —	消第4類, 安引火性の物	無色 液体 刺激性 不快臭	1		55〜56		不
03	チオグリコール酸 メルカプト酢酸 **Thioglycolic acid** Mercaptoacetic acid $H_4C_2O_2S$ [92.11]	68-11-1 1940 (2)-1355	管1種,消第4類,安18条,運8	無色 液体	1.3	3.2	123 (3.9kPa)	−17	易
04	チオシアン **Thiocyanogen** $(SCN)_2$ [116.17]	505-14-6 — —		液体 揮発性				−3	
05	チオシアン酸アンモニウム ロダンアンモン **Ammonium thiocyanate** NH_4SCN [76.12]	1762-95-4 — (1)-142	水	無色 結晶 潮解性	1.3			149.6	易
06	チオシアン酸カリウム ロダンカリ **Potassium thiocyanate** KSCN [97.18]	333-20-0 — (1)-152		無色 結晶 潮解性	1.9		500	173	易
07	チオシアン酸水銀(Ⅱ) チオシアン酸第二水銀 **Mercury(Ⅱ) thiocyanate** Mercuric thiocyanate $Hg(SCN)_2$ [316.76]	592-85-8 — —	毒劇物,管1種,水,安特定化学物質・18条	無色 輝きのある 結晶				165 (分解)	極微
08	チオシアン酸銅(Ⅰ) チオシアン銅(Ⅰ) ロダン銅 **Copper(Ⅰ) thiocyanate** CuSCN [121.63]	1111-67-7 — (1)-129	毒劇物,安18条	白色 粉末	2.8			1084	極微
09	チオシアン酸ナトリウム ロダンソーダ **Sodium thiocyanate** NaSCN [81.07]	540-72-7 — (1)-160		無色 結晶 潮解性	1.7		368 (分解)	287	可
10	チオシアン酸鉛(Ⅱ) **Lead(Ⅱ) thiocyanate** $Pb(SCN)_2$ [323.38]	592-87-0 — —	毒劇物,管1種,水	無色 結晶	3.8			190 (分解)	
11	チオシアン酸バリウム **Barium thiocyanate** $Ba(SCN)_2$ [253.50]	2092-17-3 — —	毒劇物,管1種	白色 粉末 (無水塩)					易
12	チオシアン酸リチウム **Lithium thiocyanate** LiSCN [65.03]	556-65-0 — —		無色				61 (1水和物), 34 (2水和物)	

燃焼危険性			有害危険性			火災時の措置	備考	
引火点 [℃]	発火点 [℃]	爆発範囲 [vol%]	許容濃度 [ppm]	吸入LC$_{50}$ [ラットppm]	経口LD$_{50}$ [ラットmg/kg]			
					480	粉末消火剤, 二酸化炭素, 散水, 耐アルコール性泡消火剤		01
					178	粉末消火剤, 二酸化炭素, 散水, 一般泡消火剤(消火効果のない場合, 散水)		02
128			1		114	粉末消火剤, 二酸化炭素, 散水, 耐アルコール性泡消火剤(消火効果のない場合, 散水)		03
						粉末消火剤, ソーダ灰, 石灰, 砂【水／泡消火剤使用不可】		04
					750	粉末消火剤, 二酸化炭素, 散水, 耐アルコール性泡消火剤		05
					854	粉末消火剤, 二酸化炭素, 散水		06
			0.025mg/m^3 (Hg)		46	粉末消火剤, 二酸化炭素, 散水		07
						粉末消火剤, 二酸化炭素, 散水		08
					764	粉末消火剤, 二酸化炭素, 散水		09
			0.05mg/m^3 (Pb)			粉末消火剤, 二酸化炭素, 散水		10
			0.5mg/m^3 (Ba)			粉末消火剤, 二酸化炭素, 散水	2水和物もある	11
						粉末消火剤, 二酸化炭素, 散水	通常含水物(×H$_2$O)として存在する	12

	名称	CAS No. 国連番号 化審法No.	危険物分類	物理的特性					
				外観・性質	比重	蒸気比重 (空気=1)	沸点[℃]	融点[℃]	水溶性
01	2,2'-チオジエタノール チオジエチレングリコール ビス(2-ヒドロキシエチル)= スルフィド 2,2'-Thiodiethanol Thiodiethylene glycol Dihydroxyethyl sulfide $C_4H_{10}O_2S$ [122.19]	111-48-8 — (2)-470	消第4類	無色 液体 粘性	1.2	4.2	283	−16	易
02	チオ尿素 Thiourea CH_4N_2S [76.12]	62-56-6 — (2)-1733	管1種, 審2種 監視, 安18条	無色 結晶	1.4			180〜182	可
03	チオフェン Thiophene C_4H_4S [84.14]	110-02-1 2414 —	消第4類, 安 引火性の物, 運3	無色 液体 ベンゼン様 芳香	1.1	2.9	84	−38.3	不
04	チオ硫酸アンモニウム Ammonium thiosulfate $(NH_4)_2S_2O_3$ [148.21]	7783-18-8 — —	水	無色 結晶 潮解性				150 (分解)	
05	チオ硫酸ナトリウム五水和物 ハイポ Sodium thiosulfate pentahydrate $Na_2S_2O_3 \cdot 5H_2O$ [248.17]	10102-17-7 — (1)-503		無色 結晶	1.7		>100	100 (−5H_2O)	易
06	チタン Titanium Ti [47.87]	7440-32-6 1352, 2546, 2878 対象外	(粉状のもの) 消第2類, 安 発火性の物, 運4.1, 4.2	銀白色 金属結晶	4.5		3285	1667	
07	チタン酸バリウム Barium titanate $BaTiO_3$ [233.21]	12047-27-7 — (1)-92	毒劇物, 消第 9条	白色 粉末	6			1625	不
08	チタンブトキシド テトラ-n-ブトキシチタン Titanium butoxide Tetra-n-butoxytitanium $Ti(OC_4H_9)_4$ [340.34]	5593-70-4 — (2)-2150	消第4類, 引火性の物	淡黄色 液体	1.0−		206 (1.33kPa)	−40 (凝固点)	反応
09	窒化ウラン(Ⅲ) Uranium(Ⅲ) nitride UN [252.08]	25658-43-9 — —		灰色 結晶	14.3			2630	
10	窒化カドミウム(Ⅱ) Cadmium(Ⅱ) nitride Cd_3N_2 [365.25]	12380-95-9 — —	毒劇物, 管特 定1種, 水	黒色 粉末					
11	窒化カリウム Potassium nitride K_3N [131.31]	29285-24-3 — —		黒緑色 結晶				高温で分 解	
12	窒化カルシウム Calcium nitride Ca_3N_2 [148.29]	12013-82-0 — —		褐色 結晶	2.7			900	
13	窒化クロム Chromium nitride CrN [66.02]	24094-93-7 — 新規		褐色 粉末(CrN)	5.9			1500 (分解), 1700 (分解)	不

燃焼危険性			有害危険性			火災時の措置	備考	
引火点 [℃]	発火点 [℃]	爆発範囲 [vol%]	許容濃度 [ppm]	吸入LC$_{50}$ [ラットppm]	経口LD$_{50}$ [ラットmg/kg]			
160	298				6610	粉末消火剤, 二酸化炭素, 散水, 耐アルコール性泡消火剤(消火効果のない場合, 散水)		01
					125	粉末消火剤, 二酸化炭素, 散水, 耐アルコール性泡消火剤		02
−1						粉末消火剤, 二酸化炭素, 散水, 一般泡消火剤(消火効果のない場合, 散水)		03
						粉末消火剤, 二酸化炭素, 散水		04
					5200(マウス)	粉末消火剤, 二酸化炭素, 散水		05
						粉末消火剤, 二酸化炭素, 散水		06
			吸入性粉塵 1mg/m³, 総粉塵4mg/m³			粉末消火剤, 二酸化炭素, 散水		07
58.2					3122	粉末消火剤, ソーダ灰, 石灰, 砂【水／泡消火剤使用不可】		08
			0.2mg/m³, 0.6mg/m³ (STEL) (U)			粉末消火剤, ソーダ灰, 石灰, 砂【水／泡消火剤使用不可】	発がん物質	09
			0.002mg/m³ (Cd)			粉末消火剤, ソーダ灰, 石灰, 砂【水／泡消火剤使用不可】	空気中では酸化される. 発がん物質	10
						粉末消火剤, ソーダ灰, 石灰, 砂【水／泡消火剤使用不可】		11
						粉末消火剤, ソーダ灰, 石灰, 砂【水／泡消火剤使用不可】		12
						粉末消火剤, ソーダ灰, 石灰, 砂【水／泡消火剤使用不可】		13

	名称	CAS No. 国連番号 化審法No.	危険物分類	物理的特性					
				外観・性質	比重	蒸気比重 (空気=1)	沸点[℃]	融点[℃]	水溶性
01	窒化銀 窒化三銀 一窒化三銀 silver nitride Trisilver nitride Trisilver mononitride Ag_3N [337.65]	20737-02-4 — —		黒色 粉末				25 (分解, 真空下)	
02	窒化ジルコニウム Zirconium nitride ZrN [105.23]	25658-42-8 — (1)-792	安18条	光輝のある 黄銅状物質	7.1			2980	不
03	窒化水銀(Ⅱ) Mercury(Ⅱ) nitride Hg_3N_2 [629.78]	12136-15-1 — —	毒毒物, 管1 種, 水	褐色 粉末					
04	窒化セリウム Cerium nitride CeN [154.14]	25764-08-3 — —		緑黄色	7.9			2557	
05	窒化銅(Ⅰ) 一窒化三銅 Copper(Ⅰ) nitride Tricopper mononitride Cu_3N [204.63]	1308-80-1 — —		暗緑色 結晶				>300 (分解)	
06	窒化ナトリウム 一窒化三ナトリウム Sodium nitride Trisodium mononitride Na_3N [82.98]	12136-83-3 — —		橙赤色 結晶				150 (分解)	
07	窒化鉛(Ⅱ) Lead(Ⅱ) nitride Pb_3N_2 [649.6]	58572-21-7 — —	毒劇物, 管1 種, 水	黒色 粉末					
08	窒化バリウム 二窒化三バリウム Barium nitride Tribarium dinitride Ba_3N_2 [440.10]	12047-79-9 — —	毒劇物	黄褐色 固体	4.8			1000 (真空下)	
09	窒化プルトニウム Plutonium nitride PuN [258.07]	12033-54-4 — —		褐色 結晶	14.4			2550	
10	窒化ホウ素 Boron nitride BN [24.82]	10043-11-5 — (1)-68	管1種, 水	白色 固体	2.3			約3000	
11	窒化マグネシウム 二窒化三マグネシウム Magnesium nitride Trimagnesium dinitride Mg_3N_2 [100.98]	12057-71-5 — —		無色 結晶	2.7			1300 (分解)	
12	窒化モリブデン Molybdenum nitride MoN [109.95]	12033-19-1 — —	管1種	鋼灰色 結晶	9.2			1750	
13	窒化リチウム Lithium nitride Li_3N [34.83]	26134-62-3 2806 —	運4.3	赤褐色 結晶	1.3			845	反応

燃焼危険性			有害危険性			火災時の措置	備考	
引火点 [℃]	発火点 [℃]	爆発範囲 [vol%]	許容濃度 [ppm]	吸入LC$_{50}$ [ラットppm]	経口LD$_{50}$ [ラットmg/kg]			
						粉末消火剤, ソーダ灰, 石灰, 砂【水／泡消火剤使用不可】		01
			5mg/m^3, 10mg/m^3 (STEL) (Zr)			粉末消火剤, ソーダ灰, 石灰, 砂【水／泡消火剤使用不可】		02
			0.025mg/m^3 (Hg)			粉末消火剤, ソーダ灰, 石灰, 砂【水／泡消火剤使用不可】	爆発性	03
						粉末消火剤, ソーダ灰, 石灰, 砂【水／泡消火剤使用不可】	空気中の湿気で不安定	04
						粉末消火剤, ソーダ灰, 石灰, 砂【水／泡消火剤使用不可】		05
						粉末消火剤, ソーダ灰, 石灰, 砂【水／泡消火剤使用不可】	イオン性. 温度により結晶の色は変わる	06
			0.05mg/m^3 (Pb)			粉末消火剤, ソーダ灰, 石灰, 砂【水／泡消火剤使用不可】		07
						粉末消火剤, ソーダ灰, 石灰, 砂【水／泡消火剤使用不可】		08
						粉末消火剤, ソーダ灰, 石灰, 砂【水／泡消火剤使用不可】		09
						粉末消火剤, ソーダ灰, 石灰, 砂【水／泡消火剤使用不可】		10
						粉末消火剤, ソーダ灰, 石灰, 砂【水／泡消火剤使用不可】		11
			3mg/m^3 (Mo)			粉末消火剤, ソーダ灰, 石灰, 砂【水／泡消火剤使用不可】	電気伝導性あり	12
						粉末消火剤, ソーダ灰, 石灰, 砂【水／泡消火剤使用不可】		13

	名称	CAS No. 国連番号 化審法No.	危険物分類	物理的特性					
				外観・性質	比重	蒸気比重 (空気=1)	沸点[℃]	融点[℃]	水溶性
01	窒素 Nitrogen N_2 [28.013]	7727-37-9 1066, 1977 対象外	圧圧縮ガス・液化ガス・不活性ガス,連2.2	無色 気体 無味 無臭	0.8 (-196℃)	1.0-	-195.8	-210	
02	超酸化カリウム 二酸化カリウム Potassium superoxide Potassium dioxide KO_2 [71.10]	12030-88-5 2466 —	消第1類,安酸化性の物,連5.1	赤色 結晶	2.1		分解	380	
03	1-デカノール デシルアルコール 1-Decanol Decyl alcohol $C_{10}H_{22}O$ [158.28]	112-30-1 — (2)-217	消第4類	無色 液体	0.8	5.5	229	5.3	不
04	デカボラン(14) Decaborane(14) $B_{10}H_{14}$ [122.22]	17702-41-9 1868	毒1種,水,安18条,連4.1	無色 結晶 空気中で安定	0.9		213	99.7	微
05	デカリン デカヒドロナフタレン Decalin Decahydronaphthalene $C_{10}H_{18}$ [138.25]	91-17-8 1147 (4)-575	消第4類,安引火性の物,連3	無色 液体	0.9	4.8	194	cis: -43.3 trans: -31.2	不
06	デカン Decane $C_{10}H_{22}$ [142.29]	124-18-5 2247 (2)-10	消第4類,安引火性の物,連3	無色 液体	0.7	4.9	174	-30	不
07	デカン酸 カプリン酸 Decanoic acid Capric acid $C_{10}H_{20}O_2$ [172.27]	334-48-5 — (2)-608	消第9条	白色 結晶	0.9		270	31.4	難
08	デカン酸エチル カプリン酸エチル Ethyl decanoate Ethyl caprate $C_{12}H_{24}O_2$ [200.32]	110-38-3 — —	消第4類	無色 液体 芳香	0.9		243	-20	不
09	デシルアミン 1-アミノデカン Decylamine 1-Aminodecane $C_{10}H_{23}N$ [157.30]	2016-57-1 — —	消第4類	無色 液体 アミン臭	0.8	5.4	221	17	不
10	デシルベンゼン Decylbenzene $C_{16}H_{26}$ [218.38]	104-72-3 — —	消第4類	無色 液体	0.9	7.5	255~280	-14	不
11	t-デシルメルカプタン tert-Decylmercaptan $C_{10}H_{21}SH$ [174.35]	30174-58-4 — —	消第4類		0.9	6.0	210~218		
12	1-デセン 1-Decene $C_{10}H_{20}$ [140.27]	872-05-9 — —	消第4類,安引火性の物	無色 液体	0.7	4.8	172	-66.6	不
13	鉄 Iron Fe [55.85]	7439-89-6 — —	消第2類,安発火性の物	灰白色 金属結晶	7.9		2750	1535	不

燃焼危険性			有害危険性			火災時の措置	備考	
引火点 [℃]	発火点 [℃]	爆発範囲 [vol%]	許容濃度 [ppm]	吸入LC$_{50}$ [ラットppm]	経口LD$_{50}$ [ラットmg/kg]			
			窒息に至る			適当な消火剤使用，危険でなければ容器移動		01
						粉末消火剤，ソーダ灰，石灰【水／泡消火剤使用不可】		02
82	288				4720	粉末消火剤，二酸化炭素，散水，一般泡消火剤(消火効果のない場合，散水)		03
80	149		0.05, 0.15 (STEL)			粉末消火剤，二酸化炭素，砂，土，散水，一般泡消火剤		04
58	250	0.7 (100℃) ～4.9 (100℃)			4170	粉末消火剤，二酸化炭素，散水，一般泡消火剤(消火効果のない場合，散水)		05
46	210	0.8～5.4			>15000	粉末消火剤，二酸化炭素，散水，一般泡消火剤(消火効果のない場合，散水)		06
150					>10000	粉末消火剤，二酸化炭素，砂，土，散水，一般泡消火剤		07
102						粉末消火剤，二酸化炭素，散水，一般泡消火剤(消火効果のない場合，散水)		08
99						粉末消火剤，二酸化炭素，散水，一般泡消火剤(消火効果のない場合，散水)		09
107						粉末消火剤，二酸化炭素，散水，一般泡消火剤(消火効果のない場合，散水)		10
88						粉末消火剤，二酸化炭素，散水，一般泡消火剤(消火効果のない場合，散水)		11
<55	235	0.5～5.4				粉末消火剤，二酸化炭素，散水，一般泡消火剤(消火効果のない場合，散水)		12
						粉末消火剤，二酸化炭素，散水	4種の同素体がある	13

	名称	CAS No. 国連番号 化審法No.	危険物分類	物理的特性					
				外観・性質	比重	蒸気比重 (空気=1)	沸点[℃]	融点[℃]	水溶性
01	テトラエチルアンモニウム過塩素酸塩 過塩素酸テトラエチルアンモニウム **Tetraethylammonium perchlorate** $C_8H_{20}ClNO_4$ [229.70]	2567-83-1 — —		白色 結晶				102	冷水に可
02	テトラエチルスズ **Tetraethyltin** $Sn(C_2H_5)_4$ [234.96]	597-64-8 — —	管1種, 消第4類	無色 液体	1.2		175		不
03	テトラエチル鉛 四エチル鉛 **Tetraethyllead** Tetraethyllead $Pb(C_2H_5)_4$ [323.45]	78-00-2 — —	毒特定毒物, 管1種, 消第4類, 気有害物質, 水	無色 液体 芳香	1.6	8.6	83 (13〜14mmHg)	−135 (凝固点)	不
04	テトラエチレングリコール **Tetraethylene glycol** $C_8H_{18}O_5$ [194.23]	112-60-7 — —	消第4類	無色 液体	1.1	6.7	分解	−3	易
05	テトラエチレンペンタミン 3,6,9-トリアザウンデカン-1,11-ジアミン **Tetraethylene pentamine** 3,6,9-Triazaundecane-1,11-diamine $C_8H_{23}N_5$ [189.3]	112-57-2 2320 (2)-162	消第4類, 運8	液体 粘ちょう	1.0−	6.5	333	−40	易
06	テトラエトキシシラン オルトケイ酸テトラエチル ケイ酸エチル オルトケイ酸エチル **Tetraethoxysilane** Tetraethyl orthosilicate Ethyl silicate $C_8H_{20}SiO_4$ [208.3]	78-10-4 — —	消第4類, 安引火性の物・18条	無色 液体 微臭	0.9	7.2	168	−77	反応
07	テトラエトキシメタン オルト炭酸テトラエチル **Tetraethoxymethane** Tetraethyl orthocarbonate $C_9H_{20}O_4$ [192.3]	78-09-1 — —	消第4類, 安引火性の物	液体 エーテル臭	0.9		158〜160		
08	テトラカルボニルニッケル(0) ニッケルテトラカルボニル ニッケルカルボニル **Tetracarbonylnickel(0)** Nickel tetracarbonyl Nickel carbonyl $Ni(CO)_4$ [170.73]	13463-39-3 1259 (1)-166	毒毒物, 管特定1種, 消第4類, 気特定物質, 運6.1	無色 液体	1.3	5.9	43	−17.2	難
09	1,1,2,2-テトラクロロエタン **1,1,2,2-Tetrachloroethane** $C_2H_2Cl_4$ [167.85]	79-34-5 1702 (2)-56	管2種, 審2種監視, 安18条, 運6.1	無色 液体	1.6		147	−43	微
10	テトラクロロエテン テトラクロロエチレン パークロロエチレン **Tetrachloroethene** Tetrachloroethylene Perchloroethylene C_2Cl_4 [165.85]	127-18-4 1897 (2)-114	管1種, 審2種特定, 気3項指定, 水, 安18条, 運6.1	無色 液体 エーテル様臭気	1.6	5.8	121	−22	不

燃焼危険性			有害危険性			火災時の措置	備考	
引火点 [℃]	発火点 [℃]	爆発範囲 [vol%]	許容濃度 [ppm]	吸入LC$_{50}$ [ラットppm]	経口LD$_{50}$ [ラットmg/kg]			
						水のみ使用【粉末／泡消火剤使用不可】		01
			0.1mg/m³, 0.2mg/m³ (STEL) (Sn)			粉末消火剤, ソーダ灰, 石灰, 乾燥砂		02
93	>110	1.8〜	0.1mg/m³ (Pb)			粉末消火剤, ソーダ灰, 石灰, 砂【水／泡消火剤使用不可】	きわめて有毒. 110℃以上で分解	03
182						粉末消火剤, 二酸化炭素, 散水, 耐アルコール性泡消火剤(消火効果のない場合, 散水)		04
163	321				3990	粉末消火剤, 二酸化炭素, 散水, 耐アルコール性泡消火剤(消火効果のない場合, 散水)		05
52		1.3〜23	10			粉末消火剤, ソーダ灰, 石灰, 砂【水／泡消火剤使用不可】		06
52								07
<−24	60	2〜34	0.05			粉末消火剤, ソーダ灰, 石灰, 乾燥砂	60℃で激しく分解	08
			1		200	粉末消火剤, 二酸化炭素, 散水, 一般泡消火剤(消火効果のない場合, 散水)		09
なし	なし	なし	25, 100(STEL)		2629	粉末消火剤, 二酸化炭素, 散水		10

	名称	CAS No. 国連番号 化審法No.	危険物分類	物理的特性					
				外観・性質	比重	蒸気比重 (空気=1)	沸点[℃]	融点[℃]	水溶性
01	テトラクロロジホスファン 四塩化二リン **tetrachlorodiphosphane** Diphosphorous tetrachloride Cl_4P_2 [203.76]	13497-91-1 — —		無色 液体			180	−28	
02	テトラクロロシラン 四塩化ケイ素 **Tetrachlorosilane** Silicon tetrachloride $SiCl_4$ [169.89]	10026-04-7 1818 (1)-258	消第3類, 運8	無色 液体 流動性 発煙性	1.5		57.6	−70	激しく反応
03	1,2,4,5-テトラクロロベンゼン 1,2,4,5-四塩化ベンゼン **1,2,4,5-Tetrachlorobenzene** $C_6H_2Cl_4$ [215.9]	95-94-3 — —	毒劇物	白色 フレーク 昇華性	1.7	7.4	245	140	微
04	テトラシアノエテン テトラシアノエチレン **Tetracyanoethene** Tetracyanoethylene C_6N_4 [128.09]	670-54-2 — —	毒劇物	無色 結晶	1.3		223	198	
05	テトラゾール **Tetrazole** CH_2N_4 [70.05]	288-94-8 0504 —	消第5類, 運 1.1D	無色 結晶				156	可
06	1-テトラデカノール テトラデシルアルコール ミリスチルアルコール **1-Tetradecanol** Tetradecyl alcohol $C_{14}H_{30}O$ [214.39]	112-72-1 — —		白色 フレーク	0.8	7.4	264	36.4	不
07	テトラデカン **Tetradecane** $C_{14}H_{30}$ [198.39]	629-59-4 — (2)-10	消第4類	無色 液体	0.8	6.9	253	5.5	不
08	t-テトラデシルメルカプタン **tert-Tetradecyl mercaptan** $C_{14}H_{30}S$ [230.45]	28983-37-1 — —			0.9		258〜278		
09	テトラニトロメタン **Tetranitromethane** CN_4O_8 [196.03]	509-14-8 1510 —	消第5類, 安 爆発性の物・ 18条, 運5.1	淡黄色 液体	1.6		126	13.8	不
10	テトラヒドロチオフェン チオラン **Tetrahydrothiophene** Thiolane C_4H_8S [88.17]	110-01-0 2412 —	消第4類, 安 引火性の物, 運3	無色 液体 刺激臭	1.0		121.2	−96	
11	テトラヒドロピラン オキサン **Tetrahydropyran** Oxane Pentamethylene oxide $C_5H_{10}O$ [86.13]	142-68-7 — (5)-5761	消第4類, 安 引火性の物	液体 特異な刺激 性芳香	0.9	3.0	81	−49.2	可
12	テトラヒドロフラン オキソラン **Tetrahydrofuran** Oxolane Tetramethylene oxide C_4H_8O [72.11]	109-99-9 2056 (5)-53	消第4類, 安 引火性の物・ 18条, 運3	無色 液体 エーテル様 臭	0.9	2.5	66	−108.5	易

燃焼危険性			有害危険性				備考	
引火点 [℃]	発火点 [℃]	爆発範囲 [vol%]	許容濃度 [ppm]	吸入LC$_{50}$ [ラットppm]	経口LD$_{50}$ [ラットmg/kg]			
						散水,湿った砂,土	空気中で分解	01
			8000/4H			粉末消火剤,ソーダ灰,石灰,乾燥砂		02
155						粉末消火剤,二酸化炭素,散水,耐アルコール性泡消火剤		03
						粉末消火剤,二酸化炭素,散水,耐アルコール性泡消火剤		04
						自己反応性物質:粉末消火剤,二酸化炭素,散水,一般泡消火剤		05
141						粉末消火剤,二酸化炭素,砂,土,散水,一般泡消火剤		06
100	200	0.5〜				粉末消火剤,二酸化炭素,散水,一般泡消火剤(消火効果のない場合,散水)		07
121						粉末消火剤,二酸化炭素,散水,一般泡消火剤(消火効果のない場合,散水)		08
			0.005			積載火災:爆発のおそれ,消火不可		09
13					1750	粉末消火剤,二酸化炭素,散水,一般泡消火剤(消火効果のない場合,散水)		10
−20						粉末消火剤,二酸化炭素,散水,耐アルコール性泡消火剤(消火効果のない場合,散水)		11
−14	321	2〜11.8	200,250 (STEL)		1650	粉末消火剤,二酸化炭素,散水,耐アルコール性泡消火剤(消火効果のない場合,散水)		12

名称	CAS No. 国連番号 化審法No.	危険物分類	物理的特性					
			外観・性質	比重	蒸気比重 (空気=1)	沸点[℃]	融点[℃]	水溶性
01 テトラヒドロフルフリルアルコール **Tetrahydrofurfuryl alcohol** $C_5H_{10}O_2$ [102.13]	97-99-4 — (5)-56	消第4類	無色 液体 吸湿性	1.1	3.5	178 (743mmHg)	＜－80	易
02 テトラヒドロホウ酸アルミニウム ホウ水素化アルミニウム 水素化ホウ素アルミニウム **Aluminium tetrahydroborate** Aluminium borohydride $Al(BH_4)_3$ [71.5]	16962-07-5 — —	管1種, 消第3類, 水	無色 液体 揮発性				－64.5	反応
03 テトラヒドロホウ酸ナトリウム ホウ水素化ナトリウム ナトリウムボロハイドライド 水素化ホウ素ナトリウム **Sodium tetrahydroborate** Sodium borohydride $NaBH_4$ [37.83]	16940-66-2 1426, 3320 (1)-61	毒劇物, 管1種, 消第3類, 水, 運4.3, 8	白色 結晶性粉末	1.1			505	可
04 テトラヒドロホウ酸リチウム ホウ水素化リチウム 水素化ホウ素リチウム **Lithium tetrahydroborate** Lithium borohydride $LiBH_4$ [21.78]	16949-15-8 1413 —	消第3類, 水, 運4.3	白色 結晶性粉末	0.7			275	反応
05 テトラフェニルスズ **Tetraphenyl tin** $Sn(C_6H_5)_4$ [427.13]	595-90-4 — —	管1種, 消第3類	無色 結晶	1.5	14.7	424	229	不
06 テトラフェニル鉛 テトラフェニルプルンバン **Tetraphenyllead** Tetraphenylplumbane $Pb(C_6H_5)_4$ [515.62]	595-89-1 — —	毒劇物, 管1種, 消第3類, 水	無色 結晶			126 (13mmHg)	227.8	
07 テトラフルオロエテン テトラフルオロエチレン **Tetrafluoroethene** Tetrafluoroethylene TFE C_2F_4 [100.02]	116-14-3 1081 —	管1種, 圧毒性ガス, 安18条, 運2.1	無色 気体 無臭	1.5	3.9	－76	－142.5	不
08 テトラフルオロホウ酸 フッ化ホウ素酸 ホウフッ化水素酸 **Tetrafluoroboric acid** Fluoroboronic acid HBF_4 [87.81]	16872-11-0 — (1)-46	毒劇物, 管1種, 消第9条, 水, 安18条	無色 液体	1.4 (50％溶液)		130 (分解)		
09 テトラフルオロホウ酸銀(I) **Silver(I) tetrafluoroborate** $AgBF_4$ [194.67]	14104-20-2 — —	毒劇物, 管1種, 水	無色				200 (分解)	
10 1,1,2,2-テトラブロモエタン アセチレン＝テトラブロミド 四臭化エタン **1,1,2,2-Tetrabromoethane** Acetylene tetrabromide $C_2H_2Br_4$ [345.65]	79-27-6 2504 (2)-77	劇2種監視, 安18条, 運6.1	無色 液体	3.0	11.9	244	0.1	難
11 テトラボラン(10) **Tetraborane(10)** B_4H_{10} [53.32]	18283-93-7 — —	管1種, 水	液体 不快臭	0.6		18	－120	

燃焼危険性			有害危険性				備考	
引火点 [℃]	発火点 [℃]	爆発範囲 [vol%]	許容濃度 [ppm]	吸入LC$_{50}$ [ラットppm]	経口LD$_{50}$ [ラットmg/kg]			
75	282	1.5〜9.7			1600	粉末消火剤，二酸化炭素，散水，耐アルコール性泡消火剤(消火効果のない場合，散水)		01
						粉末消火剤，二酸化炭素，散水		02
					162	粉末消火剤，二酸化炭素，散水		03
						粉末消火剤，二酸化炭素，散水		04
232			0.1mg/m³, 0.2mg/m³ (STEL)(Sn)			粉末消火剤，ソーダ灰，石灰，乾燥砂		05
						粉末消火剤，ソーダ灰，石灰，砂【水／泡消火剤使用不可】		06
ガス	200	10〜50	2			粉末消火剤，二酸化炭素【ガス漏れ停止困難のときは消火不可】		07
			2.5mg/m³ (F)			粉末消火剤，二酸化炭素，散水	体内への摂取は有毒．水溶液として存在	08
						粉末消火剤，二酸化炭素，散水		09
	335		1		1200	粉末消火剤，二酸化炭素，散水，一般泡消火剤		10
						粉末消火剤，ソーダ灰，石灰，乾燥砂		11

	名称	CAS No. 国連番号 化審法No.	危険物分類	物理的特性					
				外観・性質	比重	蒸気比重 (空気=1)	沸点[℃]	融点[℃]	水溶性
01	テトラメチルジアルシン カコジル **Tetramethyldiarsine** Cacodyl $C_4H_{12}As_2$ [209.98]	471-35-2 — —	毒毒物, 消第3類, 水	無色 液体 不快な臭気			165	-6	微
02	テトラメチルジスチビン テトラメチルジスチバン **Tetramethyldistibine** Tetramethyldistibane $Sb_2(CH_3)_4$ [303.64]	41422-43-9 — —	管1種, 消第3類	黄色 液体				17	
03	テトラメチルジホスファンジスルフィド **Tetramethyldiphosphane disulfide** Tetramethylbiphosphine disulfide $C_4H_{12}P_2S_2$ [186.22]	3676-97-9 — —		白色				224〜228	
04	テトラメチルシラン **Tetramethylsilane** $Si(CH_3)_4$ [88.23]	75-76-3 2749 (2)-660	消第4類, 引火性の物, 運3	無色 液体 揮発性	0.6		26	-99	不
05	テトラメチルスズ **Tetramethyl tin** $Sn(CH_3)_4$ [178.85]	594-27-4 — 新規	管1種, 消第4類, 安引火性の物・18条	無色 液体	1.3	6.2	78	-54.9	不
06	テトラメチル鉛 四メチル鉛 **Tetramethyl lead** Tetramethylplumbane $Pb(CH_3)_4$ [267.34]	75-74-1 — —	毒特定毒物, 管1種, 消第4類, 気有害物質, 水, 安引火性の物・18条	無色 液体	1.6	6.5	110 (>100で分解)	-27.5	不
07	1,1,3,3-テトラメチルブチルアミン t-オクチルアミン **1,1,3,3-Tetramethylbutylamine** tert-Octylamine $C_8H_{19}N$ [129.25]	107-45-9 — —	消第4類, 安引火性の物	無色 液体 アミン臭	0.8	4.5	140		
08	1,2,3,4-テトラメチルベンゼン プレニテン **1,2,3,4-Tetramethylbenzene** Prehnitene $C_{10}H_{14}$ [134.22]	488-23-3 — —	消第4類	無色 液体	0.9		204〜205	-6.4	不
09	1,2,3,5-テトラメチルベンゼン イソジュレン **1,2,3,5-Tetramethylbenzene** Isodurene $C_{10}H_{14}$ [134.22]	527-53-7 — —	消第4類	無色 液体	0.9		197〜198	-24	不
10	1,2,4,5-テトラメチルベンゼン ジュレン **1,2,4,5-Tetramethylbenzene** Durene $C_{10}H_{14}$ [134.22]	95-93-2 — —		無色 結晶 昇華性	0.8 (81℃)	4.6	196	80	不
11	2,2,3,3-テトラメチルペンタン **2,2,3,3-Tetramethylpentane** C_9H_{20} [128.26]	7154-79-2 — —	消第4類, 安引火性の物		0.7	4.4	134		
12	2,2,3,4-テトラメチルペンタン **2,2,3,4-Tetramethylpentane** C_9H_{20} [128.26]	1186-53-4 — —	消第4類, 安引火性の物	無色 液体	0.7	4.4	132		

燃焼危険性			有害危険性				備考	
引火点 [℃]	発火点 [℃]	爆発範囲 [vol%]	許容濃度 [ppm]	吸入LC$_{50}$ [ラットppm]	経口LD$_{50}$ [ラットmg/kg]			
						散水,湿った砂,土	猛毒	01
			0.5mg/m^3 (Sb)			粉末消火剤,ソーダ灰,石灰,乾燥砂		02
						粉末消火剤,ソーダ灰,石灰,乾燥砂		03
<-30	450					粉末消火剤,ソーダ灰,石灰,乾燥砂		04
-12		1.9～	0.1mg/m^3, 0.2mg/m^3 (STEL) (Sn)		18 (マウス腹腔内)	粉末消火剤,ソーダ灰,石灰,乾燥砂		05
38			0.15mg/m^3 (Pb)			粉末消火剤,ソーダ灰,石灰,砂【水／泡消火剤使用不可】	強い毒性	06
33						粉末消火剤,二酸化炭素,散水,一般泡消火剤(消火効果のない場合,散水)		07
74	427					粉末消火剤,二酸化炭素,散水,一般泡消火剤(消火効果のない場合,散水)		08
71	427					粉末消火剤,二酸化炭素,散水,一般泡消火剤(消火効果のない場合,散水)		09
54						粉末消火剤,二酸化炭素,散水,一般泡消火剤(消火効果のない場合,散水)		10
<21	430	0.8～4.9				粉末消火剤,二酸化炭素,砂,土,散水,一般泡消火剤		11
<21						粉末消火剤,二酸化炭素,砂,土,散水,一般泡消火剤		12

	名称	CAS No. 国連番号 化審法No.	危険物分類	物理的特性					
				外観・性質	比重	蒸気比重 (空気=1)	沸点[℃]	融点[℃]	水溶性
01	テトラメトキシシラン オルトケイ酸テトラメチル Tetramethoxysilane Tetramethyl orthosilicate $C_4H_{12}O_4Si$ [152.2]	681-84-5 — (2)-2048	㊙2種, ㊙2種 監視, ㊙第4類, ㊙引火性の 物・18条	無色 液体	1.0+		121	−4	不
02	1,1,3,3-テトラメトキシプロパン 1,1,3,3-Tetramethoxypropane $C_7H_{16}O_4$ [164.20]	102-52-3 — (2)-2459	㊙第4類	無色 液体	1.0−		183		可
03	テトラメトキシメタン オルト炭酸テトラメチル Tetramethoxymethane Tetramethyl orthocarbonate $C_5H_{12}O_4$ [136.2]	1850-14-2 — —	㊙第4類	無色 液体 エーテル臭				−5.5	
04	テトラヨードジホスファン 四ヨウ化二リン Tetraiododiphosphane Diphosphorus tetraiodide P_2I_4 [569.56]	13455-00-0 — —		橙色 結晶				126 (分解)	
05	テトラリン 1,2,3,4-テトラヒドロナフタレン Tetralin 1,2,3,4-Tetrahydronaphthalene $C_{10}H_{12}$ [132.21]	119-64-2 — (4)-574	㊙第4類	無色 液体	1.0−	4.6	207	−31	不
06	テトリル N-メチル-N,2,4,6-テトラニトロアニリン Tetryl N,2,4,6-Tetranitro-N-methylaniline $C_7H_5N_5O_8$ [287.15]	479-45-8 — (3)-427	㊙第5類, ㊙爆薬, ㊙爆発性の物・18条	黄色 結晶	1.6			130〜132	不
07	テルル Tellurium Te [127.60]	13494-80-9 3284 対象外	㊙2種, ㊙第2類, ㊙発火性の物, ㊙6.1	銀灰色 金属結晶	6.1〜6.3		990	452	
08	テルル化水素 Hydrogen telluride H_2Te [129.62]	7783-09-7 — —	㊙第3類, ㊙毒性ガス	無色 気体 悪臭 有毒		4.5	−4	−51	易
09	テルル化マンガン(Ⅱ) Manganese(Ⅱ) telluride MnTe [182.5]	12032-88-1 — —	㊙1種, ㊙第2類	灰色 結晶				1165	
10	テレフタル酸 1,4-ベンゼンジカルボン酸 Terephthalic acid 1,4-Benzenedicarboxylic acid TPA $C_8H_6O_4$ [166.13]	100-21-0 — (3)-1334	㊙1種, ㊙18条	白色 結晶	1.5		300 (昇華)	425	不
11	テレフタル酸ジエチル p-フタル酸ジエチル Diethyl terephthalate p-Diethyl phthalate $C_{12}H_{14}O_4$ [222.24]	636-09-9 — (3)-3618		無色 結晶 弱い果実臭	1.1	7.7	302	44	不

燃焼危険性			有害危険性			火災時の措置	備考	
引火点 [℃]	発火点 [℃]	爆発範囲 [vol%]	許容濃度 [ppm]	吸入LC_{50} [ラットppm]	経口LD_{50} [ラットmg/kg]			
46	360		1		LDLo=700	粉末消火剤, ソーダ灰, 石灰, 乾燥砂	粘膜に対する刺激腐食性が高度である. 角膜障害で失明の恐れ	01
77						粉末消火剤, 二酸化炭素, 散水, 耐アルコール性泡消火剤(消火効果のない場合, 散水)		02
						粉末消火剤, ソーダ灰, 石灰, 砂【水／泡消火剤使用不可】		03
						粉末消火剤, 二酸化炭素, 散水		04
71	385	0.8 (100℃) ～5.0 (150℃)			1620μl/kg	粉末消火剤, 二酸化炭素, 散水, 一般泡消火剤(消火効果のない場合, 散水)		05
			1.5mg/m³			積載火災：爆発のおそれ, 消火不可	伝爆薬	06
			0.1mg/m³		83	粉末消火剤, 二酸化炭素, 散水		07
		−100	0.1mg/m³ (Te)			粉末消火剤, 二酸化炭素, 散水, 一般泡消火剤【ガス漏れ停止困難のときは消火不可】		08
			0.1mg/m³ (Te)			粉末消火剤, 二酸化炭素, 散水		09
260	496		10mg/m³		18800	粉末消火剤, 二酸化炭素, 砂, 土, 散水, 一般泡消火剤		10
117						粉末消火剤, 二酸化炭素, 砂, 土, 散水, 一般泡消火剤		11

	名称	CAS No. 国連番号 化審法No.	危険物分類	物理的特性					
				外観・性質	比重	蒸気比重 (空気=1)	沸点[℃]	融点[℃]	水溶性
01	テレフタル酸ジメチル p-フタル酸ジメチル ジメチルテレフタレート **Dimethyl terephthalate** p-Dimethyl phthalate DMT $C_{10}H_{10}O_4$ [194.19]	120-61-6 — (3)-1328	毒1種	無色 結晶	1.1		284	141～142	不
02	テレフタロイル＝クロリド 1,4-ベンゼンジカルボニル＝ クロリド **Terephthaloyl chloride** 1,4-Benzenedicarbonyl chloride p-Phthalyl dichloride $C_8H_4O_2Cl_2$ [203.02]	100-20-9 — (3)-1378		無色 結晶			259	79	可
03	銅 **Copper** Cu [63.55]	7440-50-8 — 対象外	消第2類,安 発火性の物・ 18条	赤色 金属結晶	8.9		2570	1083	
04	1-ドデカノール ラウリルアルコール ドデシルアルコール **1-Dodecanol** Lauryl alcohol $C_{12}H_{26}O$ [186.34]	112-53-8 — (2)-217	消第4類	無色 固体または 液体 花の香気	0.8	6.4	255	24	難
05	ドデカン ジヘキシル **Dodecane** Dihexyl $C_{12}H_{26}$ [170.34]	112-40-3 — (2)-10	消第4類	無色 液体	0.8	5.9	216	-9.6	不
06	1-ドデカンチオール ラウリルメルカプタン n-ドデシルメルカプタン **1-Dodecanethiol** Lauryl mercaptan Dodecyl mercaptan $C_{12}H_{26}S$ [202.40]	112-55-0 — (2)-464	消第4類	液体 特有の不快 臭	0.8	6.9	143 (15mmHg)		不
07	p-ドデシルフェノール **p-Dodecylphenol** $C_{18}H_{30}O$ [262.44]	27193-86-8 — (3)-511	消第4類	透明 液体	0.9		313	<20	不
08	ドデシルベンゼン アルカン 1-フェニルドデカン **Dodecyl benzene** Alkane 1-Phenyldodecane $C_{18}H_{30}$ [246.44]	123-01-3 — (3)-22	消第4類	無色 液体	0.9		290～410	3	不
09	t-ドデシルメルカプタン **tert-Dodecyl mercaptan** $C_{12}H_{25}SH$ [202.40]	25103-58-6 — (2)-464	消第4類	無色 液体	0.9	6.9	220～233		不
10	トリアセチン グリセリン＝トリアセタート **Triacetin** Glyceryl triacetate $C_9H_{14}O_6$ [218.21]	102-76-1 — (2)-753	消第4類	無色 液体	1.2	7.5	258	-78	可

燃焼危険性			有害危険性			火災時の措置	備考	
引火点 [℃]	発火点 [℃]	爆発範囲 [vol%]	許容濃度 [ppm]	吸入LC$_{50}$ [ラットppm]	経口LD$_{50}$ [ラットmg/kg]			
153	518				>3200	粉末消火剤, 二酸化炭素, 砂, 土, 散水, 一般泡消火剤		01
180					2500	粉末消火剤, 二酸化炭素, 散水, 耐アルコール性泡消火剤		02
			1mg/m^3 (粉じん)			粉末消火剤, 二酸化炭素, 散水		03
127	275				>12800	粉末消火剤, 二酸化炭素, 散水, 一般泡消火剤(消火効果のない場合, 散水)		04
74	203	0.6～5.5			>15000	粉末消火剤, 二酸化炭素, 散水, 一般泡消火剤(消火効果のない場合, 散水)		05
128	139		0.1			粉末消火剤, 二酸化炭素, 散水, 一般泡消火剤(消火効果のない場合, 散水)		06
163					2100	粉末消火剤, 二酸化炭素, 散水, 耐アルコール性泡消火剤		07
141						粉末消火剤, 二酸化炭素, 砂, 土, 散水, 一般泡消火剤		08
96						粉末消火剤, 二酸化炭素, 散水, 一般泡消火剤(消火効果のない場合, 散水)		09
138	433	1.0 (189℃) ～			3000	粉末消火剤, 二酸化炭素, 散水, 一般泡消火剤(消火効果のない場合, 散水)		10

	名称	CAS No. 国連番号 化審法No.	危険物分類	物理的特性					
				外観・性質	比重	蒸気比重 (空気=1)	沸点[℃]	融点[℃]	水溶性
01	1,2,3-トリアゾール 1,2,3-Triazole $C_2H_3N_3$ [69.07]	27070-49-1 288-36-8 —	消第5類	結晶 吸湿性 悪臭	1.2		208～209 (742mmHg)	23	可
02	1,2,4-トリアゾール 1,2,4-Triazole $C_2H_3N_3$ [69.07]	288-88-0 — —	消第5類	無色 結晶			260	120～121	易
03	トリアミルアミン トリペンチルアミン Triamylamine Tripentylamine $C_{15}H_{33}N$ [227.43]	621-77-2 — —		無色 結晶	0.8	7.9	234	91.3	不
04	トリイソブチルアルミニウム Triisobutylaluminium $AlC_{12}H_{27}$ [198.33]	100-99-2 (2)-2227	消第3類, 安 18条	無色 液体 空気中で激 しく発火	0.8		212	1.0～4.3	反応
05	トリイソプロピルホスフィン Triiospropylphosphine $C_9H_{21}P$ [160.24]	6476-36-4 — —		無色 液体	0.8		81 (22mmHg)	-72	
06	トリウム Thorium Th [232.04]	7440-29-1 — 対象外	消第2類, 安 発火性の物	銀灰色 金属結晶	11.7 (α型)		4850	1750	
07	トリエタノールアミン トリス(2-ヒドロキシエチル) アミン Triethanolamine Tris(2-hydroxyethyl)amine 2,2',2''-Nitrilotriethanol $C_6H_{15}NO_3$ [149.19]	102-71-6 (2)-308	消第4類, 安 18条	無色 液体 アンモニア 臭	1.1	5.1	343	21.2	易
08	トリエチルアミン Triethylamine $C_6H_{15}N$ [101.19]	121-44-8 — (2)-141	消第4類, 水, 安引火性の 物・18条	液体 アンモニア 臭	0.7	3.5	89	-115	易(<18.7 ℃), 微 (>18.7 ℃)
09	トリエチルアルシン Triethylarsine $As(C_2H_5)_3$ [162.11]	617-75-4 — —	毒毒物, 消第 3類	無色 液体	1.1		36.5～37 (15.5mmHg)		
10	トリエチルアルミニウム Triethylaluminum $Al(C_2H_5)_3$ [114.17]	97-93-8 (2)-2227	消第3類, 安 発火性の物・ 18条	無色 液体	0.8		185	-50	激しく反 応
11	トリエチルアンチモン トリエチルスチビン Triethylantimony Triethylstibine $Sb(C_2H_5)_3$ [208.94]	617-85-6 — —	毒劇物, 管1種, 消第3類	液体	1.3		161	-29	
12	トリエチルインジウム Triethylindium $C_6H_{15}In$ [202.01]	923-34-2 — 新規	管2種, 消第3 類, 安発火性 の物・18条	無色 液体	1.3	7	184	-32	激しく反 応
13	トリエチルガリウム Triethylgallium $C_6H_{15}Ga$ [156.91]	1115-99-7 — 新規	消第3類, 安 発火性の物	無色 液体	1.1	5.4	142.6	-82.3	激しく反 応
14	トリエチルシラン Triethylsilane $C_6H_{16}Si$ [116.29]	617-86-7 — —	消第4類	無色 液体	0.7		107～108		反応

燃焼危険性			有害危険性			火災時の措置	備考	
引火点 [℃]	発火点 [℃]	爆発範囲 [vol%]	許容濃度 [ppm]	吸入LC$_{50}$ [ラットppm]	経口LD$_{50}$ [ラットmg/kg]			
						自己反応性物質:粉末消火剤,二酸化炭素,散水,一般泡消火剤		01
						自己反応性物質:粉末消火剤,二酸化炭素,散水,一般泡消火剤		02
102						粉末消火剤,二酸化炭素,散水,耐アルコール性泡消火剤		03
	空気中発火					粉末消火剤,ソーダ灰,石灰,砂【水/泡消火剤使用不可】		04
						散水,湿った砂,土		05
						粉末消火剤,二酸化炭素,散水		06
179			5mg/m³		4920μl/kg	粉末消火剤,二酸化炭素,散水,耐アルコール性泡消火剤(消火効果のない場合,散水)		07
−7	249	1.2〜8.0	1, 3(STEL)		460	粉末消火剤,二酸化炭素,散水,耐アルコール性泡消火剤(消火効果のない場合,散水)		08
	空気中発火					散水,湿った砂,土		09
−53	空気中発火			10g/m³/15M		粉末消火剤,ソーダ灰,石灰,砂【水/泡消火剤使用不可】	皮膚に接触すると激しい火傷	10
			0.5mg/m³ (Sb)			散水,湿った砂,土		11
	空気中発火		0.1mg/m³ (In)			粉末消火剤,ソーダ灰,石灰,砂【水/泡消火剤使用不可】	皮膚に接触すると激しい火傷	12
	空気中発火					粉末消火剤,ソーダ灰,石灰,砂【水/泡消火剤使用不可】	皮膚に接触すると激しい火傷	13
−6						粉末消火剤,ソーダ灰,石灰,乾燥砂		14

	名称	CAS No. 国連番号 化審法No.	危険物分類	物理的特性					
				外観・性質	比重	蒸気比重 (空気=1)	沸点[℃]	融点[℃]	水溶性
01	トリエチルビスマス トリエチルビスムタン トリエチルビスムチン **Triethylbismuth** Triethylbismuthane $Bi(C_2H_5)_3$ [296.17]	617-77-6 — —	消第3類	無色 液体			96 (50mmHg)		
02	1,2,4-トリエチルベンゼン **1,2,4-Triethylbenzene** $C_{12}H_{18}$ [162.28]	877-44-1 — —	消第4類	無色 液体	0.9	5.6	217		不
03	トリエチルホスフィン **Triethylphosphine** $P(C_2H_5)_3$ [118.16]	554-70-1 — —		無色 液体	0.8		129〜130		不
04	トリエチルボラン **Triethylborane** $B(C_2H_5)_3$ [98.00]	97-94-9 — (2)-2978	管1種, 消第3類, 水	無色 液体	0.7 (23℃)	3.4	95	−93	
05	トリエチレングリコール 2,2'-エチレンジオキシジエタノール トリグリコール **Triethylene glycol** 2,2'-Ethylenedioxydiethanol Triglycol $C_6H_{14}O_4$ [150.18]	112-27-6 — (2)-429	消第4類	無色 液体 無臭 吸湿性	1.1	5.2	286	−7.2	易
06	トリエチレングリコール=エチルエーテル エトキシトリグリコール **Triethylene glycol ethyl ether** Ethoxytriglycol $C_8H_{18}O_4$ [178.23]	112-50-5 — (2)-436	消第4類	無色 液体	1.0+	6.2	256		易
07	トリエチレングリコール=ジアセタート 1,2-ビス(アセトキシエトキシ)エタン **Triethylene glycol diacetate** 1,2-Bis(acetoxyethoxy)ethane 2,2'-(Ethylenedioxy)di(ethylacetate) $C_{10}H_{18}O_6$ [234.25]	111-21-7 — —	消第4類	無色 液体	1.1		300	−50	易
08	トリエチレングリコール=ジメチルエーテル トリグライム **Triethylene glycol dimethyl ether** Triglyme $C_8H_{18}O_4$ [178.23]	112-49-2 — (7)-1321	消第4類	無色 液体	1.0−	4.7	216	−45	易
09	トリエチレングリコール=メチルエーテル=アセタート メトキシトリグリコール=アセタート **Triethylene glycol methyl ether acetate** Methoxytriglycol acetate $C_9H_{18}O_5$ [206.24]	3610-27-3 — —	消第4類		1.1	7.1	130		易

燃焼危険性			有害危険性			火災時の措置	備考	
引火点 [℃]	発火点 [℃]	爆発範囲 [vol%]	許容濃度 [ppm]	吸入LC_{50} [ラットppm]	経口LD_{50} [ラットmg/kg]			
						粉末消火剤, ソーダ灰, 石灰, 砂【水／泡消火剤使用不可】		01
83		〜56 (115℃)				粉末消火剤, 二酸化炭素, 砂, 土, 散水, 一般泡消火剤		02
						散水, 湿った砂, 土		03
−36	空気中発火					散水, 湿った砂, 土		04
177	371	0.9〜9.2			17000	粉末消火剤, 二酸化炭素, 散水, 耐アルコール性泡消火剤(消火効果のない場合, 散水)		05
135					7750	粉末消火剤, 二酸化炭素, 散水, 耐アルコール性泡消火剤(消火効果のない場合, 散水)		06
174						粉末消火剤, 二酸化炭素, 散水, 耐アルコール性泡消火剤(消火効果のない場合, 散水)		07
111	670				5000	粉末消火剤, 二酸化炭素, 散水, 耐アルコール性泡消火剤(消火効果のない場合, 散水)		08
127						粉末消火剤, 二酸化炭素, 散水, 耐アルコール性泡消火剤(消火効果のない場合, 散水)		09

	名称	CAS No. 国連番号 化審法No.	危険物分類	物理的特性 外観・性質	比重	蒸気比重 (空気=1)	沸点[℃]	融点[℃]	水溶性
01	トリエチレングリコール＝モノブチルエーテル ブチルトリグリコール Triethyleneglycol monobutyl ether $C_{10}H_{22}O_4$ [206.3]	143-22-6 — —	消第4類	無色液体	1.0− (25℃)		278	−35	易
02	トリエチレングリコール＝モノメチルエーテル メトキシトリグリコール 2-(2-(2-メトキシエトキシ)エトキシ)エタノール Triethylene glycol methyl ether Methoxytriglycol 2-(2-(2-Methoxyethoxy)ethoxy)ethanol $C_7H_{16}O_4$ [164.20]	112-35-6 (2)-442	消第4類	無色液体	1.0+	5.6	249	−78 (凝固点)	易
03	トリエチレンテトラミン 3,6-ジアザオクタン-1,8-ジアミン Triethylenetetramine 3,6-Diazaoctane-1,8-diamine $C_6H_{18}N_4$ [146.24]	112-24-3 2259 (2)-163	消第4類, 連8	無色液体	1.0−		278	12	易
04	トリエトキシシラン Triethoxysilane $C_6H_{16}O_3Si$ [164.3]	998-30-1 —	消第4類, 安引火性の物	無色液体	0.9	5.7	134	−170	
05	1,3,5-トリオキサン α-トリオキシメチレン 1,3,5-Trioxane α-Trioxymethylene $C_3H_6O_3$ [90.08]	110-88-3 —		結晶性固体 昇華性	1.2 (65℃)	3.1	115 (昇華)	64	易
06	トリグリコールジクロリド 1,2-ビス(2-クロロエトキシ)エタン Triglycol dichloride 1,2-Bis(2-chloroethoxy)ethane $C_6H_{12}Cl_2O_2$ [187.07]	112-26-5 — (2)-451	消第4類	無色液体	1.2		241	−31.5	不
07	トリクロロアセトアルデヒド クロラール 無水クロラール Trichloroacetaldehyde Chloral Anhydrouschloral CCl_3CHO [147.40]	75-87-6 2075 (2)-528	管1種, 審2種 監視, 連6.1	無色液体	1.5		97.5	−58	易(抱水クロラールとなる)
08	トリクロロ(アリル)シラン Allyl trichlorosilane $C_3H_5Cl_3Si$ [175.52]	107-37-9 1724 (2)-2037	消第4類, 安引火性の物, 連8	無色液体	1.2	6.05	117.5		反応
09	1,1,1-トリクロロエタン メチルクロロホルム 1,1,1-Trichloroethane Methyl chloroform $C_2H_3Cl_3$ [133.41]	71-55-6 2831 (2)-55	管1種, 審2種 監視, 水, 安18条, 連6.1	無色液体 不燃性	1.3	4.6	74	−33	不
10	トリクロロ(エチル)シラン エチルトリクロロシラン Trichloroethylsilane Ethyltrichlorosilane $C_2H_5Cl_3Si$ [163.51]	115-21-9 1196 (2)-2041	消第4類, 安引火性の物, 連3	無色液体 刺激臭	1.2	5.6	98 (745mmHg)	−106	反応

燃焼危険性			有害危険性			火災時の措置	備考	
引火点 [℃]	発火点 [℃]	爆発範囲 [vol%]	許容濃度 [ppm]	吸入LC_{50} [ラットppm]	経口LD_{50} [ラットmg/kg]			
143		0.8〜3.8				粉末消火剤，二酸化炭素，散水，耐アルコール性泡消火剤(消火効果のない場合，散水)		01
118					11300μl/kg	粉末消火剤，二酸化炭素，散水，耐アルコール性泡消火剤(消火効果のない場合，散水)		02
135	338	1.1〜			2500	粉末消火剤，二酸化炭素，散水，耐アルコール性泡消火剤(消火効果のない場合，散水)		03
26						粉末消火剤，ソーダ灰，石灰，乾燥砂		04
45	414	3.6〜29				粉末消火剤，二酸化炭素，砂，土，散水，一般泡消火剤		05
121					250	粉末消火剤，二酸化炭素，散水，一般泡消火剤(消火効果のない場合，散水)		06
					600 (マウス腹腔内)	粉末消火剤，二酸化炭素，散水，一般泡消火剤(消火効果のない場合，散水)	1水和物もある	07
35						散水，湿った砂，土		08
なし	500	7.5〜12.5	350, 450 (STEL)		9600	粉末消火剤，二酸化炭素，散水		09
22					1330	散水，湿った砂，土	有毒	10

	名称	CAS No. 国連番号 化審法No.	危険物分類	物理的特性					
				外観・性質	比重	蒸気比重 (空気=1)	沸点[℃]	融点[℃]	水溶性
01	トリクロロエテン トリクロロエチレン **Trichloroethene** Trichloroethylene C₂HCl₃ [131.38]	79-01-6 1710 (2)-105	管1種, 審2種 特定, 気3項 指定, 水, 安 18条, 運6.1	無色 液体 不燃性 クロロホルム臭	1.5	4.5	87	−86.4	微
02	トリクロロ酢酸 **Trichloroacetic acid** Chloroethyl acetate C₂HCl₃O₂ [163.39]	76-03-9 1839, 2564 (2)-1188	毒劇物, 安18 条, 運8	無色 結晶 潮解性	1.6		197.5	57.5	易
03	トリクロロ(シクロヘキシル)シラン **Cyclohexyltrichlorosilane** C₆H₁₁SiCl₃ [217.60]	98-12-4 1763 —	消第4類, 運8	無色 液体	1.2	7.5	208		不
04	トリクロロシラン **Trichlorosilane** SiHCl₃ [135.45]	10025-78-2 — (1)-224	毒劇物, 消第 3類, 安引火 性の物	無色 液体	1.3	4.7	32	−127	反応
05	トリクロロ(ビニル)シラン ビニルトリクロロシラン **Trichlorovinylsilane** Vinyltrichlorosilane C₂H₃SiCl₃ [161.51]	75-94-5 — (2)-2037	消第4類, 安 引火性の物	無色または 淡黄色 液体	1.3	5.6	91	−95	反応
06	トリクロロ(ブチル)シラン **Butyl trichlorosilane** C₄H₉SiCl₃ [191.56]	7521-80-4 1747 (2)-2041	消第4類, 安 引火性の物, 運8	液体	1.2	6.5	149		反応
07	トリクロロフルオロメタン フロン11 **Trichlorofluoromethane** Freon 11 CCl₃F [137.37]	75-69-4 —	管1種, 安18 条	無色 液体 弱いエーテル臭	1.5		23.8	−111	微
08	1,2,3-トリクロロプロパン 三塩化アリル **1,2,3-Trichloropropane** Allyl trichloride Glyceryl trichlorohydrin C₃H₅Cl₃ [147.43]	96-18-4 — —	消第4類, 安 18条	無色 液体	1.4	5.1	156	−15	難
09	トリクロロ(プロピル)シラン **Propyltrichlorosilane** C₃H₇SiCl₃ [177.53]	141-57-1 1816 —	消第4類, 安 引火性の物, 運8	無色 液体 刺激臭	1.2	6.1	124		反応
10	トリクロロ(ヘキサデシル)シラン **Hexadecyltrichlorosilane** C₁₆H₃₃SiCl₃ [359.88]	5894-60-0 1781 —	消第4類, 運8		1.0−		269		可
11	1,2,4-トリクロロベンゼン **1,2,4-Trichlorobenzene** C₆H₃Cl₃ [181.45]	120-82-1 — (3)-74	消第4類, 安 18条	無色 液体	1.5	6.3	213	17	不
12	トリクロロ(ペンチル)シラン トリクロロ(アミル)シラン **Pentyl trichlorosilane** Amyl trichlorosilane C₅H₁₁SiCl₃ [205.58]	107-72-2 1728 —	消第4類, 安 引火性の物, 運8		1.1	7.1	168		
13	トリクロロ(メチル)シラン メチル(トリクロロ)シラン **Trichloromethylsilane** Methyltrichlorosilane Methyl silico chloroform CH₃SiCl₃ [149.48]	75-79-6 1250 (2)-2041	消第4類, 安 引火性の物, 運3	無色 液体 刺激臭	1.3	5.2	66	−78	反応

燃焼危険性			有害危険性			火災時の措置	備考	
引火点 [℃]	発火点 [℃]	爆発範囲 [vol%]	許容濃度 [ppm]	吸入LC$_{50}$ [ラットppm]	経口LD$_{50}$ [ラットmg/kg]			
なし	420	8 (25℃) ～10.5 (25℃)	50, 100(STEL)		4920	粉末消火剤, 二酸化炭素, 散水	着火しにくい	01
			1			粉末消火剤, 二酸化炭素, 散水		02
91						散水, 湿った砂, 土		03
－14	200	1.2～90.5			1030	散水, 湿った砂, 土		04
21	263	3～			1280	散水, 湿った砂, 土	皮膚, 目, 粘膜に触れた場合, 強い刺激を感じ, また薬傷の可能性がある	05
54						散水, 湿った砂, 土		06
			1000(STEL)			粉末消火剤, 二酸化炭素, 散水		07
71	304	3.2 (120℃) ～12.6 (150℃)	10			粉末消火剤, 二酸化炭素, 散水, 一般泡消火剤(消火効果のない場合, 散水)		08
37						散水, 湿った砂, 土		09
146						散水, 湿った砂, 土		10
105	571	2.5 (150℃) ～6.6 (150℃)	5(STEL)		756	粉末消火剤, 二酸化炭素, 散水, 耐アルコール性泡消火剤		11
63						散水, 湿った砂, 土		12
－9	490	7.6～11.9			1620 μl/kg	散水, 湿った砂, 土	皮膚, 目, 粘膜に触れた場合, 強い刺激を感じ, また薬傷の可能性がある	13

	名称	CAS No. 国連番号 化審法No.	危険物分類	物理的特性					
				外観・性質	比重	蒸気比重 (空気=1)	沸点[℃]	融点[℃]	水溶性
01	トリクロロメラミン Trichloromelamine 2,4,6-Tris(chloroamino)-1,3,5-triazine $C_3H_3N_6Cl_3$ [229.46]	7673-09-8 ― ―		白色 微粉末				300	
02	トリゲルマン 水素化ゲルマニウム Trigermane Ge_3H_8 [225.83]	14691-44-2 ― ―	消第3類	白色			110	−106	
03	トリシラン 八水素化三ケイ素 Trisilane Octahydrotrisilane Si_3H_8 [92.32]	7783-26-8 ― ―		無色 液体 流動性	0.7		52.9	−117.4	
04	トリス(エポキシプロピル)イソシアヌレート トリグリシジルイソシアヌレート Tris(epoxypropyl)isocyanurate Triglycidyl isocyanurate $C_{12}H_{15}N_3O_6$ [297.27]	2451-62-9 ― (5)-1052	電1種,安18条	白色 結晶				100	微
05	トリス-(2-ヒドロキシエチル)イソシアヌレート トリス-(β-ヒドロキシエチル)-s-トリアジントリオン Tris-(2-hydroxyeythyl)isocyanurate Tris-(β-hydroxyeythyl)-s-triazinetrione $C_9H_{15}N_3O_6$ [261.22]	839-90-7 ― (5)-1051		白色 結晶				132〜138	可
06	トリス(2-ヒドロキシプロピル)アミン トリイソプロパノールアミン Tris(2-hydroxypropyl)amine Triiosopropanolamine 1,1',1''-Nitrolotri-2-propanol $C_9H_{21}NO_3$ [191.27]	122-20-3 ― (2)-310		白色 結晶	1.0−	6.6	307	45	可
07	1-トリデカノール トリデシルアルコール 1-Tridecanol Tridecyl alcohol $C_{13}H_{28}O$ [200.36]	112-70-9 ― ―		白色 固体	0.8	6.9	274	30.5	不
08	トリデカン Tridecane $C_{13}H_{28}$ [184.36]	629-50-5 ― (2)-10	消第4類	無色 液体	0.8		226〜229	5	不
09	2,4,6-トリニトロアニリン ピクラミド 2,4,6-Trinitroaniline Picramide $C_6H_4N_4O_6$ [228.12]	489-98-5 0153 ―	消第5類,安爆発性の物,運1.1D	暗黄色 結晶	1.7			188	
10	2,4,6-トリニトロ安息香酸 2,4,6-Trinitrobenzoic acid $C_7H_3N_3O_8$ [257.12]	129-66-8 0215, 1355, 3368	消第5類,安爆発性の物,運1.1D, 4.1	結晶				228.7	可

燃焼危険性			有害危険性			火災時の措置	備考	
引火点 [℃]	発火点 [℃]	爆発範囲 [vol%]	許容濃度 [ppm]	吸入LC$_{50}$ [ラットppm]	経口LD$_{50}$ [ラットmg/kg]			
								01
						粉末消火剤, ソーダ灰, 石灰, 乾燥砂		02
						粉末消火剤, ソーダ灰, 石灰, 乾燥砂		03
170（工業用）	200（工業用）		0.05mg/m^3			粉末消火剤, 二酸化炭素, 散水, 耐アルコール性泡消火剤		04
227					>20000（マウス）	粉末消火剤, 二酸化炭素, 散水, 耐アルコール性泡消火剤		05
160	320	0.8〜5.8				粉末消火剤, 二酸化炭素, 散水, 一般泡消火剤（消火効果のない場合, 散水）		06
121						粉末消火剤, 二酸化炭素, 砂, 土, 散水, 一般泡消火剤		07
99		0.7〜5.5				粉末消火剤, 二酸化炭素, 散水, 一般泡消火剤（消火効果のない場合, 散水）		08
						積載火災：爆発のおそれ, 消火不可		09
						積載火災：爆発のおそれ, 消火不可		10

	名称	CAS No. 国連番号 化審法No.	危険物分類	外観・性質	物理的特性				
					比重	蒸気比重 (空気=1)	沸点[℃]	融点[℃]	水溶性
01	2,4,6-トリニトロトルエン トロチル TNT **2,4,6-Trinitrotoluene** Trotyl $C_7H_5N_3O_6$ [227.13]	118-96-7 0209, 0388, 0389, 1356, 3366 (3)-440	消1種，消第5類，安爆発性の物・18条，火爆薬，運1.1D，4.1	無色結晶	1.6			82	難
02	1,3,5-トリニトロベンゼン **1,3,5-Trinitrobenzene** $C_6H_3N_3O_6$ [213.11]	99-35-4 0214, 1354, 3367	消第5類，安爆発性の物，運1.1D，4.1	白色結晶				123	冷水に微
03	トリニトロメタン ニトロホルム **Trinitromethane** Nitroform CHN_3O_6 [151.04]	517-25-9 — —	消第5類，安爆発性の物	無色純粋な結晶	1.5			15	可
04	2,4,6-トリニトロレソルシノール 2,4,6-トリニトロ-1,3-ベンゼンジオール スチフニン酸 **2,4,6-Trinitroresorcinol** 2,4,6-Trinitro-1,3-benzenediol Styphnic acid $C_6H_3N_3O_8$ [245.11]	82-71-3 0219, 0394	消第5類，安爆発性の物，運1.1D	黄色結晶	1.8			179～180	難
05	トリフェニルアルミニウム **Triphenylaluminium** $Al(C_6H_5)_3$ [258.30]	841-76-9 —	消第3類	白色結晶				230	
06	トリフェニルホスフィン **Triphenylphosphine** Triphenylphosphorus $P(C_6H_5)_3$ [262.29]	603-35-0 — (3)-2518		白色フレーク状	1.1 (50℃)	9.0	377	79～81	不
07	トリフェニルメタン **Triphenylmethane** $C_{19}H_{16}$ [244.34]	519-73-3 —		無色結晶	1.0+	8.4	359	92	不
08	トリブチルアミン **Tributylamine** $C_{12}H_{27}N$ [185.35]	102-82-9 2542 (2)-142	消第4類，安18条，運6.1	無色液体 吸湿性 特有の臭気	0.8	6.4	214		微
09	トリブチルビスマス **Tributylbismuth** Tributylbismuthine $C_{12}H_{27}Bi$ [380.33]	3692-81-7 — —	消第3類		1.5		124 (7mmHg)		
10	トリブチルホスフィン **Tributylphosphine** $P(C_4H_9)_3$ [202.32]	998-40-3 — (2)-1878	消第4類，安引火性の物	無色液体	0.8	6.9	245		不
11	トリ-2-ブチルボラン **Tri-2-butylborane** $C_{12}H_{27}B$ [182.16]	1113-78-6 — —	消1種，水	無色液体	0.8				
12	1,1,1-トリフルオロエタン **1,1,1-Trifluoroethane** $C_2H_3F_3$ [84.04]	420-46-2 2035 (2)-3584	圧液化ガス，運2.1	気体	0.9		−47	−111	
13	トリフルオロエテン トリフルオロエチレン **Trifluoroethene** Trifluoroethylene C_2HF_3 [82.0]	359-11-5 — —	圧液化ガス	気体		2.9	−57	<−78	

燃焼危険性			有害危険性			火災時の措置	備考	
引火点 [℃]	発火点 [℃]	爆発範囲 [vol%]	許容濃度 [ppm]	吸入LC$_{50}$ [ラットppm]	経口LD$_{50}$ [ラットmg/kg]			
			0.1mg/m^3		607	積載火災：爆発のおそれ，消火不可	打撃，衝撃，摩擦により爆発する	01
						積載火災：爆発のおそれ，消火不可		02
						積載火災：爆発のおそれ，消火不可		03
						積載火災：爆発のおそれ，消火不可		04
						粉末消火剤，ソーダ灰，石灰，砂【水／泡消火剤使用不可】		05
180	407	0.5～			700	散水，湿った砂，土		06
>100						粉末消火剤，二酸化炭素，砂，土，散水，一般泡消火剤		07
86					114	粉末消火剤，二酸化炭素，散水，一般泡消火剤(消火効果のない場合，散水)		08
						粉末消火剤，ソーダ灰，石灰，砂【水／泡消火剤使用不可】		09
37～40	200				750	散水，湿った砂，土		10
	空気中発火					散水，湿った砂，土		11
						粉末消火剤，二酸化炭素【ガス漏れ停止困難のときは消火不可】		12
						粉末消火剤，二酸化炭素，散水，耐アルコール性泡消火剤【ガス漏れ停止困難のときは消火不可】		13

	名称	CAS No. 国連番号 化審法No.	危険物分類	物理的特性					
				外観・性質	比重	蒸気比重 (空気=1)	沸点[℃]	融点[℃]	水溶性
01	トリフルオロ酢酸 Trifluoroacetic acid $C_2HF_3O_2$ [114.02]	76-05-1 2699 (2)-1185	消第4類, 運8	液体 刺激臭	1.5		72	−15.3	易
02	トリフルオロ酢酸エチル Ethyl trifluoroacetate $C_4H_5O_2F_3$ [142.08]	383-63-1 — (2)-3532	消第4類, 安 引火性の物	無色 液体	1.2		60〜62		
03	トリフルオロシラン Trifluorosilane $SiHF_3$ [86.09]	13465-71-9 — —	水	無色 気体 刺激臭			−97.5	−131	
04	トリフルオロニトロソメタン Nitrosotrifluoromethane CF_3NO [99.01]	334-99-6 — —		青色 気体 不快臭					
05	トリフルオロメタンスルホン酸 Trifluoromethanesulfonic acid Triflic acid CF_3SO_3H [150.08]	1493-13-6 — (2)-2809	毒劇物	無色 液体 吸湿性	1.7		161	−34	可
06	(トリフルオロメチル)ベンゼン ベンゾトリフルオリド a,a,a-トリフルオロトルエン (Trifluoromethyl) benzene Benzotrifluoride a,a,a-Trifluorotoluene $C_7H_5F_3$ [146.11]	98-08-8 2338 (3)-86	消第4類, 安 引火性の物, 運3	無色 液体	1.2	5	102	−29.05	不
07	トリプロピルアミン Tripropylamine $C_9H_{21}N$ [143.27]	102-69-2 2260 —	消第4類, 安 引火性の物, 運3	無色 液体 アンモニア臭	0.8	4.9	156	−100.5	難
08	トリプロピルアルミニウム Tripropyl aluminum $C_9H_{21}Al$ [156.25]	102-67-0 — —	消第3類	無色 液体 アミン臭					反応
09	トリプロピルボラン Tripropylborane $(C_3H_7)_3B$ [268.18]	1116-61-6 — —	管1種, 消第3 類, 水	液体				−56	
10	トリプロピレン プロピレントリマー Tripropylene Propylene trimer C_9H_{18} [126.24]	13987-01-4 2057 —	消第4類, 安 引火性の物, 運3	無色 液体	0.7	4.4	133〜142		
11	トリプロピレングリコール Tripropylene glycol $C_9H_{20}O_4$ [192.0]	24800-44-0 — (2)-430	消第4類	無色 液体	1.0+		268		可
12	トリプロピレングリコール＝ メチルエーテル Tripropylene glycol methyl ether $C_{10}H_{22}O_4$ [206.28]	25498-49-1 — —	消第4類	無色 液体	1.0−	7.1	243		
13	トリブロモ酢酸 Tribromoacetic acid $C_2HBr_3O_2$ [296.74]	75-96-7 — —		結晶			245	129〜135	易

燃焼危険性			有害危険性			火災時の措置	備考	
引火点 [℃]	発火点 [℃]	爆発範囲 [vol%]	許容濃度 [ppm]	吸入LC$_{50}$ [ラットppm]	経口LD$_{50}$ [ラットmg/kg]			
	空気中で発煙			10g/m^3		粉末消火剤, 二酸化炭素, 散水, 耐アルコール性泡消火剤(消火効果のない場合, 散水)	体内への摂取または吸入は有毒である	01
-7					5000(マウス)	粉末消火剤, 二酸化炭素, 散水, 耐アルコール性泡消火剤(消火効果のない場合, 散水)	蒸気は皮膚, 目, 気道の粘膜, 肺を強く刺激する	02
						粉末消火剤, ソーダ灰, 石灰, 乾燥砂		03
								04
					1605	粉末消火剤, 二酸化炭素, 散水, 耐アルコール性泡消火剤(消火効果のない場合, 散水)		05
12	620				15000	粉末消火剤, 二酸化炭素, 散水, 一般泡消火剤(消火効果のない場合, 散水)		06
41	180	0.7〜5.6				粉末消火剤, 二酸化炭素, 散水, 一般泡消火剤(消火効果のない場合, 散水)		07
	空気中発火					粉末消火剤, ソーダ灰, 石灰, 砂【水／泡消火剤使用不可】		08
						散水, 湿った砂, 土		09
24						粉末消火剤, 二酸化炭素, 散水, 一般泡消火剤(消火効果のない場合, 散水)		10
141		0.8〜5.0			3000	粉末消火剤, 二酸化炭素, 散水, 耐アルコール性泡消火剤(消火効果のない場合, 散水)		11
121						粉末消火剤, 二酸化炭素, 散水, 耐アルコール性泡消火剤(消火効果のない場合, 散水)		12
						粉末消火剤, 二酸化炭素, 散水, 耐アルコール性泡消火剤(消火効果のない場合, 散水)		13

	名称	CAS No. 国連番号 化審法No.	危険物分類	物理的特性					
				外観・性質	比重	蒸気比重 (空気=1)	沸点[℃]	融点[℃]	水溶性
01	トリブロモシラン **Tribromosilane** $SiHBr_3$ [268.81]	7789-57-3 — —		無色 液体 強い刺激臭	2.7		112	−73.5	
02	トリブロモニトロメタン ニトロブロモホルム ブロモピクリン **Tribromonitromethane** Nitrobromoform Bromopicrin CBr_3NO_2 [297.73]	464-10-8 — —		結晶				10	
03	トリメチルアセトニトリル ピバロニトリル シアン化t-ブチル **Trimethylacetonitrile** Pivalonitrile C_5H_9N [83.13]	630-18-2 — —	毒劇物,消第4類,安引火性の物	液体 催涙性	0.8		105〜106	15〜16	難
04	トリメチルアミン **Trimethylamine** C_3H_9N [59.11]	75-50-3 1083 (2)-140	圧液化ガス・可燃性・毒性ガス,安可燃性のガス・18条,運2.1	気体 有毒 強いアンモニア臭	0.7 (−5℃)	2.0	3	−117.1	易
05	トリメチルアミンオキシド **Trimethylamine oxide** C_3H_9NO [75.11]	1184-78-7 — —		無色 結晶				212	可
06	トリメチルアルシン **Trimethylarsine** $As(CH_3)_3$ [120.03]	593-88-4 — —	毒毒物,消第3類,水	無色 液体	1.1		51.9 (736mmHg)		
07	トリメチルアルミニウム **Trimethylaluminum** $Al(CH_3)_3$ [72.09]	75-24-1 — (2)-2227	消第3類,安引火性の物・18条	無色 液体	0.8	2.5	125〜126	15.4	激しく反応
08	トリメチルアンチモン トリメチルスチビン **Trimethylantimony** Trimethylstibine $Sb(CH_3)_3$ [166.85]	594-10-5 — —	毒劇物,管1種,消第3類	液体	1.5		80.6	−62	
09	トリメチルインジウム **Trimethylindium** $In(CH_3)_3$ [159.92]	3385-78-2 — 新規	管2種,消第3類,安18条	無色 結晶 昇華性	1.6		50 (3.17kPa)	88.4	激しく反応
10	トリメチルガリウム **Trimethylgallium** $Ga(CH_3)_3$ [114.83]	1445-79-0 — 新規	消第3類,安引火性の物	無色 液体	1.2	4	55.7	−15.8	反応
11	トリメチル酢酸 2,2-ジメチルプロパン酸 ピバル酸 **Trimethylacetic acid** 2,2-Dimethyl propanoic acid Pivalic acid $C_5H_{10}O_2$ [102.13]	75-98-9 — —		結晶	0.9	3.5	163.8	35.5	微
12	3,3,5-トリメチル-1-シクロヘキサノール **3,3,5-Trimethyl-1-cyclohexanol** $C_9H_{18}O$ [142.24]	116-02-9 — —		無色 結晶	0.9	4.9	198	35.7	難
13	トリメチルタリウム **Trimethylthallium** C_3H_9Tl [249.5]	3003-15-4 — —	消第3類	無色 結晶				38.5	

燃焼危険性			有害危険性			火災時の措置	備考	
引火点 [℃]	発火点 [℃]	爆発範囲 [vol%]	許容濃度 [ppm]	吸入LC$_{50}$ [ラットppm]	経口LD$_{50}$ [ラットmg/kg]			
						粉末消火剤, ソーダ灰, 石灰, 乾燥砂		01
						粉末消火剤, 二酸化炭素, 散水, 一般泡消火剤(消火効果のない場合, 散水)		02
4						粉末消火剤, 二酸化炭素, 散水, 一般泡消火剤(消火効果のない場合, 散水)		03
ガス	190	2.0〜11.6	5, 15(STEL)		500	粉末消火剤, 二酸化炭素【ガス漏れ停止困難のときは消火不可】		04
						粉末消火剤, 二酸化炭素, 散水, 耐アルコール性泡消火剤		05
						散水, 湿った砂, 土		06
−18	空気中発火		2mg/m³ (Al)			粉末消火剤, ソーダ灰, 石灰, 砂【水／泡消火剤使用不可】		07
			0.5mg/m³ (Sb)			散水, 湿った砂, 土		08
	空気中発火		0.1mg/m³ (In)			粉末消火剤, ソーダ灰, 石灰, 砂【水／泡消火剤使用不可】		09
	空気中発火					粉末消火剤, ソーダ灰, 石灰, 砂【水／泡消火剤使用不可】		10
64						粉末消火剤, 二酸化炭素, 散水, 耐アルコール性泡消火剤		11
88						粉末消火剤, 二酸化炭素, 散水, 一般泡消火剤(消火効果のない場合, 散水)		12
						粉末消火剤, ソーダ灰, 石灰, 砂【水／泡消火剤使用不可】		13

	名称	CAS No. 国連番号 化審法No.	危険物分類	物理的特性					
				外観・性質	比重	蒸気比重 (空気=1)	沸点[℃]	融点[℃]	水溶性
01	2,2,3-トリメチルブタン 2,2,3-Trimethylbutane Triptane C_7H_{16} [100.20]	464-06-2 — —	消第4類,安 引火性の物	無色 液体	0.7	3.5	81		
02	2,3,3-トリメチル-1-ブテン ヘプチレン ヘプテン 2,3,3-Trimethyl-1-butene Heptylene Heptene C_7H_{14} [98.19]	594-56-9 — —	消第4類,安 引火性の物	液体	0.7	3.4	78		
03	3,5,5-トリメチル-1-ヘキサノール ノニルアルコール 3,5,5-Trimethylhexanol Nonyl alcohol $C_9H_{20}O$ [144.26]	3452-97-9 — (2)-217	管1種,消第4 類	無色 液体	0.8	5	194	−70	不
04	2,2,5-トリメチルヘキサン 2,2,5-Trimethylhexane C_9H_{20} [128.26]	3522-94-9 — —	消第4類,安 引火性の物	無色 液体	0.7	4.4	124		不
05	3,5,5-トリメチルヘキサン酸 イソノナン酸 3,5,5-Trimethylhexanoic acid Isononanoic acid $C_9H_{18}O_2$ [158.24]	3302-10-1 — (2)-608	消第4類	無色透明 液体	0.9	5.5	121 (10mmHg)	<−30	不
06	1,2,3-トリメチルベンゼン ヘミメリテン 1,2,3-Trimethylbenzene Hemellitol C_9H_{12} [120.19]	526-73-8 — —	消第4類,安 引火性の物・ 18条	無色 液体	0.9	4.2	176	−25.5	
07	1,2,4-トリメチルベンゼン プソイドクメン 1,2,4-Trimethylbenzene Pseudocumene C_9H_{12} [120.19]	95-63-6 — (3)-7	消第4類,安 引火性の物・ 18条	無色 液体	0.9	4.2	165	−43.9	不
08	1,3,5-トリメチルベンゼン メシチレン 1,3,5-Trimethylbenzene Mesitylene C_9H_{12} [120.19]	108-67-8 2325 (3)-7	管1種,消第4 類,安引火性 の物・18条, 運3	無色 液体	0.9	4.2	164	α： −44.8 β： −51.7	不
09	2,2,3-トリメチルペンタン 2,2,3-Trimethylpentane C_8H_{18} [114.23]	564-02-3 — —	消第4類,安 引火性の物	無色 液体	0.7	3.9	110		
10	2,2,4-トリメチルペンタン イソオクタン 2,2,4-Trimethylpentane Isooctane C_8H_{18} [114.23]	540-84-1 — (2)-8	消第4類,安 引火性の物	無色 液体 強いガソリ ン臭	0.7	3.9	99	−107.25	不
11	2,3,3-トリメチルペンタン 2,3,3-Trimethylpentane C_8H_{18} [114.23]	560-21-4 — (2)-8	消第4類,安 引火性の物	無色 液体	0.7	3.9	115		
12	2,2,4-トリメチル-1,3,-ペンタンジオール 2,2,4-Trimethyl-1,3-pentanediol $C_8H_{18}O_2$ [146.23]	144-19-4 — —		白色 固体	0.9		215〜235	46〜55	不

	燃焼危険性			有害危険性			火災時の措置	備考	
引火点 [℃]	発火点 [℃]	爆発範囲 [vol%]	許容濃度 [ppm]	吸入LC$_{50}$ [ラットppm]	経口LD$_{50}$ [ラットmg/kg]				
<0	412	1.0〜6.7				粉末消火剤，二酸化炭素，散水，一般泡消火剤（消火効果のない場合，散水）		01
<0	375					粉末消火剤，二酸化炭素，散水，一般泡消火剤（消火効果のない場合，散水）		02
93					>2000	粉末消火剤，二酸化炭素，散水，一般泡消火剤（消火効果のない場合，散水）		03
13						粉末消火剤，二酸化炭素，散水，一般泡消火剤（消火効果のない場合，散水）		04
120	440							05
44	470	0.8〜6.6	25			粉末消火剤，二酸化炭素，散水，一般泡消火剤（消火効果のない場合，散水）		06
44	500	0.9〜6.4	25		5000	粉末消火剤，二酸化炭素，散水，一般泡消火剤（消火効果のない場合，散水）		07
50	559	0.9〜6.1	25	LCLo= 2400ppm/24H		粉末消火剤，二酸化炭素，散水，一般泡消火剤（消火効果のない場合，散水）		08
8	346					粉末消火剤，二酸化炭素，散水，一般泡消火剤（消火効果のない場合，散水）		09
−12	415	1.1〜6.0	300			粉末消火剤，二酸化炭素，散水，一般泡消火剤（消火効果のない場合，散水）		10
11	425					粉末消火剤，二酸化炭素，散水，一般泡消火剤（消火効果のない場合，散水）		11
113	346					粉末消火剤，二酸化炭素，散水，一般泡消火剤（消火効果のない場合，散水）		12

	名称	CAS No. 国連番号 化審法No.	危険物分類	物理的特性					
				外観・性質	比重	蒸気比重 (空気=1)	沸点[℃]	融点[℃]	水溶性
01	2,2,4-トリメチル-1,3-ペンタンジオールジイソブチレート 2,2,4-Trimethyl-1,3-pentanediol diisobutyrate $C_{16}H_{30}O_4$ [286.46]	6846-50-0 — (2)-2498	消第4類	無色 液体			280	−70	不
02	3,4,4-トリメチル-2-ペンテン 3,4,4-Trimethyl-2-pentene C_8H_{16} [112.21]	598-96-9 — —	消第4類, 安 引火性の物		0.7	3.9	112		
03	トリメチルホスフィン Trimethylphosphine $P(CH_3)_3$ [76.08]	594-09-2 — —		無色 液体 揮発性 悪臭	0.7		37.8	−85.9	不
04	トリメチルボラン Trimethylborane $B(CH_3)_3$ [55.92]	593-90-8 — —	管1種, 消第3類, 圧可燃性ガス, 水	無色 気体		1.9	−20.2	−162	
05	トリメトキシメタン オルトギ酸トリメチル Trimethoxymethane Trimethyl orthoformate $C_4H_{10}O_3$ [106.12]	149-73-5 — (2)-682	消第4類, 安 引火性の物	無色 液体	1.0−		103〜105		反応
06	o-トルアルデヒド o-メチルベンズアルデヒド o-Tolualdehyde o-Methylbenzaldehyde C_8H_8O [120.15]	529-20-4 — —	消第4類	無色 液体	1		199〜200		
07	m-トルアルデヒド m-メチルベンズアルデヒド m-Tolualdehyde m-Methylbenzaldehyde C_8H_8O [120.15]	620-23-5 — —	消第4類	無色 液体	1.0+		198〜199		
08	p-トルアルデヒド p-メチルベンズアルデヒド p-Tolualdehyde p-Methylbenzaldehyde C_8H_8O [120.15]	104-87-0 — —	消第4類	無色 液体	1.0+		204〜205		
09	o-トルイジン 2-メチルアニリン o-Toluidine 2-Methylaniline C_7H_9N [107.16]	95-53-4 1708, 3451 (3)-186	毒劇物, 管1種, 審2種監視, 消第4類, 安18条, 運6.1	無色 液体	1.0−	3.7	200	−16	可
10	m-トルイジン 3-メチルアニリン m-Toluidine 3-Methylaniline C_7H_9N [107.16]	108-44-1 1708, 3451 (3)-186	毒劇物, 審2種監視, 消第4類, 安18条, 運6.1	無色 液体	1		203.4	−31	
11	p-トルイジン 4-メチルアニリン p-Toluidine 4-Methylaniline C_7H_9N [107.16]	106-49-0 1708, 3451 (3)-186	毒劇物, 管1種, 審2種監視, 消第9条, 安18条, 運6.1	白色 光沢の結晶	1.0+	3.9	200	44	微
12	o-トルイル酸 o-トルエンカルボン酸 o-Toluic acid o-Toluenecarboxylic acid $C_8H_8O_2$ [136.15]	118-90-1 — (3)-1285		結晶			258〜260	107〜108	熱水に可

燃焼危険性			有害危険性			火災時の措置	備考	
引火点 [℃]	発火点 [℃]	爆発範囲 [vol%]	許容濃度 [ppm]	吸入LC$_{50}$ [ラットppm]	経口LD$_{50}$ [ラットmg/kg]			
140	424				6400 (マウス腹腔)	粉末消火剤, 二酸化炭素, 散水, 一般泡消火剤(消火効果のない場合, 散水)		01
<21	325					粉末消火剤, 二酸化炭素, 散水, 一般泡消火剤(消火効果のない場合, 散水)		02
						散水, 湿った砂, 土		03
	<54					散水, 湿った砂, 土		04
14					3130	粉末消火剤, ソーダ灰, 石灰, 砂【水／泡消火剤使用不可】		05
						粉末消火剤, 二酸化炭素, 散水, 一般泡消火剤(消火効果のない場合, 散水)		06
						粉末消火剤, 二酸化炭素, 散水, 一般泡消火剤(消火効果のない場合, 散水)		07
						粉末消火剤, 二酸化炭素, 散水, 一般泡消火剤(消火効果のない場合, 散水)		08
85	482	1.5～3.7	2		670	粉末消火剤, 二酸化炭素, 散水, 一般泡消火剤(消火効果のない場合, 散水)		09
			2		450	粉末消火剤, 二酸化炭素, 散水, 一般泡消火剤(消火効果のない場合, 散水)		10
87	482	1.1～6.6	2		336	粉末消火剤, 二酸化炭素, 散水, 耐アルコール性泡消火剤		11
						粉末消火剤, 二酸化炭素, 砂, 土, 散水, 一般泡消火剤		12

名称	CAS No. 国連番号 化審法No.	危険物分類	物理的特性					
			外観・性質	比重	蒸気比重 (空気=1)	沸点[℃]	融点[℃]	水溶性
01 m-トルイル酸 m-トルエンカルボン酸 **m-Toluic acid** m-Toluenecarboxylic acid $C_8H_8O_2$ [136.15]	*99-04-7* — (3)-1285		結晶			263	111～113	
02 p-トルイル酸 p-トルエンカルボン酸 **p-Toluic acid** p-Toluenecarboxylic acid $C_8H_8O_2$ [136.15]	*99-94-5* — (3)-1285		結晶			274～275	181	熱水に微
03 トルエン メチルベンゼン **Toluene** Methylbenzene Toluol C_7H_8 [92.14]	*108-88-3* — (3)-2	毒劇物, 菅1種, 消第4類, 安 引火性の物・ 18条	無色 液体 特有の臭気	0.9	3.1	111	−95	難
04 トルエン-2,4-ジイソシアナート 4-メチル-1,3-フェニレンジイ ソシアナート 2,4-トリレンジイソシアネート **Toluene-2,4-diisocyanate** 4-Methyl-1,3-phenylenediisocyanate $C_9H_6N_2O_2$ [174.16]	*584-84-9* — (3)-2214	菅1種, 消第4 類, 安18条	無色 液体 刺激臭	1.2	6.0	251	19.5～ 21.5	反応
05 2,5-トルエンジオール トルヒドロキノン メチルヒドロキノン **2,5-Toluenediol** Toluhydroquinone Methylhydroquinone $C_7H_8O_2$ [124.14]	*95-71-6* — —		白色 結晶			285	126～127	可
06 p-トルエンスルホニルクロリド p-トルエンスルホニルクロラ イド **p-Toluenesulfonyl chloride** $C_7H_7ClO_2S$ [190.65]	*98-59-9* — (3)-1936		白色 結晶	1.3		145～146 (15mmHg)	71	不
07 p-トルエンスルホン酸 4-トルエンスルホン酸 トシル酸 **p-Toluenesulfonic acid** 4-Toluenesulfonic acid Tosic acid $C_7H_8O_3S$ [172.21]	*104-15-4* — (3)-1901		無色 結晶 吸湿性	1.2		140 (20mmHg)	105	可
08 p-トルエンスルホン酸エチル **Ethyl p-toluene sulfonate** $C_9H_{12}O_3S$ [200.26]	*80-40-0* — (3)-1896	(液体)消第4 類	無色 結晶または 液体	1.2 (46℃)	6.9	173 (15mmHg)	33～34	不
09 p-トルエンスルホン酸メチル **Methyl p-toluene sulfonate** $C_8H_{10}O_3S$ [186.23]	*80-48-8* — (3)-1896	消第4類	無色 結晶または 液体	1.2 (30℃)		157 (8mmHg)	28	不
10 o-トルエンチオール o-チオクレゾール **o-Toluenethiol** o-Thiocresol C_7H_8S [124.21]	*137-06-4* — —	消第4類,安 引火性の物	無色 液体 不快臭	1.1		194.2	15	不

燃焼危険性			有害危険性			火災時の措置	備考	
引火点 [℃]	発火点 [℃]	爆発範囲 [vol%]	許容濃度 [ppm]	吸入LC$_{50}$ [ラットppm]	経口LD$_{50}$ [ラットmg/kg]			
						粉末消火剤, 二酸化炭素, 砂, 土, 散水, 一般泡消火剤		01
						粉末消火剤, 二酸化炭素, 砂, 土, 散水, 一般泡消火剤		02
4	480	1.1〜7.1	50		636	粉末消火剤, 二酸化炭素, 散水, 一般泡消火剤(消火効果のない場合, 散水)		03
127	620	0.9〜9.5	0.005, 0.02 (STEL)		5800	粉末消火剤, 二酸化炭素, 危険でなければ容器移動【物質が燃えていないとき, 物質への散水は不可】	市販品には2,6-TDIが混入している	04
172	468					粉末消火剤, 二酸化炭素, 砂, 土, 散水, 一般泡消火剤		05
						粉末消火剤, 二酸化炭素, 散水, 耐アルコール性泡消火剤	湿気で加水分解する	06
184						粉末消火剤, 二酸化炭素, 散水, 耐アルコール性泡消火剤	1水和物もある	07
158					1000	粉末消火剤, 二酸化炭素, 散水, 耐アルコール性泡消火剤		08
152					341	粉末消火剤, 二酸化炭素, 散水, 耐アルコール性泡消火剤		09
63						粉末消火剤, 二酸化炭素, 散水, 一般泡消火剤(消火効果のない場合, 散水)		10

名称	CAS No. 国連番号 化審法No.	危険物分類	物理的特性					
			外観・性質	比重	蒸気比重 (空気=1)	沸点[℃]	融点[℃]	水溶性
01 m-トルエンチオール m-チオクレゾール **m-Toluenethiol** m-Thiocresol C_7H_8S [124.21]	108-40-7 — —		結晶 不快臭	1.0+		195.1		不
02 p-トルエンチオール p-チオクレゾール **p-Toluenethiol** p-Thiocresol C_7H_8S [124.21]	106-45-6 — —		結晶 不快臭			194.9	44	不

燃焼危険性			有害危険性			火災時の措置	備考	
引火点 [℃]	発火点 [℃]	爆発範囲 [vol%]	許容濃度 [ppm]	吸入LC_{50} [ラットppm]	経口LD_{50} [ラットmg/kg]			
						粉末消火剤,二酸化炭素,散水,一般泡消火剤(消火効果のない場合,散水)		01
						粉末消火剤,二酸化炭素,散水,耐アルコール性泡消火剤		02

	名称	CAS No. 国連番号 化審法No.	危険物分類	物理的特性					
				外観・性質	比重	蒸気比重 (空気=1)	沸点[℃]	融点[℃]	水溶性
01	ナトリウム 金属ソーダ **Sodium** Na [22.99]	7440-23-5 1428 対象外	毒劇物, 消第 3類, 安発火 性の物, 運4.3	銀白色 結晶	1.0−		881.4	97.8	激しく反応
02	ナトリウムアミド **Sodium amide** NaNH$_2$ [39.01]	7782-92-5 — 		無色 結晶			400	210	反応
03	ナトリウム=イソプロポキシド ナトリウムイソプロピラート **Sodium isopropoxide** Sodium isopropylate C$_3$H$_7$ONa [82.08]	683-60-3 — —	消第2類	結晶 吸湿性				70〜75	
04	ナトリウムエトキシド ナトリウムエチラート **Sodium ethoxide** Sodium ethylate C$_2$H$_5$ONa [68.05]	141-52-6 — (2)-204	消第2類	白色 無定形の粉末 吸湿性	0.9				激しく反応
05	ナトリウムメトキシド ナトリウムメチラート **Sodium methoxide** Sodium methylate CH$_3$ONa [54.02]	124-41-4 1289, 1431 (2)-203	消第2類, 運3, 4.2	白色 無定形の粉末 吸湿性	0.5			125以上 で分解	反応
06	ナフタレン ナフタリン **Naphthalene** Naphthalene White tar C$_{10}$H$_8$ [128.17]	91-20-3 2304 (4)-311	消第9条, 安 18条, 運4.1	白色 光沢の結晶 特有の臭気	1.1	4.4	218	80.2	難
07	1-ナフチルアミン 1-アミノナフタレン α-ナフチルアミン **1-Naphthylamine** 1-Aminonaphthalene C$_{10}$H$_9$N [143.19]	134-32-7 — (4)-321	安特定化学物質・17条	結晶 悪臭	1.2	4.9	300	50	微
08	2-ナフチルアミン 2-アミノナフタレン β-ナフチルアミン **2-Naphthylamine** 2-Aminonaphthalene C$_{10}$H$_9$N [143.19]	91-59-8 — 		結晶 アニリン臭	1.1		306	111〜113	
09	1-ナフトエ酸 1-ナフタレンカルボン酸 α-ナフトエ酸 **1-Naphthoic acid** 1-Naphthalenecarboxylic acid C$_{11}$H$_8$O$_2$ [172.18]	86-55-5 — (4)-397		結晶			300	160.5 〜162	熱水に微
10	2-ナフトエ酸 2-ナフタレンカルボン酸 β-ナフトエ酸 **2-Naphthoic acid** 2-Naphthalenecarboxylic acid C$_{11}$H$_8$O$_2$ [172.18]	93-09-4 — (4)-397		結晶			>300	184〜185	熱水に微

ナフト 273

燃焼危険性			有害危険性			火災時の措置	備考	
引火点 [℃]	発火点 [℃]	爆発範囲 [vol%]	許容濃度 [ppm]	吸入LC$_{50}$ [ラットppm]	経口LD$_{50}$ [ラットmg/kg]			
>115					腹腔内4000（マウス）	粉末消火剤，ソーダ灰，石灰，砂【水／泡消火剤使用不可】	発汗皮膚では火傷やアルカリ薬傷	01
						粉末消火剤，ソーダ灰，石灰，砂【水／泡消火剤使用不可】		02
								03
								04
	70〜80					粉末消火剤，ソーダ灰，石灰，砂【水／泡消火剤使用不可】	空気中で自然発火することがある	05
79	526	0.9〜5.9	10, 15(STEL)		490	粉末消火剤，二酸化炭素，砂，土，散水，一般泡消火剤		06
157					96（マウス腹腔内）	粉末消火剤，二酸化炭素，散水，耐アルコール性泡消火剤		07
						粉末消火剤，二酸化炭素，散水，耐アルコール性泡消火剤	発がん物質	08
					2370	粉末消火剤，二酸化炭素，散水，耐アルコール性泡消火剤		09
					4500	粉末消火剤，二酸化炭素，散水，耐アルコール性泡消火剤		10

	名称	CAS No. 国連番号 化審法No.	危険物分類	物理的特性					
				外観・性質	比重	蒸気比重 (空気=1)	沸点[℃]	融点[℃]	水溶性
01	1-ナフトール α-ナフトール **1-Naphthol** α-Naphthol α-Hydroxy naphthalene $C_{10}H_8O$ [144.17]	90-15-3 — (4)-354		無色 結晶 昇華性 フェノール臭			278〜280	96	微
02	2-ナフトール β-ナフトール **2-Naphthol** β-Naphthol β-Hydroxy naphthalene $C_{10}H_8O$ [144.17]	135-19-3 — (4)-355	劇物	無色ないし 微黄色 結晶 かすかなフェノール臭	1.2	5.0	285	123	難
03	鉛 **Lead** Pb [207.2]	7439-92-1 2291 対象外	管1種, 有害物質, 水, 安18条, 運6.1	白色 軟らかい金属結晶	11.3 (20℃)		1751	327	
04	二塩化アジポイル 塩化アジポイル **Adipoyl dichloride** Adipyl chloride $C_6H_8Cl_2O_2$ [183.03]	111-50-2 — —	消第4類	液体	1.3		125〜128 (11mmHg)		
05	二塩化硫黄 **Sulfur dichloride** Sulfur chloride SCl_2 [102.97]	10545-99-0 1828 (1)-255	運8	赤褐色 液体 塩素様刺激臭	1.6 (15℃)	3.6	59	−78	反応
06	二塩化酸化ジルコニウム八水和物 オキシ塩化ジルコニウム **Zirconium dichloride oxide octahydrate** Zirconium oxychloride $ZrOCl_2 \cdot 8H_2O$ [322.25]	13520-92-8 — (1)-648	安18条	白色 粉末	1.9		300〜400 (分解)		易
07	二塩化ジスルフリル 塩化ジスルフリル ジスルフリルクロリド 二塩化五酸化二硫黄 **Disulfuryl dichloride** Disulfuryl chloride $S_2O_5Cl_2$ [215.03]	7791-27-7 — —		無色 液体	1.8		151	−39〜 −37	激しく反応
08	二塩化二硫黄 塩化硫黄 **Disulfur dichloride** Sulfur chloride S_2Cl_2 [135.04]	10025-67-9 1828 (1)-254	安18条, 運8	黄橙色 液体 空気中で発煙	1.7	4.7	138	−77	反応
09	二塩化二セレン **Diselenium dichloride** Selenium chloride Se_2Cl_2 [228.83]	10025-68-0 — —	毒物, 管1種, 水	暗赤色 油状液体	2.9 (17.5℃)		127 (733mmHg)	−85	
10	ニケイ化カルシウム **Calcium disilicide** $CaSi_2$ [96.25]	12013-56-8 — —		灰褐色 結晶	2.5			1000	
11	ニコチン **Nicotine** $C_{10}H_{14}N_2$ [162.23]	54-11-5 1654, 1655 —	毒物, 消第4類, 安18条, 運6.1	淡黄色 油状液体 ピリジン様臭気	1.0	5.6	246		易

燃焼危険性			有害危険性			火災時の措置	備考	
引火点 [℃]	発火点 [℃]	爆発範囲 [vol%]	許容濃度 [ppm]	吸入LC_{50} [ラットppm]	経口LD_{50} [ラットmg/kg]			
					1870	粉末消火剤, 二酸化炭素, 散水, 耐アルコール性泡消火剤		01
153					1960	粉末消火剤, 二酸化炭素, 散水, 耐アルコール性泡消火剤	血液や腎臓に有害な作用があり, 皮膚から吸収されやすい	02
			$0.05mg/m^3$			粉末消火剤, 二酸化炭素, 散水	粉末は消第2類, 安発火性の物	03
72						粉末消火剤, 二酸化炭素, 散水, 一般泡消火剤(消火効果のない場合, 散水)		04
						粉末消火剤, ソーダ灰, 石灰, 砂【水／泡消火剤使用不可】		05
			$5mg/m^3$, $10mg/m^3$ (STEL) (Zr)		2950	粉末消火剤, 二酸化炭素, 散水		06
						粉末消火剤, ソーダ灰, 石灰, 砂【水／泡消火剤使用不可】		07
118	234		1(STEL)			粉末消火剤, ソーダ灰, 石灰, 砂【水／泡消火剤使用不可】		08
			$0.2mg/m^3$ (Se)			粉末消火剤, 二酸化炭素, 散水		09
								10
101	244	0.7〜4.0	$0.5mg/m^3$		50	粉末消火剤, 二酸化炭素, 散水, 耐アルコール性泡消火剤		11

二酢酸

名称	CAS No. 国連番号 化審法No.	危険物分類	物理的特性					
			外観・性質	比重	蒸気比重 (空気=1)	沸点[℃]	融点[℃]	水溶性
01 二酢酸エチレン 酢酸エチレン ジ酢酸エチレングリコール エチレングリコールジアセタート **Ethylene diacetate** Ethylene acetate Ethylene glycol diacetate $C_6H_{10}O_4$ [146.14]	111-55-7 — (2)-665	消第4類	無色 液体	1.1	5	191	-31	易
02 二酸化硫黄 亜硫酸ガス **Sulfur dioxide** Sulfurous oxide SO_2 [64.07]	7446-09-5 1079 (1)-536	圧液化ガス・毒性ガス，気ばい煙・特定物質，安特定化学物質等・18条，運2.3	無色 気体 特異な刺激臭	1.4 (-10℃)	2.3	-10	-75.5	可
03 二酸化塩素 **Chlorine dioxide** ClO_2 [67.45]	10049-04-4 — (1)-243	圧液化ガス・毒性ガス，安18条	赤黄色 気体 刺激臭	1.6	2.3	11	-59	微
04 二酸化ケイ素 シリカ シリカゲル **Silicon dioxide** Silica SiO_2 [60.09]	7631-86-9 — (1)-548	安18条	無色 結晶 無味 無臭，または白色 粉末			3000	1700	不
05 二酸化三炭素 亜酸化炭素 **Tricarbon dioxide** C_3O_2 [68.03]	504-64-3 — —		無色 液体，または無色 有毒ガス からし油のような臭気	1.1		7	-111.3	
06 二酸化臭素 酸化臭素 **Bromine dioxide** BrO_2 [111.90]	21255-83-4 — —		淡黄色 固体			0(分解)		
07 二酸化セレン **Selenium dioxide** SeO_2 [110.96]	7446-08-4 — (1)-546	毒毒物，管1種，気特定物質，水，安18条	無色 結晶	4.0(15)			340	易
08 二酸化炭素 液化炭酸ガス **Carbon dioxide** CO_2 [44.01]	124-38-9 1013, 1041, 1845, 1952, 2187 (1)-169	圧液化ガス，運2.1, 2.2, 9	無色 気体 無臭(液体は無色揮発性，固体白色，雪状で俗称はドライアイス)	2.0 (0℃)	1.5		-56	易
09 二酸化ナトリウム 超酸化ナトリウム **Sodium dioxide** Sodium superoxide NaO_2 [54.99]	12034-12-7 2547 —	消第1類，安酸化性の物，運5.1	黄色 結晶	2.2		分解	552	反応
10 二臭化ジルコニウム 臭化ジルコニウム(Ⅱ) **Zirconium dibromide** $ZrBr_2$ [251.0]	24621-17-8 — —		黒色 固体			>400 (分解)		

燃焼危険性			有害危険性			火災時の措置	備考	
引火点 [℃]	発火点 [℃]	爆発範囲 [vol%]	許容濃度 [ppm]	吸入LC$_{50}$ [ラットppm]	経口LD$_{50}$ [ラットmg/kg]			
88	482	1.6〜8.4			6850	粉末消火剤，二酸化炭素，散水，一般泡消火剤（消火効果のない場合，散水）		01
			2, 5(STEL)	2520/1H		粉末消火剤，二酸化炭素（防毒マスク使用）		02
			0.1, 0.3(STEL)		292	粉末消火剤，ソーダ灰，石灰【水／泡消火剤使用不可】		03
			10mg/m³		4500以上	粉末消火剤，二酸化炭素，散水		04
						粉末消火剤，二酸化炭素，散水，耐アルコール性泡消火剤【ガス漏れ停止困難のときは消火不可】		05
						粉末消火剤，ソーダ灰，石灰【水／泡消火剤使用不可】	−40℃で安定	06
			0.2mg/m³（Se）			粉末消火剤，二酸化炭素，散水		07
			5000, 30000 (STEL)			適当な消火剤使用，危険でなければ容器移動		08
						粉末消火剤，ソーダ灰，石灰【水／泡消火剤使用不可】		09
			5mg/m³, 10mg/m³ (STEL)(Zr)			粉末消火剤，二酸化炭素，散水		10

	名称	CAS No. 国連番号 化審法No.	危険物分類	物理的特性					
				外観・性質	比重	蒸気比重 (空気=1)	沸点[℃]	融点[℃]	水溶性
01	二臭化チタン 臭化チタン(Ⅱ) **Titanium dibromide** Titanium(Ⅱ) bromide TiBr$_2$ [207.68]	13783-04-5 — —		黒色 結晶	4.0			>500 (分解)	
02	二臭化二硫黄 **Disulfur dibromide** S$_2$Br$_2$ [223.94]	13172-31-1 — —		暗赤色 油状液体	2.6		54 (18mmHg)	−46	
03	二臭化硫化ケイ素 **Silicon dibromide sulfide** SiSBr$_2$ [219.95]	13520-74-6 — —		無色 結晶				93	
04	二水素化セリウム 水素化セリウム(Ⅱ) **Cerium dihydride** Cerium(Ⅱ) hydride CeH$_2$ [142.13]	13569-50-1 — —	消第3類	結晶	5.5				
05	二水素化トリウム **Thorium dihydride** ThH$_2$ [234.05]	16689-88-6 — —	消第3類	黒色 結晶	9.5				
06	二水素化ランタン **Lanthanum dihydride** LaH$_2$ [140.9]	13823-36-4 — —	消第3類	黒色 結晶					
07	二炭酸ジエチル ジエチルピロカルボナート **Diethyl dicarbonate** Diethyl pyrocarbonate C$_6$H$_{10}$O$_5$ [162.14]	1609-47-8 — —	消第4類	無色 粘性液体	1.1 (20℃)		94 (18mmHg)		ゆっくり 反応
08	ニッケル **Nickel** Ni [58.69]	7440-02-0 — 対象外	電1種, 安18 条	灰白色 金属結晶	8.9 (20℃)		2920	1455	
09	2-ニトロアセトフェノン **2-Nitroacetophenone** C$_8$H$_7$NO$_3$ [165.15]	577-59-3 — —		無色 液体			159 (16mmHg)	28〜30	
10	ニトロアセトン 1-ニトロ-2-プロパノン **Nitroacetone** 1-Nitro-2-propanone C$_3$H$_5$NO$_3$ [103.07]	10230-68-9 — —		結晶				49〜50	
11	o-ニトロアニソール 2-ニトロアニソール **o-Nitroanisole** 2-Nitroanisole C$_7$H$_7$NO$_3$ [153.14]	91-23-6 2730, 3458 (3)-787	消第4類, 安 18条, 運6.1	淡黄赤色 またはコハク 色 液体	1.3	5.3	268〜271	9.4	不
12	m-ニトロアニソール 3-ニトロアニソール **m-Nitroanisole** 3-Nitroanisole C$_7$H$_7$NO$_3$ [153.14]	555-03-3 2730, 3458 —	運6.1	無色 結晶	1.4		258	38	不
13	p-ニトロアニソール 4-ニトロアニソール **p-Nitroanisole** 4-Nitroanisole C$_7$H$_7$NO$_3$ [153.14]	100-17-4 2730, 3458 (3)-787	運6.1	無色 結晶	1.2		260	54	不

燃焼危険性			有害危険性			火災時の措置	備考	
引火点 [℃]	発火点 [℃]	爆発範囲 [vol%]	許容濃度 [ppm]	吸入LC$_{50}$ [ラットppm]	経口LD$_{50}$ [ラットmg/kg]			
						粉末消火剤，二酸化炭素，散水		01
						粉末消火剤，二酸化炭素，散水		02
						粉末消火剤，二酸化炭素，散水		03
						粉末消火剤，ソーダ灰，石灰，砂【水／泡消火剤使用不可】		04
						粉末消火剤，ソーダ灰，石灰，砂【水／泡消火剤使用不可】		05
						粉末消火剤，ソーダ灰，石灰，砂【水／泡消火剤使用不可】		06
69					850	粉末消火剤，二酸化炭素，散水，一般泡消火剤（消火効果のない場合，散水）		07
			1.5mg/m³			粉末消火剤，二酸化炭素，散水	粉末は㊙第2類，㊙発火性の物	08
>110					1600	粉末消火剤，二酸化炭素，散水，耐アルコール性泡消火剤		09
						粉末消火剤，二酸化炭素，散水，耐アルコール性泡消火剤		10
124	464	1.04～66			740	粉末消火剤，二酸化炭素，散水，一般泡消火剤（消火効果のない場合，散水）	接触を避けること	11
						粉末消火剤，二酸化炭素，散水，耐アルコール性泡消火剤		12
					2300	粉末消火剤，二酸化炭素，散水，耐アルコール性泡消火剤		13

名称	CAS No. 国連番号 化審法No.	危険物分類	物理的特性					
			外観・性質	比重	蒸気比重 (空気=1)	沸点[℃]	融点[℃]	水溶性
01 o-ニトロアニリン 2-ニトロアニリン o-Nitroaniline 2-Nitroaniline $C_6H_6N_2O_2$ [138.13]	88-74-4 1661 (3)-392	運6.1	橙黄色 結晶	1.4	4.8	284	71.5	冷水に微, 熱水に可
02 m-ニトロアニリン 3-ニトロアニリン m-Nitroaniline 3-Nitroaniline $C_6H_6N_2O_2$ [138.13]	99-09-2 1661 (3)-392	管2種, 審2種 監視, 運6.1	黄色 結晶				114	微
03 p-ニトロアニリン 4-ニトロアニリン p-Nitroaniline 4-Nitroaniline $C_6H_6N_2O_2$ [138.13]	100-01-6 1661 (3)-392	管1種, 審2種 監視, 安18条, 運6.1	黄色 結晶	1.4	4.8	336	146	難
04 o-ニトロ安息香酸 2-ニトロ安息香酸 o-Nitrobenzoic acid 2-Nitrobenzoic acid $C_7H_5NO_4$ [167.12]	552-16-9 — —		黄白色 結晶	1.6			147〜148	微
05 m-ニトロ安息香酸 3-ニトロ安息香酸 m-Nitrobenzoic acid 3-Nitrobenzoic acid $C_7H_5NO_4$ [167.12]	121-92-6 — —		結晶				140〜141	
06 p-ニトロ安息香酸 4-ニトロ安息香酸 p-Nitrobenzoic acid 4-Nitrobenzoic acid $C_7H_5NO_4$ [167.12]	62-23-7 — (3)-1505		結晶	1.6			242.4	微
07 2-ニトロエタノール β-ニトロエチルアルコール 2-Nitroethanol β-Nitroethyl alcohol $C_2H_5NO_3$ [91.07]	625-48-9 — —	消第4類	液体 刺激臭	1.3		194	-80	
08 ニトロエタン Nitroethane $C_2H_5NO_2$ [75.07]	79-24-3 2842 (2)-191	消第5類, 安 爆発性の物・ 18条, 運3	無色 液体 弱酸性	1.1	2.6	114	約-50	可
09 ニトログアニジン Nitroguanidine $CH_4N_4O_2$ [104.07]	556-88-7 0282 —	運1.1D	結晶				220〜225	微
10 ニトログリセリン 三硝酸グリセリン グリセリン=トリニトラート Nitroglycerine Glyceryl trinitrate 1,2,3-Propanetriyl nitrate $C_3H_5N_3O_9$ [227.09]	55-63-0 0143, 0144, 1204, 3064, 3319, 3343 (2)-1574	管1種, 消第5 類, 安爆発性 の物・18条, 火爆薬, 運1.1 D, 3, 4.1	淡黄色 油状物質 (常温)	1.6	7.8	261 (爆発)	13.5 (安定型) 2.2 (不安定型)	微
11 m-ニトロクロロベンゼン m-クロロニトロベンゼン m-Nitrochlorobenzene m-Chloronitrobenzene $C_6H_4ClNO_2$ [157.56]	121-73-3 1578, 3409 —	運6.1	黄色 結晶	1.5		236	44	不

燃焼危険性			有害危険性			火災時の措置	備考	
引火点 [℃]	発火点 [℃]	爆発範囲 [vol%]	許容濃度 [ppm]	吸入LC$_{50}$ [ラットppm]	経口LD$_{50}$ [ラットmg/kg]			
168	521				1600	粉末消火剤, 二酸化炭素, 散水, 耐アルコール性泡消火剤		01
					535	粉末消火剤, 二酸化炭素, 散水, 耐アルコール性泡消火剤		02
199	510		3mg/m^3		750	粉末消火剤, 二酸化炭素, 散水, 耐アルコール性泡消火剤		03
						粉末消火剤, 二酸化炭素, 散水, 耐アルコール性泡消火剤		04
						粉末消火剤, 二酸化炭素, 散水, 耐アルコール性泡消火剤		05
					1960	粉末消火剤, 二酸化炭素, 散水, 耐アルコール性泡消火剤		06
>110						粉末消火剤, 二酸化炭素, 散水, 耐アルコール性泡消火剤		07
28	414	3.4〜	100		1100	粉末消火剤, 二酸化炭素, 散水, 一般泡消火剤(消火効果のない場合, 散水)	加熱により爆発することあり	08
						積載火災:爆発のおそれ, 消火不可		09
			0.05		105	積載火災:爆発のおそれ, 消火不可	わずかの衝撃, 摩擦により爆発	10
127						粉末消火剤, 二酸化炭素, 散水, 耐アルコール性泡消火剤		11

	名称	CAS No. 国連番号 化審法No.	危険物分類	外観・性質	比重	蒸気比重 (空気=1)	沸点[℃]	融点[℃]	水溶性
01	ニトロシクロヘキサン Nitrocyclohexane $C_6H_{11}NO_2$ [129.16]	1122-60-7 — —	消第4類		1.1	4.5	206 (分解)		
02	ニトロソグアニジン Nitrosoguanidine CH_4N_4O [88.1]	674-81-7 — —		黄色 結晶性固体					
03	o-ニトロソフェノール 2-ニトロソフェノール o-Nitrosophenol 2-Nitrosophenol $C_6H_5NO_2$ [123.11]	13168-78-0 — —		淡緑黄色 結晶					
04	p-ニトロソフェノール 4-ニトロソフェノール p-ベンゾキノン＝モノオキシム p-Nitrosophenol 4-Nitrosophenol p-Benzoquinone monoxime $C_6H_5NO_2$ [123.11]	104-91-6 — —		無色または 微黄色 結晶				128〜129	可
05	ニトロソベンゼン Nitrosobenzene C_6H_5NO [107.11]	586-96-9 — —		無色 結晶 揮発性			57〜59 (18mmHg)	67.5〜68	
06	ニトロテレフタル酸 Nitroterephthalic acid $C_8H_5NO_6$ [211.13]	610-29-7 — —		結晶				268	
07	2-ニトロ-p-トルイジン 2-Nitro-p-toluidine 4-Methyl-2-nitroaniline $C_7H_8N_2O_2$ [152.15]	89-62-3 — (3)-401		赤色 結晶	1.3	5.3		126	
08	o-ニトロトルエン 2-ニトロトルエン o-Nitrotoluene 2-Nitrotoluene $C_7H_7NO_2$ [137.14]	88-72-2 1664, 3446 (3)-437	消第4類, 安 18条, 運6.1	黄色 液体	1.2	4.7	222	−10	難
09	m-ニトロトルエン 3-ニトロトルエン m-Nitrotoluene 3-Nitrotoluene $C_7H_7NO_2$ [137.14]	99-08-1 1664, 3446 —	消第4類, 安 18条, 運6.1	黄色 液体	1.2	4.7	232	15.5	難
10	p-ニトロトルエン 4-ニトロトルエン p-Nitrotoluene 4-Nitrotoluene $C_7H_7NO_2$ [137.14]	99-99-0 1664, 3446 (3)-437	安18条, 運6.1	黄色 結晶	1.3	4.7	238	53〜54	難
11	1-ニトロナフタレン 1-Nitronaphthalene $C_{10}H_7NO_2$ [173.17]	86-57-7 2538 —	運4.1	黄色 結晶	1.3	6	304	59〜61	不
12	ニトロ尿素 Nitrourea $CH_3N_3O_3$ [105.05]	556-89-8 — —		無色 結晶				158.4〜 158.8	冷水に微
13	2-ニトロビフェニル 2-Nitrobiphenyl $C_{12}H_9NO_2$ [199.21]	86-00-0 — —		結晶	1.4		320	37	不

燃焼危険性			有害危険性			火災時の措置	備考	
引火点 [℃]	発火点 [℃]	爆発範囲 [vol%]	許容濃度 [ppm]	吸入LC_{50} [ラットppm]	経口LD_{50} [ラットmg/kg]			
88						粉末消火剤, 二酸化炭素, 散水, 耐アルコール性泡消火剤		01
								02
						粉末消火剤, 二酸化炭素, 散水, 耐アルコール性泡消火剤		03
						粉末消火剤, 二酸化炭素, 散水, 耐アルコール性泡消火剤		04
						粉末消火剤, 二酸化炭素, 散水, 耐アルコール性泡消火剤		05
						粉末消火剤, 二酸化炭素, 散水, 耐アルコール性泡消火剤		06
157						粉末消火剤, 二酸化炭素, 散水, 耐アルコール性泡消火剤		07
106			2		891	粉末消火剤, 二酸化炭素, 散水, 一般泡消火剤(消火効果のない場合, 散水)		08
106			2			粉末消火剤, 二酸化炭素, 散水, 一般泡消火剤(消火効果のない場合, 散水)		09
106	450		2		1960	粉末消火剤, 二酸化炭素, 散水, 耐アルコール性泡消火剤		10
164						粉末消火剤, 二酸化炭素, 散水, 耐アルコール性泡消火剤		11
						粉末消火剤, 二酸化炭素, 散水, 耐アルコール性泡消火剤		12
								13

284 ニトロ

	名称	CAS No. 国連番号 化審法No.	危険物分類	物理的特性					
				外観・性質	比重	蒸気比重 (空気=1)	沸点[℃]	融点[℃]	水溶性
01	4-ニトロビフェニル 4-Nitrobiphenyl $C_{12}H_9NO_2$ [199.21]	92-93-3 — —		黄色 結晶	1.2		330	114〜 114.5	不
02	4-ニトロフェニル酢酸 p-ニトロフェニルアセタート 4-Nitrophenylacetic acid $C_8H_7NO_4$ [181.15]	104-03-0 — —		黄色 結晶				152	
03	o-ニトロフェノール 2-ニトロフェノール o-Nitrophenol 2-Nitrophenol $C_6H_5NO_3$ [139.11]	88-75-5 1663 (3)-777	運6.1	淡黄色 固体	1.5		214〜216	44〜45	冷水に微, 熱水に可
04	m-ニトロフェノール 3-ニトロフェノール m-Nitrophenol 3-Nitrophenol $C_6H_5NO_3$ [139.11]	554-84-7 1663 (3)-777	運6.1	無色 結晶			194 (70mmHg)	97	微
05	p-ニトロフェノール 4-ニトロフェノール p-Nitrophenol 4-Nitrophenol $C_6H_5NO_3$ [139.11]	100-02-7 1663 (3)-777	審1種, 消第5 類, 運6.1	無色または 淡黄色 結晶 無臭	1.3, 1.5 (20℃)		279 (分解)	113〜114	微, 熱水 に可
06	1-ニトロプロパン 1-Nitropropane $C_3H_7NO_2$ [89.09]	108-03-2 2608 新規	審2種監視, 消第4類, 引火性の物・ 18条, 運3	無色 液体	1.0	3.1	131	−108	可
07	2-ニトロプロパン 2-Nitropropane $C_3H_7NO_2$ [89.09]	79-46-9 2608 (2)-194	消第4類, 引火性の物・ 18条, 運3	無色 液体	1.0−	3.1	120	−93	可
08	o-ニトロベンジルアルコール 2-ニトロベンジルアルコール o-Nitrobenzyl alcohol 2-Nitrobenzyl alcohol $C_7H_7NO_3$ [153.14]	612-25-9 — —		結晶			270	74	微
09	m-ニトロベンジルアルコール 3-ニトロベンジルアルコール m-Nitrobenzyl alcohol 3-Nitrobenzyl alcohol $C_7H_7NO_3$ [153.14]	619-25-0 — —		結晶			175〜180 (3mmHg)	27	
10	p-ニトロベンジルアルコール 4-ニトロベンジルアルコール p-Nitrobenzyl alcohol 4-Nitrobenzyl alcohol $C_7H_7NO_3$ [153.14]	619-73-8 — (3)-3797		結晶			185 (12mmHg)	93	微
11	o-ニトロベンジル=クロリド 2-ニトロベンジル=クロリド o-Nitrobenzyl chloride 2-Nitrobenzyl chloride $C_7H_6ClNO_2$ [171.58]	612-23-7 — —		結晶	1.6		127〜133 (10mmHg)	48〜49	
12	m-ニトロベンジル=クロリド 3-ニトロベンジル=クロリド m-Nitrobenzyl chloride 3-Nitrobenzyl chloride $C_7H_6ClNO_2$ [171.58]	619-23-8 — —		明黄色 結晶			173〜183 (30〜35 mmHg)	45〜47	

燃焼危険性			有害危険性			火災時の措置	備考	
引火点 [℃]	発火点 [℃]	爆発範囲 [vol%]	許容濃度 [ppm]	吸入LC_{50} [ラットppm]	経口LD_{50} [ラットmg/kg]			
143						粉末消火剤, 二酸化炭素, 散水, 耐アルコール性泡消火剤	発がん物質の恐れ	01
						粉末消火剤, 二酸化炭素, 散水, 耐アルコール性泡消火剤		02
					334	粉末消火剤, 二酸化炭素, 散水, 耐アルコール性泡消火剤		03
						粉末消火剤, 二酸化炭素, 散水, 耐アルコール性泡消火剤		04
169	490				202	粉末消火剤, 二酸化炭素, 散水, 耐アルコール性泡消火剤		05
36	421	2.2〜	25		455	粉末消火剤, 二酸化炭素, 散水, 一般泡消火剤(消火効果のない場合, 散水)		06
24	428	2.6〜11.0	10		720	粉末消火剤, 二酸化炭素, 散水, 一般泡消火剤(消火効果のない場合, 散水)		07
						粉末消火剤, 二酸化炭素, 散水, 耐アルコール性泡消火剤		08
						粉末消火剤, 二酸化炭素, 散水, 耐アルコール性泡消火剤		09
						粉末消火剤, 二酸化炭素, 散水, 耐アルコール性泡消火剤		10
>110						粉末消火剤, 二酸化炭素, 散水, 耐アルコール性泡消火剤		11
>110						粉末消火剤, 二酸化炭素, 散水, 耐アルコール性泡消火剤		12

286 ニトロ

	名称	CAS No. 国連番号 化審法No.	危険物分類	物理的特性					
				外観・性質	比重	蒸気比重 (空気=1)	沸点[℃]	融点[℃]	水溶性
01	p-ニトロベンジル=クロリド 4-ニトロベンジル=クロリド **p-Nitrobenzyl chloride** 4-Nitrobenzyl chloride $C_7H_6ClNO_2$ [171.58]	*100-14-1* — —		微黄色 結晶	1.6			71	不
02	o-ニトロベンジル=ブロミド 2-ニトロベンジル=ブロミド **o-Nitrobenzyl bromide** 2-Nitrobenzyl bromide $C_7H_6BrNO_2$ [216.03]	*3958-60-9* — —		結晶				46〜47	
03	o-ニトロベンズアルデヒド 2-ニトロベンズアルデヒド **o-Nitrobenzaldehyde** 2-Nitrobenzaldehyde $C_7H_5NO_3$ [151.12]	*552-89-6* — —		淡黄色 結晶			153 (23mmHg)	42〜44	微
04	m-ニトロベンズアルデヒド 3-ニトロベンズアルデヒド **m-Nitrobenzaldehyde** 3-Nitrobenzaldehyde $C_7H_5NO_3$ [151.12]	*99-61-6* — —		黄色 結晶			164 (23mmHg)	58	微
05	p-ニトロベンズアルデヒド 4-ニトロベンズアルデヒド **p-Nitrobenzaldehyde** 4-Nitrobenzaldehyde $C_7H_5NO_3$ [151.12]	*555-16-8* — (3)-1181	㊐第5類	白色 結晶 昇華性				106〜107	微
06	ニトロベンゼン **Nitrobenzene** Nitrobenzol $C_6H_5NO_2$ [123.11]	*98-95-3* 1662 (3)-436	㊠劇物,㊙1種, ㊙2種監視, ㊐第4類,㊛ 18条,㊊6.1	無色または 淡黄色 液体 有害 アーモンド の香り	1.2	4.3	211	6	微
07	m-ニトロベンゼンスルホン酸 3-ニトロベンゼンスルホン酸 **m-Nitrobenzenesulfonic acid** 3-Nitrobenzenesulfonic acid $C_6H_5NO_5S$ [203.18]	*98-47-5* 2305 (3)-2005	㊊8	結晶 潮解性				70	
08	m-ニトロベンゼンスルホン酸ナトリウム **Sodium m-nitrobenzenesulfonate** $C_6H_4NO_5SNa$ [225.15]	*127-68-4* — —		淡黄色 固体				350	可
09	p-ニトロベンゾイル=クロリド 4-塩化ニトロベンゾイル **p-Nitrobenzoyl chloride** $C_7H_4NO_3Cl$ [185.57]	*122-04-3* — —		黄色 結晶			202〜205 (105mmHg)	75	
10	o-ニトロベンゾニトリル 2-ニトロベンゾニトリル **o-Nitrobenzonitrile** 2-Nitrobenzonitrile $C_7H_4N_2O_2$ [148.12]	*612-24-8* — —	㊠劇物	結晶				110	冷水に不, 熱水に可
11	m-ニトロベンゾニトリル 3-ニトロベンゾニトリル **m-Nitrobenzonitrile** 3-Nitrobenzonitrile $C_7H_4N_2O_2$ [148.12]	*619-24-9* — —	㊠劇物	結晶				117〜118	熱水に可

燃焼危険性			有害危険性			火災時の措置	備考	
引火点 [℃]	発火点 [℃]	爆発範囲 [vol%]	許容濃度 [ppm]	吸入LC$_{50}$ [ラットppm]	経口LD$_{50}$ [ラットmg/kg]			
					1809	粉末消火剤, 二酸化炭素, 散水, 耐アルコール性泡消火剤		01
>110						粉末消火剤, 二酸化炭素, 散水, 耐アルコール性泡消火剤		02
						粉末消火剤, 二酸化炭素, 散水, 耐アルコール性泡消火剤		03
						粉末消火剤, 二酸化炭素, 散水, 耐アルコール性泡消火剤		04
					4700	粉末消火剤, 二酸化炭素, 散水, 耐アルコール性泡消火剤		05
88	482	1.8 (93℃) ～	1		349	粉末消火剤, 二酸化炭素, 散水, 一般泡消火剤(消火効果のない場合, 散水)		06
						粉末消火剤, 二酸化炭素, 散水, 耐アルコール性泡消火剤		07
						粉末消火剤, 二酸化炭素, 散水, 耐アルコール性泡消火剤		08
						粉末消火剤, 二酸化炭素, 散水, 耐アルコール性泡消火剤		09
						粉末消火剤, 二酸化炭素, 散水, 耐アルコール性泡消火剤		10
						粉末消火剤, 二酸化炭素, 散水, 耐アルコール性泡消火剤		11

	名称	CAS No. 国連番号 化審法No.	危険物分類	物理的特性					
				外観・性質	比重	蒸気比重 (空気=1)	沸点[℃]	融点[℃]	水溶性
01	p-ニトロベンゾニトリル 4-ニトロベンゾニトリル **p-Nitrobenzonitrile** 4-Nitrobenzonitrile $C_7H_4N_2O_2$ [148.12]	619-72-7 — —	毒劇物	黄色 結晶				147~149	微
02	ニトロメシチレン **Nitromesitylene** $C_9H_{11}NO_2$ [165.19]	603-71-4 — —		結晶			255	42~44	不
03	ニトロメタン **Nitromethane** CH_3NO_2 [61.04]	75-52-5 1261 (2)-191	消第5類, 安爆発性の物・18条, 運3	無色 液体 やや不快な臭気	1.1	2.1	101	−29	可
04	N-ニトロメチルアミン メチルニトロアミン **N-Nitromethylamine** Methylnitramine $CH_4N_2O_2$ [76.06]	598-57-2 — —		結晶				38	
05	ニフッ化カルボニル フッ化カルボニル **Carbonyl difluoride** Carbonyl fluoride COF_2 [66.01]	353-50-4 2417 —	圧毒性ガス, 水, 運2.3	無色 気体 吸湿性	1.4 (−190℃)		−83	−114	反応
06	ニフッ化キセノン **Xenon difluoride** F_2Xe [169.29]	13709-36-9 — —	水	無色 結晶	4.3			127 (昇華)	反応
07	ニフッ化クリプトン **Krypton difluoride** F_2Kr [121.79]	13773-81-4 — —	水	無色 結晶	3.2			室温で徐々に分解	
08	ニフッ化酸化キセノン **Xenon difluoride oxide** XeF_2O [185.3]	13780-64-8 — —	水	黄色					
09	ニフッ化酸素 **Oxygen difluoride** OF_2 [54.00]	7783-41-7 2190 —	圧毒性ガス, 水, 運2.3	無色 気体 有毒	1.8		−145	−224	徐々に反応
10	ニフッ化二酸化キセノン **Xenon difluoride dioxide** XeF_2O_2 [201.3]	13875-06-4 — —	水	無色				31	
11	ニフッ化二酸素 **Dioxygen difluoride** O_2F_2 [70.00]	7783-44-0 — —	水	褐色 気体	1.5		−57	−163.5	
12	乳酸 2-ヒドロキシプロピオン酸 **Lactic acid** 2-Hydroxypropanoic acid $C_3H_6O_3$ [90.08]	598-82-3 — (2)-1369		無色 液体 (D体, L体は結晶)	1.2			D体：52.8 L体：53 DL体：16.8	可
13	乳酸イソプロピル 2-ヒドロキシプロピオン酸イソプロピル **Isopropyl lactate** Isopropyl-2-hydroxypropionate $C_6H_{12}O_3$ [132.16]	617-51-6 — —	消第4類, 安引火性の物	無色 液体	1.0−	4.2	166~168		易

燃焼危険性			有害危険性			火災時の措置	備考	
引火点 [℃]	発火点 [℃]	爆発範囲 [vol%]	許容濃度 [ppm]	吸入LC_{50} [ラットppm]	経口LD_{50} [ラットmg/kg]			
						粉末消火剤，二酸化炭素，散水，耐アルコール性泡消火剤		01
						粉末消火剤，二酸化炭素，散水，耐アルコール性泡消火剤		02
35	418	7.3〜100	20		940	積載火災：爆発のおそれ，消火不可		03
						積載火災：爆発のおそれ，消火不可		04
			2, 5(STEL)			粉末消火剤，ソーダ灰，石灰，砂【水／泡消火剤使用不可】		05
			2.5mg/m^3 (F)			粉末消火剤，ソーダ灰，石灰，砂【水／泡消火剤使用不可】		06
			2.5mg/m^3 (F)			粉末消火剤，ソーダ灰，石灰，砂【水／泡消火剤使用不可】		07
			2.5mg/m^3 (F)					08
			0.05(STEL)			粉末消火剤または二酸化炭素．適当な消火剤使用，周辺火災の場合，速やかに容器移動		09
			2.5mg/m^3 (F)			粉末消火剤，ソーダ灰，石灰，砂【水／泡消火剤使用不可】		10
			2.5mg/m^3 (F)			粉末消火剤または二酸化炭素．適当な消火剤使用，周辺火災の場合，速やかに容器移動		11
					L体：3194 (マウス腹腔内)	粉末消火剤，二酸化炭素，散水，耐アルコール性泡消火剤		12
54						粉末消火剤，二酸化炭素，散水，耐アルコール性泡消火剤(消火効果のない場合，散水)		13

	名称	CAS No. 国連番号 化審法No.	危険物分類	外観・性質	比重	蒸気比重 (空気=1)	沸点[℃]	融点[℃]	水溶性
01	乳酸エチル Ethyl lactate $C_5H_{10}O_3$ [118.13]	97-64-3 1192 (2)-1371	消第4類, 安引火性の物, 運3	無色液体	1.0+	4.1	154	-25	可
02	乳酸ブチル Butyl lactate $C_7H_{14}O_3$ [146.18]	138-22-7 — (2)-1372	消第4類, 安18条	無色液体	1.0-	5.0	160	-43	難
03	乳酸ペンチル 乳酸アミル Pentyl lactate Amyl lactate $C_8H_{16}O_3$ [160.21]	6382-06-5 — —	消第4類		1.0-	5.5	114~115 (36mmHg)		難
04	乳酸メチル Methyl lactate $C_4H_8O_3$ [104.11]	547-64-8 — (2)-1370	消第4類, 安引火性の物	無色液体	1.1	3.6	145	-66	反応
05	尿素 カルバミド ウレア Urea Carbamide CH_4N_2O [60.06]	57-13-6 — (2)-1732		無色結晶	1.3			132.7	易
06	二硫化三炭素 亜硫化炭素 硫化炭素 Tricarbon disulfide C_3S_2 [100.16]	627-34-9 — —		赤色液体				-0.5	
07	二硫化ジメチル 二硫化メチル Dimethyl disulfide Methyl disulfide $C_2H_6S_2$ [94.19]	624-92-0 2381 —	消第4類, 安引火性の物, 運3	液体 ニンニク様悪臭	1.1		109	-98	
08	二硫化水素 ポリ硫化水素 Hydrogen disulfide Hydrogen polysulfide H_2S_2 [66.15]	13465-07-1 — —	消第4類, 安引火性の物	淡黄色液体 有毒 ショウノウ様臭気	1.3		71	-89.6	
09	二硫化炭素 Carbon disulfide Carbon bisulfide CS_2 [76.14]	75-15-0 1131 (1)-172	毒劇物, 管1種, 審2種監視, 消第4類, 安引火性の物, 圧可燃性・毒性ガス, 気特定物質, 運3	無色液体 かすかなエーテル臭	1.3	2.6	46	-111	微
10	二硫化鉄 硫化鉄 Iron disulfide Iron pyrites Ferric disulfide FeS_2 [119.97]	1309-36-0 — —		黄色結晶	5.0			600 (分解)	不
11	二硫化ナトリウム 二硫化ナトリウム Disodium disulfide Sodium disulfide Na_2S_2 [110.11]	22868-13-9 — (1)-513		淡黄色				473	

二硫化　291

燃焼危険性			有害危険性			火災時の措置	備考	
引火点 [℃]	発火点 [℃]	爆発範囲 [vol%]	許容濃度 [ppm]	吸入LC_{50} [ラットppm]	経口LD_{50} [ラットmg/kg]			
46	400	1.5 (100℃) 〜30			8200	粉末消火剤，二酸化炭素，散水，耐アルコール性泡消火剤(消火効果のない場合，散水)		01
71	382		5		>5000	粉末消火剤，二酸化炭素，散水，一般泡消火剤(消火効果のない場合，散水)		02
79						粉末消火剤，二酸化炭素，散水，一般泡消火剤(消火効果のない場合，散水)		03
49	385	2.2 (100℃) 〜			>5000	粉末消火剤，二酸化炭素，散水，耐アルコール性泡消火剤(消火効果のない場合，散水)		04
					8471	粉末消火剤，二酸化炭素，散水，耐アルコール性泡消火剤		05
						粉末消火剤，二酸化炭素，散水，耐アルコール性泡消火剤	有毒．皮膚を侵す	06
24						粉末消火剤，二酸化炭素，散水，一般泡消火剤(消火効果のない場合，散水)		07
						粉末消火剤，二酸化炭素，散水，一般泡消火剤(消火効果のない場合，散水)		08
−30	90	1.3〜50	10		1200	粉末消火剤，二酸化炭素，散水，一般泡消火剤(消火効果のない場合，散水)		09
						粉末消火剤，二酸化炭素，散水，耐アルコール性泡消火剤		10
						粉末消火剤，二酸化炭素，散水，耐アルコール性泡消火剤		11

	名称	CAS No. 国連番号 化審法No.	危険物分類	物理的特性					
				外観・性質	比重	蒸気比重 (空気=1)	沸点[℃]	融点[℃]	水溶性
01	ネオペンタン 2,2-ジメチルプロパン Neopentane 2,2-Dimethylpropane C_5H_{12} [72.15]	463-82-1 — —	圧可燃性ガス	無色 気体	0.6 (4℃)	2.5	9	−16.6	不
02	ノナデカン Nonadecane $C_{19}H_{40}$ [268.52]	629-92-5 — —		パラフィン 状固体	0.8	9.3	331	32	不
03	ノナン Nonane C_9H_{20} [128.26]	111-84-2 1920 —	消第4類, 安 引火性の物・ 18条, 運3	無色 液体 甘い芳香	0.7	4.4	151	−51	不
04	ノナン酸 ペラルゴン酸 Nonanoic acid Pelargonic acid $C_9H_{18}O_2$ [158.24]	112-05-0 — —	消第4類	無色 液体	0.9		254	12.5	不
05	ノニルアルコール 1-ノナノール Nonyl alcohol 1-Nonanol $C_9H_{20}O$ [144.26]	143-08-8 — (2)-217	消第4類	無色 液体 芳香	0.8	5.0	213.5	−5	不
06	ノニルベンゼン 1-フェニルノナン Nonylbenzene 1-Phenylnonane $C_{15}H_{24}$ [204.35]	1081-77-2 — —	消第4類	淡黄色 液体 芳香	0.9	7.1	242〜252		不
07	t-ノニルメルカプタン 1,1-ジメチルヘプタンチオール tert-Nonyl mercaptan 1,1-Dimethylheptanethiol $C_9H_{20}S$ [160.32]	25360-10-5 — —	消第4類		0.9	5.5	188〜196		不
08	ノネン ノニレン Nonene Nonylene C_9H_{18} [126.24]	27215-95-8 — —	消第4類, 安 引火性の物	液体	0.7	4.4	132〜143		不

燃焼危険性			有害危険性			火災時の措置	備考	
引火点 [℃]	発火点 [℃]	爆発範囲 [vol%]	許容濃度 [ppm]	吸入LC$_{50}$ [ラットppm]	経口LD$_{50}$ [ラットmg/kg]			
ガス	450	1.4〜7.5				粉末消火剤, 二酸化炭素, 散水, 一般泡消火剤(消火効果のない場合, 散水)		01
>100	230					粉末消火剤, 二酸化炭素, 砂, 土, 散水, 一般泡消火剤		02
31	205	0.8〜2.9	200			粉末消火剤, 二酸化炭素, 散水, 一般泡消火剤(消火効果のない場合, 散水)		03
						粉末消火剤, 二酸化炭素, 散水, 一般泡消火剤(消火効果のない場合, 散水)		04
74		0.8 (100℃) 〜6.1 (100℃)			3560	粉末消火剤, 二酸化炭素, 散水, 一般泡消火剤(消火効果のない場合, 散水)		05
99						粉末消火剤, 二酸化炭素, 散水, 一般泡消火剤(消火効果のない場合, 散水)		06
68						粉末消火剤, 二酸化炭素, 散水, 一般泡消火剤(消火効果のない場合, 散水)		07
26		0.7〜3.7				粉末消火剤, 二酸化炭素, 散水, 一般泡消火剤(消火効果のない場合, 散水)	1-, 2-, 3-, 4-ノネンが存在	08

名称	CAS No. 国連番号 化審法No.	危険物分類	物理的特性					
			外観・性質	比重	蒸気比重 (空気=1)	沸点[℃]	融点[℃]	水溶性
01 白金 Platinum Pt [195.08]	7440-06-4 — —	消第2類,安発火性の物・18条	銀白色金属結晶	21.4 (20℃)		4170	1769	
02 八酸化三ウラン 酸化二ウラン(Ⅵ)ウラン(Ⅳ) Triuranium octaoxide Uranium(Ⅳ)diuranium(Ⅵ)oxide U₃O₈ [842.08]	1344-59-8		暗緑色ないし黒色結晶	8.3			1300 (分解)	不
03 バナジウム Vanadium V [50.94]	7440-62-2 3285 対象外	消第2類,発火性の物,運6.1	銀白色金属結晶	6.1 (20℃)		3350	1915	
04 ハフニウム Hafnium Hf [178.49]	7440-58-6 2545	消第2類,発火性の物,運4.2	灰色金属結晶	13.3 (25℃)		4450	2222	
05 パラアルデヒド 2,4,6-トリメチル-1,3,5-トリオキサン Paraldehyde 2,4,6-Trimethyl-1,3,5-trioxane C₆H₁₂O₃ [132.16]	123-63-7 1264 (2)-483	消第4類,安引火性の物,運3	液体 特徴的な芳香	1.0−	4.5	124	12	易
06 パラアルドール メタアルデヒド Paraldol Metaldehyde C₈H₁₆O₄ [176.21]	108-62-3 — (2)-484		結晶	1.3		112〜116 (昇華)	90	不
07 パラジウム Palladium Pd [106.42]	7440-05-3 — —	消第2類,安発火性の物	銀白色金属結晶	12.0 (20℃)		2940	1552	
08 パラホルムアルデヒド パラホルム ポリ(オキシメチレン) Paraformaldehyde Paraform Polyoxymethylene HO(CH₂O)nH [n=8〜100]	30525-89-4 2213 (9)-1941	毒劇物,管第1種,気第9条,特定物質,安18条,運4.1	白色粉末 ホルマリン臭	1.5	1.0+	分解	120〜170	難
09 バリウム Barium Ba [137.33]	7440-39-3 1400, 1564 対象外	管1種,消第3類,安18条,運4.3, 6.1	銀白色金属結晶	3.6 (20℃)		1850	727	反応
10 パルミチン酸 ヘキサデカン酸 Palmitic acid Hexadecanoic acid C₁₆H₃₂O₂ [256.42]	57-10-3 (2)-608	消第9条	白色ロウ状固体	0.9 (62℃)		215 (2.0kPa)	63	不
11 バレルアルデヒド ペンタナール Valeraldehyde Pentanal C₅H₁₀O [86.13]	110-62-3 2058 —	消第4類,安引火性の物・18条,運3	液体 特有の臭気	0.8	3.0	103		微
12 バレロニトリル ペンタンニトリル Valeronitrile Pentanenitrile C₅H₉N [83.13]	110-59-8 — —	毒劇物,消第4類	液体	0.8		141	−96	

燃焼危険性			有害危険性			火災時の措置	備考	
引火点 [℃]	発火点 [℃]	爆発範囲 [vol%]	許容濃度 [ppm]	吸入LC$_{50}$ [ラットppm]	経口LD$_{50}$ [ラットmg/kg]			
			1mg/m^3			粉末消火剤,二酸化炭素,散水		01
			0.2mg/m^3, 0.6mg/m^3 (STEL)(U)			粉末消火剤,二酸化炭素,散水	発がん物質	02
						粉末消火剤,二酸化炭素,散水		03
			0.5mg/m^3			粉末消火剤,二酸化炭素,散水		04
36	238	1.3〜			1530	粉末消火剤,二酸化炭素,散水,一般泡消火剤(消火効果のない場合,散水)		05
36					227	粉末消火剤,二酸化炭素,散水,耐アルコール性泡消火剤		06
						粉末消火剤,二酸化炭素,散水		07
70	300	7.0〜73			800	粉末消火剤,二酸化炭素,散水,耐アルコール性泡消火剤	急性毒性物質,有害性があり,目と皮膚に強い刺激作用がある	08
			0.5mg/m^3			粉末消火剤,ソーダ灰,石灰,砂【水/泡消火剤使用不可】	可溶性バリウムはきわめて猛毒	09
					>10000	粉末消火剤,二酸化炭素,散水,耐アルコール性泡消火剤		10
12	222	2.1〜7.8	50			粉末消火剤,二酸化炭素,散水,一般泡消火剤(消火効果のない場合,散水)		11
						粉末消火剤,二酸化炭素,散水,一般泡消火剤(消火効果のない場合,散水)		12

	名称	CAS No. 国連番号 化審法No.	危険物分類	物理的特性					
				外観・性質	比重	蒸気比重 (空気=1)	沸点[℃]	融点[℃]	水溶性
01	ピクリン酸 2,4,6-トリニトロフェノール Picric acid 2,4,6-Trinitrophenol $C_6H_3N_3O_7$ [229.11]	88-89-1 0154, 1344, 3364 (3)-823	毒劇物, 管1種, 審2種監視, 消第5類, 火 爆薬, 安爆発 性の物, 運 1.1D, 4.1	黄色 結晶 無臭 苦味	1.8			122～123	可
02	ピクリン酸亜鉛 Zinc picrate $Zn(C_6H_2N_3O_7)_2$ [521.59]	16824-81-0 — —	毒劇物, 消第 5類, 安爆発 性の物	黄褐色 粉末(無水 塩), 赤色 ないし黄色 結晶(二水 塩・八水塩・ 九水塩)					可
03	ピクリン酸アンモニウム Ammonium picrate $C_6H_6N_4O_7$ [246.14]	131-74-8 0004 —	毒劇物, 消第 5類, 安爆発 性の物, 運 1.1D	輝黄色 粉末	1.7			265～271	冷水に微, 温水に易
04	ピクリン酸カリウム Potassium picrate $KOC_6H_2(NO_2)_3$ [267.21]	573-83-1 — —	毒劇物, 消第 5類, 安爆発 性の物,	黄色 光沢の結晶				250	
05	ビシクロヘキシル ジシクロヘキシル Bicyclohexyl Dicyclohexyl $C_{12}H_{22}$ [166.31]	92-51-3 — —	消第4類	無色 液体 快香	0.9	5.7	239	3～4	難
06	ビス(2-クロロエチル)=エーテル 2,2'-ジクロロエチルエーテル ジクロロジエチル=エーテル Bis(2-chloroethyl) ether 2,2'-Dichloroethyl ether Chlorex $C_4H_8Cl_2O$ [143.01]	111-44-4 — (2)-382	消第4類, 安 引火性の物・ 18条	無色 液体 刺激臭	1.2	4.9	178	-46	不
07	ビス(クロロメチル)エーテル sym-ジクロロメチル=エー テル Bis(chloromethyl) ether sym-Dichloromethyl ether $C_2H_4Cl_2O$ [114.96]	542-88-1 — —	消第4類, 安 引火性の物	無色 液体 刺激臭	1.3	4.0	104～105	-42	反応
08	ビス(炭酸)二水酸化三鉛(Ⅱ) 塩基性炭酸鉛(Ⅱ) 炭酸鉛-水酸化鉛 Trilead(Ⅱ) bis(carbonate) dihydroxide Basic lead carbonate Lead carbonate-lead hydroxide $2PbCO_3 \cdot Pb(OH)_2$ [775.6]	1319-46-6 — —	毒劇物, 管1種, 水	白色 粉末	6.1			400 (分解)	不
09	N,N-ビス(2-ヒドロキシエチ ル)ブチルアミン N-ブチルジエタノールアミン N,N-Bis(2-hydroxyethyl) Butylamine N-Butyldiethanolamine $C_8H_{19}NO_2$ [161.24]	102-79-4 — —	消第4類	淡黄色 液体	1.0-	5.6	262		易

燃焼危険性			有害危険性			火災時の措置	備考	
引火点 [℃]	発火点 [℃]	爆発範囲 [vol%]	許容濃度 [ppm]	吸入LC$_{50}$ [ラットppm]	経口LD$_{50}$ [ラットmg/kg]			
			0.1mg/m^3		200	積載火災：爆発のおそれ，消火不可	硫黄，ヨード，ガソリン，アルコール等と混合したものは摩擦，衝撃により激しく爆発する	01
	350〜355℃で爆発					積載火災：爆発のおそれ，消火不可	2, 6, 8, 9水和物もある	02
						積載火災：爆発のおそれ，消火不可	衝撃や加熱で爆発	03
								04
74	245	0.7 (100℃) 〜5.1 (150℃)				粉末消火剤，二酸化炭素，散水，一般泡消火剤(消火効果のない場合，散水)	2種類の立体異性体が存在	05
55	369	2.7〜	5, 10(STEL)		75	粉末消火剤，二酸化炭素，散水，一般泡消火剤(消火効果のない場合，散水)		06
<19			0.001			粉末消火剤，二酸化炭素，散水，一般泡消火剤(消火効果のない場合，散水)	発がん物質	07
						粉末消火剤，二酸化炭素，散水		08
118						粉末消火剤，二酸化炭素，散水，耐アルコール性泡消火剤(消火効果のない場合，散水)		09

	名称	CAS No. 国連番号 化審法No.	危険物分類	物理的特性					
				外観・性質	比重	蒸気比重 (空気=1)	沸点[℃]	融点[℃]	水溶性
01	ビス(4-ヒドロキシフェニル)スルホン 4,4'-ジヒドロキシジフェニルスルホン ビスフェノールS Bis(4-hydroxyphenyl) sulfone 1,1'-Sulfonylbis(4-Hydroxybenzene) $C_{12}H_{10}O_4S$ [250.28]	80-09-1 — (3)-2169		白色 粉末	1.4			248	不
02	ビスフェノールA 2,2-ビス(4-ヒドロキシフェニル)プロパン Bisphenol A 2,2-Bis(4-hydroxyphenyl) propane $C_{15}H_{16}O_2$ [228.29]	80-05-7 — (4)-123	㉇1種	白色 結晶	1.2		361	152～153	不
03	ビスマス Bismuth Bi [208.98037]	7440-69-9 — 対象外	㉖第2類, ㉕ 発火性の物	赤みを帯びた銀白色 金属(単体)	9.8 (25℃)		1564	271.4	不
04	ヒ素 Arsenic As [74.92159]	7440-38-2 1556-1558 対象外	㉓毒物, ㉇特定1種, ㉖第9条, ㉛, ㉕発火性の物・18条, ㊇6.1	灰色 金属結晶 (常温で最も安定なαヒ素)	5.7			816	不
05	ヒドラジン Hydrazine N_2H_4 [32.03]	302-01-2 2029, 2030, 3293 (1)-374	㉓毒物, ㉇1種, ㉇2種監視, ㉖第5類, ㉕18条, ㊇6.1, 8	無色 油状液体 発煙性 吸湿性	1.0+	1.1	113	1.4	易
06	ヒドロ亜硫酸ナトリウム 亜ジチオン酸ナトリウム ハイドロサルファイト Sodium hydrosulfite Sodium dithionite $Na_2S_2O_4$ [174.11]	7775-14-6 1384 (1)-504	㉕発火性の物・18条, ㊇4.2	無色 粉末 (無水塩)	2.4		75～80で分解		易
07	ヒドロキシアセトニトリル グリコロニトリル Hydroxyacetonitrile Glycolonitrile C_2H_3NO [57.1]	107-16-4 — —	㉖第4類	無色 油状液体	1.1	2.0	183	−72	易
08	ヒドロキシアセトン アセトール Hydroxyacetone Acetol Propane-1-ol-2-one $C_3H_6O_2$ [74.08]	116-09-6 — —	㉖第4類	無色 液体	1.1		145～146	−17	可
09	N-(2-ヒドロキシエチル)-1,2-エタンジアミン 2-(2-アミノエチル)アミノエタノール N-(2-hydroxyethyl)-1,2-ethanediamine 2-(2-Aminoethyl)aminoethanol 2-Aminoethylethanolamine $C_4H_{12}N_2O$ [104.16]	111-41-1 — (2)-304	㉖第4類	液体 アミン臭	1.0+		243		可

燃焼危険性			有害危険性			火災時の措置	備考	
引火点 [℃]	発火点 [℃]	爆発範囲 [vol%]	許容濃度 [ppm]	吸入LC_{50} [ラットppm]	経口LD_{50} [ラットmg/kg]			
					4556	粉末消火剤, 二酸化炭素, 散水, 耐アルコール性泡消火剤		01
204	510				1200	粉末消火剤, 二酸化炭素, 散水, 耐アルコール性泡消火剤		02
					5000	粉末消火剤, 二酸化炭素, 散水	ヒ素, アンチモンに似た毒性がある	03
			0.01mg/m³		763	粉末消火剤, 二酸化炭素, 散水	3種の同素体が存在. 発がん物質	04
	38	2.9～98	0.01		60	自己反応性物質:粉末消火剤, 二酸化炭素, 散水, 一般泡消火剤	金属, 金属酸化物, 多孔性物質と激しく反応し, 火災や爆発の危険をもたらす. 水加物として市販される	05
						粉末消火剤, 二酸化炭素, 散水	非常に不安定	06
								07
						粉末消火剤, 二酸化炭素, 散水, 耐アルコール性泡消火剤(消火効果のない場合, 散水)		08
132	368	1(calc.)～8(calc.)			3000	粉末消火剤, 二酸化炭素, 散水, 耐アルコール性泡消火剤(消火効果のない場合, 散水)		09

	名称	CAS No. 国連番号 化審法No.	危険物分類	物理的特性					
				外観・性質	比重	蒸気比重 (空気=1)	沸点[℃]	融点[℃]	水溶性
01	N-(2-ヒドロキシエチル)シクロヘキシルアミン 2-(シクロヘキシルアミノ)エタノール N-(2-Hydroxyethyl) cyclohexylamine 2-(Cyclohexylamino)ethanol $C_8H_{17}NO$ [143.23]	2842-38-8 ― ―		固体			115～118 (10mmHg)	36～39	易
02	1-(2-ヒドロキシエチル)ピペラジン 1-(2-Hydroxyethyl) piperazine $C_6H_{14}N_2O$ [130.19]	103-76-4 ― (5)-957	消第4類	無色 液体	1.1	4.5	246		易
03	N-(2-ヒドロキシエチル)モルホリン N-(2-Hydroxyethyl) morpholine $C_6H_{13}NO_2$ [131.17]	622-40-2 ― ―	消第4類	無色 液体	1.1		225		易
04	ヒドロキシ酢酸 グリコール酸 Hydroxyacetic acid Glycolic acid $C_2H_4O_3$ [76.05]	79-14-1 ― ―		結晶 吸湿性	1.5 (25℃)		100	70～74	可
05	3-ヒドロキシ-2-ナフタレンカルボン酸 β-オキシナフトエ酸 3-Hydroxy-2-naphthalenecarboxylic acid 3-Hydroxy-2-naphthoic acid $C_{11}H_8O_3$ [188.18]	92-70-6 ― (4)-398		黄色 結晶			375	222～223	不
06	3-ヒドロキシプロピオニトリル エチレンシアノヒドリン 2-シアノエタノール 3-Hydroxypropiononitrile Ethylene cyanohydrin 2-Cyanoethanol C_3H_5NO [71.08]	109-78-4 ― (2)-3064	毒劇物,消第4類,水	無色 液体 有毒	1.1	2.5	229 (分解)	−46	易
07	N-ヒドロキシメチルアクリルアミド N-メチロールアクリルアミド N-(Hydroxymethyl)acrylamide N-Methylolacrylamide $C_4H_7NO_2$ [101.11]	924-42-5 ― (2)-1022		白色 結晶	1.2			75	易
08	4-ヒドロキシ-4-メチル-2-ペンタノン ジアセトンアルコール 4-Hydroxy-4-methyl-2-pentanone Diacetone alcohol Diacetone $C_6H_{12}O_2$ [116.16]	123-42-2 1148 (2)-587	消第4類,安引火性の物・18条,運3	無色 液体 芳香	0.9	4.0	164	−44	易
09	3-ヒドロキシ酪酸メチル Methyl-3-hydroxybutyrate $C_5H_{10}O_3$ [118.13]	3976-69-0 ― ―	消第4類	無色 液体	1.1	4.1	175		易
10	ヒドロキシルアミン Hydroxylamine Oxammonium NH_2OH [33.03]	7803-49-8 ― (1)-375	消第5類,毒劇物	無色 結晶 潮解性	1.2	1.1	56.2 (22mmHg)	33.1	易

燃焼危険性			有害危険性			火災時の措置	備考	
引火点 [℃]	発火点 [℃]	爆発範囲 [vol%]	許容濃度 [ppm]	吸入LC$_{50}$ [ラットppm]	経口LD$_{50}$ [ラットmg/kg]			
121						粉末消火剤, 二酸化炭素, 散水, 耐アルコール性泡消火剤		01
124					4920μl/kg	粉末消火剤, 二酸化炭素, 散水, 耐アルコール性泡消火剤(消火効果のない場合, 散水)		02
99						粉末消火剤, 二酸化炭素, 散水, 耐アルコール性泡消火剤(消火効果のない場合, 散水)		03
						粉末消火剤, 二酸化炭素, 散水, 耐アルコール性泡消火剤		04
					800	粉末消火剤, 二酸化炭素, 散水, 耐アルコール性泡消火剤		05
129	494	2.3〜12.1			3200	粉末消火剤, 二酸化炭素, 散水, 耐アルコール性泡消火剤(消火効果のない場合, 散水)		06
					474	粉末消火剤, 二酸化炭素, 散水, 耐アルコール性泡消火剤		07
64	603	1.8〜6.9	50		2520	粉末消火剤, 二酸化炭素, 散水, 耐アルコール性泡消火剤(消火効果のない場合, 散水)		08
82						粉末消火剤, 二酸化炭素, 散水, 耐アルコール性泡消火剤(消火効果のない場合, 散水)	光学活性 R 体	09
	129で爆発				516 (50%水溶液)	積載火災：爆発のおそれ, 消火不可		10

	名称	CAS No. 国連番号 化審法No.	危険物分類	物理的特性					
				外観・性質	比重	蒸気比重 (空気=1)	沸点[℃]	融点[℃]	水溶性
01	ヒドロキノン 1,4-ベンゼンジオール ハイドロキノン キノール **Hydroquinone** 1,4-Benzenediol Quinol $C_6H_6O_2$ [110.11]	*123-31-9* — (3)-543	管1種, 安18条	無色 結晶	1.3	3.8	286	173.8〜174.8	可
02	ヒドロキノン=ジ(β-ヒドロキシエチル)=エーテル **Hydroquinone di-(β-hydroxyethyl) ether** $C_{10}H_{14}O_4$ [198.22]	*104-38-1* — —		白色 固体			185〜200 (0.3mmHg)	99	微
03	ピナン **Pinane** $C_{10}H_{18}$ [138.25]	*473-55-2* — —	消第4類	無色 液体	0.8	4.7	151		
04	ビニルアセチレン 1-ブテン-3-イン **Vinyl acetylene** 1-Buten-3-yne C_4H_4 [52.08]	*689-97-4* — —	安可燃性のガス	無色 気体 アセチレン臭	0.68 (1.7atm)	1.8	5		不
05	ビニルシクロヘキサン **Vinylcyclohexane** C_8H_{14} [110.20]	*695-12-5* — —	消第4類, 安引火性の物	無色 液体	0.8		128	−101	微
06	4-ビニルシクロヘキセン **4-Vinyl cyclohexene** C_8H_{12} [108.18]	*100-40-3* — —	管1種, 消第4類, 安引火性の物・18条	液体	0.8	3.7	130	−109	
07	2-ビニルピリジン 2-エテニルピリジン **2-Vinylpyridine** 2-Ethenylpyridine C_7H_7N [105.14]	*100-69-6* — (5)-716	管1種, 審2種監視, 消第4類, 安引火性の物	無色または 淡黄色 液体 特異臭	1.0−	4.4	160		可
08	4-ビニルピリジン 4-エテニルピリジン **4-Vinylpyridine** 4-Ethenylpyridine C_7H_7N [105.14]	*100-43-6* — (5)-717	審2種監視, 消第4類, 安引火性の物	液体	1.0−	4.4	179	<−40	微
09	1-ビニルピロリドン N-ビニル-2-ピロリドン **1-Vinylpyrrolidone** N-Vinyl-2-pyrrolidone C_6H_9NO [111.14]	*88-12-0* — (5)-114	消第4類	無色 液体	1.0+	3.8	96 (14mmHg)	13.5	易
10	ビニル=2-メトキシエチル=エーテル 1-メトキシ-2-ビニルオキシエタン **Vinyl 2-methoxyethyl ether** 1-Methoxy-2-vinyloxyethane $C_5H_{10}O_2$ [102.13]	*1663-35-0* — —	消第4類, 安引火性の物		0.9	3.5	109		
11	α-ピネン 2-ピネン **α-Pinene** 2-Pinene $C_{10}H_{16}$ [136.24]	*80-56-8* 2368 —	消第4類, 安引火性の物, 運3	無色 液体	0.9	4.7	156		不

燃焼危険性			有害危険性			火災時の措置	備考	
引火点 [℃]	発火点 [℃]	爆発範囲 [vol%]	許容濃度 [ppm]	吸入LC$_{50}$ [ラットppm]	経口LD$_{50}$ [ラットmg/kg]			
165	516		2mg/m^3		302	粉末消火剤, 二酸化炭素, 砂, 土, 散水, 一般泡消火剤		01
224	468					粉末消火剤, 二酸化炭素, 散水, 耐アルコール性泡消火剤		02
	273	0.7 (160℃) ～7.2 (160℃)				粉末消火剤, 二酸化炭素, 散水, 一般泡消火剤(消火効果のない場合, 散水)		03
ガス		21～100				粉末消火剤, 二酸化炭素【ガス漏れ停止困難のときは消火不可】		04
16						粉末消火剤, 二酸化炭素, 散水, 一般泡消火剤(消火効果のない場合, 散水)		05
16	269	1～5.9	0.1			粉末消火剤, 二酸化炭素, 散水, 一般泡消火剤(消火効果のない場合, 散水)		06
48					100	粉末消火剤, 二酸化炭素, 散水, 耐アルコール性泡消火剤(消火効果のない場合, 散水)		07
53	440	1.3～10.7			100	粉末消火剤, 二酸化炭素, 散水, 耐アルコール性泡消火剤(消火効果のない場合, 散水)		08
98		1.4～10	0.05		1470	粉末消火剤, 二酸化炭素, 散水, 耐アルコール性泡消火剤(消火効果のない場合, 散水)		09
18						粉末消火剤, 二酸化炭素, 散水, 一般泡消火剤(消火効果のない場合, 散水)		10
33	255					粉末消火剤, 二酸化炭素, 散水, 一般泡消火剤(消火効果のない場合, 散水)		11

	名称	CAS No. 国連番号 化審法No.	危険物分類	物理的特性					
				外観・性質	比重	蒸気比重 (空気=1)	沸点[℃]	融点[℃]	水溶性
01	ピバル酸メチル Methyl pivalate $C_6H_{12}O_2$ [116.16]	598-98-1 — —	㊙第4類, ㊷引火性の物	無色液体	0.9		101		不
02	ビフェニル フェニルベンゼン ジフェニル Biphenyl Phenylbenzene Diphenyl $C_{12}H_{10}$ [154.21]	92-52-4 — (4)-13	㊷2種, ㊷18条	無色結晶	1.2	5.3	254	69〜71	不
03	ピペラジン Piperazine $C_4H_{10}N_2$ [86.14]	110-85-0 2579 (5)-953	㊷1種, ㊷2種監視, ㊙第9条, ㊷8	無色結晶 吸湿性	1.1	3.0	146	106	易
04	2-ピペリジノン 2-ピペリドン δ-バレロラクタム 2-Piperidinone 2-Piperidone δ-Valerolactam C_5H_9NO [99.13]	675-20-7 — —		結晶 弱い刺激臭			256	39〜40	
05	ピペリジン ヘキサヒドロピリジン Piperidine Hexahydropyridine $C_5H_{11}N$ [85.15]	110-89-4 2401 (5)-765	㊙第4類, ㊷引火性の物, ㊷8	無色液体 アンモニア臭	0.9	3.0	106	-13	易
06	ビベンゾイル Bibenzoyl $C_{14}H_{10}O_2$ [210.23]	134-81-6 — (4)-78		黄色結晶			346〜348	95	難
07	ピラジン Pyrazine $C_4H_4N_2$ [80.09]	290-37-9 — (5)-3827	㊙第9条	結晶またはろう状の固体 ピリジン臭	1.0+		116	53〜56	可
08	ピリジン Pyridine C_5H_5N [79.10]	110-86-1 1282 (5)-710	㊷1種, ㊙第4類, ㊷特定物質, ㊷引火性の物・18条, ㊷3	無色液体 特異な不快臭	1.0-	2.7	115	-42	易
09	ピリジン N-オキシド Pyridine N-oxide C_5H_5NO [95.10]	694-59-7 — —		結晶 潮解性			270	67	
10	ピルビン酸 ピロブドウ酸 焦性ブドウ酸 Pyruvic acid Pyroracemic acid 2-Oxopropanoic acid $C_3H_4O_3$ [88.06]	127-17-3 — (2)-1473	㊙第4類	液体 刺激臭	1.3		165	13.6	易
11	ピロ亜硫酸ナトリウム 重亜硫酸ナトリウム 重亜硫酸ソーダ Sodium metabisulfite Sodium hydrogensulfite $Na_2S_2O_5$ [190.11]	7681-57-4 — (1)-502	㊷18条	無色結晶	1.4			150 (分解)	易

燃焼危険性			有害危険性			火災時の措置	備考	
引火点 [℃]	発火点 [℃]	爆発範囲 [vol%]	許容濃度 [ppm]	吸入LC$_{50}$ [ラットppm]	経口LD$_{50}$ [ラットmg/kg]			
11						粉末消火剤，二酸化炭素，散水，一般泡消火剤(消火効果のない場合，散水)		01
113	540	0.6 (111℃) ～5.8 (155℃)	0.2		2140	粉末消火剤，二酸化炭素，砂，土，散水，一般泡消火剤		02
81	340	4～14			1900	粉末消火剤，二酸化炭素，散水，耐アルコール性泡消火剤	6水和物もある	03
						粉末消火剤，二酸化炭素，散水，耐アルコール性泡消火剤		04
16	365	1.5～10.3			400	粉末消火剤，二酸化炭素，散水，耐アルコール性泡消火剤(消火効果のない場合，散水)	目，皮膚，気道に対して腐食性	05
					2710	粉末消火剤，二酸化炭素，砂，土，散水，一般泡消火剤		06
55					2730 (マウス腹腔内)	粉末消火剤，二酸化炭素，散水，耐アルコール性泡消火剤		07
20	482	1.8～12.4	1		891	粉末消火剤，二酸化炭素，散水，耐アルコール性泡消火剤(消火効果のない場合，散水)		08
						粉末消火剤，二酸化炭素，散水，耐アルコール性泡消火剤		09
102					2100	粉末消火剤，二酸化炭素，散水，耐アルコール性泡消火剤(消火効果のない場合，散水)		10
			5mg/m^3		2000	粉末消火剤，二酸化炭素，散水	1水和物もある	11

	名称	CAS No. 国連番号 化審法No.	危険物分類	物理的特性					
				外観・性質	比重	蒸気比重 (空気=1)	沸点[℃]	融点[℃]	水溶性
01	ピロリジン テトラヒドロピロール **Pyrrolidine** Tetrahydropyrrole C_4H_9N [71.12]	123-75-1 1922 (5)-103	消第4類，安引火性の物，運3	液体 強いピペリジン様臭	0.9	2.5	86～87	<-60	易
02	2-ピロリドン α-ピロリドン γ-ブチロラクタム **2-Pyrrolidone** α-Pyrrolidone C_4H_7NO [85.11]	616-45-5 — —		結晶	1.1	2.9	245	24.6	易
03	ピロリン酸ナトリウム ピロリン酸ソーダ 二リン酸ナトリウム **Sodium pyrophosphate** $Na_4P_2O_7$ [265.90]	7722-88-5 — (1)-497	安18条	無色 結晶	2.5			983	可
04	ピロール **Pyrrole** Azole C_4H_5N [67.09]	109-97-7 — (5)-100	消第4類，安引火性の物	無色 液体 クロロホルム臭	1.0-	2.3	131	-23	可
05	フェナントレン フェナントリン **Phenanthrene** Phenanthrin $C_{14}H_{10}$ [178.23]	85-01-8 — —	管2種	無色 結晶	1.1		340	100	不
06	フェニルアセトアルデヒド **Phenylacetaldehyde** α-Toluic aldehyde C_8H_8O [120.15]	122-78-1 — (3)-1032, (3)-2656	消第4類	無色 液体 ヒヤシンス様の香気	1.0+		195	-10	不
07	1-フェニルエタノール α-メチルベンジルアルコール スチラリルアルコール **1-Phenylethanol** α-Methylbenzyl alcohol Methylphenyl carbinol $C_8H_{10}O$ [122.17]	98-85-1 2937，3438	消第4類，運6.1	無色 液体 おだやかな花の香り	1.0+	4.3	204	20.7	可
08	2-フェニルエタノール フェネチルアルコール フェニルエチルアルコール ベンゼンエタノール **2-Phenylethanol** Phenethyl alcohol Phenylethyl alcohol $C_8H_{10}O$ [122.17]	60-12-8 (3)-1032	消第4類	無色 液体 花の香り	1.0+	4.2	221		微
09	N-フェニル-N-エチルエタノールアミン N-エチル-N-ヒドロキシエチル＝アニリン **N-Phenyl-N-ethylethanolamine** N-Ethyl-N-hydroxyethylaniline $C_{10}H_{15}NO$ [165.24]	92-50-2 — —		固体	1.0+		268 (740mmHg)	35～38	微
10	フェニル銀 **Phenylsilver** AgC_6H_5 [185.0]	5274-48-6 — —		無色，灰色 固体				74, -18 (分解)	

燃焼危険性			有害危険性			火災時の措置	備考	
引火点 [℃]	発火点 [℃]	爆発範囲 [vol%]	許容濃度 [ppm]	吸入LC_{50} [ラットppm]	経口LD_{50} [ラットmg/kg]			
3	345	1.6〜10.6			300	粉末消火剤, 二酸化炭素, 散水, 耐アルコール性泡消火剤(消火効果のない場合, 散水)		01
129						粉末消火剤, 二酸化炭素, 散水, 耐アルコール性泡消火剤(消火効果のない場合, 散水)		02
			5mg/m³		4000	粉末消火剤, 二酸化炭素, 散水	10水和物もある	03
39		2.0〜12			LDLo=147 (ラビット)	粉末消火剤, 二酸化炭素, 散水, 一般泡消火剤(消火効果のない場合, 散水)		04
171						粉末消火剤, 二酸化炭素, 砂, 土, 散水, 一般泡消火剤		05
71					1550	粉末消火剤, 二酸化炭素, 散水, 耐アルコール性泡消火剤		06
93						粉末消火剤, 二酸化炭素, 散水, 一般泡消火剤(消火効果のない場合, 散水)		07
96					1790	粉末消火剤, 二酸化炭素, 散水, 一般泡消火剤(消火効果のない場合, 散水)		08
132	362	0.8〜				粉末消火剤, 二酸化炭素, 散水, 耐アルコール性泡消火剤		09
						粉末消火剤, 二酸化炭素, 散水, 耐アルコール性泡消火剤		10

	名称	CAS No. 国連番号 化審法No.	危険物分類	物理的特性					
				外観・性質	比重	蒸気比重 (空気=1)	沸点[℃]	融点[℃]	水溶性
01	フェニルグリオキサール Phenylglyoxal $C_8H_6O_2$ [134.13]	1074-12-0 — —	消第4類	黄色 液体			63〜65 (0.5mmHg)		
02	フェニル酢酸 Phenylacetic acid a-Toluic acid $C_8H_8O_2$ [136.15]	103-82-2 — (3)-1713		無色 結晶 蜂蜜のよう な香り	1.1		262	76	可
03	フェニル酢酸イソブチル Isobutyl phenylacetate $C_{12}H_{16}O_2$ [192.25]	102-13-6 — —	消第4類	無色 液体	1.0		247		不
04	フェニル酢酸エチル Ethyl phenylacetate $C_{10}H_{12}O_2$ [164.21]	101-97-3 — (3)-1730	消第4類	無色 液体 甘いハチミ ツ様の香気	1.0+		276		不
05	N-フェニルジエタノールアミン N-Phenyldiethanolamine $C_{10}H_{15}NO_2$ [181.23]	120-07-0 — (3)-160		無色 固体	1.1	6.3	270	58	不
06	5-フェニルテトラゾール C-フェニルテトラゾール 5-Phenyltetrazole C-Phenyltetrazole $C_7H_6N_4$ [146.15]	18039-42-4 — (5)-6042	消第5類	無色 結晶				215	微
07	フェニルナトリウム Phenylsodium C_6H_5Na [100.10]	1623-99-0 — —		無色 固体 不揮発性					
08	フェニルヒドラジン Phenylhydrazine $C_6H_8N_2$ [108.14]	100-63-0 2572 (3)-470	消第5類, 安 18条, 運6.1	無色 液体	1.1	3.7	244 (分解)	23	微
09	N-フェニルヒドロキシルアミン N-ヒドロキシベンゼンアミン N-Phenylhydroxylamine N-Hydroxybenzeneamine C_6H_7NO [109.1]	100-65-2 — —		無色 結晶				83〜84	
10	o-フェニルフェノール o-Phenylphenol $C_{12}H_{10}O$ [170.21]	90-43-7 — (4)-19		白色 結晶	1.2	5.8	286	59〜60	微
11	3-フェニル-1-プロパノール フェニルプロピルアルコール 3-Phenyl-1-propanol Phenylpropyl alcohol Hydrocinnamic alcohol $C_9H_{12}O$ [136.19]	122-97-4 — —	消第4類	液体	1.0+		219	−18	不
12	フェニルホスフィン Phenylphosphine $C_6H_5PH_2$ [110.10]	638-21-1 — —	安18条	無色 液体 不快臭	1		160		不
13	N-フェニルモルホリン 4-フェニルモルホリン N-Phenylmorpholine 4-Phenylmorpholine $C_{10}H_{13}NO$ [163.22]	92-53-5 — —		白色 固体	1.1	5.6	270	53	難
14	フェニルリチウム Phenyllithium C_6H_5Li [84.05]	591-51-5 — —	消第3類	無色 固体	0.9				激しく反応

燃焼危険性			有害危険性			火災時の措置	備考	
引火点 [℃]	発火点 [℃]	爆発範囲 [vol%]	許容濃度 [ppm]	吸入LC_{50} [ラットppm]	経口LD_{50} [ラットmg/kg]			
						粉末消火剤, 二酸化炭素, 散水, 一般泡消火剤(消火効果のない場合, 散水)	1水和物もある	01
>100					2250	粉末消火剤, 二酸化炭素, 散水, 耐アルコール性泡消火剤		02
122						粉末消火剤, 二酸化炭素, 散水, 耐アルコール性泡消火剤		03
99					3300	粉末消火剤, 二酸化炭素, 散水, 耐アルコール性泡消火剤		04
196	387	0.7〜				粉末消火剤, 二酸化炭素, 散水, 耐アルコール性泡消火剤		05
						粉末消火剤, 二酸化炭素, 散水, 耐アルコール性泡消火剤		06
								07
88	174	16〜25	0.1		188	自己反応性物質：粉末消火剤, 二酸化炭素, 散水, 一般泡消火剤	猛毒. 発がん性の疑いあり. 冷却すると結晶	08
						自己反応性物質：粉末消火剤, 二酸化炭素, 散水, 一般泡消火剤		09
124	530				2000	粉末消火剤, 二酸化炭素, 散水, 耐アルコール性泡消火剤		10
100						粉末消火剤, 二酸化炭素, 散水, 一般泡消火剤(消火効果のない場合, 散水)		11
			0.05(STEL)			散水, 湿った砂, 土		12
104						粉末消火剤, 二酸化炭素, 散水, 耐アルコール性泡消火剤		13
						粉末消火剤, ソーダ灰, 石灰, 砂【水／泡消火剤使用不可】	エーテル, 炭化水素溶液として流通	14

名称	CAS No. 国連番号 化審法No.	危険物分類	物理的特性					
			外観・性質	比重	蒸気比重 (空気=1)	沸点[℃]	融点[℃]	水溶性
01 o-フェニレンジアミン 1,2-ジアミノベンゼン o-Phenylenediamine 1,2-Diaminobenzene $C_6H_8N_2$ [108.14]	95-54-5 1673 (3)-185	毒劇物,管1種, 審2種監視, 消第9条,安 18条,運6.1	茶色がかった黄色結晶		3.7	267	103～104	微
02 m-フェニレンジアミン 1,3-ジアミノベンゼン m-Phenylenediamine 1,3-Diaminobenzene $C_6H_8N_2$ [108.14]	108-45-2 1673 (3)-185	毒劇物,管1種, 審2種監視, 消第9条,安 18条,運6.1	結晶	1.1	3.7	287	62.8	可
03 p-フェニレンジアミン 1,4-ジアミノベンゼン パラミン p-Phenylenediamine 1,4-Diaminobenzene $C_6H_8N_2$ [108.14]	106-50-3 — (3)-185	毒劇物,管1種, 安18条	結晶	1.1	3.7	267	142	微
04 o-フェネチジン o-エトキシアニリン o-Phenetidine o-Ethoxyaniline o-Aminophenetole $C_8H_{11}NO$ [137.18]	94-70-2 2311 —	消第4類,運 6.1	無色液体			228～230		不
05 p-フェネチジン p-エトキシアニリン p-Phenetidine p-Ethoxyaniline p-Aminophenetole $C_8H_{11}NO$ [137.18]	156-43-4 2311 (3)-682	管1種,審2種 監視,消第4類, 運6.1	無色液体	1.1	4.7	244	2.4	微
06 フェネトール エトキシベンゼン エチル=フェニル=エーテル Phenetole Ethoxybenzene Ethyl phenyl ether $C_8H_{10}O$ [122.17]	103-73-1 — (3)-557	消第4類,安 引火性の物	無色液体 芳香	1.0-	4.2	172	-33	微
07 フェノール ヒドロキシベンゼン 石炭酸 Phenol Hydroxybenzene Carbolic Acid C_6H_6O [94.11]	108-95-2 2312, 2821 (3)-481	毒劇物,管1種, 消第9条,気 特定物質,安 18条,運6.1	無色結晶 有毒 潮解性	1.1	3.2	181	40.9	可
08 p-フェノールスルホン酸 p-Phenolsulfonic acid $C_6H_6O_4S$ [174.18]	98-67-9 — (3)-1956		微紅色結晶	1.2				可
09 1,2-ブタジエン メチルアレン 1,2-Butadiene Methylallene C_4H_6 [54.09]	590-19-2 1010 —	圧液化ガス・ 可燃性ガス, 安可燃性のガ ス,運2.1	気体 ニンニク臭	0.7		10.3	-136.3	

燃焼危険性			有害危険性			火災時の措置	備考	
引火点 [℃]	発火点 [℃]	爆発範囲 [vol%]	許容濃度 [ppm]	吸入LC_{50} [ラットppm]	経口LD_{50} [ラットmg/kg]			
156		1.5〜	0.1mg/m³		510	粉末消火剤，二酸化炭素，散水，耐アルコール性泡消火剤		01
166	560		0.1mg/m³		280	粉末消火剤，二酸化炭素，散水，耐アルコール性泡消火剤		02
156	400	1.5〜	0.1mg/m³		80	粉末消火剤，二酸化炭素，散水，耐アルコール性泡消火剤	急性毒性がある	03
81						粉末消火剤，二酸化炭素，散水，耐アルコール性泡消火剤		04
116		11.4〜16.2			540	粉末消火剤，二酸化炭素，散水，耐アルコール性泡消火剤		05
63					2200(マウス)	粉末消火剤，二酸化炭素，散水，一般泡消火剤(消火効果のない場合，散水)		06
79	715	1.8〜8.6	5		317	粉末消火剤，二酸化炭素，散水，耐アルコール性泡消火剤		07
					1900	粉末消火剤，二酸化炭素，散水，耐アルコール性泡消火剤	潮解性	08
						粉末消火剤，二酸化炭素【ガス漏れ停止困難のときは消火不可】		09

	名称	CAS No. 国連番号 化審法No.	危険物分類	物理的特性					
				外観・性質	比重	蒸気比重 (空気=1)	沸点[℃]	融点[℃]	水溶性
01	1,3-ブタジエン **1,3-Butadiene** Erythrene C_4H_6 [54.09]	106-99-0 1010 (2)-17	㳰1種, 㱒2種監視, 㿚液化ガス・可燃性ガス, 㿿有害物質, 㾀可燃性のガス, 㾵2.1	無色 気体 オレフィン臭	0.6	1.9	−4	−109	難
02	1-ブタノール ブチルアルコール **1-Butanol** Butyl alcohol Propyl carbinol $C_4H_{10}O$ [74.12]	71-36-3 1120 (2)-3049	㾵第4類, 㾀引火性の物・18条, 㾵3	無色 液体	0.8	2.6	117	−90	可
03	2-ブタノール s-ブチルアルコール **2-Butanol** sec-Butyl alcohol Methyl ethyl carbinol $C_4H_{10}O$ [74.12]	78-92-2 1120 (2)-3049	㾵第4類, 㾀引火性の物・18条, 㾵3	無色 液体 特異臭	0.8	2.6	94	−114.7	易
04	2-ブタノンオキシム メチルエチルケトオキシム **2-Butanone oxime** Methyl ethyl ketoxime 2-Oximinobutane C_4H_9NO [87.12]	96-29-7 — (2)-546	㾵第4類	無色 液体	0.9	3.0	152〜153	−29.5	微
05	フタルイミド **Phthalimide** $C_8H_5NO_2$ [147.13]	85-41-6 — (5)-79		白色 粉末				>232	
06	フタル酸 **Phthalic acid** $C_8H_6O_4$ [166.13]	88-99-3 —		無色 結晶	1.6	5.7	289	191	微
07	フタル酸ジアリル フタル酸ジ-2-プロペニル **Diallyl phthalate** $C_{14}H_{14}O_4$ [246.26]	131-17-9 — (3)-1325	㾵第4類	無色 油状液体	1.1	8.3	290	−70 (凝固点)	不
08	フタル酸ジイソオクチル **Diisooctyl phthalate** $C_{24}H_{38}O_4$ [390.56]	27554-26-3 —	㾵第4類	無色 油状液体	1.0−	13.5	370	−45	不
09	フタル酸ジイソデシル DIDP **Diisodecyl phthalate** $C_{28}H_{46}O_4$ [446.67]	26761-40-0 — (3)-1307	㾵第4類	油状液体	1.0−		420		不
10	フタル酸ジイソブチル **Diisobutyl phthalate** $C_{16}H_{22}O_4$ [278.35]	84-69-5 — —	㳰1種, 㾵第4類	油状液体 微芳香	1.0+	9.6	327	−37	不
11	フタル酸ジエチル DEP **Diethyl phthalate** $C_{12}H_{14}O_4$ [222.24]	84-66-2 — (3)-1301	㾵第4類, 㾀18条	無色 液体 果実様の香り	1.1	7.7	296	−5 (凝固点)	微
12	フタル酸ジ(2-エチルブチル) **Di(2-ethylbutyl) phthalate** $C_{20}H_{30}O_4$ [334.45]	7299-89-0 — —	㾵第4類	油状液体 微芳香	1.0+		350		不

燃焼危険性			有害危険性			火災時の措置	備考	
引火点 [℃]	発火点 [℃]	爆発範囲 [vol%]	許容濃度 [ppm]	吸入LC$_{50}$ [ラットppm]	経口LD$_{50}$ [ラットmg/kg]			
-85	420	2.0〜12.0	2		5480	粉末消火剤,二酸化炭素【ガス漏れ停止困難のときは消火不可】	発がん物質の恐れ	01
37	343	1.4〜11.2	20		790	粉末消火剤,二酸化炭素,散水,耐アルコール性泡消火剤(消火効果のない場合,散水)		02
24	405	1.7 (100℃) 〜9.8 (100℃)	100		2193	粉末消火剤,二酸化炭素,散水,耐アルコール性泡消火剤(消火効果のない場合,散水)		03
69〜77					930	粉末消火剤,二酸化炭素,散水,一般泡消火剤(消火効果のない場合,散水)		04
					5000(マウス)	粉末消火剤,二酸化炭素,散水,耐アルコール性泡消火剤		05
168						粉末消火剤,二酸化炭素,砂,土,散水,一般泡消火剤		06
166					656	粉末消火剤,二酸化炭素,散水,一般泡消火剤(消火効果のない場合,散水)		07
232	393					粉末消火剤,二酸化炭素,散水,一般泡消火剤(消火効果のない場合,散水)		08
232	402	0.3 (264℃) 〜			64000	粉末消火剤,二酸化炭素,散水,一般泡消火剤(消火効果のない場合,散水)		09
185	432	0.4 (231℃) 〜				粉末消火剤,二酸化炭素,散水,一般泡消火剤(消火効果のない場合,散水)		10
161	457	0.7 (186℃) 〜	5mg/m^3		8600	粉末消火剤,二酸化炭素,散水,一般泡消火剤(消火効果のない場合,散水)		11
194						粉末消火剤,二酸化炭素,散水,一般泡消火剤(消火効果のない場合,散水)		12

	名称	CAS No. 国連番号 化審法No.	危険物分類	物理的特性					
				外観・性質	比重	蒸気比重 (空気=1)	沸点[℃]	融点[℃]	水溶性
01	フタル酸ジオクチル フタル酸ジ(2-エチルヘキシル) DOP **Dioctyl phthalate** Di(2-ethylhexyl) phthalate DOP $C_{24}H_{38}O_4$ [390.56]	117-84-0 — (3)-1307	毒1種, 消第4類, 安18条	無色 油状液体	1.0−	15.1	384	−55 (凝固点)	不
02	フタル酸ジカプリル **Dicapryl phthalate** $C_{24}H_{38}O_4$ [390.56]	131-15-7 — —	消第4類	無色 液体 粘性	1.0−	9.8	227〜234 (4.5mmHg)		不
03	フタル酸ジトリデシル DTDP **Ditridecyl phthalate** $C_{34}H_{58}O_4$ [530.83]	119-06-2 — (3)-1307	消第4類	無色 液体	1.0−	18.2	286 (5mmHg)	−21	不
04	フタル酸ジフェニル **Diphenyl phthalate** $C_{20}H_{14}O_4$ [318.33]	84-62-8 — —		黄白色 粉末	1.3	11	405	68〜70	不
05	フタル酸ジブチル DBP **Dibutyl phthalate** Dibutyl-o-phthalate $C_{16}H_{22}O_4$ [278.35]	84-74-2 — (3)-1303	毒1種, 消第4類, 安18条	無色 油状液体	1.0+	9.6	340	<−35 (凝固点)	難
06	フタル酸ジブトキシエチル **Dibutoxy ethyl phthalate** $C_{20}H_{30}O_6$ [366.45]	117-83-9 — —	消第4類	無色 液体	1.1		225		不
07	フタル酸ジアミル フタル酸ジペンチル **Diamyl phthalate** Dipentyl phthalate Amyl phthalate $C_{18}H_{26}O_4$ [306.40]	131-18-0 — —	消第4類	無色 油状液体	1.0		246〜254 (50mmHg)		不
08	フタル酸ジメチル DMP **Dimethyl phthalate** $C_{10}H_{10}O_4$ [194.19]	131-11-3 — (3)-1301	消第4類, 安18条	無色 液体 少し芳香 粘性	1.2	6.7	282	5.5	微
09	フタル酸ジ(2-メトキシエチル) ジメチルグリコール=フタラート **Di(2-methoxyethyl) phthalate** Dimethyl glycol phthalate Methox $C_{14}H_{18}O_6$ [282.29]	117-82-8 — —	毒1種, 消第4類	油状液体	1.2		230		
10	ブタン **Butane** C_4H_{10} [58.12]	106-97-8 1011 —	圧液化石油ガス・液化ガス・可燃性ガス・特定高圧ガス, 安可燃性のガス, 連2.1	無色 気体	0.6 (−1℃)	2.0	−1	−135	不
11	1,3-ブタンジアミン 1,3-ジアミノブタン **1,3-Butanediamine** 1,3-Diaminobutane $C_4H_{12}N_2$ [88.15]	590-88-5 — —	消第4類, 安引火性の物	無色 液体 アミノ臭	0.9	3.0	143〜150		易

燃焼危険性			有害危険性			火災時の措置	備考
引火点 [℃]	発火点 [℃]	爆発範囲 [vol%]	許容濃度 [ppm]	吸入LC$_{50}$ [ラットppm]	経口LD$_{50}$ [ラットmg/kg]		
215	390	0.3 (245℃)〜	5mg/m^3		30000	粉末消火剤, 二酸化炭素, 散水, 一般泡消火剤(消火効果のない場合, 散水)	01
202						粉末消火剤, 二酸化炭素, 散水, 一般泡消火剤(消火効果のない場合, 散水)	02
243					>64ml/kg	粉末消火剤, 二酸化炭素, 散水, 一般泡消火剤(消火効果のない場合, 散水)	03
224						粉末消火剤, 二酸化炭素, 散水, 耐アルコール性泡消火剤	04
157	402	0.5 (235℃)〜	5mg/m^3		7499	粉末消火剤, 二酸化炭素, 散水, 一般泡消火剤(消火効果のない場合, 散水)	05
208						粉末消火剤, 二酸化炭素, 散水, 一般泡消火剤(消火効果のない場合, 散水)	06
118						粉末消火剤, 二酸化炭素, 散水, 一般泡消火剤(消火効果のない場合, 散水)	07
146	490	0.9 (180℃)〜	5mg/m^3		6800	粉末消火剤, 二酸化炭素, 散水, 一般泡消火剤(消火効果のない場合, 散水)	08
187	399	0.7〜				粉末消火剤, 二酸化炭素, 散水, 一般泡消火剤(消火効果のない場合, 散水)	09
−60	287	1.9〜8.5	1000			粉末消火剤,二酸化炭素【ガス漏れ停止困難のときは消火不可】	10
52						粉末消火剤, 二酸化炭素, 散水, 耐アルコール性泡消火剤(消火効果のない場合, 散水)	11

	名称	CAS No. 国連番号 化審法No.	危険物分類	物理的特性					
				外観・性質	比重	蒸気比重 (空気=1)	沸点[℃]	融点[℃]	水溶性
01	1,2-ブタンジオール α-ブチレングリコール **1,2-Butanediol** α-Butylene glycol 1,2-Dihydroxybutane $C_4H_{10}O_2$ [90.12]	584-03-2 — (2)-235	消第4類, 安引火性の物	無色液体	1.0	3.1	194	−50	易
02	1,3-ブタンジオール β-ブチレングリコール **1,3-Butanediol** β-Butylene glycol $C_4H_{10}O_2$ [90.12]	107-88-0 — (2)-235	消第4類	無色液体 無臭	1.0	3.1	204		易
03	1,4-ブタンジオール テトラメチレングリコール **1,4-Butanediol** Tetramethylene glycol $C_4H_{10}O_2$ [90.12]	110-63-4 — (2)-235	消第4類	無色液体 粘ちょう	1.0+	3.1	228	20.6	易
04	2,3-ブタンジオール **2,3-Butanediol** $C_4H_{10}O_2$ [90.12]	513-85-9 — —		結晶 吸湿性	1.0+	3.1	184	メソ体：35.5〜36.5 トレオ体：7〜7.5	易
05	1,4-ブタンジニトリル スクシノジニトリル スクシノニトリル **1,4-Butanedinitrile** Succinodinitrile Succinonitrile $C_4H_4N_2$ [80.09]	110-61-2 — —	毒劇物	ガラス状の固体	1.0−	2.1	265〜267	53.7	易
06	1-ブタンチオール ブチルメルカプタン **1-Butanethiol** Butyl mercaptan $C_4H_{10}S$ [90.19]	109-79-5 2347 (2)-464	消第4類, 気特定物質, 安引火性の物・18条, 運3	無色液体 スカンク臭	0.8	3.1	98	−116	難
07	2-ブタンチオール s-ブチルメルカプタン **2-Butanethiol** sec-Butyl mercaptan $C_4H_{10}S$ [90.19]	513-53-1 — —	消第4類, 安引火性の物	無色液体 スカンク臭	0.8	3.1	85		不
08	N-ブチルアセトアニリド **N-Butylacetanilide** $C_{12}H_{17}NO$ [191.27]	91-49-6 — —	消第4類	淡黄色液体	1.0−	6.6	277〜281		不
09	N-ブチルアセトアミド **N-Butyl acetamide** $C_6H_{13}NO$ [115.17]	1119-49-9 — —	消第4類	無色液体	0.9	3.9	235〜240		
10	N-ブチルアニリン **N-Butylaniline** $C_{10}H_{15}N$ [149.23]	1126-78-9 2738 —	毒劇物, 消第4類, 運6.1	琥珀色液体	0.9	5.2	241		不
11	ブチルアミン 1-アミノブタン **Butylamine** 1-Aminobutane $C_4H_{11}N$ [73.14]	109-73-9 1125 (2)-132	消第4類, 安引火性の物・18条, 運3	無色液体 アンモニア臭	0.8	2.5	78	−50	易

ブチル　317

燃焼危険性			有害危険性			火災時の措置	備考	
引火点 [℃]	発火点 [℃]	爆発範囲 [vol%]	許容濃度 [ppm]	吸入LC$_{50}$ [ラットppm]	経口LD$_{50}$ [ラットmg/kg]			
40					16g/kg	粉末消火剤, 二酸化炭素, 散水, 耐アルコール性泡消火剤(消火効果のない場合, 散水)		01
121	395	1.9～			18610	粉末消火剤, 二酸化炭素, 散水, 耐アルコール性泡消火剤(消火効果のない場合, 散水)		02
121	350	1.95～18.3			1525	粉末消火剤, 二酸化炭素, 散水, 耐アルコール性泡消火剤(消火効果のない場合, 散水)		03
85	402					粉末消火剤, 二酸化炭素, 散水, 耐アルコール性泡消火剤(消火効果のない場合, 散水)		04
132						粉末消火剤, 二酸化炭素, 散水, 耐アルコール性泡消火剤		05
2			0.5		1500	粉末消火剤, 二酸化炭素, 散水, 一般泡消火剤(消火効果のない場合, 散水)		06
-23						粉末消火剤, 二酸化炭素, 散水, 一般泡消火剤(消火効果のない場合, 散水)		07
141						粉末消火剤, 二酸化炭素, 散水, 一般泡消火剤(消火効果のない場合, 散水)		08
116						粉末消火剤, 二酸化炭素, 散水, 一般泡消火剤(消火効果のない場合, 散水)		09
107						粉末消火剤, 二酸化炭素, 散水, 一般泡消火剤(消火効果のない場合, 散水)		10
-12	312	1.7～9.8	5(STEL)		366	粉末消火剤, 二酸化炭素, 散水, 耐アルコール性泡消火剤(消火効果のない場合, 散水)		11

	名称	CAS No. 国連番号 化審法No.	危険物分類	物理的特性					
				外観・性質	比重	蒸気比重 (空気=1)	沸点[℃]	融点[℃]	水溶性
01	s-ブチルアミン 2-アミノブタン sec-Butylamine 2-Aminobutane $C_4H_{11}N$ [73.14]	13952-84-6 — (2)-134, (2)-132	㊂第4類,㊂ 引火性の物	無色 液体	0.7	2.5	63	−104.5	易
02	t-ブチルアミン tert-Butylamine $C_4H_{11}N$ [73.14]	75-64-9 — (2)-142	㊂第4類,㊂ 引火性の物	無色 液体	0.7	2.5	45	−72.7	易
03	t-ブチルアルコール 2-メチル-2-プロパノール t-ブタノール tert-Butyl alcohol 2-Methyl-2-propanol Trimethyl carbinol $C_4H_{10}O$ [74.12]	75-65-0 — (2)-3049	㊇2種監視, ㊂第4類,㊂ 引火性の物・ 18条	無色 液体	0.8	2.6	83	25.7	易
04	ブチルアルデヒド ブタナール Butylaldehyde Butanal Butyric aldehyde C_4H_8O [72.11]	123-72-8 — (2)-494	㊂第4類,㊂ 引火性の物	液体	0.8	2.5	76	−99	可
05	ブチルアルデヒドオキシム 1-ヒドロキシイミノブタン ブチラルドキシム Butylaldehyde oxime 1-Hydroxyiminobutane C_4H_9NO [87.12]	110-69-0 — —	㊂第4類	無色 液体	0.9	3.0	152		易
06	ブチルアルドール Butyraldol $C_8H_{16}O_2$ [144.21]	496-03-7 — —	㊂第4類		0.9	4.9	138 (50mmHg)		難
07	p-t-ブチル安息香酸 p-t-Butylbenzoic acid $C_{11}H_{14}O_2$ [178.23]	98-73-7 — (3)-1338		白色 結晶	1.0+			166	微
08	N-ブチルウレタン N-ブチルカルバミン酸エチル N-Butylurethane Ethyl N-butylcarbamate Butylcarbamic acid,ethyl ester $C_7H_{14}NO_2$ [144.19]	591-62-8 — —	㊂第4類		0.9	5.0	202〜203		不
09	N-ブチルエタノールアミン N-Butyl ethanolamine $C_6H_{15}NO$ [117.19]	111-75-1 — —	㊂第4類	無色 液体	0.9	4.0	192		易
10	ブチル=エチル=エーテル Butyl ethyl ether Ethyl butyl ether $C_6H_{14}O$ [102.2]	628-81-9 1179 —	㊂第4類,㊂ 引火性の物, ㊂3	液体	0.8	3.7	92		微
11	t-ブチル=エチル=エーテル tert-Butyl ethyl ether $C_6H_{14}O$ [102.18]	637-92-3 — —	㊂第4類	液体	0.8		71		
12	2-ブチルオクタノール 2-Butyloctanol $C_{12}H_{26}O$ [186.33]	3913-02-8 — —	㊂第4類	液体	0.8	6.4	252		不

燃焼危険性			有害危険性			火災時の措置	備考	
引火点 [℃]	発火点 [℃]	爆発範囲 [vol%]	許容濃度 [ppm]	吸入LC$_{50}$ [ラットppm]	経口LD$_{50}$ [ラットmg/kg]			
−19	378				152	粉末消火剤, 二酸化炭素, 散水, 耐アルコール性泡消火剤(消火効果のない場合, 散水)		01
−8	380	1.7 (100℃) ～8.9 (100℃)			44	粉末消火剤, 二酸化炭素, 散水, 耐アルコール性泡消火剤(消火効果のない場合, 散水)		02
11	478	2.4～8.0	100		2743	粉末消火剤, 二酸化炭素, 散水, 耐アルコール性泡消火剤(消火効果のない場合, 散水)		03
−22	218	1.9～12.5			2490	粉末消火剤, 二酸化炭素, 散水, 一般泡消火剤(消火効果のない場合, 散水)		04
58						粉末消火剤, 二酸化炭素, 散水, 一般泡消火剤(消火効果のない場合, 散水)		05
74						粉末消火剤, 二酸化炭素, 散水, 一般泡消火剤(消火効果のない場合, 散水)		06
180					473	粉末消火剤, 二酸化炭素, 散水, 耐アルコール性泡消火剤		07
92						粉末消火剤, 二酸化炭素, 散水, 一般泡消火剤(消火効果のない場合, 散水)		08
77						粉末消火剤, 二酸化炭素, 散水, 耐アルコール性泡消火剤(消火効果のない場合, 散水)		09
4						粉末消火剤, 二酸化炭素, 散水, 一般泡消火剤(消火効果のない場合, 散水)		10
			5			粉末消火剤, 二酸化炭素, 散水, 一般泡消火剤(消火効果のない場合, 散水)		11
110						粉末消火剤, 二酸化炭素, 散水, 一般泡消火剤(消火効果のない場合, 散水)		12

	名称	CAS No. 国連番号 化審法No.	危険物分類	外観・性質	比重	蒸気比重 (空気=1)	沸点[℃]	融点[℃]	水溶性
01	4-t-ブチルカテコール 4-tert-Butyl catechol $C_{10}H_{14}O_2$ [166.22]	98-29-3 — (3)-548		無色 結晶	1.0+	5.5	285	56〜57	不
02	p-t-ブチル-o-クレゾール 4-t-ブチル-2-メチルフェノール — p-tert-Butyl-o-cresol 4-tert-Butyl-2-methylphenol $C_{11}H_{16}O$ [164.24]	98-27-1 — —	消第4類		1.0−	5.5	137〜138		不
03	4-t-ブチル-2-クロロフェノール 4-tert-Butyl-2-chlorophenol $C_{10}H_{13}OCl$ [184.66]	98-28-2 — —	消第4類		1.1		234〜251		不
04	ブチルシクロヘキサン 1-シクロヘキシルブタン Butylcyclohexane 1-Cyclohexylbutane $C_{10}H_{20}$ [140.27]	1678-93-9 — —	消第4類, 安 引火性の物	無色 液体	0.8		178〜180	−78	不
05	s-ブチルシクロヘキサン 2-シクロヘキシルブタン sec-Butylcyclohexane 2-Cyclohexylbutane $C_{10}H_{20}$ [140.27]	7058-01-7 — —	消第4類, 安 引火性の物		0.8		177		
06	t-ブチルシクロヘキサン tert-Butylcyclohexane $C_{10}H_{20}$ [140.27]	3178-22-1 — —	消第4類, 安 引火性の物		0.8		167〜169		
07	N-ブチルシクロヘキシルアミン N-Butylcyclohexylamine $C_{10}H_{21}N$ [155.29]	10108-56-2 — —	消第4類		0.8	5.3	209		難
08	t-ブチルヒドロペルオキシド 2-ヒドロペルオキシド-2-メチルプロパン t-ブチルハイドロパーオキサイド tert-Butyl hydroperoxide 2-Hydroperoxide-2-methylpropane $C_4H_{10}O_2$ [90.12]	75-91-2 — (2)-224	電2種, 消2種 監視, 消第5類, 安爆発性の物	無色 液体	0.9	2.1	93 (分解)	4.0〜4.5	易
09	ブチル＝ビニル＝エーテル Butyl vinyl ether Vinyl butyl ether $C_6H_{12}O$ [100.16]	111-34-2 2352 —	消第4類, 安 引火性の物, 連3	液体	0.8	3.5	94		難
10	ブチル＝フェニル＝エーテル ブトキシベンゼン Butyl phenyl ether Butoxybenzene $C_{10}H_{14}O$ [150.22]	1126-79-0 — —	消第4類	無色 液体 芳香	0.9	5.2	210		不
11	4-t-ブチル-2-フェニルフェノール 4-tert-Butyl-2-phenylphenol $C_{16}H_{18}O$ [226.32]	577-92-4 — —	消第4類		1.0+	4.3	196〜198		不
12	p-t-ブチルフェノール p-t-Butylphenol $C_{10}H_{14}O$ [150.22]	98-54-4 — (3)-503		白色 粉末	0.9 (114℃)		237	98	不
13	n-ブチルベンゼン n-Butylbenzene $C_{10}H_{14}$ [134.22]	104-51-8 2709 —	消第4類, 連3	無色 液体	0.9	4.6	180	−88.5	不

燃焼危険性			有害危険性			火災時の措置	備考	
引火点 [℃]	発火点 [℃]	爆発範囲 [vol%]	許容濃度 [ppm]	吸入LC$_{50}$ [ラットppm]	経口LD$_{50}$ [ラットmg/kg]			
130					2820	粉末消火剤，二酸化炭素，散水，耐アルコール性泡消火剤		01
118						粉末消火剤，二酸化炭素，散水，一般泡消火剤（消火効果のない場合，散水）		02
107						粉末消火剤，二酸化炭素，散水，一般泡消火剤（消火効果のない場合，散水）		03
41	246					粉末消火剤，二酸化炭素，散水，一般泡消火剤（消火効果のない場合，散水）		04
	277					粉末消火剤，二酸化炭素，散水，一般泡消火剤（消火効果のない場合，散水）		05
42	342					粉末消火剤，二酸化炭素，散水，一般泡消火剤（消火効果のない場合，散水）		06
93						粉末消火剤，二酸化炭素，散水，一般泡消火剤（消火効果のない場合，散水）		07
<27					370	有機過酸化物：散水，水噴霧．水がない場合は粉末消火剤，二酸化炭素，一般泡消火剤	爆発を起こしやすい	08
-9	255					粉末消火剤，二酸化炭素，散水，一般泡消火剤（消火効果のない場合，散水）		09
82						粉末消火剤，二酸化炭素，散水，一般泡消火剤（消火効果のない場合，散水）		10
160						粉末消火剤，二酸化炭素，散水，一般泡消火剤（消火効果のない場合，散水）		11
118					3250 μl/kg	粉末消火剤，二酸化炭素，散水，耐アルコール性泡消火剤		12
71	410	0.8～5.8				粉末消火剤，二酸化炭素，散水，一般泡消火剤（消火効果のない場合，散水）		13

	名称	CAS No. 国連番号 化審法No.	危険物分類	物理的特性					
				外観・性質	比重	蒸気比重 (空気=1)	沸点[℃]	融点[℃]	水溶性
01	s-ブチルベンゼン sec-Butylbenzene $C_{10}H_{14}$ [134.22]	135-98-8 2709 —	消第4類, 安引火性の物, 運3	無色 液体	0.9	4.6	173		不
02	t-ブチルベンゼン tert-Butylbenzene $C_{10}H_{14}$ [134.22]	98-06-6 2709 —	消第4類, 安引火性の物, 運3	無色 液体	0.9	4.6	169		不
03	N-t-ブチルホルムアミド N-tert-Butylformamide $C_5H_{11}NO$ [101.15]	2425-74-3 — —	消第4類	無色 液体				16	
04	ブチルメチルエーテル Butyl methyl ether $C_5H_{12}O$ [88.15]	628-28-4 2350 —	消第4類, 安引火性の物, 運3	無色 液体	0.7		71 (743mmHg)		
05	t-ブチル＝メチル＝エーテル メチルt-ブチルエーテル tert-Butyl methyl ether $C_5H_{12}O$ [88.15]	1634-04-4 (2)-3220	消第4類, 安引火性の物・18条	無色 液体 微刺激臭	0.7		55.2	−109	
06	t-ブチル＝メチル＝ケトン ピナコリン ピナコロン tert-Butyl methyl ketone Pinacoline Pinacolone $C_6H_{12}O$ [100.16]	75-97-8 — —	消第4類	液体 ショウノウ 様臭気	0.7		106.2	−52.5	
07	n-ブチルリチウム n-Butyllithium C_4H_9Li [64.06]	109-72-8 — —	消第3類	無色 液体	0.8 (20℃)			−76	激しく反応
08	t-ブチルリチウム tert-Butyllithium C_4H_9Li [64.06]	594-19-4 — —	消第3類	無色 結晶				>140	激しく反応
09	2,3-ブチレンオキシド 2,3-エポキシブタン 2,3-Butylene oxide 2,3-Epoxybutane C_4H_8O [72.1]	21490-63-1 — —	消第4類, 安引火性の物	液体 エーテル様 臭気	0.8	2.5	65		微
10	ブチロニトリル ブタンニトリル Butyronitrile Butanenitrile C_4H_7N [69.11]	109-74-0 2411 —	毒劇物, 消第4類, 安引火性の物, 運3	無色 液体	0.8	2.4	117		微
11	γ-ブチロラクトン γ-Butyrolactone $C_4H_6O_2$ [86.09]	96-48-0 — (5)-3337	消第4類	液体 アセトン様 臭気	1.1		204		易
12	1-ブチン 1-Butyne C_4H_6 [54.09]	107-00-6 — —	安可燃性のガス, 圧液化ガス・可燃性ガス	気体 ニラ臭(常温)	0.1		8.3	−126	
13	2-ブチン ジメチルアセチレン 2-Butyne Dimethylacetylene Crotonylene C_4H_6 [54.09]	503-17-3 1144 —	消第4類, 安引火性の物, 運3	無色 液体	0.7	1.9	27	−32.8	不

燃焼危険性			有害危険性			火災時の措置	備考	
引火点 [℃]	発火点 [℃]	爆発範囲 [vol%]	許容濃度 [ppm]	吸入LC_{50} [ラットppm]	経口LD_{50} [ラットmg/kg]			
52	418	0.8～6.9				粉末消火剤，二酸化炭素，散水，一般泡消火剤(消火効果のない場合，散水)		01
60	450	0.7 (100℃) ～5.7 (100℃)				粉末消火剤，二酸化炭素，散水，一般泡消火剤(消火効果のない場合，散水)		02
						粉末消火剤，二酸化炭素，散水，一般泡消火剤(消火効果のない場合，散水)		03
						粉末消火剤，二酸化炭素，散水，一般泡消火剤(消火効果のない場合，散水)		04
-28	460		50		4000	粉末消火剤，二酸化炭素，散水，一般泡消火剤(消火効果のない場合，散水)		05
						粉末消火剤，二酸化炭素，散水，一般泡消火剤(消火効果のない場合，散水)		06
	空気中発火					粉末消火剤，ソーダ灰，石灰，砂【水／泡消火剤使用不可】	溶液として用いられる	07
	空気中発火					粉末消火剤，ソーダ灰，石灰，砂【水／泡消火剤使用不可】	溶液として用いられる	08
-15	439	1.5～18.3				粉末消火剤，二酸化炭素，散水，一般泡消火剤(消火効果のない場合，散水)		09
24	501	1.65～				粉末消火剤，二酸化炭素，散水，一般泡消火剤(消火効果のない場合，散水)	強い毒性をもつ	10
98		2.2～15.0			1540	粉末消火剤，二酸化炭素，散水，耐アルコール性泡消火剤(消火効果のない場合，散水)		11
						粉末消火剤，二酸化炭素【ガス漏れ停止困難のときは消火不可】		12
<-20		1.4～				粉末消火剤，二酸化炭素【ガス漏れ停止困難のときは消火不可】		13

	名称	CAS No. 国連番号 化審法No.	危険物分類	物理的特性					
				外観・性質	比重	蒸気比重 (空気＝1)	沸点[℃]	融点[℃]	水溶性
01	**フッ化アンモニウム** **Ammonium fluoride** NH_4F [37.04]	*12125-01-8* — —	(水)	無色 結晶 昇華性 潮解性	1.0			加熱すると分解	易
02	**フッ化イリジウム(Ⅵ)** **Iridium(Ⅵ) fluoride** IrF_6 [306.21]	*7783-75-7* — —	(水)	淡黄色 結晶(低温)	4.8		53	44	
03	**フッ化ウラン(Ⅵ)** **Uranium(Ⅵ) fluoride** UF_6 [352.02]	*7783-81-5* — —	(水)	無色 結晶性固体	5.1		56 (昇華)	64	反応
04	**フッ化エチル** フルオロエタン **Ethyl fluoride** Fluoroethane C_2H_5F [48.06]	*353-36-6* 2453 —	(安)可燃性のガス，(圧)液化ガス・可燃性ガス，(運)2.1	気体	0.8 (−37.1℃)	1.7	−38		微
05	**フッ化塩素** 一フッ化塩素 **Chlorine fluoride** Chlorine monofluoride ClF [54.45]	*7790-89-8* — —	(水)，(消)第6類	無色 気体			−100.1	−155.6	
06	**フッ化オスミウム(Ⅵ)** **Osmium(Ⅵ) fluoride** OsF_6 [304.22]	*13768-38-2* — —	(水)	黄色 結晶	4.1		46	33	
07	**フッ化銀(Ⅰ)** **Silver(Ⅰ) fluoride** AgF [126.88]	*7775-41-9* — —	(毒)劇物，(管)1種	白色あるいは黄色 結晶	5.9		1159	435	可
08	**フッ化銀(Ⅱ)** 二フッ化銀 **Silver(Ⅱ) fluoride** Silver difluoride AgF_2 [145.88]	*7783-95-1* — —	(毒)劇物，(水)	白色(純粋な状態)または暗褐色(普通) 粉末	4.6		700 (分解)	690	激しく反応
09	**フッ化クロム(Ⅴ)** 五フッ化クロム **Chromium(Ⅴ) fluoride** Chromium pentafluoride CrF_5 [147.01]	*14884-42-5* — —	(水)，(安)18条	赤色 粉末			117	30	
10	**フッ化コバルト(Ⅲ)** フッ化第二コバルト 三フッ化コバルト **Cobalt(Ⅲ) fluoride** Cobaltic fluoride Cobalt trifluoride CoF_3 [115.93]	*10026-18-3* — —	(管)1種，(水)，(安)18条	淡褐色 結晶 (無水塩)	3.9			926±200	
11	**フッ化臭素(Ⅰ)** 一フッ化臭素 **Bromine(Ⅰ) fluoride** Bromine monofluoride BrF [98.92]	*13863-59-7* — —	(消)第6類，(水)	赤褐色の気体，赤色の液体				−33	
12	**フッ化水銀(Ⅰ)** フッ化第一水銀 **Mercury(Ⅰ) fluoride** Mercurous fluoride Hg_2F_2 [439.18]	*13967-25-4* — —	(毒)毒物，(管)1種，(水)	黄色 結晶	8.7			570	不

燃焼危険性			有害危険性			火災時の措置	備考	
引火点 [℃]	発火点 [℃]	爆発範囲 [vol%]	許容濃度 [ppm]	吸入LC$_{50}$ [ラットppm]	経口LD$_{50}$ [ラットmg/kg]			
			2.5mg/m^3 (F)			粉末消火剤, 二酸化炭素, 散水		01
			2.5mg/m^3 (F)			粉末消火剤, 二酸化炭素, 散水		02
			0.2mg/m^3, 0.6mg/m^3 (STEL) (U)			粉末消火剤, 二酸化炭素, 散水	発がん物質	03
		5〜10	2.5mg/m^3 (F)			粉末消火剤, 二酸化炭素【ガス漏れ停止困難のときは消火不可】		04
			2.5mg/m^3 (F)			水(注水, 水噴霧)		05
			2.5mg/m^3 (F)					06
			0.01mg/m^3 (Ag)			粉末消火剤, 二酸化炭素, 散水		07
			0.01mg/m^3 (Ag)			粉末消火剤, 二酸化炭素, 散水		08
			2.5mg/m^3 (F)			粉末消火剤, 二酸化炭素, 散水		09
			0.02mg/m^3 (Co)			粉末消火剤, 二酸化炭素, 散水		10
			2.5mg/m^3 (F)			粉末消火剤, ソーダ灰, 石灰, 砂【水／泡消火剤使用不可】		11
			0.025mg/m^3 (Hg)			粉末消火剤, 二酸化炭素, 散水		12

	名称	CAS No. 国連番号 化審法No.	危険物分類	物理的特性					
				外観・性質	比重	蒸気比重 (空気=1)	沸点[℃]	融点[℃]	水溶性
01	フッ化水素 フッ化水素酸 **Hydrogen fluoride** HF [20.01]	7664-39-3 1052 (1)-306	毒毒物, 管1種, 消第9条, 圧 毒性ガス, 気 有害物質, 水 安特定化学物 質・18条, 運 8	無色 液体 発煙性 (常温)	1.0 –		19.5	−83.6	易
02	フッ化スズ(Ⅱ) フッ化第一スズ **Tin(Ⅱ) fluoride** Stannous fluoride SnF₂ [156.70]	7783-47-3 — —	毒劇物, 水	白色 不透明, 光 沢の結晶	4.6		850	210〜215	可
03	フッ化セシウム **Ceasium fluoride** CsF [151.90]	13400-13-0 — —	水	無色 結晶	4.1		1251	684	可
04	フッ化タングステン(Ⅵ) 六フッ化タングステン **Tungsten(Ⅵ) fluoride** Tungsten hexafluoride WF₆ [297.84]	7783-82-6 2196 (1)-1177	毒毒物, 圧液 化ガス, 水, 運2.3	無色 液体	3.5	10.3	17.5	2.3	反応
05	フッ化チオニル フッ化スルフィニル **Thionyl fluoride** Sulfinyl fluoride SOF₂ [86.07]	7783-42-8 — —	水	無色 気体	1.8 (−100℃)	3.0	−44	−110.5	反応
06	フッ化チオホスホリル **Thiophosphoryl fluoride** PSF₃ [120.04]	2404-52-6 — —	水	無色 気体(常温)				−149	
07	フッ化テトラブチルアンモニウム **Tetrabutylammonium fluoride** C₁₆H₃₆FN [261.47]	429-41-4 — —	水		0.9			62〜63	
08	フッ化ナトリウム フッ化ソーダ **Sodium fluoride** NaF [41.99]	7681-49-4 1690, 3415 (1)-332	管1種, 水, 安18条, 運6.1	白色 結晶	2.8		1704	992	微
09	フッ化鉛(Ⅱ) 二フッ化鉛 フッ化第一鉛 **Lead(Ⅱ) fluoride** Lead difluoride Plumbous fluoride PbF₂ [245.21]	7783-46-2 — —	毒劇物, 管1 種, 水	白色 結晶	8.2		1290	855	
10	フッ化ニトロイル **Nitryl fluoride** NO₂F [65.00]	10022-50-1 — —	圧毒性ガス, 水	無色 気体 粘膜を強く 侵す 発煙性			−63.5	−139	
11	フッ化ニトロシル **Nitrosyl fluoride** NOF [49.01]	7789-25-5 — —	圧毒性ガス, 水	無色 気体			−59.9	−132.5	反応

燃焼危険性			有害危険性			火災時の措置	備考	
引火点 [℃]	発火点 [℃]	爆発範囲 [vol%]	許容濃度 [ppm]	吸入LC$_{50}$ [ラットppm]	経口LD$_{50}$ [ラットmg/kg]			
			3(STEL)	1276/1H		粉末消火剤，二酸化炭素（防毒マスク使用）	きわめて有毒．通常50〜60%の水溶液	01
			2mg/m³ (Sn)			粉末消火剤，二酸化炭素，散水		02
			2.5mg/m³ (F)			粉末消火剤，二酸化炭素，散水		03
			1mg/m³, 3mg/m³ (STEL) (W)			粉末消火剤，二酸化炭素，散水		04
			2.5mg/m³ (F)			粉末消火剤，ソーダ灰，石灰，砂【水／泡消火剤使用不可】		05
			2.5mg/m³ (F)			粉末消火剤，二酸化炭素，散水		06
			2.5mg/m³ (F)					07
			2.5mg/m³ (F)		52	粉末消火剤，二酸化炭素，散水	有毒	08
			0.05mg/m³ (Pb)			粉末消火剤，二酸化炭素，散水		09
			2.5mg/m³ (F)			水(注水，水噴霧)		10
			2.5mg/m³ (F)			水(注水，水噴霧)		11

	名称	CAS No. 国連番号 化審法No.	危険物分類	物理的特性					
				外観・性質	比重	蒸気比重 (空気=1)	沸点[℃]	融点[℃]	水溶性
01	フッ化白金(Ⅳ) フッ化第二白金 四フッ化白金 **Platinum(Ⅳ) fluoride** Platinicfluoride Platinum tetrafluoride PtF₄ [271.09]	13455-15-7 — —	水	褐黄色 結晶				600	
02	フッ化白金(Ⅵ) **Platinum(Ⅵ) fluoride** PtF₆ [309.07]	13693-05-5 — —	水	暗赤色 結晶	4.0		69	61.3	
03	フッ化パラジウム(Ⅳ) **Palladium(Ⅳ) fluoride** PdF₄ [182.4]	13709-55-2 — —	水	褐赤色 結晶				分解	
04	フッ化ビニル フルオロエチレン **Vinyl fluoride** Fluoroethylene C₂H₃F [46.04]	75-02-5 1860 (2)-110	安可燃性のガス・18条, 圧液化ガス・可燃性ガス, 運2.1	無色 気体	0.9 (-72℃)	1.6	-72	-160.5	不
05	フッ化プルトニウム(Ⅵ) 六フッ化プルトニウム **Plutonium(Ⅵ) fluoride** Plutonium hexafluoride PuF₆ [358.06]	13693-06-6 — —		暗褐色 固体 揮発性	5.1		62	50.8	
06	フッ化ブロミル **Bromyl fluoride** BrO₂F [130.9]	22585-64-4 — —		黄色 液体				-9	
07	フッ化ベリリウム **Beryllium fluoride** BeF₂ [47.01]	7787-49-7 — —	管特定1種, 水	固体 シリカに似たガラス状で透明	2.0		1160	555	易
08	フッ化マンガン(Ⅲ) フッ化第二マンガン 三フッ化マンガン **Manganese(Ⅲ) fluoride** Manganic fluoride Manganese trifluoride MnF₃ [111.93]	7783-53-1 — —	管1種, 水	赤色 結晶 (無水塩)	3.5			>600 (分解)	可
09	フッ化マンガン(Ⅳ) **Manganese(Ⅳ) fluoride** MnF₄ [130.93]	15195-58-1 — —	管1種, 水	青色				室温(ゆっくり分解)	
10	フッ化メチル フルオロメタン **Methyl fluoride** Fluoromethane CH₃F [34.03]	593-53-3 2454 —	安可燃性のガス, 圧可燃性ガス, 運2.1	気体	0.9		-78.4	-115	
11	フッ化モリブデン(Ⅵ) 六フッ化モリブデン **Molybdenum(Ⅵ) fluoride** Molybdenum hexafluoride MoF₆ [209.95]	7783-77-9 — —	管1種, 水	無色 液体	2.5		35~37	17.5	
12	フッ化レニウム(Ⅵ) 六フッ化レニウム **Rhenium(Ⅵ) fluoride** Rhenium hexafluoride ReF₆ [300.22]	10049-17-9 — —	水	黄色 液体	4.1 (固体)		34	18.8	反応

燃焼危険性			有害危険性			火災時の措置	備考	
引火点 [℃]	発火点 [℃]	爆発範囲 [vol%]	許容濃度 [ppm]	吸入LC$_{50}$ [ラットppm]	経口LD$_{50}$ [ラットmg/kg]			
			2.5mg/m^3 (F)					01
			2.5mg/m^3 (F)			粉末消火剤, 二酸化炭素, 散水		02
			2.5mg/m^3 (F)			粉末消火剤, 二酸化炭素, 散水		03
ガス	460	2.6〜21.7	1			粉末消火剤, 二酸化炭素【ガス漏れ停止困難のときは消火不可】	発がん物質の恐れ	04
			2.5mg/m^3 (F)			粉末消火剤, 二酸化炭素, 散水		05
			2.5mg/m^3 (F)			粉末消火剤, 二酸化炭素, 散水		06
			0.002mg/m^3, 0.01mg/m^3 (STEL) (Be)			粉末消火剤, 二酸化炭素, 散水	発がん物質	07
			0.2mg/m^3 (Mn)		86	粉末消火剤, 二酸化炭素, 散水	3水和物もある	08
			0.2mg/m^3 (Mn)			粉末消火剤, 二酸化炭素, 散水		09
						粉末消火剤, 二酸化炭素【ガス漏れ停止困難のときは消火不可】		10
			0.5mg/m^3 (Mo)			粉末消火剤, 二酸化炭素, 散水		11
			2.5mg/m^3 (F)			粉末消火剤, 二酸化炭素, 散水		12

	名称	CAS No. 国連番号 化審法No.	危険物分類	物理的特性					
				外観・性質	比重	蒸気比重 (空気=1)	沸点[℃]	融点[℃]	水溶性
01	フッ素 Fluorine F_2 [38.00]	7782-41-4 1045 対象外	圧毒性ガス, 気有害物質, 水, 安18条, 運2.3	淡黄色 気体 特異臭	1.7	1.3	−188	−218.6	反応
02	1-ブテン α-ブチレン 1-Butene α-Butylene C_4H_8 [56.11]	106-98-9 — —	安可燃性のガス, 圧可燃性ガス	無色 気体 オレフィン臭	0.7 (−46℃)	1.9	−6		難
03	cis-2-ブテン 2-Butene-cis C_4H_8 [56.11]	590-18-1 — —	安可燃性のガス, 圧可燃性ガス	気体 オレフィン臭	0.6	1.9	4	−139.3	
04	trans-2-ブテン β-ブチレン 2-Butene-trans β-Butylene C_4H_8 [56.11]	624-64-6 — —	安可燃性のガス, 圧可燃性ガス	気体 オレフィン臭	0.6	1.9	1	−105.8	不
05	2-ブテン-1-オール クロチルアルコール 2-Butene-1-ol Crotyl alcohol Crotonyl alcohol C_4H_8O [72.11]	6117-91-5 — —	消第4類, 安引火性の物	無色 液体	0.85	2.5	121	Z体: −90.15 E体:	易
06	3-ブテン-1-オール ビニルエチルアルコール 3-Butene-1-ol Vinyl ethyl alcohol C_4H_8O [72.11]	627-27-0 — —	消第4類, 安引火性の物	無色 液体	0.8	2.5	112		易
07	3-ブテン-2-オン メチル=ビニル=ケトン 3-Butene-2-one Methyl vinyl ketone C_4H_6O [70.09]	78-94-4 1251 —	消第4類, 安引火性の物, 運6.1	液体 刺激臭	0.9	2.4	81		易
08	2-ブテン-1,4-ジオール ブテンジオール 2-Butene-1,4-diol Butenediol $C_4H_8O_2$ [88.1]	110-64-5 — —	消第4類	無色 液体 粘ちょう (cis), 無色 結晶 (trans)	1.1	3.0	141〜149 (20mmHg)	7	易
09	フマル酸 Fumaric acid $C_4H_4O_4$ [116.07]	110-17-8 — (2)-1091		結晶	1.6		290 (分解)	287	微
10	フマル酸ジエチル Diethyl fumarate $C_8H_{12}O_4$ [172.20]	623-91-6 — —	消第4類	液体	1.0+ (20℃)	5.9	217		微
11	フマロニトリル Fumaronitrile $C_4H_2N_2$ [78.07]	764-42-1 — —		褐色 結晶	0.9		186	95〜98	微
12	フラン Furan Furfuran C_4H_4O [68.08]	110-00-9 2389 —	消第4類, 安引火性の物, 運3	無色 液体	0.9	2.3	31	−85	不

燃焼危険性			有害危険性			火災時の措置	備考	
引火点 [℃]	発火点 [℃]	爆発範囲 [vol%]	許容濃度 [ppm]	吸入LC$_{50}$ [ラットppm]	経口LD$_{50}$ [ラットmg/kg]			
			1, 2(STEL)	185/1H		水(注水, 水噴霧)	猛毒(単体, 常温)	01
ガス	385	1.6〜10.0				粉末消火剤, 二酸化炭素【ガス漏れ停止困難のときは消火不可】		02
ガス	325	1.7〜9.0				粉末消火剤, 二酸化炭素【ガス漏れ停止困難のときは消火不可】		03
ガス	324	1.8〜9.7				粉末消火剤, 二酸化炭素【ガス漏れ停止困難のときは消火不可】		04
27	349	4.2〜35.3				粉末消火剤, 二酸化炭素, 散水, 耐アルコール性泡消火剤(消火効果のない場合, 散水)	cis, transの混合物	05
38		4.7〜34			300(マウス)	粉末消火剤, 二酸化炭素, 散水, 耐アルコール性泡消火剤(消火効果のない場合, 散水)		06
−7	491	2.1〜15.6	0.2(STEL)			粉末消火剤, 二酸化炭素, 散水, 耐アルコール性泡消火剤(消火効果のない場合, 散水)		07
128						粉末消火剤, 二酸化炭素, 散水, 耐アルコール性泡消火剤(消火効果のない場合, 散水)		08
					9300	粉末消火剤, 二酸化炭素, 散水, 耐アルコール性泡消火剤	特異な酸味をもつ	09
104						粉末消火剤, 二酸化炭素, 散水, 一般泡消火剤(消火効果のない場合, 散水)		10
								11
−35		2.3〜14.3				粉末消火剤, 二酸化炭素, 散水, 一般泡消火剤(消火効果のない場合, 散水)		12

	名称	CAS No. 国連番号 化審法No.	危険物分類	物理的特性					
				外観・性質	比重	蒸気比重 (空気=1)	沸点[℃]	融点[℃]	水溶性
01	o-フルオロトルエン 2-フルオロトルエン o-Fluorotoluene 2-Fluorotoluene C_7H_7F [110.13]	95-52-3 2388 —	消第4類, 運3	無色 液体	1		114	-80	不
02	m-フルオロトルエン 3-フルオロトルエン m-Fluorotoluene 3-Fluorotoluene C_7H_7F [110.13]	352-70-5 2388 —	消第4類, 運3	無色 液体	1		116	-111	不
03	p-フルオロトルエン 4-フルオロトルエン p-Fluorotoluene 4-Fluorotoluene C_7H_7F [110.13]	352-32-9 2388 —	消第4類, 運3	無色 液体	1		116	-56	不
04	2-フルオロピリジン 2-Fluoropyridine C_5H_4FN [97.09]	372-48-5 — —	消第4類	無色 液体	1.1	3.3	126 (753mmHg)		
05	フルオロベンゼン Fluorobenzene C_6H_5F [96.10]	462-06-6 2387 —	消第4類, 引火性の物, 運3	無色 液体 ベンゼン臭	1.0+	3.3	85	-41.9	微
06	フルオロ硫酸エチル フルオロスルホン酸エチル Ethyl fluorosulfate Ethyl fluorosulfate $C_2H_5OFSO_2$ [128.12]	371-69-7 — —	水	液体 エーテル様臭					
07	フルオロ硫酸塩素 Chlorine fluorosulfate $ClSO_3F$ [134.52]	13997-90-5 — —	水	黄色 液体				-84.3	
08	フルオロ硫酸フッ素 次亜フッ素酸フルオロスルフリル Fluorine fluorosulfate Fluorosulfuryl hypofluorite FSO_3F [118.05]	13536-85-1 — —	水	無色 気体				-158.5	
09	フルオロリン酸 Fluorophosphoric acid H_2PO_3F [99.99]	13537-32-1 1776 —	水, 運8	無色 液体 粘性	1.8				可
10	プルトニウム Plutonium Pu [244]	7440-07-5 — —	消第2類, 発火性の物	銀白色 固体	16〜20		3235	640	
11	フルフラール 2-フルアルデヒド Furfural 2-Furaldehyde Furol $C_5H_4O_2$ [96.09]	98-01-1 1199 (5)-40	消第4類, 安 引火性の物・18条, 運6.1	無色 液体 ベンズアルデヒド臭	1.2	3.3	161	-36.5	可
12	フルフリルアミン Furfurylamine C_5H_7NO [97.12]	617-89-0 — —	消第4類, 安 引火性の物	無色 油状液体	1.1	3.4	146		易
13	フルフリルアルコール Furfuryl alcohol $C_5H_6O_2$ [98.10]	98-00-0 2874 (5)-31	消第4類, 安 18条, 運6.1	無色 液体 刺激臭 苦味	1.1	3.4	171	-31	易

燃焼危険性			有害危険性			火災時の措置	備考	
引火点 [℃]	発火点 [℃]	爆発範囲 [vol%]	許容濃度 [ppm]	吸入LC$_{50}$ [ラットppm]	経口LD$_{50}$ [ラットmg/kg]			
						粉末消火剤, 二酸化炭素, 散水, 一般泡消火剤(消火効果のない場合, 散水)		01
						粉末消火剤, 二酸化炭素, 散水, 一般泡消火剤(消火効果のない場合, 散水)		02
						粉末消火剤, 二酸化炭素, 散水, 一般泡消火剤(消火効果のない場合, 散水)		03
						粉末消火剤, 二酸化炭素, 散水, 一般泡消火剤(消火効果のない場合, 散水)		04
-15						粉末消火剤, 二酸化炭素, 散水, 一般泡消火剤(消火効果のない場合, 散水)		05
								06
						粉末消火剤, 二酸化炭素, 散水		07
						粉末消火剤, 二酸化炭素, 散水		08
						粉末消火剤, 二酸化炭素, 散水		09
						粉末消火剤, 二酸化炭素, 散水	6種の変態あり	10
60	316	2.1～19.3	2		65	粉末消火剤, 二酸化炭素, 散水, 一般泡消火剤(消火効果のない場合, 散水)	粘膜を激しく刺激する	11
37						粉末消火剤, 二酸化炭素, 散水, 一般泡消火剤(消火効果のない場合, 散水)		12
75	491	1.8～16.3	10, 15(STEL)		177	粉末消火剤, 二酸化炭素, 散水, 耐アルコール性泡消火剤(消火効果のない場合, 散水)		13

名称	CAS No. 国連番号 化審法No.	危険物分類	外観・性質	比重	蒸気比重 (空気=1)	沸点[℃]	融点[℃]	水溶性
01 プロパジエン アレン **Propadiene** Allene C_3H_4 [40.07]	463-49-0 1060, 2200 ―	圧可燃性ガス, 運2.1	無色 気体 不安定		1.4	−34	−136.1	
02 1-プロパノール プロピルアルコール **1-Propanol** Propyl alcohol C_3H_8O [60.10]	71-23-8 1274 (2)-207	消第4類, 安引火性の物・ 18条, 運3	無色 液体 特有の芳香	0.8	2.1	97		易
03 2-プロパノール イソプロピルアルコール **2-Propanol** Isopropyl alcohol Dimethyl carbinol C_3H_8O [60.10]	67-63-0 ― (2)-207	消第4類, 安 引火性の物・ 18条	無色 液体 特有の芳香	0.8	2.1	83	−89.5	易
04 プロパノールアミン 3-アミノプロパノール **Propanolamine** 3-Aminopropanol C_3H_9NO [75.11]	156-87-6 (2)-323	消第4類	無色 液体	1.0−		184〜186	12.4	可
05 プロパン **Propane** C_3H_8 [44.10]	74-98-6 1978 ―	安可燃性のガ ス, 圧液化石 油ガス・液化 ガス・可燃性 ガス・特定高 圧ガス, 運2.1	無色 気体 無臭		1.6	−42	−187.7	微
06 1,2-プロパンジアミン プロピレンジアミン 1,2-ジアミノプロパン **1,2-Propanediamine** Propylenediamine $C_3H_{10}N_2$ [74.13]	78-90-0 2258 (2)-149	消第4類, 安 引火性の物, 運8	無色 液体 吸湿性 アンモニア 臭	0.9	2.6	119	−37	易
07 1,3-プロパンジアミン 1,3-ジアミノプロパン トリメチレンジアミン **1,3-Propanediamine** 1,3-Diaminopropane Trimethylenediamine $C_3H_{10}N_2$ [74.13]	109-76-2 ― (2)-149	消第4類, 安 引火性の物	無色 液体 アンモニア 臭	0.9	2.6	136	−22.5	易
08 1,2-プロパンジオール プロピレングリコール **1,2-Propanediol** Propylene glycol Methyl ethylene glycol $C_3H_8O_2$ [76.10]	57-55-6 ― (2)-234	消第4類	無色 液体 吸湿性	1.0+	2.6	188	<−59	易
09 1,3-プロパンジオール トリメチレングリコール **1,3-Propanediol** Trimethylene glycol $C_3H_8O_2$ [76.10]	504-63-2 ― ―	消第4類	無色 液体 粘ちょう	1.1	2.6	214	−59	易

燃焼危険性			有害危険性			火災時の措置	備考	
引火点 [℃]	発火点 [℃]	爆発範囲 [vol%]	許容濃度 [ppm]	吸入LC$_{50}$ [ラットppm]	経口LD$_{50}$ [ラットmg/kg]			
−101		2.1〜13				粉末消火剤, 二酸化炭素【ガス漏れ停止困難のときは消火不可】		01
23	412	2.2〜13.7	200, 400 (STEL)		1870	粉末消火剤, 二酸化炭素, 散水, 耐アルコール性泡消火剤(消火効果のない場合, 散水)		02
12	399	2.0〜12.7 (93℃)	200, 400 (STEL)		5045	粉末消火剤, 二酸化炭素, 散水, 耐アルコール性泡消火剤(消火効果のない場合, 散水)		03
80	375	2.5〜10.6			2830μl/kg	粉末消火剤, 二酸化炭素, 散水, 耐アルコール性泡消火剤(消火効果のない場合, 散水)		04
ガス	450	2.1〜9.5	1000			粉末消火剤, 二酸化炭素【ガス漏れ停止困難のときは消火不可】		05
33	416	2.2〜11.1			2230	粉末消火剤, 二酸化炭素, 散水, 耐アルコール性泡消火剤(消火効果のない場合, 散水)		06
24					350μl/kg	粉末消火剤, 二酸化炭素, 散水, 耐アルコール性泡消火剤(消火効果のない場合, 散水)		07
99	371	2.6〜12.5			20g/kg	粉末消火剤, 二酸化炭素, 散水, 耐アルコール性泡消火剤(消火効果のない場合, 散水)		08
129	400	2.6〜16.6			>2000	粉末消火剤, 二酸化炭素, 散水, 耐アルコール性泡消火剤(消火効果のない場合, 散水)		09

	名称	CAS No. 国連番号 化審法No.	危険物分類	物理的特性					
				外観・性質	比重	蒸気比重 (空気=1)	沸点[℃]	融点[℃]	水溶性
01	1-プロパンチオール プロピルメルカプタン **1-Propanethiol** Propylmercaptan C_3H_8S [76.16]	107-03-9 2402 (2)-464	消第4類,気 特定物質,安 引火性の物, 運3	無色 液体	0.8		67.6	-113	
02	2-プロパンチオール イソプロピルメルカプタン **2-Propanethiol** Isopropylmercaptan C_3H_8S [76.16]	75-33-2 2402 —	運3	液体 強い不快臭	0.8		57〜60		
03	プロピオニトリル プロピオノニトリル シアン化エチル **Propionitrile** Propiononitrile Propionic nitrile C_3H_5N [55.08]	107-12-0 2404 (2)-1509	毒劇物,消第 4類,水,安 引火性の物, 運3	無色 液体 エーテル臭	0.8	1.9	97	-91.9	易
04	プロピオフェノン エチル=フェニル=ケトン 1-フェニル-1-プロパノン **Propiophenone** Ethyl phenyl ketone $C_9H_{10}O$ [134.18]	93-55-0 — (9)-1157	消第4類	無色 液体 強い花様の 芳香	1.0+	4.6	218	19〜20	不
05	β-プロピオラクトン 2-オキセタノン **β-Propiolactone** 2-Oxetanone $C_3H_4O_2$ [72.06]	57-57-8 — —	消第4類	液体 強い芳香	1.1	2.5	155	-33.4	易
06	プロピオルアルデヒド プロピナール **Propiolaldehyde** Propynal C_3H_2O [54.05]	624-67-9 — —	消第4類,安 引火性の物	液体 刺激臭	1		54〜55 (742mmHg)		可
07	プロピオル酸 アセチレンカルボン酸 **Propiolic acid** Acetylenecarboxylic acid $C_3H_2O_2$ [70.05]	471-25-0 — —	消第4類	無色 液体 酢酸臭	1.1		144	18	
08	プロピオンアルデヒド プロパナール **Propionaldehyde** Propanal C_3H_6O [58.08]	123-38-6 1275 (2)-486	消第4類,安 引火性の物, 運3	無色 液体	0.8	2.0	49	<-60	易
09	プロピオン酸 プロパン酸 **Propionic acid** Propanoic acid $C_3H_6O_2$ [74.08]	79-09-4 1743, 1848, 3463 (2)-602	消第4類,安 引火性の物・ 18条,運8	無色 液体 刺激臭	1.0-	2.5	147	-21.5	易
10	プロピオン酸イソプロピル **Isopropyl propionate** $C_6H_{12}O_2$ [116.16]	637-78-5 2409 —	消第4類,安 引火性の物, 運3	無色 液体	0.9	4.0	122	-76	
11	プロピオン酸エチル **Ethyl propionate** $C_5H_{10}O_2$ [102.13]	105-37-3 1195 (2)-774	消第4類,安 引火性の物, 運3	無色 液体 果実臭	0.9	3.5	99	-72.6	難

燃焼危険性			有害危険性			火災時の措置	備考	
引火点 [℃]	発火点 [℃]	爆発範囲 [vol%]	許容濃度 [ppm]	吸入LC_{50} [ラットppm]	経口LD_{50} [ラットmg/kg]			
						粉末消火剤,二酸化炭素,散水,一般泡消火剤(消火効果のない場合,散水)		01
						粉末消火剤,二酸化炭素,散水,耐アルコール性泡消火剤(消火効果のない場合,散水)		02
2		3.1〜			39	粉末消火剤,二酸化炭素,散水,耐アルコール性泡消火剤(消火効果のない場合,散水)		03
99					4490μl/kg	粉末消火剤,二酸化炭素,散水,一般泡消火剤(消火効果のない場合,散水)		04
74		2.9〜	0.5			粉末消火剤,二酸化炭素,散水,耐アルコール性泡消火剤(消火効果のない場合,散水)		05
						粉末消火剤,二酸化炭素,散水,耐アルコール性泡消火剤(消火効果のない場合,散水)		06
						粉末消火剤,二酸化炭素,散水,耐アルコール性泡消火剤(消火効果のない場合,散水)		07
−30	207	2.6〜17	20		1410	粉末消火剤,二酸化炭素,散水,耐アルコール性泡消火剤(消火効果のない場合,散水)		08
52	465	2.9〜12.1	10		2600	粉末消火剤,二酸化炭素,散水,耐アルコール性泡消火剤(消火効果のない場合,散水)		09
15						粉末消火剤,二酸化炭素,散水,一般泡消火剤(消火効果のない場合,散水)		10
12	440	1.9〜11			8732	粉末消火剤,二酸化炭素,散水,一般泡消火剤(消火効果のない場合,散水)		11

	名称	CAS No. 国連番号 化審法No.	危険物分類	物理的特性					
				外観・性質	比重	蒸気比重 (空気=1)	沸点[℃]	融点[℃]	水溶性
01	プロピオン酸ビニル Vinyl propionate $C_5H_8O_2$ [100.12]	105-38-4 — —	消第4類,安引火性の物	液体	0.9	3.3	95		難
02	プロピオン酸ブチル Butyl propionate $C_7H_{14}O_2$ [130.19]	590-01-2 1914 —	消第4類,安引火性の物,運3	無色 液体	0.9	4.5	146.8	−90	難
03	プロピオン酸プロピル Propyl propionate $C_6H_{12}O_2$ [116.16]	106-36-5 — —	消第4類,安引火性の物	無色 液体	0.9	4.0	118		不
04	プロピオン酸ペンチル プロピオン酸アミル Pentyl propionate Amyl propionate $C_8H_{16}O_2$ [144.21]	624-54-4 — —	消第4類,安引火性の物	無色 液体	0.9	5	165		不
05	プロピオン酸無水物 無水プロピオン酸 Propionic anhydride $C_6H_{10}O_3$ [130.14]	123-62-6 2496 (2)-626	消第4類,安引火性の物,運8	無色 液体 刺激臭	1.0+	4.5	169	−45	反応
06	プロピオン酸メチル Methyl propionate $C_4H_8O_2$ [88.11]	554-12-1 1248 —	消第4類,安引火性の物,運3	無色 液体	0.9	3.0	80	−87	不
07	プロピルアミン 1-プロパンアミン Propylamine 1-Propanamine C_3H_9N [59.11]	107-10-8 1277 (2)-131	消第4類,安引火性の物,運3	液体 強いアンモニア臭	0.7	2.0	49	−83	易
08	プロピルシクロヘキサン Propylcyclohexane C_9H_{18} [126.24]	1678-92-8 — —	消第4類,安引火性の物	液体	0.8		156～157	−94	
09	プロピルシクロペンタン 1-シクロペンチルプロパン Propylcyclopentane 1-Cyclopentylpropane C_8H_{16} [112.21]	2040-96-2 — —	消第4類,安引火性の物	液体	0.8		131		
10	プロピルベンゼン Propylbenzene Phenylpropane C_9H_{12} [120.20]	103-65-1 2364 —	消第4類,安引火性の物,運3	無色 液体	0.9	4.1	159	−99.2	不
11	プロピレン プロペン Propylene Propene C_3H_6 [42.08]	115-07-1 1077, 3138 (2)-13	圧液化ガス・可燃性ガス,安可燃性のガス,運2.1	無色 気体 弱い刺激臭	0.6 (−79℃)	1.5	−47	−185.2	微
12	プロピレンイミン 2-メチルアジリジン Propyleneimine 2-Methylaziridine C_3H_7N [57.1]	75-55-8 1921 —	消第4類,安引火性の物・18条,運3	無色 液体 アミン臭	0.8	2.0	67	−63	易
13	プロピレンオキシド 2-メチルオキシラン 酸化プロピレン Propylene oxide 2-Methyloxirane C_3H_6O [58.08]	75-56-9 1280, 2983 (2)-219	管1種,消第4類特殊引火物,圧可燃性ガス,安引火性の物・18条,運3	無色 液体	0.8	2.0	35	−112.1	易

燃焼危険性			有害危険性			火災時の措置	備考	
引火点 [℃]	発火点 [℃]	爆発範囲 [vol%]	許容濃度 [ppm]	吸入LC_{50} [ラットppm]	経口LD_{50} [ラットmg/kg]			
1						粉末消火剤, 二酸化炭素, 散水, 一般泡消火剤(消火効果のない場合, 散水)		01
32	426					粉末消火剤, 二酸化炭素, 散水, 一般泡消火剤(消火効果のない場合, 散水)		02
24						粉末消火剤, 二酸化炭素, 散水, 一般泡消火剤(消火効果のない場合, 散水)		03
41	378					粉末消火剤, 二酸化炭素, 散水, 一般泡消火剤(消火効果のない場合, 散水)		04
63	285	1.3〜9.5			2360	粉末消火剤, ソーダ灰, 石灰, 砂【水／泡消火剤使用不可】		05
-2	469	2.5〜13				粉末消火剤, 二酸化炭素, 散水, 一般泡消火剤(消火効果のない場合, 散水)		06
-37	318	2.0〜10.4			370	粉末消火剤, 二酸化炭素, 散水, 一般泡消火剤(消火効果のない場合, 散水)		07
35	248					粉末消火剤, 二酸化炭素, 散水, 一般泡消火剤(消火効果のない場合, 散水)		08
	269					粉末消火剤, 二酸化炭素, 散水, 一般泡消火剤(消火効果のない場合, 散水)		09
30	450	0.8〜6.0				粉末消火剤, 二酸化炭素, 散水, 一般泡消火剤(消火効果のない場合, 散水)		10
ガス	455	2.0〜11.1	窒息に至る			粉末消火剤, 二酸化炭素【ガス漏れ停止困難のときは消火不可】		11
-4			2					12
-37	449	2.3〜36	2		380	粉末消火剤, 二酸化炭素, 散水, 耐アルコール性泡消火剤(消火効果のない場合, 散水)		13

	名称	CAS No. 国連番号 化審法No.	危険物分類	物理的特性					
				外観・性質	比重	蒸気比重 (空気=1)	沸点[℃]	融点[℃]	水溶性
01	プロピレンカーボネート 4-メチル-1,3-ジオキソラン-2-オン プロピレンカルボナート **Propylene carbonate** 4-Methyl-1,3-dioxolan-2-one $C_4H_6O_3$ [102.09]	108-32-7 — (5)-524	消第4類	無色 液体 無臭	1.2		242	−49.2	可
02	プロピレングリコール=メチルエーテル=アセタート **Propylene glycol methyl ether acetate** $C_6H_{12}O_3$ [132.16]	108-65-6 — (2)-3144	消第4類, 安引火性の物	無色 液体	1.0−	4.6	146		微
03	プロピン メチルアセチレン アリレン **Propyne** Methylacetylene Allylene C_3H_4 [40.07]	74-99-7 1060 —	安可燃性のガス,圧液化ガス・可燃性ガス,運2	無色 気体	0.7 (−55℃)	1.4	−3	−102.7	微
04	2-プロピン-1-オール プロパギルアルコール 3-プロピノール **2-Propyn-1-ol** Propargyl alcohol C_3H_4O [56.06]	107-19-7 — —	消第4類,安引火性の物・18条,管2種	無色 液体 芳香	1.0−	1.9	115	−51.8	易
05	2-プロペン-1-チオール アリルメルカプタン **2-Propene-1-thiol** Allyl mercaptan C_3H_6S [74.15]	870-23-5 — —	消第4類,安引火性の物	無色 液体 特有の強い不快臭	0.9		68〜69		不
06	ブロモアセチレン **Bromoacetylene** C_2HBr [104.93]	593-61-3 — —		気体 リンに似た臭気					
07	p-ブロモアニリン **p-Bromoaniline** C_6H_6BrN [172.02]	106-40-1 — —		無色 結晶	1.5	5.9	223	66〜66.5	難
08	1-ブロモ-3-クロロプロパン 1-クロロ-3-ブロモプロパン **1-Bromo-3-chloropropane** 1-Chloro-bromopropane BrC_3H_6Cl [157.44]	109-70-6 — (9)-1247	消第4類,運6.1	無色 液体	1.6		143	−59	不
09	ブロモ酢酸 臭化酢酸 **Bromoacetic acid** $C_2H_3BrO_2$ [138.95]	79-08-3 1938, 3425 (2)-2634	運8	結晶 潮解性	1.9		208	50	易
10	ブロモ酢酸エチル **Ethyl bromoacetate** $C_4H_7BrO_2$ [167.00]	105-36-2 1603 —	消第4類,安引火性の物,運6.1	液体	1.5		159	−13.8	不
11	ブロモシアン 臭化シアン 臭化シアノゲン **Cyanogen bromide** BrCN [105.94]	506-68-3 1889 (1)-1035	毒毒物,管1種指定,水,安18条,運6.1	無色 結晶 刺激臭				52	可

ブロモ 341

燃焼危険性			有害危険性			火災時の措置	備考	
引火点 [℃]	発火点 [℃]	爆発範囲 [vol%]	許容濃度 [ppm]	吸入LC_{50} [ラットppm]	経口LD_{50} [ラットmg/kg]			
135					29100μl/kg	粉末消火剤，二酸化炭素，散水，耐アルコール性泡消火剤(消火効果のない場合，散水)		01
42	354	1.5 (200℃) ～7.0 (200℃)			8532	粉末消火剤，二酸化炭素，散水，一般泡消火剤(消火効果のない場合，散水)		02
ガス		1.7～	1000			粉末消火剤，二酸化炭素【ガス漏れ停止困難のときは消火不可】		03
36			1			粉末消火剤，二酸化炭素，散水，耐アルコール性泡消火剤(消火効果のない場合，散水)	爆発的に重合しやすい	04
21						粉末消火剤，二酸化炭素，散水，一般泡消火剤(消火効果のない場合，散水)		05
								06
						粉末消火剤，二酸化炭素，散水，耐アルコール性泡消火剤		07
81					930	粉末消火剤，二酸化炭素，散水，一般泡消火剤(消火効果のない場合，散水)		08
					100(マウス)	粉末消火剤，二酸化炭素，散水，耐アルコール性泡消火剤	催涙性がある	09
48						粉末消火剤，二酸化炭素，散水，一般泡消火剤(消火効果のない場合，散水)		10
			5mg/m³ (STEL)(CN)			粉末消火剤，ソーダ灰，石灰【水／泡消火剤使用不可】	有毒	11

	名称	CAS No. 国連番号 化審法No.	危険物分類	物理的特性 外観・性質	比重	蒸気比重 (空気=1)	沸点[℃]	融点[℃]	水溶性
01	4-ブロモジフェニル 4-Bromodiphenyl $C_{12}H_9Br$ [233.11]	92-66-0 — —		固体			311	89～92	不
02	ブロモジボラン Bromodiborane(6) B_2H_5Br [106.57]	23834-96-0 — —	水	無色 液体			44 (42mmHg)		
03	ブロモシラン 水素化臭化ケイ素 Bromosilane Silicon hydride bromide SiH_3Br [111.01]	13465-73-1 — —		無色 気体 刺激臭				-94	
04	ブロモトリクロロメタン Bromotrichloromethane $CBrCl_3$ [198.27]	75-62-7 — —		無色 液体 クロロホルム様臭	2		105	-6	
05	ブロモトリフルオロメタン Bromotrifluoromethane $CBrF_3$ [148.91]	75-63-8 1009 —	菅1種, 安18条, 運2.1	無色 気体	2.3		-58	-168	
06	o-ブロモトルエン o-Bromotoluene C_7H_7Br [171.04]	95-46-5 — (3)-88	消第4類	無色 液体	1.4	5.9	182	-26	不
07	m-ブロモトルエン m-Bromotoluene C_7H_7Br [171.04]	591-17-3 — —	消第4類	無色 液体	1.4	5.9	183.7	-39.8	
08	p-ブロモトルエン p-Bromotoluene C_7H_7Br [171.04]	106-38-7 — (3)-88		結晶	1.4	5.9	184	28.5	不
09	m-ブロモピリジン m-Bromopyridine C_5H_4BrN [158.00]	626-55-1 1993 —	消第4類, 運6.1	黄色 液体	1.6		173	-27	可
10	1-ブロモ-2-ブテン 臭化クロチル 臭化-1-クロチル 1-Bromo-2-butene 1-Crotyl bromide Crotyl bromide C_4H_7Br [135.00]	4784-77-4 — —	消第4類, 引火性の物	液体	1.3	4.7	97～99		
11	4-ブロモ-1-ブテン 4-Bromo-1-butene C_4H_7Br [135.00]	5162-44-7 — —	消第4類, 引火性の物	無色 液体	1.3		98～100		難
12	3-ブロモプロピン 臭化プロパルギル プロパルギルブロマイド 臭化2-プロピニル 3-Bromopropyne Propargyl bromide 2-Propynyl bromide C_3H_3Br [118.96]	106-96-7 2345 (2)-108	消第4類, 引火性の物, 運3	液体 刺激臭	1.6	4.1	89		不
13	ブロモベンゼン 臭化フェニル Bromobenzene Phenyl bromide C_6H_5Br [157.01]	108-86-1 2514 (3)-32	消第4類, 安 引火性の物, 運3	液体 芳香 流動性	1.5	5.4	156	-31	難

燃焼危険性			有害危険性			火災時の措置	備考	
引火点 [℃]	発火点 [℃]	爆発範囲 [vol%]	許容濃度 [ppm]	吸入LC$_{50}$ [ラットppm]	経口LD$_{50}$ [ラットmg/kg]			
144						粉末消火剤，二酸化炭素，散水，耐アルコール性泡消火剤		01
						散水，湿った砂，土	空気中で不安定	02
						粉末消火剤，ソーダ灰，石灰，乾燥砂		03
						粉末消火剤，二酸化炭素，散水		04
			1000			粉末消火剤，二酸化炭素，散水		05
79					1854	粉末消火剤，二酸化炭素，散水，一般泡消火剤(消火効果のない場合，散水)		06
						粉末消火剤，二酸化炭素，散水，一般泡消火剤(消火効果のない場合，散水)		07
85					1741 (マウス腹腔内)	粉末消火剤，二酸化炭素，散水，耐アルコール性泡消火剤		08
73						粉末消火剤，二酸化炭素，散水，一般泡消火剤(消火効果のない場合，散水)		09
11		4.6〜12.0				粉末消火剤，二酸化炭素，散水，一般泡消火剤(消火効果のない場合，散水)		10
1						粉末消火剤，二酸化炭素，散水，一般泡消火剤(消火効果のない場合，散水)		11
10	324	3.0〜			53	粉末消火剤，二酸化炭素，散水，一般泡消火剤(消火効果のない場合，散水)	蒸気は目および呼吸器官を非常に激しく刺激する	12
51	565	1.6〜			2383	粉末消火剤，二酸化炭素，散水，一般泡消火剤(消火効果のない場合，散水)		13

	名称	CAS No. 国連番号 化審法No.	危険物分類	物理的特性					
				外観・性質	比重	蒸気比重 (空気=1)	沸点[℃]	融点[℃]	水溶性
01	2-ブロモペンタン 2-Bromopentane $C_5H_{11}Br$ [151.05]	107-81-3 2343 —	消第4類, 引火性の物, 運3	無色ないし 黄色 液体	1.2		116〜118	−95	
02	ブロモホルム トリブロモメタン Bromoform Tribromomethane $CHBr_3$ [252.73]	75-25-2 2515 (2)-40	管1種, 安2種 監視, 安18条, 運6.1	無色 液体	2.9		149.6		難
03	2-ブロモ-2-メチルブタン 臭化t-ペンチル 臭化t-アミル 2-Bromo-2-methylbutane t-Pentyl bromide t-Amyl bromide $C_5H_{11}Br$ [151.05]	507-36-8 — —	消第4類, 引火性の物	黄色 液体	1.2	5.2	108〜109		
04	ヘキサカルボニルクロム(0) Hexacarbonylchromium Chromium hexacarbonyl $[Cr(CO)_6]$ [220.66]	13007-92-6 — —	管1種, 安18 条	無色 結晶 空気中で安定	1.8		220	152〜153	不
05	ヘキサクロロエタン Hexachloroethane C_2Cl_6 [236.74]	67-72-1 — (2)-57	安18条	無色 結晶 不燃性	2.1			186.8	不
06	1,2,3,4,5,6-ヘキサクロロシクロヘキサン リンデン 1,2,3,4,5,6-Hexachlorocyclohexane Lindane $C_6H_6Cl_6$ [290.83]	608-73-1 — 混合物	毒劇物	白色または 帯黄色 粉末				α：158, β：312, γ：112, δ：138, ε：219, η：99	不
07	ヘキサクロロジシラン 六塩化二ケイ素 塩化ケイ素 Hexachlorodisilane Silicon chloride Si_2Cl_6 [268.89]	13465-77-5 — —	消第3類	無色 液体	1.6		147	−1	
08	ヘキサクロロ-1,3-ブタジエン Hexachloro-1,3-butadiene C_4Cl_6 [260.76]	87-68-3 — —		無色 液体 不燃性	1.7	9.0	210〜220	−21	不
09	ヘキサシアノ鉄(Ⅱ)酸カリウム フェロシアン化カリウム Potassium hexacyanoferrate(Ⅱ) Potassium ferrocyanide $K_4[Fe(CN)_6]$ [368.35]	13943-58-3 — (1)-815	安18条	黄色 結晶	1.9			100 (−3H₂O) (3水和物)	易
10	ヘキサシアノ鉄(Ⅲ)酸カリウム フェリシアン化カリウム Potassium hexacyanoferrate(Ⅲ) Potassium ferricyanide $K_3[Fe(CN)_6]$ [329.5]	13746-66-2 — (1)-134	安18条	赤色 結晶	1.9			分解	易
11	2,4-ヘキサジエナール ソルビンアルデヒド 2,4-Hexadienal C_6H_8O [96.13]	142-83-6 — —	消第4類	液体	0.9	3.3	171		微
12	1,3-ヘキサジエン 1,3-Hexadiene C_6H_{10} [82.15]	592-48-3 2458 —	消第4類, 安 引火性の物, 運3	液体	0.7		72〜75		

燃焼危険性			有害危険性			火災時の措置	備考	
引火点 [℃]	発火点 [℃]	爆発範囲 [vol%]	許容濃度 [ppm]	吸入LC$_{50}$ [ラットppm]	経口LD$_{50}$ [ラットmg/kg]			
28						粉末消火剤, 二酸化炭素, 散水, 一般泡消火剤(消火効果のない場合, 散水)		01
			0.5		933	粉末消火剤, 二酸化炭素, 散水, 一般泡消火剤		02
5						粉末消火剤, 二酸化炭素, 散水, 一般泡消火剤(消火効果のない場合, 散水)		03
			0.01mg/m³ (Cr)			粉末消火剤, 二酸化炭素, 散水		04
			1		4460	粉末消火剤, 二酸化炭素, 散水, 耐アルコール性泡消火剤		05
			0.5mg/m³			粉末消火剤, 二酸化炭素, 散水, 耐アルコール性泡消火剤	8種類の異性体が存在	06
						粉末消火剤, 二酸化炭素, 散水		07
	610		0.02			粉末消火剤, 二酸化炭素, 散水, 一般泡消火剤(消火効果のない場合, 散水)		08
			5mg/m³ (STEL)(CN)		6400	粉末消火剤, 二酸化炭素, 散水	硫酸により猛毒のシアン化水素を発生する. 工業用は3水和物	09
			5mg/m³ (STEL)(CN)		2970(マウス)	粉末消火剤, 二酸化炭素, 散水	硫酸により猛毒のシアン化水素を発生する	10
68		1.3～8.1				粉末消火剤, 二酸化炭素, 散水, 一般泡消火剤(消火効果のない場合, 散水)		11
						粉末消火剤, 二酸化炭素, 散水, 一般泡消火剤(消火効果のない場合, 散水)	cis, transの混合物	12

	名称	CAS No. 国連番号 化審法No.	危険物分類	物理的特性					
				外観・性質	比重	蒸気比重 (空気=1)	沸点[℃]	融点[℃]	水溶性
01	1,4-ヘキサジエン アリルプロペニル **1,4-Hexadiene** Allylpropenyl C_6H_{10} [82.15]	592-45-0 2458 —	消第4類,安 引火性の物, 運3	無色 液体	0.7	2.8	66		不
02	1,5-ヘキサジエン **1,5-Hexadiene** C_6H_{10} [82.15]	592-42-7 2458 —	消第4類,安 引火性の物, 運3	無色 液体	0.7		59.6		
03	1-ヘキサデカノール セチルアルコール **1-Hexadecanol** Cetyl alcohol $C_{16}H_{34}O$ [242.45]	36653-82-4 — (2)-217	消第9条	白色 固体			148〜150 (2mmHg)	49	不
04	ヘキサデカン セタン **Hexadecane** Cetane $C_{16}H_{34}$ [226.45]	544-76-3 — 	消第4類	無色 液体	0.8 (20℃)	7.8	287	18.1	不
05	1-ヘキサデカンチオール ヘキサデシルメルカプタン **1-Hexadecanethiol** Hexadecyl mercaptan $C_{16}H_{33}SH$ [258.51]	2917-26-2 — (2)-464	消第4類	無色 液体 不快臭	0.9	8.9	184 (0.93kPa)	18	不
06	1-ヘキサデセン ヘキサデシレン-1 **1-Hexadecene** Hexadecylene-1 $C_{16}H_{32}$ [224.43]	26952-14-7 — —	消第4類	無色 液体	0.8	7.7	274	2.2	不
07	ヘキサナール カプロンアルデヒド n-ヘキシルアルデヒド **Hexanal** Caproaldehyde Hexaldehyde $C_6H_{12}O$ [100.16]	66-25-1 1207 (2)-494	消第4類,安 引火性の物, 運3	液体 特有の臭気	0.8	3.6	131	−56	微
08	ヘキサニトロエタン **Hexanitroethane** $C_2N_6O_{12}$ [300.05]	918-37-6 — —	消第5類	無色 固体				142	
09	1-ヘキサノール ヘキシルアルコール **1-Hexanol** Hexyl alcohol Amyl carbinol $C_6H_{14}O$ [102.18]	111-27-3 2282 —	消第4類,安 引火性の物, 運3	無色 液体	0.8	3.5	155		微
10	2-ヘキサノール s-ヘキシルアルコール ブチルメチルカルビノール **2-Hexanol** sec-Hexyl alcohol $C_6H_{14}O$ [102.18]	626-93-7 2282 —	消第4類,安 引火性の物, 運3	無色 液体	0.8	3.53	140		微
11	2-ヘキサノン ブチル=メチル=ケトン **2-Hexanone** Butyl methyl ketone $C_6H_{12}O$ [100.16]	591-78-6 — —	消第4類,安 引火性の物	無色 液体	0.8	3.5	128		可

燃焼危険性			有害危険性			火災時の措置	備考	
引火点 [℃]	発火点 [℃]	爆発範囲 [vol%]	許容濃度 [ppm]	吸入LC$_{50}$ [ラットppm]	経口LD$_{50}$ [ラットmg/kg]			
-21		2.0～6.1				粉末消火剤，二酸化炭素，散水，一般泡消火剤(消火効果のない場合，散水)		01
						粉末消火剤，二酸化炭素，散水，一般泡消火剤(消火効果のない場合，散水)		02
					5000	粉末消火剤，二酸化炭素，散水，一般泡消火剤(消火効果のない場合，散水)		03
>100	202					粉末消火剤，二酸化炭素，散水，一般泡消火剤(消火効果のない場合，散水)		04
135						粉末消火剤，二酸化炭素，散水，一般泡消火剤(消火効果のない場合，散水)		05
>100	240					粉末消火剤，二酸化炭素，散水，一般泡消火剤(消火効果のない場合，散水)		06
32					4890	粉末消火剤，二酸化炭素，散水，一般泡消火剤(消火効果のない場合，散水)		07
						積載火災：爆発のおそれ，消火不可		08
63	304	1.2～7.7				粉末消火剤，二酸化炭素，散水，一般泡消火剤(消火効果のない場合，散水)		09
58						粉末消火剤，二酸化炭素，散水，一般泡消火剤(消火効果のない場合，散水)		10
25	423	1.2～8	5, 10(STEL)			粉末消火剤，二酸化炭素，散水，一般泡消火剤(消火効果のない場合，散水)		11

	名称	CAS No. 国連番号 化審法No.	危険物分類	外観・性質	比重	蒸気比重 (空気=1)	沸点[℃]	融点[℃]	水溶性
01	3-ヘキサノン エチル=プロピル=ケトン **3-Hexanone** Ethyl n-propyl ketone $C_6H_{12}O$ [100.16]	589-38-8 — —	消第4類, 安 引火性の物	無色 液体	0.8	3.5	123		可
02	ヘキサフルオロケイ酸ナトリウム ケイフッ化ソーダ **Sodium hexafluorosilicate** Sodium silicofluoride Na_2SiF_6 [188.07]	16893-85-9 — (1)-334	毒劇物, 消第 9条, 水	白色 結晶	2.7		200 (分解)		微
03	ヘキサフルオロプロペン ヘキサフルオロプロピレン **Hexafluoropropene** C_3F_6 [150.02]	116-15-4 — (2)-116	圧液化ガス	無色 気体 無臭	1.6 (−40℃)		−29.4	−156	
04	ヘキサフルオロベンゼン **Hexafluorobenzene** C_6F_6 [186.06]	392-56-3 — —	消第4類	液体	1.6		80.2	5	不
05	ヘキサフルオロリン酸 ヘキサフルオロリン酸水素 **Hexafluorophosphoric acid** Hydrogen hexafluorophosphate HPF_6 [145.97]	16940-81-1 1782 —	水, 連8	無色 液体 発煙性	1.7		分解	10	可
06	ヘキサブロモエタン **Hexabromoethane** C_2Br_6 [503.45]	594-73-0 — —		黄白色 結晶	3.8			149	不
07	ヘキサボラン(10) **Hexaborane(10)** B_6H_{10} [74.95]	23777-80-2 — —	管1種, 消第3 類, 水	無色 液体	0.7		108	−62.3	
08	ヘキサボラン(12) **Hexaborane(12)** B_6H_{12} [76.96]	12008-19-4 — —	管1種, 消第3 類, 水	無色 液体				−82	
09	ヘキサメチルタングステン **Hexamethyltungsten** $C_6H_{18}W$ [274.06]	36133-73-0 — —	消第3類	赤色				−10 (昇華: 真空下)	
10	ヘキサメチルニケイ素 ヘキサメチルジシラン **Hexamethyldisilane** $[Si(CH_3)_3]_2$ [146.38]	1450-14-2 — —	消第4類, 安 引火性の物	無色 液体	0.7		112〜114	13	反応
11	ヘキサメチレンテトラミン ヘキサミン ウロトロピン **Hexamethylenetetramine** Hexamine Urotropine $C_6H_{12}N_4$ [140.19]	100-97-0 — (5)-1155	管1種	無色 結晶あるい は白色 粉末			>280 (封管中, 分解)		可
12	ヘキサン **Hexane** Hexyl hydride C_6H_{14} [86.18]	110-54-3 1208 (2)-6	消第4類, 安 引火性の物・ 18条, 連3	無色 液体 揮発性 かすかな特 有の臭気	0.7	3.0	69		不

燃焼危険性			有害危険性			火災時の措置	備考	
引火点 [℃]	発火点 [℃]	爆発範囲 [vol%]	許容濃度 [ppm]	吸入LC$_{50}$ [ラットppm]	経口LD$_{50}$ [ラットmg/kg]			
35		1〜8				粉末消火剤,二酸化炭素,散水,一般泡消火剤(消火効果のない場合,散水)		01
			2.5mg/m³ (F)		125	粉末消火剤,二酸化炭素,散水		02
				11200mg/m³/4H		粉末消火剤,二酸化炭素【ガス漏れ停止困難のときは消火不可】		03
						粉末消火剤,二酸化炭素,散水,一般泡消火剤(消火効果のない場合,散水)		04
						粉末消火剤,二酸化炭素,散水	6水和物もある	05
						粉末消火剤,二酸化炭素,散水,耐アルコール性泡消火剤		06
						散水,湿った砂,土		07
						散水,湿った砂,土		08
						粉末消火剤,ソーダ灰,石灰,砂【水／泡消火剤使用不可】	空気中室温で分解	09
11						粉末消火剤,ソーダ灰,石灰,砂【水／泡消火剤使用不可】		10
250					569(マウス)	粉末消火剤,二酸化炭素,散水,耐アルコール性泡消火剤		11
−22	225	1.1〜7.5	50		25000	粉末消火剤,二酸化炭素,散水,一般泡消火剤(消火効果のない場合,散水)		12

名称	CAS No. 国連番号 化審法No.	危険物分類	物理的特性					
			外観・性質	比重	蒸気比重 (空気=1)	沸点[℃]	融点[℃]	水溶性
01 1,6-ヘキサンジアミン ヘキサメチレンジアミン 1,6-ジアミノヘキサン **1,6-Hexanediamine** Hexamethylenediamine $C_6H_{16}N_2$ [116.21]	124-09-4 1783, 2280 (2)-153	毒1種, 消第9条, 安18条, 運8	結晶 吸湿性 ピペリジン臭	0.9	3.8	205	42	易
02 1,2-ヘキサンジオール ヘキシレングリコール **1,2-Hexanediol** Hexylene glycol 2-Methyl-2,4-pentanediol $C_6H_{14}O_2$ [118.18]	6920-22-5 — (2)-240	消第4類	無色 液体 特異臭	0.9	4.1	196	−25	可
03 1,6-ヘキサンジオール ヘキサメチレン=グリコール **1,6-Hexanediol** Hexamethylene glycol $C_6H_{14}O_2$ [118.18]	629-11-8 — (2)-240		結晶	1.0−		243	42.8	易
04 2,5-ヘキサンジオール 2,5-ジヒドロキシヘキサン **2,5-Hexanediol** 2,5-Dihydroxyhexane $C_6H_{14}O_2$ [118.18]	2935-44-6 — (2)-240	消第4類	無色 液体	1.0−	4.1	221	−9	易
05 1,6-ヘキサンジニトリル アジポニトリル **1,6-Hexanedinitrile** Adiponitrile Adipyldinitrile $C_6H_8N_2$ [108.14]	111-69-3 2205 —	毒1種, 消第4類, 運6.1	無色 液体	1.0−		295	0〜1	微
06 1,2,6-ヘキサントリオール **1,2,6-Hexanetriol** $C_6H_{14}O_3$ [134.17]	106-69-4 — (2)-244	消第4類	淡黄色 液体	1.1	4.6	178 (5mmHg)		易
07 ヘキシルアミン ヘキサンアミン **Hexylamine** Hexaneamine $C_6H_{15}N$ [101.19]	111-26-2 — (2)-133	消第4類, 安引火性の物	無色 液体 アンモニア臭	0.8	3.5	132	−19	可
08 1-ヘキシン **1-Hexyne** C_6H_{10} [82.15]	693-02-7 — —	消第4類, 安引火性の物	無色 液体	0.7	2.8	71.4	−132	
09 2-ヘキシン メチルプロピルアセチレン **2-Hexyne** Methyl propyl acetylene C_6H_{10} [82.15]	764-35-2 — —	消第4類, 安引火性の物	液体	0.7	2.8	85		
10 3-ヘキシン **3-Hexyne** C_6H_{10} [82.15]	928-49-4 — —	消第4類, 安引火性の物	液体	0.7	2.8	81.7	−106	
11 cis-ヘキセノール 3-ヘキセン-1-オール 青葉アルコール **3-Hexenol-cis** 3-Hexen-1-ol Leaf alcohol $C_6H_{12}O$ [100.16]	928-96-1 — (2)-2393	消第4類, 安引火性の物	無色 液体 強い臭気	0.85	3.5	156		微

燃焼危険性			有害危険性			火災時の措置	備考	
引火点 [℃]	発火点 [℃]	爆発範囲 [vol%]	許容濃度 [ppm]	吸入LC_{50} [ラットppm]	経口LD_{50} [ラットmg/kg]			
78	305	0.9〜7.6	0.5		750	粉末消火剤，二酸化炭素，散水，耐アルコール性泡消火剤		01
96	306	1.2〜8.1			6682	粉末消火剤，二酸化炭素，散水，耐アルコール性泡消火剤(消火効果のない場合，散水)		02
137	319	6.6〜16			3730	粉末消火剤，二酸化炭素，散水，耐アルコール性泡消火剤		03
110	490					粉末消火剤，二酸化炭素，散水，耐アルコール性泡消火剤		04
93	550	1.0〜	2			粉末消火剤，二酸化炭素，散水，一般泡消火剤(消火効果のない場合，散水)		05
191					15500	粉末消火剤，二酸化炭素，散水，耐アルコール性泡消火剤(消火効果のない場合，散水)		06
29					670	粉末消火剤，二酸化炭素，散水，一般泡消火剤(消火効果のない場合，散水)		07
						粉末消火剤，二酸化炭素，散水，一般泡消火剤(消火効果のない場合，散水)		08
<−10						粉末消火剤，二酸化炭素，散水，一般泡消火剤(消火効果のない場合，散水)		09
						粉末消火剤，二酸化炭素，散水，一般泡消火剤(消火効果のない場合，散水)		10
54					4700	粉末消火剤，二酸化炭素，散水，一般泡消火剤(消火効果のない場合，散水)		11

	名称	CAS No. 国連番号 化審法No.	危険物分類	物理的特性					
				外観・性質	比重	蒸気比重 (空気=1)	沸点[℃]	融点[℃]	水溶性
01	1-ヘキセン 1-Hexene Butyl ethylene C_6H_{12} [84.16]	592-41-6 2370 —	消第4類,安 引火性の物・ 18条, 運3	無色 液体	0.7	3.0	63	-139～ -140	不
02	2-ヘキセン 2-Hexene C_6H_{12} [84.16]	592-43-8 — 混合物	消第4類,安 引火性の物	無色 液体	0.7	3.0	68	cis体: -141 trans体: -133	不
03	ヘプタナール エナントアルデヒド Heptanal Enanthaldehyde $C_7H_{14}O$ [114.19]	111-71-7 — —	消第4類	液体 強い果実臭	0.8		152.8	-43.3	微
04	1-ヘプタノール ヘプチルアルコール 1-Heptanol Heptyl alcohol $C_7H_{16}O$ [116.20]	111-70-6 — (2)-217	消第4類	無色 液体	0.8		176.8	-34	微
05	2-ヘプタノール 2-Heptanol $C_7H_{16}O$ [116.20]	543-49-7	消第4類	液体	0.8	4.0	160		微
06	3-ヘプタノール 3-Heptanol $C_7H_{16}O$ [116.20]	589-82-2 —	消第4類,安 引火性の物	液体	0.8	4.0	156		難
07	2-ヘプタノン アミル＝メチル＝ケトン 2-Heptanone Methyl amyl ketone $C_7H_{14}O$ [114.19]	110-43-0 — (2)-542	消第4類,安 引火性の物	無色 液体 特異臭	0.8	3.9	150	-35.5	微
08	3-ヘプタノン ブチル＝エチル＝ケトン 3-Heptanone Ethyl butyl ketone $C_7H_{14}O$ [114.19]	106-35-4	消第4類,安 引火性の物	無色 液体 特異臭	0.8	4.0	148	-39	不
09	4-ヘプタノン ジプロピルケトン ブチロン 4-Heptanone Dipropyl ketone Butyrone $C_7H_{14}O$ [114.19]	123-19-3 2710 —	消第4類,安 引火性の物, 運3	無色 液体 芳香	0.8	3.9	143	-33	微
10	ヘプタン Heptane C_7H_{16} [100.20]	142-82-5 1206 (2)-7	消第4類,安 引火性の物・ 18条, 運3	液体 揮発性	0.7	3.5	98	-90.7	不
11	ヘプタン酸 エナント酸 Heptanoic acid Enanthic acid $C_7H_{14}O_2$ [130.19]	111-14-8 — —	消第4類	油性液体 不快臭	0.9		223.01	-7.5	可
12	ヘプチルアミン 1-アミノヘプタン ヘプタンアミン Heptylamine 1-Aminoheptane $C_7H_{17}N$ [115.22]	111-68-2 — —	消第4類,安 引火性の物	無色 液体 不快臭	0.8	4.0	155	-23	微

燃焼危険性			有害危険性			火災時の措置	備考	
引火点 [℃]	発火点 [℃]	爆発範囲 [vol%]	許容濃度 [ppm]	吸入LC$_{50}$ [ラットppm]	経口LD$_{50}$ [ラットmg/kg]			
<-7	253	1.2〜8.9	50			粉末消火剤, 二酸化炭素, 散水, 一般泡消火剤(消火効果のない場合, 散水)		01
<-7	245					粉末消火剤, 二酸化炭素, 散水, 一般泡消火剤(消火効果のない場合, 散水)	cis, transの混合物	02
						粉末消火剤, 二酸化炭素, 散水, 一般泡消火剤(消火効果のない場合, 散水)		03
68	275	0.9〜			500	粉末消火剤, 二酸化炭素, 散水, 一般泡消火剤(消火効果のない場合, 散水)		04
71						粉末消火剤, 二酸化炭素, 散水, 一般泡消火剤(消火効果のない場合, 散水)		05
60						粉末消火剤, 二酸化炭素, 散水, 一般泡消火剤(消火効果のない場合, 散水)		06
39	393	1.1 (66℃) 〜7.9 (121℃)	50		1670	粉末消火剤, 二酸化炭素, 散水, 一般泡消火剤(消火効果のない場合, 散水)		07
46		1.4〜8.8	50, 75(STEL)			粉末消火剤, 二酸化炭素, 散水, 一般泡消火剤(消火効果のない場合, 散水)		08
49			50			粉末消火剤, 二酸化炭素, 散水, 一般泡消火剤(消火効果のない場合, 散水)		09
-4	204	1.1〜6.7	400, 500 (STEL)			粉末消火剤, 二酸化炭素, 散水, 一般泡消火剤(消火効果のない場合, 散水)		10
						粉末消火剤, 二酸化炭素, 散水, 耐アルコール性泡消火剤(消火効果のない場合, 散水)		11
54						粉末消火剤, 二酸化炭素, 散水, 一般泡消火剤(消火効果のない場合, 散水)		12

	名称	CAS No. 国連番号 化審法No.	危険物分類	物理的特性					
				外観・性質	比重	蒸気比重 (空気=1)	沸点[℃]	融点[℃]	水溶性
01	1-ヘプチン **1-Heptyne** C_7H_{12} [96.17]	*628-71-7* — —	消第4類,安 引火性の物	無色 液体	0.7		99.8	−80.9	
02	1-ヘプテン ヘプチレン **1-Heptene** Heptylene C_7H_{14} [98.19]	*25339-56-4* — —	消第4類,安 引火性の物	無色 液体	0.7	3.4	94		不
03	2-ヘプテン-trans 2-ヘプチレン-trans **2-Heptene-trans** 2-Heptylene-trans C_7H_{14} [98.19]	*14686-13-6* — —	消第4類,安 引火性の物	無色 液体	0.7	3.3	98		
04	3-ヘプテン 3-ヘプチレン **3-Heptene** 3-Heptylene C_7H_{14} [98.19]	*592-78-9* — —	消第4類,安 引火性の物	無色 液体	0.7	3.39	95		不
05	ベリリウム **Beryllium** Be [9.01]	*7440-41-7* 1566, 1567 —	管1種,消第2 類,安発火性 の物,運6.1	銀白色 金属結晶	1.8 (20℃)		2970	1287	
06	ペルオキシ二炭酸ジイソプロピル ペルオキソ二炭酸ジイソプロピル ジイソプロピルパーオキシジカーボネート **Diisopropyl peroxydicarbonate** Diisopropyl peroxodicarbonate $C_8H_{14}O_6$ [206.20]	*105-64-6* — (2)-1723	消第5類,安 爆発性の物	無色 液体	1.1		加熱で爆発	8〜10	不
07	ペルオキシ二炭酸ジプロピル ジ-n-プロピルパーオキシジカーボネート **Dipropyl peroxydicarbonate** $C_8H_{14}O_6$ [206.20]	*16066-38-9* — (2)-1723	消第5類,安 爆発性の物	無色 液体	1.1			−57	
08	ペルオキソ一硫酸 **Peroxomonosulfuric acid** H_2SO_5 [114.08]	*7722-86-3* — —		無色 結晶 吸湿性			分解	45	可
09	ペルオキソ一硫酸水素カリウム **Potassium hydrogen peroxosulfate** $KHSO_5$ [152.2]	*10058-23-8* — —		無色 固体	2.5		分解		可
10	ペルオキソ二硫酸 ペルオキシ二硫酸 **Peroxodisulfuric acid** Peroxydisulfuric acid $H_2S_2O_8$ [194.14]	*13445-49-3* — —	消第1類	無色 結晶 吸湿性 オゾン臭				65(分解)	
11	ペルオキソ二硫酸アンモニウム 過硫酸アンモニウム **Ammonium peroxodisulfate** Ammonium persulfate $(NH_4)_2S_2O_8$ [228.21]	*7727-54-0* 1444 (1)-406	消第1類,水, 安18条,運5.1	白色 結晶	2.0			120 (分解)	可
12	ペルオキソ二硫酸カリウム 過硫酸カリウム **Potassium peroxodisulfate** Potassium persulfate $K_2S_2O_8$ [270.33]	*7727-21-1* 1492 (1)-456	消第1類,安 酸化性の物・ 18条,運5.1	白色 結晶	2.5			267 (分解)	可

燃焼危険性			有害危険性			火災時の措置	備考	
引火点 [℃]	発火点 [℃]	爆発範囲 [vol%]	許容濃度 [ppm]	吸入LC$_{50}$ [ラットppm]	経口LD$_{50}$ [ラットmg/kg]			
						粉末消火剤, 二酸化炭素, 散水, 一般泡消火剤(消火効果のない場合, 散水)		01
<0	260	1.0〜				粉末消火剤, 二酸化炭素, 散水, 一般泡消火剤(消火効果のない場合, 散水)		02
<0						粉末消火剤, 二酸化炭素, 散水, 一般泡消火剤(消火効果のない場合, 散水)		03
−6						粉末消火剤, 二酸化炭素, 散水, 一般泡消火剤(消火効果のない場合, 散水)	cis, transの混合物	04
			0.002mg/m^3, 0.01mg/m^3 (STEL)			粉末消火剤, 二酸化炭素, 散水	発がん物質	05
60					2140	有機過酸化物:散水, 水噴霧. 水がない場合は粉末消火剤, 二酸化炭素, 一般泡消火剤	12℃で急激に分解. 固体は衝撃に敏感. 50%溶液あるいは30%溶液として市販されている	06
>38					3400	有機過酸化物:散水, 水噴霧. 水がない場合は粉末消火剤, 二酸化炭素, 一般泡消火剤	貯蔵温度は−23℃以下. 50%希釈品として市販されている. −7℃で分解始まる	07
						水のみ使用【粉末/泡消火剤使用不可】		08
						水のみ使用【粉末/泡消火剤使用不可】	空気中で不安定	09
						水のみ使用【粉末/泡消火剤使用不可】		10
			0.1mg/m^3 ($S_2O_8^{2-}$)		689	水のみ使用【粉末/泡消火剤使用不可】	湿気で分解	11
			0.1mg/m^3 ($S_2O_8^{2-}$)		802	水のみ使用【粉末/泡消火剤使用不可】		12

	名称	CAS No. 国連番号 化審法No.	危険物分類	物理的特性					
				外観・性質	比重	蒸気比重 (空気=1)	沸点[℃]	融点[℃]	水溶性
01	ペルオキソ二硫酸ナトリウム 過硫酸ナトリウム Sodium peroxodisulfate Sodium persulfate $Na_2S_2O_8$ [238.09]	7775-27-1 1505 (1)-1131	消第1類，安 18条，運5.1	白色 結晶	2.4			180 (分解)	可
02	ペルオキソホウ酸アンモニウム Ammonium peroxoborate NH_4BO_3 [76.86]	17097-12-0 ― ―	管1種，消第1 類，水	無色				>50 (分解)	
03	ペルオキソホウ酸ナトリウム 過ホウ酸ソーダ Sodium peroxoborate tetrahydrate $NaBO_3$ [81.82]	7632-04-4 ― (1)-826	管1種，消第1 類，水	無色 結晶				>60 (分解)	
04	ベンジジン 4,4'-ジアミノビフェニル ビフェニル-4,4'-ジアミン Benzidine 4,4'-Diaminobiphenyl $C_{12}H_{12}N_2$ [182.24]	92-87-5 1885 ―	安製造禁止， 運6.1	白色かわず かに赤色 粉末結晶	1.3		約400	115～120	熱水に可
05	ベンジリジン＝トリクロリド α,α,α-トリクロロトルエン ベンゾトリクロリド Benzylidyne trichloride α,α,α-Trichlorotoluene Benzotrichloride $C_7H_5Cl_3$ [195.48]	98-07-7 2226 (3)-87	管特定1種， 消第4類，安 特定・17条・ 18条，運8	無色 液体	1.4	6.8	221	−5	不
06	ベンジルアミン Benzylamine C_7H_9N [107.16]	100-46-9 ― (3)-367	消第4類	液体 強い刺激性	1.0−		185	<−20	易
07	ベンジルアルコール Benzyl alcohol Phenyl carbinol C_7H_8O [108.14]	100-51-6 ― (3)-1011	消第4類	液体 芳香	1.0+	3.7	206	−15.3	微
08	N-ベンジルジエチルアミン N-Benzyldiethylamine $C_{11}H_{17}N$ [163.26]	772-54-3 ― ―	消第4類	無色 液体	0.9		207～216		
09	ベンジル＝メチル＝エーテル Benzyl methyl ether $C_8H_{10}O$ [122.16]	538-86-3 ― ―	消第4類，安 引火性の物	無色 液体	1.0− (25℃)		170		
10	ベンジルメルカプタン α-トルエンチオール フェニルメタンチオール Benzyl mercaptan α-Toluenethiol C_7H_8S [124.21]	100-53-8 ― (3)-1105	消第4類，気 特定	無色 液体 強いネギ様 悪臭	1.1	4.3	195		難
11	ベンズアルデヒド ベンゼンカルボナール Benzaldehyde Benzenecarbonal C_7H_6O [106.12]	100-52-7 1990 (3)-1142	管1種，消第4 類，安引火性 の物，運9	無色または 淡黄色 液体 アーモンド 様の芳香	1.1	3.7	179	−26	微
12	ベンズアルデヒドオキシム ベンズアルドキシム Benzaldehyde oxime Benzaldoxime C_7H_7NO [121.14]	932-90-1 ― ―		無色 結晶(α型)， 結晶(β型)				α型：35 β型： 130	

燃焼危険性			有害危険性			火災時の措置	備考	
引火点 [℃]	発火点 [℃]	爆発範囲 [vol%]	許容濃度 [ppm]	吸入LC$_{50}$ [ラットppm]	経口LD$_{50}$ [ラットmg/kg]			
			0.1mg/m³ (S$_2$O$_8^{2-}$)		226(マウス)	水のみ使用【粉末/泡消火剤使用不可】		01
						水のみ使用【粉末/泡消火剤使用不可】		02
					3250(マウス)	水のみ使用【粉末/泡消火剤使用不可】	1,4水和物もある	03
						粉末消火剤,二酸化炭素,散水,耐アルコール性泡消火剤	発がん物質	04
127	211	2.1〜6.5	0.1(STEL)		6000	粉末消火剤,二酸化炭素,散水,一般泡消火剤(消火効果のない場合,散水)	発がん物質の恐れ	05
72	405	0.7〜8.2			672(マウス)	粉末消火剤,二酸化炭素,散水,耐アルコール性泡消火剤(消火効果のない場合,散水)		06
93	436				1230	粉末消火剤,二酸化炭素,散水,一般泡消火剤(消火効果のない場合,散水)		07
77						粉末消火剤,二酸化炭素,散水,一般泡消火剤(消火効果のない場合,散水)		08
54						粉末消火剤,二酸化炭素,散水,一般泡消火剤(消火効果のない場合,散水)		09
70					493	粉末消火剤,二酸化炭素,散水,耐アルコール性泡消火剤		10
63	192	1.4〜8.5			1300	粉末消火剤,二酸化炭素,散水,一般泡消火剤(消火効果のない場合,散水)		11
						粉末消火剤,二酸化炭素,散水,耐アルコール性泡消火剤		12

	名称	CAS No. 国連番号 化審法No.	危険物分類	物理的特性					
				外観・性質	比重	蒸気比重 (空気=1)	沸点[℃]	融点[℃]	水溶性
01	ベンゼン ベンゾール **Benzene** Benzol C_6H_6 [78.11]	71-43-2 1114 (3)-1	菅特定1種, 消第4類, 圧 可燃性・毒性 ガス, 気特定 物質, 水, 安 引火性の物・ 18条, 運3	無色 液体 揮発性 芳香	0.9	2.8	80	5.5	難
02	ベンゼンスルフィニル=クロリド **Benzenesulfinyl chloride** C_6H_5SOCl [160.62]	4972-29-6 — —		結晶				38	
03	ベンゼンスルホニル=クロリド ベンゼンスルホニルクロライド **Benzenesulfonyl chloride** $C_6H_5ClO_2S$ [176.62]	98-09-9 2225 (3)-1893	消第4類, 運8	無色 液体 刺激臭	1.4		251〜252	14.5	不
04	ベンゼンセレニン酸 **Benzeneseleninic acid** $C_6H_6O_2Se$ [189.07]	6996-92-5 —		結晶			124〜125		
05	ベンゼンチオール チオフェノール **Benzenethiol** Thiophenol C_6H_6S [110.18]	108-98-5 — (3)-1092	毒毒物, 菅1種, 消第4類, 安 18条	液体 刺激臭	1.1		168.3	−15	難
06	ベンゾイミダゾール ベンゾジアゾール **Benzimidazole** Benzodiazole $C_7H_6N_2$ [118.14]	51-17-2 — —		結晶			>360		難
07	ベンゾイル酢酸エチル **Ethyl benzoylacetate** $C_{11}H_{12}O_3$ [192.21]	94-02-0 — —	消第4類	無色 液体	1.1	6.6	265〜270		不
08	p-ベンゾキノン p-キノン **p-Benzoquinone** p-Quinone $C_6H_4O_2$ [108.10]	106-51-4 2587 —	安18条, 運6.1	黄色 結晶 塩素様刺激臭	1.3	3.7	昇華	115.7	不
09	ベンゾトリアゾール アジミドベンゼン **Benzotriazole** Azimidobenzene $C_6H_5N_3$ [119.13]	95-14-7 — (5)-537		無色 結晶	1.2	4.1	204 (15mmHg)	99	微
10	ベンゾニトリル **Benzonitrile** C_7H_5N [103.12]	100-47-0 2224 (3)-1796	毒劇物, 消第 4類, 水, 運 6.1	無色 液体 アーモンド 様臭気	1.0	3.6	191.1	−13.2	冷時は不, 熱時は可
11	ベンゾヒドラジド ベンゾイルヒドラジン 安息香酸ヒドラジド ベンズヒドラジド **Benzohydrazide** Benzoylhydrazine $C_7H_8N_2O$ [136.15]	613-94-5 — —		結晶				112.5	

燃焼危険性			有害危険性			火災時の措置	備考	
引火点 [℃]	発火点 [℃]	爆発範囲 [vol%]	許容濃度 [ppm]	吸入LC$_{50}$ [ラットppm]	経口LD$_{50}$ [ラットmg/kg]			
−11.1	498	1.2〜7.8	0.5, 2.5(STEL)		930	粉末消火剤, 二酸化炭素, 散水, 一般泡消火剤(消火効果のない場合, 散水)	発がん物質	01
						粉末消火剤, ソーダ灰, 石灰, 砂【水／泡消火剤使用不可】		02
135					1960	粉末消火剤, 二酸化炭素, 散水, 一般泡消火剤(消火効果のない場合, 散水)		03
			0.2mg/m³ (Se)			粉末消火剤, 二酸化炭素, 散水, 耐アルコール性泡消火剤		04
76			0.1		46.2	粉末消火剤, 二酸化炭素, 散水, 一般泡消火剤(消火効果のない場合, 散水)		05
						粉末消火剤, 二酸化炭素, 散水, 一般泡消火剤(消火効果のない場合, 散水)		06
141						粉末消火剤, 二酸化炭素, 散水, 一般泡消火剤(消火効果のない場合, 散水)		07
38〜93	560		0.1			粉末消火剤, 二酸化炭素, 散水, 耐アルコール性泡消火剤		08
180	400	2.4〜			560	粉末消火剤, 二酸化炭素, 散水, 耐アルコール性泡消火剤		09
71	550	1.4〜7.2			971(マウス)	粉末消火剤, 二酸化炭素, 散水, 一般泡消火剤(消火効果のない場合, 散水)		10
						自己反応性物質:粉末消火剤, 二酸化炭素, 散水, 一般泡消火剤		11

	名称	CAS No. 国連番号 化審法No.	危険物分類	物理的特性					
				外観・性質	比重	蒸気比重 (空気=1)	沸点[℃]	融点[℃]	水溶性
01	ベンゾ[b]フラン クマロン **Benzo[b]furan** Cumaron C_8H_6O [118.13]	271-89-6 — —	消第4類,安 引火性の物・ 18条	無色 液体	1.1		171	−18	不
02	ペンタエリトリトール ペンタエリスリトール **Pentaerythritol** $C_5H_{12}O_4$ [136.15]	115-77-5 — (2)-248		無色 結晶	1.4			268〜269	可
03	ペンタカルボニル鉄(0) 鉄カルボニル **Iron pentacarbonyl** Iron carbonyl Pentacarbonyliron $[Fe(CO)_5]$ [195.90]	13463-40-6 1994 —	管2種,消第3 類,安引火性 の物,運6.1	黄色 液体	1.5	6.7	105	−20	不
04	ペンタクロロエタン **Pentachloroethane** C_2HCl_5 [202.30]	76-01-7 1669	運6.1	無色 液体 不燃性 クロロホル ム臭	1.7	7.0	162	−29	不
05	1,3-ペンタジエン ピペリレン **1,3-Pentadiene** Piperylene C_5H_8 [68.12]	504-60-9 — —	消第4類,安 引火性の物	無色 液体	0.7	2.4	43		不
06	1,4-ペンタジエン **1,4-Pentadiene** C_5H_8 [68.12]	591-93-5 — —	消第4類,安 引火性の物	無色 液体	0.7		26 (756mmHg)	−148.1	
07	1-ペンタノール ペンチルアルコール n-アミルアルコール **1-Pentanol** Pentyl alcohol Amyl alcohol $C_5H_{12}O$ [88.15]	71-41-0 1105 —	消第4類,安 引火性の物, 運3	無色 液体 フーゼル油 様臭気	0.8	3.0	138	−78.4	可
08	2-ペンタノール s-アミルアルコール **2-Pentanol** sec-Amyl alcohol Methyl propyl carbinol $C_5H_{12}O$ [88.15]	6032-29-7 1105 —	消第4類,安 引火性の物, 運3	無色 液体	0.8	3.0	118		可
09	3-ペンタノール ジエチルカルビノール **3-Pentanol** $C_5H_{12}O$ [88.15]	584-02-1 1105 —	消第4類,安 引火性の物, 運3	無色 液体	0.8	3.0	116	−8	可
10	t-ペンタノール 1,1-ジメチルプロパノール **tert-Pentanol** 1,1-Dimethylpropanol 2-Methyl-2-butanol $C_5H_{12}O$ [88.15]	75-85-4 — —	消第4類,安 引火性の物	無色 液体	0.8	3.0	102	−9	可

燃焼危険性			有害危険性			火災時の措置	備考	
引火点 [℃]	発火点 [℃]	爆発範囲 [vol%]	許容濃度 [ppm]	吸入LC$_{50}$ [ラットppm]	経口LD$_{50}$ [ラットmg/kg]			
56						粉末消火剤，二酸化炭素，散水，耐アルコール性泡消火剤		01
			10mg/m^3		19500	粉末消火剤，二酸化炭素，散水，耐アルコール性泡消火剤		02
-15	50	3.7〜12.5	0.1, 0.2(STEL)			散水，湿った砂，土		03
						粉末消火剤，二酸化炭素，散水，一般泡消火剤(消火効果のない場合，散水)		04
-29		2〜8.3				粉末消火剤，二酸化炭素，散水，一般泡消火剤(消火効果のない場合，散水)		05
4		1.5〜				粉末消火剤，二酸化炭素，散水，一般泡消火剤(消火効果のない場合，散水)		06
33	300	1.2〜10.0 (100℃)				粉末消火剤，二酸化炭素，散水，一般泡消火剤(消火効果のない場合，散水)		07
33	343	1.2〜9.0				粉末消火剤，二酸化炭素，散水，一般泡消火剤(消火効果のない場合，散水)		08
41	435	1.2〜9.0				粉末消火剤，二酸化炭素，散水，一般泡消火剤(消火効果のない場合，散水)		09
19	437	1.2〜9.0				粉末消火剤，二酸化炭素，散水，一般泡消火剤(消火効果のない場合，散水)		10

名称	CAS No. 国連番号 化審法No.	危険物分類	物理的特性					
			外観・性質	比重	蒸気比重 (空気=1)	沸点[℃]	融点[℃]	水溶性
01 2-ペンタノン メチル=プロピル=ケトン **2-Pentanone** Methyl propyl ketone $C_5H_{10}O$ [86.13]	107-87-9 1249 —	消第4類, 安引火性の物, 運3	無色 液体	0.8	3.0	102	−78	可
02 3-ペンタノン ジエチルケトン **3-Pentanone** Diethyl ketone $C_5H_{10}O$ [86.13]	96-22-0 1156 —	消第4類, 安引火性の物, 運3	無色 液体	0.8	3.0	103	−42	可
03 ペンタボラン(9) **Pentaborane(9)** B_5H_9 [63.13]	19624-22-7 1380 —	管1種, 消第3類, 安引火性, 水, 運4.2	無色 液体 粘りけ	0.6	2.2	60	−46.6	反応
04 ペンタボラン(11) **Pentaborane(11)** B_5H_{11} [65.14]	18433-84-6 — —	管1種, 消第3類, 水	無色 液体			63	−123	
05 ペンタメチルベンゼン **Pentamethylbenzene** $C_{11}H_{16}$ [148.25]	700-12-9 — —		結晶	0.9		232	53.0〜54.3	不
06 ペンタン **Pentane** C_5H_{12} [72.15]	109-66-0 1265 (2)-5	消第4類特殊引火物, 安引火性の物・18条, 運3	無色 液体 芳香	0.6	2.5	36	−129	不
07 1-ペンタンアミン ペンチルアミン n-アミルアミン **1-Pentanamine** Pentylamine Amylamine $C_5H_{13}N$ [87.17]	110-58-7 1106 —	消第4類, 安引火性の物, 運3	液体	0.8	3.0	99	−55	易
08 2-ペンタンアミン s-アミルアミン 2-アミノペンタン **2-Pentanamine** sec-Amylamine 2-Aminopentane $C_5H_{13}N$ [87.17]	625-30-9 — —	消第4類, 安引火性の物	液体	0.7	3.0	92		易
09 1,5-ペンタンジアミン ペンタメチレンジアミン カダベリン **1,5-Pentanediamine** Pentamethylenediamine 1,5-Diaminopentane Cadaverine $C_5H_{14}N_2$ [102.18]	462-94-2 — —	消第4類, 安引火性の物	無色 液体 発煙性 不快臭	0.9		178〜180	9	可
10 1,5-ペンタンジオール ペンタメチレングリコール **1,5-Pentanediol** Pentamethylene glycol $C_5H_{12}O_2$ [104.15]	111-29-5 — (2)-240	消第4類	無色 液体 苦味 粘ちょう	1.0−	3.6	242	−18	易
11 1-ペンタンチオール アミルメルカプタン **1-Pentanethiol** n-Amyl mercaptan $C_5H_{12}S$ [104.22]	110-66-7 1111 —	消第4類, 安引火性の物, 運3	液体 刺激性 不快臭	0.8	3.6	127	−76	不

燃焼危険性			有害危険性			火災時の措置	備考	
引火点 [℃]	発火点 [℃]	爆発範囲 [vol%]	許容濃度 [ppm]	吸入LC_{50} [ラットppm]	経口LD_{50} [ラットmg/kg]			
7	452	1.5〜8.2	200, 250 (STEL)			粉末消火剤, 二酸化炭素, 散水, 一般泡消火剤(消火効果のない場合, 散水)		01
13	450	1.6〜6.4	200, 300 (STEL)			粉末消火剤, 二酸化炭素, 散水, 一般泡消火剤(消火効果のない場合, 散水)		02
30	35	0.42〜98	0.005, 0.015 (STEL)			散水, 湿った砂, 土	空気中で自然発火	03
						散水, 湿った砂, 土		04
93	427					粉末消火剤, 二酸化炭素, 砂, 土, 散水, 一般泡消火剤		05
−40	260	1.5〜7.8	600	364g/m^3/4H		粉末消火剤, 二酸化炭素, 散水, 一般泡消火剤(消火効果のない場合, 散水)		06
−1	305	2.2〜22				粉末消火剤, 二酸化炭素, 散水, 耐アルコール性泡消火剤(消火効果のない場合, 散水)		07
−7						粉末消火剤, 二酸化炭素, 散水, 耐アルコール性泡消火剤(消火効果のない場合, 散水)		08
62						粉末消火剤, 二酸化炭素, 散水, 耐アルコール性泡消火剤(消火効果のない場合, 散水)		09
129	335				2000	粉末消火剤, 二酸化炭素, 散水, 耐アルコール性泡消火剤(消火効果のない場合, 散水)		10
18						粉末消火剤, 二酸化炭素, 散水, 一般泡消火剤(消火効果のない場合, 散水)		11

	名称	CAS No. 国連番号 化審法No.	危険物分類	物理的特性					
				外観・性質	比重	蒸気比重 (空気=1)	沸点[℃]	融点[℃]	水溶性
01	p-t-ペンチルアニリン p-t-アミルアニリン **p-t-Pentylaniline** p-tert-Amylaniline $C_{11}H_{17}N$ [163.26]	2049-92-5 — —	消第4類	液体	0.9	5.6	259〜262		不
02	t-ペンチルアミン t-アミルアミン **t-Pentylamine** t-Amylamine $C_5H_{13}N$ [87.17]	594-39-8 — —	消第4類, 安 引火性の物	無色 液体	0.7	3.0	78.5	−105	微
03	t-ペンチルアルコール 2-メチル-2-ブタノール t-アミルアルコール **t-Pentyl alcohol** 2-Methyl-2-butanol tert-Amyl alcohol $C_5H_{12}O$ [88.15]	75-85-4 — —	消第4類, 安 引火性の物	無色 液体 ショウノウ 様芳香	0.8	3	101.9	−8.7	易
04	ペンチルシクロヘキサン アミルシクロヘキサン **Pentylcyclohexane** Amylcyclohexane $C_{11}H_{22}$ [154.29]	4292-92-6 — —	消第4類	液体	0.8		202		
05	o-ペンチルフェノール o-アミルフェノール **o-Pentyl phenol** o-Amyl phenol $C_{11}H_{16}O$ [164.25]	136-81-2 — —	消第4類	淡黄色 液体	1.0−	5.7	235〜250		不
06	p-t-ペンチルフェノール p-t-アミルフェノール **p-tert-Pentylphenol** p-tert-Amylphenol $C_{11}H_{16}O$ [164.25]	80-46-6 — (3)-503	消第4類	白色 結晶	0.9		249〜250	93	難
07	ペンチルベンゼン アミルベンゼン **Pentylbenzene** Amylbenzene Phenylpentane $C_{11}H_{16}$ [148.25]	538-68-1 — —	消第4類	無色 液体	0.8〜0.9	5.1	205.4		不
08	1-ペンチン **1-Pentyne** n-Propyl acetylene C_5H_8 [68.12]	627-19-0 — —	消第4類, 安 引火性の物	無色 液体 甘味	0.7	2.4	40		
09	2-ペンチン **2-Pentyne** C_5H_8 [68.12]	627-21-4 — —	消第4類, 安 引火性の物	無色 液体	0.7		56.1		
10	1-ペンテン アミレン **1-Pentene** Amylene C_5H_{10} [70.13]	109-67-1 1108 —	消第4類, 安 引火性の物, 運3	無色 液体	0.7	2.4	30	−165	難
11	2-ペンテン β-アミレン **2-Pentene** β-Amylene C_5H_{10} [70.13]	109-68-2 — —	消第4類, 安 引火性の物	液体	0.7	2.4	36〜37		不

燃焼危険性			有害危険性			火災時の措置	備考	
引火点 [℃]	発火点 [℃]	爆発範囲 [vol%]	許容濃度 [ppm]	吸入LC$_{50}$ [ラットppm]	経口LD$_{50}$ [ラットmg/kg]			
102						粉末消火剤, 二酸化炭素, 散水, 一般泡消火剤(消火効果のない場合, 散水)		01
−1						粉末消火剤, 二酸化炭素, 散水, 一般泡消火剤(消火効果のない場合, 散水)		02
19	437	1.2〜9.0				粉末消火剤, 二酸化炭素, 散水, 一般泡消火剤(消火効果のない場合, 散水)		03
	239					粉末消火剤, 二酸化炭素, 散水, 一般泡消火剤(消火効果のない場合, 散水)		04
104						粉末消火剤, 二酸化炭素, 散水, 一般泡消火剤(消火効果のない場合, 散水)		05
132						粉末消火剤, 二酸化炭素, 散水, 耐アルコール性泡消火剤		06
66						粉末消火剤, 二酸化炭素, 散水, 一般泡消火剤(消火効果のない場合, 散水)		07
<−20						粉末消火剤, 二酸化炭素, 散水, 一般泡消火剤(消火効果のない場合, 散水)		08
						粉末消火剤, 二酸化炭素, 散水, 一般泡消火剤(消火効果のない場合, 散水)		09
−18	275	1.5〜8.7				粉末消火剤, 二酸化炭素, 散水, 一般泡消火剤(消火効果のない場合, 散水)		10
<−20						粉末消火剤, 二酸化炭素, 散水, 一般泡消火剤(消火効果のない場合, 散水)	cis, transの混合物	11

	名称	CAS No. 国連番号 化審法No.	危険物分類	物理的特性					
				外観・性質	比重	蒸気比重 (空気=1)	沸点[℃]	融点[℃]	水溶性
01	ホウ化マグネシウム ホウ化二マグネシウム **Magnesium boride** Magnesium diboride MgB_2 [45.93]	12007-25-9 — —	管1種, 水	結晶				800	
02	ホウ酸 **Boric acid** H_3BO_3 [61.83]	10043-35-3 — (1)-63	管1種, 水	無色 結晶	1.5			169 ($-H_2O$), 300 ($-1.5H_2O$)	可
03	ホウ酸トリイソプロピル トリイソプロポキシボラン **Triiospropyl borate** Tri(isopropoxy)borane $B(OC_3H_7)_3$ [188.07]	5419-55-6 — —	管1種, 消第4類, 水, 安引火性の物	無色 液体	0.8	6.5	142	−59	反応
04	ホウ酸トリエチル ホウ酸エチル **Triethylborate** Ethyl borate $B(OC_2H_5)_3$ [145.99]	150-46-9 1176 (2)-2101	管1種, 消第4類, 水, 安引火性の物, 運3	無色 液体	0.9	5.0	112	−85	反応
05	ホウ酸トリブチル **Tributyl borate** $C_{12}H_{27}BO_3$ [230.2]	688-74-4 — —	管1種, 消第4類, 水	無色 液体	0.8	7.9	230	−70	
06	ホウ酸トリペンチル ホウ酸トリアミル **Tripentyl borate** Triamyl borate $C_{15}H_{33}BO_3$ [272.23]	621-78-3 — —	管1種, 消第4類, 水	無色 液体 かすかなアルコール様臭	0.8	9.4	221		
07	ホウ酸トリメチル ホウ酸メチル **Trimethyl borate** Methyl borate Boron methoxide $B(OCH_3)_3$ [103.91]	121-43-7 2416 (2)-2101	管1種, 消第4類, 水, 安引火性の物, 運3	液体	0.9	3.6	69	−29	反応
08	ホウ酸ナトリウム十水和物 ホウ砂 **Sodium tetraborate decahydrate** Borax $Na_2B_4O_7 \cdot 10H_2O$ [381.38]	1303-96-4 — (1)-69	管1種, 水有害物質	無色 結晶	1.7			62 ($-5H_2O$), 150 ($-5H_2O$), 742	微
09	ホウ素 **Boron** B [10.81]	7440-42-8 — 対象外	管1種, 水	黒色 光沢の結晶 きわめて硬い	2.3			3650	2180	
10	ホスゲン 二塩化カルボニル 塩化カルボニル **Phosgene** Carbonyl dichloride $COCl_2$ [98.92]	75-44-5 1076 (1)-124	毒毒物, 管1種, 消第9条, 圧液化ガス・毒性ガス, 気特定物質, 安特定化学物質, 運2.3	無色 気体 特有の臭気, または液体 極度に揮発性	1.4	3.5	8	−128	難

燃焼危険性			有害危険性			火災時の措置	備考	
引火点 [℃]	発火点 [℃]	爆発範囲 [vol%]	許容濃度 [ppm]	吸入LC$_{50}$ [ラットppm]	経口LD$_{50}$ [ラットmg/kg]			
								01
			2mg/m^3(提案), 6mg/m^3(STEL提案)		2660	粉末消火剤, 二酸化炭素, 散水		02
28						粉末消火剤, ソーダ灰, 石灰, 砂【水／泡消火剤使用不可】		03
11					2100(マウス)	粉末消火剤, ソーダ灰, 石灰, 砂【水／泡消火剤使用不可】		04
93						粉末消火剤, ソーダ灰, 石灰, 砂【水／泡消火剤使用不可】		05
82						粉末消火剤, ソーダ灰, 石灰, 砂【水／泡消火剤使用不可】		06
<27					6140	粉末消火剤, ソーダ灰, 石灰, 砂【水／泡消火剤使用不可】		07
			5mg/m^3		2660	粉末消火剤, 二酸化炭素, 散水	5水和物もある	08
					650	粉末消火剤, 二酸化炭素, 散水		09
			0.1			粉末消火剤, 二酸化炭素(防毒マスク使用)	猛毒	10

名称	CAS No. 国連番号 化審法No.	危険物分類	物理的特性					
			外観・性質	比重	蒸気比重 (空気=1)	沸点[℃]	融点[℃]	水溶性
01 ホスフィン リン化水素 Phosphine Hydrogen phosphide PH_3 [34.00]	7803-51-2 2199 (1)-1204	毒毒物, 消第9条, 圧液化ガス・毒性ガス・可燃性ガス・特殊高圧ガス・特定高圧ガス, 化特定物質, 安可燃性ガス, 運2.3	無色 気体 悪臭	0.6 (20atm)	1.2	−88	−133.8	微
02 ホスフィン酸 次亜リン酸 Phosphinic acid Hypophosphorous acid H_3PO_2 [66.00]	6303-21-5 — (1)-420		無色 油状液体 酸味臭, あるいは結晶 潮解性	1.4		>100 分解	26.5	可
03 ホスフィン酸アンモニウム 次亜リン酸アンモニウム Ammonium phosphinate Ammonium hypophosphite $(NH_4)PH_2O_2$ [83.03]	7803-65-8 — —	水	無色 結晶 潮解性, あるいは白色粉末				200	可
04 ホスフィン酸カリウム 次亜リン酸カリウム Potassium phosphinate Potassium hypophosphite KH_2PO_2 [104.1]	7782-87-8 — —		白色 結晶				分解	
05 ホスフィン酸カルシウム 次亜リン酸カルシウム Calcium phosphinate Calcium hypophosphite $Ca(H_2PO_2)_2$ [170.06]	7789-79-9 — (1)-182		白色 結晶				分解	可
06 ホスフィン酸鉄(Ⅲ) Iron(Ⅲ) phosphinate $Fe(PH_2O_2)_3$ [250.8]	7783-84-8 — —		無色 粉末					
07 ホスフィン酸ナトリウム一水和物 次亜リン酸ナトリウム一水和物 Sodium phosphinate monohydrate Sodium hypophosphite monohydrate $NaPH_2O_2 \cdot H_2O$ [105.98]	10039-56-2 — (1)-413		白色 結晶 潮解性			分解	90	易
08 ホスフィン酸バリウム 次亜リン酸バリウム Barium phosphinate Barium hypophosphite $Ba(PH_2O_2)_2$ [267.3]	14871-79-5 — —	毒劇物, 管1種	白色 結晶性粉末 無臭				100〜150 (分解) (−H_2O)	
09 ホスフィン酸マグネシウム六水和物 Magnesium phosphinate hexahydrate $Mg(PH_2O_2)_2 \cdot 6H_2O$ [262.4]	7783-17-7 — —		無色 結晶				100 (−5H_2O), 180 (−6H_2O)	
10 ホスフィン酸マンガン(Ⅱ)一水和物 次亜リン酸マンガン(Ⅱ)一水和物 Manganese(Ⅱ) phosphinate momohydrate Manganese(Ⅱ) hypophosphite $Mn(PH_2O_2)_2 \cdot H_2O$ [202.9]	10043-84-2 — —	管1種	桃色 結晶 無臭 無味				>150 (−H_2O)	

燃焼危険性			有害危険性			火災時の措置	備考	
引火点 [℃]	発火点 [℃]	爆発範囲 [vol%]	許容濃度 [ppm]	吸入LC$_{50}$ [ラットppm]	経口LD$_{50}$ [ラットmg/kg]			
ガス	100	1.6〜98	0.3, 1(STEL)	11/4H		粉末消火剤, 二酸化炭素, 散水, 耐アルコール性泡消火剤【ガス漏れ停止困難のときは消火不可】	有毒	01
						粉末消火剤, 二酸化炭素, 散水		02
						粉末消火剤, 二酸化炭素, 散水		03
						粉末消火剤, 二酸化炭素, 散水		04
						粉末消火剤, 二酸化炭素, 散水		05
						粉末消火剤, 二酸化炭素, 散水		06
						粉末消火剤, 二酸化炭素, 散水	5水和物もある	07
			0.5mg/m³ (Ba)			粉末消火剤, 二酸化炭素, 散水	1水和物もある	08
						粉末消火剤, 二酸化炭素, 散水		09
			0.2mg/m³ (Mn)			粉末消火剤, 二酸化炭素, 散水		10

	名称	CAS No. 国連番号 化審法No.	危険物分類	物理的特性					
				外観・性質	比重	蒸気比重 (空気=1)	沸点[℃]	融点[℃]	水溶性
01	ホスホン酸 亜リン酸 **Phosphonic acid** Phosphorous acid H_2PHO_3 [82.00]	13598-36-2 2834 (1)-421	運8	結晶 潮解性	1.7		200 (分解)	73	易
02	ホスホン酸ジブチル 亜リン酸ジブチル **Dibutyl phosphite** $C_8H_{19}PO_3$ [194.21]	1809-19-4 —	消第4類,安 引火性の物	無色 液体	1.0		118〜119 (11mmHg)		
03	ホスホン酸ジベンジル **Dibenzyl phosphite** $C_{14}H_{15}O_3P$ [262.24]	17176-77-1 —	消第4類	淡黄色 液体	1.2		110〜120 (0.1mmHg)		反応
04	ホルムアミド ギ酸アミド **Formamide** Formic acid amide CH_3NO [45.04]	75-12-7 — (2)-681	消第4類,安 18条	無色 液体 吸湿性	1.1		210 (分解)	2.6	可
05	ホルムアルデヒド **Formaldehyde** CH_2O [30.03]	50-00-0 1198, 2209 (2)-482	毒劇物,管1種, 消第9条・省 令2条,気特定, 安引火性の 物・18条,運 3, 8	無色 液体 鋭い刺激臭		1.0	−19	−92	易
06	ホルムアルデヒド＝ジメチルアセタール ジメトキシメタン メチラール **Formaldehyde dimethyl acetal** Dimethoxymethane Methylal $C_3H_8O_2$ [76.10]	109-87-5 1234 —	消第4類,安 引火性の物, 運3	無色 液体 揮発性	0.9	2.6	44	−105	易

燃焼危険性			有害危険性			火災時の措置	備考	
引火点 [℃]	発火点 [℃]	爆発範囲 [vol%]	許容濃度 [ppm]	吸入LC$_{50}$ [ラットppm]	経口LD$_{50}$ [ラットmg/kg]			
					1895	粉末消火剤, 二酸化炭素, 散水		01
49						粉末消火剤, 二酸化炭素, 散水, 耐アルコール性泡消火剤		02
>110						粉末消火剤, 二酸化炭素, 散水, 耐アルコール性泡消火剤		03
154			10		5577	粉末消火剤, 二酸化炭素, 散水, 耐アルコール性泡消火剤(消火効果のない場合, 散水)		04
ガス	424	7.0〜73	0.3(STEL)			粉末消火剤, 二酸化炭素, 散水, 耐アルコール性泡消火剤(消火効果のない場合, 散水)	発がん物質の恐れ	05
-32	237	2.2〜13.8	1000			粉末消火剤, 二酸化炭素, 散水, 耐アルコール性泡消火剤(消火効果のない場合, 散水)		06

	名称	CAS No. 国連番号 化審法No.	危険物分類	物理的特性					
				外観・性質	比重	蒸気比重 (空気=1)	沸点[℃]	融点[℃]	水溶性
01	マグネシウム Magnesium Mg [24.31]	7439-95-4 1418, 1869 対象外	消第2類, 安発火性の物, 運4.1, 4.3	銀白色 金属結晶	1.7		1105	649	
02	マレイミド Maleimide $C_4H_3NO_2$ [97.07]	541-59-3 — 		結晶				93	
03	マレイン酸ジイソプロピル Diisopropyl maleate $C_{10}H_{16}O_4$ [200.23]	10099-70-4 — 	消第4類		1.0+		229		難
04	マレイン酸ジエチル Diethyl maleate $C_8H_{12}O_4$ [172.18]	141-05-9 — (2)-1107	消第4類	無色 液体	1.1	5.9	226	-8.8	不
05	マレイン酸ジブチル DBM Dibutyl maleate $C_{12}H_{20}O_4$ [228.29]	105-76-0 — (2)-1107	消第4類	無色 油状液体	1.0-		分解	-85 (凝固点)	
06	マレイン酸ジペンチル マレイン酸ジアミル Dipentyl maleate Diamyl maleate Amyl maleate $C_{14}H_{24}O_4$ [256.34]	10099-71-5 — 	消第4類		1.0-	8.8	270～315		不
07	マレイン酸ジメチル Dimethyl maleate $C_6H_8O_4$ [144.12]	624-48-6 — (2)-1107	消第4類	無色 液体	1.2	5	201	-18	不
08	マレイン酸ヒドラジド 1,2-ジヒドロピリダジン-3,6-ジオン Maleic hydrazide 1,2-Dihydropyridazine-3,6-dione $C_4H_4N_2O_2$ [112.09]	123-33-1 — (5)-973		白色 結晶状固体			>290 分解		微
09	マロノニトリル プロパンジニトリル Malononitrile Propanedinitrile $C_3H_2N_2$ [66.06]	109-77-3 2647 (2)-1511	毒劇物, 水, 運6.1	無色 結晶 有毒	1.2	2.3	218～219	31.6	可
10	マロン酸 プロパン二酸 Malonic acid Propanedioic acid $C_3H_4O_4$ [104.06]	141-82-2 — (2)-912		白色 結晶	1.6			135～136	易
11	マロン酸ジイソプロピル Diisopropyl malonate $C_9H_{16}O_4$ [188.22]	13195-64-7 — 	消第4類	無色 液体	1.0-		220		微
12	マロン酸ジエチル Diethyl malonate Ethyl malonate $C_7H_{12}O_4$ [160.17]	105-53-3 — (2)-913	消第4類	無色 液体 果実様芳香	1.1	5.5	199	-50	可
13	マンガン Manganese Mn [54.94]	7439-96-5 — 対象外	管1種, 消第2類, 安発火性の物, 安特定化学物質・18条	銀白色 金属結晶	7.4		2060	1244	

燃焼危険性			有害危険性			火災時の措置	備考	
引火点 [℃]	発火点 [℃]	爆発範囲 [vol%]	許容濃度 [ppm]	吸入LC$_{50}$ [ラットppm]	経口LD$_{50}$ [ラットmg/kg]			
						粉末消火剤,ソーダ灰,石灰,砂【水／泡消火剤使用不可】	粉末の場合,湿気で自然発火することがある	01
						粉末消火剤,二酸化炭素,散水,耐アルコール性泡消火剤		02
104						粉末消火剤,二酸化炭素,散水,一般泡消火剤(消火効果のない場合,散水)		03
121	350				3200	粉末消火剤,二酸化炭素,散水,一般泡消火剤(消火効果のない場合,散水)		04
141					3700	粉末消火剤,二酸化炭素,散水,一般泡消火剤(消火効果のない場合,散水)		05
132						粉末消火剤,二酸化炭素,散水,一般泡消火剤(消火効果のない場合,散水)		06
113					1410	粉末消火剤,二酸化炭素,散水,一般泡消火剤(消火効果のない場合,散水)		07
					3800	自己反応性物質:粉末消火剤,二酸化炭素,散水,一般泡消火剤		08
112					14	粉末消火剤,二酸化炭素,散水,耐アルコール性泡消火剤	急性毒物質,吸入・吸飲・皮膚への接触を避ける	09
					1310	粉末消火剤,二酸化炭素,散水,耐アルコール性泡消火剤	付着すれば皮膚,粘膜を侵す	10
						粉末消火剤,二酸化炭素,散水,一般泡消火剤(消火効果のない場合,散水)		11
93					14900 μl/kg	粉末消火剤,二酸化炭素,散水,一般泡消火剤(消火効果のない場合,散水)		12
			0.2mg/m^3		9000	粉末消火剤,二酸化炭素,散水		13

	名称	CAS No. 国連番号 化審法No.	危険物分類	物理的特性					
				外観・性質	比重	蒸気比重 (空気=1)	沸点[℃]	融点[℃]	水溶性
01	ミリスチン酸 テトラデカン酸 Myristic acid Tetradecanoic acid $C_{14}H_{28}O_2$ [228.36]	544-63-8 — (2)-608	消第9条	白色 ロウ状固体	0.9 (60℃)		199 (2.1kPa)	54	
02	無水コハク酸 Succinic anhydride $C_4H_4O_3$ [100.07]	108-30-5 — (2)-921		無色 結晶	1.5		261	119.6	微
03	無水酢酸 Acetic anhydride Ethanoic anhydride $C_4H_6O_3$ [102.09]	108-24-7 1715 (2)-690	消第4類, 安 引火性の物・ 18条, 運8	無色 液体 刺激臭	1.1	3.5	140	−73	易
04	無水1,2-シクロヘキサンジカルボン酸 無水ヘキサヒドロフタル酸 1,2-Cyclohexanedicarboxylic acid anhydide Hexahydrophthalic acid anhydride $C_8H_{10}O_3$ [154.2]	85-42-7 — (3)-2416	消第9条	白色 ガラス状固体	1.2		158 (2.26kPa)	cis：32	不
05	無水フタル酸 Phthalic anhydride $C_8H_4O_3$ [148.12]	85-44-9 2214 (3)-1344	管1種, 安18条, 運8	白色 結晶	1.5	5.1	284	130.8	微
06	無水マレイン酸 Maleic anhydride $C_4H_2O_3$ [98.06]	108-31-6 2215 (2)-1101	管1種, 安18条, 運8	無色 結晶 昇華性	1.5	3.4	202	52.8	微
07	メタクリルアミド 2-メチル-2-プロペンアミド Methacrylamide 2-Methyl-2-propeneamide C_4H_7NO [85.11]	79-39-0 — (2)-1065		白色 結晶	1.1		225	112〜114	可
08	メタクリルアルデヒド メタクロレイン 2-メチルプロペナール Methacrylaldehyde Methacrolein 2-Methylpropenal C_4H_6O [70.09]	78-85-3 2396 (2)-522	消第4類, 安 引火性の物, 運3	無色 液体	0.8	2.4	68	−81	易
09	メタクリル酸 2-メチルアクリル酸 Methacrylic acid 2-Methylacrylic acid $C_4H_6O_2$ [86.09]	79-41-4 2531 (2)-1025	毒劇物, 管1種, 消第4類, 安 18条, 運8	無色 液体 刺激臭	1.0+	3.0	158	16	可
10	メタクリル酸エチル Ethyl methacrylate Ethyl methyl acrylate $C_6H_{10}O_2$ [114.14]	97-63-2 2277 (2)-1039	消第4類, 安 引火性の物, 運3	無色 液体	0.9	3.9	115〜120	15	不
11	メタクリル酸-2-(ジメチルアミノ)エチル 2-(Dimethylamino)ethyl methacrylate $C_8H_{15}NO_2$ [157.22]	2867-47-2 — (2)-1047	管1種, 消第4 類		0.9	5.4	97 (40mmHg)		可
12	メタクリル酸ブチル Butyl methacrylate $C_8H_{14}O_2$ [142.20]	97-88-1 2277 (2)-1039	管1種, 消第4 類, 安引火性 の物, 運3	無色 液体	0.9	4.9	163	<−60	不
13	メタクリル酸ヘキシル Hexyl methacrylate $C_{10}H_{18}O_2$ [170.25]	142-09-6 — —	消第4類	液体	0.9	5.9	198〜240		

燃焼危険性			有害危険性			火災時の措置	備考	
引火点 [℃]	発火点 [℃]	爆発範囲 [vol%]	許容濃度 [ppm]	吸入LC_{50} [ラットppm]	経口LD_{50} [ラットmg/kg]			
>110					>10000	粉末消火剤,二酸化炭素,散水,耐アルコール性泡消火剤		01
148					1510	粉末消火剤,二酸化炭素,散水,耐アルコール性泡消火剤		02
49	316	2.7〜10.3	5		1780	粉末消火剤,二酸化炭素,散水,耐アルコール性泡消火剤(消火効果のない場合,散水)		03
135			0.005mg/m³ (STEL)		3300	粉末消火剤,二酸化炭素,砂,土,散水,一般泡消火剤		04
152	570	1.7〜10.5	1		1530	粉末消火剤,二酸化炭素,散水,耐アルコール性泡消火剤		05
102	477	1.4〜7.1	0.1		400	粉末消火剤,二酸化炭素,散水,耐アルコール性泡消火剤		06
					459	粉末消火剤,二酸化炭素,散水,耐アルコール性泡消火剤		07
2	295	2.6〜			140	粉末消火剤,二酸化炭素,散水,耐アルコール性泡消火剤(消火効果のない場合,散水)		08
67	400	1.6〜8.8	20		1060	粉末消火剤,二酸化炭素,散水,耐アルコール性泡消火剤(消火効果のない場合,散水)		09
20	393	1.8〜			14800	粉末消火剤,二酸化炭素,散水,一般泡消火剤(消火効果のない場合,散水)		10
74				620mg/m³/4H	1751	粉末消火剤,二酸化炭素,散水,耐アルコール性泡消火剤(消火効果のない場合,散水)		11
52		2〜8			16000	粉末消火剤,二酸化炭素,散水,一般泡消火剤(消火効果のない場合,散水)		12
82						粉末消火剤,二酸化炭素,散水,一般泡消火剤(消火効果のない場合,散水)		13

名称	CAS No. 国連番号 化審法No.	危険物分類	物理的特性					
			外観・性質	比重	蒸気比重 (空気=1)	沸点[℃]	融点[℃]	水溶性
01 メタクリル酸メチル Methyl methacrylate $C_5H_8O_2$ [100.12]	80-62-6 1247 (2)-1036	管1種, 消第4類, 安引火性の物・18条, 運3	無色 液体 催涙性 芳香	0.9	3.6	100	-48.2	可
02 メタクリロニトリル 2-シアノプロペン 2-メチルプロペンニトリル Methacrylonitrile 2-Cyanopropene C_4H_5N [67.09]	126-98-7 3079 —	毒劇物, 管1種, 消第4類, 安引火性の物・18条	液体 アクリロニトリル様臭気	0.8	2.3	90	-35.8	微
03 メタケイ酸ナトリウム Sodium metasilicate Na_2SiO_3 [122.06]	6834-92-0 — —		白色 結晶	2.6			1089	易
04 メタノール メチルアルコール 木精 Methanol Methyl alcohol Wood alcohol CH_4O [32.04]	67-56-1 1230 (2)-201	毒劇物, 消第4類, 気特定物質, 安引火性の物・18条, 運3	無色 液体 揮発性 特有の芳香	0.8	1.1	64	-96	易
05 メタン Methane Marsh gas CH_4 [16.04]	74-82-8 1971, 1972, 2034 (2)-1	圧圧縮ガス・液化ガス・可燃性ガス, 安可燃性のガス, 運2.1	無色 気体 無臭 無毒	0.4 (-164℃)	0.6	-162	-182.5	不
06 メタンスルホン酸 Methanesulfonic acid CH_3SO_3H [96.11]	75-75-2 — (2)-1582	消第4類	液体(室温)	1.5		167 (10mmHg)	17〜20	可
07 メタンチオール メチルメルカプタン Methanethiol Methyl mercaptan CH_3SH [48.11]	74-93-1 1064 (2)-457	毒毒物, 消第9条, 圧液化ガス・可燃性ガス・毒性ガス, 気特定物質, 安可燃性のガス・18条, 運2.3	ガス状物質 キャベツの腐敗臭(常温)	0.9 (0℃)	1.7	6	-123	易
08 o-メチルアセトアニリド o-アセトトルイド o-アセトトルイジド o-Methylacetanilide o-Acetotoluide o-Acetotoluidide $C_9H_{11}NO$ [149.19]	120-66-1 — —		結晶	1.2		296	110	微
09 m-メチルアセトアニリド m-アセトトルイド m-アセトトルイジド m-Methylacetanilide m-Acetotoluide m-Acetotoluidide $C_9H_{11}NO$ [149.19]	537-92-8 — —		白色 結晶	1.1		303	65	微

燃焼危険性			有害危険性			火災時の措置	備考	
引火点 [℃]	発火点 [℃]	爆発範囲 [vol%]	許容濃度 [ppm]	吸入LC$_{50}$ [ラットppm]	経口LD$_{50}$ [ラットmg/kg]			
10	435	1.7〜8.2	50, 100(STEL)		7872	粉末消火剤，二酸化炭素，散水，一般泡消火剤（消火効果のない場合，散水）		01
1		2〜6.8	1			粉末消火剤，二酸化炭素，散水，一般泡消火剤（消火効果のない場合，散水）		02
						粉末消火剤，二酸化炭素，散水		03
11	464	6.0〜36	200, 250 (STEL)		5628	粉末消火剤，二酸化炭素，散水，耐アルコール性泡消火剤（消火効果のない場合，散水）		04
ガス	537	5.0〜15	1000			粉末消火剤，二酸化炭素【ガス漏れ停止困難のときは消火不可】		05
233					200	粉末消火剤，二酸化炭素，散水，耐アルコール性泡消火剤（消火効果のない場合，散水）		06
ガス		3.9〜21.8	0.5	675		粉末消火剤，二酸化炭素，散水，耐アルコール性泡消火剤（消火効果のない場合，散水）		07
						粉末消火剤，二酸化炭素，砂，土，散水，一般泡消火剤		08
						粉末消火剤，二酸化炭素，砂，土，散水，一般泡消火剤		09

名称	CAS No. 国連番号 化審法No.	危険物分類	物理的特性					
			外観・性質	比重	蒸気比重 (空気=1)	沸点[℃]	融点[℃]	水溶性
01 p-メチルアセトアニリド p-アセトトルイド p-アセトトルイジド **p-Methylacetanilide** p-Acetotoluide p-Acetotoluidide $C_9H_{11}NO$ [149.19]	103-89-9 — —		結晶	1.2	5.4	306	155	微
02 p-メチルアセトフェノン p-アセトトルエン **p-Methyl acetophenone** p-Acetotoluene Methyl p-tolyl ketone $C_9H_{10}O$ [134.18]	122-00-9 — (3)-1239	㊛第4類	無色 液体 アセトフェ ノン様芳香	1.0−		226	28	不
03 2-メチルアミルアルコール 2-メチル-1-ペンタノール イソヘキシルアルコール **2-Methylamyl alcohol** 2-Methyl-1-pentanol Isohexyl alcohol Methylamyl alcohol $C_6H_{14}O$ [102.17]	105-30-6 — —	㊛第4類,㊤ 引火性の物	無色 液体	0.8	3.5	148		微
04 メチルアミン メタンアミン **Methylamine** Methaneamine CH_5N [31.06]	74-89-5 1061, 1235 (2)-129	㊤劇物,㊷液 化性ガス・可燃 性ガス・毒性 ガス,㊤可燃 性のガス・18 条,㊸2.1, 3	気体 強アンモニ ア臭	0.7 (−11℃)	1.0	−6	−93.5	易
05 メチル=イソプロペニル=ケトン 3-メチル-3-ブテン-2-オン **Methyl isopropenyl ketone** 3-Methyl-3-buten-2-one C_5H_8O [84.12]	814-78-8 1246 —	㊛第4類,㊤ 引火性の物, ㊸3	無色 液体 芳香 甘味	0.9	2.9	98		
06 メチル=イソペンチル=ケトン メチル=イソアミル=ケトン **Methyl isopentyl ketone** Methyl isoamyl ketone $C_7H_{14}O$ [114.19]	110-12-3 — —	㊛第4類,㊤ 引火性の物	無色 液体 芳香	0.8	3.9	146		不
07 メチル=ウンデシル=ケトン 2-トリデカノン **Methyl undecyl ketone** 2-Tridecanone $C_{13}H_{26}O$ [198.34]	593-08-8 — —		白色 結晶	0.8	6.8	195 (110mmHg)	29〜31	不
08 2-メチルオクタン イソノナン **2-Methyloctane** iso-Nonane C_9H_{20} [128.26]	3221-61-2 — —	㊛第4類,㊤ 引火性の物	無色 液体	0.7	4.4	143	−80	
09 3-メチルオクタン **3-Methyloctane** C_9H_{20} [128.26]	2216-33-3 — —	㊛第4類,㊤ 引火性の物		0.7	4.4	144		
10 4-メチルオクタン **4-Methyloctane** C_9H_{20} [128.26]	2216-34-4 — —	㊛第4類,㊤ 引火性の物		0.7	4.4	142		

燃焼危険性			有害危険性			火災時の措置	備考	
引火点 [℃]	発火点 [℃]	爆発範囲 [vol%]	許容濃度 [ppm]	吸入LC$_{50}$ [ラットppm]	経口LD$_{50}$ [ラットmg/kg]			
168						粉末消火剤, 二酸化炭素, 砂, 土, 散水, 一般泡消火剤		01
96					1400	粉末消火剤, 二酸化炭素, 散水, 耐アルコール性泡消火剤		02
54	310	1.1〜9.65				粉末消火剤, 二酸化炭素, 散水, 一般泡消火剤(消火効果のない場合, 散水)		03
ガス	430	4.9〜20.7	5, 15(STEL)		100	粉末消火剤, 二酸化炭素【ガス漏れ停止困難のときは消火不可】		04
11		1.8〜9.0				粉末消火剤, 二酸化炭素, 散水, 一般泡消火剤(消火効果のない場合, 散水)		05
36	191	1.0(93℃)〜8.2(93℃)	50			粉末消火剤, 二酸化炭素, 散水, 一般泡消火剤(消火効果のない場合, 散水)		06
107						散水, 湿った砂, 土		07
	220					粉末消火剤, 二酸化炭素, 散水, 一般泡消火剤(消火効果のない場合, 散水)		08
	220					粉末消火剤, 二酸化炭素, 散水, 一般泡消火剤(消火効果のない場合, 散水)		09
	225					粉末消火剤, 二酸化炭素, 散水, 一般泡消火剤(消火効果のない場合, 散水)		10

	名称	CAS No. 国連番号 化審法No.	危険物分類	物理的特性					
				外観・性質	比重	蒸気比重 (空気=1)	沸点[℃]	融点[℃]	水溶性
01	メチルカリウム Methylpotassium CH₃K [54.1]	不明 — —	消第3類	無色 固体					
02	メチル銀 Methylsilver AgCH₃ [122.9]	75993-65-6 — —	消第3類	黄色 固体				−70 (分解)	
03	N-メチルジエタノールアミン N-Methyldiethanolamine C₅H₁₃NO₂ [119.16]	105-59-9 — (2)-300	消第4類	液体 刺激性 吸湿性	1.0+	4.1	240		易
04	4-メチル-1,3-ジオキサン 4-Methyl-1,3-dioxane C₅H₁₀O₂ [102.13]	1120-97-4 — (5)-838	消第4類, 安引火性の物	液体	1.0−		114		
05	2-メチルシクロヘキサノール 2-Methylcyclohexanol C₇H₁₄O [114.19]	583-59-5 2617 (3)-2301	消第4類, 安引火性の物・18条, 運3	麦わら色 液体 やや粘ちょう	0.9	3.9	165	trans体: 3〜4 cis体: 6.8〜7.3	難
06	3-メチルシクロヘキサノール 3-Methylcyclohexanol C₇H₁₄O [114.19]	591-23-1 2617 (3)-2302	消第4類, 安引火性の物・18条, 運3	麦わら色 液体 やや粘ちょう	0.9	3.9	166〜174	trans体: −0.5 cis体: −5.5	難
07	4-メチルシクロヘキサノール 4-Methylcyclohexanol C₇H₁₄O [114.19]	589-91-3 2617 (3)-2303	消第4類, 安18条, 運3	麦わら色 液体 やや粘ちょう	0.9	3.9	173		難
08	2-メチルシクロヘキサノン 2-Methylcyclohexanone C₇H₁₂O [112.17]	583-60-8 2297 (3)-2411	消第4類, 安引火性の物・18条, 運3	無色 油状液体 ハッカ臭	0.9	3.9	163	−14	不
09	3-メチルシクロヘキサノン 3-Methylcyclohexanone C₇H₁₂O [112.17]	591-24-2 2297 (3)-2411	消第4類, 安引火性の物・18条, 運3	無色 液体 ハッカ臭	0.9		166	−74	不
10	4-メチルシクロヘキサノン 4-Methylcyclohexanone C₇H₁₂O [112.17]	589-92-4 2297 (3)-2411	消第4類, 安引火性の物・18条, 運3	無色 液体 ハッカ臭	0.9		170	−41	不
11	メチルシクロヘキサン シクロヘキシルメタン Methylcyclohexane Cyclohexylmethane Hexahydroxytoluene C₇H₁₄ [98.19]	108-87-2 2296 (3)-2230	消第4類, 安引火性の物・18条, 運3	無色 液体	0.8	3.4	101	−126.3	不
12	4-メチル-1-シクロヘキセン 4-Methyl-1-cyclohexene C₇H₁₂ [96.17]	591-47-9 — —	消第4類, 安引火性の物	無色 液体	0.8	3.3	103		不
13	1-メチル-1,3-シクロペンタジエン 1-Methyl-1,3-cyclopentadiene C₆H₈ [80.13]	96-39-9 — —	消第4類, 安引火性の物		0.9		73		
14	メチルシクロペンタン Methylcyclopentane C₆H₁₂ [84.16]	96-37-7 2298 —	消第4類, 安引火性の物, 運3	無色 液体	0.8	2.9	72	−139.8	不
15	メチルシラン Methylsilane CH₃SiH₃ [46.15]	992-94-9 — —	安可燃性のガス, 圧液化ガス・可燃性ガス	無色 気体 不快臭	0.6	1.6	−57	−156.8	

燃焼危険性			有害危険性			火災時の措置	備考	
引火点 [℃]	発火点 [℃]	爆発範囲 [vol%]	許容濃度 [ppm]	吸入LC$_{50}$ [ラットppm]	経口LD$_{50}$ [ラットmg/kg]			
						粉末消火剤,ソーダ灰,石灰,砂【水／泡消火剤使用不可】		01
						粉末消火剤,ソーダ灰,石灰,砂【水／泡消火剤使用不可】	＞−70で不安定	02
127					1945	粉末消火剤,二酸化炭素,散水,耐アルコール性泡消火剤(消火効果のない場合,散水)		03
22						粉末消火剤,二酸化炭素,散水,一般泡消火剤(消火効果のない場合,散水)		04
65	296		50		1660	粉末消火剤,二酸化炭素,散水,一般泡消火剤(消火効果のない場合,散水)		05
62	295		50		1660	粉末消火剤,二酸化炭素,散水,一般泡消火剤(消火効果のない場合,散水)		06
70	295		50		1660	粉末消火剤,二酸化炭素,散水,一般泡消火剤(消火効果のない場合,散水)	cis, transの混合物	07
48		1.15〜	50, 75(STEL)		2140μl/kg	粉末消火剤,二酸化炭素,散水,一般泡消火剤(消火効果のない場合,散水)		08
						粉末消火剤,二酸化炭素,散水,一般泡消火剤(消火効果のない場合,散水)		09
48					800	粉末消火剤,二酸化炭素,散水,一般泡消火剤(消火効果のない場合,散水)		10
−4	250	1.2〜6.7	400		2250(マウス)	粉末消火剤,二酸化炭素,散水,一般泡消火剤(消火効果のない場合,散水)		11
−1						粉末消火剤,二酸化炭素,散水,一般泡消火剤(消火効果のない場合,散水)		12
49	445	1.3(100℃)〜7.6(100℃)				粉末消火剤,二酸化炭素,散水,一般泡消火剤(消火効果のない場合,散水)		13
＜−7	258	1.0〜8.35				粉末消火剤,二酸化炭素,散水,一般泡消火剤(消火効果のない場合,散水)		14
	160	1.3〜88.9				粉末消火剤,ソーダ灰,石灰,乾燥砂【ガス漏れ停止困難のときは消火不可】	圧力容器を加熱すると破裂の危険	15

	名称	CAS No. 国連番号 化審法No.	危険物分類	外観・性質	比重	蒸気比重 (空気=1)	沸点[℃]	融点[℃]	水溶性
						物理的特性			
01	o-メチルスチレン o-ビニルトルエン **o-Methylstyrene** o-Vinyl toluene C_9H_{10} [118.18]	611-15-4 — —	消第4類,安引火性の物	無色液体	0.9	4.1	168	−69	不
02	m-メチルスチレン m-ビニルトルエン **m-Methylstyrene** m-Vinyl toluene C_9H_{10} [118.18]	100-80-1 — —	消第4類,安引火性の物	無色液体	0.9		164		
03	p-メチルスチレン p-ビニルトルエン **p-Methylstyrene** p-Vinyl toluene C_9H_{10} [118.18]	622-97-9 — (3)-8	消第4類,安引火性の物・18条	無色液体	0.9		170	−34	不
04	α-メチルスチレン 2-フェニルプロペン イソプロオエニルベンゼン **α-Methylstyrene** 2-Phenylpropene Isopropenylbenzene C_9H_{10} [118.18]	98-83-9 2303 (3)-5	管1種,消第4類,安引火性の物・18条,運3	無色液体 特異臭	0.9	4.1	165〜166	−23.2	不
05	2-メチルチオフェン チオトレン **2-Methylthiophene** C_5H_6S [98.17]	554-14-3 — —	消第4類,安引火性の物	無色液体 特異臭	1.0+		113	−63	不
06	2-メチルテトラヒドロフラン 2-メチルオキソラン **2-Methyltetrahydrofuran** 2-Methyloxolane $C_5H_{10}O$ [86.13]	96-47-9 2536 —	消第4類,安引火性の物,運3	無色液体 流動性 エーテル臭	0.9	3.0	80		難
07	メチル銅 **Methylcopper** $CuCH_3$ [78.6]	1184-53-8 — —	消第3類	黄色固体				常温で分解	
08	1-メチルナフタレン α-メチルナフタレン **1-Methylnaphthalene** α-Methylnaphthalene $C_{11}H_{10}$ [142.20]	90-12-0 — (4)-80	消第4類	無色液体	1.0+	4.9	244	−22	不
09	2-メチルナフタレン β-メチルナフタレン **2-Methylnaphthalene** β-Methylnaphthalene $C_{11}H_{10}$ [142.20]	91-57-6 — (4)-80	消第4類	結晶	1.0+		241〜242	37〜38	難
10	2-メチル-2-ニトロプロパン t-ニトロブタン **2-Methyl-2-nitropropane** tert-Nitrobutane $C_4H_9NO_2$ [103.12]	594-70-7 — —	消第4類	液体	1.0−		127	24	不
11	2-メチルノナン イソデカン **2-Methylnonane** Isodecane $C_{10}H_{22}$ [142.29]	34464-38-5 — —	消第4類	無色液体	0.7	4.9	167.2		

燃焼危険性			有害危険性			火災時の措置	備考	
引火点 [℃]	発火点 [℃]	爆発範囲 [vol%]	許容濃度 [ppm]	吸入LC_{50} [ラットppm]	経口LD_{50} [ラットmg/kg]			
53	538	0.8～11.0				粉末消火剤，二酸化炭素，散水，一般泡消火剤(消火効果のない場合，散水)		01
						粉末消火剤，二酸化炭素，散水，一般泡消火剤(消火効果のない場合，散水)		02
60	515	1.1～5.3				粉末消火剤，二酸化炭素，散水，一般泡消火剤(消火効果のない場合，散水)		03
54	574	1.9～6.1	50, 100(STEL)		4900	粉末消火剤，二酸化炭素，散水，一般泡消火剤(消火効果のない場合，散水)		04
8					3200	粉末消火剤，二酸化炭素，散水，一般泡消火剤(消火効果のない場合，散水)		05
−11						粉末消火剤，二酸化炭素，散水，一般泡消火剤(消火効果のない場合，散水)		06
						粉末消火剤，ソーダ灰，石灰，砂【水／泡消火剤使用不可】	窒素中0℃以下で安定	07
82	529	0.8～			1840	粉末消火剤，二酸化炭素，散水，一般泡消火剤(消火効果のない場合，散水)		08
105					1630	粉末消火剤，二酸化炭素，砂，土，散水，一般泡消火剤		09
						粉末消火剤，二酸化炭素，散水，一般泡消火剤(消火効果のない場合，散水)		10
	210					粉末消火剤，二酸化炭素，砂，土，散水，一般泡消火剤		11

	名称	CAS No. 国連番号 化審法No.	危険物分類	物理的特性					
				外観・性質	比重	蒸気比重 (空気=1)	沸点[℃]	融点[℃]	水溶性
01	2-メチルバレルアルデヒド 2-メチルペンタナール **2-Methylvaleraldehyde** 2-Methylpentanal Methylpentaldehyde $C_6H_{12}O$ [100.16]	123-15-9 2367 (2)-494	消第4類, 安引火性の物, 連3	無色または 淡黄色 液体	0.8	3.5	117	-100	微
02	メチルヒドラジン モノメチルヒドラジン **Methylhydrazine** Monomethylhydrazine CH_6N_2 [46.07]	60-34-4 1244 (2)-2385	管2種, 審2種 監視, 消第5類, 安引火性の 物・18条, 連6.1	無色 液体 メチルアミ ン臭	0.9	1.6	88	-52.4	易
03	メチル＝ビニル＝エーテル メトキシエチレン **Methyl vinyl ether** Methoxyethylene Vinyl methyl ether C_3H_6O [58.08]	107-25-5 1087 (2)-372	圧液化ガス・ 可燃性ガス, 安可燃性のガ ス, 連2.1	気体 揮発性	1.0 (0℃)	2.0	6	-122.8	微
04	2-メチルビフェニル 2-フェニルトルエン o-メチルビフェニル **2-Methylbiphenyl** 2-Phenyltoluene $C_{13}H_{12}$ [168.24]	643-58-3 — —	消第4類	無色 液体	1.0+	5.8	255		不
05	1-メチルピペラジン N-メチルピペラジン **1-Methyl piperazine** $C_5H_{12}N_2$ [100.16]	109-01-3 — (5)-954	消第4類, 安 引火性の物	無色 液体	0.9	3.5	138	-5.3	易
06	2-メチルピペリジン 2-ピペコリン **2-Methylpiperidine** 2-Pipecoline $C_6H_{13}N$ [99.18]	109-05-7 — (5)-768	消第4類, 安 引火性の物	無色 液体	0.8		117 (99.6kPa)	-5	可
07	3-メチルピペリジン 3-ピペコリン **3-Methylpiperidine** 3-Pipecoline $C_6H_{13}N$ [99.18]	626-56-2 — (5)-768	消第4類, 安 引火性の物	液体	0.8		125		
08	4-メチルピペリジン 4-ピペコリン **4-Methylpiperidine** 4-Pipecoline $C_6H_{13}N$ [99.18]	626-58-4 — (5)-768	消第4類, 安 引火性の物	液体	0.8		124	-4	
09	N-メチルピペリジン 1-メチルピペリジン **N-Methylpiperidine** 1-Methylpiperidine $C_6H_{13}N$ [99.18]	626-67-5 2399 (5)-767	消第4類, 安 引火性の物, 連3	無色 液体	0.8		107	-13	可
10	2-メチルピラジン **2-Methylpyrazine** $C_5H_6N_2$ [94.11]	109-08-0 — 新規	消第4類, 安 引火性の物	無色 液体	1.0+	3.3	135	-29	易

燃焼危険性			有害危険性			火災時の措置	備考	
引火点 [℃]	発火点 [℃]	爆発範囲 [vol%]	許容濃度 [ppm]	吸入LC$_{50}$ [ラットppm]	経口LD$_{50}$ [ラットmg/kg]			
20	199				>3200	粉末消火剤, 二酸化炭素, 散水, 一般泡消火剤(消火効果のない場合, 散水)		01
-8	194	2.5〜92	0.01	34/4H	32	自己反応性物質：粉末消火剤, 二酸化炭素, 散水, 一般泡消火剤	空気に触れると自然発火することがある	02
ガス	287	2.6〜39			4900	粉末消火剤, 二酸化炭素【ガス漏れ停止困難のときは消火不可】		03
137	502					粉末消火剤, 二酸化炭素, 砂, 土, 散水, 一般泡消火剤		04
42	320	1.2〜9.9			2830μl/kg	粉末消火剤, 二酸化炭素, 散水, 耐アルコール性泡消火剤(消火効果のない場合, 散水)		05
13						粉末消火剤, 二酸化炭素, 散水, 耐アルコール性泡消火剤(消火効果のない場合, 散水)		06
29						粉末消火剤, 二酸化炭素, 散水, 耐アルコール性泡消火剤(消火効果のない場合, 散水)		07
22					300	粉末消火剤, 二酸化炭素, 散水, 耐アルコール性泡消火剤(消火効果のない場合, 散水)		08
-2	215	0.9〜11.5			400 (マウス腹腔内)	粉末消火剤, 二酸化炭素, 散水, 耐アルコール性泡消火剤(消火効果のない場合, 散水)		09
50		1.2〜12.5			1800	粉末消火剤, 二酸化炭素, 散水, 耐アルコール性泡消火剤(消火効果のない場合, 散水)		10

	名称	CAS No. 国連番号 化審法No.	危険物分類	物理的特性					
				外観・性質	比重	蒸気比重 (空気=1)	沸点[℃]	融点[℃]	水溶性
01	2-メチルピリジン α-ピコリン 2-ピコリン **2-Methylpyridine** α-Picoline 2-Picoline C_6H_7N [93.13]	109-06-8 2313 (5)-711	消第4類, 引火性の物, 運3	無色 液体 不快臭	1.0−	3.2	128	−70	易
02	3-メチルピリジン β-ピコリン 3-ピコリン **3-Methylpyridine** β-Picoline 3-Picoline C_6H_7N [93.13]	108-99-6 2313 (5)-711	管1種, 消第4類, 安引火性の物, 運3	無色 液体 甘味臭	1.0−		143〜144	−18	
03	4-メチルピリジン γ-ピコリン 4-ピコリン **4-Methylpyridine** γ-Picoline 4-Picoline C_6H_7N [93.13]	108-89-4 2313 (5)-711	消第4類, 引火性の物, 運3	液体 甘味臭	1.0−	3.2	144	2.4	易
04	N-メチルピロリジン 1-メチルピロリジン **N-Methylpyrrolidine** 1-Methylpyrrolidine $C_5H_{11}N$ [85.15]	120-94-5 — —	消第4類, 安引火性の物	液体 ピペリジン臭	0.8	2.9	82		難
05	1-メチル-2-ピロリドン N-メチル-2-ピロリドン **1-Methyl-2-pyrrolidone** N-Methyl-2-pyrrolidone C_5H_9NO [99.14]	872-50-4 — (5)-113	消第4類	無色 液体	1.0+	3.4	202	−24	易
06	N-メチルピロール 1-メチルピロール **N-Methylpyrrole** 1-Methylpyrrole C_5H_7N [81.12]	96-54-8 — —	消第4類, 安引火性の物	液体 特有なピロール様臭	0.9	2.8	112		不
07	2-メチルブタナール 2-メチルブチルアルデヒド **2-Methylbutanal** 2-Methylbutyraldehyde $C_5H_{10}O$ [86.13]	96-17-3 3371 —	消第4類, 安引火性の物, 運3	液体	0.8	3.0	92〜93		不
08	2-メチル-1-ブタノール 活性アミルアルコール **2-Methyl-1-butanol** act-Amyl alcohol $C_5H_{12}O$ [88.15]	137-32-6 — (2)-217	消第4類, 安引火性の物	無色 液体	0.8	3.0	128	<−70	可
09	3-メチル-2-ブタノン イソプロピル=メチル=ケトン メチルイソプロピルケトン **3-Methyl-2-butanone** Isopropyl methyl ketone $C_5H_{10}O$ [86.13]	563-80-4 — (2)-542	消第4類, 安引火性の物	無色 液体 ハッカ性芳香	0.8		94.2	−92	微

燃焼危険性			有害危険性			火災時の措置	備考	
引火点 [℃]	発火点 [℃]	爆発範囲 [vol%]	許容濃度 [ppm]	吸入LC$_{50}$ [ラットppm]	経口LD$_{50}$ [ラットmg/kg]			
39	538	1.4〜8.6			790	粉末消火剤,二酸化炭素,散水,耐アルコール性泡消火剤(消火効果のない場合,散水)		01
36		1.4〜8.6			400	粉末消火剤,二酸化炭素,散水,耐アルコール性泡消火剤(消火効果のない場合,散水)		02
57		1.4〜8.6			440	粉末消火剤,二酸化炭素,散水,耐アルコール性泡消火剤(消火効果のない場合,散水)		03
−14						粉末消火剤,二酸化炭素,散水,一般泡消火剤(消火効果のない場合,散水)		04
96	346	1.0〜11.8	1		3914	粉末消火剤,二酸化炭素,散水,耐アルコール性泡消火剤(消火効果のない場合,散水)		05
16						粉末消火剤,二酸化炭素,散水,一般泡消火剤(消火効果のない場合,散水)		06
9						粉末消火剤,二酸化炭素,散水,一般泡消火剤(消火効果のない場合,散水)		07
50	385				4920	粉末消火剤,二酸化炭素,散水,一般泡消火剤(消火効果のない場合,散水)		08
−1			200		148	粉末消火剤,二酸化炭素,散水,一般泡消火剤(消火効果のない場合,散水)		09

	名称	CAS No. 国連番号 化審法No.	危険物分類	外観・性質	比重	蒸気比重 (空気=1)	沸点[℃]	融点[℃]	水溶性
01	3-メチル-2-ブタンチオール t-アミルメルカプタン ペンタンチオール **2-Methyl-2-butanethiol** tert-Amylmercaptan Pentanethiol $C_5H_{12}S$ [104.22]	2084-18-6 — —	消第4類, 安 引火性の物	無色 液体 強い悪臭	0.9	3.6	110		不
02	3-メチル-1-ブタンチオール イソペンチルメルカプタン イソアミルメルカプタン **3-Methyl-1-butanethiol** Isopentyl mercaptan Isoamyl mercaptan $C_5H_{12}S$ [104.22]	541-31-1 — —	消第4類, 安 引火性の物	無色 液体 特有の不快臭	0.8		116		不
03	N-メチルブチルアミン **N-Methylbutylamine** $C_5H_{13}N$ [87.16]	110-68-9 2945 —	消第4類, 安 引火性の物, 運3	液体	0.7	3.0	91		易
04	3-メチル-1-ブチン **3-Methyl-1-butyne** C_5H_8 [68.11]	598-23-2 — —	消第4類, 安 引火性の物	液体			26	−90	
05	2-メチル-3-ブチン-2-オール メチルブチノール 3-メチル-1-ブチン-3-オール **2-Methyl-3-butyne-2-ol** 3-Methyl-1-butyn-3-ol Methyl butynol 3-Methyl butynol C_5H_8O [84.12]	115-19-5 — (2)-2396	消第4類, 安 引火性の物	無色 液体 芳香	0.9	2.9	103	2.6	易
06	2-メチル-1-ブテン **2-Methyl-1-butene** C_5H_{10} [70.13]	563-46-2 2459 (2)-19	消第4類, 安 引火性の物, 運3	無色 液体	0.7	2.4	31	−137.6	不
07	2-メチル-2-ブテン トリメチルエテン **2-Methyl-2-butene** Trimethylethene Trimethylethylene C_5H_{10} [70.13]	513-35-9 2460 (2)-19	消第4類, 安 引火性の物, 運3	液体 揮発性 不快臭	0.7	2.4	38	−134	不
08	3-メチル-1-ブテン イソプロピルエチレン **3-Methyl-1-butene** Isopropylethylene C_5H_{10} [70.13]	563-45-1 2561 (2)-19	消第4類, 安 引火性の物, 運3	無色 液体	0.6	2.4	20	−168.5	不
09	2-メチル-1-ブテン-3-イン イソプロペニルアセチレン **2-Methyl-1-buten-3-yne** Isopropenyl acetylene C_5H_6 [66.10]	78-80-8 — —	消第4類, 安 引火性の物	無色 液体	0.7	2.3	33		難
10	2-メチルフラン **2-Methylfuran** Sylvan C_5H_6O [82.10]	534-22-5 2301 —	消第4類, 安 引火性の物, 運3	無色 液体 エーテル臭	0.9	2.8	62〜64		難
11	3-メチルフラン **3-Methylfuran** C_5H_6O [82.10]	930-27-8 — —	消第4類, 安 引火性の物	無色 液体	0.9		65〜66		

燃焼危険性			有害危険性			火災時の措置	備考	
引火点 [℃]	発火点 [℃]	爆発範囲 [vol%]	許容濃度 [ppm]	吸入LC_{50} [ラットppm]	経口LD_{50} [ラットmg/kg]			
3						粉末消火剤,二酸化炭素,散水,一般泡消火剤(消火効果のない場合,散水)		01
						粉末消火剤,二酸化炭素,散水,一般泡消火剤(消火効果のない場合,散水)		02
13						粉末消火剤,二酸化炭素,散水,耐アルコール性泡消火剤(消火効果のない場合,散水)		03
						粉末消火剤,二酸化炭素,散水,一般泡消火剤(消火効果のない場合,散水)		04
25					1950	粉末消火剤,二酸化炭素,散水,耐アルコール性泡消火剤(消火効果のない場合,散水)		05
−34						粉末消火剤,二酸化炭素,散水,一般泡消火剤(消火効果のない場合,散水)		06
−45		1.6〜8.7				粉末消火剤,二酸化炭素,散水,一般泡消火剤(消火効果のない場合,散水)		07
−56	365	1.5〜9.1				粉末消火剤,二酸化炭素,散水,一般泡消火剤(消火効果のない場合,散水)		08
<−7						粉末消火剤,二酸化炭素,散水,一般泡消火剤(消火効果のない場合,散水)		09
−30						粉末消火剤,二酸化炭素,散水,一般泡消火剤(消火効果のない場合,散水)		10
<−22						粉末消火剤,二酸化炭素,散水,一般泡消火剤(消火効果のない場合,散水)		11

	名称	CAS No. 国連番号 化審法No.	危険物分類	物理的特性					
				外観・性質	比重	蒸気比重 (空気=1)	沸点[℃]	融点[℃]	水溶性
01	2-メチル-1-プロパンチオール イソブチルメルカプタン **2-Methyl-1-propanethiol** Isobutyl mercaptan $C_4H_{10}S$ [90.19]	513-44-0 — —	㊧第4類,㊶ 引火性の物	液体 特有の不快臭	0.8		88		微
02	2-メチル-2-プロパンチオール t-ブチルメルカプタン **2-Methyl-2-propanethiol** tert-Butyl mercaptan $C_4H_{10}S$ [90.19]	75-66-1 — —	㊧第4類,㊶ 引火性の物	無色 液体 やや甘味 強い不快臭	0.8	3.1	65〜67		不
03	メチル=プロピル=エーテル 1-メトキシプロパン **Methyl n-propyl ether** 1-Methoxypropane $C_4H_{10}O$ [74.12]	557-17-5 — —	㊧第4類,㊶ 引火性の物	無色 液体 揮発性	0.7	2.6	39		
04	2-メチル-2-プロペン-1-オール メチルアリルアルコール **2-Methyl-2-propene-1-ol** Methylallyl alcohol C_4H_8O [72.11]	513-42-8 — —	㊧第4類,㊶ 引火性の物	無色 液体 刺激臭	0.9	2.5	114		難
05	2-メチルヘキサン イソヘプタン **2-Methylhexane** Isoheptane Ethylisobutylmethane C_7H_{16} [100.20]	591-76-4 — —	㊧第4類,㊶ 引火性の物	無色 液体	0.7	3.5	90		不
06	3-メチルヘキサン **3-Methylhexane** C_7H_{16} [100.20]	589-34-4 — —	㊧第4類,㊶ 引火性の物	無色 液体	0.7	3.5	92	dl体： −173	
07	2-メチルヘプタン **2-Methylheptane** C_8H_{18} [114.23]	592-27-8 — —	㊧第4類,㊶ 引火性の物	無色 液体 芳香	0.7	3.9	116	−109	不
08	α-メチルベンジルアミン 1-フェニルエチルアミン **α-Methylbenzylamine** 1-Phenylethylamine $C_8H_{11}N$ [121.18]	618-36-0 — —	㊧第4類	無色 液体	1.0−	4.2	188		可
09	4-メチルベンジル=クロリド 4-メチルベンジルクロライド **4-Methylbenzyl chloride** C_8H_7Cl [140.61]	104-82-5 (3)-2691 —	㊧第4類	無色 液体	1.1		200〜202	4	不
10	α-メチルベンジル=ジメチルアミン **α-Methylbenzyl dimethyl amine** $C_{10}H_{15}N$ [149.24]	2449-49-2 — —	㊧第4類	無色 液体	0.9	5.2	196		微
11	2-メチル-1,3-ペンタジエン **2-Methyl-1,3-pentadiene** C_6H_{10} [82.14]	1118-58-7 — —	㊧第4類,㊶ 引火性の物		0.7	2.8	76		
12	4-メチル-1,3-ペンタジエン **4-Methyl-1,3-pentadiene** C_6H_{10} [82.14]	926-56-7 — —	㊧第4類,㊶ 引火性の物		0.7	2.8	76		不

メチル 391

燃焼危険性			有害危険性			火災時の措置	備考	
引火点 [℃]	発火点 [℃]	爆発範囲 [vol%]	許容濃度 [ppm]	吸入LC$_{50}$ [ラットppm]	経口LD$_{50}$ [ラットmg/kg]			
						粉末消火剤, 二酸化炭素, 散水, 一般泡消火剤(消火効果のない場合, 散水)		01
<−29						粉末消火剤, 二酸化炭素, 散水, 一般泡消火剤(消火効果のない場合, 散水)		02
<−20						粉末消火剤, 二酸化炭素, 散水, 一般泡消火剤(消火効果のない場合, 散水)		03
33						粉末消火剤, 二酸化炭素, 散水, 一般泡消火剤(消火効果のない場合, 散水)		04
<−18	280	1.0〜6.0				粉末消火剤, 二酸化炭素, 散水, 一般泡消火剤(消火効果のない場合, 散水)		05
−4	280					粉末消火剤, 二酸化炭素, 散水, 一般泡消火剤(消火効果のない場合, 散水)		06
4		1.0〜				粉末消火剤, 二酸化炭素, 散水, 一般泡消火剤(消火効果のない場合, 散水)		07
79						粉末消火剤, 二酸化炭素, 散水, 一般泡消火剤(消火効果のない場合, 散水)		08
74						粉末消火剤, 二酸化炭素, 散水, 一般泡消火剤(消火効果のない場合, 散水)		09
79						粉末消火剤, 二酸化炭素, 散水, 一般泡消火剤(消火効果のない場合, 散水)		10
<−20						粉末消火剤, 二酸化炭素, 散水, 一般泡消火剤(消火効果のない場合, 散水)		11
−34						粉末消火剤, 二酸化炭素, 散水, 一般泡消火剤(消火効果のない場合, 散水)		12

	名称	CAS No. 国連番号 化審法No.	危険物分類	物理的特性					
				外観・性質	比重	蒸気比重 (空気=1)	沸点[℃]	融点[℃]	水溶性
01	4-メチル-2-ペンタノール メチルイソブチルカルビノール メチルアミルアルコール **4-Methyl-2-pentanol** Methylisobutylcarbinol Methylamylalcohol $C_6H_{14}O$ [102.17]	108-11-2 — (2)-217	消第4類,安引火性の物・18条	無色 液体 強い刺激臭	0.8	3.5	130〜133	−90	難
02	3-メチル-2-ペンタノン sec-ブチルメチルケトン **3-Methyl-2-pentanone** $C_6H_{12}O$ [100.16]	565-61-7 — (2)-542	消第4類,安引火性の物	無色 液体	0.8		118		
03	3-メチルペンタン **3-Methylpentane** C_6H_{14} [86.18]	96-14-0 — (2)-6	消第4類,安引火性の物	無色 液体	0.7	3.0	63	−118	不
04	2-メチルペンタン酸 2-メチルバレリックアシド 2-メチル吉草酸 **2-Methylpentanoic acid** 2-Methylvaleric acid $C_6H_{12}O_2$ [116.16]	97-61-0 — (2)-608	消第4類	無色または 淡黄色 液体	0.9	4.0	194		微
05	2-メチル-1,3-ペンタンジオール **2-Methyl-1,3-pentanediol** $C_6H_{14}O_2$ [118.17]	149-31-5 — —	消第4類	無色 液体	1.0−	4.1	215		
06	2-メチル-2,4-ペンタンジオール ヘキシレングリコール **2-Methy-2,4-pentanediol** Hexylene glycol $C_6H_{14}O_2$ [118.17]	107-41-5 — (2)-240	消第4類	無色 液体	0.9	4.1	198	−50	易
07	2-メチル-1-ペンテン **2-Methyl-1-pentene** C_6H_{12} [84.16]	763-29-1 — —	消第4類,安引火性の物	無色 液体	0.7	2.9	62		不
08	2-メチル-2-ペンテン **2-Methyl-2-pentene** C_6H_{12} [84.16]	625-27-4 — —	消第4類,安引火性の物	無色 液体	0.7	2.9	67		
09	4-メチル-1-ペンテン **4-Methyl-1-pentene** C_6H_{12} [84.16]	691-37-2 — —	消第4類,安引火性の物	無色 液体	0.7	2.9	54	−157	
10	cis-4-メチル-2-ペンテン **cis-4-Methyl-2-pentene** C_6H_{12} [84.16]	691-38-3 — —	消第4類,安引火性の物	無色 液体	0.7	2.9	56〜58		不
11	メチルホスフィン **Methylphosphine** CH_3PH_2 [48.02]	593-54-4 — —	安可燃性のガス,圧可燃性ガス	無色 気体 不快臭			−14		不
12	N-メチルホルムアミド **N-Methylformamide** C_2H_5NO [59.07]	123-39-7	消第4類	液体	1.0+	2.0	180〜185	−3	可
13	N-メチルモルホリン 4-メチルモルホリン **N-Methylmorpholine** 4-Methylmorpholine $C_5H_{11}NO$ [101.15]	109-02-4 2535 (5)-859	消第4類,安引火性の物・18条,運3	無色 液体 刺激性	0.9	3.5	115	−66	易

燃焼危険性			有害危険性			火災時の措置	備考	
引火点 [℃]	発火点 [℃]	爆発範囲 [vol%]	許容濃度 [ppm]	吸入LC_{50} [ラットppm]	経口LD_{50} [ラットmg/kg]			
41	370	1.0〜5.5	25, 40(STEL)		2590	粉末消火剤,二酸化炭素,散水,一般泡消火剤(消火効果のない場合,散水)		01
12						粉末消火剤,二酸化炭素,散水,一般泡消火剤(消火効果のない場合,散水)		02
−20	278	1.2〜7.0	500, 1000 (STEL)			粉末消火剤,二酸化炭素,散水,一般泡消火剤(消火効果のない場合,散水)		03
107	378				2040	粉末消火剤,二酸化炭素,散水,一般泡消火剤(消火効果のない場合,散水)		04
110						粉末消火剤,二酸化炭素,散水,一般泡消火剤(消火効果のない場合,散水)		05
102	306	0.6〜9.2	25(STEL)		3700	粉末消火剤,二酸化炭素,散水,耐アルコール性泡消火剤(消火効果のない場合,散水)		06
−26	300	1.2〜				粉末消火剤,二酸化炭素,散水,一般泡消火剤(消火効果のない場合,散水)		07
−23		1.2〜				粉末消火剤,二酸化炭素,散水,一般泡消火剤(消火効果のない場合,散水)		08
−3	300	1.2〜				粉末消火剤,二酸化炭素,散水,一般泡消火剤(消火効果のない場合,散水)		09
−2		1.2〜				粉末消火剤,二酸化炭素,散水,一般泡消火剤(消火効果のない場合,散水)		10
						散水,湿った砂,土		11
98						粉末消火剤,二酸化炭素,散水,耐アルコール性泡消火剤(消火効果のない場合,散水)		12
24					1960	粉末消火剤,二酸化炭素,散水,耐アルコール性泡消火剤(消火効果のない場合,散水)		13

	名称	CAS No. 国連番号 化審法No.	危険物分類	物理的特性					
				外観・性質	比重	蒸気比重 (空気=1)	沸点[℃]	融点[℃]	水溶性
01	メチルリチウム Methyllithium CH_3Li [21.98]	917-54-4 — —	消第3類	無色 結晶性粉末				>200	反応
02	4,4'-メチレンジアニリン 4,4'-ジアミノジフェニルメタン 4,4'-Methylenedianiline 4,4'-Diaminodiphenylmethane MDA $C_{13}H_{14}N_2$ [198.26]	101-77-9 2651 (4)-40	審1種, 審2種 監視, 安18条, 運6.1	結晶	1.1		398〜399 (78mmHg)	92〜93	微
03	2-メトキシエチルアミン 2-Methoxyethylamine C_3H_9NO [75.11]	109-85-3 — (2)-295	消第4類, 安 引火性の物	無色 液体	0.9		95		可
04	o-メトキシフェノール カテコール＝モノメチルエーテル グアイアコール o-Methoxyphenol Catechol monomethyl ether Guaiacol $C_7H_8O_2$ [124.14]	90-05-1 — (3)-567	消第4類	白色または 淡紅色 結晶または 液体	1.1		205	32	
05	4-メトキシフェノール ヒドロキノン＝モノメチルエーテル 4-Methoxy phenol Hydroquinone monomethyl ether HQMME $C_7H_8O_2$ [124.14]	150-76-5 — (3)-567	安18条	白色 固体 ワックス状	1.5	4.3	246	52.5	不
06	3-メトキシブタノール 3-Methoxybutanol $C_5H_{12}O_2$ [104.15]	2517-43-3 — (2)-409	消第4類	液体	0.9	3.6	161	−85	易
07	3-メトキシブチルアセテート ブトキシル 酢酸-3-メトキシブチル 3-Methoxybutyl acetate Butoxyl $C_7H_{14}O_3$ [146.19]	4435-53-4 — (2)-739	消第4類	無色 液体	1.0−	5.0	171		難
08	3-メトキシ-1,2-プロパンジオール グリセリン＝α-モノメチルエーテル 3-Methoxy-1,2-propanediol Glycerol α-monomethyl ether $C_4H_{10}O_3$ [106.12]	623-39-2 — —	消第4類	無色 液体	1.1		133 (35mmHg)		可
09	3-メトキシプロピオノニトリル 3-Methoxypropiononitrile 3-Methoxypropionitrile C_4H_7ON [85.10]	110-67-8 — (2)-1536	毒劇物, 消第 4類	無色 液体 特異臭	0.9	2.9	160		微
10	3-メトキシプロピルアミン 3-Methoxypropylamine $C_4H_{11}NO$ [89.14]	5332-73-0 — (2)-385	消第4類, 安 引火性の物	無色 液体	0.9	3.1	116	<−70	可

燃焼危険性			有害危険性			火災時の措置	備考	
引火点 [℃]	発火点 [℃]	爆発範囲 [vol%]	許容濃度 [ppm]	吸入LC$_{50}$ [ラットppm]	経口LD$_{50}$ [ラットmg/kg]			
						粉末消火剤, ソーダ灰, 石灰, 砂【水／泡消火剤使用不可】	エーテル等で希釈し使用	01
220			0.1		347	粉末消火剤, 二酸化炭素, 散水, 耐アルコール性泡消火剤		02
12	285					粉末消火剤, 二酸化炭素, 散水, 耐アルコール性泡消火剤(消火効果のない場合, 散水)		03
					520	粉末消火剤, 二酸化炭素, 散水, 耐アルコール性泡消火剤		04
132	421		5mg/m^3		1600	粉末消火剤, 二酸化炭素, 散水, 耐アルコール性泡消火剤		05
74		3.6〜11				粉末消火剤, 二酸化炭素, 散水, 耐アルコール性泡消火剤(消火効果のない場合, 散水)		06
77		2.3〜15			4210	粉末消火剤, 二酸化炭素, 散水, 一般泡消火剤(消火効果のない場合, 散水)		07
>110						粉末消火剤, 二酸化炭素, 散水, 耐アルコール性泡消火剤(消火効果のない場合, 散水)		08
68	410	1.9〜18.5				粉末消火剤, 二酸化炭素, 散水, 一般泡消火剤(消火効果のない場合, 散水)		09
32	270	2.3〜12.3			6260	粉末消火剤, 二酸化炭素, 散水, 耐アルコール性泡消火剤(消火効果のない場合, 散水)		10

	名称	CAS No. 国連番号 化審法No.	危険物分類	物理的特性					
				外観・性質	比重	蒸気比重 (空気=1)	沸点[℃]	融点[℃]	水溶性
01	3-メトキシベンジルアミン 3-Methoxybenzylamine $C_8H_{11}NO$ [137.18]	5071-96-5 — —	消第4類	無色 液体	1.1		230〜231		微
02	4-メトキシベンジル=クロリド 塩化アニシル 4-Methoxybenzyl chloride Anisyl chloride C_8H_9OCl [156.51]	824-94-2 — —	消第4類	無色 液体	1.2 (25℃)		117〜118 (14mmHg)	−1	
03	4-メトキシベンゾイル=クロリド 塩化-p-アニソイル 4-Methoxybenzoyl chloride p-Anisoyl chloride $C_8H_7ClO_2$ [170.60]	100-07-2 1729 —	消第4類, 運8	無色 液体	1.3		145 (14mmHg)	22	反応
04	3-メトキシ-3-メチル-1-ブタノール 3-Methoxy-3-methyl-1-butanol $C_6H_{14}O_2$ [118.20]	56539-66-3 — (2)-3079	消第4類	無色 液体	0.9		174	<−50	易
05	3-メトキシ-3-メチルブチルアセテート 3-Methoxy-3-methyl butylacetate $C_8H_{16}O_3$ [160.2]	103429-90-9 — (2)-3291	消第4類	無色透明 液体	1.0−		188	<−50	
06	メラミン Melamine 2,4,6-triamino-1,3,5-triazine $C_3H_6N_6$ [126.13]	108-78-1 — (5)-1024		白色 結晶	1.6	4.3	354		微
07	2-メルカプトエタノール 2-Mercaptoethanol C_2H_6OS [78.14]	60-24-2 — (2)-458	消第4類	無色 液体 不快臭	1.1	2.7	157		易
08	β-メルカプトプロピオン酸 3-Mercaptopropionic acid $C_3H_6O_2S$ [106.15]	107-96-0 — (2)-1381	消第4類	無色透明 液体	1.2		111 (15mmHg)	17	
09	モノクロロ酢酸 クロロ酢酸 Monochloroacetic acid Chloroacetic acid $C_2H_3ClO_2$ [94.50]	79-11-8 1750, 1751 (2)-1145	毒劇物, 管1種, 消第9条, 運 6.1	無色 結晶	1.6	3.3	189	63	易
10	モノクロロ酢酸エチル クロロ酢酸エチル Ethyl chloroacetate $C_4H_7ClO_2$ [122.55]	105-39-5 1181, 3250 (2)-1149	毒劇物, 消第 4類, 安引火 性の物, 運6.1	無色 液体 刺激性 催涙性	1.2	4.3	146	−26	不
11	モノクロロ酢酸クロライド クロロアセチルクロライド Chloroacetyl chloride $C_2H_2Cl_2O$ [112.94]	79-04-9 1752 (2)-1147	毒劇物, 管1種, 消第9条・第4 類, 安18条, 運6.1	無色ないし 微黄色 液体	1.4		106	−22	反応
12	モノクロロ酢酸メチル メチルクロロエタノアート Methyl chloroacetate Methyl chloroethanoate $C_3H_5ClO_2$ [108.53]	96-34-4 2295 (2)-1149	消第4類, 安 引火性の物, 運6.1	無色 液体	1.2	3.8	130	−33	難
13	モリブデン Molybdenum Mo [95.94]	7439-98-7 — 対象外	管1種, 消第2 類, 安発火性 の物・18条	銀白色 金属結晶	10.3		4650	1620	

燃焼危険性			有害危険性			火災時の措置	備考	
引火点 [℃]	発火点 [℃]	爆発範囲 [vol%]	許容濃度 [ppm]	吸入LC_{50} [ラットppm]	経口LD_{50} [ラットmg/kg]			
>110						粉末消火剤, 二酸化炭素, 散水, 一般泡消火剤(消火効果のない場合, 散水)		01
109						粉末消火剤, 二酸化炭素, 散水, 一般泡消火剤(消火効果のない場合, 散水)		02
87						粉末消火剤, 二酸化炭素, 散水, 一般泡消火剤(消火効果のない場合, 散水)		03
68	395	1.2〜13.1			5830(マウス)	粉末消火剤, 二酸化炭素, 散水, 耐アルコール性泡消火剤(消火効果のない場合, 散水)		04
76	417	0.4〜5.1			4600	粉末消火剤, 二酸化炭素, 散水, 一般泡消火剤(消火効果のない場合, 散水)		05
	500				3161	粉末消火剤, 二酸化炭素, 散水, 耐アルコール性泡消火剤		06
74					244	粉末消火剤, 二酸化炭素, 散水, 耐アルコール性泡消火剤(消火効果のない場合, 散水)		07
132					96	粉末消火剤, 二酸化炭素, 散水, 一般泡消火剤(消火効果のない場合, 散水)		08
126	>500	8.0〜			55	粉末消火剤, 二酸化炭素, 散水, 耐アルコール性泡消火剤	皮膚, 粘膜を腐食し, 皮膚粘膜障害を起こす, 蒸気に触れると危険	09
64		2.6〜			180	粉末消火剤, 二酸化炭素, 散水, 一般泡消火剤(消火効果のない場合, 散水)		10
			0.05, 0.15 (STEL)		208	粉末消火剤, ソーダ灰, 石灰, 砂【水／泡消火剤使用不可】		11
57	465	7.5〜18.5			240	粉末消火剤, 二酸化炭素, 散水, 一般泡消火剤(消火効果のない場合, 散水)		12
			3mg/m³			粉末消火剤, 二酸化炭素, 散水		13

	名称	CAS No. 国連番号 化審法No.	危険物分類	物理的特性					
				外観・性質	比重	蒸気比重 (空気=1)	沸点[℃]	融点[℃]	水溶性
01	モリブデン酸アンモニウム四水和物 七モリブデン酸六アンモニウム四水和物 **Ammonium paramolybdate tetrahydrate** Hexaammonium heptamolybdate $(NH_4)_6Mo_7O_{24} \cdot 4H_2O$ [1235.89]	12027-67-7 — (1)-389	管1種, 水, 安18条	無色 結晶	2.5				可
02	モリブデン酸ナトリウム **Sodium molybdate** Na_2MoO_4 [205.92]	118235-47-5 — (1)-478	管1種, 安18条	無色ないし 白色 結晶	3.3			687	可
03	モルホリン テトラヒドロ-1,4-オキサジン **Morpholine** Tetrahydro-1,4-oxazine C_4H_9NO [87.12]	110-91-8 2054 (5)-859	消第4類,安 引火性の物・ 18条, 運8	液体 吸湿性 アンモニア臭	1.0	3.0	128	-4.9	易

燃焼危険性			有害危険性			火災時の措置	備考	
引火点 [℃]	発火点 [℃]	爆発範囲 [vol%]	許容濃度 [ppm]	吸入LC_{50} [ラットppm]	経口LD_{50} [ラットmg/kg]			
			0.5mg/m³ (Mo)			粉末消火剤, 二酸化炭素, 散水		01
			0.5mg/m³ (Mo)		2水和物：4000	粉末消火剤, 二酸化炭素, 散水	2水和物もある	02
37	290	1.4～11.2	20		1450	粉末消火剤, 二酸化炭素, 散水, 耐アルコール性泡消火剤(消火効果のない場合, 散水)		03

	名称	CAS No. 国連番号 化審法No.	危険物分類	物理的特性					
				外観・性質	比重	蒸気比重 (空気=1)	沸点[℃]	融点[℃]	水溶性
01	ヨウ化亜鉛 Zinc iodide ZnI_2 [319.20]	10139-47-6 — —	毒劇物, 管1種	無色 粉末または 結晶			624	446	易
02	ヨウ化アリル 3-ヨード-1-プロペン Allyl iodide 3-Iodo-1-propene C_3H_5I [167.98]	556-56-9 1723	消第4類, 引火性の物, 運3	黄色 液体	1.8		103	−99.3	不
03	ヨウ化アルミニウム Aluminium iodide AlI_3 [407.70]	7784-23-8 — 		無色ないし 淡褐色 固体	4.0		382	189.4	不
04	ヨウ化アンモニウム Ammonium iodide NH_4I [144.94]	12027-06-4 (1)-365	水	無色 結晶 潮解性	2.5		235		易
05	ヨウ化イソブチル 1-ヨード-2-メチルプロパン ヨウ化ブチル Isobutyl iodide 1-Iodo-2-methylpropane Butyl iodide C_4H_9I [184.02]	513-38-2 — 	消第4類, 引火性の物	無色 液体	1.6		121	−93.5	不
06	ヨウ化イソプロピル 2-ヨードプロパン Isopropyl iodide 2-Iodopropane C_3H_7I [169.99]	75-30-9 2392 	消第4類, 引火性の物, 運3	無色 液体	1.7		89.5	−90	難
07	ヨウ化エチル ヨードエタン Ethyl iodide Iodoethane C_2H_5I [155.97]	75-03-6 — (2)-79	消第4類, 引火性の物	無色 液体	1.9		72.4	−110.9	微
08	ヨウ化カリウム Potassium iodide KI [166.00]	7681-11-0 — (1)-439		無色 結晶	3.1		1330	723	易
09	ヨウ化ジルコニウム(Ⅳ) Zirconium(Ⅳ) iodide ZrI_4 [598.84]	13986-26-0 — —		黄色 結晶			昇華	499 (6.3atm)	可
10	ヨウ化水銀(Ⅱ) Mercury(Ⅱ) iodide HgI_2 [454.40]	7774-29-0 — (1)-738	毒毒物, 管1種, 水, 安特定化学物質・18条	赤色 結晶 安定(常温), 黄色 結晶 安定(高温)	6.3		354	259	不
11	ヨウ化水素 Hydrogen iodide HI [127.9]	10034-85-2 1787, 2197 (1)-364	毒劇物, 圧液化ガス	無色 気体 刺激臭(室温)	2.9 (−47℃)	4.4	−35.4	−50.8	易
12	ヨウ化タングステン(Ⅱ) 二ヨウ化タングステン Tungsten(Ⅱ) iodide Tungsten diiodide WI_2 [437.68]	13470-17-2 — —		褐色 粉末	6.8			分解	

燃焼危険性			有害危険性			火災時の措置	備考	
引火点 [℃]	発火点 [℃]	爆発範囲 [vol%]	許容濃度 [ppm]	吸入LC_{50} [ラットppm]	経口LD_{50} [ラットmg/kg]			
						粉末消火剤,二酸化炭素,散水		01
18					10	粉末消火剤,二酸化炭素,散水,一般泡消火剤(消火効果のない場合,散水)		02
			10mg/m³ (Al)			粉末消火剤,二酸化炭素,散水		03
						粉末消火剤,二酸化炭素,散水,耐アルコール性泡消火剤		04
12				6700mg/m³/4H		粉末消火剤,二酸化炭素,散水,耐アルコール性泡消火剤(消火効果のない場合,散水)		05
42					1300 (マウス腹腔内)	粉末消火剤,二酸化炭素,散水,耐アルコール性泡消火剤(消火効果のない場合,散水)		06
61				65g/m³/30M		粉末消火剤,二酸化炭素,散水,一般泡消火剤(消火効果のない場合,散水)		07
					1862(マウス)	粉末消火剤,二酸化炭素,散水		08
			5mg/m³, 10mg/m³ (STEL) (Zr)			粉末消火剤,二酸化炭素,散水		09
			0.025mg/m³ (Hg)		18	粉末消火剤,二酸化炭素,散水		10
						粉末消火剤,二酸化炭素(防毒マスク使用)	眼,皮膚,気道に対して腐食性を示す	11
			1mg/m³, 3mg/m³ (STEL) (W)			粉末消火剤,二酸化炭素,散水		12

ヨウ化

	名称	CAS No. 国連番号 化審法No.	危険物分類	物理的特性					
				外観・性質	比重	蒸気比重 (空気=1)	沸点[℃]	融点[℃]	水溶性
01	ヨウ化チタン(Ⅱ) 二ヨウ化チタン Titanium(Ⅱ) iodide Titanium diiodide TiI$_2$ [301.72]	13783-07-8 — —		黒色 金属光沢の 結晶	5.0			1085	
02	ヨウ化チタン(Ⅳ) 四ヨウ化チタン Titanium(Ⅳ) iodide Titanium tetraiodide TiI$_4$ [555.50]	7720-83-4 — (1)-747		暗赤褐色 光沢の結晶	4.4		377.2	150	
03	ヨウ化鉄(Ⅱ) ヨウ化第一鉄 Iron(Ⅱ) iodide Ferrous iodide FeI$_2$ [309.67]	7783-86-0 — —		赤褐色ない し黒色 結晶	5.3		1093	587	
04	ヨウ化トリメチルシラン ヨードトリメチルシラン トリメチルシリルヨージド Iodotrimethylsilane Trimethylsilyl iodide Si(CH$_3$)$_3$I [200.09]	16029-98-4 — —	消第4類	黄褐色 液体	1.4		106		反応
05	ヨウ化ナトリウム Sodium iodide NaI [149.89]	7681-82-5 — (1)-442		無色 結晶 潮解性	3.7		1300	651	易
06	ヨウ化ブチル 1-ヨードブタン Butyl iodide 1-Iodobutane C$_4$H$_9$I [184.02]	542-69-8 — (2)-63	消第4類, 安 引火性の物	茶褐色 液体	1.6		130.4	−103	不
07	ヨウ化s-ブチル 2-ヨードブタン sec-Butyl iodide 2-Iodobutane C$_4$H$_9$I [184.02]	513-48-4 2390 —	消第4類, 安 引火性の物, 運3	オレンジ色 液体	1.6		119〜120	−104	不
08	ヨウ化t-ブチル 2-ヨード-2-メチルプロパン tert-Butyl iodide 2-Iodo-2-methylpropane C$_4$H$_9$I [184.02]	558-17-8 — —	消第4類, 安 引火性の物	無色 液体	1.6		99	−34	不
09	ヨウ化プロピル 1-ヨードプロパン Propyl iodide 1-Iodopropane C$_3$H$_7$I [169.99]	107-08-4 2392 —	消第4類, 安 引火性の物, 運3	無色 液体	1.7		102.5	−98.7	不
10	ヨウ化ホスホニウム Phosphonium iodide PH$_4$I [161.91]	12125-09-6 — —		無色 結晶				19	
11	ヨウ化メチル ヨードメタン Methyl iodide Iodomethane CH$_3$I [141.94]	74-88-4 2664 (2)-42	毒劇物, 消第 4類, 安特定 化学物質・18 条, 運6.1	無色 液体	2.3		42.4	−66.5	微
12	ヨウ素 Iodine I$_2$ [253.81]	7553-56-2 — 対象外	毒劇物, 消第 9条, 安18条	黒紫色 結晶(単体)	4.9 (20℃)		185.2	113.6	微

ヨウ素 403

燃焼危険性			有害危険性			火災時の措置	備考	
引火点 [℃]	発火点 [℃]	爆発範囲 [vol%]	許容濃度 [ppm]	吸入LC_{50} [ラットppm]	経口LD_{50} [ラットmg/kg]			
						粉末消火剤，二酸化炭素，散水		01
						粉末消火剤，二酸化炭素，散水		02
			1mg/m³（Fe）			粉末消火剤，二酸化炭素，散水	1, 2, 4, 6, 9 水和物もある	03
−2						粉末消火剤，ソーダ灰，石灰，乾燥砂		04
					4340	粉末消火剤，二酸化炭素，散水		05
36				6100mg/m³/4H		粉末消火剤，二酸化炭素，散水，一般泡消火剤（消火効果のない場合，散水）		06
23						粉末消火剤，二酸化炭素，散水，一般泡消火剤（消火効果のない場合，散水）		07
7						粉末消火剤，二酸化炭素，散水，一般泡消火剤（消火効果のない場合，散水）		08
44					>1800（マウス）	粉末消火剤，二酸化炭素，散水，一般泡消火剤（消火効果のない場合，散水）		09
						粉末消火剤，二酸化炭素，散水		10
			2		76	粉末消火剤，二酸化炭素，散水，一般泡消火剤（消火効果のない場合，散水）	蒸気を吸入すると肺，肝，腎，中枢神経を侵す．経皮吸収あり	11
			0.1（STEL）		14000	粉末消火剤，二酸化炭素，散水		12

名称	CAS No. 国連番号 化審法No.	危険物分類	物理的特性					
			外観・性質	比重	蒸気比重 (空気=1)	沸点[℃]	融点[℃]	水溶性
01 ヨウ素酸 Iodic acid HIO_3 [175.91]	7782-68-5 — —	消第1類	無色 結晶 特異な臭気	4.6			110 (分解)	易
02 ヨウ素酸アンモニウム Ammonium iodate NH_4IO_3 [192.95]	13446-09-8 — —	消第1類, 水	無色 結晶	3.3			150 (分解)	
03 ヨウ素酸カリウム Potassium iodate KIO_3 [214.00]	7758-05-6 — (1)-440	消第1類	無色 結晶	3.9			560	可
04 ヨウ素酸銀(Ⅰ) Silver(Ⅰ) iodate $AgIO_3$ [282.77]	7783-97-3 — —	毒劇物, 消第1類	白色 結晶性粉末	5.5			>200	微
05 ヨウ素酸ナトリウム Sodium iodate $NaIO_3$ [197.90]	7681-55-2 — (1)-443	消第1類	無色 結晶 (無水塩)	4.3			分解	
06 ヨウ素酸バリウム Barium iodate $Ba(IO_3)_2$ [487.18]	10567-69-8 — —	毒劇物, 消第1類	結晶(無水物), 無色 結晶(1水和物)	5.0			1水和物: 200 ($-H_2O$)	微
07 ヨードジボラン Iododiborane(6) B_2H_6I [154.6]	20436-27-5 — —	電1種, 水	無色 液体				−110	
08 ヨードシルベンゼン ヨードソベンゼン Iodosylbenzene Iodosobenzene C_6H_5IO [220.01]	536-80-1 — —		黄色 固体				90〜100 (分解)	
09 p-ヨードトルエン 4-ヨードトルエン p-Iodotoluene 4-Iodotoluene C_7H_7I [218.04]	624-31-7 — (3)-3917	消第9条	結晶 昇華性			211	36〜37	不
10 ヨードベンゼン Iodobenzene C_6H_5I [204.01]	591-50-4 — (9)-1501	消第4類	無色 液体 特有の臭気	1.8		188.5	−30.5	不
11 1-ヨードペンタン ヨウ化ペンチル 1-Iodopentane Pentyl iodide $C_5H_{11}I$ [198.05]	628-17-1 — —	消第4類, 安 引火性の物	無色 液体 特異臭	1.5		155〜157	−86	不
12 ヨードホルム トリヨードメタン Iodoform Triiodomethane CHI_3 [393.73]	75-47-8 — —	安18条	黄色 結晶	4.1			125	難

燃焼危険性			有害危険性			火災時の措置	備考	
引火点 [℃]	発火点 [℃]	爆発範囲 [vol%]	許容濃度 [ppm]	吸入LC_{50} [ラットppm]	経口LD_{50} [ラットmg/kg]			
						水のみ使用【粉末／泡消火剤使用不可】		01
						水のみ使用【粉末／泡消火剤使用不可】		02
					136 (マウス腹腔内)	水のみ使用【粉末／泡消火剤使用不可】		03
			0.01mg/m³ (Ag)			水のみ使用【粉末／泡消火剤使用不可】		04
						水のみ使用【粉末／泡消火剤使用不可】		05
						水のみ使用【粉末／泡消火剤使用不可】	1水和物もある	06
						散水，湿った砂，土	空気中で不安定	07
						粉末消火剤，二酸化炭素，散水，耐アルコール性泡消火剤		08
90						粉末消火剤，二酸化炭素，散水，耐アルコール性泡消火剤		09
74.5					1749	粉末消火剤，二酸化炭素，散水，一般泡消火剤(消火効果のない場合，散水)		10
43						粉末消火剤，二酸化炭素，散水，一般泡消火剤(消火効果のない場合，散水)		11
			0.6			粉末消火剤，二酸化炭素，散水	70℃より昇華	12

雷酸

	名称	CAS No. 国連番号 化審法No.	危険物分類	物理的特性					
				外観・性質	比重	蒸気比重 (空気=1)	沸点[℃]	融点[℃]	水溶性
01	雷酸 **Fulminic acid** Hydrogen cyanide N-oxide HONC [43.03]	506-85-4 — —	消第5類	無色 シアン化水素臭				分解	
02	雷酸銀 **Silver fulminate** AgONC [149.89]	5610-59-3 — —	消第5類	白色 結晶	4.1				熱水に可
03	雷酸水銀(Ⅱ) 雷コウ **Mercury(Ⅱ) fulminate** Hg(ONC)$_2$ [284.62]	628-86-4 — 新規	消第5類, 火 爆薬, 水	白色 結晶 有毒	4.4				
04	ラウリン酸 ドデカン酸 **Lauric acid** Dodecanoic acid C$_{12}$H$_{24}$O$_2$ [200.32]	143-07-7 — (2)-608	消第9条	白色 結晶	0.9		225 (100mmHg)	44	不
05	ラウリン酸アミル ラウリン酸ペンチル **Amyl laurate** Pentyl laurate C$_{17}$H$_{34}$O$_2$ [270.45]	5350-03-8 — —	消第4類		0.9	9.3	290〜330		不
06	酪酸 ブタン酸 **Butyric acid** Butanoic aacid C$_4$H$_8$O$_2$ [88.11]	107-92-6 2820 (2)-608	消第4類, 運8, 悪臭防止法	無色 液体 不快な酸敗臭	1.0−	3.0	164	−7.9	易
07	酪酸アミル 酪酸ペンチル **Amyl butyrate** Pentyl butyrate C$_9$H$_{18}$O$_2$ [158.24]	540-18-1 2620 —	消第4類, 安 引火性の物, 運3	無色 液体 果実様香	0.9	5.5	185		不
08	酪酸イソアミル 酪酸イソペンチル **Isoamyl butyrate** Isopentyl butyrate C$_9$H$_{18}$O$_2$ [158.24]	106-27-4 — (2)-779	消第4類, 安 引火性の物	無色 液体 果実様芳香	0.9	5.5	178		難
09	酪酸イソブチル **Isobutyl butyrate** C$_8$H$_{16}$O$_2$ [144.21]	539-90-2 — —	消第4類, 安 引火性の物	無色 液体	0.9	5.0	157		
10	酪酸イソプロピル **Isopropyl butyrate** C$_7$H$_{14}$O$_2$ [130.19]	638-11-9 2405 (2)-779	消第4類, 安 引火性の物, 運3	無色 液体 果実様香気	0.9		130		微
11	酪酸エチル **Ethyl butyrate** Ethyl butanoate C$_6$H$_{12}$O$_2$ [116.16]	105-54-4 1180 (2)-779	消第4類, 安 引火性の物, 運3	無色 液体 パイナップル様の香気	0.9	4.0	120	−93.3	微
12	酪酸ビニル **Vinyl butyrate** C$_6$H$_{10}$O$_2$ [114.14]	123-20-6 2838 —	消第4類, 安 引火性の物, 運3	無色 液体	0.9	4.0	117	−80	微
13	酪酸ブチル **Butyl butyrate** C$_8$H$_{16}$O$_2$ [144.21]	109-21-7 — (2)-779	消第4類, 安 引火性の物	無色 液体 芳香	0.9	5.0	152		難

燃焼危険性			有害危険性			火災時の措置	備考	
引火点 [℃]	発火点 [℃]	爆発範囲 [vol%]	許容濃度 [ppm]	吸入LC$_{50}$ [ラットppm]	経口LD$_{50}$ [ラットmg/kg]			
						積載火災：爆発のおそれ，消火不可	有毒．空気中不安定	01
	170		0.01mg/m³ (Ag)			積載火災：爆発のおそれ，消火不可	摩擦やショックを避ける	02
	170〜180		0.025mg/m³ (Hg)			積載火災：爆発のおそれ，消火不可	発火性，爆発性がある．乾燥を避ける	03
					12000	粉末消火剤，二酸化炭素，散水，耐アルコール性泡消火剤		04
149						粉末消火剤，二酸化炭素，散水，一般泡消火剤(消火効果のない場合，散水)		05
72	443	2.0〜10.0			2000	粉末消火剤，二酸化炭素，散水，耐アルコール性泡消火剤(消火効果のない場合，散水)		06
57						粉末消火剤，二酸化炭素，散水，一般泡消火剤(消火効果のない場合，散水)		07
59					>5000	粉末消火剤，二酸化炭素，散水，一般泡消火剤(消火効果のない場合，散水)		08
50						粉末消火剤，二酸化炭素，散水，一般泡消火剤(消火効果のない場合，散水)		09
30						粉末消火剤，二酸化炭素，散水，一般泡消火剤(消火効果のない場合，散水)		10
24	463				13000	粉末消火剤，二酸化炭素，散水，一般泡消火剤(消火効果のない場合，散水)		11
20		1.4〜8.8				粉末消火剤，二酸化炭素，散水，一般泡消火剤(消火効果のない場合，散水)		12
53					2300	粉末消火剤，二酸化炭素，散水，一般泡消火剤(消火効果のない場合，散水)		13

	名称	CAS No. 国連番号 化審法No.	危険物分類	物理的特性					
				外観・性質	比重	蒸気比重 (空気=1)	沸点[℃]	融点[℃]	水溶性
01	酪酸プロピル n-Propyl butyrate $C_7H_{14}O_2$ [130.18]	105-66-8 — —	消第4類, 安引火性の物	無色液体	0.9	4.5	143		
02	酪酸無水物 無水酪酸 Butyric anhydride Acetic anhydride $C_8H_{14}O_3$ [158.20]	106-31-0 2739 (2)-627	消第4類, 安引火性の物, 運8	無色液体	1.0−	5.4	196	−75	反応
03	酪酸メチル Methyl butyrate $C_5H_{10}O_2$ [102.13]	623-42-7 1237 —	消第4類, 安引火性の物, 運3	無色液体 果実様の香気	0.9	3.5	102	−95	可
04	ラクトース 乳糖 Lactose Milk sugar $C_{12}H_{22}O_{11}$ [342.30]	63-42-3 — 局方		白色結晶	1.5		分解	203.5	易
05	ラクトニトリル 2-ヒドロキシプロピオノニトリル Lactonitrile 2-Hydroxypropiononitrile C_3H_5NO [71.08]	78-97-7 — —	消第4類	無色液体	1.0−	2.5	183	−40	易
06	ラドン Radon Rn [219-222]	10043-92-2 — —	圧不活性ガス	気体		7.6	−62	−71	
07	ランタン Lanthanum La [138.91]	7439-91-0 — —	消第2類, 安発火性の物	白色金属結晶	6.2		3420	920	熱水と反応
08	リチウム Lithium Li [6.94]	7439-93-2 1415 対象外	消第3類, 安発火性の物, 運4.3	銀白色金属結晶	0.5 (20℃)		1347	180.5	激しく反応
09	リチウムアミド Lithium amide $LiNH_2$ [22.96]	7782-89-0 — —		無色結晶	1.2		430	373〜375	
10	α-リノレン酸 9,12,15-オクタデカトリエン酸 α-Linolenic acid 9,12,15-Octadecatrienoic acid $C_{18}H_{30}O_2$ [278.44]	463-40-1 — —	消第4類	無色液体			230〜232 (1mmHg)	−11	不
11	リモネン ジペンテン Limonene Dipentene Cinene $C_{10}H_{16}$ [136.24]	138-86-3 2052 (3)-2245	消第4類, 安引火性の物, 運3	無色液体 ミカン果皮様の快香	0.9	4.7	170	d体: −74.4 dl体: −95.5	不
12	硫化アルミニウム Aluminium sulfide Al_2S_3 [150.14]	1302-81-4 — —		黄色結晶	2.0			1100	

燃焼危険性			有害危険性			火災時の措置	備考	
引火点 [℃]	発火点 [℃]	爆発範囲 [vol%]	許容濃度 [ppm]	吸入LC$_{50}$ [ラットppm]	経口LD$_{50}$ [ラットmg/kg]			
37						粉末消火剤,二酸化炭素,散水,一般泡消火剤(消火効果のない場合,散水)		01
54	279	0.9～5.8			8790	粉末消火剤,ソーダ灰,石灰,砂【水／泡消火剤使用不可】		02
14		0.9～3.5				粉末消火剤,二酸化炭素,散水,一般泡消火剤(消火効果のない場合,散水)		03
					>10000	粉末消火剤,二酸化炭素,砂,土,散水,一般泡消火剤		04
77						粉末消火剤,二酸化炭素,散水,耐アルコール性泡消火剤(消火効果のない場合,散水)		05
						粉末消火剤,二酸化炭素,散水		06
	445					粉末消火剤,二酸化炭素,散水		07
						粉末消火剤,ソーダ灰,石灰,砂【水／泡消火剤使用不可】		08
						粉末消火剤,ソーダ灰,石灰,砂【水／泡消火剤使用不可】		09
>112						粉末消火剤,二酸化炭素,散水,一般泡消火剤(消火効果のない場合,散水)		10
45	237	0.7 (150℃) ～6.1 (150℃)			5300	粉末消火剤,二酸化炭素,散水,一般泡消火剤(消火効果のない場合,散水)		11
						粉末消火剤,二酸化炭素,散水,耐アルコール性泡消火剤		12

	名称	CAS No. 国連番号 化審法No.	危険物分類	物理的特性					
				外観・性質	比重	蒸気比重 (空気=1)	沸点[℃]	融点[℃]	水溶性
01	硫化アンチモン(Ⅲ) Antimony(Ⅲ) trisulfide Sb₂S₃ [339.70]	1345-04-6 — —	毒1種	黒灰色 金属光沢の 結晶(安定 型), 橙赤 色 固体(不安 定型)	4.6			安定型: 550	
02	硫化アンモニウム Ammonium sulfide (NH₄)₂S [68.14]	12135-76-1 — (1)-400	水	淡黄色 固体	1.2			分解	易
03	硫化ウラン(Ⅳ) Uranium(Ⅳ) sulfide US₂ [302.16]	12039-14-4 — —		黒色 金属光沢の 結晶	7.9			>1100	
04	硫化エチルメチル メチル=エチル=スルフィド Ethyl methyl sulfide C₃H₈S [76.16]	624-89-5 — —	消第4類, 安 引火性の物	無色 液体 ニンニク様 の強い不快 臭	0.8		66～67	-106	不
05	硫化カリウム 硫化二カリウム Potassium sulfide Potassium monosulfide K₂S [110.27]	1312-73-8 1847	運8	無色 結晶性粉末 (純粋なも の)	1.8			471	易
06	硫化カルシウム Calcium sulfide CaS [72.14]	20548-54-3 — —		白色 結晶	2.6			>2000 (分解)	難
07	硫化カルボニル 酸化硫化炭素 Carbonyl sulfide Carbon oxide sulfide Carbon oxysulfide COS [60.08]	463-58-1 2204 —	安可燃性のガ ス, 運2.3	無色 気体 無臭		2.1	-50	-138.1	難
08	硫化金(Ⅲ) 硫化第二金 Gold(Ⅲ) sulfide Auric sulfide Au₂S₃ [490.20]	1303-61-3 — —		黒色 粉末	8.8			197 (分解)	
09	硫化銀 Silver sulfide Ag₂S [247.80]	21548-73-2 — —		黒色 結晶	7.2			845	不
10	硫化クロム(Ⅱ) Chromium(Ⅱ) sulfide CrS [84.06]	12018-06-3 — —	安18条	黒色 結晶	4.9			1550	不
11	硫化ケイ素 一硫化ケイ素 Silicon monosulfide SiS [60.16]	12504-41-5 — —		黄色 結晶				940 (昇華, 20mmHg)	
12	硫化ゲルマニウム(Ⅱ) 一硫化ゲルマニウム Germanium(Ⅱ) sulfide Germanous monosulfide GeS [104.67]	12025-32-0 — —		黒色 結晶	4.1			530	

燃焼危険性			有害危険性			火災時の措置	備考	
引火点 [℃]	発火点 [℃]	爆発範囲 [vol%]	許容濃度 [ppm]	吸入LC$_{50}$ [ラットppm]	経口LD$_{50}$ [ラットmg/kg]			
			0.5mg/m^3 (Sb)			粉末消火剤,二酸化炭素,散水,耐アルコール性泡消火剤		01
						粉末消火剤,二酸化炭素,散水,耐アルコール性泡消火剤	水溶液として流通している	02
			0.2mg/m^3, 0.6mg/m^3 (STEL) (U)			粉末消火剤,二酸化炭素,散水,耐アルコール性泡消火剤	発がん物質	03
−15						粉末消火剤,二酸化炭素,散水,一般泡消火剤(消火効果のない場合,散水)		04
						粉末消火剤,二酸化炭素,散水,耐アルコール性泡消火剤		05
						粉末消火剤,二酸化炭素,散水,耐アルコール性泡消火剤		06
ガス		12〜29				粉末消火剤,二酸化炭素,散水,耐アルコール性泡消火剤		07
						粉末消火剤,二酸化炭素,散水,耐アルコール性泡消火剤		08
						粉末消火剤,二酸化炭素,散水,耐アルコール性泡消火剤	175℃で結晶転移	09
						粉末消火剤,二酸化炭素,散水,耐アルコール性泡消火剤		10
						粉末消火剤,二酸化炭素,散水		11
						粉末消火剤,二酸化炭素,散水,耐アルコール性泡消火剤		12

	名称	CAS No. 国連番号 化審法No.	危険物分類	外観・性質	比重	蒸気比重 (空気=1)	沸点[℃]	融点[℃]	水溶性
01	硫化コバルト(Ⅱ) 硫化第一コバルト **Cobalt(Ⅱ) sulfide** Cobaltous sulfide CoS [91.00]	1317-42-6 — —	管1種, 安18条	黒色結晶	5.5			1135	不
02	硫化サマリウム(Ⅲ) **Samarium(Ⅲ) sulfide** Sm$_2$S$_3$ [396.90]	29678-92-0 — —		黄桃色結晶				1900	
03	硫化ジアミル 硫化ジペンチル 硫化アミル **Diamyl sulfide** Dipentyl sulfide Amyl sulfide C$_{10}$H$_{22}$S [174.35]	872-10-6 — —	消第4類	液体	0.9		170〜180	−51.3	不
04	硫化ジアリル アリルスルフィド **Diallyl sulfide** Allyl sulfide C$_6$H$_{10}$S [114.21]	592-88-1 — —	消第4類, 安引火性の物	無色液体	0.9		139	−83	不
05	硫化ジエチル エチルチオエーテル ジエチルスルフィド **Diethyl sulfide** Ethyl thioether Ethyl sulfide C$_4$H$_{10}$S [90.19]	352-93-2 — —	消第4類, 安引火性の物	無色液体 エーテル臭	0.8		92	−104	反応
06	硫化ジメチル ジメチルスルフィド 硫化メチル **Dimethyl Sulfide** Methyl sulfide C$_2$H$_6$S [62.13]	75-18-3 1164 —	消第4類, 安引火性の物・18条, 運3	液体 揮発性 不快臭	0.8	2.1	37	−83	不
07	硫化水銀(Ⅱ) 辰砂 銀朱 **Mercury(Ⅱ) sulfide** HgS [232.66]	1344-48-5 — (1)-438	管1種, 水, 安18条	赤色結晶 安定	α：8.1			584	
08	硫化水素 **Hydrogen sulfide** H$_2$S [34.08]	7783-06-4 1053 (1)-434	圧液化ガス・可燃性ガス・毒性ガス, 気特定物質, 安可燃性のガス・18条, 運2.3	無色気体 特異な悪臭		1.2	−60	−85.5	易
09	硫化スズ(Ⅱ) **Tin(Ⅱ) sulfide** SnS [150.78]	1314-95-0 — —		灰黒色金属光沢の結晶または黒色粉末	5.1		1230	882	不
10	硫化スズ(Ⅳ) **Tin(Ⅳ) sulfide** SnS$_2$ [182.84]	1315-01-1 — —		黄金色金属光沢の軟らかい結晶	4.5			600 (分解)	不

燃焼危険性			有害危険性			火災時の措置	備考	
引火点 [℃]	発火点 [℃]	爆発範囲 [vol%]	許容濃度 [ppm]	吸入LC_{50} [ラットppm]	経口LD_{50} [ラットmg/kg]			
			0.02mg/m³ (Co)			粉末消火剤, 二酸化炭素, 散水, 耐アルコール性泡消火剤		01
						粉末消火剤, 二酸化炭素, 散水, 耐アルコール性泡消火剤		02
85						粉末消火剤, 二酸化炭素, 散水, 一般泡消火剤(消火効果のない場合, 散水)		03
23						粉末消火剤, 二酸化炭素, 散水, 一般泡消火剤(消火効果のない場合, 散水)		04
−10						粉末消火剤, 二酸化炭素, 散水, 一般泡消火剤(消火効果のない場合, 散水)		05
<−18	206	2.2〜19.7	10			粉末消火剤, 二酸化炭素, 散水, 一般泡消火剤(消火効果のない場合, 散水)		06
			0.025mg/m³ (Hg)			粉末消火剤, 二酸化炭素, 散水, 耐アルコール性泡消火剤	β形:黒色, 密度7.7, 昇華446℃	07
ガス	260	4.0〜44.0	10, 15(STEL)	444		粉末消火剤, 二酸化炭素, 散水, 耐アルコール性泡消火剤【ガス漏れ停止困難のときは消火不可】		08
			2mg/m³ (Sn)			粉末消火剤, 二酸化炭素, 散水, 耐アルコール性泡消火剤		09
			2mg/m³ (Sn)			粉末消火剤, 二酸化炭素, 散水, 耐アルコール性泡消火剤		10

名称	CAS No. 国連番号 化審法No.	危険物分類	外観・性質	比重	蒸気比重 (空気=1)	沸点[℃]	融点[℃]	水溶性
01 硫化ストロンチウム Strontium sulfide SrS [119.70]	1314-96-1 — —		無色 結晶				>2000	
02 硫化タンタル(Ⅳ) 二硫化タンタル Tantalum(Ⅳ) sulfide Tantalum disulfide TaS₂ [245.08]	12143-72-5 — —		黒色 結晶	6.9			>1300	
03 硫化チタン(Ⅳ) 二硫化チタン Titanium(Ⅳ) sulfide Titanium disulfide TiS₂ [112.01]	12039-13-3 3174 —	運4.2	暗緑色または青銅色 結晶	3.2			分解	可
04 硫化鉄(Ⅱ) 硫化第一鉄 Iron(Ⅱ) sulfide Ferrous sulfide FeS [87.91]	1317-37-9 — (1)-362		淡褐色 結晶	4.7			1193	不
05 硫化鉄(Ⅲ) 硫化第二鉄 Iron(Ⅲ) sulfide Ferric sulfide Fe₂S₃ [207.89]	12063-27-3 — —		黒色 粉末	4.3			分解	不
06 硫化銅(Ⅱ) 硫化第二銅 Copper(Ⅱ) sulfide Cupric sulfide CuS [95.61]	1317-40-4 — —		黒色 粉末，あるいは青黒色 結晶	4.6			220 (分解)	不
07 硫化ナトリウム Sodium sulfide Na₂S [78.05]	1313-82-2 1385, 1849 (1)-514	安18条, 運4.2, 8	無色 結晶 潮解性	1.9			1180	
08 硫化バリウム Barium sulfide BaS [169.40]	21109-95-5 — —	毒劇物	白色 結晶	4.3			1200	分解
09 硫化ビスマス(Ⅲ) 三硫化二ビスマス Bismuth(Ⅲ) sulfide Dibismuth trisulfide Bi₂S₃ [514.16]	1345-07-9 — —		黒褐色 金属光沢の 結晶	7.4			685	不
10 硫化マンガン(Ⅱ) Manganese(Ⅱ) sulfide MnS [87.00]	18820-29-6 — —	管1種	緑色 結晶(α型), 赤色 結晶(β型), 淡赤色 結晶(γ型)	α型： 4.1			α型： 1610	α型：不
11 硫化マンガン(Ⅳ) 二硫化マンガン Manganese(Ⅳ) sulfide Manganese disulfide MnS₂ [119.07]	12125-23-4 — —	管1種	レンガ赤色 粉末				分解	
12 硫化モリブデン(Ⅳ) 二硫化モリブデン Molybdenum(Ⅳ) sulfide Molybdenum disulfide MoS₂ [160.07]	1317-33-5 — (1)-481	管1種, 安18条	褐色 粉末	4.4〜4.8			1185	冷水に不, 熱水に可

燃焼危険性			有害危険性			火災時の措置	備考	
引火点 [℃]	発火点 [℃]	爆発範囲 [vol%]	許容濃度 [ppm]	吸入LC$_{50}$ [ラットppm]	経口LD$_{50}$ [ラットmg/kg]			
						粉末消火剤, 二酸化炭素, 散水, 耐アルコール性泡消火剤		01
						粉末消火剤, 二酸化炭素, 散水, 耐アルコール性泡消火剤		02
						粉末消火剤, 二酸化炭素, 散水, 耐アルコール性泡消火剤		03
						粉末消火剤, 二酸化炭素, 散水, 耐アルコール性泡消火剤		04
						粉末消火剤, 二酸化炭素, 散水, 耐アルコール性泡消火剤		05
						粉末消火剤, 二酸化炭素, 散水, 耐アルコール性泡消火剤		06
					208	粉末消火剤, 二酸化炭素, 散水, 耐アルコール性泡消火剤		07
			0.5mg/m^3 (Ba)			粉末消火剤, 二酸化炭素, 散水, 耐アルコール性泡消火剤		08
						粉末消火剤, 二酸化炭素, 散水, 耐アルコール性泡消火剤		09
			0.2mg/m^3 (Mn)			粉末消火剤, 二酸化炭素, 散水, 耐アルコール性泡消火剤		10
			0.2mg/m^3 (Mn)			粉末消火剤, 二酸化炭素, 散水, 耐アルコール性泡消火剤		11
			3mg/m^3 (Mo)			粉末消火剤, 二酸化炭素, 散水, 耐アルコール性泡消火剤		12

	名称	CAS No. 国連番号 化審法No.	危険物分類	物理的特性					
				外観・性質	比重	蒸気比重 (空気=1)	沸点[℃]	融点[℃]	水溶性
01	硫化ルテニウム(IV) 二硫化ルテニウム Ruthenium(IV) sulfide Ruthenium disulfide RuS_2 [165.2]	12166-20-0 — —		灰黒色 結晶				1000 (分解)	
02	硫化レニウム(VII) Rhenium(VII) sulfide Re_2S_7 [596.90]	12038-67-4 — —		黒色 粉末	4.9			460 (分解)	
03	硫酸 Sulfuric acid H_2SO_4 [98.08]	7664-93-9 1786, 1830–1832, 2796 (1)-430	毒劇物, 消第 9条, 気特定 物質, 安特定・ 18条, 運8	無色 油状液体	1.84 (98%)		315〜338	10.4	易
04	硫酸亜鉛 Zinc sulfate $ZnSO_4$ [161.45]	7733-02-0 — (1)-542	毒劇物, 管1種, 消第9条, 水	無色 結晶	3.7			740 (分解)	可
05	硫酸アルミニウム18水和物 Aluminum sulfate octadecahydrate $Al_2(SO_4)_3 \cdot 18H_2O$ [666.41]	7784-31-8 — (1)-25	安18条	無色 結晶	1.7			87	可
06	硫酸アンモニウム 硫安 Ammonium sulfate $(NH_4)_2SO_4$ [132.14]	7783-20-2 — (1)-400	水	無色 結晶	1.8			235〜280 (分解)	可
07	硫酸カルシウム 石こう Calcium sulfate Gypsum $CaSO_4$ [136.14]	7778-18-9 — (1)-193		白色 結晶 吸湿性	3.0			1450 (転移)	
08	硫酸クロム(II)七水和物 Chromium(II) sulfate heptahydrate $CrSO_4 \cdot 7H_2O$ [274.2]	13825-86-0 — —		青色 結晶				分解	可
09	硫酸コバルト(II)七水和物 Cobalt(II) sulfate heptahydrate $CoSO_4 \cdot 7H_2O$ [281.15]	10026-24-1 — (1)-270	管1種, 安18 条	ピンクまた は赤色 結晶	1.9			96〜98	可
10	硫酸ジエチル ジエチル硫酸 Diethyl sulfate $(C_2H_5O)_2SO_2$ [154.19]	64-67-5 1594 (2)-1673	消第4類, 安 18条, 運6.1	無色 液体	1.2		分解	−25.2	不 (ゆっく り反応)
11	硫酸ジメチル ジメチル硫酸 Dimethyl sulfate $(CH_3O)_2SO_2$ [126.13]	77-78-1 1595 (2)-1673	毒劇物, 消第 4類, 安特定 化学物質等・ 18条, 運6.1	無色 液体 無臭	1.3	4.4	188 (分解)	−31.4	可 (18℃以 上で反 応)
12	硫酸水素ナトリウム 重硫酸ナトリウム Sodium hydrogen sulfate Sodium bisulfate $NaHSO_4$ [120.07]	7681-38-1 — —		無色 結晶	2.1			186	可
13	硫酸水素ニトロシル ニトロシル硫酸 Nitrosyl hydrogensulfate Nitrosylsulfuric acid $NOHSO_4$ [127.08]	7782-78-7 3456 —	運8	無色 結晶				74(分解)	

燃焼危険性			有害危険性			火災時の措置	備考	
引火点 [℃]	発火点 [℃]	爆発範囲 [vol%]	許容濃度 [ppm]	吸入LC$_{50}$ [ラットppm]	経口LD$_{50}$ [ラットmg/kg]			
						粉末消火剤, 二酸化炭素, 散水, 耐アルコール性泡消火剤		01
						粉末消火剤, 二酸化炭素, 散水, 耐アルコール性泡消火剤		02
			0.2mg/m^3		2140	粉末消火剤, 二酸化炭素, 散水	皮膚に触れると重症の薬傷. 発がん物質の恐れ	03
					1710	粉末消火剤, 二酸化炭素, 散水	7水和物もある	04
			2mg/m^3 (Al)		>9000	粉末消火剤, 二酸化炭素, 散水		05
					2840	粉末消火剤, 二酸化炭素, 散水		06
			10mg/m^3			粉末消火剤, 二酸化炭素, 散水	1/2, 2水和物もある	07
						粉末消火剤, 二酸化炭素, 散水		08
			0.02mg/m^3 (Co)		582	粉末消火剤, 二酸化炭素, 散水		09
104	436				880	粉末消火剤, 二酸化炭素, 散水	皮膚が侵されるので直接接触は避けること. 発がん物質の恐れ	10
83	470	3.6〜23.3	0.1		205	粉末消火剤, 二酸化炭素, 散水	発がん物質の恐れ	11
						粉末消火剤, 二酸化炭素, 散水		12
						粉末消火剤, 二酸化炭素, 散水		13

名称	CAS No. 国連番号 化審法No.	危険物分類	物理的特性					
			外観・性質	比重	蒸気比重 (空気=1)	沸点[℃]	融点[℃]	水溶性
01 硫酸水素メチル メチル硫酸 **Methyl hydrogensulfate** Methyl sulfate CH₄O₄S [112.1]	75-93-4 — —		油状液体			77～79 (2mmHg)	<-30	
02 硫酸鉄(Ⅱ)七水和物 硫酸第一鉄七水和物 **Iron(Ⅱ) sulfate heptahydrate** Ferrous sulfate heptahydrate FeSO₄・7H₂O [278.0]	7782-63-0 — (1)-359	安18条	青緑色 結晶				64, 300 で無水物	可
03 硫酸銅(Ⅱ) 硫酸第二銅 **Copper(Ⅱ) sulfate** Cupric sulfate CuSO₄ [159.61]	7758-98-7 — (1)-300	毒劇物, 管1種, 消第9条, 安 18条	無色 粉末 吸湿性	2.3			200	可
04 硫酸ナトリウム ボウ硝 **Sodium sulfate** Na₂SO₄ [142.04]	7757-82-6 — (1)-501		無色 結晶	2.7			884	可
05 硫酸鉛(Ⅱ) **Lead(Ⅱ) sulfate** PbSO₄ [303.26]	7446-14-2 — (1)-531	管1種, 水	白色 結晶	6.2			1170	不
06 硫酸ニッケル七水和物 **Nickel sulfate heptahydrate** NiSO₄・7H₂O [280.89]	10101-98-1 — (1)-813	管1種, 安18 条	緑色 結晶				54 (-H₂O), 100 (-5H₂O)	可
07 硫酸バリウム **Barium sulfate** BaSO₄ [233.39]	7727-43-7 — (1)-89		白色 結晶	4.5			1580	微
08 硫酸マグネシウム **Magnesium sulfate** MgSO₄ [120.37]	7487-88-9 — (1)-467		白色 粉末	2.7			1185 (分解)	易
09 硫酸マンガン(Ⅱ)七水和物 **Manganese(Ⅱ) sulfate heptahydrate** MnSO₄・7H₂O [277.11]	10034-99-8 — (1)-477	管1種, 安特 定化学物質・ 18条	桃色 結晶	2.1		850 (分解)	270 (-7H₂O), 700	可
10 リン 赤リン **Phosphorus** Red phosphorus P [30.97]	7723-14-0 1338, 1381, 2447 対象外	消第2類, 安 発火性の物, 運4, 4.2	紫赤色 固体	2.3			416	不
11 リン化亜鉛 二リン化三亜鉛 **Zinc phosphide** Trizinc diphosphide Zn₃P₂ [258.09]	1314-84-7 1714 —	消第3類, 運 4.3	暗灰色 結晶	4.6		1100	>420	不 (ゆっく り反応)
12 リン化アルミニウム 一リン化アルミニウム **Aluminium phosphide** Aluminium monophosphide AlP [57.96]	20859-73-8 1397 —	リン化アルミ ニウムくん蒸 剤：毒特定毒 物, 消第9条・ 第3類, 運4.3	黄色 結晶	2.9			>1350	反応

燃焼危険性			有害危険性			火災時の措置	備考	
引火点[℃]	発火点[℃]	爆発範囲[vol%]	許容濃度[ppm]	吸入LC$_{50}$[ラットppm]	経口LD$_{50}$[ラットmg/kg]			
						粉末消火剤, 二酸化炭素, 散水		01
			1mg/m^3 (Fe)		1520(マウス)	粉末消火剤, 二酸化炭素, 散水	1, 4, 5水和物もある	02
					300	粉末消火剤, 二酸化炭素, 散水	5水和物もある	03
					5989(マウス)	粉末消火剤, 二酸化炭素, 散水	10水和物もある	04
			0.05mg/m^3 (Pb)			粉末消火剤, 二酸化炭素, 散水		05
			0.1mg/m^3 (Ni)		500(腹腔内)	粉末消火剤, 二酸化炭素, 散水		06
			10mg/m^3			粉末消火剤, 二酸化炭素, 散水		07
						粉末消火剤, 二酸化炭素, 散水	7水和物もある	08
			0.2mg/m^3 (Mn)			粉末消火剤, 二酸化炭素, 散水	1, 2, 3, 4, 5, 6,水和物もある	09
260						粉末消火剤, 二酸化炭素, 散水	黄リン(強毒性), 赤リン毒性少だが製造過程で黄リン含むことがある	10
						粉末消火剤, ソーダ灰, 石灰, 砂【水／泡消火剤使用不可】		11
						粉末消火剤, ソーダ灰, 石灰, 砂【水／泡消火剤使用不可】	炭酸アンモニウムと併用のくん蒸剤は, 猛毒のリン化水素を発生する	12

420 リン化

	名称	CAS No. 国連番号 化審法No.	危険物分類	物理的特性					
				外観・性質	比重	蒸気比重 (空気=1)	沸点[℃]	融点[℃]	水溶性
01	リン化カルシウム 二リン化三カルシウム Calcium phosphide Tricalcium diphosphide Ca₃P₂ [182.19]	1305-99-3 1360 —	消第3類, 運4.3	暗赤色 結晶状固体	2.5			>1600	反応
02	リン化ホウ素 Boron phosphide BP [41.79]	20205-91-8 — —	管1種, 消第3類, 水	褐色 結晶				加熱で分解	
03	リン化マグネシウム 二リン化三マグネシウム Magnesium phosphide Trimagnesium diphosphide Mg₃P₂ [134.91]	12057-74-8 2011 —	運4.3	黄緑色 結晶	2.1			>750	反応
04	リン酸 オルトリン酸 Phosphoric acid Orthophosphoric acid H₃PO₄ [98.00]	7664-38-2 1805, 3453 (1)-422	安18条, 運8	無色 結晶 潮解性	1.9		213 (分解)	42.4	易
05	リン酸ジブチル Dibutyl phosphate C₈H₁₉PO₄ [210.21]	107-66-4 — —	消第4類	無色 液体	1.1	7.2	250	−13	可
06	リン酸トリイソブチル Triisobutyl phosphate Isobutyl phosphate (C₄H₉O)₃PO [266.32]	126-71-6 — —	消第4類	無色 液体	1.0−	9.1	150 (20mmHg)		
07	リン酸トリエチル トリエチルホスフェート TEP Triethyl phosphate Ethyl phosphate C₆H₁₅O₄P [182.16]	78-40-0 — (2)-2000	消第4類	無色 液体	1.1	6.3	209〜218	−56.5	易
08	リン酸トリ-o-トリル リン酸トリ-o-クレシル Tri-o-tolyl phosphate Tri-o-cresyl phosphate C₂₁H₂₁O₄P [368.37]	78-30-8 — —	消第4類	無色 液体 無臭	1.2	12.7	410 (分解)	11	不
09	リン酸トリフェニル TPP Triphenyl phosphate C₁₈H₁₅O₄P [326.29]	115-86-6 — (3)-2522	安18条	無色 結晶 無臭 わずかに潮解性	1.3	11.3	399	49〜51	不
10	リン酸トリブチル トリブチルホスフェート TBP Tributyl phosphate Butyl phosphate C₁₂H₂₇O₄P [266.32]	126-73-8 — (2)-2021	管1種, 審2種監視, 消第4類, 安18条	無色 液体	1.0−	9.1	293	<−80	微
11	リン酸トリメチル トリメチルホスフェート Trimethyl phosphate C₃H₉O₄P [140.08]	512-56-1 — (2)-2000	消第4類, 審2種監視	無色 液体	1.2		192〜193	<−70 (凝固点)	易

燃焼危険性			有害危険性			火災時の措置	備考	
引火点 [℃]	発火点 [℃]	爆発範囲 [vol%]	許容濃度 [ppm]	吸入LC$_{50}$ [ラットppm]	経口LD$_{50}$ [ラットmg/kg]			
						粉末消火剤, ソーダ灰, 石灰, 砂【水／泡消火剤使用不可】	身体への接触を避けること	01
						粉末消火剤, ソーダ灰, 石灰, 砂【水／泡消火剤使用不可】		02
						粉末消火剤, ソーダ灰, 石灰, 砂【水／泡消火剤使用不可】		03
			1mg/m^3, 3mg/m^3 (STEL)		1530	粉末消火剤, 二酸化炭素, 散水		04
188	420					粉末消火剤, 二酸化炭素, 散水, 一般泡消火剤(消火効果のない場合, 散水)		05
135						粉末消火剤, 二酸化炭素, 散水, 一般泡消火剤(消火効果のない場合, 散水)		06
115	454	1.2〜10			1165	粉末消火剤, 二酸化炭素, 散水, 耐アルコール性泡消火剤(消火効果のない場合, 散水)		07
225	385		0.1mg/m^3			粉末消火剤, 二酸化炭素, 散水, 耐アルコール性泡消火剤		08
220			3mg/m^3		3500	粉末消火剤, 二酸化炭素, 散水, 耐アルコール性泡消火剤		09
146	>482		0.2		3000	粉末消火剤, 二酸化炭素, 散水, 一般泡消火剤(消火効果のない場合, 散水)		10
					840	粉末消火剤, 二酸化炭素, 散水, 耐アルコール性泡消火剤(消火効果のない場合, 散水)		11

名称	CAS No. 国連番号 化審法No.	危険物分類	物理的特性					
			外観・性質	比重	蒸気比重 (空気=1)	沸点[℃]	融点[℃]	水溶性
01 リン酸ナトリウム十二水和物 オルトリン酸ナトリウム 第三リン酸ナトリウム Sodium phosphate dodecahydrate Sodium orthophosphate dodecahydrate Trisodium phosphate $Na_3PO_4 \cdot 12H_2O$ [380.1]	10101-89-0 — (1)-497		無色 結晶	1.63			~75 (分解)	可
02 ルテニウム Ruthenium Ru [101.07]	7440-18-8 — —		銀白色 金属結晶	12.4		4050	2282	不
03 ルビジウム Rubidium Rb [85.47]	7440-17-7 1423 —	㊖第3類, ㊀発火性の物, ㊅4.3	銀白色 軟らかい結晶	1.5 (20℃)		688	39	激しく反応
04 レソルシノール 1,3-ベンゼンジオール レゾルシン Resorcinol 1,3-Benzenediol Dihydroxybenzol $C_6H_6O_2$ [110.11]	108-46-3 2876 (3)-543	㊀18条, ㊅6.1	白色 結晶	1.3	3.8	277	α型: 110.5 β型: 116	易
05 六酸化四リン 酸化リン(Ⅲ) Tetraphosphorus hexaoxide Phosphorus(Ⅲ) oxide P_4O_6 [219.9]	10248-58-5 — —		無色 結晶				24	
06 六フッ化硫黄 Sulfur hexafluoride SF_6 [146.06]	2551-62-4 1080 (1)-340	㊉液化ガス, ㊉有害物質, ㊅2.2	無色 気体 無臭				−50.8	難
07 ロジウム Rhodium Rh [102.91]	7440-16-6 — —	㊖第2類, ㊀発火性の物・18条	銀白色 金属結晶 (単体)	12.4		3760	1960	不

燃焼危険性			有害危険性			火災時の措置	備考	
引火点 [℃]	発火点 [℃]	爆発範囲 [vol%]	許容濃度 [ppm]	吸入LC_{50} [ラットppm]	経口LD_{50} [ラットmg/kg]			
						粉末消火剤, 二酸化炭素, 散水	6, 7, 10水和物もある	01
						粉末消火剤, 二酸化炭素, 散水		02
						粉末消火剤, 二酸化炭素, 散水		03
127	608	1.4 (200℃) 〜	10, 20(STEL)		301	粉末消火剤, 二酸化炭素, 散水, 耐アルコール性泡消火剤		04
						粉末消火剤, 二酸化炭素, 散水		05
			1000			粉末消火剤, 二酸化炭素, 散水		06
			1mg/m³			粉末消火剤, 二酸化炭素, 散水		07

索 引

和文索引

ア

アイコサン 30(04)
亜鉛 2(01)
亜塩素酸カリウム 2(02)
亜塩素酸水銀(Ⅰ) 2(03)
亜塩素酸水銀(Ⅱ) 2(04)
亜塩素酸ナトリウム 2(05)
亜塩素酸鉛(Ⅱ) 2(06)
亜塩素酸ニッケル 2(07)
亜鉛白 126(10)
亜鉛華 126(10)
青葉アルコール 350(11)
アクリルアミド 2(08)
アクリルアルデヒド 2(09)
アクリル酸 2(10)
アクリル酸イソブチル 2(11)
アクリル酸エチル 2(12)
アクリル酸-2-エチルブチル 2(13)
アクリル酸-2-エチルヘキシル 2(14)
アクリル酸グリシジル 2(15)
アクリル酸-2-シアノエチル 4(01)
アクリル酸-2-(ジエチルアミノ)エチル 4(02)
アクリル酸デシル 4(03)
アクリル酸トリデシル 4(04)
アクリル酸-2-ヒドロキシエチル 54(07)
アクリル酸ブチル 4(05)
アクリル酸メチル 4(06)
アクリル酸-2-メトキシエチル 4(07)
アクリロニトリル 4(08)
アクロレイン 2(09)
亜酸化炭素 276(05)
亜酸化窒素 42(01)
アジ化アンモニウム 4(09)
アジ化塩素 4(10)
アジ化カドミウム 4(11)
アジ化カルシウム 4(12)
アジ化銀(Ⅰ) 4(13)
アジ化コバルト(Ⅱ) 4(14)
アジ化臭素 4(15)
アジ化水銀(Ⅰ) 6(01)
アジ化水銀(Ⅱ) 6(02)
アジ化水素 6(03)
アジ化ストロンチウム 6(04)
アジ化タリウム(Ⅰ) 6(05)
アジ化銅(Ⅱ) 6(06)
アジ化ナトリウム 6(07)
アジ化鉛(Ⅱ) 6(08)
アジ化バリウム 6(09)
アジ化フッ素 6(10)
アジ化ベンゾイル 6(11)
アジ化ヨウ素 6(12)
アジ化リチウム 6(13)
亜ジチオン酸ナトリウム 298(06)
アジドトリメチルシラン 8(01)
アジピン酸 8(02)
アジピン酸ジイソデシル 8(03)
アジピン酸ジ-2-エチルヘキシル 8(04)
アジピン酸ジオクチル 8(04)
アジポニトリル 350(05)
アジミドベンゼン 358(09)
亜硝酸 8(05)
亜硝酸アンモニウム 8(06)
亜硝酸イソアミル 8(08)
亜硝酸イソプロピル 8(07)
亜硝酸イソペンチル 8(08)
亜硝酸エチル 8(09)
亜硝酸カリウム 8(10)
亜硝酸ナトリウム 8(11)
亜硝酸ブチル 8(12)
亜硝酸t-ブチル 8(13)
亜硝酸プロピル 10(01)
亜硝酸ペンチル 10(02)
亜硝酸マグネシウム 10(03)
亜硝酸メチル 10(04)
アジリジン 10(05)
アスピリン 10(08)
アセタール 160(01)
アゼチジン 10(06)
アセチルアセトン 10(07)
o-アセチルサリチル酸 10(08)
2-アセチルチオフェン 10(09)

アセチルフェノール 122(08)
アセチルペルオキシド 10(10)
N-アセチルモルホリン 10(11)
アセチレン 10(12)
アセチレン化一銀(I) 12(01)
アセチレン化一ナトリウム 12(02)
アセチレン化カリウム 12(03)
アセチレン化カルシウム 12(04)
アセチレン化金(I) 12(05)
アセチレン化銀(I) 12(06)
アセチレン化水銀(II) 12(07)
アセチレン化ストロンチウム 12(08)
アセチレン化セシウム 12(09)
アセチレン化第一銅 14(01)
アセチレン化第二銅 14(02)
アセチレン化銅(I) 14(01)
アセチレン化銅(II) 14(02)
アセチレン化ナトリウム 14(03)
アセチレン化二カリウム 12(03)
アセチレン化二ナトリウム 14(03)
アセチレン化二リチウム 14(05)
アセチレン化バリウム 14(04)
アセチレン化ランタン 224(10)
アセチレン化リチウム 14(05)
アセチレン化ルビジウム 14(06)
アセチレンカルボン酸 336(07)
アセチレンジカルボン酸 14(07)
アセチレンジカルボン酸ジエチル 14(08)
アセチレンジカルボン酸ジメチル 14(09)
アセチレンジカルボン酸水素カリウム 14(10)
アセチレン=テトラブロミド 240(10)
アセトアセトアニリド 16(01)
アセトアニリド 16(02)
アセトアルデヒド 16(03)
アセトアルデヒド=オキシム 16(04)
アセトアルドキシム 16(04)
アセトアルドール 28(03)
アセトエチルアミド 44(03)
アセトキシム 18(02)
アセト酢酸アニリド 16(01)
アセト酢酸エチル 16(05)
アセト酢酸t-ブチル 16(06)
アセト酢酸メチル 16(07)
a-アセトチエノン 10(09)
o-アセトトルイジド 376(08)
m-アセトトルイジド 376(09)
p-アセトトルイジド 378(01)
o-アセトトルイド 376(08)
m-アセトトルイド 376(09)
p-アセトトルイド 378(01)
p-アセトトルエン 378(02)
アセトニトリル 16(08)
アセトニルアセトン 16(09)

アセトヒドラジド 16(10)
アセトフェノン 16(11)
アセトール 298(08)
アセトン 18(01)
アセトン=オキシム 18(02)
アセトン=シアノヒドリン 18(03)
アゾキシベンゼン 18(04)
2,4-アゾジアニリン 146(03)
4,4'-アゾジアニリン 146(04)
アゾジカルボキシアミド 18(07)
アゾジカルボンアミド 18(07)
a,a-アゾビスイソブチロニトリル 18(05)
アゾベンゼン 18(06)
アゾホルムアミド 18(07)
アゾメタン 18(08)
o-アニシジン 18(09)
m-アニシジン 18(10)
p-アニシジン 20(01)
o-アニスアルデヒド 20(02)
p-アニスアルデヒド 20(03)
o-アニス酸 20(04)
アニソール 20(05)
2-アニリノエタノール 20(06)
アニリン 20(07)
アニリン塩酸塩 20(08)
o-アニリンスルホン酸 24(03)
m-アニリンスルホン酸 24(04)
p-アニリンスルホン酸 24(05)
亜ヒ酸 138(13)
アミド硫酸 20(09)
アミド硫酸アンモニウム 22(01)
アミド硫酸カリウム 22(02)
アミド硫酸ナトリウム 22(03)
アミド硫酸バリウム 22(04)
4-アミノアゾベンゼン 22(05)
p-アミノアゾベンゼン 22(05)
2-アミノエタノール 42(11)
アミノエタン 44(06)
2-(2-アミノエチル)アミノエタノール 298(09)
4-(2-アミノエチル)モルホリン 22(06)
アミノグアニジン 22(07)
2-アミノチアゾール 228(01)
o-アミノチオフェノール 24(06)
p-アミノチオフェノール 24(07)
1-アミノデカン 234(09)
5-アミノテトラゾール 22(08)
1-アミノナフタレン 272(07)
2-アミノナフタレン 272(08)
2-アミノビフェニル 22(09)
4-アミノビフェニル 22(10)
m-アミノフェノール 22(11)
p-アミノフェノール 22(12)
2-アミノ-1-ブタノール 22(13)

索　引　427

1-アミノブタン　316(11)
2-アミノブタン　318(01)
1-アミノ-2-プロパノール　36(07)
3-アミノプロパノール　334(04)
N-(3-アミノプロピル)シクロヘキシルアミン　24(01)
N-(3-アミノプロピル)モルホリン　24(02)
3-アミノプロペン　26(01)
1-アミノヘプタン　352(12)
o-アミノベンゼンスルホン酸　24(03)
m-アミノベンゼンスルホン酸　24(04)
p-アミノベンゼンスルホン酸　24(05)
o-アミノベンゼンチオール　24(06)
p-アミノベンゼンチオール　24(07)
2-アミノペンタン　362(08)
2-アミノ-2-メチル-1-プロパノール　24(08)
2-アミノ-4-メチルペンタン　192(04)
p-t-アミルアニリン　364(01)
t-アミルアミン　192(10),　364(02)
n-アミルアミン　362(07)
s-アミルアミン　362(08)
n-アミルアルコール　360(07)
s-アミルアルコール　360(08)
t-アミルアルコール　364(03)
n-アミルエーテル　186(03)
アミルシクロヘキサン　364(04)
o-アミルフェノール　364(05)
p-t-アミルフェノール　364(06)
n-アミルブロマイド　200(05)
アミルベンゼン　364(07)
アミル＝メチル＝ケトン　352(07)
アミルメルカプタン　362(11)
t-アミルメルカプタン　388(01)
アミレン　364(10)
β-アミレン　364(11)
アラキジン酸　30(05)
亜硫化炭素　290(06)
亜硫酸ガス　276(02)
亜硫酸ジエチル　24(09)
亜硫酸ジメチル　24(10)
亜硫酸ソーダ　24(11)
亜硫酸ナトリウム　24(11)
アリルアミン　26(01)
アリルアルコール　26(02)
アリル＝エチル＝エーテル　26(03)
アリルエーテル　146(08)
1-アリルオキシ-2,3-エポキシプロパン　26(04)
アリルグリシジルエーテル　26(04)
アリルスルフィド　412(04)
アリル＝ビニル＝エーテル　26(05)
アリルプロペニル　346(01)
アリルメタクリレート　26(06)
アリルメルカプタン　340(05)
アリレン　340(03)

亜リン酸　370(01)
亜リン酸ジエチル　26(07)
亜リン酸ジブチル　370(02)
亜リン酸トリフェニル　26(08)
亜リン酸トリブチル　26(09)
亜リン酸トリヘキシル　26(10)
亜リン酸トリメチル　26(11)
亜リン酸鉛(Ⅱ)　26(12)
アルカン　246(08)
アルゴン　28(01)
アルシン　28(02)
アルドール　28(03)
アルミナ　128(01)
アルミニウム　28(04)
アレン　334(01)
アロケイ皮酸　114(07)
安水　214(03)
安息香酸　28(05)
安息香酸イソプロピル　28(06)
安息香酸エチル　28(07)
安息香酸ヒドラジド　358(11)
安息香酸ブチル　28(08)
安息香酸ベンジル　28(09)
安息香酸メチル　28(10)
アンチフェブリン　16(02)
アンチモン　28(11)
アンチモン化三カリウム　28(12)
アントラキノン　28(13)
アントラセン　30(01)
アンモニア　30(02)
アンモニア水　214(03)

イ

硫黄　30(03)
イコサン　30(04)
イコサン酸　30(05)
イソアミルアルコール　38(11)
イソアミルエーテル　152(01)
イソアミルメルカプタン　388(02)
イソオキサゾール　30(06)
イソオクタノール　30(07)
イソオクタン　264(10)
イソオクタン酸　30(08)
イソオクチルアルコール　30(07)
イソオクテン　30(09)
イソ吉草酸　30(10)
イソ吉草酸イソアミル　30(11)
イソ吉草酸イソペンチル　30(11)
イソ吉草酸エチル　32(01)
イソ吉草酸ブチル　32(02)
イソ吉草酸メチル　32(03)
イソキノリン　32(04)
イソシアヌル酸　144(10)

イソシアノエタン 32(05)
イソシアノエテン 32(06)
イソシアン化エチル 32(05)
イソシアン化ビニル 32(06)
イソシアン化メチル 32(07)
イソシアン酸エチル 32(08)
イソシアン酸銀(Ⅰ) 32(09)
イソシアン酸1-ナフチル 32(10)
イソシアン酸フェニル 32(11)
イソシアン酸ブチル 32(12)
イソシアン酸メチル 32(13)
イソジュレン 242(09)
イソスチルベン 218(08)
イソチオシアン酸アリル 32(14)
イソデカノール 34(02)
イソデカン 382(11)
イソデカン酸 34(03)
イソデシルアルコール 34(02)
イソトリデカノール 34(01)
イソトリデシルアルコール 34(01)
イソノナン 378(08)
イソノナン酸 264(05)
イソバレリアン酸 30(10)
イソバレルアルデヒド 34(04)
イソブタノール 34(11)
イソフタル酸 34(05)
イソフタル酸ジブチル 34(06)
イソフタル酸ジメチル 34(07)
イソフタロイル=クロリド 34(08)
イソブタン 34(09)
イソブタン酸 40(02)
イソブチリルパーオキサイド 88(12)
イソブチルアミン 34(10)
イソブチルアルコール 34(11)
イソブチルアルデヒド 34(12)
イソブチルセロソルブ 54(08)
イソブチル=ビニル=エーテル 36(01)
イソブチルベンゼン 36(02)
イソブチル=メチル=ケトン 36(03)
イソブチルメルカプタン 390(01)
イソブチレン 36(04)
イソブチロニトリル 36(05)
イソブテン 36(04)
イソプレン 36(06)
イソプロオエニルベンゼン 382(04)
イソプロパノールアミン 36(07)
p-イソプロピルアニリン 36(08)
イソプロピルアミン 36(09)
イソプロピルアルコール 334(03)
p-イソプロピル安息香酸 36(10)
イソプロピルエチレン 388(08)
イソプロピルエーテル 150(10)
イソプロピルシクロヘキサン 38(01)

N-イソプロピルシクロヘキシルアミン 38(02)
イソプロピル=ビニル=エーテル 38(03)
イソプロピルビフェニル 38(04)
イソプロピルブロマイド 196(11)
p-イソプロピルベンジルアルコール 38(05)
p-イソプロピルベンズアルデヒド 38(06)
イソプロピルベンゼン 98(10)
イソプロピル=メチル=ケトン 386(09)
4-イソプロピル-1-メチルベンゼン 196(06)
イソプロピルメルカプタン 336(02)
イソプロペニルアセチレン 388(09)
3-イソプロポキシプロピオノニトリル 38(07)
イソヘキサン 38(08)
イソヘキシルアルコール 378(03)
イソヘプタン 390(05)
イソペンタン 38(09)
イソペンチルアミン 38(10)
イソペンチルアルコール 38(11)
イソペンチルメルカプタン 388(02)
イソホロン 40(01)
イソ酪酸 40(02)
イソ酪酸イソブチル 40(03)
イソ酪酸エチル 40(04)
イソ酪酸ニトリル 36(05)
イソ酪酸無水物 40(05)
イソ酪酸メチル 40(06)
イタコン酸 40(07)
一塩化ヨウ素(a) 74(08)
一ケイ化ナトリウム 114(04)
一ケイ化二マグネシウム 114(05)
一臭化ヨウ素 200(07)
一水素二フッ化アンモニウム 42(02)
一炭化ウラン 42(03)
一窒化三銀 232(01)
一窒化三銅 232(05)
一窒化三ナトリウム 232(06)
一フッ化塩素 324(05)
一フッ化臭素 324(11)
一硫化ケイ素 410(11)
一硫化ゲルマニウム 410(12)
一硫化炭素 40(08)
一リン化アルミニウム 418(12)
一酸化銀 130(01)
一酸化クロム 130(02)
一酸化ケイ素 40(09)
一酸化スズ 130(11)
一酸化セシウム 132(02)
一酸化炭素 40(10)
一酸化窒素 40(11)
一酸化鉛 134(03)
一酸化二塩素 40(12)
一酸化二窒素 42(01)
一酸化マンガン 136(09)

2,2-イミノジエタノール　152(02)
イリジウム　42(04)
インジウム　42(05)

ウ

ウラン　42(06)
ウレア　290(05)
ウレタン　94(08)
ウロトロピン　348(11)
2-ウンデカノール　42(07)
2-ウンデカノン　42(08)
ウンデカン　42(09)

エ

エイコサン　30(04)
エイコサン酸　30(05)
液化炭酸ガス　276(08)
エタナール　16(03)
エタノール　42(10)
エタノールアミン　42(11)
エタン　42(12)
エタン酸　120(01)
1,2-エタンジアミン　58(05)
エタンジアール　98(11)
1,2-エタンジオール　54(01)
1,2-エタンジチオール　42(13)
エタンジニトリル　172(10)
エタンチオール　52(06)
エタン二酸　202(03)
エタンニトリル　16(08)
エチニルベンゼン　44(01)
N-エチルアセトアニリド　44(02)
N-エチルアセトアミド　44(03)
N-エチルアニリン　44(04)
エチル亜ホスホン酸ジエチル　44(05)
2-(エチルアミノ)エタノール　44(09)
エチルアミン　44(06)
エチルアルコール　42(10)
エチルアルミニウムジクロリド　166(03)
エチル＝イソプロピル＝エーテル　44(08)
エチルイソプロピルケトン　44(07)
N-エチル-2,2'-イミノジエタノール　44(12)
N-エチルエタノールアミン　44(09)
エチル＝エチニル＝エーテル　58(08)
エチルエーテル　152(11)
エチルオキシラン　60(04)
3-エチルオクタン　44(10)
4-エチルオクタン　44(11)
N-エチルジエタノールアミン　44(12)
エチルシクロブタン　44(13)
エチルシクロヘキサン　46(01)
N-エチルシクロヘキシルアミン　46(02)
エチルシクロペンタン　46(03)

エチルジクロロシラン　166(04)
エチルジメチルアミン　46(04)
エチルスルホン　154(04)
エチルチオエーテル　412(05)
エチルトリクロロシラン　252(10)
o-エチルトルエン　46(05)
m-エチルトルエン　46(06)
p-エチルトルエン　46(07)
N-エチル-p-トルエンスルホンアミド　46(08)
エチルナトリウム　46(09)
1-エチルナフタレン　46(10)
N-エチル-N-ヒドロキシエチル＝アニリン　306(09)
2-エチル-2-ヒドロキシメチル-1,3-プロパンジオール　46(11)
エチル＝ビニル＝エーテル　46(12)
1-エチルピペリジン　48(01)
2-エチルピペリジン　48(02)
N-エチルピペリジン　48(01)
2-エチルピリジン　48(03)
3-エチルピリジン　48(04)
4-エチルピリジン　48(05)
エチル＝フェニル＝エーテル　310(06)
エチル＝フェニル＝ケトン　336(04)
p-エチルフェノール　48(06)
2-エチルブタナール　48(09)
2-エチル-1-ブタノール　48(07)
N-エチルブチルアミン　48(08)
2-エチルブチルアルコール　48(07)
2-エチルブチルアルデヒド　48(09)
2-エチル-2-ブチル-1,3-プロパンジオール　48(10)
2-エチル-1-ブテン　48(11)
エチル＝プロパギル＝エーテル　60(02)
エチル＝プロピル＝エーテル　48(12)
エチル＝プロピル＝ケトン　348(01)
エチル-1-プロペニル＝エーテル　50(01)
エチルブロマイド　198(01)
2-エチルヘキサアルデヒド　50(02)
2-エチルヘキサナール　50(02)
2-エチル-1-ヘキサナール　50(02)
2-エチル-1-ヘキサノール　80(03)
2-エチルヘキサン酸　80(05)
2-エチル-1,3-ヘキサンジオール　50(03)
2-エチルヘキシル＝アセタート　120(09)
2-エチルヘキシルアミン　50(04)
2-エチルヘキシルアルコール　80(03)
2-エチルヘキシル＝ビニル＝エーテル　50(05)
N-エチル-N-ベンジルアニリン　50(06)
エチルベンゼン　50(07)
エチルベンゾール　50(07)
エチルホスフィン　50(08)
エチルマグネシウムブロマイド　50(09)
エチル＝メチル＝エーテル　50(10)
エチル＝メチル＝ケトン　52(01)

2-エチル-2-メチル-1,3-ジオキソラン　52(02)
5-エチル-2-メチルピリジン　52(03)
3-エチル-4-メチルヘキサン　52(04)
1-エチル-2-メチルベンゼン　46(05)
1-エチル-3-メチルベンゼン　46(06)
1-エチル-4-メチルベンゼン　46(07)
3-エチル-2-メチルペンタン　52(05)
エチルメルカプタン　52(06)
4-エチルモルホリン　52(07)
N-エチルモルホリン　52(07)
2-エチル酪酸　52(08)
エチルリチウム　52(09)
エチレン　52(10)
エチレンイミン　10(05)
エチレンオキシド　52(11)
エチレンカーボネート　224(13)
エチレングリコール　54(01)
エチレングリコール＝イソプロピルエーテル　54(02)
エチレングリコール＝一酢酸エステル　122(06)
エチレングリコールジアセタート　276(01)
エチレングリコール＝ジエチルエーテル　160(02)
エチレングリコール＝ジブチルエーテル　54(03)
エチレングリコール＝ジホルマート　54(04)
エチレングリコール＝ジメチルエーテル　54(05)
エチレングリコール＝ビスチオグリコレート　54(06)
エチレングリコール＝メチルエーテル＝アセタート　58(03)
エチレングリコール＝メチルエーテル＝ホルマール　58(04)
エチレングリコール＝モノアクリレート　54(07)
エチレングリコール＝モノイソブチルエーテル　54(08)
エチレングリコール＝モノエチルエーテル　54(09)
エチレングリコール＝モノエチルエーテル＝アセタート　56(01)
エチレングリコール＝モノ(2-エチルヘキシル)エーテル　56(02)
エチレングリコール＝モノフェニルエーテル　56(03)
エチレングリコール＝モノブチルエーテル　56(04)
エチレングリコール＝モノt-ブチルエーテル　56(05)
エチレングリコール＝モノブチルエーテル＝アセタート　56(06)
エチレングリコール＝モノヘキシルエーテル　56(07)
エチレングリコール＝モノベンジルエーテル　58(01)
エチレングリコール＝モノメチルエーテル　58(02)
エチレンクロロヒドリン　104(04)
エチレンシアノヒドリン　300(06)
エチレンジアミン　58(05)
エチレンジアミン四酢酸四ナトリウム二水和物　58(06)
2,2'-エチレンジオキシジエタノール　250(05)
エチレンジカルボン酸　116(06)
エチレンスルフィド　228(02)
エチレンビスステアリン酸アミド　58(07)
N,N'-エチレンビス(ステアロアミド)　58(07)

2-エテニルピリジン　302(07)
4-エテニルピリジン　302(08)
エーテル　152(11)
エテン　52(10)
エトキシアセチレン　58(08)
o-エトキシアニリン　310(04)
p-エトキシアニリン　310(05)
2-エトキシエタノール　54(09)
2-エトキシエチル＝アセタート　56(01)
2-エトキシエチル＝エーテル　156(04)
2-(2-エトキシエトキシ)エタノール　158(02)
2-(2-エトキシエトキシ)エチル＝アセタート　158(03)
エトキシトリグリコール　250(06)
3-エトキシプロパナール　58(09)
1-エトキシプロパン　48(12)
3-エトキシプロピオンアルデヒド　58(09)
3-エトキシプロピオン酸　60(01)
3-エトキシプロピン　60(02)
3-エトキシプロペン　26(03)
1-エトキシ-1-プロペン　50(01)
エトキシベンゼン　310(06)
エナントアルデヒド　352(03)
エナント酸　352(11)
エピクロロヒドリン　60(03)
1,2-エポキシ-3-クロロプロパン　60(03)
1,2-エポキシブタン　60(04)
2,3-エポキシブタン　322(09)
3,4-エポキシ-1-ブテン　60(05)
2,3-エポキシ-1-プロパノール　60(06)
塩化亜鉛　60(07)
塩化アジポイル　274(04)
塩化アセチル　60(08)
塩化アニシル　396(02)
塩化-p-アニソイル　396(03)
塩化アニリニウム　20(08)
塩化アミル　62(08)，74(01)
塩化t-アミル　74(02)
塩化アリル　60(09)
塩化アルミニウム　62(01)
塩化アンチモン(Ⅲ)　62(02)
塩化アンチモン(Ⅴ)　62(03)
塩化アンモニウム　62(04)
塩化硫黄　274(08)
塩化イソブチリル　62(05)
塩化イソブチル　62(06)
塩化イソプロピリデン　170(05)
塩化イソプロピル　62(07)
塩化イソペンチル　62(08)
塩化ウラン(Ⅵ)　62(09)
塩化エタノイル　60(08)
塩化エチリデン　166(01)
塩化エチル　62(10)
塩化-2-エチルヘキシル　64(01)

索 引

塩化エチレン　166(02)
塩化オクチル　104(08)
塩化カコジル　106(12)
塩化カリウム　64(02)
塩化カルシウム　64(03)
塩化カルボニル　366(10)
塩化金(Ⅲ)　64(04)
塩化銀　64(05)
塩化クロミル　64(06)
塩化クロム(Ⅱ)　64(07)
塩化クロム(Ⅲ)　64(08)
塩化ケイ素　344(07)
塩化ゲルマニウム(Ⅳ)　64(09)
塩化コバルト(Ⅱ)　64(10)
塩化コバルト(Ⅲ)　64(11)
塩化コリン　64(12)
塩化酸化アンチモン(Ⅲ)　64(13)
塩化三酸化レニウム(Ⅶ)　66(01)
塩化シアヌル　66(02)
塩化シアン　66(03)
塩化シクロヘキシル　106(05)
塩化ジスルフリル　274(07)
塩化ジルコニウム(Ⅱ)　66(04)
塩化ジルコニウム(Ⅲ)　66(05)
塩化ジルコニウム(Ⅳ)　66(06)
塩化水銀(Ⅱ)　66(07)
塩化水素　66(08)
塩化スズ(Ⅱ)　66(09)
塩化スズ(Ⅳ)　66(10)
塩化スルフィニル　68(05)
塩化スルフリル　68(01)
塩化スルホニル　68(01)
塩化第一スズ　66(09)
塩化第一鉄　68(10)
塩化第一銅　68(12)
塩化第二クロム　64(08)
塩化第二水銀　66(07)
塩化第二スズ　66(10)
塩化第二鉄　68(11)
塩化第二銅　70(01)
塩化タングステン(Ⅱ)　68(02)
塩化タングステン(Ⅵ)　68(03)
塩化タンタル(Ⅴ)　68(04)
塩化チオニル　68(05)
塩化チオホスホリル　68(06)
塩化チタン(Ⅱ)　68(07)
塩化チタン(Ⅲ)　68(08)
塩化チタン(Ⅳ)　68(09)
塩化鉄(Ⅱ)　68(10)
塩化鉄(Ⅲ)　68(11)
塩化テルル(Ⅳ)　160(06)
塩化銅(Ⅰ)　68(12)
塩化銅(Ⅱ)　70(01)

塩化ナトリウム　70(02)
塩化鉛(Ⅱ)　70(03)
塩化鉛(Ⅳ)　70(04)
塩化ニトロイル　70(05)
塩化ニトロシル　70(06)
4-塩化ニトロベンゾイル　286(09)
塩化二フッ化窒素　106(07)
塩化二フッ化リン　70(07)
塩化バナジウム(Ⅱ)　70(08)
塩化バナジウム(Ⅲ)　70(09)
塩化バナジル(3+)　126(04)
塩化ハフニウム(Ⅳ)　70(10)
塩化バリウム二水和物　70(11)
塩化ヒ素(Ⅲ)　126(06)
塩化ビニリデン　166(06)
塩化ビニル　70(12)
塩化ピバロイル　72(01)
塩化フェナシル　102(13)
塩化ブタノイル　72(02)
塩化ブチリル　72(02)
塩化ブチル　62(06), 72(03)
塩化s-ブチル　72(04)
塩化t-ブチル　72(05)
塩化プロパギル　112(06)
塩化プロパノイル　72(06)
塩化プロピオニル　72(06)
塩化2-プロピニル　112(06)
塩化プロピリデン　170(03)
塩化プロピル　72(07)
塩化プロピレン　170(04)
塩化プロペニレン　170(06)
塩化ヘキシル　112(07)
塩化ベリリウム　72(08)
塩化ベンジル　72(09)
塩化ベンゾイル　72(10)
塩化ペンチル　74(01)
塩化t-ペンチル　74(02)
塩化ホウ素　126(07)
塩化ホスホリル　74(03)
塩化マグネシウム　74(04)
塩化マンガン(Ⅱ)　74(05)
塩化メタリル　114(01)
塩化メチル　74(06)
塩化メチレン　172(03)
塩化モリブデン(Ⅴ)　74(07)
塩化ヨウ素(Ⅰ)　74(08)
塩化ヨウ素(Ⅲ)　126(08)
塩化リン(Ⅴ)　116(01)
塩化リン(Ⅲ)　126(09)
塩化ルテニウム(Ⅲ)　74(09)
塩化ロジウム(Ⅲ)　74(10)
塩基性炭酸鉛(Ⅱ)　296(08)
塩酸アニリン　20(08)

塩素　76(01)
塩素酸　76(02)
塩素酸亜鉛　76(03)
塩素酸アルミニウム　76(04)
塩素酸アンモニウム　76(05)
塩素酸カドミウム　76(06)
塩素酸カリウム　76(07)
塩素酸銀(Ⅰ)　76(08)
塩素酸ナトリウム　76(09)
塩素酸鉛(Ⅱ)　76(10)
塩素酸バリウム　76(11)
塩素酸ヒドラジニウム　76(12)
塩素酸マグネシウム　76(13)
鉛丹　134(05)

オ

黄鉛　102(07)
1,4-オキサチアン　76(14)
オキサン　238(11)
オキシ塩化ジルコニウム　274(06)
オキシ塩化リン　74(03)
オキシ三塩化バナジウム　126(04)
オキシシアン化第二水銀　148(03)
2,2'-オキシジエタノール　156(01)
オキシ臭化セレン　198(07)
β-オキシナフトエ酸　300(05)
オキシラン　52(11)
2-オキセタノン　336(05)
オキセタン　78(01)
オキソラン　238(12)
オクタカルボニル二コバルト(0)　78(02)
オクタクロロトリシラン　78(03)
9,12,15-オクタデカトリエン酸　408(10)
1-オクタデカノール　78(04)
オクタデカン　78(05)
オクタデシルアルコール　78(04)
オクタナール　78(06)
1-オクタノール　78(07)
2-オクタノール　78(08)
2-オクタノン　78(09)
オクタン　78(10)
1-オクタンアミン　80(02)
オクタン酸エチル　80(01)
オクタンジオール　50(03)
1-オクタンチオール　80(06)
オクチルアミン　50(04)
1-オクチルアミン　80(02)
t-オクチルアミン　242(07)
オクチルアルコール　78(07), 80(03)
n-オクチルアルデヒド　78(06)
オクチルエーテル　160(11)
オクチルクロリド　80(04)
オクチル酸　80(05)

オクチルメルカプタン　80(06)
t-オクチルメルカプタン　80(07)
オクチレングリコール　50(03)
1-オクテン　80(08)
2-オクテン　80(09)
オスミウム　80(10)
オゾン　80(11)
オルソ蟻酸エチル　82(02)
オルタニル酸　24(03)
オルト過ヨウ素酸　82(01)
オルトギ酸トリエチル　82(02)
オルトギ酸トリメチル　266(05)
オルトケイ酸エチル　236(06)
オルトケイ酸テトラエチル　236(06)
オルトケイ酸テトラメチル　244(01)
オルト炭酸テトラエチル　236(07)
オルト炭酸テトラメチル　244(03)
オルトリン酸　420(04)
オルトリン酸ナトリウム　422(01)
オレアミド　82(04)
オレイン酸　82(03)
オレイン酸アミド　82(04)
オレイン酸ブチル　82(05)
オレイン酸ブチルアミン　82(06)

カ

過安息香酸　84(01)
過安息香酸t-ブチル　84(02)
過塩素酸　84(03)
過塩素酸アルミニウム　84(04)
過塩素酸アンモニウム　84(05)
過塩素酸インジウム(Ⅲ)八水和物　84(06)
過塩素酸ウラニル四水和物　84(07)
過塩素酸塩素　84(08)
過塩素酸カリウム　84(09)
過塩素酸銀(Ⅰ)　84(10)
過塩素酸クロミル　84(11)
過塩素酸クロリル　84(12)
過塩素酸臭素　84(13)
過塩素酸水銀(Ⅱ)　84(14)
過塩素酸スズ(Ⅱ)　86(01)
過塩素酸第二水銀　84(14)
過塩素酸第二鉄六水和物　86(03)
過塩素酸鉄(Ⅱ)六水和物　86(02)
過塩素酸鉄(Ⅲ)六水和物　86(03)
過塩素酸テトラエチルアンモニウム　236(01)
過塩素酸銅(Ⅱ)六水和物　86(04)
過塩素酸ナトリウム　86(05)
過塩素酸鉛(Ⅱ)　86(06)
過塩素酸ニッケル(Ⅱ)六水和物　86(07)
過塩素酸ニトリル　86(08)
過塩素酸ニトロイル　86(08)
過塩素酸ニトロシル　86(09)

過塩素酸バリウム　86(10)
過塩素酸ヒドラジニウム　86(11)
過塩素酸フッ素　86(12)
過塩素酸ベリリウム四水和物　86(13)
過塩素酸ペルクロリル　174(08)
過塩素酸マグネシウム　86(14)
過塩素酸マンガン(Ⅱ)八水和物　88(01)
過塩素酸ヨウ素(Ⅲ)　88(02)
過塩素酸リチウム　88(03)
過ギ酸　88(04)
カコジル　242(01)
過酢酸　88(05)
過酢酸t-ブチル　88(06)
過酸化亜鉛　88(07)
過酸化アセチル　88(11)
過酸化カリウム　88(08)
過酸化カルシウム　88(09)
過酸化銀　88(10)
過酸化ジアセチル　10(10),88(11)
過酸化ジイソブチリル　88(12)
過酸化ジエチル　88(13)
過酸化ジドデカノイル　90(03)
過酸化ジ-t-ブチル　90(01)
過酸化ジベンゾイル　90(02)
過酸化ジラウロイル　90(03)
過酸化水素　90(04)
過酸化ストロンチウム　90(05)
過酸化ナトリウム　90(06)
過酸化ニッケル　134(10)
過酸化バリウム　90(07)
過酸化ベンゾイル　90(02)
過酸化ラウロイル　90(03)
苛性カリ　214(04)
苛性ソーダ　214(08)
カダベリン　362(09)
活性アミルアルコール　386(08)
カテコール　90(08)
カテコール＝モノメチルエーテル　394(04)
カドミウム　90(09)
過ピバル酸-t-ブチル　90(10)
カプリルアルコール　78(08)
カプリルアルデヒド　78(06)
カプリルクロリド　80(04)
カプリル酸エチル　80(01)
カプリン酸　234(07)
カプリン酸エチル　234(08)
ε-カプロラクタム　92(01)
カプロラクタム　92(01)
カプロンアルデヒド　346(07)
カプロン酸　92(02)
カプロン酸アリル　92(03)
カプロン酸エチル　92(04)
過ホウ酸ソーダ　356(03)

過マンガン酸亜鉛六水和物　92(05)
過マンガン酸アンモニウム　92(06)
過マンガン酸カリウム　92(07)
過マンガン酸カルシウム　92(08)
過マンガン酸銀　92(09)
過マンガン酸ナトリウム三水和物　92(10)
過マンガン酸マグネシウム六水和物　92(11)
過ヨウ素酸　82(01),92(12)
過ヨウ素酸カリウム　92(13)
カリウム　94(01)
ガリウム　94(02)
カリウムアミド　94(03)
カリウム-t-ブチラート　94(04)
カリウムt-ブトキシド　94(04)
カリウムメトキシド　94(05)
過硫酸アンモニウム　354(11)
過硫酸カリウム　354(12)
過硫酸ナトリウム　356(01)
カルシウム　94(06)
カルシウムカーバイト　12(04)
カルシウムシアナミド　94(07)
カルバジド　94(09)
カルバニリド　178(07)
カルバミド　290(05)
カルバミド酸エチル　94(08)
カルバミン酸エチル　94(08)
カルビトール　158(02)
カルボノヒドラジド　94(09)
カルボヒドラジド　94(09)

キ

ギ酸　94(10)
ギ酸アミド　370(04)
ギ酸n-アミル　96(05)
ギ酸イソブチル　94(11)
ギ酸イソプロピル　94(12)
ギ酸エチル　94(13)
ギ酸シクロヘキシル　96(01)
ギ酸ビニル　96(02)
ギ酸ブチル　96(03)
ギ酸プロピル　96(04)
ギ酸ペンチル　96(05)
ギ酸メチル　96(06)
2,3-キシリジン　96(07)
o-キシレン　96(08)
m-キシレン　96(09)
p-キシレン　96(10)
キセノン　96(11)
吉草酸　98(01)
吉草酸エチル　98(02)
キニトール　162(07)
キノリン　98(03)
キノール　302(01)

p-キノン　358(08)
キュバン　98(04)
キュメン　98(10)
金　98(05)
銀　98(06)
銀(Ⅰ)アセチリド　12(01), 12(06)
銀朱　412(07)
金属ソーダ　272(01)

ク

グアイアコール　394(04)
グアニジン　98(07)
クエン酸　98(08)
クエン酸トリブチル　98(09)
クバン　98(04)
クマロン　360(01)
クミジン　36(08)
クミナール　38(06)
クミニルアルコール　38(05)
クミルヒドロペルオキシド　194(06)
クミンアルデヒド　38(06)
クミン酸　36(10)
クメン　98(10)
クメンヒドロペルオキシド　194(06)
グリオキサール　98(11)
グリコール　54(01)
グリコール酸　300(04)
グリコール酸ブチル　98(12)
グリコール＝ジメルカプトアセタート　54(06)
グリコロニトリル　298(07)
グリシド　60(06)
グリシドール　60(06)
グリセリン　98(13)
グリセリン＝α-ジクロロヒドリン　170(01)
グリセリン＝β-ジクロロヒドリン　170(02)
グリセリン＝トリアセタート　246(10)
グリセリン＝トリニトラート　280(10)
グリセリン＝トリブチラート　100(01)
グリセリン＝トリプロピオナート　100(02)
グリセリン＝α-モノメチルエーテル　394(08)
グリセロール　98(13)
クリソイジン　146(03)
d-グルコース　100(03)
o-クレゾール　100(04)
m-クレゾール　100(05)
p-クレゾール　100(06)
p-クレゾール＝メチルエーテル　100(07)
クロチルアルコール　330(05)
1-クロチルクロリド　110(10)
クロトノニトリル　100(08)
クロトンアルデヒド　100(09)
クロトン酸　100(10)
trans-クロトン酸エチル　102(01)

クロトン酸ビニル　102(02)
クロトン酸メチル　102(03)
クロトンニトリル　100(08)
クロム　102(04)
クロム酸　102(05)
クロム酸カリウム(Ⅱ)　202(01)
クロム酸カルシウム二水和物　102(06)
クロム酸鉛(Ⅱ)　102(07)
クロム酸ビスマス　102(08)
クロム酸リチウム　102(09)
クロラール　252(07)
クロルメチル　74(06)
クロロアセチルクロライド　396(11)
2-クロロアセトアミド　102(10)
クロロアセトアミド　102(10)
N-クロロアセトアミド　102(11)
クロロアセトアルデヒド　102(12)
α-クロロアセトフェノン　102(13)
クロロアセトン　104(01)
4-クロロアニリン　104(02)
p-クロロアニリン　104(02)
2-クロロ安息香酸　104(03)
o-クロロ安息香酸　104(03)
2-クロロエタノール　104(04)
クロロエタン　62(10)
2-クロロエチル＝ビニル＝エーテル　104(05)
クロロ-4-エチルベンゼン　104(06)
クロロエチレン　70(12)
2-(2-クロロエトキシ)エタノール　156(02)
β-クロロエトキシエチレン　104(05)
3-クロロ塩化プロパノイル　104(07)
3-クロロ塩化プロピオニル　104(07)
1-クロロオクタン　80(04), 104(08)
クロロギ酸アリル　104(09)
クロロギ酸エチル　104(10)
クロロゲルマン　106(01)
クロロ酢酸　396(09)
クロロ酢酸エチル　396(10)
クロロ酢酸ナトリウム　106(02)
クロロシアン　66(03)
クロロジエチルアルミニウム　106(03)
クロロジエチルボラン　106(04)
クロロシクロヘキサン　106(05)
1-クロロ-2,4-ジニトロベンゼン　106(06)
クロロジフルオロアミン　106(07)
1-クロロ-1,1-ジフルオロエタン　106(08)
クロロジフルオロメタン　106(09)
2-クロロ-4,6-ジ-t-ペンチルフェノール　106(10)
クロロジボラン　106(11)
クロロジメチルアルシン　106(12)
クロロジメチルアルミニウム　108(01)
クロロ(ジメチル)アルミニウム　188(07)
2-クロロ-1,1-ジメトキエタン　190(02)

2-クロロ-1,4-ジメトキシベンゼン　196(03)
クロロシラン　168(03)
クロロスルホン酸　108(02)
クロロ炭酸アリルエステル　104(09)
クロロ炭酸エチル　104(10)
クロロチオギ酸-1-プロピル　108(03)
クロロトリフルオロエチレン　108(04)
クロロトリメチルシラン　108(05)
2-クロロトルエン　108(06)
3-クロロトルエン　108(07)
4-クロロトルエン　108(08)
o-クロロトルエン　108(06)
m-クロロトルエン　108(07)
p-クロロトルエン　108(08)
α-クロロナフタレン　108(09)
1-クロロナフタレン　108(09)
1-クロロ-1-ニトロエタン　108(10)
1-クロロ-1-ニトロプロパン　108(11)
2-クロロ-2-ニトロプロパン　110(01)
4-クロロニトロベンゼン　110(03)
o-クロロニトロベンゼン　110(02)
p-クロロニトロベンゼン　110(03)
m-クロロニトロベンゼン　280(11)
クロロピクリン　110(04)
β-クロロフェネトール　110(05)
o-クロロフェノール　110(06)
m-クロロフェノール　110(07)
p-クロロフェノール　110(08)
2-クロロ-1,3-ブタジエン　110(09)
1-クロロブタン　72(03)
2-クロロブタン　72(04)
1-クロロ-2-ブテン　110(10)
2-クロロ-2-ブテン　110(11)
クロロプレン　110(09)
1-クロロ-2-プロパノール　110(12)
2-クロロ-1-プロパノール　112(01)
クロロ-2-プロパノン　104(01)
1-クロロプロパン　72(07)
2-クロロプロパン　62(07)
3-クロロプロパンニトリル　112(02)
3-クロロプロピオノニトリル　112(02)
2-クロロプロピオン酸　112(03)
α-クロロプロピオン酸　112(03)
3-クロロプロピオン酸クロライド　104(07)
1-クロロプロピレン　112(04)
2-クロロプロピレン　112(05)
3-クロロプロピン　112(06)
1-クロロプロペン　112(04)
2-クロロプロペン　112(05)
3-クロロプロペン　60(09)
1-クロロ-3-ブロモプロパン　340(08)
1-クロロヘキサン　112(07)
p-クロロベンズアルデヒド　112(08)

クロロベンゼン　112(09)
1-クロロペンタン　74(01)
クロロホルム　112(10)
クロロメタン　74(06)
クロロメチルオキシラン　60(03)
1-クロロ-3-メチルブタン　62(08)
2-クロロ-2-メチルブタン　74(02)
1-クロロ-3-メチルプロパン　62(06)
2-クロロ-2-メチルプロパン　72(05)
3-クロロ-2-メチル-1-プロペン　114(01)
3-(クロロメチル)ヘプタン　64(01)
クロロメチルベンゼン　72(09)
クロロ硫酸　108(02)

ケ

ケイ化カリウム　114(02)
ケイ化カルシウム　114(03)
ケイ化水素　212(05)
ケイ化ナトリウム　114(04)
ケイ化マグネシウム　114(05)
ケイ酸エチル　236(06)
ケイ素　114(06)
ケイ皮酸　114(07)
ケイフッ化水素酸　114(08)
ケイフッ化ソーダ　348(02)
ケチン　190(11)
ケテン　114(09)
ケテンダイマー　172(06)
ゲルマニウム　114(10)
ゲルマニウム(Ⅱ)イミド　114(11)
ゲルマン(モノゲルマン)　114(12)

コ

高度サラシ粉　142(12)
五塩化アンチモン　62(03)
五塩化モリブデン　74(07)
五塩化リン　116(01)
五酸化二タンタル　132(07)
五酸化二窒素　116(02)
五酸化二ニオブ　134(07)
五酸化二バナジウム　136(03)
五酸化二ヒ素　116(03)
五酸化二ヨウ素　116(04)
五酸化二リン　116(05), 202(04)
コハク酸　116(06)
コハク酸ジエチル　116(07)
コバルト　116(08)
コバルトカルボニル　78(02)
五フッ化塩素　116(09)
五フッ化クロム　324(09)
五フッ化三ホウ素　116(10)
五フッ化臭素　116(11)
五フッ化ビスマス　116(12)

五フッ化ヒ素　116(13)
五フッ化ヨウ素　118(01)
五硫化二リン　118(02)

サ

酢酸　120(01)
酢酸アミル　124(04)
酢酸sec-アミル　124(05)
酢酸アリル　120(02)
酢酸イソアミル　120(06)
酢酸イソブチル　120(03)
酢酸イソプロピル　120(04)
酢酸イソプロペニル　120(05)
酢酸イソペンチル　120(06)
酢酸エチル　120(07)
酢酸-2-エチルブチル　120(08)
酢酸エチレン　276(01)
酢酸オクチル　120(09)
酢酸p-クレシル　122(01)
酢酸クロム(Ⅱ)一水和物　120(10)
酢酸-2-クロロエチル　120(11)
酢酸シクロヘキシル　120(12)
酢酸p-トリル　122(01)
酢酸ナトリウム　122(02)
酢酸ノニル　122(03)
酢酸パラジウム(Ⅱ)　122(04)
酢酸バリウム　122(05)
酢酸(2-ヒドロキシエチル)　122(06)
酢酸ビニル　122(07)
酢酸フェニル　122(08)
酢酸-2-フェニルエチル　122(09)
酢酸-β-フェニルエチル　122(09)
酢酸フェネチル　122(09)
酢酸ブチル　122(10)
酢酸s-ブチル　122(11)
酢酸フルフリル　122(12)
酢酸プロピル　124(01)
酢酸ヘキシル　124(02)
酢酸ベンジル　124(03)
酢酸ペンチル　124(04)
酢酸-s-ペンチル　124(05)
酢酸マンガン(Ⅱ)四水和物　124(06)
酢酸メチル　124(07)
酢酸メチルアミル　124(02)
酢酸1-メチルビニル　120(05)
酢酸2-メトキシエチル　58(03)
酢酸-3-メトキシブチル　394(07)
サマリウム　124(08)
サリチルアルデヒド　124(09)
サリチル酸　124(10)
サリチル酸アミル　126(02)
サリチル酸フェニル　124(11)
サリチル酸ベンジル　126(01)

サリチル酸ペンチル　126(02)
サリチル酸メチル　126(03)
ザロール　124(11)
三塩化アリル　254(08)
三塩化アルミニウム　62(01)
三塩化アンチモン　62(02)
三塩化酸化バナジウム(Ⅴ)　126(04)
三塩化シアヌル　66(02)
三塩化チタン　68(08)
三塩化窒素　126(05)
三塩化バナジウム　70(09)
三塩化ヒ素　126(06)
三塩化ホウ素　126(07)
三塩化ヨウ素　126(08)
三塩化リン　126(09)
酸化亜鉛　126(10)
酸化アルミニウム　128(01)
酸化アンチモン(Ⅲ)　128(02)
酸化イリジウム(Ⅳ)　128(03)
酸化ウラン(Ⅳ)　128(04)
酸化エチレン　52(11)
酸化オスミウム(Ⅳ)　128(05)
酸化オスミウム(Ⅷ)　128(06)
酸化カドミウム　128(07)
酸化ガリウム(Ⅰ)　128(08)
酸化カルシウム　128(09)
酸化金(Ⅲ)　128(10)
酸化銀　88(10)
酸化銀(Ⅰ)　128(11)
酸化銀(Ⅱ)　130(01)
酸化クロム(Ⅱ)　130(02)
酸化クロム(Ⅲ)　130(03)
酸化クロム(Ⅵ)　130(04)
酸化コバルト(Ⅱ)　130(05)
酸化コバルト(Ⅲ)　130(06)
酸化ジフェニレン　186(01)
酸化臭素　276(06)
酸化ジュウテリウム　130(07)
酸化ジルコニウム(Ⅳ)　130(08)
酸化水銀(Ⅰ)　130(09)
酸化水銀(Ⅱ)　130(10)
酸化スズ(Ⅱ)　130(11)
酸化スズ(Ⅳ)　132(01)
酸化セシウム　132(02)
酸化セリウム(Ⅳ)　132(03)
酸化第一水銀　130(09)
酸化第一鉄　132(09)
酸化第一銅　132(11)
酸化第二金　128(10)
酸化第二水銀　130(10)
酸化第二鉄　132(10)
酸化第二銅　134(01)
酸化タリウム(Ⅲ)　132(04)

酸化タングステン(Ⅳ)　132(05)
酸化タングステン(Ⅵ)　132(06)
酸化タンタル(Ⅴ)　132(07)
酸化チタン(Ⅳ)　132(08)
酸化窒素　40(11)
酸化鉄(Ⅱ)　132(09)
酸化鉄(Ⅲ)　132(10)
酸化銅(Ⅰ)　132(11)
酸化銅(Ⅱ)　134(01)
酸化ナトリウム　134(02)
酸化鉛(Ⅱ)　134(03)
酸化鉛(Ⅳ)　134(04)
酸化鉛(Ⅳ)二鉛(Ⅱ)　134(05)
酸化二ウラン(Ⅵ)ウラン(Ⅳ)　294(02)
酸化ニオブ(Ⅴ)　134(07)
酸化ニッケル(Ⅱ)　134(08)
酸化ニッケル(Ⅲ)　134(09)
酸化ニッケル(Ⅳ)　134(10)
酸化二鉄(Ⅲ)鉄(Ⅱ)　134(06)
酸化白金(Ⅳ)　136(01)
酸化バナジウム(Ⅲ)　136(02)
酸化バナジウム(Ⅴ)　136(03)
酸化パラジウム(Ⅱ)　136(04)
酸化バリウム　136(05)
酸化ビスマス(Ⅲ)　136(06)
酸化ヒ素(Ⅴ)　116(03)
酸化プロピレン　338(13)
酸化ベリリウム　136(07)
酸化ホウ素　138(14)
酸化マグネシウム　136(08)
酸化マンガン(Ⅱ)　136(09)
酸化マンガン(Ⅳ)　136(10)
酸化マンガン(Ⅶ)　136(11)
酸化モリブデン(Ⅳ)　136(12)
酸化モリブデン(Ⅵ)　138(01)
酸化ランタン(Ⅲ)　138(02)
酸化硫化炭素　410(07)
酸化リン(Ⅲ)　138(03), 422(05)
酸化リン(Ⅴ)　202(04)
酸化ルテニウム(Ⅷ)　138(04)
三ギ酸アルミニウム　138(05)
三酸化硫黄　138(06)
三酸化塩素　84(12)
三酸化キセノン　138(07)
三酸化クロム　130(04)
三酸化臭素　138(08)
三酸化セレン　138(09)
三酸化テルル　138(10)
三酸化二アンチモン　128(02)
三酸化二塩素　138(11)
三酸化二金　128(10)
三酸化二クロム　130(03)
三酸化二タリウム　132(04)

三酸化二窒素　138(12)
三酸化二バナジウム　136(02)
三酸化二ビスマス　136(06)
三酸化二ヒ素　138(13)
三酸化二ホウ素　138(14)
三酸化二リン　138(03)
三酸化モリブデン　138(01)
三シアン化リン　140(01)
三臭化アルミニウム　140(02)
三臭化酸化バナジウム(Ⅴ)　140(03)
三臭化ホウ素　140(04)
三臭化リン　140(05)
三硝酸グリセリン　280(10)
三水素化ウラン　216(03)
三水素化プルトニウム　216(13)
酸性フッ化アンモン　42(02)
三セレン化四リン　140(06)
酸素　140(07)
三フッ化塩素　140(08)
三フッ化コバルト　324(10)
三フッ化臭素　140(09)
三フッ化窒素　140(10)
三フッ化ホウ素　140(11)
三フッ化マンガン　328(08)
三フッ化リン　142(01)
三ヨウ化窒素　142(02)
三ヨウ化ホウ素　142(03)
三ヨウ化リン　142(04)
三硫化二セリウム　142(06)
三硫化二ビスマス　414(09)
三硫化二ヒ素　142(07)
三硫化二ホウ素　142(08)
三硫化四リン　142(05)
三リン酸五ナトリウム　142(09)
三リン酸ナトリウム　142(09)

シ

次亜塩素酸　142(10)
次亜塩素酸エチル　142(11)
次亜塩素酸カルシウム　142(12)
次亜塩素酸ナトリウム　144(01)
次亜塩素酸t-ブチル　144(02)
次亜塩素酸メチル　144(03)
3,6-ジアザオクタン-1,8-ジアミン　252(03)
次亜硝酸　144(04)
次亜硝酸銀　144(05)
次亜硝酸ナトリウム　144(06)
ジアセチル　144(07)
ジアセトンアルコール　300(08)
ジアゾメタン　144(08)
シアナミド　144(09)
シアヌル酸　144(10)
2-シアノエタノール　300(06)

N-(2-シアノエチル)シクロヘキシルアミン　144(11)
1-シアノグアニジン　144(12)
シアノーゲン　172(10)
シアノ酢酸　144(13)
シアノ酢酸エチル　146(01)
シアノトリメチルシラン　146(02)
2-シアノ-2-プロパノール　18(03)
2-シアノプロペン　376(02)
次亜フッ素酸フルオロスルフリル　332(08)
次亜フッ素酸ペルクロリル　86(12)
2,4-ジアミノアゾベンゼン　146(03)
4,4'-ジアミノアゾベンゼン　146(04)
1,2-ジアミノエタン　58(05)
4,4'-ジアミノジフェニルエーテル　146(05)
4,4'-ジアミノジフェニルメタン　394(02)
4,4'-ジアミノビフェニル　356(04)
ジ-4-アミノフェニルエーテル　146(05)
2,4-ジアミノ-6-フェニル-1,3,5-トリアジン　146(06)
1,3-ジアミノブタン　314(11)
1,3-ジアミノ-2-プロパノール　146(07)
1,2-ジアミノプロパン　334(06)
1,3-ジアミノプロパン　334(07)
1,6-ジアミノヘキサン　350(01)
1,2-ジアミノベンゼン　310(01)
1,3-ジアミノベンゼン　310(02)
1,4-ジアミノベンゼン　310(03)
ジアミルアミン　186(02)
2,4-ジ-t-アミルフェノール　186(04)
ジアリルエーテル　146(08)
次亜リン酸　368(02)
次亜リン酸アンモニウム　368(03)
次亜リン酸カリウム　368(04)
次亜リン酸カルシウム　368(05)
次亜リン酸ナトリウム一水和物　368(07)
次亜リン酸バリウム　368(08)
次亜リン酸マンガン(Ⅱ)一水和物　368(10)
シアン化亜鉛　146(09)
シアン化エチル　336(03)
シアン化カドミウム　146(10)
シアン化カリウム　146(11)
シアン化金(Ⅰ)　148(01)
シアン化銀(Ⅰ)　148(02)
シアン化酸化水銀(Ⅱ)　148(03)
シアン化水銀(Ⅱ)　148(04)
シアン化水素　148(05)
シアン化第二水銀　148(04)
シアン化銅(Ⅰ)　148(06)
シアン化銅(Ⅱ)　148(07)
シアン化ナトリウム　148(08)
シアン化鉛(Ⅱ)　148(09)
シアン化ニッケル(Ⅱ)　148(10)
シアン化t-ブチル　262(03)
シアン化ベンジル　148(11)

シアン酢酸　144(13)
シアン酸カリウム　148(12)
シアン酸銀　32(09)
シアン酸水銀(Ⅱ)　150(01)
シアン酸ソーダ　150(02)
シアン酸第二水銀　150(01)
シアン酸ナトリウム　150(02)
ジイソアミルエーテル　152(01)
ジイソブチル　194(02)
ジイソブチルアミン　150(03)
ジイソブチルアルミニウム塩化物　150(04)
ジイソブチルアルミニウムクロリド　150(04)
ジイソブチルアルミニウム水素化物　150(05)
ジイソブチルアルミニウムハイドライド　150(05)
ジイソブチルケトン　194(03)
ジイソブチルヒドリドアルミニウム　150(05)
ジイソブチレン　150(06)
ジイソプロパノールアミン　150(07)
ジイソプロピル　192(03)
ジイソプロピルアミン　150(08)
N,N-ジイソプロピルエタノールアミン　150(09)
ジイソプロピルエーテル　150(10)
ジイソプロピルパーオキシジカーボネート　354(06)
ジイソプロピルメタノール　194(08)
ジイソペンチルエーテル　152(01)
ジエタノールアミン　152(02)
ジエチル亜鉛　152(03)
ジエチルアセタール　160(01)
N,N-ジエチルアセトアセトアミド　152(04)
ジエチルアセトアルデヒド　48(09)
N,N-ジエチルアニリン　152(05)
3-(ジエチルアミノ)プロピルアミン　152(06)
ジエチルアミン　152(07)
ジエチルアルシン　152(08)
ジエチルアルミニウムクロリド　106(03)
ジエチルアルミニウム水素化物　152(09)
N,N-ジエチルエチレンジアミン　152(10)
ジエチルエーテル　152(11)
ジエチルエーテル-三フッ化ホウ素(1/1)　152(12)
ジエチルカドミウム　154(01)
N,N'-ジエチルカルバニリド　154(03)
ジエチルカルバミルクロリド　154(02)
ジエチルカルビトール　156(04), 360(09)
ジエチルケトン　362(02)
1,3-ジエチル-1,3-ジフェニル尿素　154(03)
ジエチルスルフィド　412(05)
ジエチルスルホン　154(04)
ジエチルセレニド　154(05)
ジエチルテルリド　154(06)
N,N-ジエチルデカンアミド　154(07)
3,9-ジエチル-6-トリデカノール　154(08)
四エチル鉛　236(03)
ジエチルピロカルボナート　278(07)

索 引　439

N,N-ジエチル-1,3-プロパンジアミン　152(06)
2,2-ジエチル-1,3-プロパンジオール　154(09)
ジエチルベリリウム　154(10)
o-ジエチルベンゼン　154(11)
m-ジエチルベンゼン　154(12)
p-ジエチルベンゼン　154(13)
ジエチルホスファイト　26(07)
ジエチルホスフィン　154(14)
ジエチルマグネシウム　154(15)
N,N-ジエチルラウルアミド　154(07)
ジエチル硫酸　416(10)
ジエチレングリコール　156(01)
ジエチレングリコール＝クロロヒドリン　156(02)
ジエチレングリコール＝ジアセタート　156(03)
ジエチレングリコール＝ジエチルエーテル　156(04)
ジエチレングリコール＝ジブチルエーテル　156(05)
ジエチレングリコール＝ジベンゾアート　156(06)
ジエチレングリコール＝ジメチルエーテル　156(07)
ジエチレングリコール＝フタラート　156(08)
ジエチレングリコール＝ブチルエーテル＝アセタート　158(01)
ジエチレングリコール＝モノエチルエーテル　158(02)
ジエチレングリコール＝モノエチルエーテル＝アセタート　158(03)
ジエチレングリコール＝モノブチルエーテル　158(04)
ジエチレングリコール＝モノメチルエーテル　158(05)
ジエチレングリコールモノラウラート　158(06)
ジエチレングリコール＝ラウラート　158(06)
ジエチレンジオキシド　160(09)
ジエチレントリアミン　158(07)
1,1-ジエトキシエタン　160(01)
1,2-ジエトキシエタン　160(02)
四塩化ケイ素　238(02)
四塩化ゲルマニウム　64(09)
四塩化酸化レニウム(Ⅵ)　160(03)
四塩化ジルコニウム　66(06)
四塩化炭素　160(05)
四塩化チタン　68(09)
四塩化テルル　160(06)
四塩化鉛　70(04)
四塩化二ホウ素　160(07)
四塩化一リン　238(01)
1,2,4,5-四塩化ベンゼン　238(03)
四塩化四ホウ素　160(04)
1,3-ジオキサン　160(08)
1,4-ジオキサン　160(09)
1,3-ジオキソラン　160(10)
1,3-ジオキソラン-2-オン　224(13)
ジオクチルエーテル　160(11)
ジグリコールクロロヒドリン　156(02)
ジグリコールジアセタート　156(03)
ジグリコールラウラート　158(06)
ジグリム　156(07)

1,5-シクロオクタジエン　160(12)
シクロブタン　162(01)
シクロプロパン　162(02)
シクロヘキサノール　162(03)
シクロヘキサノン　162(04)
シクロヘキサノン＝オキシム　162(05)
シクロヘキサン　162(06)
1,4-シクロヘキサンジオール　162(07)
1,4-シクロヘキサンジカルボン酸　162(08)
1,4-シクロヘキサンジメタノール　162(09)
シクロヘキサンチオール　164(02)
2-(シクロヘキシルアミノ)エタノール　300(01)
シクロヘキシルアミン　162(10)
シクロヘキシル＝クロリド　106(05)
o-シクロヘキシルフェノール　162(11)
1-シクロヘキシルブタン　320(04)
2-シクロヘキシルブタン　320(05)
シクロヘキシルベンゼン　164(01)
シクロヘキシルメタン　380(11)
シクロヘキシルメルカプタン　164(02)
シクロヘキセン　164(03)
2-シクロヘキセン-1-オン　164(04)
シクロヘプタン　164(05)
シクロペンタジエン　164(06)
シクロペンタノール　164(07)
シクロペンタノン　164(08)
シクロペンタノンオキシム　164(09)
シクロペンタン　164(10)
シクロペンチルアミン　164(11)
1-シクロペンチルプロパン　338(09)
シクロペンテン　164(12)
2,4-ジクロロアニリン　164(13)
2,6-ジクロロアニリン　164(14)
3,4-ジクロロアニリン　164(15)
1,1-ジクロロエタン　166(01)
1,2-ジクロロエタン　166(02)
ジクロロエチルアラン　166(03)
ジクロロエチルアルミニウム　166(03)
2,2'-ジクロロエチルエーテル　296(06)
ジクロロエチルシラン　166(04)
ジクロロエチルボラン　166(05)
1,1-ジクロロエチレン　166(06)
1,2-ジクロロエチレン　166(07)
1,2-ジクロロエテン　166(07)
3,3'-ジクロロ-4,4'-ジアミノビフェニル　166(08)
ジクロロジエチル＝エーテル　296(06)
ジクロロジエチルシラン　166(09)
ジクロロジニトロメタン　166(10)
ジクロロ(ジフェニル)シラン　166(11)
ジクロロジフルオロメタン　168(01)
ジクロロジメチルシラン　168(02)
ジクロロシラン　168(03)
2,6-ジクロロスチレン　168(04)

1,2-ジクロロテトラメチルジシラン　168(05)
1,1-ジクロロ-1-ニトロエタン　168(06)
1,1-ジクロロ-1-ニトロプロパン　168(07)
ジクロロフェニルボラン　168(08)
2,4-ジクロロフェノール　168(09)
2,3-ジクロロブタジエン-1,3　168(10)
1,2-ジクロロブタン　168(11)
1,4-ジクロロブタン　168(12)
2,3-ジクロロブタン　168(13)
1,3-ジクロロ-2-ブテン　168(14)
3,4-ジクロロ-1-ブテン　168(15)
1,3-ジクロロ-2-プロパノール　170(01)
2,3-ジクロロ-1-プロパノール　170(02)
1,1-ジクロロプロパン　170(03)
1,2-ジクロロプロパン　170(04)
2,2-ジクロロプロパン　170(05)
1,3-ジクロロプロペン　170(06)
2,3-ジクロロプロペン　170(07)
3,3'-ジクロロベンジジン　166(08)
1,2-ジクロロベンゼン　170(08)
1,3-ジクロロベンゼン　170(09)
1,4-ジクロロベンゼン　170(10)
o-ジクロロベンゼン　170(08)
m-ジクロロベンゼン　170(09)
p-ジクロロベンゼン　170(10)
ジクロロペンタン　172(01)
1,5-ジクロロペンタン　172(02)
ジクロロメタン　172(03)
ジクロロ(メチル)アルシン　172(04)
sym-ジクロロメチル=エーテル　296(07)
ジクロロ(メチル)シラン　172(05)
ジケテン　172(06)
ジゲルマン　172(07)
ジ酢酸エチレングリコール　276(01)
四酸化オスミウム　128(06)
四酸化キセノン　172(08)
四酸化三鉄　134(06)
四酸化三鉛　134(05)
四酸化二窒素　172(09)
ジシアン　172(10)
ジシアンジアミド　144(12)
ジシクロヘキシル　296(05)
ジシクロヘキシルアミン　172(11)
ジシクロペンタジエン　172(12)
四臭化エタン　240(10)
四臭化酸化タングステン(Ⅵ)　174(01)
四臭化セレン　174(02)
四臭化炭素　174(03)
四臭化テルル　174(04)
ジシラン　174(05)
ジスルフリルクロリド　274(07)
ジチオエチレングリコール　42(13)
ジチオジグリコール酸　174(06)

ジチオ二酢酸　174(06)
ジデシルエーテル　174(10)
2,4-ジニトロアニリン　174(11)
2,4-ジニトロトルエン　174(12)
1,2-ジニトロベンゼン　176(01)
1,3-ジニトロベンゼン　176(02)
1,4-ジニトロベンゼン　176(03)
o-ジニトロベンゼン　176(01)
m-ジニトロベンゼン　176(02)
p-ジニトロベンゼン　176(03)
ジニトロメタン　176(04)
4,4'-ジヒドロキシジフェニルスルホン　298(01)
2,5-ジヒドロキシヘキサン　350(04)
2,3-ジヒドロピラン　176(05)
2,3-ジヒドロ-4H-ピラン　176(05)
1,2-ジヒドロピリダジン-3,6-ジオン　372(08)
ジビニルアセチレン　176(06)
ジビニルエーテル　176(07)
m-ジビニルベンゼン　176(08)
p-ジビニルベンゼン　176(09)
ジフェニル　304(02)
ジフェニルアミン　176(10)
1,1-ジフェニルエタン　176(11)
1,2-ジフェニルエタン　176(12)
ジフェニルエーテル　178(01)
1,2-ジフェニルエテン-cis　218(08)
1,2-ジフェニルエテン-trans　218(09)
ジフェニルケトン　178(02)
ジフェニルジアゼン　18(06)
ジフェニル水銀　178(03)
ジフェニルスルホキシド　178(04)
ジフェニルスルホン　178(05)
N,N'-ジフェニルチオ尿素　178(06)
N,N'-ジフェニル尿素　178(07)
sym-ジフェニル尿素　178(07)
1,1-ジフェニルブタン　178(08)
1,1-ジフェニルプロパン　178(09)
o-ジフェニルベンゼン　178(10)
m-ジフェニルベンゼン　178(11)
p-ジフェニルベンゼン　180(01)
1,1-ジフェニルペンタン　180(02)
ジフェニルホスフィン　180(03)
ジフェニルマグネシウム　180(04)
ジフェニルメタン　180(05)
ジフェニレンオキシド　186(01)
N,N-ジブチルアセトアミド　180(06)
N,N-ジブチルアニリン　180(07)
2-(ジブチルアミノ)エタノール　180(08)
1-(ジブチルアミノ)-2-プロパノール　180(11)
ジブチルアミン　150(03), 180(09)
ジ-s-ブチルアミン　180(10)
ジブチルイソプロパノールアミン　180(11)
N,N-ジブチルエタノールアミン　180(08)

索 引 *441*

ジブチルエーテル　180(12)
2,6-ジ-t-ブチル-p-クレゾール　182(01)
ジブチルヒドロキシトルエン　182(01)
2,5-ジ-t-ブチルヒドロキノン　180(13)
ジ-t-ブチルペルオキシド　90(01)
2,6-ジ-t-ブチル-4-メチルフェノール　182(01)
四フッ化硫黄　182(02)
四フッ化キセノン　182(03)
四フッ化ケイ素　182(04)
四フッ化酸化キセノン　182(05)
四フッ化セレン　182(06)
四フッ化炭素　182(07)
四フッ化二ホウ素　182(08)
四フッ化白金　328(01)
ジブトキシメタン　182(09)
ジフルオロアミン　182(10)
1,1-ジフルオロエタン　182(11)
1,1-ジフルオロエチレン　182(12)
1,1-ジフルオロエテン　182(12)
ジフルオロメタン　184(01)
ジプロピルアミン　184(02)
ジプロピルエーテル　184(03)
ジプロピルケトン　352(09)
ジ-n-プロピルパーオキシジカーボネート　354(07)
ジプロピレングリコール　184(04)
ジプロピレングリコール＝メチルエーテル　184(05)
ジプロピレングリコールモノメチルエーテル　184(05)
1,2-ジブロモエタン　184(06)
ジブロモメタン　184(07)
ジヘキシル　246(05)
ジヘキシルアミン　184(08)
ジヘキシルエーテル　184(09)
ジベンジルエーテル　184(10)
ジベンゾフラン　186(01)
ジペンチルアミン　186(02)
ジペンチルエーテル　186(03)
2,4-ジ-t-ペンチルフェノール　186(04)
ジペンテン　408(11)
四ホウ化炭素　186(05)
ジホスファン　186(06)
ジボラン(6)　186(07)
ジメチル亜鉛　186(08)
ジメチルアセチレン　322(13)
N,N-ジメチルアセトアミド　186(09)
2,3-ジメチルアニリン　96(07)
N,N-ジメチルアニリン　186(10)
2-(ジメチルアミノ)エタノール　188(01)
(ジメチルアミノ)トリメチルシラン　188(02)
3-(ジメチルアミノ)プロピオノニトリル　188(03)
3-(ジメチルアミノ)プロピルアミン　188(04)
ジメチルアミン　188(05)
ジメチルアルシン　188(06)
ジメチルアルミニウムクロリド　108(01), 188(07)

N,N-ジメチルイソプロパノールアミン　188(08)
1,3-ジメチル-2-イミダゾリジノン　188(09)
N,N-ジメチルエチルアミン　46(04)
ジメチルエーテル　188(10)
4,4-ジメチルオクタン　188(11)
ジメチルカドミウム　190(01)
ジメチルカーボネート　226(02)
ジメチルグリオキサール　144(07)
ジメチルグリコール＝フタラート　314(09)
ジメチルクロロアセタール　190(02)
ジメチルケテン　190(03)
ジメチルジアゼン　18(08)
ジメチルシアナミド　190(04)
2,6-ジメチル-1,4-ジオキサン　190(05)
1,2-ジメチルシクロヘキサン　190(06)
1,4-ジメチルシクロヘキサン　190(07)
ジメチルジクロロシラン　168(02)
ジメチル水銀　190(08)
ジメチルスルフィド　412(06)
ジメチルスルホキシド　190(09)
ジメチルセレニド　222(05)
ジメチルテレフタレート　246(01)
四メチル鉛　242(06)
N,N-ジメチルヒドラジン　190(10)
1,1-ジメチルヒドラジン　190(10)
2,5-ジメチルピラジン　190(11)
ジメチルフェニルホスフィン　192(01)
2,2-ジメチルブタン　192(02)
2,3-ジメチルブタン　192(03)
1,3-ジメチルブチルアミン　192(04)
2,3-ジメチル-1-ブテン　192(05)
2,3-ジメチル-2-ブテン　192(06)
2,5-ジメチルフラン　192(07)
2,2-ジメチルプロパノイル＝クロリド　72(01)
2,2-ジメチル-1-プロパノール　192(08)
1,1-ジメチルプロパノール　360(10)
2,2-ジメチルプロパン　292(01)
2,2-ジメチルプロパン酸　262(11)
2,2-ジメチル-1,3-プロパンジオール　192(09)
1,1-ジメチルプロピルアミン　192(10)
1,2-ジメチルプロピルアミン　192(11)
2,2-ジメチルプロピルアミン　192(12)
N,N-ジメチルプロピルアミン　194(01)
2,5-ジメチルヘキサン　194(02)
2,6-ジメチル-4-ヘプタノン　194(03)
3,3-ジメチルヘプタン　194(04)
1,1-ジメチルヘプタンチオール　292(07)
ジメチルベリリウム　194(05)
α,α-ジメチルベンジル＝ヒドロペルオキシド　194(06)
1,2-ジメチルベンゼン　96(08)
1,3-ジメチルベンゼン　96(09)
1,4-ジメチルベンゼン　96(10)
2,3-ジメチルペンタナール　194(07)

2,4-ジメチル-3-ペンタノール 194(08)
2,3-ジメチルペンタン 194(09)
2,4-ジメチルペンタン 194(10)
2,3-ジメチルペントアルデヒド 194(07)
ジメチルホスフィン 194(11)
N,N-ジメチルホルムアミド 194(12)
2,6-ジメチルモルホリン 196(01)
ジメチル硫酸 416(11)
2,5-ジメトキシアニリン 196(02)
1,2-ジメトキシエタン 54(05)
2,5-ジメトキシクロロベンゼン 196(03)
ジメトキシメタン 370(06)
o-シメン 196(04)
m-シメン 196(05)
p-シメン 196(06)
重亜硫酸ソーダ 304(11)
重亜硫酸ナトリウム 304(11)
臭化アセチル 196(07)
臭化アミル 200(05)
臭化t-アミル 344(03)
臭化アリル 196(08)
臭化アルミニウム 140(02)
臭化アンモニウム 196(09)
臭化イソブチル 196(10)
臭化イソプロピル 196(11)
臭化インジウム 196(12)
臭化エチル 198(01)
臭化カルシウム 198(02)
臭化クロチル 342(10)
臭化-1-クロチル 342(10)
臭化コバルト(Ⅱ) 198(03)
臭化酢酸 340(09)
臭化シアノゲン 340(11)
臭化シアン 340(11)
臭化ジルコニウム(Ⅱ) 276(10)
臭化水銀(Ⅱ) 198(04)
臭化水素 198(05)
臭化水素酸 198(05)
臭化スルフィニル 198(06)
臭化セレニニル 198(07)
臭化チオニル 198(06)
臭化チタン(Ⅱ) 278(01)
臭化鉄(Ⅱ) 198(08)
臭化鉄(Ⅲ) 198(09)
臭化テルル(Ⅳ) 174(04)
臭化銅(Ⅱ) 198(10)
臭化ドデシル 200(08)
臭化ビニル 198(11)
臭化フェニル 342(13)
臭化ブチル 198(12)
臭化s-ブチル 200(01)
臭化t-ブチル 200(02)
臭化プロパルギル 342(12)

臭化2-プロピニル 342(12)
臭化プロピル 200(03)
臭化ベンジル 200(04)
臭化ペンチル 200(05)
臭化t-ペンチル 344(03)
臭化ホウ素 140(04)
臭化メチル 200(06)
臭化メチレン 184(07)
臭化ヨウ素 200(07)
臭化ラウリル 200(08)
臭化リン 140(05)
重クロム酸アンモニウム 200(09)
重クロム酸カリウム 202(01)
重クロム酸ナトリウム 202(02)
シュウ酸 202(03)
十酸化四リン 202(04)
シュウ酸銀 202(05)
シュウ酸ジアミル 202(08)
シュウ酸ジエチル 202(06)
シュウ酸ジブチル 202(07)
シュウ酸ジペンチル 202(08)
シュウ酸ジメチル 202(09)
シュウ酸水銀(Ⅱ) 202(10)
シュウ酸第二水銀 202(10)
シュウ酸鉄(Ⅲ) 202(11)
シュウ酸銅(Ⅰ) 202(12)
重水 130(07)
重水素 204(01)
臭素 204(02)
重曹 226(03)
臭素酸 204(03)
臭素酸亜鉛 204(04)
臭素酸アンモニウム 204(05)
臭素酸カリウム 204(06)
臭素酸銀(Ⅰ) 204(07)
臭素酸水銀(Ⅰ) 204(08)
臭素酸水銀(Ⅱ) 204(09)
臭素酸第一水銀 204(08)
臭素酸第二水銀 204(09)
臭素酸ナトリウム 204(10)
臭素酸鉛(Ⅱ) 204(11)
臭素酸バリウム一水和物 204(12)
重炭酸ナトリウム 226(03)
重フッ化アンモニウム 42(02)
十硫化四リン 204(13)
重硫酸ナトリウム 416(12)
酒石酸 204(14)
酒石酸ジエチル 206(01)
酒石酸ジメチル 206(02)
酒石酸水素カリウム 206(03)
ジュレン 242(10)
四ヨウ化炭素 206(04)
四ヨウ化チタン 402(02)

索 引　*443*

四ヨウ化二リン　244(04)
昇汞　66(07)
硝酸　206(05)
硝酸亜鉛六水和物　206(06)
硝酸アセチル　206(07)
硝酸アミド　206(08)
硝酸アミル　210(10)
硝酸アンモニウム　206(09)
硝酸イソオクチル　206(10)
硝酸イソプロピル　206(11)
硝酸ウラニル六水和物　206(12)
硝酸ウロニウム　210(04)
硝酸エチル　206(13)
硝酸カリウム　208(01)
硝酸カルシウム　208(02)
硝酸銀(Ⅰ)　208(03)
硝酸クロミル　208(04)
硝酸コバルト(Ⅱ)六水和物　208(05)
硝酸水銀(Ⅱ)　208(07)
硝酸水銀(Ⅰ)二水和物　208(06)
硝酸スズ(Ⅱ)　208(08)
硝酸セシウム　208(09)
硝酸セリウム(Ⅳ)アンモニウム　208(10)
硝酸第一水銀二水和物　208(06)
硝酸第二水銀　208(07)
硝酸第二銅　208(13)
硝酸第二銅三水和物　208(13)
硝酸タリウム(Ⅲ)　208(11)
硝酸鉄(Ⅲ)九水和物　208(12)
硝酸銅(Ⅱ)三水和物　208(13)
硝酸ナトリウム　210(01)
硝酸鉛(Ⅱ)　210(02)
硝酸二アンモニウムセリウム　208(10)
硝酸ニッケル(Ⅱ)六水和物　210(03)
硝酸尿素　210(04)
硝酸バリウム　210(05)
硝酸ヒドロキシルアミン　210(06)
硝酸ヒドロキシルアンモニウム　210(06)
硝酸ブチル　210(07)
硝酸プルトニウム(Ⅳ)　210(08)
硝酸プロピル　210(09)
硝酸ペンチル　210(10)
硝酸マグネシウム六水和物　210(11)
硝酸マンガン(Ⅱ)六水和物　210(12)
硝酸メチル　210(13)
硝酸リチウム　212(01)
消石灰　214(05)
硝曹　210(01)
ショ糖　218(05)
1,1-ジヨードエタン　212(02)
1,2-ジヨードエタン　212(03)
ジヨードメタン　212(04)
シラン　212(05)

シリカ　276(04)
シリカゲル　276(04)
四硫化二窒素　212(08)
四硫化四窒素　212(06)
四硫化四ヒ素　212(07)
四リン酸　212(09)
ジルコニア　130(08)
ジルコニウム　212(10)
辰砂　412(07)

ス

水銀　212(11)
水酸化亜鉛　214(01)
水酸化アルミニウム　214(02)
水酸化アンモニウム　214(03)
水酸化カリウム　214(04)
水酸化カルシウム　214(05)
水酸化ジルコニウム(Ⅳ)　214(06)
水酸化第一鉄　214(07)
水酸化鉄(Ⅱ)　214(07)
水酸化ナトリウム　214(08)
水酸化バリウム　214(09)
水酸化マグネシウム　214(10)
水酸化ルテニウム(Ⅲ)　214(11)
水素　214(12)
水素化アルミニウム　214(13)
水素化アルミニウムナトリウム　216(01)
水素化アルミニウムリチウム　216(02)
水素化アンチモン　218(07)
水素化ウラン(Ⅲ)　216(03)
水素化塩化ゲルマニウム　106(01)
水素化カドミウム　216(04)
水素化カリウム　216(05)
水素化カルシウム　216(06)
水素化ゲルマニウム　114(12), 172(07), 256(02)
水素化臭化ケイ素　342(03)
水素化ジルコニウム　216(07)
水素化セシウム　216(08)
水素化セリウム(Ⅱ)　278(04)
水素化チタン(Ⅱ)　216(09)
水素化銅(Ⅰ)　216(10)
水素化ナトリウム　216(11)
水素化バリウム　216(12)
水素化プルトニウム(Ⅲ)　216(13)
水素化ベリリウム　218(01)
水素化ホウ素アルミニウム　240(02)
水素化ホウ素ナトリウム　240(03)
水素化ホウ素リチウム　240(04)
水素化マグネシウム　218(02)
水素化リチウム　218(03)
水素化ルビジウム　218(04)
スクシノジニトリル　316(05)
スクシノニトリル　316(05)

スクロース 218(05)
スズ 218(06)
スチビン 218(07)
スチフニン酸 258(04)
スチラリルアルコール 306(07)
スチルベン-cis 218(08)
スチルベン-trans 218(09)
スチレン 218(10)
スチレンオキシド 218(11)
ステアリルアミド 220(02)
ステアリルアルコール 78(04)
ステアリン酸 218(12)
ステアリン酸亜鉛 220(01)
ステアリン酸アミド 220(02)
ステアリン酸アミル 220(06)
ステアリン酸アルミニウム 220(03)
ステアリン酸カルシウム 220(04)
ステアリン酸ブチル 220(05)
ステアリン酸ペンチル 220(06)
ステアリン酸メチル 220(07)
ストロンチウム 220(08)
スベロン 164(08)
スルファニル酸 24(05)
スルファミン酸 20(09)
スルファミン酸アンモニウム 22(01)
スルホラン 220(09)

セ

青化亜鉛 146(09)
青化水素 148(05)
青酸 148(05)
青酸カリ 146(11)
青酸ソーダ 148(08)
生石灰 128(09)
石炭酸 310(07)
赤リン 418(10)
セシウム 220(10)
セシウムアミド 220(11)
セスキ硫化リン 142(05)
セタン 346(04)
セチルアルコール 346(03)
石灰窒素 94(07)
石こう 416(07)
ゼノン 96(11)
セバシン酸 220(12)
セバシン酸ジブチル 220(13)
セバシン酸ジメチル 222(01)
セリウム 222(02)
セレニウム 222(03)
セレン 222(03)
セレン化カドミウム 222(04)
セレン化ジメチル 222(05)
セレン化水素 222(06)

セレン化セシウム 222(07)
セロソルブ 54(09)
セロソルブアセタート 56(01)

ソ

ソーダ灰 226(06)
ソルビンアルデヒド 344(11)

タ

第三リン酸ナトリウム 422(01)
タリウム 224(01)
炭化アルミニウム 224(02)
炭化ウラン 224(03)
炭化カリウム 12(03)
炭化カルシウム 12(04)
炭化金 12(05)
炭化銀 12(01), 12(06)
炭化ジルコニウム 224(04)
炭化水銀(Ⅱ) 12(07)
炭化ストロンチウム 12(08)
炭化セシウム 12(09)
炭化タングステン 224(05)
炭化チタン 224(06)
炭化銅(Ⅰ) 14(01)
炭化銅(Ⅱ) 14(02)
炭化トリウム 224(07)
炭化ナトリウム 14(03)
炭化二タングステン 224(08)
炭化ハフニウム 224(09)
炭化バリウム 14(04)
炭化ホウ素 186(05)
炭化ランタン 224(10)
炭化リチウム 14(05)
炭化ルビジウム 14(06)
タングステン 224(11)
タングステン酸ナトリウム二水和物 224(12)
炭酸エチレン 224(13)
炭酸カリウム 224(14)
炭酸カルシウム 224(15)
炭酸ジエチル 226(01)
炭酸ジメチル 226(02)
炭酸水素ナトリウム 226(03)
炭酸ストロンチウム 226(04)
炭酸トリクロロメチル 226(05)
炭酸ナトリウム 226(06)
炭酸鉛(Ⅱ) 226(07)
炭酸鉛-水酸化鉛 296(08)
炭酸ニッケル 226(08)
炭酸バリウム 226(09)
炭酸マグネシウム 226(10)
炭酸リチウム 226(11)
炭素 226(12)

チ

チアゾール　226(13)
2-チアゾールアミン　228(01)
チイラン　228(02)
チオカルバニリド　178(06)
1,4-チオキサン　76(14)
チオグリコール酸　228(03)
o-チオクレゾール　268(10)
m-チオクレゾール　270(01)
p-チオクレゾール　270(02)
チオシアン　228(04)
チオシアン酸アンモニウム　228(05)
チオシアン酸カリウム　228(06)
チオシアン酸水銀(Ⅱ)　228(07)
チオシアン酸第二水銀　228(07)
チオシアン酸銅(Ⅰ)　228(08)
チオシアン酸ナトリウム　228(09)
チオシアン酸鉛(Ⅱ)　228(10)
チオシアン酸バリウム　228(11)
チオシアン酸リチウム　228(12)
チオシアン銅(Ⅰ)　228(08)
2,2'-チオジエタノール　230(01)
チオジエチレングリコール　230(01)
チオトレン　382(05)
チオ尿素　230(02)
チオフェノール　358(05)
チオフェン　230(03)
チオラン　238(10)
チオラン=1,1-ジオキシド　220(09)
チオ硫酸アンモニウム　230(04)
チオ硫酸ナトリウム五水和物　230(05)
チタン　230(06)
チタン酸バリウム　230(07)
チタンブトキシド　230(08)
窒化ウラン(Ⅲ)　230(09)
窒化カドミウム(Ⅱ)　230(10)
窒化カリウム　230(11)
窒化カルシウム　230(12)
窒化銀　232(01)
窒化クロム　230(13)
窒化三銀　232(01)
窒化ジルコニウム　232(02)
窒化水銀(Ⅱ)　232(03)
窒化セリウム　232(04)
窒化銅(Ⅰ)　232(05)
窒化ナトリウム　232(06)
窒化鉛(Ⅱ)　232(07)
窒化バリウム　232(08)
窒化プルトニウム　232(09)
窒化ホウ素　232(10)
窒化マグネシウム　232(11)
窒化モリブデン　232(12)

窒化リチウム　232(13)
窒素　234(01)
超酸化カリウム　234(02)
超酸化ナトリウム　276(09)

テ

1-デカノール　234(03)
デカヒドロナフタレン　234(05)
デカボラン(14)　234(04)
デカリン　234(05)
デカン　234(06)
デカン酸　234(07)
デカン酸エチル　234(08)
デカン二酸　220(12)
デカン二酸ジブチル　220(13)
デシルアミン　234(09)
デシルアルコール　234(03)
デシルエーテル　174(10)
デシルベンゼン　234(10)
t-デシルメルカプタン　234(11)
1-デセン　234(12)
鉄　234(13)
鉄カルボニル　360(03)
鉄黒　134(06)
テトラエチルアンモニウム過塩素酸塩　236(01)
テトラエチルスズ　236(02)
テトラエチル鉛　236(03)
テトラエチレングリコール　236(04)
テトラエチレンペンタミン　236(05)
テトラエトキシシラン　236(06)
テトラエトキシメタン　236(07)
テトラカルボニルニッケル(0)　236(08)
1,1,2,2-テトラクロロエタン　236(09)
テトラクロロエチレン　236(10)
テトラクロロエテン　236(10)
テトラクロロジホスファン　238(01)
テトラクロロシラン　238(02)
1,2,4,5-テトラクロロベンゼン　238(03)
テトラクロロメタン　160(05)
テトラシアノエチレン　238(04)
テトラシアノエテン　238(04)
テトラゾール　238(05)
1-テトラデカノール　238(06)
テトラデカン　238(07)
テトラデカン酸　374(01)
テトラデシルアルコール　238(06)
t-テトラデシルメルカプタン　238(08)
テトラニトロメタン　238(09)
テトラヒドリドアルミン酸ナトリウム　216(01)
テトラヒドリドアルミン酸リチウム　216(02)
テトラヒドロ-1,4-オキサジン　398(03)
テトラヒドロチオフェン　238(10)
テトラヒドロチオフェン=1,1-ジオキシド　220(09)

1,2,3,4-テトラヒドロナフタレン　244(05)
テトラヒドロピラン　238(11)
テトラヒドロピロール　306(01)
テトラヒドロフラン　238(12)
テトラヒドロフルフリルアルコール　240(01)
テトラヒドロホウ酸アルミニウム　240(02)
テトラヒドロホウ酸ナトリウム　240(03)
テトラヒドロホウ酸リチウム　240(04)
テトラフェニルスズ　240(05)
テトラフェニル鉛　240(06)
テトラフェニルプルンバン　240(06)
テトラ-n-ブトキシチタン　230(08)
テトラフルオロエチレン　240(07)
テトラフルオロエテン　240(07)
テトラフルオロホウ酸　240(08)
テトラフルオロホウ酸銀(Ⅰ)　240(09)
テトラフルオロメタン　182(07)
1,1,2,2-テトラブロモエタン　240(10)
テトラブロモメタン　174(03)
テトラボラン(10)　240(11)
テトラメチルエチレン　192(06)
テトラメチルジアルシン　242(01)
テトラメチルジスチバン　242(02)
テトラメチルジスチビン　242(02)
テトラメチルジホスファンジスルフィド　242(03)
テトラメチルシラン　242(04)
テトラメチルスズ　242(05)
テトラメチル鉛　242(06)
1,1,3,3-テトラメチルブチルアミン　242(07)
1,2,3,4-テトラメチルベンゼン　242(08)
1,2,3,5-テトラメチルベンゼン　242(09)
1,2,4,5-テトラメチルベンゼン　242(10)
2,2,3,3-テトラメチルペンタン　242(11)
2,2,3,4-テトラメチルペンタン　242(12)
テトラメチレン　162(01)
テトラメチレングリコール　316(03)
テトラメトキシシラン　244(01)
1,1,3,3-テトラメトキシプロパン　244(02)
テトラメトキシメタン　244(03)
テトラヨードジホスファン　244(04)
テトラヨードメタン　206(04)
テトラリン　244(05)
テトリル　244(06)
デュウテリウム　204(01)
o-テルフェニル　178(10)
m-テルフェニル　178(11)
p-テルフェニル　180(01)
テルル　244(07)
テルル化ジエチル　154(06)
テルル化水素　244(08)
テルル化マンガン(Ⅱ)　244(09)
テレフタル酸　244(10)
テレフタル酸ジエチル　244(11)

テレフタル酸ジメチル　246(01)
テレフタロイル＝クロリド　246(02)

ト

銅　246(03)
銅(Ⅰ)アセチリド　14(01)
冬緑油　126(03)
トシル酸　268(07)
1-ドデカノール　246(04)
ドデカン　246(05)
ドデカン酸　406(04)
1-ドデカンチオール　246(06)
ドデシルアルコール　246(04)
p-ドデシルフェノール　246(07)
ドデシルベンゼン　246(08)
n-ドデシルメルカプタン　246(06)
t-ドデシルメルカプタン　246(09)
3,6,9-トリアザウンデカン-1,11-ジアミン　236(05)
1,3,5-トリアジン-2,4,6-トリオール　144(10)
トリアセチン　246(10)
1,2,3-トリアゾール　248(01)
1,2,4-トリアゾール　248(02)
トリアミルアミン　248(03)
トリイソブチルアルミニウム　248(04)
トリイソプロパノールアミン　256(06)
トリイソプロピルホスフィン　248(05)
トリイソプロポキシボラン　366(03)
トリウム　248(06)
トリエタノールアミン　248(07)
トリエチルアミン　248(08)
トリエチルアルシン　248(09)
トリエチルアルミニウム　248(10)
トリエチルアンチモン　248(11)
トリエチルインジウム　248(12)
トリエチルガリウム　248(13)
トリエチルシラン　248(14)
トリエチルスチビン　248(11)
トリエチルビスマス　250(01)
トリエチルビスムタン　250(01)
トリエチルビスムチン　250(01)
1,2,4-トリエチルベンゼン　250(02)
トリエチルホスフィン　250(03)
トリエチルホスフェート　420(07)
トリエチルボラン　250(04)
トリエチレングリコール　250(05)
トリエチレングリコール＝エチルエーテル　250(06)
トリエチレングリコール＝ジアセタート　250(07)
トリエチレングリコール＝ジメチルエーテル　250(08)
トリエチレングリコール＝メチルエーテル＝アセタート　250(09)
トリエチレングリコール＝モノブチルエーテル　252(01)
トリエチレングリコール＝モノメチルエーテル　252

索 引 447

(02)
トリエチレンテトラミン 252(03)
トリエトキシシラン 252(04)
1,3,5-トリオキサン 252(05)
α-トリオキシメチレン 252(05)
トリグライム 250(08)
トリグリコール 250(05)
トリグリコールジクロリド 252(06)
トリグリシジルイソシアヌレート 256(04)
トリクロロアセトアルデヒド 252(07)
トリクロロ(アミル)シラン 254(12)
トリクロロ(アリル)シラン 252(08)
1,1,1-トリクロロエタン 252(09)
トリクロロ(エチル)シラン 252(10)
トリクロロエチレン 254(01)
トリクロロエテン 254(01)
トリクロロ酢酸 254(02)
トリクロロ(シクロヘキシル)シラン 254(03)
トリクロロシラン 254(04)
2,4,6-トリクロロ-1,3,5-トリアジン 66(02)
α,α,α-トリクロロトルエン 356(05)
トリクロロニトロメタン 110(04)
トリクロロ(ビニル)シラン 254(05)
トリクロロ(ブチル)シラン 254(06)
トリクロロフルオロメタン 254(07)
1,2,3-トリクロロプロパン 254(08)
トリクロロ(プロピル)シラン 254(09)
トリクロロ(ヘキサデシル)シラン 254(10)
1,2,4-トリクロロベンゼン 254(11)
トリクロロ(ペンチル)シラン 254(12)
トリクロロメタン 112(10)
トリクロロ(メチル)シラン 254(13)
トリクロロメラミン 256(01)
トリゲルマン 256(02)
トリシアノホスフィン 140(01)
トリシラン 256(03)
トリス(エポキシプロピル)イソシアヌレート 256(04)
トリス(2-ヒドロキシエチル)アミン 248(07)
トリス-(2-ヒドロキシエチル)イソシアヌレート 256(05)
トリス-(β-ヒドロキシエチル)-s-トリアジントリオン 256(05)
トリス(2-ヒドロキシプロピル)アミン 256(06)
1-トリデカノール 256(07)
2-トリデカノン 378(07)
トリデカン 256(08)
トリデシルアルコール 256(07)
2,4,6-トリニトロアニリン 256(09)
2,4,6-トリニトロ安息香酸 256(10)
2,4,6-トリニトロトルエン 258(01)
2,4,6-トリニトロフェノール 296(01)
1,3,5-トリニトロベンゼン 258(02)
2,4,6-トリニトロ-1,3-ベンゼンジオール 258(04)

トリニトロメタン 258(03)
2,4,6-トリニトロレソルシノール 258(04)
トリフェニルアルミニウム 258(05)
トリフェニルホスファイト 26(08)
トリフェニルホスフィン 258(06)
トリフェニルメタン 258(07)
トリブチリン 100(01)
トリブチルアミン 258(08)
トリブチルビスマス 258(09)
トリブチルホスフィン 258(10)
トリブチルホスフェート 420(10)
トリ-2-ブチルボラン 258(11)
1,1,1-トリフルオロエタン 258(12)
トリフルオロエチレン 258(13)
トリフルオロエテン 258(13)
トリフルオロ酢酸 260(01)
トリフルオロ酢酸エチル 260(02)
トリフルオロシラン 260(03)
α,α,α-トリフルオロトルエン 260(06)
トリフルオロニトロソメタン 260(04)
トリフルオロメタンスルホン酸 260(05)
(トリフルオロメチル)ベンゼン 260(06)
トリプロピオニン 100(02)
トリプロピルアミン 260(07)
トリプロピルアルミニウム 260(08)
トリプロピルボラン 260(09)
トリプロピレン 260(10)
トリプロピレングリコール 260(11)
トリプロピレングリコール=メチルエーテル 260(12)
トリブロモ酢酸 260(13)
トリブロモシラン 262(01)
トリブロモニトロメタン 262(02)
トリブロモメタン 344(02)
トリペンチルアミン 248(03)
トリホスゲン 226(05)
トリポリリン酸ソーダ 142(09)
トリメチルアセチル=クロリド 72(01)
トリメチルアセトニトリル 262(03)
トリメチルアミン 262(04)
トリメチルアミンオキシド 262(05)
トリメチルアルシン 262(06)
トリメチルアルミニウム 262(07)
トリメチルアンチモン 262(08)
トリメチルインジウム 262(09)
トリメチルエテン 388(07)
トリメチルガリウム 262(10)
トリメチルクロロシラン 108(05)
トリメチル酢酸 262(11)
3,3,5-トリメチル-1-シクロヘキサノール 262(12)
3,5,5-トリメチル-2-シクロヘキセン-1-オン 40(01)
トリメチルシリルアジド 8(01)
トリメチルシリルシアニド 146(02)
トリメチルシリルヨージド 402(04)

トリメチルスチビン　262(08)
トリメチルタリウム　262(13)
2,4,6-トリメチル-1,3,5-トリオキサン　294(05)
トリメチル(2-ヒドロキシエチル)アンモニウムクロリド　64(12)
2,2,3-トリメチルブタン　264(01)
2,3,3-トリメチル-1-ブテン　264(02)
3,5,5-トリメチル-1-ヘキサノール　264(03)
2,2,5-トリメチルヘキサン　264(04)
3,5,5-トリメチルヘキサン酸　264(05)
1,2,3-トリメチルベンゼン　264(06)
1,2,4-トリメチルベンゼン　264(07)
1,3,5-トリメチルベンゼン　264(08)
2,2,3-トリメチルペンタン　264(09)
2,2,4-トリメチルペンタン　264(10)
2,3,3-トリメチルペンタン　264(11)
2,2,4-トリメチル-1,3,-ペンタンジオール　264(12)
2,2,4-トリメチル-1,3-ペンタンジオールジイソブチレート　266(01)
2,4,4-トリメチルペンテン　150(06)
3,4,4-トリメチル-2-ペンテン　266(02)
トリメチルホスファイト　26(11)
トリメチルホスフィン　266(03)
トリメチルホスフェート　420(11)
トリメチルボラン　266(04)
トリメチレン　162(02)
トリメチレンイミン　10(06)
トリメチレンオキシド　78(01)
トリメチレングリコール　334(09)
トリメチレンジアミン　334(07)
トリメチロールプロパン　46(11)
トリメトキシメタン　266(05)
トリヨードメタン　404(12)
2,4-トリレンジイソシアネート　268(04)
o-トルアルデヒド　266(06)
m-トルアルデヒド　266(07)
p-トルアルデヒド　266(08)
o-トルイジン　266(09)
m-トルイジン　266(10)
p-トルイジン　266(11)
o-トルイル酸　266(12)
m-トルイル酸　268(01)
p-トルイル酸　268(02)
トルエン　268(03)
o-トルエンカルボン酸　266(12)
m-トルエンカルボン酸　268(01)
p-トルエンカルボン酸　268(02)
トルエン-2,4-ジイソシアナート　268(04)
2,5-トルエンジオール　268(05)
p-トルエンスルホニルクロライド　268(06)
p-トルエンスルホニルクロリド　268(06)
p-トルエンスルホン酸　268(07)
4-トルエンスルホン酸　268(07)
p-トルエンスルホン酸エチル　268(08)
p-トルエンスルホン酸メチル　268(09)
o-トルエンチオール　268(10)
m-トルエンチオール　270(01)
p-トルエンチオール　270(02)
α-トルエンチオール　356(10)
トルヒドロキノン　268(05)
トロチル　258(01)

ナ

ナトリウム　272(01)
ナトリウムアミド　272(02)
ナトリウムイソプロピラート　272(03)
ナトリウム＝イソプロポキシド　272(03)
ナトリウムエチラート　272(04)
ナトリウムエトキシド　272(04)
ナトリウムボロハイドライド　240(03)
ナトリウムメチラート　272(05)
ナトリウムメトキシド　272(05)
七酸化二硫黄　174(07)
七酸化二塩素　174(08)
七酸化二マンガン　136(11)
七フッ化ヨウ素　174(09)
七モリブデン酸六アンモニウム四水和物　398(01)
ナフタリン　272(06)
ナフタレン　272(06)
1-ナフタレンカルボン酸　272(09)
2-ナフタレンカルボン酸　272(10)
1-ナフチルアミン　272(07)
2-ナフチルアミン　272(08)
α-ナフチルアミン　272(07)
β-ナフチルアミン　272(08)
1-ナフトエ酸　272(09)
2-ナフトエ酸　272(10)
α-ナフトエ酸　272(09)
β-ナフトエ酸　272(10)
1-ナフトール　274(01)
2-ナフトール　274(02)
α-ナフトール　274(01)
β-ナフトール　274(02)
鉛　274(03)

ニ

ニアジ化カドミウム　4(11)
ニアジ化二水銀(Ⅰ)　6(01)
二塩化アジポイル　274(04)
二塩化硫黄　274(05)
二塩化イソプロピリデン　170(05)
二塩化エチリデン　166(01)
二塩化エチレン　166(02)
二塩化カルボニル　366(10)
二塩化クロム　64(07)
二塩化五酸化二硫黄　274(07)

索引 449

二塩化酸化ジルコニウム八水和物　274(06)
二塩化ジスルフリル　274(07)
二塩化タングステン　68(02)
二塩化チタン　68(07)
二塩化鉛　70(03)
二塩化二硫黄　274(08)
二塩化二酸化クロム(Ⅵ)　64(06)
二塩化二セレン　274(09)
二塩化ビニリデン　166(06)
二塩化プロピリデン　170(03)
二塩化プロピレン　170(04)
二塩化プロペニレン　170(06)
二塩化メチレン　172(03)
二ギ酸エチレン　54(04)
二クロム酸アンモニウム　200(09)
二クロム酸カリウム　202(01)
二クロム酸ナトリウム　202(02)
二クロム酸二酸化ビスマス(Ⅲ)　102(08)
二ケイ化カルシウム　274(10)
ニコチン　274(11)
二酢酸エチレン　276(01)
二酸化硫黄　276(02)
二酸化イリジウム　128(03)
二酸化ウラン　128(04)
二酸化塩素　276(03)
二酸化オスミウム　128(05)
二酸化カリウム　234(02)
二酸化銀(Ⅲ)銀(Ⅰ)　130(01)
二酸化ケイ素　276(04)
二酸化三炭素　276(05)
二酸化臭素　276(06)
二酸化スズ　132(01)
二酸化セレン　276(07)
二酸化炭素　276(08)
二酸化チタン　132(08)
二酸化窒素　172(09)
二酸化ナトリウム　276(09)
二酸化鉛　134(04)
二酸化ニッケル　134(10)
二酸化白金　136(01)
二酸化マンガン　136(10)
二(シアン)化酸化二水銀(Ⅱ)　148(03)
二臭化エチレン　184(06)
二臭化ジルコニウム　276(10)
二臭化チタン　278(01)
二臭化二硫黄　278(02)
二臭化メチレン　184(07)
二臭化硫化ケイ素　278(03)
二水素化ジルコニウム　216(07)
二水素化セリウム　278(04)
二水素化チタン　216(09)
二水素化トリウム　278(05)
二水素化マグネシウム　218(02)

二水素化ランタン　278(06)
二炭化二カリウム　12(03)
二炭化二ナトリウム　14(03)
二炭化ランタン　224(10)
二炭酸ジエチル　278(07)
二窒化三バリウム　232(08)
二窒化三マグネシウム　232(11)
ニッケル　278(08)
ニッケルカルボニル　236(08)
ニッケルテトラカルボニル　236(08)
2-ニトロアセトフェノン　278(09)
ニトロアセトン　278(10)
2-ニトロアニソール　278(11)
3-ニトロアニソール　278(12)
4-ニトロアニソール　278(13)
o-ニトロアニソール　278(11)
m-ニトロアニソール　278(12)
p-ニトロアニソール　278(13)
2-ニトロアニリン　280(01)
3-ニトロアニリン　280(02)
4-ニトロアニリン　280(03)
o-ニトロアニリン　280(01)
m-ニトロアニリン　280(02)
p-ニトロアニリン　280(03)
ニトロアミド　206(08)
ニトロアミン　206(08)
2-ニトロ安息香酸　280(04)
3-ニトロ安息香酸　280(05)
4-ニトロ安息香酸　280(06)
o-ニトロ安息香酸　280(04)
m-ニトロ安息香酸　280(05)
p-ニトロ安息香酸　280(06)
2-ニトロエタノール　280(07)
ニトロエタン　280(08)
β-ニトロエチルアルコール　280(07)
ニトログアニジン　280(09)
ニトログリセリン　280(10)
o-ニトロクロロベンゼン　110(02)
m-ニトロクロロベンゼン　280(11)
ニトロシクロヘキサン　282(01)
ニトロシル硫酸　416(13)
ニトロソグアニジン　282(02)
2-ニトロソフェノール　282(03)
4-ニトロソフェノール　282(04)
o-ニトロソフェノール　282(03)
p-ニトロソフェノール　282(04)
ニトロソベンゼン　282(05)
ニトロテレフタル酸　282(06)
2-ニトロ-p-トルイジン　282(07)
2-ニトロトルエン　282(08)
3-ニトロトルエン　282(09)
4-ニトロトルエン　282(10)
o-ニトロトルエン　282(08)

m-ニトロトルエン　282(09)
p-ニトロトルエン　282(10)
1-ニトロナフタレン　282(11)
ニトロ尿素　282(12)
2-ニトロビフェニル　282(13)
4-ニトロビフェニル　284(01)
p-ニトロフェニルアセタート　284(02)
4-ニトロフェニル酢酸　284(02)
2-ニトロフェノール　284(03)
3-ニトロフェノール　284(04)
4-ニトロフェノール　284(05)
o-ニトロフェノール　284(03)
m-ニトロフェノール　284(04)
p-ニトロフェノール　284(05)
t-ニトロブタン　382(10)
1-ニトロ-2-プロパノン　278(10)
1-ニトロプロパン　284(06)
2-ニトロプロパン　284(07)
ニトロブロモホルム　262(02)
2-ニトロベンジルアルコール　284(08)
3-ニトロベンジルアルコール　284(09)
4-ニトロベンジルアルコール　284(10)
o-ニトロベンジルアルコール　284(08)
m-ニトロベンジルアルコール　284(09)
p-ニトロベンジルアルコール　284(10)
2-ニトロベンジル＝クロリド　284(11)
3-ニトロベンジル＝クロリド　284(12)
4-ニトロベンジル＝クロリド　286(01)
o-ニトロベンジル＝クロリド　284(11)
m-ニトロベンジル＝クロリド　284(12)
p-ニトロベンジル＝クロリド　286(01)
2-ニトロベンジル＝ブロミド　286(02)
o-ニトロベンジル＝ブロミド　286(02)
2-ニトロベンズアルデヒド　286(03)
3-ニトロベンズアルデヒド　286(04)
4-ニトロベンズアルデヒド　286(05)
o-ニトロベンズアルデヒド　286(03)
m-ニトロベンズアルデヒド　286(04)
p-ニトロベンズアルデヒド　286(05)
ニトロベンゼン　286(06)
3-ニトロベンゼンスルホン酸　286(07)
m-ニトロベンゼンスルホン酸　286(07)
m-ニトロベンゼンスルホン酸ナトリウム　286(08)
p-ニトロベンゾイル＝クロリド　286(09)
2-ニトロベンゾニトリル　286(10)
3-ニトロベンゾニトリル　286(11)
4-ニトロベンゾニトリル　288(01)
o-ニトロベンゾニトリル　286(10)
m-ニトロベンゾニトリル　286(11)
p-ニトロベンゾニトリル　288(01)
ニトロホルム　258(03)
ニトロメシチレン　288(02)
ニトロメタン　288(03)

N-ニトロメチルアミン　288(04)
二フッ化エチリデン　182(11)
二フッ化カルボニル　288(05)
二フッ化キセノン　288(06)
二フッ化銀　324(08)
二フッ化クリプトン　288(07)
二フッ化酸化キセノン　288(08)
二フッ化酸素　288(09)
二フッ化鉛　326(09)
二フッ化二酸化キセノン　288(10)
二フッ化二酸素　288(11)
乳酸　288(12)
乳酸アミル　290(03)
乳酸イソプロピル　288(13)
乳酸エチル　290(01)
乳酸ブチル　290(02)
乳酸ペンチル　290(03)
乳酸メチル　290(04)
乳糖　408(04)
二ヨウ化エチリデン　212(02)
二ヨウ化エチレン　212(03)
二ヨウ化タングステン　400(12)
二ヨウ化チタン　402(01)
二ヨウ化メチレン　212(04)
尿素　290(05)
二硫化三炭素　290(06)
二硫化ジメチル　290(07)
二硫化水素　290(08)
二硫化炭素　290(09)
二硫化タンタル　414(02)
二硫化チタン　414(03)
二硫化鉄　290(10)
二硫化ナトリウム　290(11)
二硫化マンガン　414(11)
二硫化メチル　290(07)
二硫化モリブデン　414(12)
二硫化ルテニウム　416(01)
二リン化三亜鉛　418(11)
二リン化三カルシウム　420(01)
二リン化三マグネシウム　420(03)
二リン酸ナトリウム　306(03)

ネ

ネオヘキサン　192(02)
ネオペンタン　292(01)
ネオペンチルアミン　192(12)
ネオペンチルアルコール　192(08)
ネオペンチルグリコール　192(09)

ノ

ノナデカン　292(02)
1-ノナノール　292(05)
ノナン　292(03)

索 引 451

ノナン酸 292(04)
ノニルアルコール 264(03), 292(05)
ノニルベンゼン 292(06)
t-ノニルメルカプタン 292(07)
ノニレン 292(08)
ノネン 292(08)

ハ

ハイドロキノン 302(01)
ハイドロサルファイト 298(06)
ハイポ 230(05)
パークロロエチレン 236(10)
八塩化三ケイ素 78(03)
八酸化三ウラン 294(02)
八水素化三ケイ素 256(03)
白金 294(01)
バナジウム 294(03)
ハフニウム 294(04)
パラアルデヒド 294(05)
パラアルドール 294(06)
パラジウム 294(07)
パラホルム 294(08)
パラホルムアルデヒド 294(08)
パラミン 310(03)
バリウム 294(09)
パルミチン酸 294(10)
バレリアン酸 98(01)
バレルアルデヒド 294(11)
バレロニトリル 294(12)
δ-バレロラクタム 304(04)

ヒ

ピクラミド 256(09)
ピクリン酸 296(01)
ピクリン酸亜鉛 296(02)
ピクリン酸アンモニウム 296(03)
ピクリン酸カリウム 296(04)
2-ピコリン 386(01)
3-ピコリン 386(02)
4-ピコリン 386(03)
α-ピコリン 386(01)
β-ピコリン 386(02)
γ-ピコリン 386(03)
ビシクロヘキシル 296(05)
1,2-ビス(アセトキシエトキシ)エタン 250(07)
ビス(2-アミノエチル)アミン 158(07)
ビス(2-クロロエチル)=エーテル 296(06)
1,2-ビス(2-クロロエトキシ)エタン 252(06)
ビス(クロロメチル)エーテル 296(07)
ビス(炭酸)二水酸化三鉛(Ⅱ) 296(08)
ビス(2-ヒドロキシエチル)エーテル 156(01)
ビス(2-ヒドロキシエチル)=スルフィド 230(01)
N,N-ビス(2-ヒドロキシエチル)ブチルアミン 296(09)
ビス(4-ヒドロキシフェニル)スルホン 298(01)
2,2-ビス(4-ヒドロキシフェニル)プロパン 298(02)
ビスフェノールA 298(02)
ビスフェノールS 298(01)
ビス(2-プロペニル)エーテル 146(08)
ビスマス 298(03)
ビス(β-メチルプロピル)アミン 150(03)
ヒ素 298(04)
ヒドラジン 298(05)
ヒドラゾ酸 6(03)
ヒドロ亜硫酸ナトリウム 298(06)
ヒドロキシアセトニトリル 298(07)
ヒドロキシアセトン 298(08)
o-ヒドロキシ安息香酸 124(10)
α-ヒドロキシイソブチロニトリル 18(03)
ヒドロキシイミノエタン 16(04)
1-ヒドロキシイミノブタン 318(05)
2-ヒドロキシエチル=アセタート 122(06)
N-(2-ヒドロキシエチル)-1,2-エタンジアミン 298(09)
N-(2-ヒドロキシエチル)シクロヘキシルアミン 300(01)
N-(2-ヒドロキシエチル)ジメチルアミン 188(01)
1-(2-ヒドロキシエチル)ピペラジン 300(02)
N-(2-ヒドロキシエチル)モルホリン 300(03)
ヒドロキシ酢酸 300(04)
3-ヒドロキシ-2-ナフタレンカルボン酸 300(05)
3-ヒドロキシブタナール 28(03)
3-ヒドロキシプロピオニトリル 300(06)
2-ヒドロキシプロピオノトリル 408(05)
2-ヒドロキシプロピオン酸 288(12)
2-ヒドロキシプロピオン酸イソプロピル 288(13)
o-ヒドロキシベンズアルデヒド 124(09)
ヒドロキシベンゼン 310(07)
N-ヒドロキシベンゼンアミン 308(09)
N-ヒドロキシメチルアクリルアミド 300(07)
4-ヒドロキシ-4-メチル-2-ペンタノン 300(08)
3-ヒドロキシ酪酸メチル 300(09)
ヒドロキシルアミン 300(10)
ヒドロキノン 302(01)
ヒドロキノン=ジ(β-ヒドロキシエチル)=エーテル 302(02)
ヒドロキノン=モノメチルエーテル 394(05)
2-ヒドロペルオキシド-2-メチルプロパン 320(08)
ピナコリン 322(06)
ピナコロン 322(06)
ピナン 302(03)
ビニルアセチレン 302(04)
ビニルエチルアルコール 330(06)
ビニルエーテル 176(07)
ビニルオキシラン 60(05)
ビニルシクロヘキサン 302(05)
4-ビニルシクロヘキセン 302(06)
ビニルトリクロロシラン 254(05)

o-ビニルトルエン　382(01)
m-ビニルトルエン　382(02)
p-ビニルトルエン　382(03)
2-ビニルピリジン　302(07)
4-ビニルピリジン　302(08)
1-ビニルピロリドン　302(09)
N-ビニル-2-ピロリドン　302(09)
ビニルベンゼン　218(10)
ビニル＝2-メトキシエチル＝エーテル　302(10)
2-ピネン　302(11)
α-ピネン　302(11)
ピバル酸　262(11)
ピバル酸メチル　304(01)
ピバロニトリル　262(03)
2-ビフェニリルアミン　22(09)
4-ビフェニリルアミン　22(10)
ビフェニル　304(02)
2-ビフェニルアミン　22(09)
4-ビフェニルアミン　22(10)
ビフェニル-4,4'-ジアミン　356(04)
2-ピペコリン　384(06)
3-ピペコリン　384(07)
4-ピペコリン　384(08)
ピペラジン　304(03)
2-ピペリジノン　304(04)
ピペリジン　304(05)
2-ピペリドン　304(04)
ピペリレン　360(05)
ビベンジル　176(12)
ビベンゾイル　304(06)
ピメリクケトン　162(04)
氷酢酸　120(01)
ピラジン　304(07)
ピリジン　304(08)
ピリジンN-オキシド　304(09)
ピルビン酸　304(10)
ピロ亜硫酸ナトリウム　304(11)
ピロカテコール　90(08)
ピロブドウ酸　304(10)
ピロリジン　306(01)
2-ピロリドン　306(02)
α-ピロリドン　306(02)
ピロリン酸ソーダ　306(03)
ピロリン酸ナトリウム　306(03)
ピロール　306(04)

フ

フェナントリン　306(05)
フェナントレン　306(05)
フェニルアセチレン　44(01)
フェニルアセトアルデヒド　306(06)
フェニルアセトニトリル　148(11)
p-(フェニルアゾ)アニリン　22(05)

フェニルアニリン　176(10)
1-フェニルエタノール　306(07)
2-フェニルエタノール　306(08)
N-フェニルエタノールアミン　20(06)
1-フェニルエチルアミン　390(08)
フェニルエチルアルコール　306(08)
N-フェニル-N-エチルエタノールアミン　306(09)
フェニルエーテル　178(01)
フェニル銀　306(10)
フェニルグリオキサール　308(01)
フェニルクロリド　112(09)
フェニル酢酸　308(02)
フェニル酢酸イソブチル　308(03)
フェニル酢酸エチル　308(04)
フェニルサリシレート　124(11)
N-フェニルジエタノールアミン　308(05)
フェニルジエチルアミン　152(05)
フェニルシクロヘキサン　164(01)
フェニルスルホキシド　178(04)
フェニルスルホン　178(05)
フェニルセロソルブ　56(03)
5-フェニルテトラゾール　308(06)
C-フェニルテトラゾール　308(06)
1-フェニルデカン　246(08)
2-フェニルトルエン　384(04)
フェニルナトリウム　308(07)
1-フェニルノナン　292(06)
フェニルヒドラジン　308(08)
N-フェニルヒドロキシルアミン　308(09)
o-フェニルフェノール　308(10)
3-フェニル-1-プロパノール　308(11)
1-フェニル-1-プロパノン　336(04)
フェニルプロピルアルコール　308(11)
2-フェニルプロペン　382(04)
フェニルベンゼン　304(02)
フェニルホスフィン　308(12)
フェニルメタンチオール　356(10)
フェニルメチルケトン　16(11)
4-フェニルモルホリン　308(13)
N-フェニルモルホリン　308(13)
フェニルリチウム　308(14)
o-フェニレンジアミン　310(01)
m-フェニレンジアミン　310(02)
p-フェニレンジアミン　310(03)
o-フェネチジン　310(04)
p-フェネチジン　310(05)
フェネチルアルコール　306(08)
フェネトール　310(06)
2-フェノキシエタノール　56(03)
β-フェノキシエチルクロリド　110(05)
フェノール　310(07)
p-フェノールスルホン酸　310(08)
フェリシアン化カリウム　344(10)

索 引

フェロシアン化カリウム　344(09)
プソイドクメン　264(07)
1,2-ブタジエン　310(09)
1,3-ブタジエン　312(01)
ブタナール　318(04)
1-ブタノール　312(02)
2-ブタノール　312(03)
t-ブタノール　318(03)
2-ブタノン　52(01)
2-ブタノンオキシム　312(04)
フタルイミド　312(05)
フタル酸　312(06)
フタル酸ジアミル　314(07)
フタル酸ジアリル　312(07)
フタル酸ジイソオクチル　312(08)
フタル酸ジイソデシル　312(09)
フタル酸ジイソブチル　312(10)
フタル酸ジエチル　312(11)
p-フタル酸ジエチル　244(11)
フタル酸ジ(2-エチルブチル)　312(12)
フタル酸ジ(2-エチルヘキシル)　314(01)
フタル酸ジオクチル　314(01)
フタル酸ジカプリル　314(02)
フタル酸ジトリデシル　314(03)
フタル酸ジフェニル　314(04)
フタル酸ジブチル　314(05)
フタル酸ジブトキシエチル　314(06)
フタル酸ジ-2-プロペニル　312(07)
フタル酸ジペンチル　314(07)
フタル酸ジメチル　314(08)
p-フタル酸ジメチル　246(01)
フタル酸ジ(2-メトキシエチル)　314(09)
ブタン　314(10)
ブタン酸　406(06)
1,3-ブタンジアミン　314(11)
1,2-ブタンジオール　316(01)
1,3-ブタンジオール　316(02)
1,4-ブタンジオール　316(03)
2,3-ブタンジオール　316(04)
2,3-ブタンジオン　144(07)
1,4-ブタンジニトリル　316(05)
1-ブタンチオール　316(06)
2-ブタンチオール　316(07)
ブタンニトリル　322(10)
ブチラルドキシム　318(05)
ブチリン　100(01)
N-ブチルアセトアニリド　316(08)
N-ブチルアセトアミド　316(09)
N-ブチルアニリン　316(10)
ブチルアミン　316(11)
s-ブチルアミン　318(01)
t-ブチルアミン　318(02)
ブチルアルコール　312(02)

s-ブチルアルコール　312(03)
t-ブチルアルコール　318(03)
ブチルアルデヒド　318(04)
ブチルアルデヒドオキシム　318(05)
ブチルアルドール　318(06)
p-t-ブチル安息香酸　318(07)
N-ブチルウレタン　318(08)
N-ブチルエタノールアミン　318(09)
ブチル＝エチル＝エーテル　318(10)
t-ブチル＝エチル＝エーテル　318(11)
ブチル＝エチル＝ケトン　352(08)
ブチルエーテル　180(12)
2-ブチルオクタノール　318(12)
4-t-ブチルカテコール　320(01)
N-ブチルカルバミン酸エチル　318(08)
ブチルカルビトール　158(04)
t-ブチルカルビノール　192(08)
ブチルグリコールアセテート　56(06)
p-t-ブチル-o-クレゾール　320(02)
t-ブチルクロライド　72(05)
4-t-ブチル-2-クロロフェノール　320(03)
N-ブチルジエタノールアミン　296(09)
ブチルシクロヘキサン　320(04)
s-ブチルシクロヘキサン　320(05)
t-ブチルシクロヘキサン　320(06)
N-ブチルシクロヘキシルアミン　320(07)
ブチルセロソルブ　56(04)
t-ブチルセロソルブ　56(05)
ブチルトリグリコール　252(01)
t-ブチルハイドロパーオキサイド　320(08)
t-ブチルパーオキシアセテート　88(06)
t-ブチルパーオキシピバレート　90(10)
t-ブチルパーオキシベンゾエート　84(02)
t-ブチルヒドロペルオキシド　320(08)
ブチル＝ビニル＝エーテル　320(09)
ブチル＝フェニル＝エーテル　320(10)
4-t-ブチル-2-フェニルフェノール　320(11)
p-t-ブチルフェノール　320(12)
t-ブチルペルオキシド　90(01)
n-ブチルベンゼン　320(13)
s-ブチルベンゼン　322(01)
t-ブチルベンゼン　322(02)
N-t-ブチルホルムアミド　322(03)
ブチルメチルエーテル　322(04)
t-ブチル＝メチル＝エーテル　322(05)
ブチルメチルカルビノール　346(10)
ブチル＝メチル＝ケトン　346(11)
t-ブチル＝メチル＝ケトン　322(06)
sec-ブチルメチルケトン　392(02)
4-t-ブチル-2-メチルフェノール　320(02)
ブチルメルカプタン　316(06)
s-ブチルメルカプタン　316(07)
t-ブチルメルカプタン　390(02)

n-ブチルリチウム 322(07)
t-ブチルリチウム 322(08)
α-ブチレン 330(02)
β-ブチレン 330(04)
2,3-ブチレンオキシド 322(09)
α-ブチレングリコール 316(01)
β-ブチレングリコール 316(02)
ブチロニトリル 322(10)
γ-ブチロラクタム 306(02)
γ-ブチロラクトン 322(11)
ブチロン 352(09)
1-ブチン 322(12)
2-ブチン 322(13)
フッ化アンモニウム 324(01)
フッ化イリジウム(Ⅵ) 324(02)
フッ化ウラン(Ⅵ) 324(03)
フッ化エチル 324(04)
フッ化塩素 324(05)
フッ化オスミウム(Ⅵ) 324(06)
フッ化カルボニル 288(05)
フッ化キセノン 182(03)
フッ化銀(Ⅰ) 324(07)
フッ化銀(Ⅱ) 324(08)
フッ化クロム(Ⅴ) 324(09)
フッ化ケイ素 182(04)
フッ化ケイ素酸 114(08)
フッ化コバルト(Ⅲ) 324(10)
フッ化臭素 140(09)
フッ化臭素(Ⅰ) 324(11)
フッ化臭素(Ⅴ) 116(11)
フッ化水銀(Ⅰ) 324(12)
フッ化水素 326(01)
フッ化水素酸 326(01)
フッ化スズ(Ⅱ) 326(02)
フッ化スルフィニル 326(05)
フッ化セシウム 326(03)
フッ化セレン 182(06)
フッ化ソーダ 326(08)
フッ化第一水銀 324(12)
フッ化第一スズ 326(02)
フッ化第一鉛 326(09)
フッ化第二コバルト 324(10)
フッ化第二白金 328(01)
フッ化第二マンガン 328(08)
フッ化タングステン(Ⅵ) 326(04)
フッ化チオニル 326(05)
フッ化チオホスホリル 326(06)
フッ化窒素 140(10)
フッ化テトラブチルアンモニウム 326(07)
フッ化ナトリウム 326(08)
フッ化鉛(Ⅱ) 326(09)
フッ化ニトロイル 326(10)
フッ化ニトロシル 326(11)

フッ化白金(Ⅳ) 328(01)
フッ化白金(Ⅵ) 328(02)
フッ化パラジウム(Ⅳ) 328(03)
フッ化ビスマス(Ⅴ) 116(12)
フッ化ヒ素(Ⅴ) 116(13)
フッ化ビニリデン 182(12)
フッ化ビニル 328(04)
フッ化プルトニウム(Ⅵ) 328(05)
フッ化ブロミル 328(06)
フッ化ベリリウム 328(07)
フッ化ホウ素 140(11)
フッ化ホウ素酸 240(08)
フッ化マンガン(Ⅲ) 328(08)
フッ化マンガン(Ⅳ) 328(09)
フッ化メチル 328(10)
フッ化メチレン 184(01)
フッ化モリブデン(Ⅵ) 328(11)
フッ化ヨウ素 174(09)
フッ化ヨウ素(Ⅴ) 118(01)
フッ化リン 142(01)
フッ化レニウム(Ⅵ) 328(12)
フッ素 330(01)
2-ブテナール 100(09)
1-ブテン 330(02)
cis-2-ブテン 330(03)
trans-2-ブテン 330(04)
1-ブテン-3-イン 302(04)
1-ブテンオキシド 60(04)
2-ブテン-1-オール 330(05)
3-ブテン-1-オール 330(06)
3-ブテン-2-オン 330(07)
2-ブテン酸 100(10)
2-ブテン-1,4-ジオール 330(08)
ブテンジオール 330(08)
2-ブテンニトリル 100(08)
ブドウ糖 100(03)
2-ブトキシエタノール 56(04)
2-t-ブトキシエタノール 56(05)
2-ブトキシエチル=エーテル 156(05)
2-(2-ブトキシエトキシ)エタノール 158(04)
ブトキシベンゼン 320(10)
ブトキシル 394(07)
フマル酸 330(09)
フマル酸ジエチル 330(10)
フマロニトリル 330(11)
フラン 330(12)
2-フルアルデヒド 332(11)
フルオロエタン 324(04)
フルオロエチレン 328(04)
フルオロスルホン酸エチル 332(06)
2-フルオロトルエン 332(01)
3-フルオロトルエン 332(02)
4-フルオロトルエン 332(03)

索 引 *455*

o-フルオロトルエン　332(01)
m-フルオロトルエン　332(02)
p-フルオロトルエン　332(03)
2-フルオロピリジン　332(04)
フルオロベンゼン　332(05)
フルオロメタン　328(10)
フルオロ硫酸エチル　332(06)
フルオロ硫酸塩素　332(07)
フルオロ硫酸フッ素　332(08)
フルオロリン酸　332(09)
プルトニウム　332(10)
フルフラール　332(11)
フルフリルアミン　332(12)
フルフリルアルコール　332(13)
プレニテン　242(08)
プロパギルアルコール　340(04)
プロパジエン　334(01)
プロパナール　336(08)
1-プロパノール　334(02)
2-プロパノール　334(03)
プロパノールアミン　334(04)
2-プロパノン　18(01)
プロパルギルブロマイド　342(12)
プロパン　334(05)
1-プロパンアミン　338(07)
2-プロパンアミン　36(09)
プロパン酸　336(09)
1,2-プロパンジアミン　334(06)
1,3-プロパンジアミン　334(07)
1,2-プロパンジオール　334(08)
1,3-プロパンジオール　334(09)
プロパンジニトリル　372(09)
1-プロパンチオール　336(01)
2-プロパンチオール　336(02)
プロパン二酸　372(10)
プロピオニトリル　336(03)
プロピオノニトリル　336(03)
プロピオフェノン　336(04)
β-プロピオラクトン　336(05)
プロピオルアルデヒド　336(06)
プロピオル酸　336(07)
プロピオンアルデヒド　336(08)
プロピオン酸　336(09)
プロピオン酸アミル　338(04)
プロピオン酸イソプロピル　336(10)
プロピオン酸エチル　336(11)
プロピオン酸クロライド　72(06)
プロピオン酸ビニル　338(01)
プロピオン酸ブチル　338(02)
プロピオン酸プロピル　338(03)
プロピオン酸ペンチル　338(04)
プロピオン酸無水物　338(05)
プロピオン酸メチル　338(06)

プロピナール　336(06)
3-プロピノール　340(04)
プロピルアミン　338(07)
プロピルアルコール　334(02)
プロピルエーテル　184(03)
プロピルシクロヘキサン　338(08)
プロピルシクロペンタン　338(09)
プロピルベンゼン　338(10)
プロピルメルカプタン　336(01)
プロピレン　338(11)
プロピレンイミン　338(12)
プロピレンオキシド　338(13)
プロピレンカーボネート　340(01)
プロピレンカルボナート　340(01)
プロピレングリコール　334(08)
プロピレングリコール＝メチルエーテル＝アセタート
　　340(02)
α-プロピレン＝クロロヒドリン　110(12)
β-プロピレン＝クロロヒドリン　112(01)
プロピレンジアミン　334(06)
プロピレントリマー　260(10)
プロピン　340(03)
2-プロピン-1-オール　340(04)
プロペナール　2(09)
プロペン　338(11)
プロペンアミド　2(08)
2-プロペン-1-オール　26(02)
2-プロペン-1-チオール　340(05)
プロペンニトリル　4(08)
ブロモアセチレン　340(06)
p-ブロモアニリン　340(07)
ブロモエタン　198(01)
ブロモ(エチル)マグネシウム　50(09)
ブロモエチレン　198(11)
ブロモエテン　198(11)
1-ブロモ-3-クロロプロパン　340(08)
ブロモ酢酸　340(09)
ブロモ酢酸エチル　340(10)
ブロモシアン　340(11)
4-ブロモジフェニル　342(01)
ブロモジボラン　342(02)
ブロモシラン　342(03)
1-ブロモデカン　200(08)
ブロモトリクロロメタン　342(04)
ブロモトリフルオロメタン　342(05)
o-ブロモトルエン　342(06)
m-ブロモトルエン　342(07)
p-ブロモトルエン　342(08)
ブロモピクリン　262(02)
m-ブロモピリジン　342(09)
1-ブロモブタン　198(12)
2-ブロモブタン　200(01)
1-ブロモ-2-ブテン　342(10)

4-ブロモ-1-ブテン　342(11)
1-ブロモプロパン　200(03)
2-ブロモプロパン　196(11)
3-ブロモプロピン　342(12)
3-ブロモプロペン　196(08)
ブロモベンゼン　342(13)
1-ブロモペンタン　200(05)
2-ブロモペンタン　344(01)
ブロモホルム　344(02)
ブロモメタン　200(06)
2-ブロモ-2-メチルブタン　344(03)
1-ブロモ-2-メチルプロパン　196(10)
2-ブロモ-2-メチルプロパン　200(02)
フロン11　254(07)
フロン12　168(01)
フロン22　106(09)

ヘ

ヘキサカルボニルクロム(0)　344(04)
ヘキサクロロエタン　344(05)
1,2,3,4,5,6-ヘキサクロロシクロヘキサン　344(06)
ヘキサクロロジシラン　344(07)
ヘキサクロロ-1,3-ブタジエン　344(08)
ヘキサシアノ鉄(Ⅱ)酸カリウム　344(09)
ヘキサシアノ鉄(Ⅲ)酸カリウム　344(10)
2,4-ヘキサジエナール　344(11)
1,3-ヘキサジエン　344(12)
1,4-ヘキサジエン　346(01)
1,5-ヘキサジエン　346(02)
1,5-ヘキサジエン-3-イン　176(06)
1-ヘキサデカノール　346(03)
ヘキサデカン　346(04)
ヘキサデカン酸　294(10)
1-ヘキサデカンチオール　346(05)
ヘキサデシルメルカプタン　346(05)
ヘキサデシレン-1　346(06)
1-ヘキサデセン　346(06)
ヘキサナール　346(07)
ヘキサニトラトセリウム(Ⅳ)酸二アンモニウム　208(10)
ヘキサニトロエタン　346(08)
1-ヘキサノール　346(09)
2-ヘキサノール　346(10)
2-ヘキサノン　346(11)
3-ヘキサノン　348(01)
ヘキサヒドロアニリン　162(10)
ヘキサヒドロキュメン　38(01)
ヘキサヒドロテレフタル酸　162(08)
ヘキサヒドロピリジン　304(05)
ヘキサヒドロベンゼン　162(06)
ヘキサフルオロケイ酸ナトリウム　348(02)
ヘキサフルオロプロピレン　348(03)
ヘキサフルオロプロペン　348(03)

ヘキサフルオロベンゼン　348(04)
ヘキサフルオロリン酸　348(05)
ヘキサフルオロリン酸水素　348(05)
ヘキサブロモエタン　348(06)
ヘキサボラン(10)　348(07)
ヘキサボラン(12)　348(08)
ヘキサミン　348(11)
ヘキサメチルジシラン　348(10)
ヘキサメチルタングステン　348(09)
ヘキサメチル二ケイ素　348(10)
ヘキサメチレン　162(06)
ヘキサメチレン＝グリコール　350(03)
ヘキサメチレンジアミン　350(01)
ヘキサメチレンテトラミン　348(11)
ヘキサリン　162(03)
ヘキサン　348(12)
ヘキサンアミン　350(07)
ヘキサン酸　92(02)
ヘキサン酸アリル　92(03)
ヘキサン酸エチル　92(04)
1,6-ヘキサンジアミン　350(01)
1,2-ヘキサンジオール　350(02)
1,6-ヘキサンジオール　350(03)
2,5-ヘキサンジオール　350(04)
2,5-ヘキサンジオン　16(09)
1,6-ヘキサンジニトリル　350(05)
1,2,6-ヘキサントリオール　350(06)
ヘキサン二酸　8(02)
6-ヘキサンラクタム　92(01)
ヘキシルアミン　184(08), 350(07)
ヘキシルアルコール　346(09)
s-ヘキシルアルコール　346(10)
n-ヘキシルアルデヒド　346(07)
ヘキシルエーテル　184(09)
ヘキシルグリコール　56(07)
ヘキシル＝メチル＝ケトン　78(09)
ヘキシレングリコール　350(02), 392(06)
1-ヘキシン　350(08)
2-ヘキシン　350(09)
3-ヘキシン　350(10)
cis-ヘキセノール　350(11)
1-ヘキセン　352(01)
2-ヘキセン　352(02)
3-ヘキセン-1-オール　350(11)
2-ヘキソキシエタノール　56(07)
ヘプタデカノール　154(08)
ヘプタナール　352(03)
1-ヘプタノール　352(04)
2-ヘプタノール　352(05)
3-ヘプタノール　352(06)
2-ヘプタノン　352(07)
3-ヘプタノン　352(08)
4-ヘプタノン　352(09)

索引 457

ヘプタン 352(10)	1,3-ベンゼンジオール 422(04)
ヘプタンアミン 352(12)	1,4-ベンゼンジカルボニル＝クロリド 246(02)
ヘプタン酸 352(11)	ベンゼン-m-ジカルボン酸 34(05)
ヘプチルアミン 352(12)	1,4-ベンゼンジカルボン酸 244(10)
ヘプチルアルコール 352(04)	ベンゼンスルフィニル＝クロリド 358(02)
ヘプチレン 264(02)	ベンゼンスルホニルクロライド 358(03)
ヘプチレン 354(02)	ベンゼンスルホニル＝クロリド 358(03)
2-ヘプチレン-trans 354(03)	ベンゼンセレニン酸 358(04)
3-ヘプチレン 354(04)	ベンゼンチオール 358(05)
1-ヘプチン 354(01)	2-ベンゾアジン 32(04)
ヘプテン 264(02)	ベンゾイミダゾール 358(06)
1-ヘプテン 354(02)	ベンゾイルアジド 6(11)
2-ヘプテン-trans 354(03)	ベンゾイル酢酸エチル 358(07)
3-ヘプテン 354(04)	ベンゾイルヒドラジン 358(11)
ヘミメリテン 264(06)	ベンゾイルペルオキシド 90(02)
ペラルゴン酸 292(04)	p-ベンゾキノン 358(08)
ベリリウム 354(05)	p-ベンゾキノン＝モノオキシム 282(04)
ペルオキシ安息香酸 84(01)	ベンゾグアナミン 146(06)
ペルオキシ酢酸 88(05)	ベンゾジアゾール 358(06)
ペルオキシ二炭酸ジイソプロピル 354(06)	ベンゾトリアゾール 358(09)
ペルオキシ二炭酸ジプロピル 354(07)	ベンゾトリクロリド 356(05)
ペルオキシ二硫酸 354(10)	ベンゾトリフルオリド 260(06)
ペルオキソ一硫酸 354(08)	ベンゾニトリル 358(10)
ペルオキソ一硫酸水素カリウム 354(09)	ベンゾヒドラジド 358(11)
ペルオキソ二炭酸ジイソプロピル 354(06)	3,4-ベンゾピリジン 32(04)
ペルオキソ二硫酸 354(10)	ベンゾフェノン 178(02)
ペルオキソ二硫酸アンモニウム 354(11)	ベンゾ[b]フラン 360(01)
ペルオキソ二硫酸カリウム 354(12)	ベンゾール 358(01)
ペルオキソ二硫酸ナトリウム 356(01)	ペンタエリスリトール 360(02)
ペルオキソホウ酸アンモニウム 356(02)	ペンタエリトリトール 360(02)
ペルオキソホウ酸ナトリウム 356(03)	ペンタカルボニル鉄(0) 360(03)
べんがら 132(10)	ペンタクロロエタン 360(04)
ベンジジン 356(04)	1,3-ペンタジエン 360(05)
ベンジリジン＝トリクロリド 356(05)	1,4-ペンタジエン 360(06)
ベンジルアミン 356(06)	ペンタナール 294(11)
ベンジルアルコール 356(07)	1-ペンタノール 360(07)
ベンジルエーテル 184(10)	2-ペンタノール 360(08)
2-ベンジルオキシエタノール 58(01)	3-ペンタノール 360(09)
ベンジルシアニド 148(11)	t-ペンタノール 360(10)
N-ベンジルジエチルアミン 356(08)	2-ペンタノン 362(01)
ベンジルセロソルブ 58(01)	3-ペンタノン 362(02)
ベンジル＝メチル－エーテル 356(09)	ペンタボラン(9) 362(03)
ベンジルメルカプタン 356(10)	ペンタボラン(11) 362(04)
ベンズアルデヒド 356(11)	ペンタメチルベンゼン 362(05)
ベンズアルデヒドオキシム 356(12)	ペンタメチレングリコール 362(10)
ベンズアルドキシム 356(12)	ペンタメチレンジアミン 362(09)
ベンズヒドラジド 358(11)	ペンタン 362(06)
ベンゼン 358(01)	1-ペンタンアミン 362(07)
ベンゼンアミン 20(07)	2-ペンタンアミン 362(08)
ベンゼンエタノール 306(08)	1,5-ペンタンジアミン 362(09)
ベンゼンカルボナール 356(11)	1,5-ペンタンジオール 362(10)
1,2-ベンゼンジオール 90(08)	2,4-ペンタンジオン 10(07)
1,4-ベンゼンジオール 302(01)	1-ペンタンチオール 362(11)

ペンタンチオール　388(01)
ペンタンニトリル　294(12)
p-t-ペンチルアニリン　364(01)
ペンチルアミン　362(07)
t-ペンチルアミン　364(02)
ペンチルアルコール　360(07)
t-ペンチルアルコール　364(03)
ペンチルエーテル　186(03)
ペンチルシクロヘキサン　364(04)
o-ペンチルフェノール　364(05)
p-t-ペンチルフェノール　364(06)
ペンチルベンゼン　364(07)
1-ペンチン　364(08)
2-ペンチン　364(09)
1-ペンテン　364(10)
2-ペンテン　364(11)

ホ

ホウ化二マグネシウム　366(01)
ホウ化マグネシウム　366(01)
ホウ酸　366(02)
ホウ酸エチル　366(04)
ホウ酸トリアミル　366(06)
ホウ酸トリイソプロピル　366(03)
ホウ酸トリエチル　366(04)
ホウ酸トリブチル　366(05)
ホウ酸トリペンチル　366(06)
ホウ酸トリメチル　366(07)
ホウ酸ナトリウム十水和物　366(08)
ホウ酸メチル　366(07)
ボウ硝　418(04)
ホウ水素化アルミニウム　240(02)
ホウ水素化ナトリウム　240(03)
ホウ水素化リチウム　240(04)
ホウ砂　366(08)
ホウ素　366(09)
ホウフッ化水素酸　240(08)
ホスゲン　366(10)
ホスフィン　368(01)
ホスフィン酸　368(02)
ホスフィン酸アンモニウム　368(03)
ホスフィン酸カリウム　368(04)
ホスフィン酸カルシウム　368(05)
ホスフィン酸鉄(Ⅲ)　368(06)
ホスフィン酸ナトリウム一水和物　368(07)
ホスフィン酸バリウム　368(08)
ホスフィン酸マグネシウム六水和物　368(09)
ホスフィン酸マンガン(Ⅱ)一水和物　368(10)
ホスホン酸　370(01)
ホスホン酸ジエチル　26(07)
ホスホン酸ジブチル　370(02)
ホスホン酸ジベンジル　370(03)
ホスホン酸トリフェニル　26(08)

ホスホン酸トリメチル　26(11)
ホスホン酸鉛(Ⅱ)　26(12)
ポリ(オキシメチレン)　294(08)
ポリ硫化水素　290(08)
ポリリン酸　212(09)
ホルムアミド　370(04)
ホルムアルデヒド　370(05)
ホルムアルデヒド＝ジメチルアセタール　370(06)

マ

マグネシア　136(08)
マグネシウム　372(01)
マレイミド　372(02)
マレイン酸ジアミル　372(06)
マレイン酸ジイソプロピル　372(03)
マレイン酸ジエチル　372(04)
マレイン酸ジブチル　372(05)
マレイン酸ジペンチル　372(06)
マレイン酸ジメチル　372(07)
マレイン酸ヒドラジド　372(08)
マロノニトリル　372(09)
マロン酸　372(10)
マロン酸ジイソプロピル　372(11)
マロン酸ジエチル　372(12)
マンガン　372(13)

ミ

密陀僧　134(03)
ミリスチルアルコール　238(06)
ミリスチン酸　374(01)

ム

無水イソ酪酸　40(05)
無水クロラール　252(07)
無水コハク酸　374(02)
無水酢酸　374(03)
無水1,2-シクロヘキサンジカルボン酸　374(04)
無水フタル酸　374(05)
無水プロピオン酸　338(05)
無水ヘキサヒドロフタル酸　374(04)
無水マレイン酸　374(06)
無水酪酸　408(02)
無水硫酸　138(06)
無水リン酸　116(05)

メ

メシチレン　264(08)
メタアルデヒド　294(06)
メタクリルアミド　374(07)
メタクリルアルデヒド　374(08)
メタクリル酸　374(09)
メタクリル酸エチル　374(10)
メタクリル酸-2-(ジメチルアミノ)エチル　374(11)

メタクリル酸ブチル 374(12)
メタクリル酸ヘキシル 374(13)
メタクリル酸メチル 376(01)
メタクリロニトリル 376(02)
メタクロレイン 374(08)
メタケイ酸ナトリウム 376(03)
メタニル酸 24(04)
メタノール 376(04)
メタリルクロライド 114(01)
メタン 376(05)
メタンアミン 378(04)
メタンスルホン酸 376(06)
メタンチオール 376(07)
メチラール 370(06)
N-メチル-N,2,4,6-テトラニトロアニリン 244(06)
2-メチルアクリル酸 374(09)
2-メチルアジリジン 338(12)
メチルアセチレン 340(03)
o-メチルアセトアニリド 376(08)
m-メチルアセトアニリド 376(09)
p-メチルアセトアニリド 378(01)
p-メチルアセトフェノン 378(02)
2-メチルアニリン 266(09)
3-メチルアニリン 266(10)
4-メチルアニリン 266(11)
2-メチルアミルアルコール 378(03)
メチルアミルアルコール 392(01)
メチルアミン 378(04)
メチルアリルアルコール 390(04)
メチルアルコール 376(04)
メチルアレン 310(09)
メチル=イソアミル=ケトン 378(06)
メチルイソブチルカルビノール 392(01)
メチルイソブチルケトン 36(03)
メチルイソプロピルケトン 386(09)
メチル=イソプロペニル=ケトン 378(05)
メチル=イソペンチル=ケトン 378(06)
メチル=ウンデシル=ケトン 378(07)
メチル=エチル=エーテル 50(10)
メチル=エチル=ケトン 52(01)
メチルエチルケトンオキシム 312(04)
メチル=エチル=スルフィド 410(04)
3-メチル-4-エチルヘキサン 52(04)
2-メチル-3-エチルペンタン 52(05)
メチルエーテル 188(10)
2-メチルオキシラン 338(13)
2-メチルオキソラン 382(06)
2-メチルオクタン 378(08)
3-メチルオクタン 378(09)
4-メチルオクタン 378(10)
メチルカリウム 380(01)
メチルカルビトール 158(05)
2-メチル吉草酸 392(04)

メチル銀 380(02)
メチルクロロエタノアート 396(12)
メチルクロロホルム 252(09)
o-メチルサリチル酸 20(04)
メチルシアニド 16(08)
N-メチルジエタノールアミン 380(03)
4-メチル-1,3-ジオキサン 380(04)
4-メチル-1,3-ジオキソラン-2-オン 340(01)
2-メチルシクロヘキサノール 380(05)
3-メチルシクロヘキサノール 380(06)
4-メチルシクロヘキサノール 380(07)
2-メチルシクロヘキサノン 380(08)
3-メチルシクロヘキサノン 380(09)
4-メチルシクロヘキサノン 380(10)
メチルシクロヘキサン 380(11)
4-メチル-1-シクロヘキセン 380(12)
1-メチル-1,3-シクロペンタジエン 380(13)
メチルシクロペンタン 380(14)
メチルジクロロシラン 172(05)
メチルシラン 380(15)
o-メチルスチレン 382(01)
m-メチルスチレン 382(02)
p-メチルスチレン 382(03)
α-メチルスチレン 382(04)
メチルスルホキシド 190(09)
メチルセロソルブ 58(02)
2-メチルチオフェン 382(05)
2-メチルテトラヒドロフラン 382(06)
メチル銅 382(07)
メチル(トリクロロ)シラン 254(13)
1-メチルナフタレン 382(08)
2-メチルナフタレン 382(09)
α-メチルナフタレン 382(08)
β-メチルナフタレン 382(09)
メチルニトロアミン 288(04)
2-メチル-2-ニトロプロパン 382(10)
2-メチルノナン 382(11)
メチル=ノニル=ケトン 42(08)
2-メチルバレリックアシド 392(04)
2-メチルバレルアルデヒド 384(01)
メチルヒドラジン 384(02)
メチルヒドロキノン 268(05)
メチル=ビニル=エーテル 384(03)
メチル=ビニル=ケトン 330(07)
2-メチルビフェニル 384(04)
o-メチルビフェニル 384(04)
1-メチルピペラジン 384(05)
N-メチルピペラジン 384(05)
1-メチルピペリジン 384(09)
2-メチルピペリジン 384(06)
3-メチルピペリジン 384(07)
4-メチルピペリジン 384(08)
N-メチルピペリジン 384(09)

2-メチルピラジン　384(10)
2-メチルピリジン　386(01)
3-メチルピリジン　386(02)
4-メチルピリジン　386(03)
1-メチルピロリジン　386(04)
N-メチルピロリジン　386(04)
1-メチル-2-ピロリドン　386(05)
N-メチル-2-ピロリドン　386(05)
1-メチルピロール　386(06)
N-メチルピロール　386(06)
メチル＝フェニル＝エーテル　20(05)
4-メチル-1,3-フェニレンジイソシアナート　268(04)
o-メチルフェノール　100(04)
m-メチルフェノール　100(05)
p-メチルフェノール　100(06)
2-メチル-1,3-ブタジエン　36(06)
2-メチルブタナール　386(07)
2-メチル-1-ブタノール　386(08)
2-メチル-2-ブタノール　364(03)
3-メチル-1-ブタノール　38(11)
3-メチル-2-ブタノン　386(09)
2-メチルブタン　38(09)
3-メチル-1-ブタンチオール　388(02)
3-メチル-2-ブタンチオール　388(01)
メチルブチノール　388(05)
N-メチルブチルアミン　388(03)
2-メチルブチルアルデヒド　386(07)
メチルt-ブチルエーテル　322(05)
3-メチル-1-ブチン　388(04)
2-メチル-3-ブチン-2-オール　388(05)
3-メチル-1-ブチン-3-オール　388(05)
2-メチル-1-ブテン　388(06)
2-メチル-2-ブテン　388(07)
3-メチル-1-ブテン　388(08)
2-メチル-1-ブテン-3-イン　388(09)
3-メチル-3-ブテン-2-オン　378(05)
2-メチルフラン　388(10)
3-メチルフラン　388(11)
2-メチルプロパナール　34(12)
2-メチルプロパノイル＝クロリド　62(05)
2-メチル-1-プロパノール　34(11)
2-メチル-2-プロパノール　318(03)
2-メチルプロパン　34(09)
2-メチル-1-プロパンチオール　390(01)
2-メチル-2-プロパンチオール　390(02)
2-メチルプロパンニトリル　36(05)
メチルプロピルアセチレン　350(09)
2-メチルプロピルアミン　34(10)
メチル＝プロピル＝エーテル　390(03)
メチル＝プロピル＝ケトン　362(01)
2-メチルプロペナール　374(08)
2-メチルプロペン　36(04)
2-メチル-2-プロペンアミド　374(07)

2-メチル-2-プロペン-1-オール　390(04)
2-メチル-1-プロペン-1-オン　190(03)
2-メチルプロペンニトリル　376(02)
メチルブロマイド　200(06)
2-メチルヘキサン　390(05)
3-メチルヘキサン　390(06)
2-メチルヘプタン　390(07)
α-メチルベンジルアミン　390(08)
α-メチルベンジルアルコール　306(07)
4-メチルベンジルクロライド　390(09)
4-メチルベンジル＝クロリド　390(09)
α-メチルベンジル＝ジメチルアミン　390(10)
o-メチルベンズアルデヒド　266(06)
m-メチルベンズアルデヒド　266(07)
p-メチルベンズアルデヒド　266(08)
メチルベンゼン　268(03)
2-メチル-1,3-ペンタジエン　390(11)
4-メチル-1,3-ペンタジエン　390(12)
2-メチルペンタナール　384(01)
2-メチル-1-ペンタノール　378(03)
4-メチル-2-ペンタノール　392(01)
4-メチル-2-ペンタノン　36(03)
2-メチル-3-ペンタノン　44(07)
3-メチル-2-ペンタノン　392(02)
2-メチルペンタン　38(08)
3-メチルペンタン　392(03)
2-メチルペンタン酸　392(04)
2-メチル-1,3-ペンタンジオール　392(05)
2-メチル-2,4-ペンタンジオール　392(06)
2-メチル-1-ペンテン　392(07)
2-メチル-2-ペンテン　392(08)
4-メチル-1-ペンテン　392(09)
cis-4-メチル-2-ペンテン　392(10)
メチルホスフィン　392(11)
N-メチルホルムアミド　392(12)
メチルメルカプタン　376(07)
4-メチルモルホリン　392(13)
N-メチルモルホリン　392(13)
メチルリチウム　394(01)
メチル硫酸　418(01)
メチレンコハク酸　40(07)
4,4'-メチレンジアニリン　394(02)
メチレンジブロマイド　184(07)
N-メチロールアクリルアミド　300(07)
2-メトキシアニリン　18(09)
3-メトキシアニリン　18(10)
4-メトキシアニリン　20(01)
o-メトキシ安息香酸　20(04)
2-メトキシエタノール　58(02)
メトキシエタン　50(10)
2-メトキシエチルアミン　394(03)
2-メトキシエチル＝エーテル　156(07)
メトキシエチレン　384(03)

索 引 461

2-(2-メトキシエトキシ)エタノール 158(05)
2-(2-(2-メトキシエトキシ)エトキシ)エタノール 252(02)
メトキシトリグリコール 252(02)
メトキシトリグリコール＝アセタート 250(09)
4-メトキシトルエン 100(07)
1-メトキシ-2-ビニルオキシエタン 302(10)
4-メトキシフェノール 394(05)
o-メトキシフェノール 394(04)
3-メトキシブタノール 394(06)
3-メトキシブチルアセテート 394(07)
1-メトキシプロパン 390(03)
3-メトキシ-1,2-プロパンジオール 394(08)
3-メトキシプロピオノニトリル 394(09)
3-メトキシプロピルアミン 394(10)
3-メトキシベンジルアミン 396(01)
4-メトキシベンジル＝クロリド 396(02)
2-メトキシベンズアルデヒド 20(02)
4-メトキシベンズアルデヒド 20(03)
メトキシベンゼン 20(05)
4-メトキシベンゾイル＝クロリド 396(03)
3-メトキシ-3-メチル-1-ブタノール 396(04)
3-メトキシ-3-メチルブチルアセテート 396(05)
メラミン 396(06)
2-メルカプトエタノール 396(07)
メルカプト酢酸 228(03)
β-メルカプトプロピオン酸 396(08)

モ

木精 376(04)
モノクロロ酢酸 396(09)
モノクロロ酢酸エチル 396(10)
モノクロロ酢酸クロライド 396(11)
モノクロロ酢酸メチル 396(12)
モノメチルヒドラジン 384(02)
モリブデン 396(13)
モリブデン酸アンモニウム四水和物 398(01)
モリブデン酸ナトリウム 398(02)
モルホリン 398(03)

ユ

油酸 82(03)

ヨ

ヨウ化亜鉛 400(01)
ヨウ化アリル 400(02)
ヨウ化アルミニウム 400(03)
ヨウ化アンモニウム 400(04)
ヨウ化イソブチル 400(05)
ヨウ化イソプロピル 400(06)
ヨウ化エチリデン 212(02)
ヨウ化エチル 400(07)
ヨウ化エチレン 212(03)
ヨウ化カリウム 400(08)
ヨウ化ジルコニウム(IV) 400(09)
ヨウ化水銀(II) 400(10)
ヨウ化水素 400(11)
ヨウ化第一鉄 402(03)
ヨウ化タングステン(II) 400(12)
ヨウ化チタン(II) 402(01)
ヨウ化チタン(IV) 402(02)
ヨウ化窒素 142(02)
ヨウ化鉄(II) 402(03)
ヨウ化トリメチルシラン 402(04)
ヨウ化ナトリウム 402(05)
ヨウ化ブチル 400(05), 402(06)
ヨウ化s-ブチル 402(07)
ヨウ化t-ブチル 402(08)
ヨウ化プロピル 402(09)
ヨウ化ペンチル 404(11)
ヨウ化ホウ素 142(03)
ヨウ化ホスホニウム 402(10)
ヨウ化メチル 402(11)
ヨウ化メチレン 212(04)
ヨウ化リン 142(04)
ヨウ素 402(12)
ヨウ素酸 404(01)
ヨウ素酸アンモニウム 404(02)
ヨウ素酸カリウム 404(03)
ヨウ素酸銀(I) 404(04)
ヨウ素酸ナトリウム 404(05)
ヨウ素酸バリウム 404(06)
ヨードエタン 400(07)
ヨードジボラン 404(07)
ヨードシルベンゼン 404(08)
ヨードソベンゼン 404(08)
ヨードトリメチルシラン 402(04)
4-ヨードトルエン 404(09)
p-ヨードトルエン 404(09)
1-ヨードブタン 402(06)
2-ヨードブタン 402(07)
1-ヨードプロパン 402(09)
2-ヨードプロパン 400(06)
3-ヨード-1-プロペン 400(02)
ヨードベンゼン 404(10)
1-ヨードペンタン 404(11)
ヨードホルム 404(12)
ヨードメタン 402(11)
1-ヨード-2-メチルプロパン 400(05)
2-ヨード-2-メチルプロパン 402(08)

ラ

雷コウ 406(03)
雷酸 406(01)
雷酸銀 406(02)
雷酸水銀(II) 406(03)

ラウリルアルコール 246(04)
ラウリルメルカプタン 246(06)
ラウリン酸 406(04)
ラウリン酸アミル 406(05)
ラウリン酸ペンチル 406(05)
ラウロイルペルオキシド 90(03)
酪酸 406(06)
酪酸アミル 406(07)
酪酸イソアミル 406(08)
酪酸イソブチル 406(09)
酪酸イソプロピル 406(10)
酪酸イソペンチル 406(08)
酪酸エチル 406(11)
酪酸ビニル 406(12)
酪酸ブチル 406(13)
酪酸プロピル 408(01)
酪酸ペンチル 406(07)
酪酸無水物 408(02)
酪酸メチル 408(03)
ラクトース 408(04)
ラクトニトリル 408(05)
ラドン 408(06)
ランタン 408(07)

リ

リサージ 134(03)
リチウム 408(08)
リチウムアミド 408(09)
α-リノレン酸 408(10)
リモネン 408(11)
硫安 416(06)
硫化アミル 412(03)
硫化アルミニウム 408(12)
硫化アンチモン(Ⅲ) 410(01)
硫化アンモニウム 410(02)
硫化ウラン(Ⅳ) 410(03)
硫化エチルメチル 410(04)
硫化カリウム 410(05)
硫化カルシウム 410(06)
硫化カルボニル 410(07)
硫化金(Ⅲ) 410(08)
硫化銀 410(09)
硫化クロム(Ⅱ) 410(10)
硫化ケイ素 410(11)
硫化ゲルマニウム(Ⅱ) 410(12)
硫化コバルト(Ⅱ) 412(01)
硫化サマリウム(Ⅱ) 412(02)
硫化ジアミル 412(03)
硫化ジアリル 412(04)
硫化ジエチル 412(05)
硫化ジペンチル 412(03)
硫化ジメチル 412(06)
硫化水銀(Ⅱ) 412(07)

硫化水素 412(08)
硫化スズ(Ⅱ) 412(09)
硫化スズ(Ⅳ) 412(10)
硫化ストロンチウム 414(01)
硫化第一コバルト 412(01)
硫化第一鉄 414(04)
硫化第二金 410(08)
硫化第二鉄 414(05)
硫化第二銅 414(06)
硫化炭素 290(06)
硫化タンタル(Ⅳ) 414(02)
硫化チタン(Ⅳ) 414(03)
硫化鉄 290(10)
硫化鉄(Ⅱ) 414(04)
硫化鉄(Ⅲ) 414(05)
硫化銅(Ⅱ) 414(06)
硫化ナトリウム 414(07)
硫化二カリウム 410(05)
硫化バリウム 414(08)
硫化ビスマス(Ⅲ) 414(09)
硫化ヒ素 142(07)
硫化マンガン(Ⅱ) 414(10)
硫化マンガン(Ⅳ) 414(11)
硫化メチル 412(06)
硫化モリブデン(Ⅳ) 414(12)
硫化リン(Ⅴ) 118(02)
硫化ルテニウム(Ⅳ) 416(01)
硫化レニウム(Ⅶ) 416(02)
硫酸 416(03)
硫酸亜鉛 416(04)
硫酸アルミニウム18水和物 416(05)
硫酸アンモニウム 416(06)
硫酸カルシウム 416(07)
硫酸クロム(Ⅱ)七水和物 416(08)
硫酸コバルト(Ⅱ)七水和物 416(09)
硫酸ジエチル 416(10)
硫酸ジメチル 416(11)
硫酸水素ナトリウム 416(12)
硫酸水素ニトロシル 416(13)
硫酸水素メチル 418(01)
硫酸第一鉄七水和物 418(02)
硫酸第二銅 418(03)
硫酸鉄(Ⅱ)七水和物 418(02)
硫酸銅(Ⅱ) 418(03)
硫酸ナトリウム 418(04)
硫酸鉛(Ⅱ) 418(05)
硫酸ニッケル七水和物 418(06)
硫酸バリウム 418(07)
硫酸マグネシウム 418(08)
硫酸マンガン(Ⅱ)七水和物 418(09)
リン 418(10)
リン化亜鉛 418(11)
リン化アルミニウム 418(12)

リン化カルシウム　420(01)
リン化水素　368(01)
リン化ホウ素　420(02)
リン化マグネシウム　420(03)
リン酸　420(04)
リン酸ジブチル　420(05)
リン酸トリイソブチル　420(06)
リン酸トリエチル　420(07)
リン酸トリ-o-クレシル　420(08)
リン酸トリ-o-トリル　420(08)
リン酸トリフェニル　420(09)
リン酸トリブチル　420(10)
リン酸トリメチル　420(11)
リン酸ナトリウム十二水和物　422(01)
リンデン　344(06)

ル

2-ルチジン　48(03)
3-ルチジン　48(04)
4-ルチジン　48(05)

ルテニウム　422(02)
ルビジウム　422(03)

レ

レソルシノール　422(04)
レゾルシン　422(04)

ロ

六塩化二ケイ素　344(07)
六酸化四リン　422(05)
六フッ化硫黄　422(06)
六フッ化タングステン　326(04)
六フッ化プルトニウム　328(05)
六フッ化モリブデン　328(11)
六フッ化レニウム　328(12)
ロジウム　422(07)
ロダンアンモン　228(05)
ロダンカリ　228(06)
ロダンソーダ　228(09)
ロダン銅　228(08)

欧 文 索 引

A

act-Amyl alcohol　386(08)
Acetal　160(01)
Acetaldehyde　16(03)
Acetaldehyde oxime　16(04)
Acetaldoxime　16(04)
Acetanilide　16(02)
Acetic acid　120(01)
Acetic acid methyl ester　124(07)
Acetic acid n-propyl ester　124(01)
Acetic aldehyde　16(03)
Acetic anhydride　374(03), 408(02)
Acetic ether　120(07)
Acetoacetanilide　16(01)
Acetoethylamide　44(03)
Acetohydrazide　16(10)
Acetol　298(08)
Acetone　18(01)
Acetone cyanohydrin　18(03)
Acetone oxime　18(02)
Acetonitrile　16(08)
Acetonyl acetone　16(09)
Acetophenone　16(11)
p-Acetotoluene　378(02)
o-Acetotoluide　376(08)
m-Acetotoluide　376(09)

p-Acetotoluide　378(01)
o-Acetotoluidide　376(08)
m-Acetotoluidide　376(09)
p-Acetotoluidide　378(01)
Acetoxime　18(02)
Acetyl acetone　10(07)
Acetyl bromide　196(07)
Acetyl chloride　60(08)
Acetylene　10(12)
Acetylenecarboxylic acid　336(07)
acetylenedicarboxylate　14(10)
Acetylenedicarboxylic acid　14(07)
Acetylene tetrabromide　240(10)
N-Acetyl morpholine　10(11)
Acetyl nitrate　206(07)
Acetyl peroxide　10(10)
Acetylphenol　122(08)
o-Acetylsalicylic acid　10(08)
2-Acetylthiophene　10(09)
Acrolein　2(09)
Acrylamide　2(08)
Acrylic acid　2(10)
Acrylic aldehyde　2(09)
Acrylonitrile　4(08)
Adipic acid　8(02)
Adiponitrile　350(05)
Adipoyl dichloride　274(04)

Adipyl chloride 274(04)
Adipyldinitrile 350(05)
AIBN 18(05)
Aldehydine 52(03)
Aldol 28(03)
Alkane 246(08)
Allene 334(01)
Allocinnamic acid 114(07)
Allyl acetate 120(02)
Allyl alcohol 26(02)
Allylamine 26(01)
Allyl bromide 196(08)
Allyl caproate 92(03)
Allyl chloride 60(09)
Allyl chlorocarbonate 104(09)
Allyl chloroformate 104(09)
Allylene 340(03)
Allyl ether 146(08)
Allyl ethyl ether 26(03)
Allyl glycidyl ether 26(04)
Allyl hexanoate 92(03)
Allyl iodide 400(02)
Allyl isothiocyanate 32(14)
Allyl mercaptan 340(05)
Allyl methacrylate 26(06)
1-Allyloxy-2,3-epoxypropane 26(04)
Allylpropenyl 346(01)
Allyl sulfide 412(04)
Allyl trichloride 254(08)
Allyl trichlorosilane 252(08)
Allyl vinyl ether 26(05)
Alumina 128(01)
Aluminium 28(04)
Aluminium borohydride 240(02)
Aluminium bromide 140(02)
Aluminium carbide 224(02)
Aluminium chlorate 76(04)
Aluminium chloride 62(01)
Aluminium hydride 214(13)
Aluminium hydroxide 214(02)
Aluminium iodide 400(03)
Aluminium monophosphide 418(12)
Aluminium oxide 128(01)
Aluminium perchlorate 84(04)
Aluminium phosphide 418(12)
Aluminium stearate 220(03)
Aluminium sulfate octadecahydrate 416(05)
Aluminium sulfide 408(12)
Aluminium tetrahydroborate 240(02)
Aluminium tribromide 140(02)
Aluminium trichloride 62(01)
Aluminium triformate 138(05)
Amidosulfuric acid 20(09)

4-Aminoazobenzene 22(05)
p-Aminoazobenzene 22(05)
Aminobenzene 20(07)
o-Aminobenzenesulfonic acid 24(03)
m-Aminobenzenesulfonic acid 24(04)
p-Aminobenzenesulfonic acid 24(05)
o-Aminobenzenethiol 24(06)
p-Aminobenzenethiol 24(07)
2-Aminobiphenyl 22(09)
4-Aminobiphenyl 22(10)
1-Aminobutane 316(11)
2-Aminobutane 318(01)
2-Amino-1-butanol 22(13)
Amino cyclohexane 162(10)
1-Aminodecane 234(09)
Aminoethane 44(06)
2-Aminoethanol 42(11)
2-(2-Aminoethyl)aminoethanol 298(09)
2-Aminoethylethanolamine 298(09)
4-(2-Aminoethyl)morpholine 22(06)
Aminoguanidine 22(07)
1-Aminoheptane 352(12)
a-Aminoisopropyl alcohol 36(07)
2-Amino-4-methylpentane 192(04)
2-Amino-2-methyl-1-propanol 24(08)
1-Aminonaphthalene 272(07)
2-Aminonaphthalene 272(08)
1-Aminooctane 80(02)
2-Aminopentane 362(08)
o-Aminophenetole 310(04)
p-Aminophenetole 310(05)
m-Aminophenol 22(11)
p-Aminophenol 22(12)
1-Amino-2-propanol 36(07)
3-Aminopropanol 334(04)
3-Aminopropene 26(01)
N-(3-Aminopropyl)cyclohexylamine 24(01)
N-(3-Aminopropyl)morpholine 24(02)
5-Aminotetrazole 22(08)
2-Aminothiazole 228(01)
o-Aminothiophenol 24(06)
p-Aminothiophenol 24(07)
Ammonia 30(02)
Ammonium amidosulfate 22(01)
Ammonium azide 4(09)
Ammonium bichromate 200(09)
Ammonium bifluoride 42(02)
Ammonium bromate 204(05)
Ammonium bromide 196(09)
Ammonium chlorate 76(05)
Ammonium chloride 62(04)
Ammonium dichromate 200(09)
Ammonium fluoride 324(01)

Ammonium hexanitrocerate(Ⅳ) 208(10)
Ammonium hydrogenfluoride 42(02)
Ammonium hydroxide 214(03)
Ammonium hypophosphite 368(03)
Ammonium iodate 404(02)
Ammonium iodide 400(04)
Ammonium nitrate 206(09)
Ammonium nitrite 8(06)
Ammonium paramolybdate tetrahydrate 398(01)
Ammonium perchlorate 84(05)
Ammonium permanganate 92(06)
Ammonium peroxoborate 356(02)
Ammonium peroxodisulfate 354(11)
Ammonium persulfate 354(11)
Ammonium phosphinate 368(03)
Ammonium picrate 296(03)
Ammonium sulfamate 22(01)
Ammonium sulfate 416(06)
Ammonium sulfide 410(02)
Ammonium thiocyanate 228(05)
Ammonium thiosulfate 230(04)
Amyl acetate 124(04)
sec-Amyl acetate 124(05)
Amyl alcohol 360(07)
sec-Amyl alcohol 360(08)
tert-Amyl alcohol 364(03)
Amylamine 362(07)
sec-Amylamine 362(08)
t-Amylamine 364(02)
tert-Amylamine 192(10)
p-tert-Amylaniline 364(01)
Amylbenzene 364(07)
Amyl bromide 200(05)
t-Amyl bromide 344(03)
Amyl butyrate 406(07)
Amyl carbinol 346(09)
Amyl chloride 74(01)
tert-Amyl chloride 74(02)
Amylcyclohexane 364(04)
Amylene 364(10)
β-Amylene 364(11)
Amylene chloride 172(02)
Amyl ether 186(03)
Amyl formate 96(05)
Amyl lactate 290(03)
Amyl laurate 406(05)
Amyl maleate 372(06)
n-Amyl mercaptan 362(11)
tert-Amylmercaptan 388(01)
Amyl nitrate 210(10)
Amyl nitrite 8(08)
o-Amyl phenol 364(05)
p-tert-Amylphenol 364(06)

Amyl phthalate 314(07)
Amyl propionate 338(04)
Amyl salicylate 126(02)
Amyl stearate 220(06)
Amyl sulfide 412(03)
Amyl trichlorosilane 254(12)
Anhydrouschloral 252(07)
Aniline 20(07)
Aniline hydrochloride 20(08)
o-Anilinesulfonic acid 24(03)
m-Anilinesulfonic acid 24(04)
p-Anilinesulfonic acid 24(05)
Anilinium chloride 20(08)
2-Anilinoethanol 20(06)
o-Anisaldehyde 20(02)
p-Anisaldehyde 20(03)
o-Anisic acid 20(04)
o-Anisidine 18(09)
m-Anisidine 18(10)
p-Anisidine 20(01)
Anisole 20(05)
p-Anisoyl chloride 396(03)
Anisyl chloride 396(02)
Anol 162(03)
Anthracene 30(01)
Anthraquinone 28(13)
Antifebrin 16(02)
Antimony 28(11)
Antimony(Ⅲ) chloride 62(02)
Antimony(Ⅴ) chloride 62(03)
Antimony(Ⅲ) chloride oxide 64(13)
Antimony hydride 218(07)
Antimony(Ⅲ) oxide 128(02)
Antimony pentachloride 62(03)
Antimony trichloride 62(02)
Antimony(Ⅲ) trisulfide 410(01)
Aqueous ammonia 214(03)
Arachidic acid 30(05)
Argon 28(01)
Arsenic 298(04)
Arsenic(Ⅲ) chloride 126(06)
Arsenic(Ⅴ) fluoride 116(13)
Arsenic(Ⅴ) oxide 116(03)
Arsenic pentafluoride 116(13)
Arsenic trichloride 126(06)
Arsenous acid 138(13)
Arsine 28(02)
Aspirin 10(08)
Auric oxide 128(10)
Auric sulfide 410(08)
Azetidine 10(06)
Azidotrimethylsilane 8(01)
Azimidobenzene 358(09)

Aziridine 10(05)
Azobenzene 18(06)
Azobisisobutyronitrile 18(05)
2,4-Azodianiline 146(03)
4,4'-Azodianiline 146(04)
Azodicarbonamide 18(07)
Azodicarboxamide 18(07)
Azoformamide 18(07)
Azole 306(04)
Azomethane 18(08)
Azoxybenzene 18(04)

B

Banana oil 120(06)
Barium 294(09)
Barium acetate 122(05)
Barium acetylide 14(04)
Barium amidosulfate 22(04)
Barium azide 6(09)
Barium bromate monohydrate 204(12)
Barium carbide 14(04)
Barium carbonate 226(09)
Barium chlorate 76(11)
Barium chloride dihydrate 70(11)
Barium hydride 216(12)
Barium hydroxide 214(09)
Barium hypophosphite 368(08)
Barium iodate 404(06)
Barium nitrate 210(05)
Barium nitride 232(08)
Barium oxide 136(05)
Barium perchlorate 86(10)
Barium peroxide 90(07)
Barium phosphinate 368(08)
Barium sulfate 418(07)
Barium sulfide 414(08)
Barium thiocyanate 228(11)
Barium titanate 230(07)
Basic lead carbonate 296(08)
Benzaldehyde 356(11)
Benzaldehyde oxime 356(12)
Benzaldoxime 356(12)
Benzene 358(01)
Benzenecarbonal 356(11)
Benzene carbonyl chloride 72(10)
1,4-Benzenedicarbonyl chloride 246(02)
1,4-Benzenedicarboxylic acid 244(10)
1,2-Benzenediol 90(08)
1,3-Benzenediol 422(04)
1,4-Benzenediol 302(01)
Benzeneseleninic acid 358(04)
Benzenesulfinyl chloride 358(02)
Benzenesulfonyl chloride 358(03)

Benzenethiol 358(05)
Benzidine 356(04)
Benzimidazole 358(06)
2-Benzoazine 32(04)
Benzodiazole 358(06)
Benzo[b]furan 360(01)
Benzoguanamine 146(06)
Benzohydrazide 358(11)
Benzoic acid 28(05)
Benzol 358(01)
Benzonitrile 358(10)
Benzophenone 178(02)
3,4-Benzopyridine 32(04)
p-Benzoquinone 358(08)
p-Benzoquinone monoxime 282(04)
Benzotriazole 358(09)
Benzotrichloride 356(05)
Benzotrifluoride 260(06)
Benzoyl azide 6(11)
Benzoyl chloride 72(10)
Benzoylhydrazine 358(11)
Benzoyl peroxide 90(02)
Benzyl acetate 124(03)
Benzyl alcohol 356(07)
Benzylamine 356(06)
Benzyl benzoate 28(09)
Benzyl bromide 200(04)
Benzyl cellosolve 58(01)
Benzyl chloride 72(09)
Benzyl cyanide 148(11)
N-Benzyldiethylamine 356(08)
Benzyl ether 184(10)
Benzylidyne trichloride 356(05)
Benzyl mercaptan 356(10)
Benzyl methyl ether 356(09)
2-Benzyloxyethanol 58(01)
Benzyl salicilate 126(01)
Benzyl salicylate 126(01)
Beryllium 354(05)
Beryllium chloride 72(08)
Beryllium fluoride 328(07)
Beryllium hydride 218(01)
Beryllium oxide 136(07)
Beryllium perchlorate tetrahydrate 86(13)
Bibenzoyl 304(06)
Bibenzyl 176(12)
Bicyclohexyl 296(05)
Biphenyl 304(02)
2-Biphenylamine 22(09)
4-Biphenylamine 22(10)
2-Biphenylylamine 22(09)
4-Biphenylylamine 22(10)
1,2-Bis(acetoxyethoxy)ethane 250(07)

Bis(2-aminoethyl)amine   158(07)
1,2-Bis(2-chloroethoxy)ethane   252(06)
Bis(2-chloroethyl) ether   296(06)
Bis(chloromethyl) ether   296(07)
N,N-Bis(2-hydroxyethyl)butylamine   296(09)
Bis(2-hydroxyethyl) ether   156(01)
2,2-Bis(4-hydroxyphenyl)propane   298(02)
Bis(4-hydroxyphenyl) sulfone   298(01)
Bis(β-methylpropyl) amine   150(03)
Bismuth   298(03)
Bismuth chromate   102(08)
Bismuth(V) fluoride   116(12)
Bismuth(III) oxide   136(06)
Bismuth pentafluoride   116(12)
Bismuth(III) sulfide   414(09)
Bismuth trioxide   136(06)
Bisphenol A   298(02)
Bis(2-propenyl)ether   146(08)
Borax   366(08)
Boric acid   366(02)
Boron   366(09)
Boron bromide   140(04)
Boron carbide   186(05)
Boron fluoride   140(11)
Boron iodide   142(03)
Boron methoxide   366(07)
Boron nitride   232(10)
Boron phosphide   420(02)
Boron tribromide   140(04)
Boron trichloride   126(07)
Boron trifluoride   140(11)
Boron trifluoride diethyl etherate(1/1)   152(12)
Boron trifluoride etherate   152(12)
Boron triiodide   142(03)
Bromic acid   204(03)
Bromine   204(02)
Bromine azide   4(15)
Bromine dioxide   276(06)
Bromine fluoride   140(09)
Bromine(I) fluoride   324(11)
Bromine fluoride(V)   116(11)
Bromine monofluoride   324(11)
Bromine pentafluoride   116(11)
Bromine perchlorate   84(13)
Bromine trifluoride   140(09)
Bromine trioxide   138(08)
Bromoacetic acid   340(09)
Bromoacetylene   340(06)
p-Bromoaniline   340(07)
Bromobenzene   342(13)
1-Bromobutane   198(12)
2-Bromobutane   200(01)
1-Bromo-2-butene   342(10)

4-Bromo-1-butene   342(11)
1-Bromo-3-chloropropane   340(08)
Bromodiborane(6)   342(02)
4-Bromodiphenyl   342(01)
1-Bromododecane   200(08)
Bromoethane   198(01)
Bromoethene   198(11)
Bromoethylene   198(11)
Bromo(ethyl)magnesium   50(09)
Bromoform   344(02)
Bromomethane   200(06)
2-Bromo-2-methylbutane   344(03)
1-Bromo-2-methylpropane   196(10)
2-Bromo-2-methylpropane   200(02)
1-Bromopentane   200(05)
2-Bromopentane   344(01)
Bromopicrin   262(02)
1-Bromopropane   200(03)
2-Bromopropane   196(11)
3-Bromopropene   196(08)
3-Bromopropyne   342(12)
m-Bromopyridine   342(09)
Bromosilane   342(03)
o-Bromotoluene   342(06)
m-Bromotoluene   342(07)
p-Bromotoluene   342(08)
Bromotrichloromethane   342(04)
Bromotrifluoromethane   342(05)
Bromyl fluoride   328(06)
1,2-Butadiene   310(09)
1,3-Butadiene   312(01)
Butadiene monoxide   60(05)
Butanal   318(04)
Butane   314(10)
1,3-Butanediamine   314(11)
1,4-Butanedinitrile   316(05)
1,2-Butanediol   316(01)
1,3-Butanediol   316(02)
1,4-Butanediol   316(03)
2,3-Butanediol   316(04)
2,3-Butanedione   144(07)
Butanenitrile   322(10)
1-Butanethiol   316(06)
2-Butanethiol   316(07)
Butanoic acid   406(06)
1-Butanol   312(02)
2-Butanol   312(03)
2-Butanone   52(01)
2-Butanone oxime   312(04)
Butanoyl chloride   72(02)
2-Butenal   100(09)
1-Butene   330(02)
2-Butene-cis   330(03)

2-Butene-trans   330(04)
2-Butene-1,4-diol   330(08)
Butenediol   330(08)
2-Butenenitrile   100(08)
2-Butene-1-ol   330(05)
3-Butene-1-ol   330(06)
3-Butene-2-on   330(07)
1-Butene-3-yne   302(04)
trans-2-Butenoic acid   100(10)
Butoxybenzene   320(10)
1-Butoxybutane   180(12)
2-Butoxyethanol   56(04)
2-t-Butoxyethanol   56(05)
2-(2-Butoxyethoxy) ethanol   158(04)
2-Butoxyethyl ether   156(05)
Butoxyl   394(07)
N-Butyl acetamide   316(09)
N-Butylacetanilide   316(08)
Butyl acetate   122(10)
sec-Butyl acetate   122(11)
tert-Butyl acetoacetate   16(06)
Butyl acrylate   4(05)
Butyl alcohol   312(02)
sec-Butyl alcohol   312(03)
tert-Butyl alcohol   318(03)
Butylaldehyde   318(04)
Butylaldehyde oxime   318(05)
Butylamine   316(11)
sec-Butylamine   318(01)
tert-Butylamine   318(02)
Butylamine oleate   82(06)
N-Butylaniline   316(10)
n-Butylbenzene   320(13)
sec-Butylbenzene   322(01)
tert-Butylbenzene   322(02)
Butyl benzoate   28(08)
p-t-Butylbenzoic acid   318(07)
Butyl bromide   198(12)
sec-Butyl bromide   200(01)
tert-Butyl bromide   200(02)
Butyl butyrate   406(13)
Butylcarbamic acid,ethyl ester   318(08)
tert-Butyl carbinol   192(08)
Butyl carbitol   158(04)
4-tert-Butyl catechol   320(01)
Butyl cellosolve   56(04)
t-Butylcellosolve   56(05)
Butyl chloride   72(03)
sec-Butyl chloride   72(04)
tert-Butyl chloride   72(05)
4-tert-Butyl-2-chlorophenol   320(03)
p-tert-Butyl-o-cresol   320(02)
Butylcyclohexane   320(04)

sec-Butylcyclohexane   320(05)
tert-Butylcyclohexane   320(06)
N-Butylcyclohexylamine   320(07)
N-Butyldiethanolamine   296(09)
α-Butylene   330(02)
β-Butylene   330(04)
α-Butylene glycol   316(01)
β-Butylene glycol   316(02)
1,2-Butylene oxide   60(04)
2,3-Butylene oxide   322(09)
Butyl ethanedioate   202(07)
Butylethanoate   122(10)
N-Butyl ethanolamine   318(09)
Butyl ether   180(12)
Butylethylacetaldehyde   50(02)
Butylethylamine   48(08)
Butyl ethylene   352(01)
Butyl ethyl ether   318(10)
tert-Butyl ethyl ether   318(11)
N-tert-Butylformamide   322(03)
Butyl formate   96(03)
Butyl glycolate   98(12)
tert-Butyl hydroperoxide   320(08)
tert-Butyl hypochlorite   144(02)
Butyl iodide   400(05), 402(06)
sec-Butyl iodide   402(07)
tert-Butyl iodide   402(08)
Butyl isocyanate   32(12)
Butyl isovalerate   32(02)
Butyl lactate   290(02)
n-Butyllithium   322(07)
tert-Butyllithium   322(08)
Butyl mercaptan   316(06)
sec-Butyl mercaptan   316(07)
tert-Butyl mercaptan   390(02)
Butyl methacrylate   374(12)
Butyl methanoate   96(03)
Butyl methyl ether   322(04)
tert-Butyl methyl ether   322(05)
Butyl methyl ketone   346(11)
tert-Butyl methyl ketone   322(06)
4-tert-Butyl-2-methylphenol   320(02)
Butyl nitrate   210(07)
Butyl nitrite   8(12)
tert-Butyl nitrite   8(13)
2-Butyloctanol   318(12)
Butyl oleate   82(05)
Butyl oxalate   202(07)
tert-Butyl peracetate   88(06)
tert-Butyl perbenzoate   84(02)
t-Butyl peroxide   90(01)
tert-Butyl peroxyacetate   88(06)
tert-Butyl peroxybenzoate   84(02)

tert-Butyl peroxypivalate 90(10)
p-t-Butylphenol 320(12)
Butyl phenyl ether 320(10)
4-tert-Butyl-2-phenylphenol 320(11)
Butyl phosphate 420(10)
Butyl propionate 338(02)
Butyl sebacate 220(13)
Butyl stearate 220(05)
Butyl trichlorosilane 254(06)
N-Butylurethane 318(08)
Butyl vinyl ether 320(09)
1-Butyne 322(12)
2-Butyne 322(13)
Butyraldol 318(06)
Butyric acid 406(06)
Butyric aldehyde 318(04)
Butyric anhydride 408(02)
Butyrin 100(01)
γ-Butyrolactone 322(11)
Butyrone 352(09)
Butyronitrile 322(10)
Butyryl chloride 72(02)

C

Cacodyl 242(01)
Cacodyl chloride 106(12)
Cadaverine 362(09)
Cadmium 90(09)
Cadmium azide 4(11)
Cadmium chlorate 76(06)
Cadmium cyanide 146(10)
Cadmium diazide 4(11)
Cadmium hydride 216(04)
Cadmium(Ⅱ) nitride 230(10)
Cadmium oxide 128(07)
Cadmium slenide 222(04)
Caesium 220(10)
Caesium acetylide 12(09)
Caesium amide 220(11)
Caesium hydride 216(08)
Caesium monoxide 132(02)
Caesium nitrate 208(09)
Caesium oxide 132(02)
Caicium nitrate 208(02)
Calcium 94(06)
Calcium acetylide 12(04)
Calcium azide 4(12)
Calcium bromide 198(02)
Calcium carbide 12(04)
Calcium carbonate 224(15)
Calcium chloride 64(03)
Calcium chromate dihydrate 102(06)
Calcium cyanamide 94(07)

Calcium disilicide 274(10)
Calcium hydride 216(06)
Calcium hydroxide 214(05)
Calcium hypochlorite 142(12)
Calcium hypophosphite 368(05)
Calcium nitride 230(12)
Calcium oxide 128(09)
Calcium permanganate 92(08)
Calcium peroxide 88(09)
Calcium phosphide 420(01)
Calcium phosphinate 368(05)
Calcium silicide 114(03)
Calcium stearate 220(04)
Calcium sulfate 416(07)
Calcium sulfide 410(06)
Cane sugar 218(05)
Capric acid 234(07)
Caproaldehyde 346(07)
Caproic acid 92(02)
ε-Caprolactam 92(01)
Capryl alcohol 78(08)
Caprylaldehyde 78(06)
Caprylyl chloride 80(04)
Carbamide 290(05)
Carbanilide 178(07)
Carbazide 94(09)
Carbitol 158(02)
Carbohydrazide 94(09)
Carbolic acid 310(07)
Carbon 226(12)
Carbon bisulfide 290(09)
Carbon dioxide 276(08)
Carbon disulfide 290(09)
Carbon monosulfide 40(08)
Carbon monoxide 40(10)
Carbonohydrazide 94(09)
Carbon oxide sulfide 410(07)
Carbon oxysulfide 410(07)
Carbon tetraboride 186(05)
Carbon tetrabromide 174(03)
Carbon tetrachloride 160(05)
Carbon tetrafluoride 182(07)
Carbon tetraiodide 206(04)
Carbonyl dichloride 366(10)
Carbonyl difluoride 288(05)
Carbonyl fluoride 288(05)
Carbonyl sulfide 410(07)
Catechol 90(08)
Catechol monomethyl ether 394(04)
Cellosolve 54(09)
Cellosolve acetate 56(01)
Ceric oxide 132(03)
Cerium 222(02)

Cerium dihydride 278(04)
Cerium(Ⅱ) hydride 278(04)
Cerium nitride 232(04)
Cerium(Ⅳ) oxide 132(03)
Cesium carbide 12(09)
Cesium fluoride 326(03)
Cesium selenide 222(07)
Cetane 346(04)
Cetyl alcohol 346(03)
CHDM 162(09)
Chloral 252(07)
Chlorex 296(06)
Chloric acid 76(02)
Chlorine 76(01)
Chlorine azide 4(10)
Chlorine cyanide 66(03)
Chlorine dioxide 276(03)
Chlorine fluoride 324(05)
Chlorine fluorosulfate 332(07)
Chlorine monofluoride 324(05)
Chlorine monoxide 40(12)
Chlorine pentafluoride 116(09)
Chlorine perchlorate 84(08)
Chlorine trifluoride 140(08)
Chlorine trioxide 84(12)
Chloroacetaldehyde 102(12)
Chloroacetamide 102(10)
2-Chloroacetamide 102(10)
N-Chloroacetamide 102(11)
Chloroacetic acid 396(09)
Chloroacetone 104(01)
α-Chloroacetophenone 102(13)
Chloroacetyl chloride 396(11)
4-Chloroaniline 104(02)
p-Chloroaniline 104(02)
p-Chlorobenzaldehyde 112(08)
Chlorobenzene 112(09)
2-Chlorobenzoic acid 104(03)
o-Chlorobenzoic acid 104(03)
Chlorobenzol 112(09)
1-Chloro-3-bromopropane 340(08)
2-Chloro-1,3-butadiene 110(09)
Chlorobutadiene 110(09)
1-Chlorobutane 72(03)
2-Chlorobutane 72(04)
1-Chloro-2-butene 110(10)
2-Chloro-2-butene 110(11)
Chlorocyclohexane 106(05)
2-Chloro-4,6-di-tert-amylphenol 106(10)
Chlorodiborane(6) 106(11)
Chlorodiethylaluminum 106(03)
Chlorodiethylborane 106(04)
Chlorodifluoroamine 106(07)

1-Chloro-1,1-difluoroethane 106(08)
Chlorodifluoromethane 106(09)
2-Chloro-1,4-dimethoxybenzene 196(03)
2-Chloro-1,1-dimethoxyethane 190(02)
Chlorodimethylaluminium 108(01)
Chloro(dimethyl)aluminium 188(07)
Chlorodimethylarsine 106(12)
1-Chloro-2,4-dinitrobenzene 106(06)
2-Chloro-4,6-di-t-pentylphenol 106(10)
Chloroethane 62(10)
2-Chloroethanol 104(04)
2-(2-Chloroethoxy)ethanol 156(02)
β-Chloroethoxyethylene 104(05)
Chloroethyl acetate 254(02)
2-Chloroethyl acetate 120(11)
2-Chloroethyl alcohol 104(04)
Chloro-4-ethylbenzene 104(06)
Chloroethylene 70(12)
2-Chloroethyl vinyl ether 104(05)
Chloroform 112(10)
Chlorogermane 106(01)
1-Chlorohexane 112(07)
Chloroisopropyl alcohol 110(12)
Chloromethane 74(06)
Chloromethylbenzene 72(09)
1-Chloro-3-methylbutane 62(08)
2-Chloro-2-methylbutane 74(02)
3-(Chloromethyl)heptane 64(01)
Chloromethyloxirane 60(03)
1-Chloro-3-methylpropane 62(06)
2-Chloro-2-methyl propane 72(05)
3-Chloro-2-methyl-1-propene 114(01)
1-Chloronaphthalene 108(09)
α-Chloronaphthalene 108(09)
4-Chloronitrobenzene 110(03)
o-Chloronitrobenzene 110(02)
p-Chloronitrobenzene 110(03)
m-Chloronitrobenzene 280(11)
1-Chloro-1-nitroethane 108(10)
1-Chloro-1-nitropropane 108(11)
2-Chloro-2-nitropropane 110(01)
1-Chlorooctane 80(04), 104(08)
1-Chloropentane 74(01)
β-Chlorophenetole 110(05)
o-Chlorophenol 110(06)
m-Chlorophenol 110(07)
p-Chlorophenol 110(08)
Chloropicrin 110(04)
Chloroprene 110(09)
1-Chloropropane 72(07)
2-Chloropropane 62(07)
1-Chloro-2-propanol 110(12)
2-Chloro-1-propanol 112(01)

Chloro-2-propanone　104(01)
1-Chloropropene　112(04)
2-Chloropropene　112(05)
3-Chloropropene　60(09)
2-Chloropropionic acid　112(03)
α-Chloropropionic acid　112(03)
3-Chloropropionitrile　112(02)
3-Chloropropionyl chloride　104(07)
β-Chloropropionyl chloride　104(07)
β-Chloropropyl alcohol　112(01)
1-Chloropropylene　112(04)
2-Chloropropylene　112(05)
β-Chloropropylene　112(05)
3-Chloropropyne　112(06)
Chlorosulfonic acid　108(02)
Chlorosulfuric acid　108(02)
α-Chlorotoluene　72(09)
2-Chlorotoluene　108(06)
3-Chlorotoluene　108(07)
4-Chlorotoluene　108(08)
o-Chlorotoluene　108(06)
m-Chlorotoluene　108(07)
p-Chlorotoluene　108(08)
Chlorotrifluoroethylene　108(04)
Chlorotrimethylsilane　108(05)
Chloryl perchlorate　84(12)
Choline chloride　64(12)
Chrome yellow　102(07)
Chromic acid　102(05)
Chromic chloride　64(08)
Chromium　102(04)
Chromium(Ⅱ) acetate monohydrate　120(10)
Chromium(Ⅱ) chloride　64(07)
Chromium(Ⅲ) chloride　64(08)
Chromium dichloride　64(07)
Chromium(Ⅵ) dichloride dioxide　64(06)
Chromium(Ⅴ) fluoride　324(09)
Chromium hexacarbonyl　344(04)
Chromium monoxide　130(02)
Chromium nitride　230(13)
Chromium(Ⅱ) oxide　130(02)
Chromium(Ⅲ) oxide　130(03)
Chromium(Ⅵ) oxide　130(04)
Chromium oxide green　130(03)
Chromium pentafluoride　324(09)
Chromium(Ⅱ) sulfate heptahydrate　416(08)
Chromium(Ⅱ) sulfide　410(10)
Chromium trioxide　130(04)
Chromyl chloride　64(06)
Chromyl nitrate　208(04)
Chromyl perchlorate　84(11)
Chrysoidine　146(03)
Cinene　408(11)

Cinnamene　218(10)
Cinnamic acid　114(07)
Citric acid　98(08)
Cobalt　116(08)
Cobalt(Ⅱ) azide　4(14)
Cobalt(Ⅱ) bromide　198(03)
Cobaltcarbonyl　78(02)
Cobalt(Ⅱ) chloride　64(10)
Cobalt(Ⅲ) chloride　64(11)
Cobalt(Ⅲ) fluoride　324(10)
Cobaltic fluoride　324(10)
Cobalt(Ⅱ) nitrate hexahydrate　208(05)
Cobaltous sulfide　412(01)
Cobalt(Ⅱ) oxide　130(05)
Cobalt(Ⅲ) oxide　130(06)
Cobalt(Ⅱ) sulfate heptahydrate　416(09)
Cobalt(Ⅱ) sulfide　412(01)
Cobalt trifluoride　324(10)
Copper　246(03)
Copper(Ⅰ) acetylide　14(01)
Copper(Ⅱ) acetylide　14(02)
Copper(Ⅱ) azide　6(06)
Copper(Ⅱ) bromide　198(10)
Copper(Ⅰ) carbide　14(01)
Copper(Ⅱ) carbide　14(02)
Copper(Ⅰ) chloride　68(12)
Copper(Ⅱ) chloride　70(01)
Copper(Ⅰ) cyanide　148(06)
Copper(Ⅱ) cyanide　148(07)
Copper(Ⅰ) hydride　216(10)
Copper monoxide　134(01)
Copper(Ⅱ) nitrate trihydrate　208(13)
Copper(Ⅰ) nitride　232(05)
Copper(Ⅰ) oxalate　202(12)
Copper(Ⅰ) oxide　132(11)
Copper(Ⅱ) oxide　134(01)
Copper(Ⅱ) perchlorate hexahydrate　86(04)
Copper(Ⅱ) sulfate　418(03)
Copper(Ⅱ) sulfide　414(06)
Copper(Ⅰ) thiocyanate　228(08)
Corrosive sublimate　66(07)
o-Cresol　100(04)
m-Cresol　100(05)
p-Cresol　100(06)
p-Cresol methyl ether　100(07)
p-Cresyl acetate　122(01)
Crotonaldehyde　100(09)
Crotonic acid　100(10)
Crotonic aldehyde　100(09)
Crotononitrile　100(08)
Crotonyl alcohol　330(05)
Crotonylene　322(13)
Crotyl alcohol　330(05)

Crotyl bromide 342(10)
1-Crotyl bromide 342(10)
1-Crotyl chloride 110(10)
Cubane 98(04)
Cumaron 360(01)
Cumene 98(10)
Cumene hydroperoxide 194(06)
Cumic acid 36(10)
Cumidine 36(08)
Cuminal 38(06)
Cuminaldehyde 38(06)
Cuminyl alcohol 38(05)
Cumol 98(10)
Cupric acetylide 14(02)
Cupric chloride 70(01)
Cupric nitrate 208(13)
Cupric nitrate trihydrate 208(13)
Cupric sulfate 418(03)
Cupric sulfide 414(06)
Cuprous acetylide 14(01)
Cuprous chloride 68(12)
Cupurous oxide 132(11)
Cyanamide 144(09)
Cyanoacetic acid 144(13)
2-Cyanoethanol 300(06)
2-Cyanoethyl acrylate 4(01)
N-(2-Cyanoethyl) cyclohexylamine 144(11)
Cyanogen 172(10)
Cyanogen bromide 340(11)
Cyanogen chloride 66(03)
1-Cyanoguanidine 144(12)
2-Cyano-2-propanol 18(03)
2-Cyanopropene 376(02)
Cyanotrimethylsilane 146(02)
Cyanuric acid 144(10)
Cyanuric chloride 66(02)
Cyanuric trichloride 66(02)
Cyclobutane 162(01)
Cycloheptane 164(05)
Cyclohexane 162(06)
1,4-Cyclohexanedicarboxylic acid 162(08)
1,2-Cyclohexanedicarboxylic acid anhydide 374(04)
1,4-Cyclohexane dimethanol 162(09)
1,4-Cyclohexanediol 162(07)
Cyclohexanethiol 164(02)
Cyclohexanol 162(03)
Cyclohexanone 162(04)
Cyclohexanone oxime 162(05)
Cyclohexene 164(03)
2-Cyclohexen-1-one 164(04)
Cyclohexenone 164(04)
Cyclohexyl acetate 120(12)
Cyclohexylamine 162(10)

2-(Cyclohexylamino)ethanol 300(01)
Cyclohexylbenzene 164(01)
1-Cyclohexylbutane 320(04)
2-Cyclohexylbutane 320(05)
Cyclohexyl chloride 106(05)
Cyclohexyl formate 96(01)
Cyclohexylmercaptan 164(02)
Cyclohexylmethane 380(11)
o-Cyclohexylphenol 162(11)
Cyclohexyltrichlorosilane 254(03)
1,5-Cyclooctadiene 160(12)
Cyclopentadiene 164(06)
Cyclopentane 164(10)
Cyclopentanol 164(07)
Cyclopentanone 164(08)
Cyclopentanone oxime 164(09)
Cyclopentene 164(12)
Cyclopentylamine 164(11)
1-Cyclopentylpropane 338(09)
Cyclopropane 162(02)
o-Cymene 196(04)
m-Cymene 196(05)
p-Cymene 196(06)

D

DBM 372(05)
DBP 314(05)
DBS 220(13)
Decaborane(14) 234(04)
Decahydronaphthalene 234(05)
Decalin 234(05)
Decane 234(06)
Decanedioic acid 220(12)
Decanedioic dibutyl ester 220(13)
Decanoic acid 234(07)
1-Decanol 234(03)
1-Decene 234(12)
Decyl acrylate 4(03)
Decyl alcohol 234(03)
Decylamine 234(09)
Decylbenzene 234(10)
Decyl ether 174(10)
tert-Decylmercaptan 234(11)
DEP 312(11)
Deuterium 204(01)
Deuterium oxide 130(07)
Diacetone 300(08)
Diacetone alcohol 300(08)
Diacetyl 144(07)
Diacetyl peroxide 10(10), 88(11)
Diallyl ether 146(08)
Diallyl phthalate 312(07)
Diallyl sulfide 412(04)

2,4-Diaminoazobenzene　146(03)
4,4'-Diaminoazobenzene　146(04)
1,2-Diaminobenzene　310(01)
1,3-Diaminobenzene　310(02)
1,4-Diaminobenzene　310(03)
4,4'-Diaminobiphenyl　356(04)
1,3-Diaminobutane　314(11)
4,4'-Diaminodiphenyl ether　146(05)
4,4'-Diaminodiphenylmethane　394(02)
1,5-Diaminopentane　362(09)
2,4-Diamino-6-phenyl-1,3,5-triazine　146(06)
1,3-Diaminopropane　334(07)
1,3-Diamino-2-propanol　146(07)
Diammonium cerium nitrate　208(10)
Diamylamine　186(02)
Diamyl maleate　372(06)
Diamyl oxalate　202(08)
2,4-Di-t-amylphenol　186(04)
Diamyl phthalate　314(07)
Diamyl sulfide　412(03)
Diarsenic pentaoxide　116(03)
Diarsenic trioxide　138(13)
Diarsenic trisulfide　142(07)
3,6-Diazaoctane-1,8-diamine　252(03)
Diazomethane　144(08)
Dibenzofuran　186(01)
Dibenzoyl peroxide　90(02)
Dibenzyl ether　184(10)
Dibenzyl phosphite　370(03)
Dibismuth(Ⅲ) dichromate dioxide　102(08)
Dibismuth trisulfide　414(09)
Diborane(6)　186(07)
Diboron tetrachloride　160(07)
Diboron tetrafluoride　182(08)
Diboron trioxide　138(14)
Diboron trisulfide　142(08)
1,2-Dibromoethane　184(06)
Dibromomethane　184(07)
Dibutoxy diethylene glycol　156(05)
Dibutoxy ethyl phthalate　314(06)
Dibutoxymethane　182(09)
N,N-Dibutylacctamidc　180(06)
Dibutylamine　180(09)
Di-sec-butylamine　180(10)
2-(Dibutylamino)ethanol　180(08)
1-(Dibutylamino)-2-propanol　180(11)
N,N-Dibutylaniline　180(07)
2,6-Di-tert-butyl-p-cresol　182(01)
N,N-Dibutylethanolamine　180(08)
Dibutyl ether　180(12)
2,5-Di-tert-butylhydroquinone　180(13)
Dibutyl isophthalate　34(06)
Dibutylisopropanolamine　180(11)

Dibutyl maleate　372(05)
2,6-Di-t-butyl-4-methylphenol　182(01)
Dibutyl oxalate　202(07)
Di-tert-butyl peroxide　90(01)
Di-t-butyl peroxide　90(01)
Dibutyl phosphate　420(05)
Dibutyl phosphite　370(02)
Dibutyl phthalate　314(05)
Dibutyl-o-phthalate　314(05)
Dibutyl sebacate　220(13)
Dicapryl phthalate　314(02)
Dicerium trisulfide　142(06)
Dichlorine heptoxide　174(08)
Dichlorine oxide　40(12)
Dichlorine trioxide　138(11)
2,4-Dichloroaniline　164(13)
2,6-Dichloroaniline　164(14)
3,4-Dichloroaniline　164(15)
1,2-Dichlorobenzene　170(08)
1,3-Dichlorobenzene　170(09)
1,4-Dichlorobenzene　170(10)
o-Dichlorobenzene　170(08)
m-Dichlorobenzene　170(09)
p-Dichlorobenzene　170(10)
3,3'-Dichlorobenzidine　166(08)
o-Dichlorobenzol　170(08)
2,3-Dichlorobutadiene-1,3　168(10)
1,2-Dichlorobutane　168(11)
1,4-Dichlorobutane　168(12)
2,3-Dichlorobutane　168(13)
1,3-Dichloro-2-butene　168(14)
3,4-Dichloro-1-butene　168(15)
3,3'-Dichloro-4,4'-diaminobiphenyl　166(08)
Dichlorodiethylsilane　166(09)
Dichlorodifluoromethane　168(01)
Dichlorodimethylsilane　168(02)
Dichlorodinitromethane　166(10)
1,1-Dichloroethane　166(01)
1,2-Dichloroethane　166(02)
1,2-Dichloroethene　166(07)
Dichloroethylalane　166(03)
Dichloroethylaluminium　166(03)
Dichloroethylborane　166(05)
1,1-Dichloroethylene　166(06)
1,2-Dichloroethylene　166(07)
2,2'-Dichloroethyl ether　296(06)
Dichloroethylsilane　166(04)
Dichloromethane　172(03)
Dichloromethylarsine　172(04)
sym-Dichloromethyl ether　296(07)
Dichloromethylsilane　172(05)
1,1-Dichloro-1-nitroethane　168(06)
1,1-Dichloro-1-nitropropane　168(07)

Dichloropentane 172(01)
1,5-Dichloropentane 172(02)
2,4-Dichlorophenol 168(09)
Dichlorophenylborane 168(08)
1,1-Dichloropropane 170(03)
1,2-Dichloropropane 170(04)
2,2-Dichloropropane 170(05)
1,3-Dichloro-2-propanol 170(01)
2,3-Dichloro-1-propanol 170(02)
1,3-Dichloropropene 170(06)
2,3-Dichloropropene 170(07)
Dichlorosilane 168(03)
2,6-Dichlorostyrene 168(04)
1,2-Dichlorotetramethyldisilane 168(05)
Dichromium trioxide 130(03)
Dicopper(Ⅰ) acetylide 14(01)
Dicyan 172(10)
Dicyandiamide 144(12)
Dicyclohexyl 296(05)
Dicyclohexylamine 172(11)
Dicyclopentadiene 172(12)
DIDA 8(03)
Didecyl ether 174(10)
Didodecanoyl peroxide 90(03)
DIDP 312(09)
Diethanolamine 152(02)
1,1-Diethoxyethane 160(01)
1,2-Diethoxyethane 160(02)
Diethyl acetal 160(01)
Diethyl acetaldehyde 48(09)
Diethyl acetic acid 52(08)
N,N-Diethylacetoacetamide 152(04)
Diethyl acetylenedicarboxylate 14(08)
Diethylaluminium chloride 106(03)
Diethylaluminium hydride 152(09)
Diethylamine 152(07)
2-(Diethylamino)ethyl acrylate 4(02)
3-(Diethylamino)propylamine 152(06)
N,N-Diethylaniline 152(05)
Diethylarsine 152(08)
o-Diethylbenzene 154(11)
m-Diethylbenzene 154(12)
p-Diethylbenzene 154(13)
Diethylberyllium 154(10)
Di(2-ethylbutyl) phthalate 312(12)
Diethylcadmium 154(01)
Diethyl carbamyl chloride 154(02)
N,N'-Diethyl carbanilide 154(03)
Diethyl carbitol 156(04)
Diethyl carbonate 226(01)
Diethyl dicarbonate 278(07)
1,3-Diethyl-1,3-diphenyl urea 154(03)
N,N-Diethyldodecanamide 154(07)

Diethylene dioxide 160(09)
Diethylene glycol 156(01)
Diethylene glycol butyl ether acetate 158(01)
Diethylene glycol chlorohydrin 156(02)
Diethylene glycol diacetate 156(03)
Diethylene glycol dibenzoate 156(06)
Diethylene glycol dibutyl ether 156(05)
Diethylene glycol diethyl ether 156(04)
Diethylene glycol dimethyl ether 156(07)
Diethylene glycol laurate 158(06)
Diethylene glycol monobutyl ether 158(04)
Diethylene glycol monobutyl ether acetate 158(01)
Diethylene glycol monoethyl ether 158(02)
Diethylene glycol monoethyl ether acetate 158(03)
Diethylene glycol monomethyl ether 158(05)
Diethylene glycol phthalate 156(08)
Diethylenetriamine 158(07)
Diethyl ether 152(11)
N,N-Diethylethylenediamine 152(10)
Diethyl ethylphosphonite 44(05)
Diethyl fumarate 330(10)
Diethyl glycol 160(02)
Di-2-ethylhexyl adipate 8(04)
Di(2-ethylhexyl) phthalate 314(01)
Diethyl ketone 362(02)
N,N-Diethyllauramide 154(07)
Diethylmagnesium 154(15)
Diethyl maleate 372(04)
Diethyl malonate 372(12)
Diethyl oxalate 202(06)
Diethyl peroxide 88(13)
Diethylphosphine 154(14)
Diethyl phosphite 26(07)
p-Diethyl phthalate 244(11)
Diethyl phthalate 312(11)
N,N-Diethyl-1,3-propanediamine 152(06)
2,2-Diethyl-1,3-propanediol 154(09)
Diethyl pyrocarbonate 278(07)
Diethyl selenide 154(05)
Diethyl succinate 116(07)
Diethyl sulfate 416(10)
Diethyl sulfide 412(05)
Diethyl sulfite 24(09)
Diethyl sulfone 154(04)
Diethyl tartrate 206(01)
Diethyl telluride 154(06)
Diethyl terephthalate 244(11)
3,9-Diethyl-6-Tridecanol 154(08)
Diethylzinc 152(03)
Difluoroamine 182(10)
Difluoro-1-chloroethane 106(08)
1,1-Difluoroethane 182(11)
1,1-Difluoroethene 182(12)

1,1-Difluoroethylene 182(12)
Difluoromethene 184(01)
Digermane 172(07)
Diglycol chlorohydrin 156(02)
Diglycol diacetate 156(03)
Diglycol laurate 158(06)
Diglyme 156(07)
Digold trioxide 128(10)
Dihexyl 246(05)
Dihexylamine 184(08)
Dihexyl ether 184(09)
1,2-Dihydropyridazine-3,6-dione 372(08)
Dihydroxybenzol 422(04)
1,2-Dihydroxybutane 316(01)
2,3-Dihydroxybutanedioic acid 204(14)
2,2-Dihydroxyethyl ether 156(01)
Dihydroxyethyl sulfide 230(01)
2,5-Dihydroxyhexane 350(04)
3,4-Dihydro-2H-pyran 176(05)
2,3-Dihydro-4H-pyran 176(05)
Diiodine pentaoxide 116(04)
1,1-Diiodoethane 212(02)
1,2-Diiodoethane 212(03)
Diiodomethane 212(04)
Diisoamyl ether 152(01)
Diisobutyl 194(02)
Diisobutylaluminium chloride 150(04)
Diisobutylaluminium hydride 150(05)
Diisobutylamine 150(03)
Diisobutylene 150(06)
Diisobutyl ketone 194(03)
Diisobutyl phthalate 312(10)
Diisobutyryl peroxide 88(12)
Diisodecyl adipate 8(03)
Diisodecyl phthalate 312(09)
Diisooctyl phthalate 312(08)
Diisopentyl ether 152(01)
Diisopropanolamine 150(07)
Diisopropyl 192(03)
Diisopropylamine 150(08)
N,N-Diisopropylethanolamine 150(09)
Diisopropyl ether 150(10)
Diisopropyl maleate 372(03)
Diisopropyl malonate 372(11)
Diisopropylmethanol 194(08)
Diisopropyl peroxodicarbonate 354(06)
Diketene 172(06)
Dilauroyl peroxide 90(03)
Dilead(Ⅱ) lead(Ⅳ) oxide 134(05)
Dimagnesium monosilicide 114(05)
Dimanganese heptaoxide 136(11)
Dimercury(Ⅰ) diazide 6(01)
Dimercury(Ⅱ) dicyanide oxide 148(03)

2,5-Dimethoxyaniline 196(02)
2,5-Dimethoxychlorobenzene 196(03)
1,2-Dimethoxyethane 54(05)
Di(2-methoxyethyl) phthalate 314(09)
Dimethoxymethane 370(06)
N,N-Dimethylacetamide 186(09)
Dimethylacetylene 322(13)
Dimethyl acetylenedicarboxylate 14(09)
Dimethylaluminium chloride 108(01), 188(07)
Dimethylamine 188(05)
2-(Dimethylamino)ethanol methacrylate 188(01)
2-(Dimethylamino)ethyl 374(11)
3-(Dimethylamino)propionitrile 188(03)
N,N-Dimethylamino-3-propionitrile 188(03)
3-(Dimethylamino)propylamine 188(04)
(Dimethylamino)trimethylsilane 188(02)
2,3-Dimethylaniline 96(07)
N,N-Dimethylaniline 186(10)
Dimethylarsine 188(06)
1,2-Dimethylbenzene 96(08)
1,3-Dimethylbenzene 96(09)
1,4-Dimethylbenzene 96(10)
α,α-Dimethylbenzyl hydroperoxide 194(06)
Dimethylberyllium 194(05)
2,2-Dimethylbutane 192(02)
2,3-Dimethylbutane 192(03)
2,3-Dimethyl-1-butene 192(05)
2,3-Dimethyl-2-butene 192(06)
1,3-Dimethylbutylamine 192(04)
Dimethyl 2-butynedioate 14(09)
Dimethylcadmium 190(01)
Dimethyl carbinol 334(03)
Dimethyl carbonate 226(02)
Dimethyl chloracetal 190(02)
Dimethylcyanamide 190(04)
1,2-Dimethylcyclohexane 190(06)
1,4-Dimethylcyclohexane 190(07)
Dimethyldiazen 18(08)
Dimethyldichlorosilane 168(02)
2,6-Dimethyl-1,4-dioxane 190(05)
Dimethyl disulfide 290(07)
Dimethylene oxide 52(11)
Dimethylethanolamine 188(01)
Dimethyl ether 188(10)
N,N-Dimethylethylamine 46(04)
N,N-Dimethylformamide 194(12)
2,5-Dimethylfuran 192(07)
Dimethyl glycol phthalate 314(09)
Dimethylglyoxal 144(07)
3,3-Dimethylheptane 194(04)
1,1-Dimethylheptanethiol 292(07)
2,6-Dimethyl-4-heptanone 194(03)
2,5-Dimethylhexane 194(02)

N,N-Dimethylhydrazine 190(10)
1,1-Dimethylhydrazine 190(10)
1,3-Dimethyl-2-imidazolidinone 188(09)
Dimethyl isophthalate 34(07)
N,N-Dimethylisopropanolamine 188(08)
Dimethylketene 190(03)
Dimethyl ketone 18(01)
Dimethyl maleate 372(07)
Dimethylmercury 190(08)
2,6-Dimethylmorpholine 196(01)
4,4-Dimethyloctane 188(11)
Dimethyl oxalate 202(09)
2,3-Dimethylpentaldehyde 194(07)
2,3-Dimethylpentanal 194(07)
2,3-Dimethylpentane 194(09)
2,4-Dimethylpentane 194(10)
2,4-Dimethyl-3-pentanol 194(08)
Dimethylphenylphosphine 192(01)
Dimethylphosphine 194(11)
p-Dimethyl phthalate 246(01)
Dimethyl phthalate 314(08)
2,2-Dimethylpropane 292(01)
2,2-Dimethyl-1,3-propanediol 192(09)
2,2-Dimethyl propanoic acid 262(11)
2,2-Dimethyl-1-propanol 192(08)
1,1-Dimethylpropanol 360(10)
1,1-Dimethylpropylamine 192(10)
1,2-Dimethylpropylamine 192(11)
2,2-Dimethylpropylamine 192(12)
N,N-Dimethylpropylamine 194(01)
2,5-Dimethylpyrazine 190(11)
Dimethyl sebacate 222(01)
Dimethyl selenide 222(05)
Dimethyl sulfate 416(11)
Dimethyl sulfide 412(06)
Dimethyl sulfite 24(10)
Dimethyl sulfoxide 190(09)
Dimethyl tartrate 206(02)
Dimethyl terephthalate 246(01)
N,N-Dimethyltrimethylsilylamine 188(02)
Dimethylzinc 186(08)
Diniobium pentaoxide 134(07)
2,4-Dinitroaniline 174(11)
1,2-Dinitrobenzene 176(01)
1,3-Dinitrobenzene 176(02)
1,4-Dinitrobenzene 176(03)
o-Dinitrobenzene 176(01)
m-Dinitrobenzene 176(02)
p-Dinitrobenzene 176(03)
1,2-Dinitrobenzol 176(01)
Dinitrochlorobenzene 106(06)
Dinitrogen monooxide 42(01)
Dinitrogen pentaoxide 116(02)

Dinitrogen tetraoxide 172(09)
Dinitrogen trioxide 138(12)
Dinitromethane 176(04)
2,4-Dinitrotoluene 174(12)
Dioctyl adipate 8(04)
Dioctyl ether 160(11)
Dioctyl phthalate 314(01)
1,3-Dioxane 160(08)
1,4-Dioxane 160(09)
1,3-Dioxolane 160(10)
1,3-Dioxolane-2-one 224(13)
Dioxygen difluoride 288(11)
Dipentene 408(11)
Dipentylamine 186(02)
Dipentyl ether 186(03)
Dipentyl maleate 372(06)
Dipentyl oxalate 202(08)
2,4-Di-t-pentylphenol 186(04)
Dipentyl phthalate 314(07)
Dipentyl sulfide 412(03)
Diphenyl 304(02)
Diphenylamine 176(10)
o-Diphenylbenzene 178(10)
m-Diphenylbenzene 178(11)
p-Diphenylbenzene 180(01)
1,1-Diphenylbutane 178(08)
Diphenyldiazene 18(06)
Diphenyldichlorosilane 166(11)
Diphenylene oxide 186(01)
1,1-Diphenylethane(uns) 176(11)
1,2-Diphenylethane(sym) 176(12)
1,2-Diphenylethene-cis 218(08)
1,2-Diphenylethene-trans 218(09)
Diphenyl ether 178(01)
Diphenyl ketone 178(02)
Diphenylmagnesium 180(04)
Diphenylmercury 178(03)
Diphenylmethane 180(05)
1,1-Diphenylpentane 180(02)
Diphenylphosphine 180(03)
Diphenyl phthalate 314(04)
1,1-Diphenylpropane 178(09)
Diphenyl sulfone 178(05)
Diphenyl sulfoxide 178(04)
N,N'-Diphenylthiourea 178(06)
N,N'-Diphenylurea 178(07)
sym-Diphenylurea 178(07)
Diphosphane 186(06)
Diphosphorous tetrachloride 238(01)
Diphosphorus pentaoxide 116(05), 202(04)
Diphosphorus pentasulfide 118(02)
Diphosphorus tetraiodide 244(04)
Diphosphorus trioxide 138(03)

Dipropylamine 184(02)
Dipropylene glycol 184(04)
Dipropylene glycol methyl ether 184(05)
Dipropyl ether 184(03)
Dipropyl ketone 352(09)
Dipropyl peroxydicarbonate 354(07)
Diselenium dichloride 274(09)
Disilane 174(05)
Disodium dicarbide 14(03)
Disodium disulfide 290(11)
Disulfur dibromide 278(02)
Disulfur dichloride 274(08)
Disulfur heptoxide 174(07)
Disulfuryl chloride 274(07)
Disulfuryl dichloride 274(07)
Ditane 180(05)
Ditantalum pentaoxide 132(07)
Dithallium trioxide 132(04)
Dithiodiacetic acid 174(06)
Dithiodiglycolic acid 174(06)
Dithioethylene glycohol 42(13)
Ditridecyl phthalate 314(03)
Ditungsten carbide 224(08)
Divanadium pentaoxide 136(03)
Divanadium trioxide 136(02)
Divinyl acetylene 176(06)
m-Divinylbenzene 176(08)
p-Divinylbenzene 176(09)
Divinyl ether 176(07)
DMA 186(09)
DMAC 186(09)
DMAD 14(09)
DME 188(10)
DMF 194(12)
DMP 314(08)
DMSO 190(09)
DMT 246(01)
DOA 8(04)
Dodecane 246(05)
1-Dodecanethiol 246(06)
Dodecanoic acid 406(04)
1-Dodecanol 246(04)
Dodecyl benzene 246(08)
Dodecyl bromide 200(08)
Dodecyl mercaptan 246(06)
tert-Dodecyl mercaptan 246(09)
p-Dodecylphenol 246(07)
DOP 314(01)
DTBHQ 180(13)
DTDP 314(03)
Durene 242(10)

E

Eicosane 30(04)
Eicosanoic acid 30(05)
Enanthaldehyde 352(03)
Enanthic acid 352(11)
Epichlorohydrin 60(03)
1,2-Epoxybutane 60(04)
2,3-Epoxybutane 322(09)
3,4-Epoxy-1-butene 60(05)
1,2-Epoxy-3-chloropropane 60(03)
Epoxyethyl benzene 218(11)
2,3-Epoxy-1-propanol 60(06)
Erythrene 312(01)
Ethanal 16(03)
Ethane 42(12)
Ethanedial 98(11)
1,2-Ethanediamine 58(05)
Ethanedinitrile 172(10)
Ethanedioic acid 202(03)
1,2-Ethanediol 54(01)
1,2-Ethanediol diformate 54(04)
1,2-Ethanedithiol 42(13)
Ethaneperoxoic acid 88(05)
Ethanethiol 52(06)
Ethanoic acid 120(01)
Ethanoic anhydride 374(03)
Ethanol 42(10)
Ethanolamine 42(11)
Ethanoyl chloride 60(08)
Ethene 52(10)
Ethenone 114(09)
Ethenyl ethanoate 122(07)
Ethenyl methanoate 96(02)
Ethenyloxyethene 176(07)
2-Ethenylpyridine 302(07)
4-Ethenylpyridine 302(08)
Ethine 10(12)
Ethoxyacetylene 58(08)
o-Ethoxyaniline 310(04)
p-Ethoxyaniline 310(05)
Ethoxybenzene 310(06)
2-Ethoxyethanol 54(09)
2-(2-Ethoxyethoxy) ethanol 158(02)
2-(2-Ethoxyethoxy)ethyl acetate 158(03)
2-Ethoxyethyl acetate 56(01)
2-Ethoxyethyl ether 156(04)
3-Ethoxypropanal 58(09)
1-Ethoxypropane 48(12)
3-Ethoxypropene 26(03)
1-Ethoxy-1-propene 50(01)
3-Ethoxypropionaldehyde 58(09)
3-Ethoxypropionic acid 60(01)

3-Ethoxy propyne　60(02)
Ethoxytriglycol　250(06)
Ethtyl 1-propenyl ether　50(01)
Ethtyl propyl ether　48(12)
N-Ethylacetamide　44(03)
N-Ethyl acetanilide　44(02)
Ethyl acetate　120(07)
Ethyl acetoacetate　16(05)
Ethyl acrylate　2(12)
Ethyl alcohol　42(10)
Ethylaluminium dichloride　166(03)
Ethylamine　44(06)
2-(Ethylamino) ethanol　44(09)
Ethylaminoethanol　44(09)
N-Ethylaniline　44(04)
Ethylbenzene　50(07)
Ethyl benzoate　28(07)
Ethylbenzol　50(07)
Ethyl benzoylacetate　358(07)
N-Ethyl-N-benzylaniline　50(06)
Ethyl borate　366(04)
Ethyl bromide　198(01)
Ethyl bromoacetate　340(10)
2-Ethylbutanal　48(09)
Ethyl butanoate　406(11)
2-Ethyl-1-butanol　48(07)
2-Ethyl-1-butene　48(11)
2-Ethylbutyl acetate　120(08)
2-Ethylbutyl acrylate　2(13)
2-Ethylbutyl alcohol　48(07)
N-Ethylbutylamine　48(08)
Ethyl N-butylcarbamate　318(08)
Ethyl butyl ether　318(10)
Ethyl butyl ketone　352(08)
2-Ethyl-2-butyl-1,3-propanediol　48(10)
2-Ethylbutyraldehyde　48(09)
Ethyl butyrate　406(11)
2-Ethylbutyric acid　52(08)
Ethyl caprate　234(08)
Ethyl caproate　92(04)
Ethyl caprylate　80(01)
Ethyl carbamate　94(08)
Ethyl carbamide　94(08)
Ethyl carbonate　226(01)
Ethyl chloride　62(10)
Ethyl chloroacetate　396(10)
Ethyl chlorocarbonate　104(10)
Ethyl chloroformate　104(10)
Ethyl chloromethanoate　104(10)
Ethyl trans-crotonate　102(01)
Ethyl cyanoacetate　146(01)
Ethylcyclobutane　44(13)
Ethylcyclohexane　46(01)

N-Ethylcyclohexylamine　46(02)
Ethylcyclopentane　46(03)
Ethyl decanoate　234(08)
Ethyl dichlorosilane　166(04)
N-Ethyldiethanolamine　44(12)
Ethyldimethylamine　46(04)
Ethyl dimethyl methane　38(09)
Ethylene　52(10)
Ethylene acetate　276(01)
N,N'-Ethylenebis(stearamide)　58(07)
Ethylene carbonate　224(13)
Ethylene chlorohydrin　104(04)
Ethylene cyanohydrin　300(06)
Ethylene diacetate　276(01)
Ethylenediamine　58(05)
Ethylene dibromide　184(06)
Ethylene dichloride　166(02)
Ethylene diiodide　212(03)
2,2'-Ethylenedioxydiethanol　250(05)
2,2'-(Ethylenedioxy)di(ethylacetate)　250(07)
Ethylene formate　54(04)
Ethylene glycol　54(01)
Ethylene glycol acetate　122(06)
Ethyleneglycol bis(thioglycolate)　54(06)
Ethylene glycol n-butyl ether　56(04)
Ethylene glycol diacetate　276(01)
Ethylene glycol dibutyl ether　54(03)
Ethylene glycol diethyl ether　160(02)
Ethylene glycol diformate　54(04)
Ethylene glycol dimethyl ether　54(05)
Ethylene glycol ethyl ether　54(09)
Ethylene glycol 2-ethylhexyl ether　56(02)
Ethylene glycol isopropyl ether　54(02)
Ethylene glycol methyl ether　58(02)
Ethylene glycol methyl ether acetate　58(03)
Ethylene glycol methyl ether formal　58(04)
Ethylene glycol monoacrylate　54(07)
Ethylene glycol monobenzyl ether　58(01)
Ethylene glycol mono t-butyl ether　56(05)
Ethylene glycol monobutyl ether acetate　56(06)
Ethylene glycol monoethyl ether acetate　56(01)
Ethylene glycol monohexyl ether　56(07)
Ethylene glycol monoisobutyl ether　54(08)
Ethylene glycol phenyl ether　56(03)
Ethylene oxide　52(11)
Ethylene sulfide　228(02)
Ethylenimine　10(05)
Ethyl ethanoate　120(07)
N-Ethylethanolamine　44(09)
Ethyl ether　152(11)
Ethyl ethynyl ether　58(08)
Ethyl fluoride　324(04)
Ethyl fluorosulfate　332(06)

o-Ethyl formate   82(02)
Ethyl formate   94(13)
Ethyl glycol acetate   56(01)
2-Ethylhexaldehyde   50(02)
2-Ethylhexanal   50(02)
2-Ethyl-1,3-hexanediol   50(03)
Ethyl hexanoate   92(04)
2-Ethylhexanoic acid   80(05)
2-Ethyl-1-hexanol   80(03)
Ethyl hexoate   92(04)
2-Ethyl hexoic acid   80(05)
2-Ethylhexyl acetate   120(09)
2-Ethylhexyl acrylate   2(14)
2-Ethylhexyl alcohol   80(03)
2-Ethylhexylamine   50(04)
2-Ethylhexyl chloride   64(01)
2-Ethylhexyl vinyl ether   50(05)
N-Ethyl-N-hydroxyethylaniline   306(09)
2-Ethyl-2-hydroxymethyl-1,3-propanediol   46(11)
Ethyl hypochlorite   142(11)
Ethylidene chloride   166(01)
1,1-Ethylidene dichloride   166(01)
Ethylidene difluoride   182(11)
Ethylidene diiodide   212(02)
N-Ethyl-2,2'-iminodiethanol   44(12)
Ethyl iodide   400(07)
Ethylisobutylmethane   390(05)
Ethyl isobutyrate   40(04)
Ethyl isocyanate   32(08)
Ethyl isocyanide   32(05)
Ethyl isopropyl ether   44(08)
Ethyl isopropyl keton   44(07)
Ethyl isovalerate   32(01)
Ethyl lactate   290(01)
Ethyllithium   52(09)
Ethylmagnesium bromide   50(09)
Ethyl malonate   372(12)
Ethyl mercaptan   52(06)
Ethyl methacrylate   374(10)
Ethyl methanoate   94(13)
Ethyl methyl acrylate   374(10)
Ethyl methyl ether   50(10)
3-Ethyl-4-methylhexane   52(04)
Ethyl methyl ketone   52(01)
3-Ethyl-2-methylpentane   52(05)
Ethyl methyl sulfide   410(04)
4-Ethylmorpholine   52(07)
N-Ethylmorpholine   52(07)
1-Ethylnaphthalene   46(10)
Ethyl nitrate   206(13)
Ethyl nitrite   8(09)
3-Ethyloctane   44(10)
4-Ethyloctane   44(11)

Ethyl octanoate   80(01)
Ethyl octoate   80(01)
Ethyl oxalate   202(06)
Ethyloxirane   60(04)
Ethyl 3-oxobutanoate   16(05)
4-Ethylphenol   48(06)
p-Ethylphenol   48(06)
Ethyl phenylacetate   308(04)
Ethyl phenyl ether   310(06)
Ethyl phenyl ketone   336(04)
Ethyl phosphate   420(07)
Ethylphosphine   50(08)
1-Ethylpiperidine   48(01)
2-Ethylpiperidine   48(02)
Ethyl propargyl ether   60(02)
Ethyl propionate   336(11)
Ethyl n-propyl ketone   348(01)
2-Ethylpyridine   48(03)
3-Ethylpyridine   48(04)
4-Ethylpyridine   48(05)
Ethyl silicate   236(06)
Ethylsodium   46(09)
Ethyl sulfhydrate   52(06)
Ethyl sulfide   412(05)
Ethyl sulfone   154(04)
Ethyl thioether   412(05)
2-Ethyltoluene   46(05)
3-Ethyltoluene   46(06)
4-Ethyltoluene   46(07)
o-Ethyltoluene   46(05)
m-Ethyltoluene   46(06)
p-Ethyltoluene   46(07)
N-Ethyl p-toluene sulfonamide   46(08)
Ethyl p-toluene sulfonate   268(08)
Ethyltrichlorosilane   252(10)
Ethyl trifluoroacetate   260(02)
Ethyl valerate   98(02)
Ethyl vinyl ether   46(12)
Ethyne   10(12)
Ethynylbenzene   44(01)
Ethynyl sodium   12(02)

F

Ferric chloride   68(11)
Ferric disulfide   290(10)
Ferric oxide   132(10)
Ferric perchlorate   86(03)
Ferric perchlorate hexahydrate   86(03)
Ferric sulfide   414(05)
Ferrous chloride   68(10)
Ferrous hydroxide   214(07)
Ferrous iodide   402(03)
Ferrous oxide   132(09)

Ferrous perchlorate   86(02)
Ferrous perchlorate hexahydrate   86(02)
Ferrous sulfate heptahydrate   418(02)
Ferrous sulfide   414(04)
Fluorimide   182(10)
Fluorine   330(01)
Fluorine azide   6(10)
Fluorine fluorosulfate   332(08)
Fluorine perchlorate   86(12)
Fluorobenzene   332(05)
Fluoroboronic acid   240(08)
Fluoroethane   324(04)
Fluoroethylene   328(04)
Fluoromethane   328(10)
Fluorophosphoric acid   332(09)
2-Fluoropyridine   332(04)
Fluorosilicic acid   114(08)
Fluorosulfuryl hypofluorite   332(08)
2-Fluorotoluene   332(01)
3-Fluorotoluene   332(02)
4-Fluorotoluene   332(03)
o-Fluorotoluene   332(01)
m-Fluorotoluene   332(02)
p-Fluorotoluene   332(03)
Formaldehyde   370(05)
Formaldehyde dimethyl acetal   370(06)
Formamide   370(04)
Formic acid   94(10)
Formic acid amide   370(04)
Freon 11   254(07)
Freon 12   168(01)
Freon 22   106(09)
Fulminic acid   406(01)
Fumaric acid   330(09)
Fumaronitrile   330(11)
2-Furaldehyde   332(11)
Furan   330(12)
Furfural   332(11)
Furfuran   330(12)
Furfuryl acetate   122(12)
Furfuryl alcohol   332(13)
Furfurylamine   332(12)
Furol   332(11)

G

Gallium   94(02)
Gallium(I) oxide   128(08)
Gaultheria oil   126(03)
GDMA   54(06)
Germane   114(12)
Germanium   114(10)
Germanium(IV) chloride   64(09)
Germanium hydride chloride   106(01)
Germanium(II) imide   114(11)
Germanium(II) sulfide   410(12)
Germanium tetrachloride   64(09)
Germanous monosulfide   410(12)
d-Glucose   100(03)
Glycerine   98(13)
Glycerine β-dichlorohydrin   170(02)
Glycerol   98(13)
Glycerol a-dichlorohydrin   170(01)
Glycerol a-monomethyl ether   394(08)
Glyceryl triacetate   246(10)
Glyceryl tributyrate   100(01)
Glyceryl trichlorohydrin   254(08)
Glyceryl trinitrate   280(10)
Glyceryl tripropionate   100(02)
Glycidol   60(06)
Glycidyl acrylate   2(15)
Glycol   54(01)
Glycol dichloride   166(02)
Glycol dimercaptoacetate   54(06)
Glycolic acid   300(04)
Glycol monoacetate   122(06)
Glycolonitrile   298(07)
Glyoxal   98(11)
Gold   98(05)
Gold(I) acetylide   12(05)
Gold carbide   12(05)
Gold(III) chloride   64(04)
Gold(I) cyanide   148(01)
Gold(III) oxide   128(10)
Gold(III) sulfide   410(08)
Guaiacol   394(04)
Guanidine   98(07)
Gypsum   416(07)

H

Hafnium   294(04)
Hafnium carbide   224(09)
Hafnium(IV) chloride   70(10)
HEA   54(07)
Heavy hydrogen   204(01)
Hemellitol   264(06)
Hendecane   42(09)
Heptadecanol   154(08)
Heptanal   352(03)
Heptane   352(10)
Heptanoic acid   352(11)
1-Heptanol   352(04)
2-Heptanol   352(05)
3-Heptanol   352(06)
2-Heptanone   352(07)
3-Heptanone   352(08)
4-Heptanone   352(09)

Heptene   264(02)
1-Heptene   354(02)
2-Heptene-trans   354(03)
3-Heptene   354(04)
Heptyl alcohol   352(04)
Heptylamine   352(12)
Heptylene   264(02), 354(02)
2-Heptylene-trans   354(03)
3-Heptylene   354(04)
1-Heptyne   354(01)
Hexaammonium heptamolybdate   398(01)
Hexaborane(10)   348(07)
Hexaborane(12)   348(08)
Hexabromoethane   348(06)
Hexacarbonylchromium   344(04)
Hexachloro-1,3-butadiene   344(08)
1,2,3,4,5,6-Hexachlorocyclohexane   344(06)
Hexachlorodisilane   344(07)
Hexachloroethane   344(05)
Hexadecane   346(04)
1-Hexadecanethiol   346(05)
Hexadecanoic acid   294(10)
1-Hexadecanol   346(03)
1-Hexadecene   346(06)
Hexadecylene-1   346(06)
Hexadecyl mercaptan   346(05)
Hexadecyltrichlorosilane   254(10)
2,4-Hexadienal   344(11)
1,3-Hexadiene   344(12)
1,4-Hexadiene   346(01)
1,5-Hexadiene   346(02)
1,5-Hexadien-3-yne   176(06)
Hexafluorobenzene   348(04)
Hexafluorophosphoric acid   348(05)
Hexafluoropropene   348(03)
Hexahydroaniline   162(10)
Hexahydrobenzene   162(06)
Hexahydrocumene   38(01)
Hexahydrophthalic acid anhydride   374(04)
Hexahydropyridine   304(05)
Hexahydroterephthalic acid   162(08)
Hexahydroxytoluene   380(11)
Hexaldehyde   346(07)
Hexalin   162(03)
Hexalin acetate   120(12)
Hexamethyldisilane   348(10)
Hexamethylene   162(06)
Hexamethylenediamine   350(01)
Hexamethylene glycol   350(03)
Hexamethylenetetramine   348(11)
Hexamethyltungsten   348(09)
Hexamine   348(11)
Hexanal   346(07)

Hexane   348(12)
Hexaneamine   350(07)
1,6-Hexanediamine   350(01)
1,6-Hexanedinitrile   350(05)
Hexanedioic acid   8(02)
1,2-Hexanediol   350(02)
1,6-Hexanediol   350(03)
2,5-Hexanediol   350(04)
2,5-Hexanedione   16(09)
6-Hexanelactam   92(01)
1,2,6-Hexanetriol   350(06)
Hexanitroethane   346(08)
Hexanoic acid   92(02)
1-Hexanol   346(09)
2-Hexanol   346(10)
2-Hexanone   346(11)
3-Hexanone   348(01)
1-Hexene   352(01)
2-Hexene   352(02)
3-Hexenol-cis   350(11)
3-Hexen-1-ol   350(11)
Hexone   36(03)
2-Hexoxy ethanol   56(07)
Hexyl acetate   124(02)
Hexyl alcohol   346(09)
sec-Hexyl alcohol   346(10)
Hexylamine   184(08), 350(07)
Hexyl chloride   112(07)
Hexylene glycol   350(02), 392(06)
Hexyl ether   184(09)
Hexyl glycol   56(07)
Hexyl hydride   348(12)
Hexyl methacrylate   374(13)
1-Hexyne   350(08)
2-Hexyne   350(09)
3-Hexyne   350(10)
High test bleaching powder   142(12)
HQMME   394(05)
Hydrated mercurous nitrate dihydrate   208(06)
Hydrazine   298(05)
Hydrazinium chlorate   76(12)
Hydrazinium perchlorate   86(11)
Hydrazoic acid   6(03)
Hydrobromic acid   198(05)
Hydrochloric ether   62(10)
Hydrocinnamic alcohol   308(11)
Hydrocyanic acid   148(05)
Hydrogen   214(12)
Hydrogen azide   6(03)
Hydrogen bromide   198(05)
Hydrogen chloride   66(08)
Hydrogen cyanide   148(05)
Hydrogen cyanide N-oxide   406(01)

Hydrogen disulfide 290(08)
Hydrogen fluoride 326(01)
Hydrogen hexafluorophosphate 348(05)
Hydrogen iodide 400(11)
Hydrogen peroxide 90(04)
Hydrogen phosphide 368(01)
Hydrogen polysulfide 290(08)
Hydrogen selenide 222(06)
Hydrogen sulfide 412(08)
Hydrogen telluride 244(08)
2-Hydroperoxide-2-methylpropane 320(08)
Hydroquinone 302(01)
Hydroquinone di-(β-hydroxyethyl) ether 302(02)
Hydroquinone monomethyl ether 394(05)
Hydrosilicofluoric acid 114(08)
Hydroximinoethane 16(04)
Hydroxyacetic acid 300(04)
Hydroxyacetone 298(08)
Hydroxyacetonitrile 298(07)
o-Hydroxybenzaldehyde 124(09)
Hydroxybenzene 310(07)
N-Hydroxybenzeneamine 308(09)
o-Hydroxybenzoic acid 124(10)
3-Hydroxybutanal 28(03)
β-Hydroxybuteraldehyde 28(03)
N-(2-Hydroxyethyl)-1,2-ethanediamine 298(09)
2-Hydroxyethyl acetate 122(06)
2-Hydroxyethyl acrylate 54(07)
β-Hydroxyethylaniline 20(06)
N-(2-Hydroxyethyl) cyclohexylamine 300(01)
N-(2-Hydroxyethyl)dimethylamine 188(01)
N-(2-Hydroxyethyl) morpholine 300(03)
1-(2-Hydroxyethyl) piperazine 300(02)
1-Hydroxyiminobutane 318(05)
a-Hydroxyisobutyronitrile 18(03)
Hydroxylamine 300(10)
Hydroxylamine nitrate 210(06)
Hydroxylammonium nitrate 210(06)
N-(Hydroxymethyl)acrylamide 300(07)
4-Hydroxy-4-methyl-2-pentanone 300(08)
a-Hydroxy naphthalene 274(01)
β-Hydroxy naphthalene 274(02)
3-Hydroxy-2-naphthalenecarboxylic acid 300(05)
3-Hydroxy-2-naphthoic acid 300(05)
2-Hydroxypropane-1,2,3-tricarboxylic acid 98(08)
2-Hydroxypropanoic acid 288(12)
2-Hydroxypropiononitrile 408(05)
3-Hydroxypropiononitrile 300(06)
o-Hydroxytoluene 100(04)
Hypochlorous acid 142(10)
Hyponitrous acid 144(04)
Hypophosphorous acid 368(02)

I

Icosane 30(04)
Icosanoic acid 30(05)
2,2-Iminodiethanol 152(02)
Indium 42(05)
Indium(Ⅲ) bromide 196(12)
Indium(Ⅲ) perchlorate octahydrate 84(06)
Iodic acid 404(01)
Iodine 402(12)
Iodine azide 6(12)
Iodine bromide 200(07)
Iodine(Ⅰ) chloride 74(08)
Iodine(Ⅲ) chloride 126(08)
Iodine(Ⅴ) fluoride 118(01)
Iodine fluoride 174(09)
Iodine heptafluoride 174(09)
Iodine monobromide 200(07)
Iodine monochloride 74(08)
Iodine pentafluoride 118(01)
Iodine(Ⅲ) perchlorate 88(02)
Iodine trichloride 126(08)
Iodobenzene 404(10)
1-Iodobutane 402(06)
2-Iodobutane 402(07)
Iododiborane(6) 404(07)
Iodoethane 400(07)
Iodoform 404(12)
Iodomethane 402(11)
1-Iodo-2-methylpropane 400(05)
2-Iodo-2-methylpropane 402(08)
1-Iodopentane 404(11)
1-Iodopropane 402(09)
2-Iodopropane 400(06)
3-Iodo-1-propene 400(02)
Iodosobenzene 404(08)
Iodosylbenzene 404(08)
4-Iodotoluene 404(09)
p-Iodotoluene 404(09)
Iodotrimethylsilane 402(04)
Iridium 42(04)
Iridium dioxide 128(03)
Iridium(Ⅵ) fluoride 324(02)
Iridium(Ⅳ) oxide 128(03)
Iron 234(13)
Iron(Ⅱ) bromide 198(08)
Iron(Ⅲ) bromide 198(09)
Iron carbonyl 360(03)
Iron(Ⅱ) chloride 68(10)
Iron(Ⅲ) chloride 68(11)
Iron(Ⅱ) diiron(Ⅲ) oxide 134(06)
Iron disulfide 290(10)
Iron(Ⅱ) hydroxide 214(07)

Iron(Ⅱ) iodide　402(03)
Iron(Ⅲ) nitrate nonahydrate　208(12)
Iron(Ⅲ) oxalate　202(11)
Iron(Ⅱ) oxide　132(09)
Iron(Ⅲ) oxide　132(10)
Iron pentacarbonyl　360(03)
Iron(Ⅱ) perchlorate hexahydrate　86(02)
Iron(Ⅲ) perchlorate hexahydrate　86(03)
Iron(Ⅲ) phosphinate　368(06)
Iron pyrites　290(10)
Iron(Ⅱ) sulfate heptahydrate　418(02)
Iron(Ⅱ) sulfide　414(04)
Iron(Ⅲ) sulfide　414(05)
iso-Nonane　378(08)
Isoamyl acetate　120(06)
Isoamyl alcohol　38(11)
Isoamyl butyrate　406(08)
Isoamyl chloride　62(08)
Isoamyl ether　152(01)
Isoamyl isovalerate　30(11)
Isoamyl mercaptan　388(02)
Isoamyl nitrite　8(08)
Isobutane　34(09)
Isobutene　36(04)
Isobutyl acetate　120(03)
Isobutyl acrylate　2(11)
Isobutyl alcohol　34(11)
Isobutylamine　34(10)
Isobutylbenzene　36(02)
Isobutyl bromide　196(10)
Isobutyl butyrate　406(09)
Isobutyl cellosolve　54(08)
Isobutyl chloride　62(06)
Isobutylene　36(04)
Isobutyl formate　94(11)
Isobutyl iodide　400(05)
Isobutyl isobutyrate　40(03)
Isobutyl mercaptan　390(01)
Isobutyl methyl keton　36(03)
Isobutyl phenylacetate　308(03)
Isobutyl phosphate　420(06)
Isobutyl vinyl ether　36(01)
Isobutyraldehyde　34(12)
Isobutyric acid　40(02)
Isobutyric anhydride　40(05)
Isobutyronitrile　36(05)
Isobutyryl chloride　62(05)
Isobutyryl peroxide　88(12)
Isocyanoethane　32(05)
Isocyanoethene　32(06)
Isodecane　382(11)
Isodecanoic acid　34(03)
Isodecanol　34(02)

Isodecyl alcohol　34(02)
Isodurene　242(09)
Isoheptane　390(05)
Isohexane　38(08)
Isohexyl alcohol　378(03)
Isononanoic acid　264(05)
Isooctane　264(10)
Isooctanoic acid　30(08)
Isooctanol　30(07)
Isooctene　30(09)
Isooctyl alcohol　30(07)
Isooctyl nitrate　206(10)
Isopentaldehyde　34(04)
Isopentane　38(09)
Isopentanoic acid　30(10)
Isopentyl acetate　120(06)
Isopentyl alcohol　38(11)
Isopentylamine　38(10)
Isopentyl butyrate　406(08)
Isopentyl chloride　62(08)
Isopentyl isovalerate　30(11)
Isopentyl mercaptan　388(02)
Isopentyl nitrite　8(08)
Isophorone　40(01)
Isophthalic acid　34(05)
Isophthaloyl chloride　34(08)
Isoprene　36(06)
Isopropanolamine　36(07)
Isopropenyl acetate　120(05)
Isopropenyl acetylene　388(09)
Isopropenylbenzene　382(04)
2-Isopropoxypropane　150(10)
3-Isopropoxypropionitrile　38(07)
Isopropyl acetate　120(04)
Isopropyl alcohol　334(03)
Isopropylamine　36(09)
p-Isopropylaniline　36(08)
p-Isopropylbenzaldehyde　38(06)
Isopropyl benzene　98(10)
Isopropyl benzoate　28(06)
p-Isopropylbenzoic acid　36(10)
p-Isopropylbenzyl alcohol　38(05)
Isopropylbiphenyl　38(04)
Isopropyl bromide　196(11)
Isopropyl butyrate　406(10)
Isopropyl carbinol　34(11)
Isopropyl chloride　62(07)
Isopropylcyanide　36(05)
Isopropylcyclohexane　38(01)
N-Isopropylcyclohexylamine　38(02)
Isopropyl ether　150(10)
Isopropylethylene　388(08)
Isopropyl formate　94(12)

Isopropyl-2-hydroxypropionate　288(13)
Isopropylidene dichloride　170(05)
Isopropyl iodide　400(06)
Isopropyl lactate　288(13)
Isopropylmercaptan　336(02)
Isopropyl methanoate　94(12)
4-Isopropyl-1-methyl benzene　196(06)
Isopropyl methyl ketone　386(09)
Isopropyl nitrate　206(11)
Isopropyl nitrite　8(07)
Isopropyl propionate　336(10)
Isopropyl viny ether　38(03)
Isoquinoline　32(04)
Isostilbene　218(08)
3-Isothiocyanatopropene　32(14)
Isotridecanol　34(01)
Isotridecyl alcohol　34(01)
Isovaleraldehyde　34(04)
Isovaleric acid　30(10)
Isovalerone　194(03)
Isoxazole　30(06)
Itaconic acid　40(07)

K

Ketene　114(09)
Ketine　190(11)
Krypton difluoride　288(07)

L

Lactic acid　288(12)
Lactonitrile　408(05)
Lactose　408(04)
Lanthanum　408(07)
Lanthanum carbide　224(10)
Lanthanum dicarbide　224(10)
Lanthanum dihydride　278(06)
Lanthanum(Ⅲ) oxide　138(02)
Lauric acid　406(04)
Lauroyl peroxide　90(03)
Lauryl alcohol　246(04)
Lauryl bromide　200(08)
Lauryl mercaptan　246(06)
Lead　274(03)
Lead(Ⅱ) azide　6(08)
Lead(Ⅱ) bromate　204(11)
Lead(Ⅱ) carbonate　226(07)
Lead carbonate-lead hydroxide　296(08)
Lead(Ⅱ) chlorate　76(10)
Lead(Ⅱ) chloride　70(03)
Lead(Ⅳ) chloride　70(04)
Lead(Ⅱ) chlorite　2(06)
Lead chromate　102(07)
Lead(Ⅱ) cyanide　148(09)
Lead dichloride　70(03)
Lead difluoride　326(09)
Lead dioxide　134(04)
Lead(Ⅱ) fluoride　326(09)
Lead monoxide　134(03)
Lead(Ⅱ) nitrate　210(02)
Lead(Ⅱ) nitride　232(07)
Lead(Ⅱ) oxide　134(03)
Lead(Ⅳ) oxide　134(04)
Lead(Ⅱ) perchlorate　86(06)
Lead(Ⅱ) phosphite　26(12)
Lead(Ⅱ) phosphonate　26(12)
Lead(Ⅱ) sulfate　418(05)
Lead tetrachloride　70(04)
Lead(Ⅱ) thiocyanate　228(10)
Leaf alcohol　350(11)
Limonene　408(11)
Lindane　344(06)
α-Linolenic acid　408(10)
Litharge　134(03)
Lithium　408(08)
Lithium acetylide　14(05)
Lithium aluminium hydride　216(02)
Lithium amide　408(09)
Lithium azide　6(13)
Lithium borohydride　240(04)
Lithium carbide　14(05)
Lithium carbonate　226(11)
Lithium chromate　102(09)
Lithium hydride　218(03)
Lithium nitrate　212(01)
Lithium nitride　232(13)
Lithium perchlorate　88(03)
Lithium tetrahydridoaluminate　216(02)
Lithium tetrahydroborate　240(04)
Lithium thiocyanate　228(12)
2-Lutidine　48(03)
3-Lutidine　48(04)
4-Lutidine　48(05)

M

Magnesia　136(08)
Magnesium　372(01)
Magnesium boride　366(01)
Magnesium carbonate　226(10)
Magnesium chlorate　76(13)
Magnesium chloride　74(04)
Magnesium diboride　366(01)
Magnesium dihydride　218(02)
Magnesium(Ⅱ) hydride　218(02)
Magnesium hydroxide　214(10)
Magnesium nitrate hexahydrate　210(11)
Magnesium nitride　232(11)

Magnesium nitrite   10(03)
Magnesium oxide   136(08)
Magnesium perchlorate   86(14)
Magnesium permanganate hexahydrate   92(11)
Magnesium phosphide   420(03)
Magnesium phosphinate hexahydrate   368(09)
Magnesium silicide   114(05)
Magnesium sulfate   418(08)
Maleic anhydride   374(06)
Maleic hydrazide   372(08)
Maleimide   372(02)
Malonic acid   372(10)
Malononitrile   372(09)
Manganese   372(13)
Manganese(Ⅱ) acetate tetrahydrate   124(06)
Manganese(Ⅱ) chloride   74(05)
Manganese dioxide   136(10)
Manganese disulfide   414(11)
Manganese(Ⅲ) fluoride   328(08)
Manganese(Ⅳ) fluoride   328(09)
Manganese(Ⅱ) hypophosphite   368(10)
Manganese monoxide   136(09)
Manganese(Ⅱ) nitrate hexahydrate   210(12)
Manganese(Ⅱ) oxide   136(09)
Manganese(Ⅳ) oxide   136(10)
Manganese(Ⅶ) oxide   136(11)
Manganese(Ⅱ) perchlorate octahydrate   88(01)
Manganese(Ⅱ) phosphinate momohydrate   368(10)
Manganese(Ⅱ) sulfate heptahydrate   418(09)
Manganese(Ⅱ) sulfide   414(10)
Manganese(Ⅳ) sulfide   414(11)
Manganese(Ⅱ) telluride   244(09)
Manganese trifluoride   328(08)
Manganic fluoride   328(08)
Marsh gas   376(05)
MDA   394(02)
Melamine   396(06)
Mercaptoacetic acid   228(03)
2-Mercaptoethanol   396(07)
3-Mercaptopropionic acid   396(08)
Mercuric bromate   204(09)
Mercuric chloride   66(07)
Mercuric cyanate   150(01)
Mercuric cyanide   148(04)
Mercuric nitrate   208(07)
Mercuric oxalate   202(10)
Mercuric oxide   130(10)
Mercuric perchlorate   84(14)
Mercuric thiocyanate   228(07)
Mercurous bromate   204(08)
Mercurous fluoride   324(12)
Mercurous oxide   130(09)
Mercury   212(11)

Mercury(Ⅱ) acetylide   12(07)
Mercury(Ⅰ) azide   6(01)
Mercury(Ⅱ) azide   6(02)
Mercury(Ⅰ) bromate   204(08)
Mercury(Ⅱ) bromate   204(09)
Mercury(Ⅱ) bromide   198(04)
Mercury(Ⅱ) carbide   12(07)
Mercury(Ⅱ) chloride   66(07)
Mercury(Ⅰ) chlorite   2(03)
Mercury(Ⅱ) chlorite   2(04)
Mercury(Ⅱ) cyanate   150(01)
Mercury(Ⅱ) cyanide   148(04)
Mercury(Ⅱ) cyanide oxide   148(03)
Mercury(Ⅰ) fluoride   324(12)
Mercury(Ⅱ) fulminate   406(03)
Mercury(Ⅱ) iodide   400(10)
Mercury(Ⅱ) nitrate   208(07)
Mercury(Ⅰ) nitrate dihydrate   208(06)
Mercury(Ⅱ) nitrite   232(03)
Mercury(Ⅱ) oxalate   202(10)
Mercury(Ⅰ) oxide   130(09)
Mercury(Ⅱ) oxide   130(10)
Mercury oxycyanide   148(03)
Mercury(Ⅱ) oxycyanide   148(03)
Mercury(Ⅱ) perchlorate   84(14)
Mercury(Ⅱ) sulfide   412(07)
Mercury(Ⅱ) thiocyanate   228(07)
Mesitylene   264(08)
Metaldehyde   294(06)
Metanilic acid   24(04)
Methacrolein   374(08)
Methacrylaldehyde   374(08)
Methacrylamide   374(07)
Methacrylic acid   374(09)
Methacrylonitrile   376(02)
Methallyl chloride   114(01)
Methane   376(05)
Methaneamine   378(04)
Methaneperoxoic acid   88(04)
Methanesulfonic acid   376(06)
Methanethiol   376(07)
Methanol   376(04)
Methox   314(09)
2-Methoxy-benzaldehyde   20(02)
2-Methoxyaniline   18(09)
3-Methoxyaniline   18(10)
4-Methoxyaniline   20(01)
4-Methoxybenzaldehyde   20(03)
Methoxybenzene   20(05)
o-Methoxybenzoic acid   20(04)
4-Methoxybenzoyl chloride   396(03)
3-Methoxybenzylamine   396(01)
4-Methoxybenzyl chloride   396(02)

3-Methoxybutanol   394(06)
3-Methoxybutyl acetate   394(07)
Methoxyethane   50(10)
2-Methoxyethanol   58(02)
2-(2-Methoxyethoxy) ethanol   158(05)
2-(2-(2-Methoxyethoxy)ethoxy)ethanol   252(02)
2-Methoxyethyl acetate   58(03)
2-Methoxyethyl acrylate   4(07)
2-Methoxyethylamine   394(03)
Methoxyethylene   384(03)
2-Methoxyethyl ether   156(07)
3-Methoxy-3-methyl-1-butanol   396(04)
3-Methoxy-3-methyl butylacetate   396(05)
4-Methoxy phenol   394(05)
o-Methoxyphenol   394(04)
1-Methoxypropane   390(03)
3-Methoxy-1,2-propanediol   394(08)
3-Methoxypropionitrile   394(09)
3-Methoxypropiononitrile   394(09)
3-Methoxypropylamine   394(10)
4-Methoxytoluene   100(07)
Methoxytriglycol   252(02)
Methoxytriglycol acetate   250(09)
1-Methoxy-2-vinyloxyethane   302(10)
o-Methylacetanilide   376(08)
m-Methylacetanilide   376(09)
p-Methylacetanilide   378(01)
Methyl acetate   124(07)
Methyl acetoacetate   16(07)
p-Methyl acetophenone   378(02)
Methylacetylene   340(03)
Methyl acrylate   4(06)
2-Methylacrylic acid   374(09)
Methylal   370(06)
Methyl alcohol   376(04)
Methylallene   310(09)
Methylallyl alcohol   390(04)
Methylamine   378(04)
Methylamyl acetate   124(02)
Methylamyl alcohol   378(03), 392(01)
2-Methylamyl alcohol   378(03)
Methyl amyl ketone   352(07)
2-Methylaniline   266(09)
3-Methylaniline   266(10)
4-Methylaniline   266(11)
p-Methylanisole   100(07)
2-Methylaziridine   338(12)
o-Methylbenzaldehyde   266(06)
m-Methylbenzaldehyde   266(07)
p-Methylbenzaldehyde   266(08)
Methylbenzene   268(03)
Methyl benzoate   28(10)
α-Methylbenzyl alcohol   306(07)

α-Methylbenzylamine   390(08)
4-Methylbenzyl chloride   390(09)
α-Methylbenzyl dimethyl amine   390(10)
2-Methylbiphenyl   384(04)
Methyl borate   366(07)
Methyl bromide   200(06)
2-Methylbutanal   386(07)
2-Methylbutane   38(09)
2-Methyl-2-butanethiol   388(01)
3-Methyl-1-butanethiol   388(02)
2-Methyl-1-butanol   386(08)
2-Methyl-2-butanol   360(10), 364(03)
3-Methyl-1-butanol   38(11)
3-Methyl-2-butanone   386(09)
2-Methyl-1-butene   388(06)
2-Methyl-2-butene   388(07)
3-Methyl-1-butene   388(08)
Methyl 2-butenoate   102(03)
3-Methyl-3-buten-2-one   378(05)
2-Methyl-1-buten-3-yne   388(09)
N-Methylbutylamine   388(03)
3-Methyl-1-butyne   388(04)
2-Methyl-3-butyne-2-ol   388(05)
3-Methyl-1-butyne-3-ol   388(05)
Methyl butynol   388(05)
3-Methyl butynol   388(05)
2-Methylbutyraldehyde   386(07)
Methyl butyrate   408(03)
Methyl carbitol   158(05)
Methyl carbonate   226(02)
Methyl carbonimide   32(13)
Methyl cellosolve   58(02)
Methyl chloride   74(06)
Methyl chloroacetate   396(12)
Methyl chloroethanoate   396(12)
Methyl chloroform   252(09)
Methylcopper   382(07)
Methyl crotonate   102(03)
Methyl cyanide   16(08)
Methylcyclohexane   380(11)
2-Methylcyclohexanol   380(05)
3-Methylcyclohexanol   380(06)
4-Methylcyclohexanol   380(07)
2-Methylcyclohexanone   380(08)
3-Methylcyclohexanone   380(09)
4-Methylcyclohexanone   380(10)
4-Methyl-1-cyclohexene   380(12)
1-Methyl-1,3-cyclopentadiene   380(13)
Methylcyclopentane   380(14)
Methyldichlorosilane   172(05)
N-Methyldiethanolamine   380(03)
4-Methyl-1,3-dioxane   380(04)
4-Methyl-1,3-dioxolan-2-one   340(01)

Methyl disulfide   290(07)
2-Methyle-1,3-butadiene   36(06)
Methylene bromide   184(07)
Methylene chloride   172(03)
4,4'-Methylenedianiline   394(02)
Methylene dibromide   184(07)
Methylene diiodide   212(04)
Methylenesuccinic acid   40(07)
Methyl ether   188(10)
1-Methyl-2-ethylbenzene   46(05)
1-Methyl-3-ethylbenzene   46(06)
1-Methyl-4-ethylbenzene   46(07)
Methyl ethyl carbinol   312(03)
2-Methyl-2-ethyl-1,3-dioxolane   52(02)
Methyl ethylene glycol   334(08)
Methyl ethyl ether   50(10)
3-Methyl-4-ethylhexane   52(04)
Methyl ethyl ketone   52(01)
Methyl ethyl ketoxime   312(04)
2-Methyl-3-ethylpentane   52(05)
2-Methyl-5-ethylpyridine   52(03)
Methyl fluoride   328(10)
N-Methylformamide   392(12)
Methyl formate   96(06)
2-Methylfuran   388(10)
3-Methylfuran   388(11)
2-Methylheptane   390(07)
2-Methylhexane   390(05)
3-Methylhexane   390(06)
Methyl hexyl ketone   78(09)
Methylhydrazine   384(02)
Methyl hydrogensulfate   418(01)
Methylhydroquinone   268(05)
Methyl-3-hydroxybutyrate   300(09)
Methyl hypochlorite   144(03)
Methyl iodide   402(11)
Methyl isoamyl ketone   378(06)
Methylisobutylcarbinol   392(01)
Methyl isobutyl ketone   36(03)
Methyl isobutyrate   40(06)
Methyl isocyanate   32(13)
Mcthyl isocyanide   32(07)
Methyl isopentyl ketone   378(06)
Methyl isopropenyl ketone   378(05)
Methyl isovalerate   32(03)
Methyl lactate   290(04)
Methyllithium   394(01)
Methyl mercaptan   376(07)
Methyl metanoate   96(06)
Methyl methacrylate   376(01)
4-Methylmorpholine   392(13)
N-Methylmorpholine   392(13)
1-Methylnaphthalene   382(08)

2-Methylnaphthalene   382(09)
α-Methylnaphthalene   382(08)
β-Methylnaphthalene   382(09)
Methylnitramine   288(04)
Methyl nitrate   210(13)
Methyl nitrite   10(04)
4-Methyl-2-nitroaniline   282(07)
2-Methyl-2-nitropropane   382(10)
2-Methylnonane   382(11)
Methyl nonyl ketone   42(08)
2-Methyloctane   378(08)
3-Methyloctane   378(09)
4-Methyloctane   378(10)
N-Methylolacrylamide   300(07)
Methyl oxide   188(10)
2-Methyloxirane   338(13)
2-Methyloxolane   382(06)
2-Methyl-1,3-pentadiene   390(11)
4-Methyl-1,3-pentadiene   390(12)
Methylpentaldehyde   384(01)
2-Methylpentanal   384(01)
2-Methylpentane   38(08)
3-Methylpentane   392(03)
2-Methyl-1,3-pentanediol   392(05)
2-Methyl-2,4-pentanediol   350(02)
2-Methylpentanoic acid   392(04)
2-Methyl-1-pentanol   378(03)
4-Methyl-2-pentanol   392(01)
4-Methyl-2-pentanone   36(03)
2-Methyl-3-pentanone   44(07)
3-Methyl-2-pentanone   392(02)
2-Methyl-1-pentene   392(07)
2-Methyl-2-pentene   392(08)
4-Methyl-1-pentene   392(09)
cis-4-Methyl-2-pentene   392(10)
o-Methyl phenol   100(04)
m-Methyl phenol   100(05)
p-Methyl phenol   100(06)
Methylphenyl carbinol   306(07)
4-Methyl-1,3-phenylenediisocyanate   268(04)
Methyl phenyl ether   20(05)
Methylphosphine   392(11)
1-Methyl piperazine   384(05)
1-Methylpiperidine   384(09)
2-Methylpiperidine   384(06)
3-Methylpiperidine   384(07)
4-Methylpiperidine   384(08)
N-Methylpiperidine   384(09)
Methyl pivalate   304(01)
Methylpotassium   380(01)
2-Methylpropanal   34(12)
2-Methylpropane   34(09)
2-Methylpropanenitrile   36(05)

2-Methyl-1-propanethiol 390(01)
2-Methyl-2-propanethiol 390(02)
2-Methyl-1-propanol 34(11)
2-Methyl-2-propanol 318(03)
2-Methylpropanoyl chloride 62(05)
2-Methylpropenal 374(08)
2-Methylpropene 36(04)
2-Methyl-2-propeneamide 374(07)
2-Methyl-2-propene-1-ol 390(04)
2-Methyl-1-propene-1-one 190(03)
Methyl propionate 338(06)
Methyl propyl acetylene 350(09)
Methyl propyl carbinol 360(08)
β-Methyl propyl ethanoate 120(03)
Methyl n-propyl ether 390(03)
Methyl propyl ketone 362(01)
2-Methylpyrazine 384(10)
2-Methylpyridine 386(01)
3-Methylpyridine 386(02)
4-Methylpyridine 386(03)
1-Methylpyrrole 386(06)
N-Methylpyrrole 386(06)
1-Methylpyrrolidine 386(04)
N-Methylpyrrolidine 386(04)
1-Methyl-2-pyrrolidone 386(05)
N-Methyl-2-pyrrolidone 386(05)
Methyl salicylate 126(03)
Methyl sebacate 222(01)
Methylsilane 380(15)
Methyl silico chloroform 254(13)
Methylsilver 380(02)
Methyl stearate 220(07)
o-Methylstyrene 382(01)
m-Methylstyrene 382(02)
p-Methylstyrene 382(03)
α-Methylstyrene 382(04)
Methyl sulfate 418(01)
Methyl sulfide 412(06)
Methyl sulfoxide 190(09)
2-Methyltetrahydrofuran 382(06)
2-Methylthiophene 382(05)
Methyl p-toluene sulfonate 268(09)
Methyl p-tolyl ketone 378(02)
Methyltrichlorosilane 254(13)
Methyl undecyl ketone 378(07)
2-Methylvaleraldehyde 384(01)
2-Methylvaleric acid 392(04)
1-Methylvinyl acetate 120(05)
Methyl vinyl ether 384(03)
Methyl vinyl ketone 330(07)
2-Methy-2,4-pentanediol 392(06)
Milk sugar 408(04)
Molybdenum 396(13)

Molybdenum(V) chloride 74(07)
Molybdenum disulfide 414(12)
Molybdenum(VI) fluoride 328(11)
Molybdenum hexafluoride 328(11)
Molybdenum nitride 232(12)
Molybdenum(IV) oxide 136(12)
Molybdenum(VI) oxide 138(01)
Molybdenum pentachloride 74(07)
Molybdenum(IV) sulfide 414(12)
Molybdenum trioxide 138(01)
Monochloroacetic acid 396(09)
Monomethylhydrazine 384(02)
Monosodium acetylide 12(02)
Morpholine 398(03)
Myristic acid 374(01)

N

Naphthalene 272(06)
1-Naphthalenecarboxylic acid 272(09)
2-Naphthalenecarboxylic acid 272(10)
1-Naphthoic acid 272(09)
2-Naphthoic acid 272(10)
1-Naphthol 274(01)
2-Naphthol 274(02)
α-Naphthol 274(01)
β-Naphthol 274(02)
1-Naphthylamine 272(07)
2-Naphthylamine 272(08)
1-Naphthyl isocyanate 32(10)
Neohexane 192(02)
Neopentane 292(01)
Neopentyl alcohol 192(08)
Neopentylamine 192(12)
Neopentyl glycol 192(09)
Nickel 278(08)
Nickel carbonate 226(08)
Nickel carbonyl 236(08)
Nickel chlorite 2(07)
Nickel(II) cyanide 148(10)
Nickel dioxide 134(10)
Nickel(II) nitrate hexahydrate 210(03)
Nickel(II) oxide 134(08)
Nickel(III) oxide 134(09)
Nickel(IV) oxide 134(10)
Nickel(II) perchlorate hexahydrate 86(07)
Nickel peroxide 134(10)
Nickel sulfate heptahydrate 418(06)
Nickel tetracarbonyl 236(08)
Nicotine 274(11)
Niobe oil 28(10)
Niobium(V) oxide 134(07)
Nitramine 206(08)
Nitric acid 206(05)

Nitric amide 206(08)
Nitric ether 206(13)
Nitric oxide 40(11)
2,2',2''-Nitrilotriethanol 248(07)
Nitroacetone 278(10)
2-Nitroacetophenone 278(09)
Nitroamine 206(08)
2-Nitroaniline 280(01)
3-Nitroaniline 280(02)
4-Nitroaniline 280(03)
o-Nitroaniline 280(01)
m-Nitroaniline 280(02)
p-Nitroaniline 280(03)
2-Nitroanisole 278(11)
3-Nitroanisole 278(12)
4-Nitroanisole 278(13)
o-Nitroanisole 278(11)
m-Nitroanisole 278(12)
p-Nitroanisole 278(13)
2-Nitrobenzaldehyde 286(03)
3-Nitrobenzaldehyde 286(04)
4-Nitrobenzaldehyde 286(05)
o-Nitrobenzaldehyde 286(03)
m-Nitrobenzaldehyde 286(04)
p-Nitrobenzaldehyde 286(05)
Nitrobenzene 286(06)
3-Nitrobenzenesulfonic acid 286(07)
m-Nitrobenzenesulfonic acid 286(07)
2-Nitrobenzoic acid 280(04)
3-Nitrobenzoic acid 280(05)
4-Nitrobenzoic acid 280(06)
o-Nitrobenzoic acid 280(04)
m-Nitrobenzoic acid 280(05)
p-Nitrobenzoic acid 280(06)
Nitrobenzol 286(06)
2-Nitrobenzonitrile 286(10)
3-Nitrobenzonitrile 286(11)
4-Nitrobenzonitrile 288(01)
o-Nitrobenzonitrile 286(10)
m-Nitrobenzonitrile 286(11)
p-Nitrobenzonitrile 288(01)
p-Nitrobenzoyl chloride 286(09)
2-Nitrobenzyl alcohol 284(08)
3-Nitrobenzyl alcohol 284(09)
4-Nitrobenzyl alcohol 284(10)
o-Nitrobenzyl alcohol 284(08)
m-Nitrobenzyl alcohol 284(09)
p-Nitrobenzyl alcohol 284(10)
2-Nitrobenzyl bromide 286(02)
o-Nitrobenzyl bromide 286(02)
2-Nitrobenzyl chloride 284(11)
3-Nitrobenzyl chloride 284(12)
4-Nitrobenzyl chloride 286(01)

o-Nitrobenzyl chloride 284(11)
m-Nitrobenzyl chloride 284(12)
p-Nitrobenzyl chloride 286(01)
2-Nitrobiphenyl 282(13)
4-Nitrobiphenyl 284(01)
Nitrobromoform 262(02)
tert-Nitrobutane 382(10)
o-Nitrochlorobenzene 110(02)
m-Nitrochlorobenzene 280(11)
p-Nitrochlorobenzene 110(03)
Nitrocyclohexane 282(01)
Nitroethane 280(08)
2-Nitroethanol 280(07)
β-Nitroethyl alcohol 280(07)
Nitroform 258(03)
Nitrogen 234(01)
Nitrogen chloride difluoride 106(07)
Nitrogen dioxide 172(09)
Nitrogen fluoride 140(10)
Nitrogen iodide 142(02)
Nitrogen monooxide 40(11)
Nitrogen trichloride 126(05)
Nitrogen trifluoride 140(10)
Nitrogen triiodide 142(02)
Nitroglycerine 280(10)
Nitroguanidine 280(09)
1,1',1''-Nitrolotri-2-propanol 256(06)
Nitromesitylene 288(02)
Nitromethane 288(03)
N-Nitromethylamine 288(04)
1-Nitronaphthalene 282(11)
2-Nitrophenol 284(03)
3-Nitrophenol 284(04)
4-Nitrophenol 284(05)
o-Nitrophenol 284(03)
m-Nitrophenol 284(04)
p-Nitrophenol 284(05)
4-Nitrophenylacetic acid 284(02)
1-Nitropropane 284(06)
2-Nitropropane 284(07)
1-Nitro-2-propanone 278(10)
Nitrosobenzene 282(05)
Nitrosoguanidine 282(02)
2-Nitrosophenol 282(03)
4-Nitrosophenol 282(04)
o-Nitrosophenol 282(03)
p-Nitrosophenol 282(04)
Nitrosotrifluoromethane 260(04)
Nitrosyl chloride 70(06)
Nitrosyl fluoride 326(11)
Nitrosyl hydrogensulfate 416(13)
Nitrosyl perchlorate 86(09)
Nitrosylsulfuric acid 416(13)

Nitroterephthalic acid 282(06)
2-Nitrotoluene 282(08)
3-Nitrotoluene 282(09)
4-Nitrotoluene 282(10)
o-Nitrotoluene 282(08)
m-Nitrotoluene 282(09)
p-Nitrotoluene 282(10)
2-Nitro-p-toluidine 282(07)
Nitrourea 282(12)
Nitrous acid 8(05)
Nitrous ether 8(09)
Nitrous oxide 42(01)
Nitroyl perchlorate 86(08)
Nitryl chloride 70(05)
Nitryl fluoride 326(10)
Nitryl perchlorate 86(08)
Nonadecane 292(02)
Nonane 292(03)
Nonanoic acid 292(04)
1-Nonanol 292(05)
Nonene 292(08)
Nonyl acetate 122(03)
Nonyl alcohol 264(03), 292(05)
Nonylbenzene 292(06)
Nonylene 292(08)
tert-Nonyl mercaptan 292(07)
Normanthane 38(01)

O

Octacarbonyldicobalt 78(02)
Octachlorotrisilane 78(03)
Octadecanamide 220(02)
Octadecane 78(05)
1-Octadecanol 78(04)
9,12,15-Octadecatrienoic acid 408(10)
Octadecyl alcohol 78(04)
Octahydrotrisilane 256(03)
Octanal 78(06)
1-Octanamine 80(02)
n-Octane 78(10)
Octanediol 50(03)
1-Octanethiol 80(06)
1-Octanol 78(07)
2-Octanol 78(08)
2-Octanone 78(09)
Octanone 78(09)
1-Octene 80(08)
2-Octene 80(09)
Octyl acetate 120(09)
Octyl acid 80(05)
Octyl alcohol 78(07), 80(03)
n-Octylaldehyde 78(06)
Octyl amine 50(04)

1-Octylamine 80(02)
tert-Octylamine 242(07)
Octyl chloride 80(04), 104(08)
Octylene glycol 50(03)
Octyl ether 160(11)
n-Octyl mercaptan 80(06)
tert-Octyl mercaptane 80(07)
Octyl vinyl ether 50(05)
Oil of Wintergreen 126(03)
Oleamide 82(04)
Oleic acid 82(03)
Oleic amide 82(04)
Orthanilic acid 24(03)
Orthoperiodic acid 82(01)
Orthophosphoric acid 420(04)
Osmium 80(10)
Osmium dioxide 128(05)
Osmium(Ⅵ) fluoride 324(06)
Osmium(Ⅳ) oxide 128(05)
Osmium(Ⅷ) oxide 128(06)
Osmium tetraoxide 128(06)
Oxalic acid 202(03)
Oxalic ether 202(06)
Oxammonium 300(10)
Oxane 238(11)
1,4-Oxathiane 76(14)
Oxetane 78(01)
2-Oxetanone 336(05)
2-Oximinobutane 312(04)
Oxirane 52(11)
Oxolane 238(12)
2-Oxopropanoic acid 304(10)
Oxygen 140(07)
Oxygen difluoride 288(09)
Ozone 80(11)

P

Palladium 294(07)
Palladium(Ⅱ) acetate 122(04)
Palladium(Ⅳ) fluoride 328(03)
Palladium(Ⅱ) oxide 136(04)
Palmitic acid 294(10)
Paraform 294(08)
Paraformaldehyde 294(08)
Paraldehyde 294(05)
Paraldol 294(06)
Pelargonic acid 292(04)
Pentaborane(9) 362(03)
Pentaborane(11) 362(04)
Pentacarbonyliron 360(03)
Pentachloroethane 360(04)
1,3-Pentadiene 360(05)
1,4-Pentadiene 360(06)

Pentaerythritol 360(02)
Pentamethylbenzene 362(05)
Pentamethylenediamine 362(09)
Pentamethylene dichloride 172(02)
Pentamethylene glycol 362(10)
Pentamethylene oxide 238(11)
Pentanal 294(11)
1-Pentanamine 362(07)
2-Pentanamine 362(08)
Pentane 362(06)
1,5-Pentanediamine 362(09)
1,5-Pentanediol 362(10)
2,4-Pentanedione 10(07)
Pentanenitrile 294(12)
Pentanethiol 388(01)
1-Pentanethiol 362(11)
Pentanoic acid 98(01)
1-Pentanol 360(07)
2-Pentanol 360(08)
3-Pentanol 360(09)
tert-Pentanol 360(10)
1-Pentanol acetate 124(04)
2-Pentanol acetate 124(05)
2-Pentanone 362(01)
3-Pentanone 362(02)
Pentasodium triphosphate 142(09)
1-Pentene 364(10)
2-Pentene 364(11)
Pentyl acetate 124(04)
sec-Pentyl acetate 124(05)
Pentyl alcohol 360(07)
t-Pentyl alcohol 364(03)
Pentylamine 362(07)
t-Pentylamine 364(02)
p-t-Pentylaniline 364(01)
Pentylbenzene 364(07)
Pentyl bromide 200(05)
t-Pentyl bromide 344(03)
Pentyl butyrate 406(07)
Pentyl chloride 74(01)
tert-Pentyl chloride 74(02)
Pentylcyclohexane 364(04)
Pentyl ether 186(03)
Pentyl formate 96(05)
Pentyl iodide 404(11)
Pentyl lactate 290(03)
Pentyl laurate 406(05)
Pentyl nitrate 210(10)
Pentyl nitrite 10(02)
o-Pentyl phenol 364(05)
p-tert-Pentylphenol 364(06)
Pentyl propionate 338(04)
Pentyl salicylate 126(02)

Pentyl stearate 220(06)
Pentyl trichlorosilane 254(12)
1-Pentyne 364(08)
2-Pentyne 364(09)
Perchloric acid 84(03)
Perchloroethylene 236(10)
Perchloryl hypofluorite 86(12)
Perchloryl perchlorate 174(08)
Periodic acid 82(01), 92(12)
Peroxodisulfuric acid 354(10)
Peroxomonosulfuric acid 354(08)
Peroxyacetic acid 88(05)
Peroxybenzoic acid 84(01)
Peroxydisulfuric acid 354(10)
Peroxyformic acid 88(04)
Phenacyl chloride 102(13)
Phenanthrene 306(05)
Phenanthrin 306(05)
Phenethyl acetate 122(09)
Phenethyl alcohol 306(08)
o-Phenetidine 310(04)
p-Phenetidine 310(05)
Phenetole 310(06)
Phenol 310(07)
p-Phenolsulfonic acid 310(08)
2-Phenoxyethanol 56(03)
β-Phenoxyethyl chloride 110(05)
Phenylacetaldehyde 306(06)
Phenyl acetate 122(08)
Phenylacetic acid 308(02)
Phenyl acetonitrile 148(11)
Phenylacetylene 44(01)
Phenylamine 20(07)
Phenylaniline 176(10)
p-(Phenylazo)aniline 22(05)
Phenylbenzene 304(02)
Phenyl bromide 342(13)
Phenyl carbinol 356(07)
Phenyl cellosolve 56(03)
Phenyl chloride 112(09)
Phenylcyclohexane 164(01)
N-Phenyldiethanolamine 308(05)
Phenyldiethylamine 152(05)
1-Phenyldodecane 246(08)
o-Phenylenediamine 310(01)
m-Phenylenediamine 310(02)
p-Phenylenediamine 310(03)
Phenylethane 50(07)
1-Phenylethanol 306(07)
2-Phenylethanol 306(08)
N-Phenylethanolamine 20(06)
Phenyl ether 178(01)
2-Phenylethyl acetate 122(09)

β-Phenylethyl acetate　122(09)
Phenylethyl alcohol　306(08)
1-Phenylethylamine　390(08)
N-Phenyl-N-ethylethanolamine　306(09)
Phenylglyoxal　308(01)
Phenylhydrazine　308(08)
N-Phenylhydroxylamine　308(09)
Phenyl isocyanate　32(11)
Phenyllithium　308(14)
Phenyl methyl ketone　16(11)
4-Phenylmorpholine　308(13)
N-Phenylmorpholine　308(13)
1-Phenylnonane　292(06)
Phenylpentane　364(07)
o-Phenylphenol　308(10)
Phenylphosphine　308(12)
Phenylpropane　338(10)
3-Phenyl-1-propanol　308(11)
2-Phenylpropene　382(04)
Phenylpropyl alcohol　308(11)
Phenyl salicylate　124(11)
Phenylsilver　306(10)
Phenylsodium　308(07)
Phenyl sulfone　178(05)
Phenyl sulfoxide　178(04)
5-Phenyltetrazole　308(06)
C-Phenyltetrazole　308(06)
2-Phenyltoluene　384(04)
Phosgene　366(10)
Phoshorus iodide　142(04)
Phosphine　368(01)
Phosphinic acid　368(02), 370(01)
Phosphonium iodide　402(10)
Phosphoric acid　420(04)
Phosphoric anhydride　116(05)
Phosphorous acid　370(01)
Phosphorus　418(10)
Phosphorus bromide　140(05)
Phosphorus(V) chloride　116(01)
Phosphorus(III) chloride　126(09)
Phosphorus chloride difluoride　70(07)
Phosphorus fluoride　142(01)
Phosphorus(III) oxide　138(03), 422(05)
Phosphorus(V) oxide　202(04)
Phosphorus oxychloride　74(03)
Phosphorus pentachloride　116(01)
Phosphorus sesquisulfide　142(05)
Phosphorus(V) sulfide　118(02)
Phosphorus tribromide　140(05)
Phosphorus trichloride　126(09)
Phosphorus tricyanide　140(01)
Phosphorus trifluoride　142(01)
Phosphorus triiodide　142(04)

Phosphoryl chloride　74(03)
Phthalic acid　312(06)
Phthalic anhydride　374(05)
Phthalimide　312(05)
m-Phthalyl dichloride　34(08)
p-Phthalyl dichloride　246(02)
2-Picoline　386(01)
3-Picoline　386(02)
4-Picoline　386(03)
α-Picoline　386(01)
β-Picoline　386(02)
γ-Picoline　386(03)
Picramide　256(09)
Picric acid　296(01)
Pimelic ketone　162(04)
Pinacoline　322(06)
Pinacolone　322(06)
Pinane　302(03)
2-Pinene　302(11)
α-Pinene　302(11)
2-Pipecoline　384(06)
3-Pipecoline　384(07)
4-Pipecoline　384(08)
Piperazine　304(03)
Piperidine　304(05)
2-Piperidinone　304(04)
2-Piperidone　304(04)
Piperylene　360(05)
Pivalic acid　262(11)
Pivalonitrile　262(03)
Pivaloyl chloride　72(01)
Platinicfluoride　328(01)
Platinic oxide　136(01)
Platinum　294(01)
Platinum(IV) fluoride　328(01)
Platinum(VI) fluoride　328(02)
Platinum(IV) oxide　136(01)
Platinum tetrafluoride　328(01)
Plumbous fluoride　326(09)
Plutonium　332(10)
Plutonium(VI) fluoride　328(05)
Plutonium hexafluoride　328(05)
Plutonium(III) hydride　216(13)
Plutonium(IV) nitrate　210(08)
Plutonium nitride　232(09)
Plutonium trihydride　216(13)
Polyoxymethylene　294(08)
Polyphosphoric acid　212(09)
Potassium　94(01)
Potassium acetylide　12(03)
Potassium amide　94(03)
Potassium amidosulfate　22(02)
Potassium antimonide　28(12)

Potassium bichromate   202(01)
Potassium bromate   204(06)
Potassium tert-butoxide   94(04)
Potassium carbonate   224(14)
Potassium chlorate   76(07)
Potassium chloride   64(02)
Potassium chlorite   2(02)
Potassium cyanate   148(12)
Potassium cyanide   146(11)
Potassium dichromate   202(01)
Potassium dioxide   234(02)
Potassium ferricyanide   344(10)
Potassium ferrocyanide   344(09)
Potassium hexacyanoferrate(Ⅱ)   344(09)
Potassium hexacyanoferrate(Ⅲ)   344(10)
Potassium hydride   216(05)
Potassium hydrogen   14(10)
Potassium hydrogen peroxosulfate   354(09)
Potassium hydrogentartrate   206(03)
Potassium hydroxide   214(04)
Potassium hypophosphite   368(04)
Potassium iodate   404(03)
Potassium iodide   400(08)
Potassium methoxide   94(05)
Potassium monosulfide   410(05)
Potassium nitrate   208(01)
Potassium nitride   230(11)
Potassium nitrite   8(10)
Potassium perchlorate   84(09)
Potassium periodate   92(13)
Potassium permanganate   92(07)
Potassium peroxide   88(08)
Potassium peroxodisulfate   354(12)
Potassium persulfate   354(12)
Potassium phosphinate   368(04)
Potassium picrate   296(04)
Potassium prussite   146(11)
Potassium silicide   114(02)
Potassium sulfide   410(05)
Potassium superoxide   234(02)
Potassium thiocyanate   228(06)
Prehnitene   242(08)
Propadiene   334(01)
Propanal   336(08)
1-Propanamine   338(07)
Propane   334(05)
1,2-Propanediamine   334(06)
1,3-Propanediamine   334(07)
Propanedinitrile   372(09)
Propanedioic acid   372(10)
1,2-Propanediol   334(08)
1,3-Propanediol   334(09)
Propane-1-ol-2-one   298(08)

1-Propanethiol   336(01)
2-Propanethiol   336(02)
1,2,3-Propanetriyl nitrate   280(10)
Propanoic acid   336(09)
1-Propanol   334(02)
2-Propanol   334(03)
Propanolamine   334(04)
2-Propanonamine   36(09)
2-Propanone   18(01)
Propanoyl chloride   72(06)
Propargyl alcohol   340(04)
Propargyl bromide   342(12)
Propargyl chloride   112(06)
Propenal   2(09)
Propenamide   2(08)
Propene   338(11)
Propenenitrile   4(08)
2-Propene-1-ol   26(02)
2-Propene-1-thiol   340(05)
2-Propenyamine   26(01)
Propenylene dichloride   170(06)
2-Propenyl hexanoate   92(03)
β-Propiolactone   336(05)
Propiolaldehyde   336(06)
Propiolic acid   336(07)
Propionaldehyde   336(08)
Propionic acid   336(09)
Propionic anhydride   338(05)
Propionic nitrile   336(03)
Propionitrile   336(03)
Propiononitrile   336(03)
Propionyl chloride   72(06)
Propiophenone   336(04)
Propyl acetate   124(01)
n-Propyl acetylene   364(08)
Propyl alcohol   334(02)
Propylamine   338(07)
Propylbenzene   338(10)
n-Propyl bromide   200(03)
n-Propyl butyrate   408(01)
Propyl carbinol   312(02)
Propyl chloride   72(07)
1-Propyl chlorothiolformate   108(03)
Propylcyclohexane   338(08)
Propylcyclopentane   338(09)
Propylene   338(11)
Propylene carbonate   340(01)
α-Propylene chlorohydrin   110(12)
β-Propylene chlorohydrin   112(01)
Propylenediamine   334(06)
Propylene dichloride   170(04)
Propylene glycol   334(08)
Propylene glycol methyl ether acetate   340(02)

Propyleneimine 338(12)
Propylene oxide 338(13)
Propylene trimer 260(10)
Propyl ether 184(03)
Propyl formate 96(04)
Propylidene dichloride 170(03)
Propyl iodide 402(09)
Propylmercaptan 336(01)
Propyl nitrate 210(09)
Propyl nitrite 10(01)
Propyl propionate 338(03)
Propyltrichlorosilane 254(09)
Propynal 336(06)
Propyne 340(03)
2-Propyn-1-ol 340(04)
2-Propynyl bromide 342(12)
2-Propynyl chloride 112(06)
Prussic acid 148(05)
Pseudocumene 264(07)
Pyrazine 304(07)
Pyridine 304(08)
Pyridine N-oxide 304(09)
Pyrocatechol 90(08)
Pyroracemic acid 304(10)
Pyrrole 306(04)
Pyrrolidine 306(01)
2-Pyrrolidone 306(02)
a-Pyrrolidone 306(02)
Pyruvic acid 304(10)

Q

Quick lime 128(09)
Quinitol 162(07)
Quinol 302(01)
Quinoline 98(03)
p-Quinone 358(08)

R

R-1113 108(04)
R-142B 106(08)
R32 184(01)
Radon 408(06)
Red lead 134(05)
Red phosphorus 418(10)
Resorcinol 422(04)
Rhenium chloride trioxide 66(01)
Rhenium(VI) fluoride 328(12)
Rhenium hexafluoride 328(12)
Rhenium(VII) sulfide 416(02)
Rhenium(VI) tetrachloride oxide 160(03)
Rhodium 422(07)
Rhodium(III) chloride 74(10)
Rubidium 422(03)

Rubidium acetylide 14(06)
Rubidium carbide 14(06)
Rubidium hydride 218(04)
Ruthenium 422(02)
Ruthenium(III) chloride 74(09)
Ruthenium disulfide 416(01)
Ruthenium(III) hydroxide 214(11)
Ruthenium(VIII) oxide 138(04)
Ruthenium(IV) sulfide 416(01)

S

Salicylaldehyde 124(09)
Salicylic acid 124(10)
Salol 124(11)
Salycilic acid benzyl ester 126(01)
Samarium 124(08)
Samarium(III) sulfide 412(02)
Sebacic acid 220(12)
Seleninyl bromide 198(07)
Selenium 222(03)
Selenium chloride 274(09)
Selenium dioxide 276(07)
Selenium oxybromide 198(07)
Selenium tetrabromide 174(02)
Selenium tetrafluoride 182(06)
Selenium trioxide 138(09)
Silane 212(05)
Silica 276(04)
Silicon 114(06)
Silicon chloride 344(07)
Silicon dibromide sulfide 278(03)
Silicon dioxide 276(04)
Silicon fluoride 182(04)
Silicon hydride 212(05)
Silicon hydride bromide 342(03)
Silicon monooxide 40(09)
Silicon monosulfide 410(11)
Silicon tetrachloride 238(02)
Silicon tetrafluoride 182(04)
Silver 98(06)
Silver(I) acetylide 12(01), 12(06)
Silver(I) azide 4(13)
Silver(I) bromate 204(07)
Silver carbide 12(01), 12(06)
Silver(I) chlorate 76(08)
Silver chloride 64(05)
Silver cyanate 32(09)
Silver(I) cyanide 148(02)
Silver difluoride 324(08)
Silver(I) fluoride 324(07)
Silver(II) fluoride 324(08)
Silver fulminate 406(02)
Silver hyponitrite 144(05)

Silver(Ⅰ) iodate 404(04)
Silver(Ⅰ) isocyanate 32(09)
Silver monoxide 130(01)
Silver(Ⅰ) nitrate 208(03)
Silver nitride 232(01)
Silver(Ⅰ) oxalate 202(05)
Silver(Ⅰ) oxide 128(11)
Silver(Ⅱ) oxide 130(01)
Silver(Ⅰ) perchlorate 84(10)
Silver permanganate 92(09)
Silver peroxide 88(10)
Silver sulfide 410(09)
Silver(Ⅰ) tetrafluoroborate 240(09)
Slaked lime 214(05)
Soda ash 226(06)
Sodium 272(01)
Sodium acetate 122(02)
Sodium acetylide 14(03)
Sodium aluminium hydride 216(01)
Sodium amide 272(02)
Sodium amidosulfate 22(03)
Sodium azide 6(07)
Sodium bicarbonate 226(03)
Sodium bichromate 202(02)
Sodium bisulfate 416(12)
Sodium borohydride 240(03)
Sodium bromate 204(10)
Sodium carbide 14(03)
Sodium carbonate 226(06)
Sodium chlorate 76(09)
Sodium chloride 70(02)
Sodium chlorite 2(05)
Sodium chloroacetate 106(02)
Sodium cyanide 148(08)
Sodium dichromate 202(02)
Sodium dioxide 276(09)
Sodium disulfide 290(11)
Sodium dithionite 298(06)
Sodium ethoxide 272(04)
Sodium ethylate 272(04)
Sodium ethylenediaminetetraacetate dihydrate 58 (06)
Sodium fluoride 326(08)
Sodium hexafluorosilicate 348(02)
Sodium hydride 216(11)
Sodium hydrogencarbonate 226(03)
Sodium hydrogen sulfate 416(12)
Sodium hydrogensulfite 304(11)
Sodium hydrosulfite 298(06)
Sodium hydroxide 214(08)
Sodium hypochlorite 144(01)
Sodium hyponitrite 144(06)
Sodium hypophosphite monohydrate 368(07)

Sodium iodate 404(05)
Sodium iodide 402(05)
Sodium isopropoxide 272(03)
Sodium isopropylate 272(03)
Sodium metabisulfite 304(11)
Sodium metasilicate 376(03)
Sodium methoxide 272(05)
Sodium methylate 272(05)
Sodium molybdate 398(02)
Sodium monochloroacetate 106(02)
Sodium nitrate 210(01)
Sodium nitride 232(06)
Sodium nitrite 8(11)
Sodium m-nitrobenzenesulfonate 286(08)
Sodium orthophosphate dodecahydrate 422(01)
Sodium oxide 134(02)
Sodium perchlorate 86(05)
Sodium permanganate trihydrate 92(10)
Sodium peroxide 90(06)
Sodium peroxoborate tetrahydrate 356(03)
Sodium peroxodisulfate 356(01)
Sodium persulfate 356(01)
Sodium phosphate dodecahydrate 422(01)
Sodium phosphinate monohydrate 368(07)
Sodium prussiate 148(08)
Sodium pyrophosphate 306(03)
Sodium silicide 114(04)
Sodium silicofluoride 348(02)
Sodium sulfate 418(04)
Sodium sulfide 414(07)
Sodium sulfite 24(11)
Sodium superoxide 276(09)
Sodium tetraborate decahydrate 366(08)
Sodium tetrahydridoaluminate 216(01)
Sodium tetrahydroborate 240(03)
Sodium thiocyanate 228(09)
Sodium thiosulfate pentahydrate 230(05)
Sodium triphosphate 142(09)
Sodium tripolyphosphate 142(09)
Sodium tungstate dihydrate 224(12)
Stannaous chloride 66(09)
Stannic chloride 66(10)
Stannous fluoride 326(02)
Stearamide 220(02)
Stearic acid 218(12)
Stearyl alcohol 78(04)
Stibine 218(07)
Stilbene-cis 218(08)
Stilbene-trans 218(09)
Strontium 220(08)
Strontium acetylide 12(08)
Strontium azide 6(04)
Strontium carbide 12(08)

Strontium carbonate 226(04)
Strontium peroxide 90(05)
Strontium sulfide 414(01)
Styphnic acid 258(04)
Styrene 218(10)
Styrene oxide 218(11)
Suberone 164(08)
Succinic acid 116(06)
Succinic anhydride 374(02)
Succinodinitrile 316(05)
Succinonitrile 316(05)
Sucrose 218(05)
Sudium cyanate 150(02)
Sulfamic acid 20(09)
Sulfanilic acid 24(05)
Sulfinyl bromide 198(06)
Sulfinyl chloride 68(05)
Sulfinyl fluoride 326(05)
Sulfolane 220(09)
1,1'-Sulfonylbis(4-Hydroxybenzene) 298(01)
Sulfonyl chloride 68(01)
Sulfur 30(03)
Sulfur chloride 274(05), 274(08)
Sulfur dichloride 274(05)
Sulfur dioxide 276(02)
Sulfur hexafluoride 422(06)
Sulfuric acid 416(03)
Sulfuric anhydride 138(06)
Sulfurous oxide 276(02)
Sulfur tetrafluoride 182(02)
Sulfur trioxide 138(06)
Sulfuryl chloride 68(01)
Sylvan 388(10)

T

Tantalum(V) chloride 68(04)
Tantalum disulfide 414(02)
Tantalum(V) oxide 132(07)
Tantalum(Ⅳ) sulfide 414(02)
Tartaric acid 204(14)
TBP 420(10)
Tellurium 244(07)
Tellurium(Ⅳ) chloride 160(06)
Tellurium tetrabromide 174(04)
Tellurium tetrachloride 160(06)
Tellurium trioxide 138(10)
TEP 420(07)
Terephthalic acid 244(10)
Terephthaloyl chloride 246(02)
o-Terphenyl 178(10)
m-Terphenyl 178(11)
p-Terphenyl 180(01)
Tetraarsenic tetrasulfide 212(07)

Tetraborane(10) 240(11)
Tetraboron tetrachloride 160(04)
1,1,2,2-Tetrabromoethane 240(10)
Tetrabromomethane 174(03)
Tetra-n-butoxytitanium 230(08)
Tetrabutylammonium fluoride 326(07)
Tetracarbonylnickel(0) 236(08)
1,2,4,5-Tetrachlorobenzene 238(03)
Tetrachlorodiphosphane 238(01)
1,1,2,2-Tetrachloroethane 236(09)
Tetrachloroethene 236(10)
Tetrachloroethylene 236(10)
Tetrachloromethane 160(05)
Tetrachlorosilane 238(02)
Tetracyanoethene 238(04)
Tetracyanoethylene 238(04)
Tetradecane 238(07)
Tetradecanoic acid 374(01)
1-Tetradecanol 238(06)
Tetradecyl alcohol 238(06)
tert-Tetradecyl mercaptan 238(08)
Tetraethoxymethane 236(07)
Tetraethoxysilane 236(06)
Tetraethylammonium perchlorate 236(01)
Tetraethylene glycol 236(04)
Tetraethylene pentamine 236(05)
Tetraethyllead 236(03)
Tetraethyl orthocarbonate 236(07)
Tetraethyl orthosilicate 236(06)
Tetraethyltin 236(02)
Tetrafluoroboric acid 240(08)
Tetrafluoroethene 240(07)
Tetrafluoroethylene 240(07)
Tetrafluoromethane 182(07)
Tetrahydrofuran 238(12)
Tetrahydrofurfuryl alcohol 240(01)
1,2,3,4-Tetrahydronaphthalene 244(05)
Tetrahydro-1,4-oxazine 398(03)
Tetrahydropyran 238(11)
Tetrahydropyrrole 306(01)
Tetrahydrothiophene 238(10)
Tetrahydrothiophene-1,1-dioxide 220(09)
Tetraiododiphosphane 244(04)
Tetraiodomethane 206(04)
Tetralin 244(05)
Tetramethoxymethane 244(03)
1,1,3,3-Tetramethoxypropane 244(02)
Tetramethoxysilane 244(01)
1,2,3,4-Tetramethylbenzene 242(08)
1,2,3,5-Tetramethylbenzene 242(09)
1,2,4,5-Tetramethylbenzene 242(10)
Tetramethylbiphosphine disulfide 242(03)
1,1,3,3-Tetramethylbutylamine 242(07)

Tetramethyldiarsine　242(01)
Tetramethyldiphosphane disulfide　242(03)
Tetramethyldistibane　242(02)
Tetramethyldistibine　242(02)
Tetramethylene　162(01)
Tetramethylene glycol　316(03)
Tetramethylene oxide　238(12)
Tetramethylene sulfone　220(09)
Tetramethylethylene　192(06)
Tetramethyl lead　242(06)
Tetramethyl orthocarbonate　244(03)
Tetramethyl orthosilicate　244(01)
2,2,3,3-Tetramethylpentane　242(11)
2,2,3,4-Tetramethylpentane　242(12)
Tetramethylplumbane　242(06)
Tetramethylsilane　242(04)
Tetramethyl tin　242(05)
Tetranitrogen tetrasulfide　212(06)
Tetranitromethane　238(09)
N,2,4,6-Tetranitro-N-methylaniline　244(06)
Tetraphenyllead　240(06)
Tetraphenylplumbane　240(06)
Tetraphenyl tin　240(05)
Tetraphosphoric acid　212(09)
Tetraphosphorus decaoxide　202(04)
Tetraphosphorus decasulfide　204(13)
Tetraphosphorus hexaoxide　422(05)
Tetraphosphorus triselenide　140(06)
Tetraphosphorus trisulfide　142(05)
Tetrasulfur dinitride　212(08)
Tetrazole　238(05)
Tetryl　244(06)
TFE　240(07)
Thallium　224(01)
Thallium(Ⅰ) azide　6(05)
Thallium(Ⅲ) nitrate　208(11)
Thallium(Ⅲ) oxide　132(04)
2-Thiazolamine　228(01)
Thiazole　226(13)
Thiirane　228(02)
Thiocarbanilide　178(06)
o-Thiocresol　268(10)
m-Thiocresol　270(01)
p-Thiocresol　270(02)
Thiocyanogen　228(04)
2,2'-Thiodiethanol　230(01)
Thiodiethylene glycol　230(01)
Thioglycolic acid　228(03)
Thiolane　238(10)
Thionyl bromide　198(06)
Thionyl chloride　68(05)
Thionyl fluoride　326(05)
Thiophene　230(03)

Thiophenol　358(05)
Thiophosphoryl chloride　68(06)
Thiophosphoryl fluoride　326(06)
Thiourea　230(02)
1,4-Thioxane　76(14)
Thorium　248(06)
Thorium carbide　224(07)
Thorium dihydride　278(05)
Tin　218(06)
Tin(Ⅱ) chloride　66(09)
Tin(Ⅳ) chloride　66(10)
Tin dioxide　132(01)
Tin(Ⅱ) fluoride　326(02)
Tin monoxide　130(11)
Tin(Ⅱ) nitrate-water(1/20)　208(08)
Tin(Ⅱ) oxide　130(11)
Tin(Ⅳ) oxide　132(01)
Tin(Ⅱ) perchlorate　86(01)
Tin(Ⅱ) sulfide　412(09)
Tin(Ⅳ) sulfide　412(10)
Titanium　230(06)
Titanium(Ⅱ) bromide　278(01)
Titanium butoxide　230(08)
Titanium carbide　224(06)
Titanium(Ⅱ) chloride　68(07)
Titanium(Ⅲ) chloride　68(08)
Titanium(Ⅳ) chloride　68(09)
Titanium dibromide　278(01)
Titanium dichloride　68(07)
Titanium dihydride　216(09)
Titanium diiodide　402(01)
Titanium dioxide　132(08)
Titanium disulfide　414(03)
Titanium(Ⅱ) hydride　216(09)
Titanium(Ⅱ) iodide　402(01)
Titanium(Ⅳ) iodide　402(02)
Titanium(Ⅳ) oxide　132(08)
Titanium(Ⅳ) sulfide　414(03)
Titanium tetrachloride　68(09)
Titanium tetraiodide　402(02)
Titanium trichloride　68(08)
TNT　258(01)
o-Tolualdehyde　266(06)
m-Tolualdehyde　266(07)
p-Tolualdehyde　266(08)
Toluene　268(03)
o-Toluenecarboxylic acid　266(12)
m-Toluenecarboxylic acid　268(01)
p-Toluenecarboxylic acid　268(02)
Toluene-2,4-diisocyanate　268(04)
2,5-Toluenediol　268(05)
4-Toluenesulfonic acid　268(07)
p-Toluenesulfonic acid　268(07)

p-Toluenesulfonyl chloride 268(06)
o-Toluenethiol 268(10)
m-Toluenethiol 270(01)
p-Toluenethiol 270(02)
α-Toluenethiol 356(10)
Toluhydroquinone 268(05)
o-Toluic acid 266(12)
m-Toluic acid 268(01)
p-Toluic acid 268(02)
α-Toluic acid 308(02)
α-Toluic aldehyde 306(06)
o-Toluidine 266(09)
m-Toluidine 266(10)
p-Toluidine 266(11)
α-Tolunitrile 148(11)
Toluol 268(03)
p-Tolyl acetate 122(01)
2-Tolyl chloride 108(06)
3-Tolyl chloride 108(07)
4-Tolyl chloride 108(08)
Tosic acid 268(07)
TPA 244(10)
TPP 420(09)
Triacetin 246(10)
2,4,6-Triamino-1,3,5-triazine 396(06)
Triamylamine 248(03)
Triamyl borate 366(06)
3,6,9-Triazaundecane-1,11-diamine 236(05)
1,2,3-Triazole 248(01)
1,2,4-Triazole 248(02)
Tribarium dinitride 232(08)
Triboron pentafluoride 116(10)
Tribromoacetic acid 260(13)
Tribromomethane 344(02)
Tribromonitromethane 262(02)
Tribromosilane 262(01)
Tributylamine 258(08)
Tributylbismuth 258(09)
Tributylbismuthine 258(09)
Tri-2-butylborane 258(11)
Tributyl borate 366(05)
Tributyl citrate 98(09)
Tributyl phosphate 420(10)
Tributylphosphine 258(10)
Tributyl phosphite 26(09)
Tributyrin 100(01)
Tricalcium diphosphide 420(01)
Tricarbon dioxide 276(05)
Tricarbon disulfide 290(06)
Trichloroacetaldehyde 252(07)
Trichloroacetic acid 254(02)
1,2,4-Trichlorobenzene 254(11)
1,1,1-Trichloroethane 252(09)

Trichloroethene 254(01)
Trichloroethylene 254(01)
Trichloroethylsilane 252(10)
Trichlorofluoromethane 254(07)
Trichloromelamine 256(01)
Trichloromethane 112(10)
Trichloromethyl carbonate 226(05)
Trichloromethylsilane 254(13)
Trichloronitromethane 110(04)
1,2,3-Trichloropropane 254(08)
Trichlorosilane 254(04)
α,α,α-Trichlorotoluene 356(05)
2,4,6-Trichloro-1,3,5-triazine 66(02)
Trichlorovinylsilane 254(05)
Tricopper mononitride 232(05)
Tri-o-cresyl phosphate 420(08)
Tricyanophosphine 140(01)
Tridecane 256(08)
1-Tridecanol 256(07)
2-Tridecanone 378(07)
Tridecyl acrylate 4(04)
Tridecyl alcohol 256(07)
Triethanolamine 248(07)
Triethoxysilane 252(04)
Triethylaluminum 248(10)
Triethylamine 248(08)
Triethylantimony 248(11)
Triethylarsine 248(09)
1,2,4-Triethylbenzene 250(02)
Triethylbismuth 250(01)
Triethylbismuthane 250(01)
Triethylborane 250(04)
Triethylborate 366(04)
Triethylene glycol 250(05)
Triethylene glycol diacetate 250(07)
Triethylene glycol dimethyl ether 250(08)
Triethylene glycol ethyl ether 250(06)
Triethylene glycol methyl ether 252(02)
Triethylene glycol methyl ether acetate 250(09)
Triethyleneglycol monobutyl ether 252(01)
Triethylenetetramine 252(03)
Triethylgallium 248(13)
Triethylindium 248(12)
Triethyl orthoformate 82(02)
Triethyl phosphate 420(07)
Triethylphosphine 250(03)
Triethylsilane 248(14)
Triethylstibine 248(11)
Triflic acid 260(05)
Trifluoroacetic acid 260(01)
Trifluorochloroethylene 108(04)
1,1,1-Trifluoroethane 258(12)
Trifluoroethene 258(13)

Trifluoroethylene 258(13)
Trifluoromethanesulfonic acid 260(05)
(Trifluoromethyl) benzene 260(06)
Trifluorosilane 260(03)
α,α,α-Trifluorotoluene 260(06)
Trigermane 256(02)
Triglycidyl isocyanurate 256(04)
Triglycol 250(05)
Triglycol dichloride 252(06)
Triglyme 250(08)
Trihexyl phosphite 26(10)
2,4,6-Trihydroxy-1,3,5-triazine 144(10)
Triiodomethane 404(12)
Triiospanolamine 256(06)
Triiospropyl borate 366(03)
Triiospropylphosphine 248(05)
Triiron tetraoxide 134(06)
Triisobutylaluminium 248(04)
Triisobutyl phosphate 420(06)
Tri(isopropoxy)borane 366(03)
Trilead(II) bis(carbonate)dihydroxide 296(08)
Trilead tetraoxide 134(05)
Trimagnesium dinitride 232(11)
Trimagnesium diphosphide 420(03)
Trimethoxymethane 266(05)
Trimethylacetic acid 262(11)
Trimethylacetonitrile 262(03)
Trimethylacetyl chloride 72(01)
Trimethylaluminum 262(07)
Trimethylamine 262(04)
Trimethylamine oxide 262(05)
Trimethylantimony 262(08)
Trimethylarsine 262(06)
1,2,3-Trimethylbenzene 264(06)
1,2,4-Trimethylbenzene 264(07)
1,3,5-Trimethylbenzene 264(08)
Trimethylborane 266(04)
Trimethyl borate 366(07)
2,2,3-Trimethylbutane 264(01)
2,3,3-Trimethyl-1-butene 264(02)
Trimethyl carbinol 318(03)
Trimethylchlorosilane 108(05)
3,3,5-Trimethyl-1-cyclohexanol 262(12)
3,5,5-Trimethyl-2-cyclohexen-1-one 40(01)
Trimethylene 162(02)
Trimethylenediamine 334(07)
Trimethylene glycol 334(09)
Trimethyleneimine 10(06)
Trimethylene oxide 78(01)
Trimethylethene 388(07)
Trimethylethylene 388(07)
Trimethylgallium 262(10)
2,2,5-Trimethylhexane 264(04)

3,5,5-Trimethylhexanoic acid 264(05)
3,5,5-Trimethylhexanol 264(03)
Trimethyl(2-hydroxyethyl)ammonium chloride 64(12)
Trimethylindium 262(09)
Trimethylolpropane 46(11)
Trimethyl orthoformate 266(05)
2,2,3-Trimethylpentane 264(09)
2,2,4-Trimethylpentane 264(10)
2,3,3-Trimethylpentane 264(11)
2,2,4-Trimethyl-1,3-pentanediol 264(12)
2,2,4-Trimethyl-1,3-pentanediol diisobutyrate 266(01)
2,4,4-Trimethylpentene 150(06)
3,4,4-Trimethyl-2-pentene 266(02)
Trimethyl phosphate 420(11)
Trimethylphosphine 266(03)
Trimethyl phosphite 26(11)
Trimethylsilyl azide 8(01)
Trimethylsilyl cyanide 146(02)
Trimethylsilyl iodide 402(04)
Trimethylstibine 262(08)
Trimethylthallium 262(13)
2,4,6-Trimethyl-1,3,5-trioxane 294(05)
2,4,6-Trinitroaniline 256(09)
1,3,5-Trinitrobenzene 258(02)
2,4,6-Trinitro-1,3-benzenediol 258(04)
2,4,6-Trinitrobenzoic acid 256(10)
Trinitromethane 258(03)
2,4,6-Trinitrophenol 296(01)
2,4,6-Trinitroresorcinol 258(04)
2,4,6-Trinitrotoluene 258(01)
1,3,5-Trioxane 252(05)
Trioxygen 80(11)
α-Trioxymethylene 252(05)
Tripentylamine 248(03)
Tripentyl borate 366(06)
Triphenylaluminium 258(05)
Triphenylmethane 258(07)
Triphenyl phosphate 420(09)
Triphenylphosphine 258(06)
Triphenyl phosphite 26(08)
Triphenylphosphorus 258(06)
Triphosgene 226(05)
Tripropionin 100(02)
Tripropyl aluminum 260(08)
Tripropylamine 260(07)
Tripropylborane 260(09)
Tripropylene 260(10)
Tripropylene glycol 260(11)
Tripropylene glycol methyl ether 260(12)
Triptane 264(01)
2,4,6-Tris(chloroamino)-1,3,5-triazine 256(01)
Tris(epoxypropyl)isocyanurate 256(04)

Tris(2-hydroxyethyl)amine 248(07)
Tris-(2-hydroxyethyl)isocyanurate 256(05)
Tris-(β-hydroxyethyl)-s-triazinetrione 256(05)
Tris(2-hydroxypropyl)amine 256(06)
Trisilane 256(03)
Trisilicon octachloride 78(03)
Trisilver mononitride 232(01)
Trisilver nitride 232(01)
Trisodium mononitride 232(06)
Trisodium phosphate 422(01)
Tri-o-tolyl phosphate 420(08)
Triuranium octaoxide 294(02)
Trizinc diphosphide 418(11)
Trotyl 258(01)
Tungsten 224(11)
Tungsten carbide 224(05)
Tungsten(II) chloride 68(02)
Tungsten(VI) chloride 68(03)
Tungsten dichloride 68(02)
Tungsten diiodide 400(12)
Tungsten(VI) fluoride 326(04)
Tungsten hexafluoride 326(04)
Tungsten(II) iodide 400(12)
Tungsten(IV) oxide 132(05)
Tungsten(VI) oxide 132(06)
Tungsten(VI) tetrabromide oxide 174(01)

U

Undecane 42(09)
2-Undecanol 42(07)
2-Undecanone 42(08)
Uranium 42(06)
Uranium carbide 42(03), 224(03)
Uranium(VI) chloride 62(09)
Uranium dioxide 128(04)
Uranium(IV)diuranium(VI) oxide 294(02)
Uranium(VI) fluoride 324(03)
Uranium(III) hydride 216(03)
Uranium(III) nitride 230(09)
Uranium(IV) oxide 128(04)
Uranium(IV) sulfide 410(03)
Uranium trihydride 216(03)
Uranyl nitrate hexahydrate 206(12)
Uranyl(VI) perchlorate tetrahydrate 84(07)
Urea 290(05)
Urea nitrate 210(04)
Urethane 94(08)
Uronium nitrate 210(04)
Urotropine 348(11)

V

Valeraldehyde 294(11)
Valeric acid 98(01)
δ-Valerolactam 304(04)
Valeronitrile 294(12)
Vanadium 294(03)
Vanadium(III) chloride 70(09)
Vanadium(II) dichloride 70(08)
Vanadium(III) oxide 136(02)
Vanadium(V) oxide 136(03)
Vanadium oxytrichloride 126(04)
Vanadium(V) tribromide oxide 140(03)
Vanadium trichloride 70(09)
Vanadium(V) trichloride oxide 126(04)
Vanadyl(3+) chloride 126(04)
Vinyl acetate 122(07)
Vinylaceto-β-lactone 172(06)
Vinyl acetylene 302(04)
Vinyl allyl ether 26(05)
Vinyl benzene 218(10)
Vinyl bromide 198(11)
Vinyl butyl ether 320(09)
Vinyl butyrate 406(12)
Vinyl chloride 70(12)
Vinyl 2-chloroethyl ether 104(05)
Vinyl crotonate 102(02)
Vinyl cyanide 4(08)
Vinylcyclohexane 302(05)
4-Vinyl cyclohexene 302(06)
Vinyl ether 176(07)
Vinyl ethyl alcohol 330(06)
Vinyl ethyl ether 46(12)
Vinyl fluoride 328(04)
Vinyl formate 96(02)
Vinylidene dichloride 166(06)
Vinylidene fluoride 182(12)
Vinyl isobutyl ether 36(01)
Vinyl isocyanide 32(06)
Vinyl isopropyl ether 38(03)
Vinyl 2-methoxyethyl ether 302(10)
Vinyl methyl ether 384(03)
Vinyloxirane 60(05)
Vinyl propionate 338(01)
2-Vinylpyridine 302(07)
4-Vinylpyridine 302(08)
1-Vinylpyrrolidone 302(09)
N-Vinyl-2-pyrrolidone 302(09)
o-Vinyl toluene 382(01)
m-Vinyl toluene 382(02)
p-Vinyl toluene 382(03)
Vinyltrichlorosilane 254(05)

W

White tar 272(06)
Wood alcohol 376(04)

X

Xenon 96(11)
Xenon difluoride 288(06)
Xenon difluoride dioxide 288(10)
Xenon difluoride oxide 288(08)
Xenon tetrafluoride 182(03)
Xenon tetrafluoride oxide 182(05)
Xenon tetraoxide 172(08)
Xenon trioxide 138(07)
o-Xylene 96(08)
m-Xylene 96(09)
p-Xylene 96(10)
2,3-Xylidine 96(07)
o-Xylidine 96(07)
o-Xylol 96(08)
m-Xylol 96(09)
p-Xylol 96(10)

Z

Zinc 2(01)
Zinc bromate 204(04)
Zinc chlorate 76(03)
Zinc chloride 60(07)
Zinc cyanide 146(09)
Zinc diethyl 152(03)
Zinc hydroxide 214(01)
Zinc iodide 400(01)
Zinc nitrate hexahydrate 206(06)
Zinc oxide 126(10)
Zinc permanganate hexahydrate 92(05)
Zinc peroxide 88(07)
Zinc phosphide 418(11)
Zinc picrate 296(02)
Zinc stearate 220(01)
Zinc sulfate 416(04)
Zirconia 130(08)
Zirconium 212(10)
Zirconium carbide 224(04)
Zirconium(II) chloride 66(04)
Zirconium(III) chloride 66(05)
Zirconium(IV) chloride 66(06)
Zirconium dibromide 276(10)
Zirconium dichloride oxide octahydrate 274(06)
Zirconium dihydride 216(07)
Zirconium hydride 216(07)
Zirconium(IV) hydroxide 214(06)
Zirconium(IV) iodide 400(09)
Zirconium nitride 232(02)
Zirconium(IV) oxide 130(08)
Zirconium oxychloride 274(06)
Zirconium tetrachloride 66(06)

編集者略歴

田村昌三(たむらまさみつ)
1940年 広島県に生まれる
1969年 東京大学大学院工学系研究科
　　　　燃料工学専攻博士課程修了
現　在　横浜国立大学教授
　　　　東京大学名誉教授
　　　　工学博士
専　攻　エネルギー物質化学,安全の化学,大気環境化学

危険物ハザードデータブック　　　定価は外函に表示

2007年5月20日　初版第1刷

編集者　田　村　昌　三
発行者　朝　倉　邦　造
発行所　株式会社　朝倉書店
　　　　東京都新宿区新小川町6-29
　　　　郵便番号　162-8707
　　　　電　話　03(3260)0141
　　　　F A X　03(3260)0180
　　　　http://www.asakura.co.jp

〈検印省略〉

© 2007 〈無断複写・転載を禁ず〉　　東京書籍印刷・渡辺製本

ISBN 978-4-254-25249-1　C 3058　　Printed in Japan

横国大 田村昌三総編集

危険物の事典

25247-7 C3558　　　A5判 512頁 本体18000円

本事典は危険物に関わる基本的事項—化学物質の発火・爆発危険，有害危険，環境汚染等の潜在危険，危険物の関連法規，危険性評価法，危険物による災害防止や危険物の国際動向等—を平易に解説。特に〔用語編〕では危険物関連用語約300について，〔物質編〕では主要な化学物質約500についてデータを含めて解説。〔混合危険〕では，危険物取扱時の混合による発火・爆発や有害ガス発生等の混合危険の代表例を解説，〔災害事例〕では代表的な危険物による災害事例を例示

首都大 伊与田正彦・東工大 榎　敏明・東工大 玉浦　裕編

炭素の事典

14076-7 C3543　　　A5判 660頁 本体22000円

幅広く利用されている炭素について，いかに身近な存在かを明らかにすることに力点を置き，平易に解説。〔内容〕炭素の科学：基礎（原子の性質／同素体／グラファイト層間化合物／メタロフラーレン／他）無機化合物（一酸化炭素／二酸化炭素／炭酸塩／コークス）有機化合物（天然ガス／石油／コールタール／石炭）炭素の科学：応用（素材としての利用／ナノ材料としての利用／吸着特性／導電体, 半導体／燃料電池／複合材料／他）環境エネルギー関連の科学（新燃料／地球環境／処理技術）

東大 梅澤喜夫編

化学測定の事典
— 確度・精度・感度 —

14070-5 C3043　　　A5判 352頁 本体9500円

化学測定の3要素といわれる"確度""精度""感度"の重要性を説明し，具体的な研究実験例にてその詳細を提示する。〔実験例内容〕細胞機能（石井由晴・柳田敏雄）／プローブ分子（小澤岳昌）／DNAシーケンサー（神原秀記・釜堀政男）／蛍光プローブ（松本和子）／タンパク質（若林健之）／イオン化と質量分析（山下雅道）／隕石（海老原充）／星間分子（山本智）／火山ガス化学組成（野津憲治）／オゾンホール（廣田道夫）／ヒ素試料（中井泉）／ラマン分光（浜口宏夫）／STM（梅澤喜夫・西野智昭）

前京大 荻野文丸総編集

化学工学ハンドブック

25030-5 C3058　　　B5判 608頁 本体25000円

21世紀の科学技術を表すキーワードであるエネルギー・環境・生命科学を含めた化学工学の集大成。技術者や研究者が常に手元に置いて活用できるよう，今後の展望をにらんだアドバンスな内容を盛りこんだ。〔内容〕熱力学状態量／熱力学的プロセスへの応用／流れの状態の表現／収支／伝導伝熱／蒸発装置／蒸留／吸収・放散／集塵／濾過／混合／晶析／微粒子生成／反応装置／律速過程／プロセス管理／プロセス設計／微生物培養工学／遺伝子工学／エネルギー需要／エネルギー変換／他

横国大 田村昌三編

化学プロセス安全ハンドブック

25029-9 C3058　　　B5判 432頁 本体20000円

化学プロセスの安全化を考える上で基本となる理論から説き起こし，評価の基本的考え方から各評価法を紹介し，実際の評価を行った例を示すことにより，評価技術を総括的に詳説。〔内容〕化学反応／発化・熱爆発・暴走反応／化学反応と危険性／化学プロセスの安全性評価／熱化学計算による安全性評価／化学物質の安全性評価実施例／化学プロセスの安全性評価実施例／安全性総合評価／化学プロセスの危険度評価／化学プロセスの安全設計／付録：反応性物質のDSCデータ集

前学習院大 髙本　進・前東大 稲本直樹・
前立大 中原勝儼・前電通大 山崎　昶編

化合物の辞典

14043-9 C3543　　　B5判 1008頁 本体55000円

工業製品のみならず身のまわりの製品も含めて私達は無機，有機の化合物の世界の中で生活しているといってもよい。そのような状況下で化学を専門としていない人が化合物の知識を必要とするケースも増大している。また研究者でも研究領域が異なると化合物名は知っていてもその物性，用途，毒性等までは知らないという例も多い。本書はそれらの要望に応えるために，無機化合物，有機化合物，さらに有機試薬を含めて約8000化合物を最新データをもとに詳細に解説した総合辞典

上記価格（税別）は2007年4月現在